国家出版基金项目
NATIONAL PUBLICATION FOUNDATION

总主编／李文华 旭日干

"十二五"国家出版规划重点图书

中国自然资源通典

土地卷

陈百明／编著

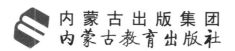

内蒙古出版集团
内蒙古教育出版社

图书在版编目（CIP）数据

中国自然资源通典. 土地卷／陈百明编著. —呼和浩特:
内蒙古教育出版社，2014.12
　ISBN　978-7-5311-9976-2

　Ⅰ.①中… Ⅱ.①陈… Ⅲ.①自然资源—概况—中国
②土地资源—概况—中国 Ⅳ.①P966.2

中国版本图书馆CIP数据核字（2014）第303132号

中国自然资源通典·土地卷

作　　者	陈百明
图　　片	CFP@视觉中国　陈百明　张凤荣
选题策划	北京安之文化传播股份有限公司
责任编辑	陈国华　刘桂霞　肖营　王真福
特约编辑	王桂敏　莎日娜
装帧设计	杨西福
责任印制	伊布格乐图
出　　版	内蒙古教育出版社
发　　行	各地新华书店
社　　址	呼和浩特市新城区新华东街89号出版集团大厦（010010）
电话传真	出版部　0471-6607800　　发行部　0471-6607790
	总编室　0471-6607900　　邮购部　0471-3370804
网　　址	http://www.im-eph.com
邮　　箱	E-mail:xxzx@im-eph.com.cn
印　　装	北京盛通印刷股份有限公司
开　　本	890mm×1240mm　1/16
印　　张	27.25
印　　数	1-5 000册
版　　次	2014年12月第1版
印　　次	2015年11月第1次
书　　号	ISBN 978-7-5311-9976-2
定　　价	360.00元

《中国自然资源通典·土地卷》

编　著　陈百明

《中国自然资源通典》编辑部

总 目 录

总　序

　　自然资源是自然界天然存在的、可以为人类利用的物质与能量的总称，是人类生存的物质基础和社会发展的动力源泉。按照联合国环境规划署（UNEP）的定义，"所谓资源，特别是自然资源，是指在一定时间和一定条件下，能产生经济效益，以提高人类当前和未来福利的自然因素和条件"。自然资源是一个复杂的系统，各类资源要素既相互区别、各具特色，又互相联系、互相制约。按照存在形态，自然资源可以分为有形自然资源和无形自然资源；按照是否具有可再生性，可以分为可再生资源和不可再生资源。随着人口和经济的快速增长以及短期经济利益的驱动，不仅对自然资源的需求量不断增加，也使人口、资源、环境之间的矛盾愈加突出。自然资源已成为经济社会可持续发展的关键制约因素。

　　中国幅员辽阔，自然资源赋存丰富，但因庞大的人口基数而使人均占有量远远低于世界平均水平。过去几十年间粗放型的经济增长方式，依赖资源的高投入实现了经济的高速增长的同时，资源不足的矛盾越来越突出，环境污染、生态系统退化的形势也越来越严峻。自然资源的保护和可持续利用问题引起了各级政府的广泛关注，国家先后出台了包括《土地法》《森林法》《草原法》《矿产资源法》《水法》等在内的一系列法律法规；党的十八大提出生态文明建设宏伟蓝图，把对自然资源的保护、利用和生态环境安全提到了前所未有的高度；2015年11月以来，国务院办公厅印发了《编制自然资源资产负债表试点方案》，中央办公厅、国务院办公厅印发了《开展领导干部自然资源资产离任审计试点方案》。其主要目的就是坚持节约资源和保护环境的基本国策，立足我国社会主义初级阶段的基本国情和新的阶段性特征，以建设美丽中国为目标，正确处理人与自然的关系，促进自然资源资产节约、集约利用和生态环境安全，推动形成人与自然和谐发展的现代化建设新格局。而长期以来，各种关于自然资源概念、内涵与属性等的理解，因为不同专业背景而存在差异；有关自然资源的资料也因管理部门或研究者的不同，而出现分散现象。这既严重影响了经济社会发展中的资源管理、利用和保护效率，也严重影响了科学研究和科学普及工作。在这种形势下，编纂出版一部全面系统、科学实用、具有中国特色的自然资源通典，是时代之需，国家之急。

　　作为国家"十二五"时期重点规划图书出版项目中的"重大出版工程"之一，在国家有关部门的关怀和国家出版基金的支持下，由全国600多位来自不同专业的专家以及近百名编辑工作人员历时5年编纂而成的大型工具书《中国自然资源通典》终于面世了。这套44卷、3 000余万字的《中国自然资源通典》，以辞条的形式全面展示了中国及各省、自治区、直辖市、特别行政区的自然资源总体概况。全书分为两大系列：一是全国自然资源类型系列，包括《土地卷》《水资源卷》《矿产卷》《气候卷》《森林卷》《草地卷》《植物·菌物卷》《动物卷》《海洋卷》《天然药物卷》《旅游卷》，共11卷；二是地方自然资源系列，包括23个省、5个自治区、4个直辖市各1卷，香港、澳门两个特别行政区合为1卷，共33卷。本套丛书构成一个有机整体，各卷独立成册便于阅读。

这是一项艰巨的出版工程。策划伊始，编委会即确定了为各级政府决策服务、为科教人员研究和教学服务，方便广大读者查检和阅读的大型工具书的编纂目标。编委会反复征询意见，力求全面系统反映中国自然资源的概貌；尽力约请有扎实研究基础的行业专家，力求保证全套书的科学性和权威性；多次进行研讨交流，力求实现学术性与实用性统一。在编排上，各卷正文前有条目分类目录，正文按类别排序，以利于系统阅读；正文后有主要参考文献、条目汉语拼音索引、条目汉字笔画索引，便于读者查检。在条目选择和撰写上，力求图文资料翔实，出处标识严谨，重点参考了1949年以来各有关部门和各地区做过的各种相关考察研究和出版的书籍，注意系统归纳、科学总结，并吸收最新研究成果，尽可能保证资料的准确性。在语言文字上，力求通俗易懂，以利于知识的普及。为尊重各卷主编和编写人员的劳动和知识产权，编辑时只对文字和语句进行了修改和校正。

中国的自然资源纷繁多样，而且人类对于自然资源的认识也在不断深化，这是编纂的一大难点。因篇幅所限，本书只是收录了对人类生活和生产实践较为重要的部分。同时，考虑到实际工作的需要，对于栽培作物、家养动物、人工林、森林公园等，尽管受人类主观活动的影响较大，但因其本质属性还是偏重于自然资源，可以理解为含有物化劳动的自然资源，也尽量收入其中。

在《中国自然资源通典》付梓之际，谨对参加本套丛书编纂、审读工作的各位专家以及支持、帮助本套丛书编纂、出版的各有关部门、科研院所、高等学校，表示衷心的感谢！对所有引用的文献的作者表示由衷的谢意！特别要感谢中国自然资源学会的指导和帮助！限于各方面原因，难免存在一些疏漏和差谬，恳请读者不吝批评，以便再版时修改完善。

李文华　旭日干

2015年11月

凡　例

一、本书是具有百科全书性质的资料性大型辞书。全书44卷，约3 300万字。

二、本书分为两个系列，一是全国自然资源类型系列，按照自然资源的类型每一类1卷，包括《土地卷》《水资源卷》《矿产卷》《气候卷》《森林卷》《草地卷》《植物·菌物卷》《动物卷》《海洋卷》《天然药物卷》《旅游卷》，共11卷；二是地方自然资源系列，包括23个省、5个自治区、4个直辖市各1卷，香港、澳门两个特别行政区合为1卷，共33卷。

三、本书各卷条目按内容分类排列，正文前列有本卷条目分类目录，目录按阶梯状排列，以反映条目之间的从属关系和层次关系，也便于读者查检和系统阅读。例如：

中国土壤分类系统

红壤系列

红壤

砖红壤

赤红壤

……

四、本书各卷在条目正文之前都有一篇概观性文章，全国自然资源类型系列各卷概观性文章介绍全国各类自然资源的概况和特点，地方自然资源系列各卷概观性文章介绍本地区各类自然资源的概况和特点。

五、由于本书容量有限，条目的设定把资源的丰度、开发利用和保护价值放在首位，同时顾及资源的知名度。原则上是没有利用和保护价值的资源一般不予收录，人文类的资源也不予收录。有些自然资源受人类活动的影响较大，但是其主体或基础仍属自然资源的，例如水库、森林公园、人工林等，为突出本书的实用性，也予以收录。

六、本书为保证各卷知识的完整性，为便于读者阅读和使用，实施"卷内参见"。

七、有些条目在相关卷中或同一卷中多处列入所产生的交叉和重复，本书按下述三类情况处理：①例如"矿产资源"条目，不仅在《矿产卷》中设有，在地方自然资源各卷中也都设有，但诠释的角度各有侧重，《矿产卷》是从全国的角度进行诠释，地方卷则是从各地区的角度进行诠释。②再如"刺参"条目在《海洋卷》和《天然药物卷》同时列条，前者全面介绍其生物学特性及各种利用价值，后者则侧重介绍其药用价值。③又如 "银杏"条目在《植物·菌物卷》的绿化美化植物、珍稀植物资源下同时列条，但两处诠释的角度各有侧重。

八、条目标题一般为词或词组。标题上方加注汉语拼音。标题如为生物的属种名，则在汉字标题后括注拉丁文学名。

九、本书条目释文均使用规范化的现代汉语书面语。释文开头一般不重复条目标题。释文较长的条目设置释文内层次标题（用楷体字表示）。

十、条目释文中出现的外国人名、地名和组织机构名，一般不附原文。

十一、本书部分条目释文配有插图。插图有照片、地图、线条图、统计图等。

十二、本书各卷正文后均附有主要参考文献、条目汉语拼音索引、条目汉字笔画索引。

前　　言

　　土地首先是一个不以人的主观意志为转移的客观实在和物质实体。土地能为人类及其他生物提供栖息场所、食物来源等各种需求，使得土地成为资财的来源，即土地资源。人类要世代繁衍，最基础和最关键的条件是解决吃与住两大问题，土地资源的实体功能正好为解决这两大问题提供了基础。实际上人类历史很大程度上就是一部土地资源的开发利用史。所以，了解一定的土地资源知识，可以开阔眼界和视野，提高认识世界、了解客观事物运行规律的能力。有助于在更高层次上关注资源、环境和生态问题。

　　《土地卷》作为《中国自然资源通典》的组成部分，编纂要旨是系统地介绍和诠释土地资源知识。为此，本书首先突出知识性，条目释文力求概念准确、行文严谨、深入浅出；其次注重系统性，条目分类目录体现相关知识的系统性和基本结构，并以阶梯的形式表现知识内容的层次关系，力图给读者一个完整的、系统的土地资源知识体系；第三注重普及性，扩大适应面，尽可能供不同职业、不同文化水平的读者阅读。

　　在本卷编纂过程中，中国农业大学资源与环境学院张凤荣教授，对中国土壤系统分类与发生分类中的土壤类型对应关系部分以及美国土壤系统分类条目提出宝贵的修改意见，并提供了部分土壤剖面的照片，谨在此表示衷心感谢！

　　土地资源涉及面广，内容众多，囿于作者的学术水平和文字能力，本卷在条目选择和释文上难免欠妥或有误，真诚欢迎读者不吝赐教。

陈百明

2015年1月

条目分类目录

引　言

　　"万物土中生，有土斯有粮"，古老的格言揭示了人类与土地的紧密关系。土地作为自然产物至今已有46亿年的历史，约在300万年以前，地球上出现了人类，人类出现以后首先面临的是与土地的关系。人类社会发展的本质问题是求得生存和发展，而求生存、谋发展的过程就是学会如何与土地相处的过程。从石器时代开始，先民们就把土地当作其生存和发展的不可替代的资源加以利用，与土地组成了一个不可分割的统一体。土地成为世代相传的人类所不能出让的生存条件和再生产条件。沧海桑田，芸芸众生，人类一代又一代在广袤的土地上繁衍生息，点燃着永不熄灭的生命之火。

　　人类与其赖以生存和发展的土地之间形成的人地关系，是在人类出现以后客观存在的主体与客体之间的关系。人地关系及其观念随着生产进步和社会发展而不断变化。在人类社会的早期，社会生产力十分低下，人类的生活在很大程度上依赖于土地，在相当长的时期里，人类实际上处于对土地的纯依赖阶段。随着经济社会活动的进化，人类不再单纯依赖土地，而且还干预土地、改造土地，使土地向着有利于满足人类需求的方向演化。在人地系统中，人类的活动已经成为影响土地的本质因素。作为人地系统中的人，具有自然和社会两重属性：既是生产者，又是消费者；既是建设者，又是破坏者。从某种意义上讲，人类是土地的塑造者，在人地系统中居主导地位。尽管人类不可能从根本上改变土地，但是确实具有开拓土地、改变土地的巨大能力；反过来，这一切又影响到人类自身的生存与发展。人类引导土地系统向有利于自身的方向发展，趋利避害，要符合自然客观规律；反之，就会破坏土地维持生命的能力。

　　随着经济社会发展，土地数量的有限性和对土地需求的不断增长之间的矛盾日益尖锐。对于人类来说，土地提供的生存与发展空间毕竟是有限的。随着人口的急剧增长，环境的日益恶化，人类不得不开始为这片负载沉重的土地而忧虑，它能无限制地容纳人口的增长、能持续地满足人类生存与发展的需求吗？

　　人类开始重新认识自身，逐步调整与土地的关系。在中国，"十分珍惜和合理利用每一寸土地，切实保护耕地"被列为必须长期坚持的基本国策之一，表明人们已经开始认真对待铸就中华民族血脉的这方土地。1972年6月在瑞典斯德哥尔摩召开的联合国人类环境会议上通过的《联合国人类环境会议宣言》，达成了"只有一个地球"的共识，反映了全人类的忧患。人类社会已经懂得在可持续发展的框架中，学会理智地与土地和谐共处，树立现代的人地关系观念。

　　众所周知，可持续发展的重要内容是自然资源利用的可持续能力，而自然资源利用的可持续能力的核心之一就是土地资源的可持续利用。土地是人类生存和经济社会可持续发展的物质载体，协调土地供给和土地需求之间的关系是土地资源可持续利用的永恒主题，也是合理利用和保护土地资源的客观要求。当今世界面临的人口、粮食、能源、资源和环境五大问题均或多或少地、直接或间接地与土地资源及其开发利用有关。从某种意义上讲，土地资源的可持续利用是资源环境可持续能力与经济社会可持续发展的基础，也是解决人类所面临的五大问题的主要途径。在今后一段时间里，中国的农业现代化、工业化、城镇化将步入快车道，资源需求强劲，环境压力增大，作为地球上人类的家园及主要的物质来源，土地资源的可持续利用对协调人口、资源、环境之间的关系，缓解人地矛盾，推动中国经济社会可持续发展，具有十分重要的作用。

土地资源开发利用历史

土地资源开发利用具有悠久的历史，可以说人类社会发展的历史，同时也是一部土地开发利用的历史。中国土地开发利用历史可以追溯到旧石器和中石器时代，当时的人类主要过着采集或渔猎生活。到距今约六千年的五帝（黄帝、颛顼、帝喾、尧、舜）时期，土地开始以原始农业和饲养业以及筑屋建村方式被开发利用。约到距今四五千年前的新石器时代后期，中国黄河流域，北至辽东半岛，南至江淮地区，以至长江中下游和华南地区的各氏族部落都开垦了适宜的土地，发展种植业生产，使人类有了比较稳定的食物来源和定居条件。土地从人类的劳动对象进而转变为生产资料。

到了商代，已经开始出现青铜农具，较之石制农具，对提高劳动效率和耕作质量、提高土地利用水平，无疑起着重大作用。土地开垦范围从黄河中下游和长江流域沿岸向四周扩大，土地利用的深度和广度均得到长足发展。公元前11世纪中期，周在攻伐商的过程中，军队所到之处，即开拓耕地，规划田亩，扩大农耕区，并主要向农耕条件良好的平原和河谷地带推展，以农业辅助其军事、政治的巩固与推进。由于田亩规划水平的提高、牛耕技术的采用、田间排灌技术的发展和休耕制进一步的普及，农业较之殷商时期得到了进一步的发展。主要表现为：农耕区进一步扩展；作物品种显著增加，有稻、黍、麦、菽、粟、麻、桑、瓜、果等，基本上具备了后世的主要作物；并实行原始休耕的方式恢复地力，即将农田分为可以连年种植的"不易之地"、种一年休闲一年的"一易之地"和种一年休闲二年的"再易之地"等三种土地，休耕的土地不加管理，让其自行恢复地力。随着西周的兴盛，当时较为进步的土地利用方式和技术传播到黄河流域大部分地区和长江流域一些地区，把畜牧业进一步推向中国西部、西北边缘山地。

春秋时期发明了铁的冶炼技术，中国进入了铁器时代。随着铁制工具在农业生产中的使用、犁铧和牛耕的推广、大型水利灌溉工程的兴修和耕作技术的改进，农业生产力进一步提高。当时全国绝大部分地方还是地旷人稀，靠近水源的肥沃之地可以满足耕种的要求，种植业是当时人们主要的土地利用方式；同时也部分依靠山林、溪谷，借以采集、捕捞和狩猎等。到战国中期，铁农具已广泛应用。铁比之木、石、青铜都坚固、锋利、耐用，因而铁器的使用为兴修水利、开垦荒地、深耕细作创造了有利条件。与此同时，牛被用到农业上作为拉犁的动力。这就为把人们从沉重的耕地劳动中解放出来提供了条件，使当时的农业生产力得到进一步的发展，人类利用土地的能力也进入了一个新的历史时期。

当时为了扩大耕地，齐、秦、楚、赵、燕等国都实行了"奖励耕作"政策，开垦荒地，修渠灌田。如燕国开辟了辽河下游及其以东地区；秦开发了汉中和巴蜀等地，并向关中及其北面和西面开拓；赵国也在其北境开辟了不少农田。当时，各地相继兴建了不少水利工程，如魏国兴建的漳水十二渠、秦国兴建的都江堰和郑国渠，为农耕区的扩展和灌溉创造了条件。同时，根据高地、平地、低洼地三种类型土地的特点，合理种植作物，"相其宜而为之种"。在耕作制度上，逐步由熟荒耕作制发展到"不易之地"的连年种植制，有的地区还出现了轮作复种制。黄河和汝河一带出现四年五收、二年三熟制的耕作制度，土地利用率有了明显提高。作物结构这时也发生了重大变化，黄河流域所栽培的冬小麦是冬种夏熟的作物，具有能利用晚秋和早春生育季节的特性，与早谷搭配起来，实行轮作复种，提高复种指数。

　　进入封建社会后，土地利用规模和格局都有显著的变化，是中国土地大开发和农耕区迅速扩展时期。秦始皇统一六国后，建立了中央集权的封建国家，从而结束了中原地区长期战乱和割据的局面，农业生产得到较快的恢复和发展。西汉建朝后，采取"移民边疆、屯田务农"的政策，开垦边疆荒地，建立了大规模民屯和军屯。屯田区域的选择，要考虑两方面因素：一是地理形势，以利战守；二是水源充足，土壤肥沃。西汉中期，农耕区向西北方向有了新的扩展。汉武帝时，开辟了河西走廊，使内地的广大农耕区与西域原有的种植区逐渐连接起来。还在长江以北和淮水以南，关中、中原和西北沿边一带大力进行水利建设，于是出现了大大小小的灌溉农业区。随着人口迅速增长和土地兼并日益严重，无地农民向山、陵、坡、坂开垦荒地，使得农耕区较前更为扩展开来。在南方长江下游的广大沼泽地带，通过不断修建大小排水工程，在很大程度上改变了原来的低湿沼泽面貌，使农垦区也得到了很大的扩展。东汉时期，又在北方逐渐扩展了农耕区与游牧区之间的农牧业过渡地带。秦汉时期，全国农耕区已北推至长城，南迄长江中下游，西至河西走廊，与新疆南部农耕区逐渐连接。西汉平帝元始二年（2），全国人口达5 959万人，耕地达2.38亿亩，人均占有耕地4亩，亩产粮食约132千克，人均占有粮食497千克。五谷、桑麻、六畜、园艺成为四大生产项目；渔猎采集等只剩下渔一项。到文帝和景帝时，国内便出现了"人给家足""府库余财"的民富国强的局面。这是中国历史上出现的第一次土地的农业开发高潮。

　　在耕作技术上，汉代还创造了代田法和区种法。代田法是将一亩地开三条沟，起三条垄，作物种在沟内，借以挡风和防旱，第二年再将沟垄位置互换，借以使土地轮流休闲，恢复地力。区种法是深挖作"区"而种，集中施用肥、水，适当密植，注意管理。其目的就是经济有效地利用水肥条件，以求得小面积范围内的高额丰产。由于这种方法既有抗旱的作用，又有高产的效果，所以一直为历代所重视，这表明了适应黄河流域干旱条件的耕作栽培技术在这一时期已日趋成熟。

　　黄河流域气候比较干旱。因此秦汉时期特别重视这一带的农田水利建设。据《史记·河渠书》记载，到汉武帝时，中国出现了"争言水利"的建设高潮，农田水利工程遍及黄河流域和淮河两岸。但仅靠引水灌溉还难以解决缺水的问题，因此，人们便在耕作上找出路，使土壤最大限度地蓄住水分而减少蒸发，这样，便创造了耕耙耱锄相结合的一整套抗旱保墒技术。这套耕作技术是土地利用技术中一项伟大的创造，它在实践上为中国半湿润半干旱地区抗旱保墒、发展农业生产找到了一条重要的途径。时至今日，它仍是北方旱作地区抗干旱、夺丰收所不可缺少的耕作措施。

　　三国两晋南北朝时期的近四个世纪期间，中国土地利用格局和人地关系又发生了重大变化。东汉末年，由于长期混战，中原出现了非常混乱的局面，古代农耕中心区受到严重破坏，黄河流域的农民，小部分逃散到东北辽河流域和西北的河西走廊或巴蜀地区，大部分涌向长江流域中下游、地旷人稀的江南。随着人口、劳动力的逐渐增加和水利工程的兴修，蓄水灌田，开垦湖田，农耕区随之扩大，出现了中国历史上第一次人口大迁移。北方和中原地区的人们大量逃往长江下游及淮水以南一带，推动了江淮地区土地的开发与农业的发展，大大改变了"楚越之地，地广人稀"的景况。东北辽河流域和西北河西走廊的农耕区和种植业也得到了较快的发展。西南少数民族聚居地区，特别是云南，随着土地的开垦，种植业开始得到稳定发展。这一时期，在土地利用上采用了精耕细作和防旱措施，并注意作物轮作和种植绿肥，已出现间作、套种和双季稻种植，一年两熟的耕作制度逐渐推广。

　　隋唐前期，局面比较稳定，中国人口增加，耕地扩大，农业生产获得较大的发展。当时，由于实行兵农合一制度，屯垦又有新发展，在长城以北和河西走廊等边远地区及山东、河南等内地，结合农田水利建设，又开垦了许多耕地。特别是江南地区，实行兴修水利和扩大农田面积相结合，开辟了大量耕地，并摆脱火耕水耨，实行轮作变种，不仅改变了两熟制，还出现了一年三熟。唐人元结说："开元、天宝之中，耕者益力，四海之内，高山绝壑，耒耜亦满。"可见当时全国农耕区范围之广。唐朝前期，对北部游牧民族的军事斗争虽取得了胜利，但农耕区并没有向北推进多少，主要是受土地条件的限制。但西北河西走廊地区，作为向西域扩展的农业基地作用则更显著，并与天山南北逐渐发展起来的农耕区之间断断续续衔接起来。西南的农耕区也不断扩展。唐朝末期，在云南建立起来的南诏国，重视种植业的发展，特别是植棉的发展，成为中国最早的植棉区之一。唐代中叶，"安史之乱"以后，塞外的游牧部族向南推进，但在东北边界上的农耕区，却不断向外扩展。这是由于契丹族建立起来的辽国政权，接受了汉族农耕文化。从"安史之乱"开始，黄河流域受到了战争的严重破坏，人口逃亡，土地荒废，农业生产一蹶不振。而在南方，由于社会环境相对稳定，人口增长较快，加之水利事业的发展，长江流域得到了进一步的开发。在南北朝后，长江下游一带已成为全国的主要产粮区，农业区的重心已开始由黄河流域转移到长江流域。

宋、辽、金、元时期近七百年间，中国土地利用格局发生了重大变化，耕作利用方式有了新的发展。公元12世纪初，女真族建立起来的金朝继续维持农耕文化，但北方农业日趋落后，南方的形势更加突出。这是因为在北宋政权终结、南宋和金朝的对立时期，北方人口大规模南移，农业技术和生产经验也传到南方，从而促进南方农业的大发展和农耕区的迅速扩大。总之，在两宋时期，特别是在南宋时期，全国的农耕中心已明显地由北方转移到了南方。由于北方人口第二次大批南迁，与南方农民一起进一步开发了江南，使南方人口激增，造成了耕地的不足。平原沃土耕垦殆尽，就向荒山要田，与水争地，人们在荒山峻岭上开辟农田，建设梯田，从而出现了"田尽而地""地尽而山"的局面，出现了圩田、梯田、涂田、架田、沙田等各种土地利用方式，使土地资源得到了空前的开发。圩田是对濒河（湖）滩地的利用，是与水争田的一种方式。在宋代，这种农田遍及长江下游，对当时扩大耕地面积起了相当大的作用。梯田是把坡地筑成阶梯状，每个梯阶都用石砌，包围田土，所以具有良好的防止水土流失的作用。山地的利用在唐代已相当普遍，其利用方式是顺坡而种，水土流失相当严重。梯田的出现是对山地利用的一个重大进步。涂田是对海涂的一种利用方式，其措施是：修筑海堤，挡潮侵袭；再种水稗，以脱盐分；然后修筑沟洫条田，进行种植。沙田是对淤地的一种利用方式，措施是四周筑堤，中间开沟，同圩田利用的方式大致相似。架田是与水争地的又一种形式。它是以木作框架，架上铺泥，进行种植。这样既可以自由移动，又可随水的升降而上下。这一时期在中国土地开发史上进入一个新的阶段。但是由于当时对山地、湖区的乱垦滥围，农业生态遭到了严重的破坏。在山区出现了严重的水土流失。在湖区出现水系紊乱，带来了严重的水旱灾害。元朝统一了全国以后，虽然也比较重视恢复被破坏了的黄河流域的农业，但农业重心仍在江南。在元朝的近一百年间，在土地开发利用方面的一个重要特点是长城线以北原来的农牧交错地带出现了向纯牧区转化的趋势。这一趋势实际上反映出历史上中国广大农牧交错地区的农牧业迭变态势。中国从山海关至甘肃南部一线以北和以西，昆仑山、祁连山以北的广大草原区和青藏高原高寒草原及丛林灌木区是历史悠久的牧业地区，当地的兄弟民族为这一广袤地区的发展做出了重大贡献。而在习惯于农业生产的汉族移居牧区后，则常常将草原开垦为农田。各游牧部族进入后，又把一些农田转为牧地。由此在长期的历史发展进程中，形成了从青海经甘肃、内蒙古、宁夏、陕西、山西及东北等漫长地带的农牧交错区，即以农为主的汉民族和以牧为主的少数民族进行长期迭移的地区。这些地区若为汉民族移居，就垦为农耕区；若为少数民族移居，则改为牧区。

明清时期的500多年中，除明、清两个王朝交替时有过一段短暂的全国性战争外，全国都处于统一和安定的政治局面之中。在此期间，中国的土地利用以及人地关系方面出现了新的特点和问题。明朝初年，由于元末社会变乱后，土地荒芜日甚，耕地大量减少，明朝洪武帝下令农民归耕，鼓励农民垦荒。当时在陕西、河南、山东等州县，每年垦田少者千余，多者20万亩。据不完全统计，洪武元年至十六年（1368～1383），各地新垦土地共达2 700万亩。至洪武二十六年，进行了中国历史上第一次全国耕地调查，查出全国耕地总面积7亿余亩，比元末时增长4倍有余。在耕作制度上，轮作、间作、套作等栽培制度得到全面发展。江南地区，如苏州、松江、嘉定、湖州一带栽培小麦、油菜等作物，形成以水稻为主、水旱轮作的一年两熟制。在福建、浙江一带，有的地方种植早晚稻兼作的双季稻，在岭南还种植有三季水稻。在北方发展了以粮棉为中心的二年三熟、一年两熟制。土地耕作更加集约化。在引种新作物上，玉米和甘薯先后传入中国沿海各省种植。明神宗万历六年（1578），全国人口约1.3亿，耕地4.65亿亩，人均占有耕地3.58亩，粮食亩产173千克，人均产粮559千克。人均耕地略低于唐朝，但单位面积产量有所增加。明朝的统治疆域，主要限于长城以南，在清朝建立以后，中原的农业民族与北方的游牧民族的长期兵争趋于结束。这种局面有利于全国范围内农业的开发和发展，中国种植业的发展大大推向边疆地区。首先是缓慢而持续地向东北推移。清朝对向蒙古和东北方面开垦，是先禁后弛，特别是东北地区，由于农业自然条件优越，垦殖速度尤快，从辽河流域经松花江流域伸展到乌苏里江流域。其次在青藏高原，这个与农耕区相毗邻、以青稞和牦牛为主的半农半牧区，种植业也有所发展。再次，亦农亦牧的西北天山南北也和中原农业区联成一体。在中原地区，清王朝建立伊始，即奖励增加人口和垦荒增加耕地面积。当时，南方四川、云南、贵州、湖南、江西、台湾等省实行移民垦殖，其他省凡有可垦荒地，要求五年内垦完。因此，清代的耕地面积随人口的不断增加而日益扩大。顺治十八年（1661）至嘉庆十七年（1812）的150多年间，耕地面积扩大3 600万亩。

然而明清时期，由于人口迅速增加，使中国在人地关系方面形成了地少人多的局面。据《清实录》记载：康熙四十七年（1708）中国人口已突破1亿。到乾隆三十一年（1766）人口增加到2亿，比宋时翻了一番。乾隆五十五年（1790）人口达到3亿，到道光十五年（1835）人口猛增到4亿。127年中，人口竟增加了3倍，其增加数量之多，发展速度之快是历史上前所未有的。而耕地的增长远不及人口增长之快。由于人口增长快而耕地增长慢，人均耕地面积迅速下降。据统计，乾隆三十一年时，中国人均耕地面积为3.46亩，而到嘉庆十七年（1812）则下降为2.01亩，全国性人多地少的矛盾由此形成。地少人多又导致了粮价飞涨，从康熙前期到道光时期，粮价上升了5倍多。中国的人地关系到清代已处在人口激增、人均耕地不足的严峻形势之下。

通过连作、间作、套作来发展多熟种植，提高复种指数，是明清时期解决地少人多矛盾的一个主要措施。当时黄河流域推广了二年三熟制和三年四熟制，其基本方式是每年种一季粮，隔年回种一季冬作物，土地利用率因此提高了30%～50%。长江流域推行一年二熟制，除稻麦两熟外，又发展了双季稻（包括间作稻和连作稻），当时双季稻的面积扩展很快，范围相当大。在闽粤地区，则推广了一年三熟制，其基本形式是二稻加一旱作，也有一年连种三季稻的，这样，在闽粤地区土地利用率提高了2倍。明清时期成了多熟制大发展时期。引进和推广新大陆的高产作物，是明清时期解决粮食不足的又一个重要措施，当时引进的主要有玉米、番薯等粮食作物和经济作物烟草。番薯是明代万历年间先后从吕宋（今菲律宾群岛中的吕宋岛）和越南引入福建和广东的，玉米是明嘉靖时传入中国的。到19世纪中叶，玉米不仅在长江流域、黄河流域广为种植，同时还传入了东北。这对当时开发山区、解决山区的粮食问题，起了很大的作用。

地少人多的矛盾，促使人们去经济地利用土地，在一些人口密集的地区更是如此。明清时期开始采取了粮、畜、桑、渔结合的经营方式。这种经营方式使土地和生物资源都得到经济的利用，因而取得了不增加耕地而能增加产量的效果。这种方式最初在明代嘉靖时出现于太湖地区，后来逐步发展到珠江三角洲。明代中叶，中国农业开始出现资本主义萌芽，农副产品日趋商品化。随着商品经济的发展，各地利用其土地优势发展农业生产，从而逐步形成了一些农作物集中产区。主要的有：大豆产区分布于东北三省；蚕桑产区分布于浙江的杭嘉湖平原和广东的珠江三角洲；柞蚕产区为山东和辽宁；甘蔗产区为福建的福州、漳州及广东和台湾；棉花产区为江浙沿海、湖南、湖北、安徽、江西沿江一带以及华北平原各省。

1840年鸦片战争后到1949年的100多年间，中国由封建社会沦为半殖民地半封建社会。在这一时期中国的土地开发利用和农业生产处于停滞和衰退状态，水利失修，耕地荒芜。据记载，从1851年（咸丰元年）至1934年，耕地面积只增加了3 000万亩，主要依靠边远地区开垦荒地。这是因为在当时的特殊条件下，许多内地农民前往东北、新疆等地开垦。截至1868年，吉林、黑龙江垦出荒地估计达825万亩。鸦片战争后，除人祸之外，继以连年不断的自然灾害，严重影响了土地利用，有的土地垦而复荒。土地利用率和生产率均较为低下，农业生产停滞不前。到抗日战争前的相当长时期内，农业生产和土地利用一直处于衰败状态。许多耕地没有很好利用，播种面积普遍减少，土地抛荒现象颇为严重，农业生产力显著下降。1931～1949年，农作物产量不仅没有增加，反而减少。1949年粮食产量1 131.5亿千克，较1936年最高年产量降低24.55%。到1949年全国耕地总面积为14.68亿亩，其中水田占23%，旱地占77%。

中国历代人口、耕地和人均耕地的变化

历史纪元／公元纪年	人口（亿）	耕地（亿亩）	人均耕地（亩）
秦始皇二十六年／前221年	0.2	0.9	4.5
西汉平帝元始二年／2年	0.595	2.38	4.0
唐玄宗天宝十四年／755年	0.529	2.11	3.99
宋徽宗大观四年／1110年	1.04	4.15	3.99
明神宗万历六年／1578年	1.3	4.65	3.58
清高宗乾隆三十一年／1766年	2.081	7.807	3.75
清仁宗嘉庆十七年／1812年	3.617	7.27	2.01
中华民国二十三年／1934年	4.62	12.3	2.66
中华人民共和国／1949年	5.417	14.68	2.71

*资料来源：吴慧：《中国历代粮食亩产研究》，农业出版社，1985年。

中国土地资源开发利用历史可以总结出以下特点：

土地开发利用的地域分布不平衡 中国历史上，初期都在华北和关中平原建都，所以较早形成农业区和都市的聚集地带。晋室南迁，部分居民随之南迁，促进了长江中下游和珠江流域的土地开发利用。唐代大批移民随军西征，实行"募兵耕寨"下的"屯田制"，沿"丝绸之路"向西开发扩展。辽金时期在东北松嫩平原、松辽平原沿岸已建立一定规模的农业开发区。辛亥革命后，大批移民出关，东北平原的耕地面积剧增，至1931年达到2.055亿亩。秦代在四川建都江堰，开发成都平原。云南到明代才有较大规模的土地开发利用活动。

土地开发利用经常以军事为先导 中国历代实行的屯田制，几乎都与军事目标有关。公元前127年，汉武帝屯垦戍边，先后开发河套平原、青海、河西走廊一带。唐德宗贞元八年（792），甘肃、宁夏、新疆沦入吐蕃，变屯田为牧场草地。至公元805年唐宪宗时收复该地区，又逐渐屯田复种。

土地开发利用类型因地制宜，复杂多样 中国历史上除水田、旱地的利用方式外，早在公元前1066年（春秋时期），就有利用三年后撂荒的轮作制。秦代以后，北方已有畦田、台田之分，长江中下游低洼地区有围田（圩田），丘陵地区有岗田、塝田、冲田。西北黄土高原按地势变化修筑梯田。

开展土地综合利用，注意生态效应 中国先秦时期的《国语·周语》就提出，教民不毁山林、湖泽，不截流。因为山林是水土聚集的地方，川泽可以调节气候和水分。汉以后实行的均田中规定"桑田"面积中需种桑、枣、榆树若干棵。华南地区在明代以来，已将基塘土地综合利用，"基种桑、塘蓄鱼、桑叶饲蚕、蚕矢饲鱼，两利俱全，十倍禾稼"，既减轻了水患，又利用了低地，可谓一举两得。

中国土地开发利用的历史，是一个从土地的外延开发利用到内涵开发利用，从平面利用到立体利用逐步深化的过程。

土地资源的分布格局与特点

根据《中国国土资源统计年鉴2011》的数据，中国土地总面积960万平方千米，其中平原面积115万平方千米，占土地总面积的11.98%；山地面积320万平方千米，占土地总面积的33.33%，大多分布在西部；高原面积250万平方千米，占土地总面积的26.04%；盆地面积180万平方千米，占土地总面积的18.75%；丘陵面积95万平方千米，占土地总面积的9.90%。

中国土地的分布既受自然地带性规律（包括水平地带和垂直地带）支配，又受地质、地形条件和人类生产活动的非地带性规律的影响，往往表现为二者相结合，形成严格的区域性。中国地形由西向东，呈三级阶梯下降，构成了中国地形的基本轮廓，深刻影响着中国土地资源地域差异的形成。中国的地形结构，特别是山脉分布与走向大致以东西走向和东北—西南走向为多，部分为西北—东南走向和南北走向。各种走向的山脉构成地形的骨架，把陆地部分隔成许多网格。分布在这些网格中的高原、盆地和平原，都在一定程度上受到这些山脉的制约。上述地形格局构成了由各类山地、丘陵、高原、盆地和平原组成的复杂多样的土地资源类型，并由此形成差异很大的土地利用类型。

从土地利用类型分布看，耕地、林地、草地的分布主要受水分等自然因素和人为因素所制约，是以自然因素为基础，以人类生产活动为主导的综合影响的结果。湿地受人为因素影响较小或未受影响，其分布主要反映自然因素的影响。建设用地主要受人为因素影响，其分布主要反映人类活动的作用。

耕地、林地和草地三种土地利用类型均受到人类活动的很大影响，最能表现自然与人为因素相结合的区域性分布特征。耕地主要分布在中国东半部季风区，即大约为年降水量400毫米等值线以东的湿润地区，占中国耕地面积的90%以上，大多为海拔500米以下的平原和丘陵，水热条件充足，开发历史早，尤其集中在东北、华北、长江中下游、珠江三角洲等平原、山间盆地以及广大的丘陵地区。耕地中水田主要分布在秦岭—淮河一线以南，即年降水量800毫米等值线以南的广大南方丰水地区，占中国水田面积的90%以上。旱地则主要分布在秦岭—淮河一线以北地区，约占中国旱耕地的85%，其中以东北平原与黄淮海平原较为集中，约占中国旱耕地面积的60%；其次是黄土高原、新疆的山前平原和绿洲，约占25%，其余的旱耕地则零星分布在江南丘陵与山丘坡地。林地分布范围很广，包括林地、灌木林地和疏林地。主要分布在中国东部的山地，与平原耕地分布呈交错状态。其中林地以东北大兴安岭、小兴安岭、长白山地和川滇西部、青藏高原东南边缘最为丰富，其次是南方山区的林地，其中东南丘陵低山区以人工林为主。西北的一些山区也有小片林地分布。灌木林散布于山地，但以南方山区占多数。草地主要分布在西部内陆区，即年降水量400毫米等值线以西的半干旱、干旱地区，包括东北西部、内蒙古、宁夏、甘肃、青海、新疆和西藏的广大高原、山地和盆地；其次分布在400毫米等值线以东的湿润、半湿润地区，如东北的三江平原和四川的甘孜藏族自治州、阿坝藏族羌族自治州，此外在各地的低地上也有零星分布。沼泽湿地主要分布在黑龙江三江平原、四川西部若尔盖高原、青藏高原河源区以及长江口以北滨海地区。冰川和积雪地主要分布在青藏高原与西北地区的高山带，海拔一般在4 000～5 000米之间，是当地农业灌溉的主要水源。盐碱地主要分布在西北和北方滨海地区，河套平原、华北平原的局部地区也有分布。沙漠戈壁主要分布在西北干旱地区。

中国的土地资源有以下四个基本特点：

绝对数量大，人均占有少　中国土地面积总量仅次于俄罗斯和加拿大，居世界第三位，以2009年的人口计，人均土地面积仅为0.72公顷，不及世界平均水平的1/3，其中还包括沙漠、戈壁、裸岩等近期难以大规模开发利用的土地。中国耕地、林地和草地面积的绝对数量在世界上都名列前茅，但按人口平均的资源数量都低于世界平均水平。其中2009年年底耕地数量占世界同期耕地总量的9.6%，仅次于美国、印度、俄罗斯，居世界第四位；但是从人均耕地看，2009年全国人均耕地0.101公顷（1.52亩），较1996年第一次调查时的人均耕地0.106公顷（1.59亩）有所下降，不到世界人均水平的一半，为俄罗斯的1/8，美国的1/6，印度的2/3。

类型复杂多样，耕地比重小　中国由于土地资源的水热条件组合差异、复杂的地形条件、悠久的土地开发历史、多种多样的土地利用方式，形成了极其繁多的土地资源类型。但是山地、高原和丘陵超过中国土地总面积的2/3，而最适宜辟为耕地的平原占土地总面积的比例不足12%。以2009年的全国耕地面积计，仅占中国土地总面积的14.1%，耕地比重明显偏小，远低于俄罗斯、美国、印度等大国的耕地比重，而且现有耕地中还有约10%不适宜继续耕作，需要退耕还林、还草、还湖等。

利用情况复杂，生产力地区差异明显　众多的土地资源类型为农、林、牧、渔业的全面发展提供了便利的条件。中国东部是耕地、林地、淡水水域和工矿及交通用地、城乡居住用地的集中分布区，土地利用率和生产率都很高。西部大部分为草地和当前难以利用的土地，土地利用程度很低。在东部地区内，以秦岭—淮河为界，北方以旱地为主，南方以水田为主，两者之间的生产力差异明显。此外，生产力的地区差异还表现在垂直地带的差异，尤其以西南、藏南地区和西北一些山区最明显，其生产力水平普遍较低。

地区分布不均，保护和开发问题突出　在土地资源构成中，山地丘陵多、平地少，土地生态比较脆弱，利用不当易引起水土流失和资源破坏。中国北起寒温带，南至赤道带，以亚热带和温带所占面积为大，光热条件比较优越。经过长期开发利用，逐步形成了多种多样的土地利用类型，其中耕地主要分布在东部地区，生产能力较高，优质耕地比重较高，但是近年来被建设用地大量占用；西部地区耕地主要分布在四川盆地、黄土高原、西北绿洲、西南山间盆地和河谷地带，除成都平原耕地比较集中外，其他地区均较分散，总体上生产能力较低，陡坡开垦的问题还未完全解决。作为多山国家，中国的林地比重原来较高，由于受到多年来砍多造少的掠夺性开发利用影响，近年来尽管有所改变，但总体上森林覆盖率仍然较低。天然草地主要分布于内蒙古、甘肃、青海、西藏和四川西部等地，由于多年来的过牧而不断退化，人工半人工草地比例极小。所以这些利用类型在保护与开发方面的矛盾都比较突出。在土地资源中还有不少当前难以利用的土地，主要集中在西部地区，包括大面积的沙漠、戈壁、盐壳、石山、冰川和永久积雪。

土地资源的开发利用现状及存在的问题

1949年以来，为了摸清耕地面积，在1952～1953年期间，中国开展了查田定产工作，在当时的条件下，仅仅对平地进行了丈量，丘陵山区的坡地则按播种量、用工量或产量等进行估计，在1953年公布的此次调查的耕地汇总面积为16.275亿亩。此后随着国民经济建设的全面开展，土地资源的开发利用进入了全新的阶段，主要表现在以空前的规模开垦荒地和开展土地改良，从而使耕地面积不断扩大，耕地质量有所提高，而林地面积和可利用草地面积随之缩小。通过扩大耕地面积和提高单位面积产量，满足了当时由于人口激增而对食物的需求。到1957年时全国耕地面积已增加到约16.8亿亩，1958年由于开始"大跃进"运动，多项大型建设工程上马，城乡建设和大型水利工程全面展开，占用了大量耕地；与此同时，全国出现了毁林开荒，开垦草地，围垦湿地、湖区，以至围海造田，耕地面积大量增加，总体上耕地面积仍然呈现扩大的趋势，到20世纪70年代末达到了20亿亩以上的总规模。

改革开放以来，中国的土地开发利用主要以大规模、有组织的土地整治（包括农用地整治、农村建设用地整治、城镇工矿废弃地整治、土地复垦以及宜农后备土地开发）活动为特征，在范围上，由相对孤立、分散的土地开发利用向集中连片的综合整治转变，从农村延伸到城镇工矿；在内涵上，由增加耕地数量为主向增加耕地数量、提高耕地质量、优化用地结构布局、改善土地生态并重转变；在目标上，由单纯的保护耕地向促进新农村建设和城乡统筹发展转变。

1999年，修订后的《土地管理法》明确规定"国家鼓励土地整理"，土地整治逐步实现了由自发、无稳定投入到有组织、有规范、有稳定投入的转变。2003年，《全国土地开发整理规划（2001～2010年）》发布实施。土地整治逐步形成了有法律支撑、有规划引导、有标准可依、有资金保障、有机构推进的工作局面。2008年，国家提出"大规模实施土地整治，搞好规划、统筹安排、连片推进，加快中低产田改造，鼓励农民开展土壤改良，推广测土配方施肥和保护性耕作，提高土地质量，大幅度增加高产稳产田比重""支持农田排灌、土地整治、土壤改良、机耕道路和农田林网建设"。这一时期，土地开发利用的目标更加多元化，内涵和效益的综合性特点越来越鲜明，社会认知度越来越高。通过土地整治，特别是基本农田整治，加强农田基础设施建设，有效改善了土地的生产条件，提高了土地的生产能力，有效改善了传统的农用地利用格局，扩大了土地经营规模。此外，国家进行了以"三北"防护林为标志的生态建设工程，采取了退耕还林、还草、还湖等重大措施，实施了长江上游重点水土流失区治理、京津风沙源治理、黄河中上游水土保持重点防治、珠江上游南北盘江石灰岩地区水土保持综合治理等土地治理重大工程。

20世纪90年代以来，1996年全面完成了由国务院组织的第一次中国土地利用现状调查，基本查清了中国土地利用状况，包括各种土地利用类型的面积、分布和权属（所有权）状况。时隔十年后，2006年国务院开始组织第二次中国土地调查，主要任务包括：开展农村土地调查，查清中国农村各类土地利用状况；开展城镇土地调查，掌握城市建成区、县城所在地建制镇建成区的土地状况；开展基本农田状况调查，查清中国基本农田状况；建设土地调查数据库，实现调查信息的互联共享。根据2013年年末公布（以2009年年末为标准时点汇总）的数据，全国耕地面积20.307 7亿亩，园地面积2.221 8亿亩，林地面积38.092 5亿亩，草地面积43.097 0亿亩，城镇村及工矿用地面积4.310 9亿亩，交通运输用地面积1.191 3亿

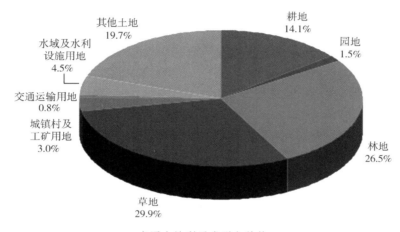

中国土地利用类型与结构

亩，水域及水利设施用地面积6.403 6亿亩。（根据《2014中国国土资源公报》，截至2013年年底，全国耕地20.274 5亿亩，林地37.988 1亿亩，牧草地32.927 0亿亩，建设用地5.618 5亿亩，其中城镇村及工矿用地4.591 1亿亩。）

从总体上看，中国土地资源的开发利用保护取得明显的成效，但是综合考虑现有耕地数量、质量和发展用地需求等因素，中国土地资源形势仍然十分严峻，土地利用变化反映出的土地生态状况也不容乐观，存在的问题主要表现在：

需要退耕的耕地面积较大，耕地后备资源不足　根据2013年年末公布（以2009年年末为标准时点汇总）的数据，全国尽管保有20.307 7亿亩耕地，但其中有8 474万亩耕地位于东北、西北地区的林区、草原以及河流湖泊最高洪水位控制线范围内，还有6 471万亩耕地位于25°以上陡坡。上述耕地中，有相当部分需要根据国家退耕还林、还草、还湿和耕地休养生息的总体安排作逐步调整。此外，至少有5 000万亩耕地受到中、重度污染，大多不宜耕种；还有一定数量的耕地因开矿塌陷造成地表土层破坏，因地下水超采，已影响正常耕种。

与此同时，中国宜耕后备资源匮乏，从整体上看全国宜于大规模开垦的土地资源已基本殆尽。虽然在一些地区还存在着一些沼泽地、河滩地，但这些土地的开垦将威胁湿地生态系统和生物栖息地；也还存在一些荒草地、风沙地、荒坡地等，但是开发利用的制约因素较多，且主要分布在西部土地生产潜力较小的地区，生态脆弱，开发受到严重限制，可能引发许多生态问题，大多不宜开垦。

优质耕地少，耕地质量总体不高　中国约有2/3的耕地分布在山地、丘陵和高原地区，只有1/3的耕地分布在平原和盆地。根据2013年年末公布（以2009年年末为标准时点汇总）的数据，全国耕地中，有灌溉设施的耕地比重为45.1%，无灌溉设施的耕地比重为54.9%，优质耕地所占比重不高。加上多年来占

用的耕地中，多数为灌溉水田和水浇地，而同期补充的耕地中具有排灌设施的比例较低，使得优质耕地少、耕地质量较差的问题更为突出。根据《2014中国国土资源公报》公布的第二次全国土地调查的耕地质量等别成果数据：以全国耕地评定为15个等别，1等耕地质量最好，15等耕地质量最差，1~4等、5~8等、9~12等、13~15等耕地分别划为优等地、高等地、中等地、低等地计，全国优等地面积占评定总面积的2.9%；高等地面积占评定总面积的26.5%；中等地面积占评定总面积的52.9%；低等地面积占评定总面积的17.7%，全国耕地平均质量总体偏低。

土地退化现象突出，土壤污染严重　中国土地退化现象相当普遍而且严重，主要表现在大面积的土壤侵蚀，局部地区土地荒漠化和沙化继续发展，以及工业"三废"对土地污染加剧。

根据中国第三次土壤侵蚀遥感普查数据（2000~2001年），21世纪初，中国的水土流失总面积356.92万平方千米，占土地总面积的37.18%，比20世纪初期水土流失面积（150万平方千米）增加1.38倍。其中耕地的水土流失面积已超过6亿亩，每年流失土壤10亿吨以上。除了造成表土流失、肥力减退外，还造成下游河道淤塞，增加下游平原的洪涝威胁。根据国家林业局第四次全国荒漠化和沙化监测数据，截至2009年年底，全国荒漠化土地面积262.37万平方千米，沙化土地面积173.11万平方千米，分别占国土总面积的27.33%和18.03%。从总体上看，中国土地退化问题，特别是大面积的水土流失和土地沙化（两者合计面积已接近全国土地总面积的55%），严重制约着土地生产力的提高，也是土地质量不高的重要原因。

一些地区工业"三废"造成了严重的土壤污染，特别是重金属造成的土壤污染，二氧化硫等形成的酸雨造成的土壤酸化，工业废渣、废水经冲刷进入农田，污水灌溉等严重恶化了土壤性质。城市周边和部分交通主干道以及江河沿岸耕地的重金属与有机污染物严重超标。

建设用地占用耕地多，自身利用粗放、效率不高　随着中国经济社会的快速发展，使得建设用地对土地的需求急速增加。大量耕地转向居民点和工矿及交通用地。近20年来中国非农建设占用耕地平均每年至少在200万亩以上，而且大部分是生产能力较高的优质耕地。随着工业化和城市化的进程，建设用地供需矛盾仍很突出，占用耕地的趋势还将持续。

在大量占用耕地的同时，建设用地本身的粗放浪费较为突出。全国城镇规划范围内闲置、空闲土地比例一直居高不下，全国工业项目用地容积率仅为0.3~0.6，工业用地平均产出率远低于发达国家水平。近20年来，乡村人口持续减少，而农村居民点用地却不断增加，农村建设用地利用效率普遍较低。新增建设用地中还存在工矿用地比重过高，而改善城镇居民生活条件的用地供应相对不足等现象。

土地资源开发利用保护的对策

在中国经济社会快速发展的重要时期，土地资源开发利用保护已成为一个带有全局性、根本性、战略性的重大问题。中国人多地少，耕地资源十分稀缺，又正处于工业化、城镇化的进程中，土地资源供需矛盾更突出，土地资源对经济社会可持续发展的瓶颈作用已经显现。特殊的土地资源国情，决定了必须切实保护耕地，大力促进节约集约用地，以尽可能少的土地资源消耗获得最大的综合效益，坚持走建设占地少、利用效率高的符合中国国情的土地开发利用保护的道路。

坚持和落实最严格的耕地保护制度　耕地是一种稀缺的不可再生资源，是粮食生产的第一资源，解决中国粮食问题，确保谷物基本自给，口粮绝对安全，必须立足于国内的耕地资源。随着人口增长和生活水平的提高，中国粮食需求将继续增加，保护耕地、确保国家粮食安全的压力将日益加重。为了保证土地资源可持续满足未来对粮食和建设的需求，必须坚持和落实最严格的耕地保护制度，坚决守住耕地保护红线和粮食安全底线，确保中国实有耕地数量基本稳定。切实做到有效控制耕地减少过多的状况，稳定一定数量和质量的耕地，特别是基本农田。并通过加强基本农田基础设施建设，提高基本农田质量、改造中下等耕地，改善生产条件，致力于提高单产。要努力发展节地型土地利用模式，提高复种指数，通过调整农业结构发挥优势，挖掘增产潜力。

保护基础性生态用地，构建生态良好的土地利用格局　要严格控制对天然林地、天然草场和湿地等基础性生态用地的开发利用，对沼泽、滩涂等土地的开发，必须在保护和改善生态功能的前提下，严格依据土地利用总体规划统筹安排。通过转变土地利用方式，调整各类用地布局，优化配置土地资源，逐渐形成结构合理、功能互补的空间格局。继续加大天然林地保护、自然保护区建设，加快建设以大面积、集中连片的林地、草地和基本农田等为主体的国土生态安全屏障，形成以林地为基础、以耕地为中心、以园地为辅助、以草地为依托、以湿地为保障的土地利用系统，构建景观优美、人与自然和谐的宜居环境。

严格控制建设用地规模，优化配置城镇工矿用地　应以需求引导和供给调节合理确定新增建设用地规模，特别是建设用地占用耕地规模，以土地供应的硬约束促进经济发展方式的根本转变。同时加大存量建设用地挖潜力度，积极盘活存量建设用地，加强城镇闲散用地整合，实施低效用地增容改造和深度开发，推行节地型城、镇、村更新改造，促进各项建设节约集约用地，提高现有建设用地对经济社会发展的支撑能力。

依据国家产业发展政策和土地资源环境条件，优先保障技术含量高、经济社会效益好的产业发展用地，提高工业用地综合效益。调整工矿用地布局，改变布局分散、粗放低效的现状。调整城镇用地内部结构，控制生产用地，保障生活用地，提高生态用地比例，促进城镇和谐发展。严格限定开发区内非生产性建设用地的比例，提升开发区用地效率和效益。

加强土地综合整治，确保土地的生产、生活和生态功能　应继续开展田、水、路、林、村综合整治，通过以点带面、点面结合、规模治理的模式，改善广大农村地区土地的生产、生活和生态功能。加快工矿废弃地复垦工作，特别是闭坑矿山、采煤塌陷、挖损压占等废弃土地的复垦，优先农业利用、多用途使用和改善生态条件。在保护和改善生态的前提下，依据土地利用条件，推进后备土地资源多用途开发利用。水土流失防治和沙化治理的关键是降低土地利用可能带来的风险。水土流失的防治应按照不同措施的用途和特点，治理与利用相结合，实行以小流域为单元，坡沟兼治、治坡为主，采取水利工程措施、生物防护措施、农业技术措施相结合的集中综合治理模式。对土地发生沙化的地区，要采取措施封育沙化的弃耕地和退化草场，保护现有植被，限定载畜量和分区轮牧；对草原地带内现有的旱作农田，须采用扩大林牧比重、建立护田林网（包括片林、人工饲草地）等综合措施进行防治。

结　语

综上所述，可以看到数千年来中国人地关系的轨迹是：人口的数量众多且越来越多；可供开发农耕的土地不足，且越来越少；灾害频发，土地生态较为脆弱。在分析土地资源开发利用及其得失的过程中，充分考虑上述背景，可以站在历史的高度，纵观前后，俯仰古今，实事求是地总结成功经验和失误教训，并揭示其中的前因后果，为今后如何求得土地利用的可持续性提供宝贵的启示。

两千多年前中国的先贤曾经提出"天人合一"思想，在人与自然关系的哲学观中不强调征服自然，而是从整体论和人文主义角度出发正确揭示了自然与人类的相互关系，主张和谐共生，以符合人类经济活动的目的。由这样的哲学观衍生的土地开发利用观念是重视用养结合、因地制宜、因时制宜，在土地利用的生产技术变迁过程中体现注重人力投入、追求高效利用的传统文化精神，并视之为经济社会稳定发展的基础，从而在协调和改善人地关系方面取得宝贵的成功经验。然而由于土地资源的有限性，又迫使人类不断扩大土地资源的利用范围，如毁林开荒、围湖造田、开发沼泽等，同时不断在有限的耕地上提高集约经营水平，增加产出量。人类的需求及其对土地资源的压力，是推动原始农业向传统农业转化的重要原因。人类在耕作技术方面的重大进步，既是人类发展的历史经验的总结，又极大地推动了人类文明的发展。就全世界而言，人类大约在1万多年前驯化粮食作物以取代采集，开始驯养而不是仅仅捕猎动物，这些进步使维持人类生存所需的土地空间至少减少了数百倍。随着农业种植技术的提高，特别是工业革命以来，依靠大量施用化肥提高地力，依靠农药抑制病虫害，依靠生物技术改良品种，以及通过轮作、套作、立体种养和各类田间管理技术的推广，极大地提高了土地的产出水平。

从历史上看，毁林造田、开垦草原、围湖垦殖并非始于今日，至少也有一两千年的历史，只是人口数量、科技水平等不同，于今更为剧烈而已。这是由于近代以前，中国土地开发利用的主体是农耕业，两三千年来主要依靠扩大耕地、精耕细作提高生产力，并以此维持经济、文化的繁荣。这样的道路必然以牺牲自然环境、破坏土地生态为代价。然而如果没有黄河流域的普遍开发，就不会有具有世界影响的汉唐文明。没有宋代以来的长江流域围湖造田，就不会有近千年的高度发展的长江文明。宋代以后南方人口增加，如果不是围湖造田，而是在湖荡发展水产业，也不能维持大量增加的人口。即使在当代，1949年以来人口大量增长，如果没有大规模的新辟耕地，数亿新增人口将难以养活。像这种在处理人地关系过程中顾此失彼，陷入两难怪圈的例证俯拾皆是，今天看似不合理的行为，在当时可能实为无奈。所以总结失误教训不能求全责难前人，而是应该从前人处理人地关系的行为轨迹中寻找现实可行的、可持续的发展道路；建立起同土地资源可持续利用相适应的制度和机制，促使土地资源的可持续利用。时至今日，国家已经提出必须树立尊重自然、顺应自然、保护自然的生态文明理念，把生态文明建设放在突出地位。生态文明要求的提出，为土地资源开发利用指明了方向，切实贯彻生态文明理念，努力推进生态友好型土地资源开发利用模式，已成为实现人与自然和谐、人地关系协调与可持续发展战略目标的必由之路。

tudi

土地　地球陆地表面具有一定范围的地段，包括垂直于它上下的生物圈的所有属性，是由近地表气候、地貌、表层地质、水文、土壤、动植物以及过去和现在人类活动的结果相互作用而形成的物质系统。土地为一切生物提供空间和立地，是一切生命存在与繁衍的基础，更是人类赖以生存和发展的基础。

长期以来，人类从不同角度给土地赋予不同的概念与含义。成书于两千多年前春秋时期的《管子》一书就指出："地者，万物之本原，诸生之根菀也。"类似的论述还散见于当时的其他典籍之中。三百多年前的英国古典政治经济学创始人威廉·佩蒂（William Petty）认为，财富的最后源泉，终归是土地和劳动；土地为财富之母，而劳动则为其父。马克思指出："土地是一切生产和一切存在的源泉"，是人类"不能出让的生存条件和再生产条件"。由此可以认为，土地为一切生物提供空间和立地，是一切生命存在与繁衍的基础。

从严格的定义出发，马克思曾说过："土地应该理解为各种自然物体本身"，"经济学上所说的土地是指未经人的协助而自然存在的一切劳动对象"。即土地首先应该是一个自然概念，但是土地作为自然物具体包括哪些部分，国内外学者的认识和概括则各不相同。

1972年联合国粮农组织（FAO）召开了土地评价专家会议，在会议文件《土地与景观的概念及定义》中专门给土地下的定义是："土地包括地球特定地域表面及其以上和以下的大气、土壤及基础地质、水文和植物。它还包括这一地域范围内过去和现在的人类活动的种种结果，以及动物就它们对目前和未来人类利用土地所施加的重要影响。"1976年联合国粮农组织（FAO）发表的《土地评价纲要》则进一步指出：土地是"地表的一个区域，其特点包括该区域垂直向上和向下的生物圈的全部合理稳定的或可预测的周期性属性，包括大气、土壤和基础地质、生物圈、植物界和动物界的属性，以及过去和现在的人类活动的结果，考虑这些属性和结果的原则是，它们对于人类、对土地目前和未来利用施加的重要影响"。至此土地的概念已趋于完善，并且为学术界广泛接受。

土地是自然综合体　土地的性质取决于各组成成分，如从农业生产来看，气候、土壤、岩石、植物、动物、水等自然要素均对农业生产施加一定的影响，但这些影响不是孤立的，而是彼此联系、相互制约的。换言之，农业生产并不仅仅受某一因素的影响，而取决于它们之间的相互联系和相互结合。工程建设同样如此，不应只考虑地基的承载力，还应顾及小气候条件、地形部位、地貌过程以及地表和地下的水文状况。实际上，土地的综合概念正是在这类生产实践过程中逐步形成和发展起来的。

土地是一个垂直系统　在陆地表面，每一块土地均占据着特定的三维空间。笼统地说垂直系统从空中环境直到地下的地质层，处于岩石圈、大气圈和生物圈相互接触的边界。从农业利用角度出发，可以具体到从土壤的母质层和植被的根系层，向上直到植被的冠层，这是各种自然过程（物理过程、化学过程和生物过程）以及人类活动与自然环境的相互作用最活跃的场所。若从工矿土地利用出发，则是从地下的岩石层到地上建筑物的顶部。

土地是一种历史综合体 土地具有发生和发展的历史过程，它是在长期的地质历史过程中形成的，受地表水热条件、地貌过程、土壤和动植物群落等的综合影响。某一地段的土地特征不仅能够反映某一瞬间的特定状况，而且从一定程度上反映土地形成的过程。同时，形成土地的各种自然条件也都处于不断的变化当中，加之人类对土地的利用也在一定程度上改变了土地的属性。所以，土地是一个受自然条件及人类影响的历史综合体。

土地与国土不是同一概念 国土是指一个国家主权管辖的地域空间，包括领土、领空、领海。土地的概念要狭窄一些，尽管土地也包括陆地上的水面即江河、湖泊、水库等，但海洋不包括在土地范围之内。

土地与土地资源概念既有联系又有差别 在人类生产活动中，土地既是劳动对象，又是生产资料，人类所需要的大部分物资，如粮、棉、油、麻、菜等基本上都是从土地中生产出来的。从这方面看，土地就不只是一个自然综合体，它经过人类的经营、管理、开发、利用、改造，改变了原来的面貌，成为一种资源。即经过人类的投入，从土地上得到了收益，于是产生了价值。所以土地与土地资源的概念存在区别，土地资源是在土地总量中，现在和可预见的未来能直接为人类所利用，用以创造财富产生价值的这部分土地。虽然两者之间有差别，但这种差别又是比较模糊的，土地资源的范围随着科学技术的进步正在不断扩大，目前国内外都是泛用这两个名词，并不作严格的区分。

还需指出，由于各国土地制度不同，为了管理土地的需要，各国还从法律意义上来定义土地。例如，有些国家在法律上认定土地不包括地下的矿藏，不包括其上的建筑物，土地定义已为国家的土地制度所渗透。

tudi yaosu
土地要素 构成土地的各个组成成分。又称土地组成要素。包括近地表气候、地貌、表层地质、水文、土壤、动植物以及人类活动的物质结果。土地是由多种组成要素相互作用、相互制约所形成的自然综合体，因此在分析研究土地的过程中，必须从全面分析土地各组成要素入手，阐明各要素在土地形态、功能、结构中的作用。应注重组成要素共同作用下所形成的外部形态和内在特征，而不是仅注意个别要素的形态和特征。在土地组成要素中，气候、植被、土壤等可以体现地带性分异特征，而表层地质（包括岩性）、地貌和水文要素则主要体现非地带性即地方性分异特征。所以在分析研究土地要素时，要考虑到它们的不同作用。

tudi zucheng yaosu
土地组成要素 参见第14页土地要素。

tudi texing
土地特性 土地作为生产资料，具有固定性、有限性、可改良性、多功能性的特点。①固定性。土地是地球陆地表层稳定的一部分。分布在地球各处的土地，在一定的地质历史时期内永久固定在一定的地理位置和地形部位上。土地作为一个总体其相对位置不能移动。②有限性。由于受到地表陆地的空间限制，土地的面积是有限的，人类只能在面积限定的土地上活动，可以依据需要和可能来改变土地的用途，但不能改变其总面积。③可改良性。土地与自然界共存，其性能具有可塑性，人类可以运用各种科学技术改良土地的性能，如对耕地注意用地与养地结合，实行精耕细作、集约经营，就可保持和提高地力；对林地实行科学轮伐，合理利用，林地质量就可提高；对草地注意草畜平衡，加强草地建设，草地质量就可改良。④多功能性。土地具有满足人类生产、生活、生态等多方面需求的能力，具有多功能的特点。

在土地评价中，土地特性专指用以区别不同土地单元或描述土地质量的可以度量的土地属性，又称土地性质，是联合国粮农组织（FAO）公布的《土地评价纲要》中提出的一个概念。指可以计量或估量的土地属性，如地形、坡度、降水量、土壤质地、土层厚度、土壤有效水容量等。若干土地特性构成一项土地质量，用于土地适宜性评价。

tudi xingzhuang
土地性状 说明一定类型土地的功能和（或）价值的属性。即土地在自然、经济、社会等方面的性质与状态，是判断土地质量和适宜性的依据。土地开发利用的评价、土地生产潜力的评价、土地等级的评价，都必须以土地性状为基础。土地性状指标，通常是土地的一些可度量或可测定的属性。自然属性包括土壤、地形、地貌、水文、植被、气候等因素；社会属性包括土地利用的现状、地理位置、交通条件、单位面积产量、城市设施、环境优劣度等因素。

tudi zhiliang
土地质量 土地功能满足人类需要的优劣程度。是土地各种性质的综合反映。土地质量是土地的一项复杂的综合属性，是对利用有利或不利的各种性质及其相互影响、相互制约过程的综合。可以表现为正、反两个方面，即对土地用途产生有利影响或作用的构成土地利用的适宜性，产生不利影响或作用的构成土地利用的限制性。

联合国粮农组织（FAO）公布的《土地评价纲要》中提出了特指的土地质量概念："与土地利用有关，并由一组相互作用的简单土地性质组成的复杂土地属性。"与农、林、牧业生产有关的，可以广泛运用于土地质量评价的主要指标包括以下四个方面。

与农作物或其他植物的生产力有关的土地质量 主要包括：作物产量（是以下许多质量的结果）、土壤有效水分、有效养分，根部有效氧素，根系立地适宜性，发芽条件，土地适耕性、土壤盐化度和碱化度、土壤毒性、土壤抗侵蚀性、与土地有关的病虫害、洪涝危险、温度状况、辐射量和光周期、影响植物生长的灾害性天气、影响植物生长的空气湿度、作物成熟需要的干燥期。

与畜牧业生产力有关的土地质量 主要包括：牧场生产力（是以下许多质量的结果）、影响牲畜的灾害性天气、地方性病虫害、牧场的营养价值、牧场的毒性、对植被退化的抵抗力、放牧条件下的抗侵蚀性、牲畜饮用水可获量。

与森林生产力有关的土地质量 主要包括木材年平均增长量（是以下许多质量的结果）、本地树种的类型和数量、影响幼林生长的立地因素、病虫害、火灾危险。

与经营管理和投入有关的土地质量 主要包括影响机械化的地形因素（可通行性）、影响道路修建和养护的地形因素（可进入性）、经营管理单位的可能规模、与市场和生产资料供应有关的地理位置，以及与大型土地整治有关的土地质量。

tudi mianji
土地面积 一个国家或区域的陆地面积，包括内陆水面和沿海滩涂，不包括领海。中国土地总面积9.6亿公顷。根据2013年年末公布的中国第二次全国土地调查（以2009年年末为标准时点汇总）数据，全国耕地面积13 538.5万公顷（203 077万亩），基本农田面积10 405.3万公顷（156 080万亩），园地面积1 481.2万公顷（22 218万亩），林地面积25 395.0万公顷（380 925万亩），草地面积28 731.4万公顷（430 970万亩），城镇村及工矿用地面积2 873.9万公顷（43 109万亩），交通运输用地面积794.2万公顷（11 913万亩），水域及水利设施用地面积4 269.0万公顷（64 036万亩），另外为其他土地。

土地资源状况（2009年年末）

项目	面积	占总面积（%）
总面积	96 000万公顷（1 440 000万亩）	100
耕地	13 538.5万公顷（203 077万亩）	14.10
园地	1 481.2万公顷（22 218万亩）	1.54
林地	25 395.0万公顷（380 925万亩）	26.45
草地	28 731.4万公顷（430 970万亩）	29.93
城镇村及工矿用地	2 873.9万公顷（43 109万亩）	2.99
交通运输用地	794.2万公顷（11 913万亩）	0.83
水域及水利设施用地	4 269.0万公顷（64 036万亩）	4.45
其他土地	—	—

tudi shuliang
土地数量 参见第15页土地面积。

tudi yanhua

土地演化 发生在同一地段上，各种不同性质的土地类型随时间变化而发生更替的过程。主要用于描述土地质量的变化过程。土地演化具有进化和退化两个基本方向。进化和退化都是基于人类对土地的利用而言，土地质量提高、土地产出量增加，就称之为进化，反之则称之为退化。

土地具有自然发生、自然变化的特征，在纯粹的自然状态下，它向与当地水热条件相适应的方向不断地变化，从而自发地趋向于一个在整体上和组成上保持不变的"稳态"，可称之为土地演化的"顶极"，这一过程是土地系统的一种自组织过程。在人类的干扰和作用下，土地演化变得更加复杂。事实上如果完全依靠自然力恢复地力，往往需要相当长的时间。随着人口的增加和经济社会发展的需要，人类对土地的压力越来越大，高强度的利用使得地力不能得到充分恢复和补偿，从而导致土地资源质量下降，这时需要考虑采取新的科学技术加快地力恢复和补偿的速度。随着对自然规律的认识和掌握，人类开始不满足于依靠自然力恢复土地的生产能力，而是积极地作用于自然，依靠各种技术措施提高土地的恢复能力，实现土地利用强度与演化间的平衡。

tudi ziyuan

土地资源 在当前和可预见未来的技术经济条件下，可为人类利用的土地。即土地总量中可以被人类用来创造财富产生价值的土地。由此可见，土地资源与土地在概念上非常接近，不同的是土地资源强调土地对人类的有用性。虽然两者之间还有差别，但这种差别又是模糊的，土地资源的内涵和外延随着科学技术的进步正在不断扩大。国内外都是泛用这两个名词，并不作严格的区分。

tudi ziyuan fenbu

土地资源分布 土地资源在空间所处的位置及其格局的特征。如中国的耕地主要分布在东部和季风区的平原、谷地和低缓的岗地、丘陵地区，林地主要分布在气候湿润的东北、西南和东南山区，草地主要分布在年降水量不足400毫米的西部内陆地区。土地资源分布的差异主要是由地形、气候分布的差异所造成的。由于东部地区的平原地势平坦，土层深厚，土质肥沃，属于季风区，降水比较丰富，所以特别适宜用作耕地。而东北、西南和东南山区气候湿润，适宜林木生长，所以形成三大森林分布区。由于高原、高山和大盆地主要分布在西部地区，地处内陆，气候干燥，不适宜林木生长和耕作业的发展，但是可以生长草类作物，所以分布着大面积的草地。另外，由于中国西部地势高峻，气候干燥，自然环境恶劣，形成了大面积的沙漠、戈壁、石山、高寒荒漠、永久积雪和冰川等未开展生产利用的土地。

tudi ziyuan jiegou

土地资源结构 在某一特定的地域范围内土地资源的组成及空间组合状况。包括土地要素的组成结构、土地的演替结构、土地的空间组合结构、土地单元的内部结构等。分析土地资源结构的目的在于优化结构，特别是优化整体结构。优化结构的关键在于不同要素或组分之间的优化配比。自然土地生态系统在空间上的分布是有规律的，要素或组分之间的数量比值也具有客观规定性，所以长期以来维持着系统的稳定。人类在开发利用土地资源的过程中，应该参照自然土地生态系统结构，形成新的优化的土地资源结构。

tudi ziyuan youxianxing

土地资源有限性 在一定的时间和空间范围内，土地资源的总量是一个有限的常量。土地资源的数量是有限的，这是土地资源的基本特点之一。全球或各个国家的土地资源数量都是恒定的。即使在当前的科学技术水平下，可以利用填海造田等技术增加一部分土地数量，但是还不能从总体上改变土地资源有限性的特点。此外，如果对土地资源不合理地利用，其生产力也会不断衰竭，退化成难以利用的状态，再要恢复需要数十年、数百年甚至更长的时间。

tudi ziyuan xiquexing

土地资源稀缺性 在一定的时空范围内能够被人类利用的土地资源是有限的，而人类对土地需求的欲望是无限的，两者之间的矛盾构成土地资源的稀缺性。稀缺性是相对于人类无限的需求而言的，人的需求具有无限增长和扩大的趋势，为了满足这种需求就需要更多的土地资源，相对不足的土地资源与人类绝对增长的需求相比造成了稀缺性。稀缺性可以进一步划分为绝对稀缺和相对稀缺。绝对稀缺是指土地资源的总需求超过总供给，相对稀缺是指土地资源的总供给能够满足总需求，但分布不均衡会造成局部的稀缺，当前的土地资源稀缺性主要是相对稀缺。

tudi ziyuan fengdu

土地资源丰度　表明一个地域单元所拥有的土地资源的总量及其与可比地域相比较的状况。是用于衡量可利用土地资源数量的指标。其评价指标有绝对量与人均拥有量两类，如耕地总量、人均耕地数量等。一般还划分丰度等级指标，如人均耕地阈值，认为高于阈值可以满足人类利用土地资源生产食物的需求，低于阈值则会危及人类社会的食物安全。土地资源丰度也可以是一个地域单元所拥有土地资源中不同等级或高等级部分所占的比例。如中国经常用中低产田比例高来表征耕地质量不高的状况。所以土地资源丰度包含着数量和质量两个方面的内容。丰富的、优质的土地资源，能够保障经济社会持续、稳定地发展，从而使得整个区域发展有一个稳定的基础；反之，如果土地资源短缺，而且质量差，开发利用难度大，经济社会的发展就会受到严重的限制和较大的影响。在土地资源开发利用的初期，即人类社会进入工业化阶段之前的漫长历史时期，农业经济始终占主导地位，耕种、放牧等农业生产方式对土地资源的依赖非常大。随着工业化进程和经济发展的加快，人类不断增加对土地资源的广度与深度开发利用。经济社会的发展在某种程度上摆脱了直接受土地资源约束的状态，更多地受到非土地因素的影响。但是，土地资源作为人类生存和发展的基础，其作用和地位是不会改变的，保护和改善土地资源丰度应该成为制定区域经济社会发展战略的重要依据。

tudi ziyuan xiepo

土地资源胁迫　自然界与人类经济社会活动对土地资源造成的压力。自然界对土地资源造成的压力包括全球变化导致的土地资源压力，如火山喷发或地震灾害掩埋耕地、林地，沙漠扩张蚕食耕地、草地，海平面上升淹没陆地，降水减少导致土地干旱等。人类经济社会活动对土地资源造成的压力包括人口增加、生活质量提高，对土地资源需求增加，进而引发不合理的土地开发利用，如砍伐森林、开垦草原等。自然界对土地资源造成的压力往往是不可避免的，如火山喷发、沙漠扩张等，较少受人类活动的影响；但人类经济社会活动会加剧自然界对土地资源的压力，如农牧交错带的过度开垦加剧土地沙化，温室气体排放加剧全球变暖趋势，进而导致气候干旱等等。自然界与人类经济社会活动对土地资源的压力存在相互联系，并有使两种压力同步放大的作用。随着人口的急剧增加，人类经济社会活动对土地资源的压力增大，土地资源面临的来自于人类经济社会活动的胁迫加强，土地资源胁迫的加剧也引发人类对土地资源安全的思考。

tudi ziyuan anquan

土地资源安全　保证一个国家或地区可以持续、稳定、及时、足量和经济地获取所需土地资源的状态或能力。大体包括三个方面：一是数量安全，即土地资源的数量多少，通常用总量和人均水平来反映；二是质量安全，即维持土地资源具有长期、可持续和稳定生产能力的土地质量水平；三是结构安全，指土地资源数量结构和区域结构的稳定性。土地资源类型多样性是结构稳定性的基础，从而保障经济社会发展对土地资源的多重需求。

tudi ziyuan duanque

土地资源短缺　区域资源开发利用中由于土地资源自然分布贫乏或是土地资源过度消耗等造成资源需求量超过资源供应量的现象。土地资源属有限资源，不可再生资源，对土地资源不断增长的需求必然导致土地资源的短缺，特别是耕地资源的短缺已经是全球面临的严峻挑战。为此，中国政府严格控制农用地转为建设用地，严格保护耕地特别是基本农田。节约集约利用土地资源已经成为人类社会的共识。

tudi ziyuan jiazhi

土地资源价值　土地资源对于人类的有用性和稀缺性产生的功效，即经过人类生产活动的投入，从土地上得到的收益。

马克思从劳动价值论角度出发，得出土地作为自然物，而不是劳动生产物，因而没有价值的理论。马克思还提出了"土地物质"和"土地资本"两个范畴，认为未经人类协助而自然存在的未利用土地是"土地物质"；对已经变成生产资料的土地进行的投资是"土地资本"。土地物质是自然界赋予的自然物，其实体固定在地球表层；土地资本则是人类利用土地而凝结在土地物质中的劳动和资本，属于固定资本的范畴。土地物质是原始自然资源，没有物化劳动，也没有价值。但它作为人类生存和发展的基础，又是有限的稀缺资源，具有重要的使用价值，也具有价格。这种价格是对土地所有者拥有所有权的报酬。土地资本来自于土地经营使用者，是为了改良土地、提高土地的使用价值而投入的，它代表的是土地经营使用者的利益，追求的是资本的利息和利润。自18世纪以来，西方相继出现"三要素价值论""边际效用论（主观价值论）""以稀缺为依据的资源价值论"和"均衡价值论"等价值理论。主张价值多元化，提出土地、资本和劳动一样创造价值，物的边际效用、人的偏好也能创造价值。这些价值理论依托现代市场，对影响土地价格的多种经济因素和非经济因素进行了详尽分析，评估方法较为可行。实际上在理论和计量方法上两者有相通之处，并具有兼容性和互补性，因为两者的基础都是市场经济机制下的土地价格。

中国尚未完全建立充分、健全的市场机制和健康运行的经济格局，单一估测方法的应用效果受到限制，一般都要多方法并行，其中以地租资本化法为基本方法。其基本思路是通过计算土地的收益计算土地资源的价格。土地资源价值的最大特点是只要使用得当，它的收益能力不但不会降低，还会随着合理使用而增加，产生一个永续的收益流。中国土地资源价值核算工作处于起步研究阶段，由于土地市场发育欠发达，目前还不具备开展全国范围土地资源价值核算的条件，也没有全国土地资源价值核算的成果，特别是耕地资源的价值核算还处于起步阶段。当前中国多数学者开始从更加宽广的价值意义层面讨论耕地资源的价值构成问题。新的价值理念与评估方法正在不断引入耕地资源价值的评估中。今后应该从新的价值理念出发，从耕地资源的本质属性出发，建立与时代发展要求相适应的新的耕地资源价值理论及评估方法体系。

tudi fubei

土地覆被 能直接或通过遥感手段观测到的自然和人工植被及建筑物等地表覆盖物，是实际分布在地球表面的森林、灌木、草原、农作物、水体、沙漠、冰川、地面建筑物等。国际地圈生物圈计划（IGBP）和全球环境变化中的人文计划（IHDP）的"土地利用和土地覆被变化"研究计划中把土地覆被定义为"地球陆地表层和近地面层的自然状态"，包含了"地球表层和亚表层的物质数量与类型特征，是地表的客观存在"。

土地覆被是随遥感技术发展而出现的一个新概念。其含义与"土地利用"相近，只是研究的角度有所不同。土地覆被侧重于土地的自然属性，土地利用侧重于土地的社会属性。它们都对地表覆盖物（包括已利用和未利用）进行分类。如对林地的划分，前者将林地分为针叶林地、阔叶林地、针阔混交林地等，以反映林地所处的生境、分布特征和垂直差异；后者从林地的利用目的和方向出发，将林地分为用材林地、经济林地、薪炭林地、防护林地等。但两者在许多情况下有共同之处。故在开展土地覆被和土地利用的调查研究工作中常将两者合并考虑，建立一个统一的分类系统。

从中国土地覆被的分布看，耕地、林地、草地的分布主要受水分等自然因素和人为因素所制约，是以自然因素为基础，以人类生产活动为主导的综合影响的结果。建设用地主要受人为因素影响，其分布主要反映人类活动的作用。湿地受人为因素影响较小或未受影响，所以其分布主要反映自然因素的影响。中国耕地比重由于受资源限制而过小；作为多山国家，林地比重又由于砍多造少的掠夺性利用而较低；数量最大的草地则因过牧而不断退化，

中国林区　　　　　　　　　　（陈百明　摄）

人工半人工草地比例极小。在土地覆被的差异方面，首先是东西部差异，其界线大致北起大兴安岭西麓，经松辽平原西部，黄土高原的右玉、绥德、环县，青藏高原的西宁、玛多至拉萨，与400毫米等雨线大致吻合，以东为农区，以西为半农半牧区和牧区。林区大致与农区相一致。其次，南北之间差异也很明显。东半部以秦岭、淮河为界，以北为北方地区，土地覆被以旱地作为基本耕地形态；以南为南方地区，以水田为基本耕地形态。西半部以祁连山、阿尔金山、昆仑山为界，以北为蒙宁甘新地区，以天然草地与绿洲为主要的土地覆被类型；南部为青藏高原，以天然草地为主要类型。土地覆被的宏观差异与自然条件、自然资源的总体结构较为一致，基本匹配。

tudi shuxing
土地属性 土地固有的性质、特点，是土地本身所固有的内在特性和通过人类经济社会活动所赋予的特性的总和。土地首先是一个自然概念，是各种自然物本身；同时它也是一个经济学概念，是作为一切劳动对象的生产资料。所以土地同时具有自然属性和经济属性，从这个意义上讲，土地可以称为自然经济综合体。

联合国粮农组织（FAO）的《土地评价纲要》把土地属性专用于表征土地综合的或某一方面的性质，如地面坡度、抗蚀性、有效土层厚度、土壤质地、土壤耕性、土壤有效水分、土壤养分状况、洪涝危害、盐渍化程度、灾害性天气等都属于可度量或测定的土地属性。一种或几种土地属性可确定一项土地质量。

tudi ziran shuxing
土地自然属性 土地本身固有的内在属性。土地与机器、厂房等生产资料不同，它不是人类劳动的产物，而是自然历史的产物，具有原始性，是由构成土地的自然要素，如岩性、坡度、海拔高度、土壤质地、地表形态、有效土层厚度、盐渍化程度、水文、植被、气候等因素长期相互作用、相互制约而赋予土地的特性。这种特性直接影响土地的适宜性和限制性，是衡量土地质量的重要依据。土地的自然属性具体表现在以下几个方面。

土地数量的有限性 土地不能像其他物品一样可以从工厂里不断制造出来。由于受到地球表面

陆海部分的空间限制，土地的面积是有限的。在不合理利用的情况下，土地将出现退化，甚至无法利用，从而使可利用的土地面积减少。

土地位置的固定性 土地是真正的不动产，分布在地球不同位置的土地，在一定的地质历史时期内，永久固定在一定的地理位置和地形部位上，使土地具有明显的地域性。同时在农业之外的生产部门，连同附加于其上的基础结构如道路、桥梁、渠道等固定资产都具有不可移动性。

土地的动态性 土地具有随时间变化的特点，例如由于植物和微生物的生长、繁育和死亡，土壤的冻结与融化，河水的泛滥，土地的淹没和土壤水分状况，土壤营养元素的积聚和淋失等均带有季节变化的特点，结果导致土地的性质也呈现季节性变化特征。土地的时间变化又与空间位置紧密联系，处于不同空间位置的土地，它的能量与物质的变化状况不同。土地的地域性与动态性是土地统一体的两个方面。

土地的不可替代性 土地本身是不能再生产的，其使用价值具有不可替代性。在目前以及可预见的未来的科技条件下，人类还不可能有效地、经济地扩大土地面积以及制造替代土壤的材料。

土地的生产性 土地具有植物生产能力，即土地在植物生长过程中，能够满足并调节植物对光、热、水、气、养分等因子的需要，使绿色植物通过光合作用，将无机物中的二氧化碳制造成碳水化合物，并把光能转化为化学能储存起来。同时牧草等绿色植物又是畜牧业生产的基础，陆地水域是水产养殖的场所。

土地的持久性与可更新性 土地具有不可消失性，而且可以多次反复利用。如在耕地上可以长期种植农作物，在林地和草地上可以长年生长树木和草本植物等。在合理利用的基础上，土地生产力可以自我恢复，土壤养分和水分及其他理化性质，不断地被消耗和补充，形成周而复始的循环。

tudi jingji shuxing
土地经济属性 通过人类的经济活动赋予土地的特性。土地除了作为自然物以外，又是极其重要的生产资料，这是在一定历史发展的阶段人类社会对自然物加以开发利用所赋予自然物的新属性。人类对土地的开发利用是把它当作劳动对象，作为最基本的生产资料，或用于种植，或用

来建筑等，都有一定的物质内容，所以土地具有与其他生产资料一样的经济属性。包括土地利用现状、土地利用方式、土地所有权、区位、交通状况、城市设施、经济发展水平、土地利用政策等。它们虽不直接决定土地的质量特征，却在很大程度上决定土地的利用方式、生产成本和利用价值等，因而往往也是土地评价时所必须考虑的，在经济评价中作为衡量土地质量的重要指标而处于重要地位。土地的经济属性具体表现在以下六个方面。

土地供给的稀缺性 经济学上的有限即稀缺，土地数量的有限性决定了土地供给的稀缺性。供给人类从事各种活动的土地面积是有限的，不同用途的土地面积也是有限的，往往不能完全满足人类对各类用地的需求，成为稀缺的经济物质，由此造成供给稀缺性所引起的土地供不应求现象。

土地的可垄断性 土地供应的稀缺性决定了土地的可垄断性，即在土地的所有、占有、使用上进行垄断。土地本身虽然不能创造财富，但土地本身在一定历史阶段内可以成为人类的财富，并且土地一旦与人的劳动相结合，就是创造物质财富的源泉。当人类将土地当作财富加以垄断时，就形成了土地所有权。自土地所有权形成以后，作为自然物的土地即使在尚未开发利用时，由于它的有限性和所有权的垄断，也可以成为一种财产，对土地的所有权就成为一种产权，也在产权基础上分离出使用权。无论对产权还是使用权的出让或转让都必须有一定的代价。

土地利用的制约性 土地可以有多种用途，在人类劳动的投入下，它可以生产出多种产品，但土地的使用在不同用途之间的变更却往往要受到土地位置固定性的制约。这种位置的固定性，决定了土地只能就地利用。如在市场经济条件下，农产品的价格由于供求关系等因素形成明显的升降时，农业生产者很难作出农用土地用途的变更，因为农业生产中不同作物的调整要求不同的土质、气候条件，要求积累不同的生产技术和资金水平等。

土地的可改良性 土地在人类投入物化劳动和活劳动以后，其理化性质将会发生改变，如盐碱土地的治理、荒地的开垦、建设用地的平整等。也就是说，一旦人类劳动投入土地，就会对土地起到改良的作用。同时，土地的可改良性还表现为，在土地上追加投资的效益具有持续性。

土地利用的社会性 土地利用不仅对目标地块和目标区域发生作用，而且还会影响到邻近地块和邻近区域的生态环境和经济效益，因此，土地利用会产生具体的、巨大的社会后果，也就是说土地利用具有外部性。土地利用后果的外部性，要求国家或区域对总体土地利用进行规划、管理、监督和调控。

土地的增值性 随着经济和社会生产力的发展，以及人口的不断增长，人类对不动产的需要也将与日俱增。而土地总量是有限的，土地的自然供给不会随经济社会需求的增加而增加。所以，从长期来说，土地供求矛盾将会加剧，从而引起土地价格的不断攀升。

tudi xitong

土地系统 在广义上指由人类环境耦合系统构成的地球系统的陆地组成部分。即地球陆地表面所有土地要素构成的时间、空间整体。地球陆地表面的各种自然要素与人类之间通过物质迁移、能量转换和信息交流，构成了相互联系、相互制约的统一整体，这是认识人类与环境关系的关键。土地系统暴露于灾害和干扰环境下，并会对灾害和干扰作出调节、适应或抵抗等响应，灾害和干扰的速度、先后顺序以及程度最终会影响土地系统及其协调和适应策略机制。土地系统的脆弱性和恢复力将影响土地系统的环境和人文因素，其产生的结果又会改变脆弱性和恢复力之间的关系。为了识别土地系统组成，揭示土地系统各要素及其关系脆弱性，以及模拟土地系统变化过程，当前已经开发了土地系统脆弱性和恢复力评估概念框架，该框架包括：①人类环境耦合系统的人文和自然要素状态及变化过程；②各要素和过程所经受的扰动和压力；③土地系统的脆弱性和恢复力分析，包括暴露和响应。框架描述了脆弱性和恢复力分析中所涉及的土地系统复杂性，列出了可能影响土地系统脆弱性和恢复力的要素和环节。由于土地系统受驱动力变化的影响，其对人类环境系统的协调性表现出特有的响应力。对土地系统脆弱性、恢复力和持续性的认识需要把微观尺度上人类在不同环境下开展土地利用的经济社会行为以及在生态保护和自然灾害防治等方面的决策作为最根本的驱动力。

tudi shengtai xitong

土地生态系统 以生物为核心，土地各组成要素之间及其与环境之间相互联系、相互依存和制约所构成的开放的、动态的、分层次的和可反馈的系统。即以陆地土壤、地形、水文和大气为环境介质与相应的生物群落组成的紧密实体。由于生物种类不同，与非生物环境的作用在空间上有明显的差异，形成土地生态系统结构。①垂直结构。在垂直方向上形成从土壤母质到植被冠层、到空气界面层等不同的层次。②水平结构。在水平方向上形成各种子系统，如森林、草原、荒漠、农田、湖泊等不同生态系统类型。特定的物质和能量的输入、输出和转化，养分和水分的吸收和循环，形成土地生态系统的功能。土地生态系统结构的变化会引起功能的改变。土地生态系统受人类活动因素影响较大。如水土流失、土地荒漠化、盐碱化等引起土地生态系统退化，进而影响全球性的陆地生态系统的退化和区域性变异。中国地域辽阔，气候类型多样，经济社会发展不均衡，使得土地生态系统的区域分异性很大。多种多样的土地生态系统类型，需要分析土地生态系统在不同层次上的复杂组成，认识它们之间的相互作用、它们与环境的相互影响和由此产生的整体特征（结构、功能、行为、演化等），揭示其发生、变化的特征、过程和原因，揭示整体的活动机理，以便于掌握、调节或控制。

tudi shengtai jingji xitong

土地生态经济系统 由土地生态系统与经济系统在时空上耦合而成的复合系统。即土地生态经济系统是由土地生态系统与经济系统相互作用、相互结合、相互依存而构成的，是具有一定结构和功能的有机整体。这是由于人类必须在自然空间开展经济活动，即通过生产活动向土地生态系统输入物质和能量，通过经济系统的运行获得经济产品，从而满足人类生活和社会发展的需求，所以人类生存对土地的需求是土地生态系统和经济系统耦合的内在动力。土地生态经济系统以及与周围环境共同组成一个有机整体，其中任何一种因素的变化都会引起其他因素的相应变化，影响系统的整体功能。毁掉山区的森林，必然引起径流的变化，造成水土流失，山间溪流将成为干涸的河床，严重时甚至导致气候恶化。因此，人类利用土地资源时，必须要有一个整体观念、全局观念和系统观念，考虑土地生态经济系统的内部和外部的各种相互关系，不能忽视土地的开发和利用对系统内其他要素和周围环境的不利影响，也不能仅仅关注局部地区土地资源的充分利用，而忽视了整个地区和更大范围内的土地资源的合理利用。

tudi dongtai xitong

土地动态系统 特征和性质随时间而变化的土地系统，即按确定性规律随时间演化的土地系统。其特点是：①土地系统的状态变量是时间函数，即其状态变量随时间而变化；②通过状态变量随时间变化的信息表征土地系统状况；③土地系统的状态变量具有持续性；④状态变量是表征土地系统本质特性和功能的属性向量集合。

tudi xitong fenxi

土地系统分析 研究土地系统中各子系统的相互作用，系统的对外接口与界面，系统整体的行为、功能和局限，从而为土地系统未来的变化与应对措施提供参考和依据。随着计算机技术及系统分析方法的发展，系统分析已在土地领域获得日益广泛的应用，被用于分析、研究、改善土地系统。土地系统分析大量借用数学模型、数学分析、计算机模拟等定量分析方法，试图在具有不确定约束或边界条件的情况下，对土地系统诸要素进行综合表述，得出较为准确或合理的结论。系统分析方法一般可以分为定性分析方法和定量分析方法。前者一般不涉及变量关系，主要依靠人类的逻辑思维功能分析问题；后者涉及变量关系，主要是依据数学函数形式进行计算求解。由于系统分析问题的复杂性，很多问题的解决既涉及定性分析，也涉及定量分析，因此，定性分析和定量分析方法相结合的运用越来越普遍。

tudi xitong bianjie

土地系统边界 土地系统包含的结构、功能与不包含的结构、功能之间的界限。一般在土地系统分析阶段确定土地系统边界，只有明确了边界，才能继续开展分析研究。土地系统被一组将它们与外部分开的边界所包围，土地系统的边界存在于一个连续体中。土地系统必须能够通过边界输入物质、能量或信息，然后与外部交换成品，服务和输出信息。

tudi danyuan

土地单元 在广义上指由一块具有特定的土地特性和质量，并可在图上勾绘出来的土地。是划分和评价土地的基本空间单位。一般来说，土地单元既是一个能反映自身特性的最基本地块，同时也是取样和获得数据的基本单位。因此，划分土地单元是在一定的精度要求下，按土地特性、区位条件和利用方式基本一致的原则进行的。土地单元划分原则一般采用一致性原则、主导因素原则、整体性原则和实用性原则。土地单元划分方法主要有叠置法、主导因素判定法、网格法、均质地域法、土地类型法和街坊法。确定土地单元后，应根据实地调查的数据，确定每个单元上的鉴定指标数值。

不同尺度所划分的土地单元范围大小不同。一般可以分为四个层次：①一级单元：由大区地貌和土类或亚类组成的单元。所谓的大区地貌是反映大区域地理单元的地貌类型，如平原、高原和台地、丘陵、山地。②二级单元：由中地形和土属组成的土地单元。所谓的中地形是大区地貌下因成因不同划分的地形，如冲积平原、熔岩台地、侵蚀黄土丘陵（梁、峁）、岩溶山地等。③三级单元：由小地形和土种组成的土地单元。所谓的小地形是在中地形下因所处的部位不同划分的地表形态，如冲积平原可划分为山前冲积平原、冲积平原、滨海冲积平原。④四级单元：由微地形和土壤变种组成的土地单元。所谓的微地形是在小地形下因微小变化而划分的地形。

tudi quwei

土地区位 土地的空间位置。即某块土地在由经纬线构成的网络中所处的一个位置。作为相对概念，则是指相对于其他位置所处的一个位置。反映土地在空间上与其他位置的关系。土地区位的特性是土地空间性和地域性的重要表现，也是土地本身具有的重要基本特征之一。每块土地都有特定的三维空间位置，土地利用活动只能在所处地域内进行，这是土地不同于其他生产资料的特性。土地区位的差异直接影响土地收益和地价，是决定土地等级和形

成土地级差收入的重要条件。研究土地区位的目的在于评价土地区位条件，评价因素可分为自然因素和经济社会因素。自然因素是指气候、土壤、地形、水源等条件；经济社会因素是指交通运输、劳力、原料、市场等条件。土地区位理论在现代土地利用规划和土地价格评估中产生重要作用，特别对城市土地而言，土地区位因素成为确定土地用途的决定性因素。

tudi jingguan

土地景观 不同类型土地上形成的特有的景象，即具有明显视觉特征的土地实体。如耕地景观、荒漠景观、沼泽景观、湿地景观等。它常出现于土地结构相对一致的同一区域，所以研究土地景观可以作为土地类型野外制图的参考。从美学观赏角度看，

沼泽景观

土地景观又是一种宝贵的风景资源。保护土地景观，需要维护土地的各种自然形态和生物多样性，处理好开发建设活动与承载各种生命和生态内容的土地之间的关系，使人类与山脉、河流、湖泊、湿地、森林、草原和谐相处。

tudi jiegou

土地结构 一个区域内若干性质上有差异而相互间又有发生学联系的土地类型有规律地组合而成的空间格局。又称土地类型结构。土地结构是土地类型在水平空间分布关系的形态，表明土地与土地之间的水平分布关系，包括质的对比关系和量的对比关系两方面。质的对比关系是指有哪几种土地类型，

其排列组合关系如何；量的对比关系是指各种土地类型所占的绝对面积和百分比。土地类型有多种组合形式，大体上可分为递变型结构和重复型结构两类。递变型结构是指土地类型的空间分布按一定的方向或方位发生递次变化，构成一定的系列；重复型结构是指土地类型的空间分布呈有规律的相间排列和重复分布，或在一种类型的背景上出现另一种类型的斑点状分布，构成一定的复域或复区。实际上经常出现的是上述这两种结构的过渡形式或更复杂的交叉组合形式。广义的土地结构还包括土地利用类型和土地资源等级的组合结构。土地结构是合理开发利用土地的重要依据，研究土地结构不仅对于土地利用的产业配置有重要意义，而且对于各产业门类的内部构成也有一定影响。只有优化的土地结构，才能保持土地利用系统的良好功能。

tudi jiegou gouxing
土地结构构型　构成土地结构的土地类型组合的空间格局或图式。中国的高原和低山丘陵地区，由于沟谷的发育，水系多呈树枝状伸展，土地类型组合呈枝状构型；在山间盆地和冲积平原地区，由于沉积物的分选，随地形降低而由粗变细，地下水位抬升，同时由于地球化学沉积作用，使得土地类型组合呈扇状构型；在干旱和半干旱地区的湖泊四周，随地形从四周向中心倾斜，水分状况也发生相应变化，以湖泊为中心，土地类型组合呈盆状构型；在平原地区，通过土地整理，开展土地平整，开挖灌排沟渠，土地类型组合呈棋盘状构型；在城镇与农村居民点周围，受人类长期生产活动影响，经常出现以城镇与农村居民点为中心向外扩张的同心圆状构型；此外还有格网状、斑块状等形式。

tudi jiegou yanti
土地结构演替　在自然和（或）人为因素影响下，土地结构的组分和（或）构型发生和发展的变化过程。土地结构演替可以分为自然演替和人为演替过程。在已经开发利用的地区，则表现为自然演替和人为演替交织，以人为演替过程为主的特点。在中国丘陵山区，为了防止水土流失，根据地形的自然特点，普遍把坡地修建成水平梯田，从而把枝状构型改造成梯田式构型。分析土地结构演替，有助于分析土地结构的变化是否合理，也可以预测未来的土地状态，这为确定合理的土地利用方式，促进土地的可持续利用提供科学依据。

tudi haosan jiegou
土地耗散结构　开放的土地系统内各要素相互作用而不断消耗负熵，输入并发散熵输出而形成的一种有序、稳定、远离平衡态的组织。耗散结构的概念是相对平衡结构的概念提出来的，是一种系统理论。耗散结构理论引用到土地系统后，土地耗散结构被认为是土地系统作为远离平衡的开放系统，在外界条件变化达到某一特定阈值时，量变可能引起质变，系统通过不断与外界交换能量与物质，就可能从原来的无序状态转变为一种时间、空间或功能的有序状态。土地耗散结构理论回答了土地这一开放系统如何从无序走向有序的问题。

tudi didaixing
土地地带性　土地类型分布出现垂直地带性和水平地带性的现象。垂直地带性指山区土地类型随海拔高度递变的规律性。随着山地高度的增加，气温随之降低，从而使土地类型发生垂直变化。形成垂直带的基本条件是构造隆起的山体，而其直接原因是热量随高度增加而迅速降低。只要山体有足够的高度（一般500米以上），自下而上便可形成一系列的垂直带。垂直带的数量和顺序等结构形式，称为垂直带谱。一个山体或一条山脉可以有多个带谱。垂直带谱的起始带称基带。垂直带谱的性质和类型主要取决于带谱所处的纬度地带性和非纬度地带性中的位置，即基带坐落的具体地点，以及山体本身的特点，如相对高度与绝对高度、坡向、山脉排列形式及局部地貌条件的变化等。从低纬至高纬地区，随着基带的更替及其带幅的变化，带谱的性质也随之变化，带谱结构也逐趋简单。水平地带性指土地类型随地理位置（纬度、经度）递变的规律性。因纬度和距海远近不同，引起热量和湿润度差异，形成不同的土地类型系列。大致沿纬线（东西）方向延伸，按纬度（南北）方向逐渐变化的为土地纬度地带性分布；而沿经线（南北）方向延伸，按经度（东西）方向排列的为土地经度地带性分布。中国位于欧亚大陆的东南部，生物气候条件深受东南季风的影响，土地类型的水平分布具有沿纬度方向和经度方向变化的特点。例如，东部沿海地区土地类型分布基本上与纬度相符，西北内陆干旱、半干旱地区，土地类型分布基本上沿经度方向排列。

tudi xianzhixing

土地限制性 从负面影响某一土地单元对特定土地用途的土地潜力或适宜性的土地属性。与土地适宜性相对立。指土地对某些用途的不适性或局限性，通过土地的某些要素的不适宜来反映。如较陡的坡度限制种植业的发展。限制性往往从土地的限制因素反映出土地的质量。有些限制因素是可以改变的，如某些不适宜的土壤条件。有些文献将这类因素称为不稳定的限制因素。有些限制因素则不能或很难改变，如大气候条件，称为稳定的限制因素。在土地评价中，通常使用限制因素来确定较低的等级。

tudi shiyixing

土地适宜性 某一土地单元对某一特定土地用途或土地利用方式的适用性。即某种土地类型持续用于特定用途的适宜程度，用以反映土地的质量。鉴于不同用地种类要求不同的土地条件，适宜性只对特定的用地类型才有意义。土地适宜性可分为现有条件下的适宜性和经过改良后的潜在适宜性两种。土地的适宜性有显著差异，按其适宜的广泛程度，又有多宜性和单宜性之分。多宜性是指某一块土地同时适用于多项用途；单宜性是指该土地只适用于某特定用途。即对农、林、牧等各业利用都适宜，称多宜性土地；主要适合一种用途，称单宜性土地。具体用途对土地条件的要求有一个幅度，用适宜性分级表示其适宜程度的高低，所以在满足同一用途上，还有高度适宜、中等适宜、勉强适宜的程度差别。

gengdi ziyuan

耕地资源 现有耕地和耕地后备资源的总称。即除了已耕种的土地，还包括未开发但可开发用于种植业生产的那一部分土地。由此可见耕地资源的含义比耕地要宽。根据2013年年末公布的中国第二次全国土地调查（以2009年年末为标准时点汇总）数据，全国耕地面积13 538.5万公顷（203 077万亩），基本农田10 405.3万公顷（156 080万亩）。

耕地分布 全国耕地按地区划分，东部地区耕地2 629.7万公顷（39 446万亩），占19.4%；中部地区耕地3 071.5万公顷（46 072万亩），占22.7%；西部地区耕地5 043.5万公顷（75 652万亩），占37.3%；东北地区耕地2 793.8万公顷

（41 907万亩），占20.6%。

耕地质量 全国耕地按坡度划分，2° 以下耕地7 735.6万公顷（116 034万亩），占57.1%；2° ～6° 耕地2 161.2万公顷（32 418万亩），占15.9%；6° ～15° 耕地2 026.5万公顷（30 397万亩），占15.0%；15° ～25° 耕地1 065.6万公顷（15 984万亩），占7.9%；25° 以上的耕地（含陡坡耕地和梯田）549.6万公顷（8 244万亩），占4.1%，主要分布在西部地区。

中国25° 以上的坡耕地面积

地区	面积（万hm²）	占全国比重（%）
全国	549.6	100
东部地区	33.6	6.1
中部地区	75.6	13.8
西部地区	439.4	79.9
东北地区	1.0	0.2

全国耕地中，有灌溉设施的耕地6 107.6万公顷（91 614万亩），比重为45.1%，无灌溉设施的耕地7 430.9万公顷（111 463万亩），比重为54.9%。分地区看，东部和中部地区有灌溉设施的耕地比重大，西部和东北地区无灌溉设施的耕地比重大。

中国有灌溉设施和无灌溉设施耕地面积

地区	有灌溉设施耕地		无灌溉设施耕地	
	面积（万hm²）	占耕地比重（%）	面积（万hm²）	占耕地比重（%）
全国	6 107.6	45.1	7 430.9	54.9
东部地区	1 812.5	68.9	817.2	31.1
中部地区	1 867.0	60.8	1 204.4	39.2
西部地区	2 004.3	39.7	3 039.2	60.3
东北地区	423.8	15.2	2 370.1	84.8

从耕地总量和区位看，全国有996.3万公顷（14 945万亩）耕地位于东北、西北地区的林区、草原以及河流湖泊最高洪水位控制线范围内和25°以上陡坡，其中，相当部分需要根据国家退耕还林、还草、还湿和耕地休养生息的总体安排作逐步调整；有相当数量耕地受到中、重度污染，大多不

宜耕种；还有一定数量的耕地因开矿塌陷造成地表土层破坏，因地下水超采已影响正常耕种。

从人均耕地看，全国人均耕地0.101公顷（1.52亩），较1996年一次调查时的人均耕地0.106公顷（1.59亩）有所下降，不到世界人均水平的一半。

另据国土资源部公布的《2014中国国土资源公报》，自第二次全国土地调查以来，耕地面积逐年减少，截至2013年年底，全国耕地面积已下降到13 516.34万公顷（202 745万亩）。

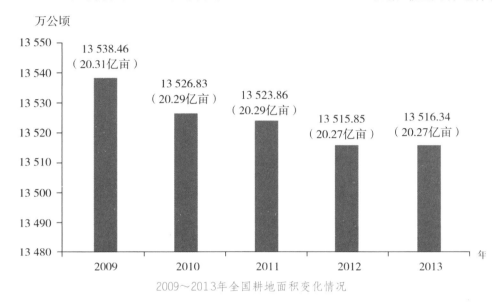

万公顷

2009～2013年全国耕地面积变化情况

lindi ziyuan

林地资源 用于生产和再生产森林资源的土地，是林业生产最基本的生产资料。包括有林地、宜林地、疏林地、未成林造林地、灌林地、苗圃等。它既是森林资源的重要组成部分，又是森林资源经济活动得以进行的基本条件，是不可缺少和不能再生的生产要素。林地资源对土地资源和人类的生存质量有着极其重要的作用。林地资源所具有的生态功能，远远高于其生产木材的经济效益。丘陵山区林地的生态效益集中体现在水文效应上，如涵养水源、调节径流以及与此相关的土壤保持、防止水土流失和减少自然灾害；平原地区林地的生态效益主要体现在防风、改善小气候、增加土壤肥力方面；干旱风沙区的林地生态效益多表现在防风固沙、防止土地沙漠化等方面。中国的主要林区可分为：东北内蒙古林区、西南高山林区、东南低山丘陵林区、西北高山林区和热带林区。

根据第七次中国森林资源清查数据（2004～2008年）中国林地总面积30 378.19万公顷，占土地总面积的31.6%。林地中，有林地18 138.09万公顷，灌木林地5 365.34万公顷，疏林地482.22万公顷，未成林造林地1 132.63万公顷，苗圃地45.4万公顷，迹地（含采伐迹地和火烧迹地）709.61万公顷，宜林地4 403.54万公顷，林业辅助用地101.36万公顷。

根据《全国林地保护利用规划纲要（2010～2020年）》的表述，中国的林地资源的保护利用取得了以下几方面的明显成效。

①促进了国土绿化和森林资源持续增长。中国森林覆盖率已从20世纪50年代初期的8.6%提高到20.36%。森林面积达到19 545万公顷，比改革开放初期增长61%；森林蓄积量达到137亿立方米，比改革开放初期增长34%。尤其是近20年来，森林面积和蓄积实现了持续增长。人工林面积达6 169万公顷，居世界第一位，占全球人工林面积的38%。仅"十五"期间，全国植树造林面积就达3 993万公顷。

②实现了局部生态明显改善。改革开放以来，国家先后实施了"三北"防护林、天然林保护、退耕还林、京津风沙源治理等重点生态工程。"三北"防护林工程造林2 400多万公顷，工程区森林覆盖率提高了1倍。天然林保护工程有效保护天然林9 500多万公顷，减少森林资源消耗4.26亿立方米。退耕还林工程造林2 600多万公顷，其中退耕地造林900多万公顷，工程区森林覆盖率提高两个多百分点。全国沙化面积由20世纪末的年均扩展约3 436平方千米变为目前的年均缩减约1 283平方千米，总体上实现了从"沙逼人退"向"人逼沙退"的历史性转变。

③保护了生态区位重要地区的林地资源。2001年以来，共区划界定国家级公益林地10 500多万公顷，中央财政每年支出的公益林补偿费已超过30亿元；建立了各类自然保护区总面积达12 200多万

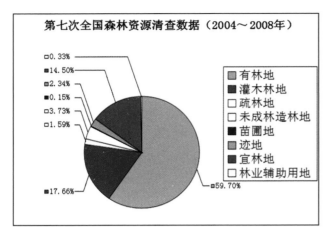

第七次全国森林资源清查数据（2004～2008年）

- 0.33%
- 14.50%
- 2.34%
- 0.15%
- 3.73%
- 1.59%
- 17.66%
- 59.70%

图例：
- □ 有林地
- ■ 灌木林地
- □ 疏林地
- □ 未成林造林地
- ■ 苗圃地
- □ 迹地
- ■ 宜林地
- □ 林业辅助用地

公顷，约占国土面积的12.7%；已建森林公园2 151处，总经营面积1 597.47万公顷，有效保护了全国生态区位重要地区的林地及生物多样性。1949年以来，国务院确定了重点国有林区，并建立了一批国有林业局；还先后建立了4 466个国有林场，重点林区的森林资源得到了有效的保护利用。

④提高了木材及林产品供给能力。1949年以来，累计为社会提供木材60多亿立方米，人造板、地板、家具、松香等林工产品产量居世界首位，经济林、花卉、紫胶、活性炭等林副、林特产品产量居世界前列。2008年，中国林业产业产值达到1.44万亿元，林产品进出口贸易额突破700亿美元，已跃升为世界林产品生产和贸易大国。

与此同时，中国林地资源的保护利用面临着以下突出问题。

①林地总量不足，逆转日趋严重。中国森林覆盖率仅为世界平均水平的2/3，居世界第139位，用占全球4.7%的森林支撑占全球23%的人口对生态和林产品的基本需求。中国人均有林地面积0.13公顷，仅为世界人均水平（0.6公顷）的22%。林地逆转日趋严重，第七次全国森林资源清查数据表明，清查五年间隔期内因毁林开垦、自然灾害、工程建设等导致林地转为非林地面积达832万公顷，其中近85%逆转为其他农用地。有林地逆转为非林地的面积为377万公顷，相当于同期全国造林面积的1/10。

②林地质量不高，生产力低下。中国大部分林地分布在干旱、半干旱地区，土层瘠薄、水肥条件差，林地生产力低。全国乔木林单位面积蓄积量不到86立方米/公顷，仅是世界平均水平的78%；林分平均郁闭度只有0.56，只相当于正常密度的67%；森林年净生长量仅为3.85立方米/公顷，相当

于林业发达国家的一半左右。现有森林呈现人工纯林多、混交林少，单层林多、复层林少，中幼林多、成过熟林少等现象，森林资源总体质量不高。特别是约占中国林地总量60%的集体林地，单位面积蓄积量只有53立方米/公顷。

③林地退化明显，治理难度大。全国有近500万公顷林地退化为疏林地，超过5 000万公顷林地退化为郁闭度小于0.4的低质低效林地，尤其是西部地区、南方地区以及集体林区的林地退化十分严重。在林地中，宜林荒山荒地、沙荒地等占到14.5%，其中超过60%的宜林地分布于西北、华北北部和东北西部等"三北"干旱、半干旱地区，造林比较困难，恢复植被难度大。毁林开垦和征、占用等消耗的多是优质林地，通过石漠化治理等增加的大多是质量不高的林地。

④违法使用林地现象屡禁不止，管理形势严峻。随着中国工业化、城镇化步伐的加快，各项建设对土地的需求增加，加之国家对耕地保护力度的加大，大量的用地项目大规模向林地转移，毁林开垦、蚕食林地和非法占用林地的现象日趋严重。2006～2008年，全国共发生违法征、占用林地林业行政案件3.9万起，损失林地4.9万公顷，损失林木2.2万立方米，违法使用林地的形势依然严峻。

需要说明的是，第七次中国森林资源清查（2004～2008年）的林地数据与2013年年末公布的中国第二次全国土地调查（以2009年年末为标准时点汇总）的林地面积数据有一定的差别，这是由于两者的范围有所不同。森林资源清查中的林地范围根据《中华人民共和国森林法实施条例》确定，包括郁闭度0.2以上的乔木林地以及竹林地、灌木林地、疏林地、采伐迹地、火烧迹地、未成林造林地、苗圃地和县级以上人民政府规划的宜林地。这一范围包含了《土地利用现状分类》国家标准中确定的林地、部分园地、部分建设用地和部分未利用地。由于第二次全国土地调查（以2009年年末为标准时点汇总）的林地没有分项数据，所以在林地部分主要引用第七次中国森林资源清查（2004～2008年）的数据。

第七次全国森林资源清查于2008年年底结束，国家林业局于2009年开始组织第八次全国森林资源清查，到2013年结束。清查工作运用了卫星遥感和样地调查测量等科技手段，调查内容涉及森林资源数量、质量、结构、分布的现状和动态，以及森林

生态状况和功能效益等方面。

2014年2月，中国国家林业局公布了第八次全国森林资源清查成果（2009～2013年）。清查结果显示：全国森林面积2.08亿公顷，森林覆盖率21.63%，森林蓄积151.37亿立方米。人工林面积0.69亿公顷，蓄积24.83亿立方米。第七次和第八次两次清查间隔期内，中国森林资源呈现出以下四个主要特点：①森林总量持续增长。森林面积由1.95亿公顷增加到2.08亿公顷，净增1 223万公顷；森林覆盖率由20.36%提高到21.63%，提高1.27个百分点；森林蓄积由137.21亿立方米增加到151.37亿立方米，净增14.16亿立方米。②森林质量不断提高。森林每公顷蓄积量增加3.91立方米，达到89.79立方米；每公顷年均生长量提高到4.23立方米。随着森林总量增加和质量提高，森林生态功能进一步增强。全国森林植被总碳储量84.27亿吨，年涵养水源量5 807.09亿立方米，年固土量81.91亿吨，年保肥量4.30亿吨，年吸收污染物量0.38亿吨，年滞尘量58.45亿吨。③天然林稳步增加。天然林面积从原来的11 969万公顷增加到12 184万公顷，增加了215万公顷；天然林蓄积从原来的114.02亿立方米增加到122.96亿立方米，增加了8.94亿立方米。④人工林快速发展。人工林面积从原来的6 169万公顷增加到6 933万公顷，增加了764万公顷；人工林蓄积从原来的19.61亿立方米增加到24.83亿立方米，增加了5.22亿立方米。人工林面积继续居世界首位。

清查结果表明：中国森林资源进入了数量增长、质量提升的稳步发展时期。表明中国确定的林业发展和生态建设一系列重大战略决策，实施的一系列重点林业生态工程，取得了显著成效。然而，中国森林覆盖率远低于全球31%的平均水平，人均森林面积仅为世界人均水平的1/4，人均森林蓄积只有世界人均水平的1/7，森林资源总量相对不足、质量不高、分布不均的状况仍未得到根本改变，林业发展还面临着巨大的压力和挑战。①实现2020年森林增长目标任务艰巨。从清查结果看，森林"双增"目标前一阶段完成良好，森林蓄积增长目标已完成，森林面积增加目标已完成近六成。但清查结果反映，森林面积增速开始放缓，同时现有宜林地2/3分布在西北、西南地区，立地条件差，造林难度越来越大、成本越来越高，见效也越来越慢，如期实现森林面积增长目标还要付出艰巨的努力。②严守林业生态红线面临的压力巨大。5年

间，各类建设违法违规占用林地面积年均超过200万亩，其中约一半是有林地。局部地区毁林开垦问题依然突出。随着城市化、工业化进程的加速，生态建设的空间将被进一步挤压，严守林业生态红线，维护国家生态安全底线的压力日益加大。③加强森林经营的要求非常迫切。中国林地生产力低，每公顷蓄积量只有世界平均水平的69%。进一步加大投入，加强森林经营，提高林地生产力、增加森林蓄积量、增强生态服务功能的潜力还很大。④森林有效供给与日益增长的社会需求的矛盾依然突出。中国木材对外依存度接近50%，木材安全形势严峻；现有用材林中大径材林木和珍贵用材树种少，木材供需的结构性矛盾更加突出。同时，森林生态系统功能脆弱的状况尚未得到根本改变，生态产品短缺的问题依然是制约中国可持续发展的突出问题。

为实现2020年森林覆盖率达到23%的目标，保障国土生态安全，今后将进一步加大造林绿化力度，实施更加严格的森林资源保护管理措施，扎实推进森林科学经营，大力发展生态林业、民生林业，着力增加森林总量、提高森林质量，增强森林功能和应对气候变化能力，努力推动林业走上可持续发展道路。

caodi ziyuan
草地资源 具有数量、质量、空间结构特征，有一定分布面积，有生产能力和多种功能的草地，主要用作畜牧业生产资料，可以为人类福利提供物质、能量和环境。 即草地资源是一定地域范围内的草地类型、面积和分布，以及由它们生产出的物质的蕴藏量。根据2013年年末公布的中国第二次全国土地调查（以2009年年末为标准时点汇总）数据，全国草地面积28 731.4万公顷（430 970万亩），占土地总面积的29.93%。草地资源的生产价值主要体现在被家畜利用后转变为畜产品，提供给人类社会。草地资源是牧区、半牧区人们赖以生存的根基，还具有重要的生态保护功能。中国草地资源同时存在过牧和利用不充分问题，必须通过培育和种植优良品种牧草，提高对光能的利用率，增加产草量；采用合理的轮牧制度，优化草群结构，提高牧草可利用率；饲养优良畜种，提高牧草转化率；增加草地投入，改善草地畜牧业生产条件，才能全面发挥草地资源的生产潜力。

huangdi ziyuan

荒地资源　尚未被人类利用的一切荒芜之地。凡是目前未加利用，在经过开垦改良或其他改造措施后，具有农业、牧业、林业生产价值的一切土地皆属荒地范畴。狭义理解的荒地资源为宜农后备耕地，即指以发展农业为目的，在自然条件上适宜于开垦种植农作物或人工牧草和经济林果的草地、疏林地、灌木林地与尚待利用的土地。

从1949年到2000年，中国组织了几次全国范围的荒地资源的调查评价工作。由于历次调查评价的目的、对象和范围、方法等都有很大的差异，虽然基本上都包含了耕地后备资源的调查，但调查结果有较大的差别；另一方面，随着时间的推移和耕地后备资源的相继开发，中国荒地资源的数量、分布和规模也发生了较大的变化。基于对中国生态与环境总体恶化的关注，对荒地资源开发所带来的生态与环境问题越来越重视，强调荒地资源必须是在不引起生态破坏与环境退化的前提下才能开发。这种客观需求的变化也导致了荒地资源评价依据和标准的变化。基于上述原因，为弄清中国荒地资源的基本状况，实现既能适度和成规模地开发一些耕地后备资源以弥补耕地数量减少的状况，又能推进生态恢复和重建的目标，就要掌握现阶段荒地资源的基本状况，特别是掌握集中连片、能够形成国家级土地开发复垦基地的荒地资源的类型、数量、质量和分布，以及开发复垦的限制因素或条件。在2000年至2003年期间，国土资源部按照统一标准和方法，分三个阶段完成了中国31个省（自治区、直辖市）耕地后备资源调查评价，查清了相对集中连片的耕地后备资源类型、数量、质量和分布情况。调查显示，当时中国集中连片耕地后备资源734.39万公顷，可开垦土地701.66万公顷，可复垦土地32.72万公顷，主要分布在北方和西部的干旱地区。

shidi ziyuan

湿地资源　能被人类改造利用的湿地。包括自然湿地和人工湿地两种。自然湿地主要是各种类型的沼泽、草甸、湖泊、河漫滩和海岸滩涂地带。人工湿地主要是指水稻田。中国湿地面积在亚洲排名第一位，在世界排名第三位，仅次于加拿大和美国。湿地是重要的土地资源，具有调节气候、调蓄水源、净化环境、保护物种、提供生物产量、供旅游等多种功能。在世界人口、粮食、能源压力越来越大的情况下，自然湿地也越来越受到人类的强烈干扰和程度不同的开发利用。湿地的开发利用一方面为社会提供了大量产品，同时也带来了生态的破坏、物种的减少或消失、气候变化等。因此，湿地的保护已成为当前国际上持续发展的重要内容。中国1992年加入《关于特别是作为水禽栖息地的国际重要湿地公约》（下称《湿地公约》）和《生物多样性保护公约》，积极履行保护湿地的义务。

按照《湿地公约》对湿地类型的划分，中国湿地分为5类28型。其中，近海及海岸湿地类包括浅海水域、潮下水生层、珊瑚礁、岩石性海岸、潮间沙石海滩、潮间淤泥海滩、潮间盐水沼泽、红树林沼泽、海岸性咸水湖、海岸性淡水湖、河口水域、三角洲湿地共12型；河流湿地类包括永久性河流、季节性或间歇性河流、泛洪平原湿地共3型；湖泊湿地类包括永久性淡水湖、季节性淡水湖、永久性咸水湖、季节性咸水湖共4型；沼泽湿地类包括藓类沼泽、草本沼泽、沼泽化草甸、灌丛沼泽、森林沼泽、内陆盐沼、地热湿地、淡水泉或绿洲湿地共8型；人工湿地类有多种型，但从面积和湿地功能的重要性考虑，全国湿地调查只调查了库塘湿地1型。

全国湿地资源调查统计结果表明，中国现有100公顷以上的各类湿地总面积为3 848万公顷（不包括香港、澳门和台湾的数据）。其中，自然湿地面积3 620万公顷，占全国湿地面积的94.07%，库塘湿地面积为229万公顷，占全国湿地面积的5.95%。自然湿地中，近海与海岸湿地面积为594万公顷，占全国湿地面积的15.44%；河流湿地的面积为821万公顷，占全国湿地面积的21.33%；湖泊湿地的面积为835万公顷，占全国湿地面积的21.70%；沼泽湿地的面积为1 370万公顷，占全国湿地面积的35.60%。湿地内分布有高等植物2 276种，野生动物724种，其中水禽类271种，两栖类300种，爬行类122种，兽类31种。

shadi ziyuan

沙地资源　能被人类改造利用的沙地。中国是世界上沙地面积较大、分布较广的国家之一。沙漠和沙化土地主要分布在新疆、甘肃、青海、宁夏、陕西、内蒙古、山西、河北、辽宁、吉林、黑龙江11个省、自治区。沙地任其推进和扩大，会酿成灾难，即通常说的沙漠化危害。通过治理开发，可造福于人类。治理和利用沙地是改善生态、保护环境、保障农牧业生产、增加沙区人民收入的重要事业。中国在沙地治理和利用方面，开展了以"三北"防护林为主体的治沙造林工程，并在综合利用沙地资源、发展沙产业方面取得长足的进展。

houbei tudi ziyuan
后备土地资源 当前暂时无法利用或未利用，但在可预见未来的技术、经济条件下，可为人类利用的土地。在中国，后备土地资源指农用地和建设用地以外的土地。具体是指直接用于农业生产的耕地、园地、林地、牧草地、其他农用地以及商业、交通运输业、居民点和工矿、公共事业等建设用地以外的土地。主要包括荒草地、盐碱地、沙地、裸土地、滩涂等。中国后备土地资源数量较大，但是宜耕的后备土地资源数量相对较小。合理开发利用后备土地资源，有利于调整土地利用结构，提高土地利用程度，补充农业生产用地和非农建设用地的不足，缓解人多地少的矛盾；可以拓宽农业生产活动空间，充分挖掘土地资源的生产潜力。

ziran huanjing
自然环境 各种自然地理条件的总和。又称自然地理环境。具体是指可以直接、间接影响到人类生活、生产的一切自然形成的物质、能量的总体，如大气、水、土壤、植物、动物、岩石矿物、太阳辐射等。它们是人类赖以生存的物质基础。自然环境承载着人类用于生产的物质资源和劳动对象，所以是人类生存和经济社会发展的自然基础。人类社会影响和改变着自然环境，随着社会生产力的发展，这种影响日益广泛和深刻。

ziran dili huanjing
自然地理环境 参见第29页自然环境。

yuansheng huanjing
原生环境 自然环境中未受或很少受人为干扰或影响的地域。又称天然环境。如人迹罕至的高山、荒漠、原始森林、冻原地区等。在原生环境中按自然界原有的过程和方式进行物质转化、物种演化、能量转换和信息传递。随着人类活动范围的不断扩大，这类原生环境已经很少，原生环境中有着许多对人体有益的因素，如清洁并含有正常化学成分的空气、水、土壤、充足的阳光和适宜的气候条件，秀丽的风光等。但原生环境中也存在着一些对人体健康不利的因素，如地壳表面化学元素分布的不均，使某些地区的水和（或）土壤中化学元素过多或过少，而引起某些特异性疾病，即生物地球化学性疾病。随着人类活动的不断扩大，保护原生环境已经成为文明社会的迫切需要。

tianran huanjing
天然环境 参见第29页原生环境。

cisheng huanjing
次生环境 由于人类社会生产活动导致原生环境改变后形成的环境。即自然环境中受人类活动干扰和影响较多的地域。又称人为环境。相对于原生环境而言，该地域的物质交换、能量转换、信息传递等都发生了重大变化，如城市、集镇、矿山、村庄、工业区、耕地、果园、鱼塘、人工湖、牧场等，都是原生环境演变而成。它们的发展演化既受自然规律的制约，也受人类活动的影响与控制。

renwei huanjing
人为环境 参见第29页次生环境。

renju huanjing
人居环境 人类聚居生活的地方，是与人类生存和社会活动密切相关的地表空间。包括自然、人群、社会、居住、支撑五大部分。自然环境的基本要素（地貌、土壤、生物、气候和水文等）相互作用形成的自然综合体成为人居环境的本底。人居环境的形成是社会生产力的发展引起人类的生存方式不断变化的结果。在这个过程中，人类从被动地依赖自然到逐步地顺应自然，再到主动地利用自然。作为人类栖息地，人居环境经历了从自然环境向人为环境、从次一级人为环境向高一级人为环境发展演化的过程，并仍将持续进行下去。就人居环境体系的层次结构而言，这个过程表现为：散居、村、镇、城市、城市带和城市群等。

地貌编

dimao

地貌 地球表面各种形态的总称。是内、外营力地质作用以及人类活动的相互作用在地表的综合反映。地表形态是多种多样的，成因也不尽相同。内营力地质作用造成了地表的起伏，控制了海陆分布的轮廓及山地、高原、盆地和平原的地域配置，决定了地貌的构造格架。外营力（流水、风力、太阳辐射能、大气和生物的生长和活动）地质作用，通过多种方式，对地壳表层物质不断进行风化、剥蚀、搬运和堆积，从而形成了现代地面的各种形态。地貌是自然地理环境中的一项基本要素。它与气候、水文、土壤、植被等有着密切的联系。根据地面形态的发生与形成，可分为构造地貌、气候地貌、动力地貌、人为地貌；根据营力，可分为流水地貌、冰川与冰缘地貌、河口与海岸地貌、海底地貌、湖泊地貌、泥石流与重力地貌、风沙地貌、岩石地貌、岩溶地貌等。

一般而言，宏观地貌决定了大尺度土地类型及其空间分布格局，中观地貌决定了中尺度土地类型及其空间分布格局，而微观地貌决定了小尺度土地类型及其空间分布格局。由于地貌决定着土地类型及其空间分布格局，因而决定着土地利用的配置和布局。以农业生产而言，不同级别、不同类型的地貌特征不同程度地影响着不同农作物的分布和生长发育。在土地利用的各项活动中，地貌特征都是必须考虑的基础条件。

中国位于欧亚大陆的东南部，东南濒临西太平洋，西北深入亚洲腹地，西南与南亚次大陆接壤。在中国辽阔的疆域里，地势西高东低，西部主要分布有高山、高原以及大型的内陆盆地；东部为较低的山地、丘陵和平原。宽阔的大陆架在中国东南侧延伸于海面之下。中国整个地势自西向东逐渐下降，构成巨大的阶梯状斜面。长江、黄河等主要大江、大河均沿此斜面东流入海。地势起伏颇大。位于中国、尼泊尔边界的世界最高峰珠穆朗玛峰海拔8 844.43米，而新疆吐鲁番盆地中的艾丁湖湖面却在海平面以下154米。在中国辽阔的疆域里，既有隆起的山地，又有沉降的大平原，地貌条件十分复杂。无论内营力地貌、外营力地貌，几乎包括了地球上现存的主要陆地地貌类型，其规模大小不一。这种地貌类型的多样性，在其他国家是少有的。

中国宏观地貌的差异是与地壳构造运动直接相关的。晚新生代以来青藏高原的强烈隆起、东部平原的下降对中国现代地貌的形成起决定性作用。中国三大地貌阶梯与地壳厚度相对应，青藏高原地壳厚度最大，达到70千米，东部平原的地壳厚度一般在40千米左右。前述山地、高原、盆地、平原等地貌单元受地质构造控制，它们的展布方向往往与地质构造走向一致。次一级地貌单元亦受地质构造和岩石性质的控制和影响。中国广泛分布的石灰岩等可溶性岩类、中新生代红色地层、火山熔岩以及第四纪黄土、红土，在外力作用下形成了特殊的地貌形态。中国南北跨纬度49°15′，有热带、亚热带、暖温带、温带、寒温带等五个温度带；从西到东跨经度近62°。另外，还有一个高原气候区。中国降水差异明显，由沿海向内陆、自东南向西北出现湿润—半湿润—半干旱—干旱（荒漠）递变。经向和纬向的温度和湿度的区域分异结果，形成多种多样的气候地貌类型。从南部湿热环境下红色风化壳和红树林海岸等热带地貌，至北部永冻区的冰缘地貌以及西部高山、极高山地区的冰川地貌；自东部湿润季风区流水作用占优势的地貌至西北干旱区以风力作用和干燥剥蚀作用为主的荒漠地貌；河流地貌、湖泊地貌在不同环境下都有分布，还有特殊岩石性质地区形成的特有的地貌。

在中国地貌发育过程中，由于受到地壳差异性升降运动和全球性气候变化，特别是第四纪冰期和间冰期多次交替引起海平面的升降的影响，使各地的气候以及与之相应的地貌外营力发生过较大的变化。复杂的自然历史过程使现代地貌中还残存着古冰川、古河道、古水文网、古湖泊、古沙丘、古岩溶等古环境中形成的地貌。

dimao yaosu
地貌要素 地貌形态的各个组成部分。主要包括两个方面：几何形态要素和组成物质要素。几何形态要素包括地貌面、地貌线、地貌点；组成物质要素主要包括基岩物质和沉积物质。地貌要素有大有小，如山的要素为山顶、山坡和山麓，河流阶地的要素为阶地前缘、阶地后缘、阶地面、阶地陡坎等。

dimao danyuan
地貌单元 地貌成因—形态分类的单元。大小因分类的繁简或地貌图比例尺的大小而有不同。根据地表形态规模的大小，有大地貌、中地貌、小地貌和微地貌之分。大陆与洋盆是地球表面最大的地貌单元，较小的地貌形态如在流水和风力作用下形成的沙垄。地貌单元具有不同的等级。如山地是一个较大的地貌单元，山间小盆地则是山地中次一级的地貌单元。

dimao zuhe
地貌组合 空间分布上有一定的规律、成因上有密切联系的一些地貌类型组合在一起的现象。如中国的大部分山区经常出现的高山—中山—低山地貌组合、高山—中山地貌组合、中山—低山地貌组合、低山—丘陵地貌组合、残丘—高平原地貌组合。又如黄土高原地区经常出现黄土梁状丘陵—梁峁状丘陵—黄土覆盖的基岩山地地貌组合、黄土峁—梁状丘陵—石质丘陵地貌组合、黄土塬—梁状丘陵—基岩山地地貌组合；岩溶地区的峰丛—洼地地貌组合、丘陵—洼地地貌组合等。

dimao guocheng
地貌过程 地貌随时间发生、发展和变化的物质阶段。按照地貌的时空尺度分为：①地质时期地貌过程。在循环时间（以百万年计）内大尺度区域地貌的演变过程，因受地质变动、气候变迁及全球性海面变化影响，其演变具有达到时间平衡状态的趋势。②历史地貌演变过程。在均衡时间（以百年计）内，中尺度地貌（如长河段及单个山坡）力图达到围绕一个稳定态平衡的演变过程。③现代地貌过程。在平稳时间（以年计）内，小尺度地貌（如某一河段或坡段）因环境变化使径流量及泥沙量波动而引起的年内和年际的变化过程。20世纪30年代以前，人们注重对地质时期地貌过程的研究。20世纪60年代以来历史地貌过程和现代地貌过程的研究广泛开展，从内容和方法上加强了地貌过程细节和力学机制的分析。通过流域演化、河道变迁、河床演变、冰川运动和地下水活动，河口海岸带及风沙运动来研究地貌过程，尤其是研究现代地貌过程。在方法上，加强了定位观测、室内试验、定期测量（历史测图）与遥感图像分析等，并开始由定性描述向定量分析发展。

dixing
地形 地表的形态。含义与地貌相同。但也有学者认为二者有细微差别，即地貌侧重概貌，地形着重形态和形势；或认为地貌表现整体特征，而地形偏于局部。实际上在中国先使用"地形"这一术语，此后又使用"地貌"这一名词，两者的含义应是相同的。但是在实际使用过程中，逐渐出现一些细微差别。如1956年周廷儒等开展了中国的地形区划，将中国分为3个大区、9个地形区组、29个地形区，并指出"根据形态进行划区决不是忽视地形生成的原因、条件，相反的，只有根据形态，才能判别各种生成地形作用的过程的强度"。然而在此后的中国自然区划工作中，尽管仍然是体现地形格局，反映水平分异和空间分布特征，但已经改称为地貌区划，如1959年完成的《中国地貌区划》（初稿），以后的区划方案也都改称地貌区划。此外对地球表面形态单元的划分及其结果均已称为地貌分类和地貌类型，反映这些工作的图件也都称为地貌图、地貌类型图或地貌区划图。可能就是这些在术语使用上的偏好，给人造成了所谓"地貌侧重概貌""地形不涉及成因"等印象。

在中国的文献中经常出现"地形地貌"的提法，从严格的科学意义而言可能不太妥当，但已经是很普遍的现象。

实际上，通过实地测绘（包括航测等）编制的地形图，通过等高线表示地形，主要用于反映地面的高度和起伏特征，包括绝对高度、相对高度、坡度、坡向、坡位、切割程度、切割密度等。

地形主要通过海拔高度、坡向等影响气温和水分状况，进而影响植被类型。随着海拔升高，山地的气温和降水发生规律性的变化，导致植被类型呈现相应的变化，自下而上组合排列成山地自然垂直带谱。而植被类型与土壤类型有着密切的联系，地形也影响了土壤类型及其分布，造成了土壤的非地带性分布现象。在山区，地形对土壤类型及其分布的影响表现为土壤的垂直分带性；在丘陵平原地区，不同的地形部位特征影响了土壤类型和分布。

地形特征可以为工程建设和工程措施等方面提供重要依据。如对山区的开发建设，必须根据不同高度、切割深度、密度与坡度等，选择适当部位进行综合开发，这些地形特征还关系到水热条件再分配及基底的稳定性。对山麓地带的斜坡地、缓坡地，也应有不同的利用。平原地区的岗地、坡地、洼地，对水、盐动态的聚集和移动都有直接影响。

中国地形由西向东，呈三级阶梯下降。青藏高原平均海拔在4 500米以上，为第一级阶梯。昆仑山和祁连山以北、横断山以东，海拔在1 000～2 000米之间，为第二级阶梯。沿大兴安岭、太行山、巫山、雪峰山一线以东地区，大部分海拔在500米以下，为第三级阶梯。这三级阶梯构成了中国地形的基本轮廓，深刻影响着中国水、热、土壤和植被以及农业生产地域差异的形成。中国的地形结构，特别是山脉分布与走向是按一定的方向有规则排列的，大致以东西走向和东北—西南走向为多，部分为西北—东南走向和南北走向。各种走向的山脉构成地形的骨架，把陆地部分隔成许多网格。分布在这些网格中的高原、盆地和平原，都在一定程度上

受到这些山脉的制约。上述地形格局构成了由各类山地、丘陵、高原、盆地和平原组成的复杂多样的地貌类型。根据《中国国土资源统计年鉴2011》的数据，中国土地总面积960万平方千米，其中平原面积115万平方千米，占土地总面积的11.98%；山地面积320万平方千米，占土地总面积的33.33%，大多分布在西部；高原面积250万平方千米，占土地总面积的26.04%；盆地面积180万平方千米，占土地总面积的18.75%；丘陵面积95万平方千米，占土地总面积的9.90%。

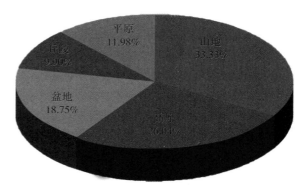

中国各类地形所占比例

*资料来源：《中国国土资源统计年鉴2011》。

中国山地与丘陵面积占中国土地总面积的43.23%，加上高原面积，合计占中国土地总面积的69.27%。山地多、平地少是中国土地类型的一大特点，它制约了农耕地的扩充，但有利于林、牧业的发展。

haiba gaodu
海拔高度 某地与海平面的高度差。通常以平均海平面为标准计算，表示地面某个地点高出海平面的垂直距离。也称绝对高度。海拔的起点叫海拔零点或水准零点，是某一滨海地点的平均海水面。它是根据当地测潮站的多年记录，把海水面的位置加以平均而得出的。不同海域的海平面高度是不一样的，如巴拿马运河的太平洋侧海平面比大西洋侧海平面高20厘米。中国从1956年起，统一采用青岛港验潮站的长期观测资料推算出的黄海平均海面作为基准面（零高程面）。所以，中国计算的海拔高度都是以青岛的黄海海面作为零点算起。

随着海拔的升高，气温下降，相当于气候带的北移，土地的生产力下降。在一定的海拔范围内，随着海拔的升高，降水量也增大，水热耦合

使土地的生产力反而提高。根据在全国地形图上量算，全国960万平方千米土地中，海拔500米以下的只占1/4，将近3/4的面积均在500米以上，其中1 000～2 000米和3 000米以上的亦约各占1/4。海拔高度引起热量条件的垂直变化。通常海拔每升高100米，气温平均降低0.5～0.6℃。随着海拔高度增加，积温减少，生长期缩短。在中国北方地区，每升高100米，≥10℃的有效积温减少150～200℃，持续日数减少3～6天。因此，凡是海拔相差500米以上的各种山地，宜种作物或同一作物的适宜品种便随高度增加而发生显著变化，到一定高度便达到该作物的分布上限；但不同纬度的作物上限高度也不相同。如春小麦上限在吉林西部山地（46°N）为1 200米，西藏浪卡子县（29°N）为4 460米。玉米上限在内蒙古呼伦贝尔市（50°N）为500米，至云南香格里拉市（28°N）为3 000米。水稻上限在吉林西部（46°N）为450米，至云南丽江（27°N）为2 700米。双季稻上限在皖西山地（31°N）为700米，至云南元江河谷（23°30'N）为2 420米。西藏聂拉木县（28°N）扎金乡在海拔4 750米的阳坡成功种植青稞。在海拔相差达1 000米以上的中山和高山地区，从山麓到山顶随热量条件的变化，便出现明显的农业的垂直地带分异，各地带的热量和生长期不同，因而作物组合、轮作制度、复种条件等也不相同。例如山西北部的五台山一带地区，便有4个农业垂直地带：海拔600～900米为河谷盆地两年三熟玉米、高粱、棉花带，复种稳定；海拔900～1 200米为谷子、马铃薯、冬麦带，是农作物复播的上限；海拔1 200～1 500米为谷子、马铃薯、莜麦带，无冬麦也无复种；海拔1 500米以上的高寒山区为莜麦、马铃薯带；海拔

各级海拔高度所占比例

海拔高度（m）	面积（万km²）	比例（%）
≤500	241.7	25.18
500～1 000	162.5	16.93
1 000～2 000	239.9	24.99
2 000～3 000	67.6	7.04
>3 000	248.3	25.86
合计	960.0	100.0

*资料来源：《中国国土资源统计年鉴2011》。

1 800～2 000米为该地区农作业上限。在高差更大的川西滇北横断山区从海拔1 000米左右的金沙江谷地上升至4 500米以上的川西高原，由低到高，气候上可分为从亚热带到寒带七个地带，各地带的热量条件和农业利用特点差异很大。

xiangdui gaodu
相对高度　两个任意地点的海拔高度之差，即地面某个地点高出另一个地点的垂直距离。可以选取任一指定参考平面为基准面，测定另一平面距离指定参考平面的垂直距离。例如山峰高出邻近河谷的高度。

dixing qifudu
地形起伏度　在一个特定的区域内，最高点海拔高度与最低点海拔高度的差值。是描述一个区域地形特征的宏观性指标。确定地形起伏度的数值，通常有三种表示方法：①单位面积内最高点与最低点的高度差；②单位面积内相邻山顶与谷地的比高；③单位面积内切峰面与切谷面的高度差。

地势起伏度因不同地形类型而有显著差别。平原一般不超过20米，最大不超过50米，丘陵一般在100米以下，浅切割山地100～500米，中等切割山地500～1 000米，深切割山地1 000米以上。地势起伏度直接影响农、林、牧用地的分布和排灌系统的布置及难易程度。一般来说，地势起伏度越小，越有利于耕地集中连片，越有利于水利化和农业机械化，因而在这些方面平原比丘陵山地更为有利。但平原上的较小起伏度，对农业生产也有重大影响。例如，华北平原上有大大小小的平浅洼地和古河道自然堤形成的带状缓岗，其高低相差一般不过3～5米，甚至只有1～2米，但它们在抗旱排涝能力、土壤沙黏程度、盐渍化可能性等方面却有显著差别。太湖地区和江汉平原湖垸区群众常根据土面微小高差（0.5～2米）所引起的排灌条件和土壤条件的明显差异而考虑稻、麦、棉等作物布局、品种组合及耕作制度。珠江三角洲前缘的新沙田地区，相对高差一般不超过1米，海拔一般0.5～1米，最大不超过2米，根据地面微小高差还可分为高沙田、中沙田、低沙田、渍水田等类型，其农田排灌条件不同，影响到产量高低和稳定程度。一般小于1～2米的地面微起伏可以平整，但更大的起伏则要考虑修筑梯田。丘陵山地由于地势高低起伏，耕地不易集中连片，水利化和农业机械化也比较困难。较大的

地势起伏则影响着热量、水分条件的分布，特别是屏障作用非常显著，多方面影响着农业生产。

podu
坡度 地表单元陡缓的程度。通常用度数法表示，即坡面的垂直高度和水平距离之比。其他还有百分比法、密位法和分数法。

坡度大小影响着土地的生产力。坡地上的物质在重力影响下有向下移动的趋势。如降水落到坡地上，会沿坡面下流，水分也会挟带土壤下移，也就是坡面的水土流失。由于坡面肥沃的表土被不断剥蚀，瘠薄的底土裸露地表，延缓了土壤的发育，产生了土体薄、有机质含量低、土壤发育不明显的初育土壤或粗骨性土壤。坡麓地带或山谷低洼部位，经常接受坡面上部侵蚀搬运而来的堆积物，土体深厚，有机质含量较高，但是土壤发生层次分异不明显。因此，坡地上的土壤水分条件较平地上的差，土壤一般也较浅薄。土地的生产力较同地区的平原土地生产力低。坡度越大，水土流失越剧烈，土地的生产力越低。地面坡度不仅直接制约着水土流失的强度，也影响着农业机械化和农田基本建设的难易。一般坡度<3°的缓坡耕地无多大侵蚀危害，可以使用大型农业机械；坡度>3°则对土壤侵蚀和机械的使用影响增大。中国把坡度25°作为种植业的上限，而世界上不少国家把坡度15°作为耕地上限。

坡度直接影响到水土流失程度、排灌设施条件、梯田修筑难易等，从而影响着农、林、牧用地的合理配置。特别是中国耕地有一半以上分布在坡地上，因而坡地情况与农业生产关系极大。坡度大小是决定水土流失强度的主要因素。在北方黄土高原地区，在缺乏植被的情况下，地面坡度超过2°～3°（约5%）便发生水力冲刷现象；5°～6°或7°～8°以上，细沟侵蚀普遍出现；坡度愈大，水土流失愈强烈，在25°～35°的坡地，水土流失非常严重，修筑梯田也很困难。各种土状堆积物在疏松时都有一定的静止角，黄土为35°，红土为37°～38°，页岩风化物为36°～37°，当地面坡度超过静止角时，土粒便发生泻溜。所以35°是耕地分布的极限坡度。中国已经规定以25°为坡地开垦的限制坡度。更大的坡度则只宜造林种草。

坡度对农机具使用影响很大，随着坡度增加，拖拉机的移动阻力增大，耗油量增加，牵引力下降。一般大中型拖拉机只能在15°以下作业，而手扶拖拉机则最大可在17°以下坡地作业。

为了防止水土流失和进行机械耕作，坡耕地需要修筑梯田。但修梯田需要开挖的土方量随坡度及田面宽度而不同。坡度越大，农田平整的土石方数量就越多。所以坡度对于丘陵山区耕地配置和农田基本建设关系很大。在平原地区，地表坡度直接影响到排灌条件。就排水而言，地面坡度>3°（5.24%）的地方，一般排水通畅；1°～3°易受轻微涝害；<1°（1.75%）的地方，成涝机会较多，必须建立排水系统。灌溉要求的田面坡度则较小，随灌水方式而不同：沟灌要求田面坡度0.3%～0.8%，畦灌要求0.2%～0.7%，水稻田要求<0.1%，最好<0.05%。当地面坡度>2%时，进行地面灌溉一般比较困难。因此，尽管在平原上，为了实现水利化，土地平整的任务也是非常普遍而繁重的。

坡度同时影响城市建设和交通道路的布局。地势平坦，排水良好，工程土方量少，则可节省开发投资。当坡度过小时，土地排水不畅。而坡度超过一定限度时，需要采取适当的工程措施，如挖土填方、平整场地、修建护坡工程等，由此将增大工程投资。

不同坡度与城镇土地利用

坡度	城镇土地利用状况
<0.3°	地势过于低平，排水不良，需采取机械提升措施排水
0.3°～2°	城市建设的理想坡度，各项建筑、道路可自由布置
2°～5°	铁路需要有坡降，工厂及大型公共建筑布置不受地形限制，但需要适当平整土地
5°～10°	建筑群及主要道路宜平行等高线布置，次要道路不受坡度限制，无需设人行梯道
10°～25°	建筑群布置受一定限制，宜采取阶梯式布置。车道不宜垂直等高线，一般要设人行梯道
>25°	除供园林绿化外，不宜做建筑用地，道路需要与等高线锐角斜交布置，应设人行梯道

poxiang

坡向 地面坡度的朝向。指坡面法线在水平面上的投影方向。其中法线是指垂直于水平面的虚线。坡向按东、南、西、北、东北、东南、西北、西南及无共九个方位确定。划分坡向通常用阳坡、阴坡表示，阳坡一般为南、东南、西南、西坡；阴坡一般为东北、北、西北、东坡。也可把坡向分为阳坡、阴坡、半阳坡、半阴坡四种类型，基本朝向正南的是阳坡，太阳始终都能照得到；基本朝向正北的是阴坡，太阳基本照不到；半阳坡、半阴坡的朝向不是完全正南、正北，半阳坡基本上还是朝南，大部分时间太阳能照到，只有部分时间太阳照不到；半阴坡大部分时间太阳照不到，但是有少部分时间太阳能照到。

不同坡向接受太阳辐射的情形不一样，阳坡比阴坡接受较多的太阳辐射，东、西坡接受太阳辐射的情形介于阴、阳坡之间。不同坡向的土地的生产力是不同的。在中国北方温带地区，阳坡因接受较多的太阳辐射，温度较高，因而土地的光温生产力高；但由于温度高，蒸发较强烈，土壤水分条件一般较差，水热耦合结果反而使土地的生产力不高。阴坡因为光热条件较差，蒸发弱，土壤水分条件较好，土地的生产力反而较高。在北京地区，阳坡森林带出现在海拔1 000米，阴坡在800米就出现森林带。东、西坡的水热条件和植被状况处于阴、阳坡之间。地面坡向通过影响热量状况而影响农、林、

牧用地布局。对北京山区观察，在15°～20°之间的向阳坡所获得的太阳辐射量比阴坡多17%，在近地面20厘米处，阳坡平均气温比阴坡高0.4℃，这对喜温林木和果树生长十分有利。阳坡光温条件优于阴坡，而水分条件次于阴坡，林木生长状况不如阴坡，而牧草生长尚好，往往是牲畜的冬牧地。阳坡人类活动比较频繁，植被破坏较严重，水土流失和干旱程度大于阴坡。相反，阴坡植被生长和保存较好，但阳光不足，适宜耐阴林木生长。对于植物生长，阴、阳坡是上述情况，但对于人类居住，情形则有些不同。阳坡因为光照好、温暖而成为建房筑屋的良好场所；阴坡因光照差、气温低、阴湿，不适于居住。所以无论是民宅，还是寺庙、道观都建在阳坡。

poxing

坡形 各种不同坡面的几何形态。地面实际上是由各种不同的坡面所组成的，如山坡、岸坡、谷坡等。在三维空间中坡形是曲面，在二维空间中坡形是曲线。通常在二维空间中研究坡形。坡形分为直线性坡形和曲线性坡形两类，曲线性坡形又分凸形、凹形和S形等。坡形变化复杂的可称为复合形坡。凸形坡表示坡面呈一上凸的曲线，表明山体浑圆，坡上部平缓，下部较陡；凹形坡表示坡面呈一下凹的曲线，表明山体较陡，尤其是上部更为陡峭。复合形坡表示坡形有时呈拉长了的"S"形，

长白山望天鹅玄武岩地层　　　　　　　　　　　　　　（陈百明　摄）

即坡上部浑圆而上凸，下部陡而下凹等。

diceng

地层　地球历史发展中形成的成层和非成层岩石的总称。即地壳中具一定层位的一层或一组岩石。地层可以是固结的岩石，也可以是没有固结的堆积物，包括沉积岩、火山岩和变质岩。从时代上讲，地层有老有新，具有时间的概念。在正常情况下，先形成的地层居下，后形成的地层居上。层与层之间的界面可以是明显的层面或沉积间断面，也可以是由于岩性、所含化石、矿物成分、化学成分、物理性质等的变化导致不十分明显的层面。

dicao

地槽　地壳上的槽形凹陷部分。通常有几百千米以至上千千米长、几十千米至几百千米宽的大凹槽。地槽有很厚的沉积物，并具有特征性的沉积建造，组成地槽型建造序列。在地槽发展后期发生造山运动，伴随有强烈的岩浆活动和构造变形，区域变质作用明显。表明地槽所在地带地壳的高度活动性，常有丰富的内生金属矿产。

ditai

地台　地壳中比较稳定的地区。曾称陆台。是由地槽经褶皱、固结稳定转化而成。地台的主要特征有：①地表起伏和缓，地貌反差小，具有较大规模的浑圆状地块；②具有沉积盖层，它与褶皱基底组成双层或多层结构，其沉积岩盖层厚度不大，一般只有几百米到数千米，呈面状展布；③地台区的构造运动主要表现为大面积的、缓慢的和多数情况下具有振荡特征的升降运动，构造变形弱，岩层褶皱和断裂作用不明显；④地台区的岩浆活动微弱，并具有小规模的接触变质作用；⑤盛产石油、煤等能源和其他沉积矿产。

fenghuaqiao

风化壳　地球表面岩石圈被风化后形成的残积物。即由风化残余物质组成的地表岩石的表层部分，或者说已风化了的地表岩石的表层部分，是地壳表层岩石风化的结果。风化壳是岩石圈、生物圈、水圈和大气圈相互作用的产物。风化壳对自然环境变迁、土壤发生和演化，以及土地利用等均产生深刻的影响。按风化壳所处的形成时期，可分成碎屑状风化壳、含盐风化壳、碳酸盐风化壳、硅铝风化壳、富铝风化壳。此外，还有在上述风化壳上发育的渍水风化壳。

dimao leixing

地貌类型　反映地球表面形态单元的形态、成因、物质组成等性质的客观内在逻辑关系的划分结果。地表的任一部分都具有某种形态，都有其形成发展历史。各时期作用于其上的营力的种类、方式、强度往往不同，同一时期作用于同一地表的营力也不止一种。各种营力对地表的塑造、继承、改造作用不同，不同组成物质和地表形态对各种营力的反映也各异。反映在地表上，表现为不同规模、不同发育阶段的各种地表形态，就是不同的地貌类型。中国的地貌类型的主要格局由三大地貌阶梯构成。

第一级阶梯　青藏高原，平均海拔在4 500米以上，由海拔5 000～6 000米的高山、极高山和镶嵌在其间的起伏和缓的高海拔丘陵、台地、平原构成的高原面组成，素有"世界屋脊"之称。青藏高原南面雄踞世界最高山脉的喜马拉雅山脉，北侧有昆仑山脉、阿尔金山脉和祁连山脉，东部为横断山脉，中部横卧冈底斯山、念青唐古拉山、喀喇昆仑山和唐古拉山等。第一阶梯的边缘是地形起伏最大的地区，一般可达3 000米左右，最大的可达5 000米以上。

第二级阶梯　位于青藏高原的外缘与大兴安岭—太行山—伏牛山—巫山—雪峰山一线之间，是中国面积最大的一个阶梯。其西北由高山环绕的塔里木盆地和准噶尔盆地等大盆地组成，东部为黄土高原和内蒙古高原，南部有四川盆地和云贵高原，中间有天山山脉、阴山山脉、秦岭山脉、大巴山、大别山等。其中大的盆地海拔有的在1 000～2 000米之间，有的则在500～1 000米之间，山地海拔都在1 000米以上。

第三级阶梯　位于大兴安岭—太行山—伏牛山—巫山—雪峰山一线以东。是中国最低的一级阶梯，自北向南有东北平原、黄淮海平原和长江中下游平原。它们几乎相互连接，是中国最大的平原区，海拔在200米以下。平原东面及南部地区以山地为主，有长白山脉、山东低山丘陵以及江南山地，大部分山地海拔不超过1 000米，小部分山地1 000～2 000米，个别高峰在2 000米以上。

pingyuan

平原 在相对稳定、微有隆起的构造环境下，经外营力剥蚀夷平，或在地壳沉降（相对和绝对）运动影响下，经外营力作用搬运的物质堆积形成的近乎平坦的地面。主要特点是地势低平，起伏和缓，相对高度一般不超过50米，坡度在5°以下。它以较低的高度区别于高原，以较小的起伏区别于丘陵。

平原的类型较多。按成因一般可分为堆积平原、侵蚀平原和构造平原。根据海拔高度，把200～1 000米的平原称为高平原，如中国的成都平原；把低于200米的平原称为低平原，如中国东部的大部分平原。根据地表形态可分为平坦平原（如冲积平原）、倾斜平原（如海岸平原、山前平原）、碟状平原（如内陆平原、湖成平原）、波状平原（如冰碛平原、多河流泛滥平原）等。

根据《中国国土资源统计年鉴2011》的数据，中国的平原面积是115万平方千米，占土地总面积的11.98%。中国有三大平原（东北平原、华北平原和长江中下游平原），分布在中国东部第三级阶梯上。由于位置、成因、气候条件等各不相同，

在地形上也各具特色。三大平原南北相连，土壤肥沃，是中国最重要的农耕区。此外还有成都平原、汾渭平原、珠江三角洲平原、台湾西部平原等，它们也都是重要的农耕区。

duiji pingyuan

堆积平原 地壳长期的大面积下沉，地表不断接受各种不同成因的堆积物的补偿，形成的广阔平缓的平坦地面。

按堆积物的成因，可分为：①冲积平原；②三角洲平原；③洪积平原；④湖积平原；⑤风积平原；⑥冰碛平原或冰水平原；⑦海积平原。

由于地壳沉降仍然在持续，如中国渤海底部和河北省的滨海平原至今仍以每年1厘米的速度沉降，第四纪以来的沉降总幅度已达800～1 000米。同时河流泥沙堆积速度又超过了地壳下沉速度，所以平原正在扩大增长，向渤海推进，茫茫沧海将变成万顷良田。

chongji pingyuan

冲积平原 由河流泥沙沉积作用形成的广阔平缓的

东北平原

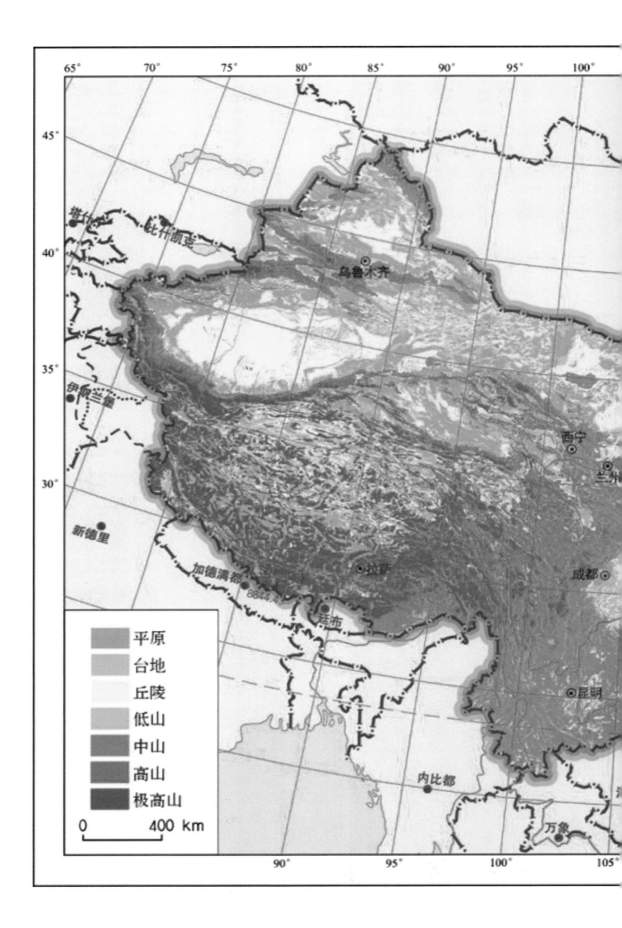

中国地貌类型图

冲积平原

地面。多分布在河流两岸。是河流受构造运动、地形和人为因素（筑堤、修水库）等影响，水流流速减缓，导致泥沙大量堆积而成。基本上任何河流在下游都会有沉积现象，尤其是一些较长的河流。组成冲积平原的堆积物叫作冲积物。冲积物的分布是有规律的。冲积物沿河流纵向分布与河床坡度有关，从上游到下游冲积物的粒径减小。总积物沿河流横向分布与流速有关，由河流中部到岸边，流速越变越缓，沉积的颗粒也由粗变细，并形成明显的层理。中国的长江中下游平原、华北平原和黄河三角洲平原均属这一地形；宁夏平原也是典型的冲积平原。

形成条件　①在地质构造上须是相对下沉或相对稳定的地区，在相对下沉区形成巨厚冲积平原，在相对稳定区形成厚度不大的冲积平原；②在地形上须有相当宽的谷地或平地；③河流上游有持续而丰富的泥沙来源。

形成部位分类　一般分为山前平原（山区到平原的过渡带）、中部平原（沉积物主要是冲积物，常有数条河流或几个水系流经）、滨海平原（冲积—海积平原，常有池沼和海岸地貌）三大部分。

形状分类　一般分为冲积扇平原、泛滥平原和三角洲平原三大部分。

分布地域　可以分布在不同高度、纬度和河流的不同部位，地势低平，起伏和缓，海拔大部分在200米以下，相对高度一般不超过50米，坡度一般在5°以下。中国冲积平原主要有黄河中游的河套平原、关中渭河平原，河流中下游的东北平原、黄淮海平原、长江中下游平原、珠江三角洲平原等。

hongji pingyuan
洪积平原　山前地带由山地沟谷流水堆积而成的多个洪积扇不断扩大伸展组合而成的平坦地面。由于洪流具有强大的侵蚀能力和搬运能力，当洪流挟带大量碎屑物质抵达沟口时，水流突然分散，碎屑物质在沟口沉积后形成扇状堆积体，称为洪积扇。一系列的洪积扇逐渐组合为洪积平原。洪积平原的地面倾斜，组成物质较粗，边缘部分地形较缓，沉积物较细。洪积平原经常与冲积平原组成混合类型的洪积—冲积平原或冲积—洪积平原，如成都平原、拉萨平原、银川平原等。

shanqian qingxie pingyuan
山前倾斜平原　山前地带扇形堆积体沿山麓连成的平坦地面。又称山前平原。由于河流出山口后，比降显著减小，水流分散形成许多支汊，呈扇状水流，河流所挟带的物质大量堆积，形成扇形堆积体。扇体表面由山口向山前倾斜，扇顶部坡度5°～10°，远离山口则为2°～6°，扇顶与边缘高差可达数百米。扇顶物质较粗，主要为沙、砾，分选较差，随着水流搬运能力向边缘减弱，堆积物质逐渐变细，分选也较好，一般为沙、粉沙及亚黏土，含水丰富。在扇体的边缘有泉水出露，常形成沼泽。中国是多山国家，山前地带普遍分布有山前倾斜平原，所以山前倾斜平原成为中国主要的地貌类型之一。　如作为中国首都的北京市，除西部山地属太行山脉，北部山地属燕山山脉外，其余大部分地区（包括城区）均处于冲积、洪积物组成的山前倾斜平原。

shanqian pingyuan
山前平原　参见第40页山前倾斜平原。

hemantan pingyuan

河漫滩平原 河流侧向侵蚀和堆积作用形成的平地。即由河流的横向迁移和洪水漫堤的沉积作用形成。又称泛滥平原。在中下游地区，河流在凸岸堆积，形成水下堆积体。堆积体的面积不断扩大，在枯水季节露出水面，形成河漫滩。洪水季节，河漫滩被洪水淹没，继续接受堆积。如果河流改道或者继续向下侵蚀，河漫滩被废弃，多个被废弃的河漫滩连接在一起，形成了宽广的河漫滩平原。或河谷发育成较宽平的谷底时，洪水泛滥挟带的泥沙，堆积在河床两侧的河漫滩上，河的反复涨水泛滥，冲积层不断增厚，形成河漫滩平原。河漫滩平原是冲积平原的主要组成部分，其上的堆积物主要由沙、粉沙、黏土、亚黏土组成，在河间地带常有湖泊分布，因此在河漫滩平原上有时有湖泊相的沉积物。河漫滩平原主要类型有：①河曲型河漫滩，发育于弯曲型河段，经常在凸岸堆积为滨河床沙坝、迂回扇等；②汊道型河漫滩，发育于汊道型河段，常形成为浅滩及其附属的沙嘴；③堰堤型河漫滩，发育于较直的河段，形成为天然堤；④平行鬃岗型河漫滩，为堰堤型河漫滩与河曲型河漫滩或汊道型河漫滩之间的过渡类型，表现为一系列的平行鬃岗系统，鬃岗之间为浅沟和湖泊。

fanlan pingyuan

泛滥平原 参见第41页河漫滩平原。

huji pingyuan

湖积平原 原来是湖泊的一部分，由于不断的淤积作用，湖盆逐渐缩小，终至于全部或一部分死亡而形成的平坦地面。由于河流注入湖泊挟带大量泥沙及湖岸侵蚀物质，使湖底抬高；湖内水生生物残体也在湖内大量堆积，遂使湖盆缩小、变浅、填平、干涸，形成围绕湖岸分布的湖积平原。湖积平原一般面积不大，地势低平，呈浅盆状，中部常有沼泽、洼地分布。如中国的洞庭湖平原、鄱阳湖平原、太湖平原等。

shanlu pingyuan

山麓平原 由一系列洪积扇或冲积—洪积扇发展形成的平坦地面。即山体底部前沿的低平地。位于山区至平原的过渡地带，常呈现为狭长的条带状。根据成因又可分为洪积平原或冲积—洪积平原。山麓地带受长期的片状水流冲刷和重力崩落作用，山坡

河漫滩平原 　　　　　　　　　　　　　　　　（陈百明　摄）

逐渐后退而形成的山麓剥蚀面，简称山麓面。许多山麓剥蚀面连接后形成的广大平原，称山麓剥蚀平原。在山麓剥蚀面扩展过程中，残留着下凹坡形，陡峭的孤丘突露于山麓剥蚀平原上，称岛状山。中国内蒙古高原、柴达木盆地边缘可以看到典型的山麓剥蚀面及山麓剥蚀平原。

yanrong pingyuan

岩溶平原 由岩溶盆地不断扩大而形成的近于水平的地面。岩溶地区在湿润的气候条件下，由于长期经受流水岩溶作用，岩溶盆地面积不断扩大，可达数百平方千米，地表为溶蚀残余的红土或冲积层覆盖的呈现出平缓起伏的地形，局部散布着岩溶孤峰残丘。大型的岩溶平原常出现在可溶岩与非可溶岩接触带附近，中国广西中部的柳州、来宾、黎塘、贵县一带的岩溶平原最为典型。

qinshi pingyuan

侵蚀平原 当地壳处于长期稳定的情况下，崎岖不平的山地，在温度变化、流水、风雨和冰雪等外力剥蚀作用下，逐渐崩解破碎成碎粒，并被流水搬运，慢慢夷平形成的低矮平缓的地面。又称石质平原。是一种非构造平原。侵蚀平原由于外营力的不同可以分为河蚀平原、风蚀平原、海蚀平原、冰蚀平原和溶蚀平原等。侵蚀平原的地势有比较明显的起伏；地表土层较薄，多风化后的残积物，有大小石块等粗粒物质；岩石往往突露地表，有一些孤立的残丘和小山散布在平原之上。如中国泰山周围、徐州与蚌埠之间，都有波状起伏的侵蚀平原分布。

shizhi pingyuan

石质平原 参见第42页侵蚀平原。

gouzao pingyuan

构造平原 主要由地质构造作用形成的平原。一般指海成平原。海成平原是由于地壳上升或海水面下降，水下原始倾斜面出露水面形成的。平原表面还保留着很多海底特征。地面坡度与岩层原始倾斜一致，地势极为低平，海拔一般几米到几十米，表面几乎没有被河川切割。中国海成平原的面积很小，在平原中不占重要地位。中国的福州平原、莆田平原、泉州平原、漳州平原、文昌平原等都属于海成平原。海成平原常与冲积平原交错分布，构成复杂的混合类型，例如台湾西部平原。

zhunpingyuan

准平原 在地壳处于相对稳定的情况下，山坡因外力风化作用广泛降低高度，河谷因河流的侵蚀作用达到极度展宽，原来起伏较大的地区变成比较平坦、高差不大、宽谷残丘相间的近似平原（临海部分的高度接近于海平面的地形）。准平原的地表疏松，沉积层极薄，常有坚硬岩石组成的孤立残丘。

yipingmian

夷平面 各种因夷平作用形成的陆地平面。夷平作用是外营力作用于起伏的地表，使其削高填洼逐渐变为平面的作用。夷平面起伏平缓近似平坦面，发育过程受侵蚀基准面的控制，作用过程中力图降低地面高程，使之接近基准面。有将准平原受后期构造运动抬升，再被侵蚀切割成不同高度的近似平齐的峰顶面称为夷平面者，但大多数学者认为这只是夷平面中的一种。山地层状地貌中属于不同地文期的地面，有的可能还处于壮年期，也不能认为都是夷平面。

Dongbei Pingyuan

东北平原 位于中国大、小兴安岭和长白山之间。包括黑龙江、吉林、辽宁三省和内蒙古自治区的各一部分。北起嫩江中游，南至辽东湾。南北长约1 000千米，东西宽约400千米，海拔大多低于200米，面积达35万平方千米，是中国面积最大的平原。东北平原处于中温带，属于温带季风性气候，一年四季分明，夏季温热多雨，冬季寒冷干燥。7月均温21～26℃，1月-24～-9℃。全年≥10℃有效积温2 200～3 600℃，由南向北递减。年降水量350～700毫米，由东南向西北递减。降水量的85%～90%集中于暖季（5～10月），雨量的高峰在7、8、9三个月。年降水变率不大，为20%左右。干燥度由东南向西北递增。一般北方作物都可得到较好生长，南部还可栽培棉花和冬小麦。春季低温和秋季霜冻现象频繁。江河两岸和洼地在汛期常有洪涝灾害。东北平原耕地广阔，广泛分布着肥沃的黑土，已发展成为中国主要的粮食基地之一。东北平原可分为三个部分，东北部主要是由黑龙江、松花江和乌苏里江冲积而成的三江平原；南部主要是由辽河冲积而成的辽河平原；中部则为由松花江和嫩江冲积而成的松嫩平原。东北平原土层深厚，土壤肥沃，富含有机质。东部、北部以自然肥力较高的黑土为主，间有白浆土、沼泽土；西部主要是黑钙土、栗钙土和盐土，辽河平原分布有草甸土、风沙土、灌淤土、潮土。境内大部分地区地表水和地下水均较丰富，宜于引灌，土地资源开发利用潜力十分巨大。

Sanjiang Pingyuan
三江平原　位于中国东北平原东北部，黑龙江东部。北起黑龙江，南抵兴凯湖，西邻小兴安岭，东至乌苏里江，总面积约10.89万平方千米。"三江"即黑龙江、乌苏里江和松花江，三条大江经汇流和冲积作用形成了这块低平的平原。完达山脉把三江平原分为南北两部分：山北是松花江、黑龙江和乌苏里江汇流冲积而成的沼泽化低平原，亦即

三江平原

狭义的三江平原；山南是乌苏里江及其支流与兴凯湖共同形成的冲积—湖积沼泽化低平原，亦称穆棱—兴凯平原。三江平原纬度较高，属温带湿润、半湿润大陆性季风气候，年均气温1～4℃，全年日照时数2 400～2 500小时，无霜期120～140天，冻结期长达7～8个月，年降水量500～650毫米，集中在6～10月，雨热同季，适于农作物（尤其是优质水稻和高油大豆）的生长。在低山丘陵地带还分布有针阔混交林。土壤类型主要有黑土、白浆土、草甸土、沼泽土等。

Songnen Pingyuan
松嫩平原　位于黑龙江西南部。南以松花江、辽河的分水岭为界，北与小兴安岭山脉相连，东西两面分别与东部山地和大兴安岭接壤，为东北平原的一部分。整个平原略呈菱形。黑龙江境内面积为

10.32万平方千米。表面呈波状起伏，也被称为波状平原。平原海拔120～300米，中部分布着众多的湿地和大小湖泊，地势比较低平，嫩江与松花江流经西部和南部，漫滩宽广。年降水量580毫米，年日照时数2 700小时，年均气温2～6℃。主要土壤类型为黑土和黑钙土，约占60%以上，土壤养分丰富，保水、保肥力强，适合多种作物的生长，是黑龙江主要的农业土壤资源。

Liaohe Pingyuan
辽河平原　位于中国东北平原南部，贯穿辽宁省。夹于辽宁东西部丘陵之间，南至辽东湾，为辽河的冲积平原。该平原地势低平，北高南低，海拔一般低于50米，辽河入海口处海拔在10米以下。平原上河流众多，水流较缓，沙洲密布，港汊纵横。因沉降堆积旺盛，平原上河床较高，分布有较多沼泽，汛期常影响排涝。泥沙淤积也使得辽河平原逐渐向辽东湾延伸。辽河平原的土壤类型主要是棕壤、草甸土、潮土。平原西部分布风沙土，滨海有盐土、沼泽土。

Huabei Pingyuan
华北平原　位于中国东部偏北，黄河下游。主要由黄河、淮河、海河、滦河冲积而成，故又称黄淮海平原。大部分海拔50米以下，地表平坦，面积约31万平方千米，中国第二大平原。西起太行山脉和豫西山地，东到黄海、渤海和山东丘陵，北起燕山山脉，西南到桐柏山和大别山，东南至苏、皖北部，与长江中下游平原相连。延展在北京、天津、河北、山东、河南、安徽和江苏。黄河横贯中部，将之分为南北两部分：南面为黄淮平原，北面为海河平原。华北平原属暖温带季风气候，四季变化明显。南部淮河流域处于向亚热带过渡地区，其气温和降水量都比北部高。华北平原大部分属暖温带落叶阔叶林带，原生植被早被农作物所取代，仅在太行山、燕山山麓边缘生长旱生、半旱生灌丛或灌草丛，局部沟谷或山麓丘陵阴坡出现小片落叶阔叶林；南部接近亚热带，散生马尾松等乔木。广大平原的田间路旁，以禾本科、菊科、蓼科、藜科等组成的草甸植被为主。未开垦的黄河及海河一些支流泛滥淤积的沙地、沙丘上，生长有沙生植物。平原上的湖淀洼地，不少低湿沼泽生长芦苇，局部水域生长水生植物。在内陆盐碱地和滨海盐碱地上生

长各种耐盐碱植物，如蒲草、珊瑚菜、盐蓬、碱蓬等。华北平原地带性土壤为棕壤或褐土。耕作历史悠久，农作物大多为两年三熟，南部一年两熟。各类自然土壤已熟化为农业土壤。从山麓至滨海，土壤有明显变化。沿燕山、太行山、伏牛山及山东山地边缘的山前洪积——冲积扇或山前倾斜平原发育有褐土、草甸褐土；平原中部为黄潮土。冲积平原上尚分布有其他土壤，如沿黄河、漳河、滹沱河、永定河等大河有风沙土；河间洼地、扇前洼地及湖淀周围有盐碱土或沼泽土；黄河冲积扇以南的淮北平原没有受黄泛沉积物覆盖的地面，大面积出现砂姜黑土（青黑土）；淮河以南、苏北、山东南四湖及海河下游一带尚有水稻土。黄潮土为华北平原最主要的耕作土壤，耕性良好，矿物养分丰富，在利用、改造上潜力很大。平原东部沿海一带为滨海盐土分布区，经开垦排盐，形成盐潮土。

Huanghuaihai Pingyuan
黄淮海平原　参见第43页华北平原。

Haihe Pingyuan
海河平原　位于中国华北平原的北部。北起燕山山脉，南到黄河，西起太行山脉，东到渤海，面积约12.8万平方千米。北倚内蒙古高原与东北平原，东临大海，西以太行山、王屋山与山西高原为界，南以黄河毗连黄淮平原。包括北京、天津与河北大部（冀北山地、张北高原除外），山东黄河以西以及河南黄河以北的地区。主要由黄河和海河等冲积而成。地势低平，海拔由100米左右降低到渤海沿岸的3米左右。洼地和泊淀面积宽广。海河平原属暖温带湿润或半湿润气候。冬季干燥寒冷，夏季高温多雨，春季干旱少雨，蒸发强烈。春季旱情较重，夏季常有洪涝。年均温和年降水量由南向北随纬度增加而递减。海河平原属暖温带落叶阔叶林带，原生植被早被农作物所取代，仅在太行山、燕山山麓边缘生长旱生、半旱生灌丛或灌草丛，局部沟谷或山麓丘陵阴坡出现小片落叶阔叶林；土壤为棕壤或褐土。平原耕作历史悠久，各类自然土壤已熟化为农业土壤。从山麓至滨海，土壤有明显变化。沿燕山、太行山、平原中部为潮土，如沿河有风沙土；河间洼地、扇前洼地及湖淀周围有盐碱土、砂姜黑土。平原东部沿海一带为滨海盐土，经开垦排盐，形成盐潮土。

Huanghuai Pingyuan
黄淮平原　位于中国华北平原的南部。包括河南东部、山东西部黄河以南及安徽、江苏淮河以北部分。主要由黄河、淮河下游泥沙堆积而成。黄淮平原地形平坦，西部和南部山麓平原海拔大多在80米左右；中部平原海拔多在35～80米之间；东部滨海一带海拔仅2～3米。平原中多低洼区，湖泊众多，分布在淮河中下游一带。山东丘陵的西部和南部边缘，有著名的京杭运河将这些湖泊沟通，成为中国南北水路交通要道。历史上黄河在平原上多次泛滥改道，从兰考经商丘、徐州到淮阴的黄河故道两侧多沙地、沙丘，面积6 000平方千米。1949年后，在淮河上游已建成大、中、小水库近5 000座；在中游利用湖洼地修建蓄洪、滞洪工程；下游开辟入海入江通道。现平原上河渠纵横，涵闸密布，稻麦两熟，产小麦、杂粮、棉花，为中国重要农业区。黄淮平原属暖温带落叶阔叶林带，南部接近亚热带常绿阔叶林带。黄淮平原的土壤类型主要有壤质潮土、褐土、黄潮土、砂姜黑土、风沙土、盐碱土等。

Changjiang Zhong-Xiayou Pingyuan
长江中下游平原　中国长江三峡以东的中下游沿岸带状平原。北接淮阳山，南接江南丘陵。地势低平，地面高度大部分在50米以下，由长江及其支流冲积而成。面积20多万平方千米。中游平原包括湖北江汉平原、湖南洞庭湖平原和江西鄱阳湖平原。下游平原包括安徽长江沿岸平原和巢湖平原以及江苏、浙江、上海间的长江三角洲。平原上河汊纵横交错，湖荡星罗棋布。气候大部分属北亚热带，小部分属中亚热带北缘。年均温14～18℃，最冷月均温0～5.5℃，最热月均温27～28℃，无霜期210～270天，全年≥10℃有效积温达4 500～5 000℃。作物可一年两熟，长江以南可发展双季水稻连作的三熟制。年降水量1 000～1 400毫米，集中于春、夏两季。是中国重要的粮、油、棉生产基地，亦为中国水资源最丰富的地区。长江天然水系及纵横交错的人工河渠使本区成为中国河网密度最大地区，也是中国淡水湖群分布最集中地区，著名的淡水湖有鄱阳湖、洞庭湖、太湖及巢湖等。平原大部分为水稻土，地带性土壤是黄壤、黄棕壤或黄褐土，南部为红壤；水稻土则以潴育型水稻土为主，渗育型和脱潜型水稻土也有相当大面积的

长江中下游平原

分布；此外沿江和沿海地区还有较大面积的灰潮土分布。

Jianghan Pingyuan
江汉平原 位于中国长江中游，湖北省的中南部。西起宜昌枝江，东迄武汉，北自荆门钟祥，南与洞庭湖平原相连，面积约4.6万平方千米。因其地跨长江和汉江而得名，是长江中下游平原的重要组成部分。江汉平原地势低平，除边缘分布有海拔约50米的平缓岗地和百余米的低丘外，海拔均在35米以下。大体由西北向东南微倾，西北部海拔35米左右，东南降至5米以下。平原内湖泊星罗棋布，水网交织，垸堤纵横。地表组成物质以近代河流冲积物和湖泊淤积物为主，第三纪红层仅于平原边缘地区出露。长江、汉江和东荆河沿岸地势较高，一般在8～38米。地貌上可分为两部分：①处于河床与人工堤防之间的堤外滩地，现代冲积作用旺盛，地势较高，大部分在30米以上。②大堤以内的堤内平原，一般较堤外滩地低3～6米，向内侧微倾。江河之间相对低下，形成长形凹地，凹地的地面高程多在25～28米，地表组成物质主要为黏土，地下水位一般离

地表0.5～1.0米，每遇大雨，易成涝渍。江汉平原大小湖泊约300多个，湖泊一般底平水浅，是淡水养殖业的基地；又能调蓄江河水量，减轻平原旱涝灾害。地带性土壤是黄壤和红壤，水稻土的潜育化问题较为突出。

Dongtinghu Pingyuan
洞庭湖平原 位于湖南北部，为长江中下游平原的一部分。主要由长江通过输入的泥沙和洞庭湖水系带来的泥沙冲积而成。面积约1万平方千米，大部分海拔50米以下。洞庭湖平原是外围高、中部低平的碟形盆地，所以又称洞庭盆地。盆缘有海拔500米左右的岛状山地突起，环湖丘陵海拔在250米以下，滨湖岗地低于120米者为侵蚀阶地，低于60米者为基座和堆积阶地；中部由湖积、河湖冲积、河口三角洲和外湖组成的堆积平原，大多在25～45米，呈现水网平原景观。分为西、南、东洞庭湖。地势北高南低，主要湖沼洼地多在南缘地带。平原气候具有从中亚热带向北亚热带过渡的性质，具有冬冷夏热，气温年较差较大，春秋降温较剧，春暖迟，秋寒早，年降水量偏少，变幅甚大的

气候特征。多年平均气温16.4～17.0℃，1月平均气温3.8～4.5℃，7月平均气温28.4～29.1℃。无霜期260天左右，年降水量1 100～1 400毫米，由外围山丘向内部平原减少。4～6月降雨占年总降水量50%以上。平原地带性土壤以红壤为主，有大面积的水稻土分布，土层深厚，土壤自然肥力较高，为理想的粮、棉、麻、水产和蚕丝的重要基地。湖区多围湖造田形成的圩田，是中国的商品粮基地和重要淡水鱼区。

Poyanghu Pingyuan
鄱阳湖平原 位于江西北部，为长江中下游平原的一部分。由中国长江和鄱阳湖水系（赣江、抚河、信江、修水、鄱江等）冲积而成的湖滨平原。面积约2万平方千米。属于亚热带湿润气候，年均气温16～20℃，年降水量约1 500毫米。平均无霜期长达246～284天，地势平缓，海拔多在50米以下，地表覆盖红土及河流冲积物，边缘部分有相对高度20～30米的红土岗丘。河网稠密，小湖泊众多，自然环境条件十分优越。稻田、菜畦、鱼塘、莲湖纵横交错，适合于发展农业、林业和水产业，是江南的粮仓和棉花、油料等生产的重要基地。地带性

鄱阳湖平原

土壤以红壤为主，主要土壤类型还有黄壤、红壤性土、黄棕壤、棕壤、紫色土等，耕作土壤主要是大面积的水稻土。

Wanzhong Yanjiang Pingyuan
皖中沿江平原 位于中国安徽中南部长江沿岸和巢湖附近，为长江中下游平原的一部分。系湖积、冲积平原，海拔20～30米，残存的低缓丘岗和孤山散布其上。平原呈东北向。河谷西侧有山地夹持，山

前有广大阶地发育。由于地壳上升，长江下切，阶地上保留着古长江河床堆积的卵石层。呈现河漫滩、阶地、湖泊、河口三角洲、江心沙洲、湖心沙洲等类型。平原属湿润的亚热带季风气候，全年温暖湿润，年降水量1 000～1 400毫米。平原主要处于北亚热带落叶阔叶与常绿阔叶混交林地带，天然植被残留极少，几乎全为人工植被及次生灌丛和草丛，常见的有楝、榆、槐、泡桐、杨柳等树种及桃、李、杏、梨等果树。土壤类型主要有潮土和水稻土。潮土种植历史悠久，土层深厚，剖面发育良好，土体潮润，质地均一，以壤质为主。土壤肥力较高，保肥供肥性能好。水稻土广泛分布于平原和岗丘，以潴育型水稻土为主，分布地形比较平坦，排灌条件好。剖面发育完整，潴育层发育良好，垂直节理明显。土壤渗而不漏，土层深厚，肥力较高，增产潜力大。

Changjiang Sanjiaozhou
长江三角洲 中国长江中下游平原的重要组成部分。亦称长江三角洲平原。位于江苏镇江以东，北起通扬运河，南抵杭州湾，西至南京以西，东到海滨，包括上海、江苏中南部、浙江东北部。三角洲的顶点在南京市、扬州市一线，北至小洋口。海拔多在10米以下，间有低丘散布，海拔200～300米。面积约为9.96万平方千米。属北亚热带季风气候，温暖湿润，雨热同期，年均温15～16℃，最冷月均温2～4℃，最热月均温27～28℃。全年≥10℃有效积温4 750～5 200℃，生长期225～250天。年降水量1 000～1 400毫米，季节分配较均匀。作物一年可两熟至三熟。土壤主要是沼泽土和草甸土，滨海地区为盐渍土。淋溶型的地带性黄棕壤或黄褐土仅见于基岩孤丘。平原地区大部分已培育为肥沃的水稻土和旱地耕作土壤。

Taihu Pingyuan
太湖平原 位于中国太湖流域，分布在江苏省长江以南，浙江省钱塘江以北。北起长江，东抵东海，南达钱塘江和杭州湾，西面以天目山及其支脉茅山与皖南山地、宁镇丘陵相隔开。是典型的湖荡水网平原，地势平坦，西北、东北部略高，中部稍低。西北部海拔5～8米，中部水网平原3～5米，东南部湖荡平原与低洼平原海拔2～3米，以太湖湖盆为中心构成碟形洼地，洼地底部属老三角洲部分的湖沼

太湖平原

平原。周围有很多湖荡与河洼地分布。还有许多岛状丘陵分布，高度在100～300米之间。土壤肥沃，灌溉便利，又有较好的耕作措施和机械化条件，可发展双季水稻连作的三熟制。农业上的主要问题是防洪排涝。土壤类型在自然状态下是草甸土和沼泽土，但经过人们几千年来的改造，已培育成了稳产、高产的水稻土。

Hangjiahu Pingyuan
杭嘉湖平原　位于太湖以南，钱塘江和杭州湾以北，天目山以东，是浙江最大的堆积平原。包括嘉兴市全部，湖州市大部以及杭州市的东北部。地势极为低平，河网密布，有京杭大运河穿过。面积约7 620平方千米，属长江三角洲，平均海拔3米左右。地面东、南高，西、北低，成为以太湖为中心的浅碟形洼地。平原上水网稠密，表层沉积物以细颗粒泥沙（细粉沙、黏土）为主，属河流湖泊堆积物，其南缘属潮滩相沉积物，土质粗而疏松，地面缺少湖泊，水系变稀，地形相对高亢。这种地面高程、沉积物的质地和水文状况的差异，对农业生产、水利设施及工程建设等方面有深刻影响。土壤类型主要为水稻土和潮土。

Lixiahe Pingyuan
里下河平原　位于江苏中部。西起里运河，东至串场河，北自苏北灌溉总渠，南抵通扬运河，总面积1.35万平方千米。因里运河简称里河，串场河俗称下河，故称里下河平原。地势极为低平，而且呈现四周高、中间低的形态，是一个大的碟形洼地，状

如锅底。地面高程从周围海拔4.5米逐渐下降到海拔只有1米左右，并且大致从东南向西北缓缓倾斜。整个里下河地区为防止洪涝灾害，在地势相对高起的部位，就地取土培高，修成四周环水的小块高地，种植庄稼，可以旱涝保收。土壤类型主要为水稻土、盐土、潮土、沼泽土。

Chengdu Pingyuan
成都平原　位于四川盆地西部，为中国西南最大平原，又称川西平原。广义的成都平原介于龙泉山、龙门山、邛崃山之间，北起四川江油市，南到四川乐山五通桥，包括四川北部绵阳市江油、安县间的涪江冲积平原，中部岷江、沱江冲积平原，南部青衣江、大渡河冲积平原等。三平原之间有丘陵台地分布，总面积23万平方千米。狭义的成都平原仅指以都江堰为顶点、以成都市区为中心的岷江、沱江扇形冲积平原，面积8 000平方千米，是广义的成都平原的主要组成部分。成都平原地表松散，沉积物巨厚，平原中心地带沉积物厚度达300米，第四纪沉积物之上覆有粉沙和黏土，结构良好，宜于耕作。海拔450～750米，地势平坦，由西北向东南微倾，地表相对高差都在20米以下，有利于发展自流浇灌。属亚热带季风气候，土壤以紫色土为主，主要种植水稻、棉花。水田土壤已发育成肥沃的水稻

成都平原

土。两千多年来，由于都江堰水利系统的兴建，成都平原上河网交错，灌渠密布，水旱从人，成为沃野千里的优良农业灌溉区，被誉为"天府之国"。

Chuanxi Pingyuan
川西平原　参见第47页成都平原。

Weihe Pingyuan
渭河平原　地处陕西中部。西起宝鸡大散关，东至渭南潼关，南接秦岭，北到陕北黄土高原，东西长300千米，平均海拔约500米，西窄东宽，号称"八百里秦川"。又称关中平原。渭河平原是断层陷落区（即地堑），后经渭河及其支流泾河、洛河等冲积而成。渭河平原形成后，不仅有黄土堆积其间，更重要的是渭河及其两侧支流挟带大量泥沙填充淤积其中，第四纪松散沉积最大厚度达7 000余米。因地壳间歇性变动和河流下切，形成高度不等的阶地。属温带季风性气候，年均温6～13℃，冬季最冷月1月均温在−5℃左右，夏季最热月一般出现在7月，月均温30℃左右。年降水量500～800毫米，其中6～9月占60%，多为短时暴雨，冬春降水较少，春旱、伏旱频繁。平原南北狭长，气候纬向差异明显；东西差异较大，热量东部优于西部，降水则西部优于东部。土壤类型以褐土、黄褐土、黄绵土为主。

Huanghe Sanjiaozhou
黄河三角洲　黄河挟带泥沙在入海口以上沉积形成的冲积平原，是中国最年轻的陆地。广义的黄河三角洲指北至天津，南至废黄河口，西迄河南省巩义市以东黄河冲积泛滥地区；狭义的黄河三角洲指黄河在山东省东营市利津县以下，以利津为顶点，向东散开的扇状地形，北到徒骇河口，南到小清河口，整体上呈扇状三角形，地面平坦，高度低于海拔15米。由于入海泥沙在河口附近淤积，形成拦门沙、沙嘴及其两侧的烂泥湾。黄河尾闾由于泥沙淤积，河床变高，排洪不畅，或凌汛冰塞壅水，或人为原因，入海水道经常改变，平均八年改道一次。

黄河入海口　　　　　　　　　　　　　　　　　　（陈百明　提供）

由于黄河多次改道和决口泛滥，形成了岗、坡、洼相间形态，形成了以洼地为中心的水、盐汇积区，造成岗旱、洼涝、坡碱的现象。黄河三角洲属于暖温带半湿润大陆性季风气候区，四季温差明显，年平均气温11.7～12.6℃，极端最高气温41.9℃，极端最低气温−23.3℃，年平均日照时数为2 590～2 830小时，无霜期211天，年均降水量530～630毫米。主要土壤类型为盐土、潮土、褐土、水稻土和砂姜黑土。

Zhujiang Sanjiaozhou
珠江三角洲　位于广东的东南部，珠江下游。是由西江、北江共同冲积而成的大三角洲与东江冲积而成的小三角洲的总称。呈倒置三角形，面积约1.1万平方千米。属于亚热带气候，终年温暖湿润，年均温21～23℃，年均降水量1 500毫米以上，多雨季节与高温季节同步。土壤肥沃，河网纵横，是中国人口最密集的地区之一。经过长期的开发、建设，已成为中国著名的"鱼米之乡""桑蚕之乡""蔗糖之乡"和"果蔬花木之乡"。主要土壤类型为赤红壤、红壤。经过长期耕作，水田土壤已发育为水稻土。

Hetao Pingyuan
河套平原　位于内蒙古和宁夏境内。又称后套平原。通常是指内蒙古高原中部黄河沿岸的平原，西到贺兰山，东至呼和浩特市以东，北到狼山、大青山，南界鄂尔多斯高原。狭义的河套平原仅指后套平原。广义的河套平原，还包括宁夏的银川平原、内蒙古的土默川平原（前套平原）。河套平原光热资源丰富，年日照时数3 000～3 300小时，是中国日照时数最多的地区之一。全年≥10℃有效积温3 000～3 280℃，无霜期130～150天，大部分地区降水量150～400毫米，在时间分配上雨热同季。主要土壤类型是灌淤土和盐土。地势平坦，土质较好，有黄河灌溉之利，灌、排工程体系完善，农作物一年一熟，为宁夏与内蒙古重要农业区和商品粮基地。

Hexizoulang
河西走廊　位于甘肃西北部。东起乌鞘岭，西至古玉门关，南北介于南山（祁连山和阿尔金山）和北山（马鬃山、合黎山和龙首山）间。长约900千米，宽数千米至近百千米，为西北—东南走向的狭长平地，形如走廊，因位于黄河以西，故名。海拔1 500米左右。大部分为山前倾斜平原。走廊分为三个独立的内流盆地：玉门、瓜州、敦煌平原，属疏勒河水系；张掖、高台、酒泉平原，大部分属黑河水系，小部分属北大河水系；武威、民勤平原，属石羊河水系。三大流域均存在较为严重的生态退化问题，主要表现在植被覆盖度和永久性雪盖面积的减少。河西走廊的气候属大陆性干旱气候，年均温5.8～9.3℃，但绝对最高温可达42.8℃，绝对最低温为−29.3℃，昼夜温差平均15℃左右，一天可有四季。年平均降水量不足200毫米，自东而西逐渐减少；当地云量稀少，日照时间较长，全年日照可达2 550～3 500小时，光照资源丰富。由于祁连山冰雪融水丰富，灌溉农业发达。在河西走廊山地的周围，由山区河流搬运下来的物质堆积于山前，形成相互毗连的山前倾斜平原。在较大的河流下游，还分布着冲积平原。这些地区地势平坦、土质肥沃、引水灌溉条件好，便于开发利用，是河西走廊绿洲主要的分布地区。河西走廊

河西走廊

西部分布棕色荒漠土，中部为灰棕荒漠土，走廊东部则为灰漠土、淡棕钙土和灰钙土。

Taiwan Xibu Pingyuan

台湾西部平原 台湾岛西部的滨海平原带。主要由台南平原和屏东平原组成。北部狭长，南部宽广。台南平原北起彰化，南至高雄，长180千米，东西最宽处约50千米，面积约5 000平方千米，海拔在100米以下，为浊水溪、大肚溪、北港溪、八掌溪、曾文溪等河三角洲组成的滨海平原。海滨及西南部诸河下游有沙丘分布。平原耕地面积约占台南平原总面积的70%，占全岛耕地面积的40%。屏东平原为下淡水溪的冲积平原，东界中央山脉西麓断层，西界阿里山脉南端丘陵的东麓，南北长50千米，东西宽25千米，面积约1 200平方千米，为台湾第二大平原。台湾西部平原土壤肥沃，盛产水稻和甘蔗。主要土壤类型为冲积土、盐土与砂性土。

shan

山（岳） 陆地表面高度较大、坡度较陡的隆起地形叫作山，高大的山又称山岳。山是地壳上升背景下由外营力切割形成的地貌类型。即地壳上升地区受河流切割而成的高地，一般多呈脉状分布。山的最高部分称为山顶。山顶形态很复杂，一般可分为尖山顶、圆山顶和平山顶。造成山顶各种形态的主要因素是岩性、构造、外力地质作用的性质和强度，以及山地发育的历史。山顶中呈长条状延伸的叫山脊，山脊最高点的连线称山脊线。山以较小的峰顶面积区别于高原，又以较大的相对高度区别于丘陵。山的形态类型，是依据其外貌来划分的。据山体绝对高度、相对高度和坡度，可将山分为高山、中山、低山。每一类中根据切割程度，又进一步分为深切、中切、浅切型，或陡峭型和圆缓型等。根据山的成因，又可分为构造山、侵蚀山、堆积山等。构造山是指地质构造因素起主要作用而形成的山，如断块山、褶皱山、单面山等。侵蚀山是指经地质外营力长期切割形成的山。堆积山主要指火山。

中国是多山之国。据《中国国土资源统计年鉴2011》的数据，中国的山地面积320万平方千米，占土地总面积的33.33%。就海拔而言，世界上有14座海拔8 000米以上的高峰，位于喜马拉雅山脉和喀喇昆仑山脉的中国国境线上和国境内的有9座。世界第一高峰珠穆朗玛峰（海拔8 844.43米），第二高峰乔戈里峰（海拔8 611米），第三高峰干城章嘉峰（海拔8 586米），第五高峰马卡鲁峰（海拔8 463米），第七高峰卓奥友峰（海拔8 201米）均位于中国国境线上，第十四高峰希夏邦马峰（海拔8 012米）位于中国西藏境内。至于海拔超过5 000米的高峰，在喜马拉雅山脉、喀喇昆仑山脉、冈底斯山脉、念青唐古拉山脉、唐古拉山脉、昆仑山脉、天山山脉、祁连山脉、横断山脉、大雪山、岷山等山地中数以百计。

中国造山运动划分为五期，分别是：①加里东运动，发生在早古生代。在这次造山运动中，主要褶皱隆起的有俄罗斯西伯利亚南部的山脉。②海西运动，发生在古生代石炭纪至二叠纪。这次造山运动使中国北部阿尔泰山、天山、大兴安岭、阴山、昆仑山、阿尔金山、祁连山、秦岭等山脉隆起，并伴有大量的花岗岩侵入。③印支运动，发生在中生代三叠纪至侏罗纪。这次造山运动使川西、滇西北一带隆起成为山地，如岷山、邛崃山、大雪山、云岭等。④燕山运动，发生在中生代白垩纪。这次造山运动不仅产生了燕山山脉、太行山脉、贺兰山、雪峰山、横断山脉、唐古拉山、喀喇昆仑山等山脉，而且形成了许多山间断陷盆地，并在盆地内堆积了巨厚的砂页岩层。⑤喜马拉雅运动，发生在新生代，是最年轻的造山运动。分为两期：一是在渐新世至中新世，使喜马拉雅山主体、冈底斯山、念青唐古拉山、长白山、武夷山脉等大幅度隆起；二是在上新世至更新世，此时喜马拉雅山南面的西瓦里克丘陵隆起，西藏高原大幅度上升，台湾山地露出海面。喜马拉雅运动对那些古老的山脉都有不同程度的影响，但对大兴安岭—阴山一线以北的地区影响比较微弱。

shanpo

山坡 山峰和山脚之间的山地，指山的侧面，是山的重要组成部分。按其形态可分为直线坡、凹形坡、凸形坡、阶梯状坡、复合形坡等。按其倾斜程度可分为陡坡、斜坡、缓坡等。形成各种山坡的影响因素很多，主要是组成山坡的岩性、构造，还决定于外力作用和构造作用的性质和强度。实际上，山的改造和演化主要是山坡的改造和演化。近于直立的山坡或山崖，叫作峭壁。峭壁上部突出的、又高又直的地方叫作悬崖。

shangu

山谷　两个山脊之间沿着一个方向延伸的洼地。山谷最低点的连线称集水线或山谷线。它是山地中槽形的低凹部分。由构造作用形成的山谷有向斜谷、背斜谷、地堑谷、断陷谷；由流水作用侵蚀形成的山谷有河谷；由冰川作用侵蚀形成的有冰川谷等。山谷中一般有河、溪在流过。

shanlu

山麓　山坡和周围平地相接的部分。常为厚层的松散沉积物所覆盖，通常是一个地形的过渡地带，称为山麓带。在不同的气候条件下，特点各异。例如，在高寒地带，往往为滚石或冰雪所覆盖。在温带，或泉水露头，溪流汇集；或田畴梯布，植被繁茂。山麓带从上到下，松散堆积物逐渐加厚，根据堆积物各层的成分、结构、时代、成因，往往能推断山岳的演变历史。

shandi

山地　山所盘踞的地面或山体所在的部位由山顶、山坡和山麓组成。是地势相对较高（海拔高度＞500米），表面起伏很大（相对高差＞200米）的地区，山地是大陆的基本地形，分布十分广泛。当前大陆的山地主要是新第三纪以后形成的（或再度

隆起的），根据高程大致可分为以下几种类型：①高加索—喜马拉雅型年轻山地。其主要特点是年轻山脉与各种类型的盆地相间，伴有强烈的地震和火山活动。通常以强烈的侵蚀切割作用占优势，而在高山地带则冰川作用占优势。如安第斯山、阿尔卑斯山等。②天山型再生山地。其主要特点是在某一地质时期曾是强烈活动地区，后来长期处于稳定状态，广泛遭受剥蚀夷平，在晚新生代时期又重新强烈活动而形成山地。在山地中断裂现象普遍，山间盆地为年轻的沉降带，而在分水岭和山坡上往往发育着古准平原面，在山前地带存在着年轻的剥蚀面，形成差异性的断块构造。如阿尔泰山等。③兴安—武夷型复活山地。这类山地在中古代造山以后，从第三纪到中新世长时期处于相对稳定，受剥蚀夷平，从上新世到更新世初，又重新上升形成山地。山地中有断裂现象，但差异性较小，也有断陷盆地（如汾渭地堑），在分水岭上存有古剥蚀面残余，不少山地具有高原性质，如云贵高原。④残余型山地。山地形成后地壳一直处在比较稳定的状态，不断剥蚀夷平，所以山地平缓，高差不大。如中国的大别山。⑤太平洋型年轻山地。表现为各种岛弧分布在太平洋西岸、印度洋东北部等大陆与大洋的接触带上，强烈的地震和火山活动是该区的主要特点。地形发生强烈分异，产生巨大的深凹

山地　　　　　　　　　　　　　　　　　　　　　　　　　　　　　　　　　（陈百明　摄）

陷——海沟和岛弧，如中国台湾山地、日本列岛等。山地的外部轮廓和地表形态，受地壳运动和构造类型的控制，但与岩性和外力作用也有一定的关系。

山地是中国地貌的格架。中国大地貌单元如大高原、大盆地的四周都被山脉环绕。青藏高原是中国最高最大的高原，平均海拔4 500米以上，环绕高原的山脉有喜马拉雅山、喀喇昆仑山、昆仑山、祁连山、横断山等。西南部的云贵高原海拔降至1 000～2 000米，周围的山脉有哀牢山、苗岭、乌蒙山、大娄山、武陵山等。西北部黄土高原和内蒙古高原边缘的山脉有秦岭、太行山脉、贺兰山、阴山山脉、大兴安岭等。新疆塔里木盆地是中国最大的内陆盆地，盆地最低处罗布泊洼地的海拔780米。而周围的天山、昆仑山、阿尔金山等山脉，一般海拔在4 000～5 000米。新疆准噶尔盆地、青海柴达木盆地和四川盆地的四周都为高大山脉所封闭。就是在中国东部和东北部的大平原和岛屿上也可见到大片的中、低山和丘陵，如松辽平原东部的张广才岭和长白山脉，黄淮海平原东部的山东丘陵和长江中下游的低山丘陵，台湾岛的玉山，海南岛的五指山。

gaoshan
高山 具有较高海拔高度或较大起伏度的山地。一般指海拔3 500米以上、相对高度大于1 000米，坡度在25°以上的山。其中海拔5 000米以上者，称为极高山；相对高差1 000米以上的为深切割高山，500～1 000米以下的为中切割高山，200～500米的为浅切割高山。高山区冻融作用强烈，山坡陡峭，堆积物巨大。国际上也有把高山定义为2 000～2 500米至5 000～5 500米，3 000～3 500米和大于2 000米或大于3 000米等，还有把山岳主峰的相对高度超过1 000米的山体称为高山。根据高山所处的外营力环境及地貌特征可分为两类。一类是以冰川作用为主的高山，在地貌上有明显的垂直分带。山顶多为现代冰川带，形成角峰、刃脊，其鞍部常为粒雪盆。山坡上常为高山古冰川带，U形谷明显，古冰川堆积发育；山坡下部为侵蚀剥蚀带，多峭壁和凹坡；山麓常为冰水冲积锥或联合洪积扇形成的倾斜山麓面，如阿尔泰山、天山、喜马拉雅山等。另一类是以河流下切作用为主的高山上升迅速，流水强烈下切，以侵蚀剥蚀作用为主，其形态特征为山顶尖削，山坡多悬崖峭壁，下为深切峡谷，谷深达

1 000～3 000米，山麓有时出现高阶地。如高黎贡山、点苍山、大凉山等。

zhongshan
中山 具有中等海拔高度或中起伏度的山地。中国定义海拔高度在1 000～3 500米之间，其中相对高差1 000米以上的为深切割中山，500～1 000米的为中切割中山，200～500米的为浅切割中山。中山的山势较为陡峭，具有山脉状。中山的下限海拔高度为1 000米，主要考虑到中国东部的山地海拔高度多为1 000米左右，并受到强烈的流水侵蚀，比较破碎，取1 000米的高度指标具有实用意义。深切割中山的山坡被深长的沟谷切割，沟谷呈"V"形，谷源可近分水岭，山顶和山脊尖利；山坡上部多为凹坡，下部多为凸坡，山麓发育冲积锥、洪积扇。如黄山、太行山南段、华山等。中切割中山的山坡多为凹坡和凸坡的复合坡，其下部沟谷发育多为"V"形谷；山麓多为冲积锥和洪积扇。如六盘山、秦岭东段等。浅切割中山的山顶圆缓，山坡缓和，多凸坡，基岩出露较少，河谷多较开阔。如大兴安岭、阴山山脉等。

dishan
低山 海拔高度为500～1 000米，相对高差200米以上的山地。其中相对高差500～1 000米的为中切割低山，200～500米的为浅切割低山。低山的山形浑圆，山坡和缓，坡度一般在10°以下，往往与丘陵交错分布。中国的低山主要分布在东南部。

shanmai
山脉 沿一定方向呈脉状有规律分布的若干相邻山岭。是山地中主要山体的集合，多呈条带状分布，向两个方向延伸。外观很像人体的血脉，因而得名。构成山脉主体的山岭称为主脉，从主脉延伸出去的山岭称为支脉。山脉是地形的骨架，常常影响着江河的流向、气候的差异。较大的山脉大多数都连绵数十千米，甚至几千千米。像著名的安第斯山就长达9 000千米，是世界上最长的山脉。著名的山脉还有亚洲的喜马拉雅山脉、欧洲的阿尔卑斯山脉、北美洲的科迪勒拉山脉、南美洲的安第斯山脉等。

中国山脉的分布按其走向一般可分为五种情况：①东西走向的山脉主要有三列：北列为天山—阴山；中列为昆仑山—秦岭；南列为南岭。②东北—

西南走向的山脉主要分布在中国东部，主要有三列：西列为大兴安岭—太行山—巫山—雪峰山；中列为长白山—武夷山；东列为台湾山脉。③西北—东南走向的山脉主要分布在中国西部，著名山脉有两条：阿尔泰山和祁连山。④南北走向的山脉主要有两条，分布在中偏西部，分别是横断山脉和贺兰山脉等。⑤弧形山系由几条并列的山脉组成，其中最著名的山脉为喜马拉雅山，分布在中国与印度、尼泊尔等国边界上，绵延2 400多千米，平均海拔6 000米左右。

shanxi
山系　有成因联系并且按一定的延伸方向分布的规模巨大的一组山脉的综合体。如东西走向的阿尔卑斯—喜马拉雅山系，横跨于欧亚大陆中南部和非洲的北部，包括欧洲的阿尔卑斯山脉、北非的阿特拉斯山脉、亚洲的兴都库什山脉、喀喇昆仑山脉和喜马拉雅山脉。这条山系向东经中南半岛、印度尼西亚至巽他群岛与环太平洋山带相接。中国的主要山系有：天山—阿尔泰山系，帕米尔—昆仑—祁连山系，大兴安岭—阴山山系，燕山—太行山系，长白山系，喀喇昆仑—唐古拉山系，冈底斯—念青唐古拉山系，喜马拉雅山系，横断山系，巴颜喀拉山系，秦岭—大巴山系，乌蒙—武陵山系，东南沿海山系，台湾山系，海南山系。

shanjie
山结　多条山脉的交汇地或汇集中心。又称山汇。如帕米尔高原是地球上两条巨大山带（阿尔卑斯—喜马拉雅山带和帕米尔—楚科奇山带）的山结，也是亚洲大陆南部和中部地区主要山脉的汇集处（喜马拉雅山脉、喀喇昆仑山脉、昆仑山脉、天山山脉、兴都库什山脉），号称"亚洲屋脊"。

shanhui
山汇　参见第53页山结。

shanqu
山区　通常指由山地、丘陵和崎岖的高原组成的区域。作为一个区域概念，可以理解为"多山的地区"或"以山地为主的区域"。它强调的是地貌区域，并不排斥内部有谷地或盆地等地貌形态。山区的分类方法很多，还没有统一的体系。按基础物

质，可分为黄土山区、石灰岩山区等；按景观可分为高寒山区、密林山区、荒山区等；按距离城市和交通线的远近可分为深山区、浅山区；按地面组成物质，可分为石山区、土山区等；按高度可分为高山区、中山区和低山区。

中国山区面积广大，约占中国土地总面积的2/3。大部分地面崎岖，交通不便，基础设施落后，自然灾害多发；耕地资源不足，但是林地资源和草地资源丰富。山区是生物资源的基因库，分布有许多具有较高经济价值的动植物；水能资源和矿产资源也十分丰富。同时拥有众多名山大川和人文古迹，风景秀丽，景观奇特，旅游资源十分丰富。近年来，中国基本上解决了长期以来困扰山区的贫困与温饱问题，但是与全国平均水平相比较，仍处于落后状态；与平原区相比差距还很大。根据山区优质耕地稀缺、生态脆弱等特点，应加快山区坡地改梯地步伐，加强中低产田的改造，建设高标准农田；开展林农复合经营，开辟木本粮油等森林食品生产的新途径。同时要以治水、修路为重点，加强山区基础设施建设，改善山区生产条件，保障山区农业和农村经济的持续稳定发展。

shanyuan
山原　平均高度大，面积宽广，地质构造复杂，总体形状完整的大高原。是包括山脉、山系、高原和山间盆地等的复杂综合体。其中基本高度相等的山顶面和高原面占有相当大的比例。如中国在海拔4 000～5 500米的青藏高原上，耸立着一些更高的、海拔6 000～7 000米的山脉，所以青藏高原成为世界上最大的山原。此外，在相对稳定上升的地区，经长期剥蚀和切割作用而形成山的地区，如中国云南北部和西部，云贵高原表面被切割成了山地的形状，所以也可称山原。

云南北部地区的山原　　　（陈百明　摄）

褶皱山　　　　　　　　　　　　　　　　　　（陈百明　摄）

zhezhoushan

褶皱山　由褶皱岩层构成的山岳地貌。原始的褶皱山是背斜岩层构成山，向斜岩层构成谷，称为顺地形。但是随着山岳的不断破坏，背斜岩层因顶部岩层软弱，易剥蚀而形成谷地，原来的向斜岩层形成的凹地则因岩层坚硬反而变成山岭，这种地形称为逆地形（或地形倒置）。顺地形的破坏和逆地形的发育既取决于外力作用的强度和地貌演化的阶段，也取决于褶皱构造本身的产状特点和软硬岩层的组合情况。褶皱山往往沿褶皱方向延伸，其分布和褶皱轴一致，即地形的起伏和岩性密切相关。褶皱山因褶皱形式而异。当线状褶曲呈平行排列时，在地貌上表现为岭、谷相间平行排列分布的地形，例如川东的平行岭谷区。而在短轴褶曲中褶皱山多呈雁行式排列，短轴的背斜和向斜交替组成倾伏褶曲，则表现为"之"字形山脊。褶皱山地形分布广泛。山地常呈弧形分布。山地的形成和排列与受力作用方式关系密切。有些弧形山地地层弯曲，且常有层间滑动或剪切断层错动，使外弧层背着弧顶方向移动，内弧层向弧顶方向移动。褶皱构造是地壳中最广泛的构造形式之一，它几乎控制了地球上大中型地貌的基本形态，世界上许多高大山脉都是褶皱山脉，中国西部的一系列横向山地大多属于褶皱山。

xiangxieshan

向斜山　与向斜构造相一致的山地。发育条件是褶曲陡峻，起伏很大，软弱岩层厚，坚硬岩层薄。向斜是一种下凹的褶曲，其核部由新岩层组成，自核部向两翼岩层由新变老。向斜山的形成最初是由于地形上的低地，在它的侧翼经差异风化剥蚀成为高地。依据岩层的新老顺序可以识别向斜构造。发育在向斜部位的山体，向斜两翼为松软的老岩层，易被侵蚀，而核心部位为新岩层，由于侵蚀较慢，其坚硬岩层突露，高出背斜谷成为山。例如北京西部的妙峰山、九龙山、百花山都是高达千米的向斜山。

beixieshan

背斜山　由于地壳两侧受到挤压，使得地壳隆起形成的山地。背斜山的保留条件是：褶曲舒缓，起伏不大，坚硬岩层厚，软弱岩层薄。在褶皱构造地区，地貌发育的初期背斜部位没有经受过明显的侵蚀破坏，它的山脊位置和背斜轴相当，两坡岩层向外倾斜。如四川盆地的川东平行岭谷地区地表褶皱紧密，多表现为背斜成山，背斜山地长者逾300千米，短者不足20～30千米。山地陡而窄，宽5 000～8 000米，高600～1 000米。其中高登山达1 704米，为四川盆地底部最高峰。

danmianshan

单面山 发育在单斜构造（被破坏了的背斜或向斜的一翼）上的山体，即由单斜岩层构成的山。组成山体的岩层倾角一般在25°以下，沿岩层走向延伸，两坡不对称。其中一个坡与岩层面一致，长而缓，称为单面山的后坡（或构造坡）；另一坡与岩层面近乎垂直，短而陡，一般是外力作用沿岩层裂隙破坏而成，称为单面山的前坡（或剥蚀坡）。当岩层倾角超过30°时，构造面控制的后坡同由侵蚀造成的前坡的坡度和长度都近于对称的，称为猪背脊。猪背脊几乎全由坚硬岩层构成，山脊走线非常平直，被顺向河穿凿的地方，常形成深狭的峡谷。单面山和猪背脊多出现在大的构造盆地边缘或舒缓的穹隆、背斜和向斜构造的翼上。在软硬交互的岩层经侵蚀、剥蚀后常出现这种单斜地貌。由不对称的两坡组成的单面山只有从单斜崖一侧看上去才像山形，故名单面山。单面山被河流切开后，往往形成多个山峰，如庐山的五老峰单面山。

duankuaishan

断块山 由于断裂构造而造成的块状山体。断层的

庐山

出现可以是单一的，也可以是成组的。成组的断层走向多半平行排列，使地壳断裂成块，产生阶梯构造，或形成地垒或地堑。最初形成的断块山具有完整的断层面及明显的断层线、山坡陡峻、边线平直，与相邻盆地之间没有过渡的缓冲地带，常常急转直下。后来不断遭受侵蚀，原始断层面受到破坏，山坡后退，并形成山前断层三角面。断块山大多成群分布，有时单独存在，其分布受断层排列方向的控制。可以分为两类：一是地垒式山地，即整块山体因两侧的断层作用而整体抬升，其两侧山坡较对称。二是倾斜式山地，即山体因断层作用一侧沿断层翘起，坡短而陡；而另一侧缓缓倾斜，坡长而缓；山体的主脊偏居翘起的一侧。断块山的山麓阶梯面与剥夷面常受断裂活动影响而发生断裂变形或倾斜变形。中国著名的断块山有江西庐山、山东泰山、陕西华山等。

fangshan

方山 山顶平、山坡陡的山体。又称桌状山，也称空中平原。属构造地貌。在软硬相间的水平岩层，其顶部为坚硬的近于水平的岩层，或者为熔岩覆盖。由于差别剥蚀的结果，顶部岩层因抗蚀性强而仍保持平坦状态，并形成崖壁直下的陡坡，而下部因岩层抗蚀性差而形成斜坡。从四周山顶高处往下看，山顶平直如砥，四壁如被刀削，成为被陡崖围限的孤立山地。如四川龙泉山和华蓥山之间的川中地区，有典型的方山丘陵。丘陵的平顶由坚硬的红色砂岩构成，陡坡为风化剥蚀后的紫红色页岩。

Ximalaya Shan

喜马拉雅山 位于中国西藏自治区与巴基斯坦、印度、尼泊尔、不丹等国边境上。东西绵延2 400多千米，南北宽200～300千米，由几列大致平行的山脉组成，呈向南凸出的弧形。喜马拉雅山脉是世界上最雄伟高峻的山脉，最高峰珠穆朗玛峰海拔8 844.43米，是世界第一高峰。平均海拔在6 000米以上。海拔7 000米以上的高峰有40座，全世界8 000米以上的14座高峰中有10座在这里。它的主干部分在中国境内，位于中国青藏高原的南部边缘，西起帕米尔高原，东到雅鲁藏布江的转弯处，全长2 500千米。喜马拉雅山脉的最大特点是：高度大，山峰陡峭，终年积雪，冰川长大，构造复

喜马拉雅山

杂，切割强烈，造山运动至今仍在继续。喜马拉雅山脉呈南北走向，分为三带：南带为山麓低山丘陵带，海拔700～1 000米；中带为小喜马拉雅山带，海拔3 500～4 000米；北带是大喜马拉雅山带，是喜马拉雅山系的主脉，由许多高山带组成，平均海拔都在6 000米以上，数十座山峰海拔在7 000米以上。喜马拉雅山由于山体特别高耸，垂直自然带表现得异常明显。如2 000米以下温暖湿润，属常绿阔叶林带；升到3 000米时，耐寒的针叶树增加，并逐渐成为针叶林带；4 000米处因热量不足，树木生长困难，灌木丛代替森林，成为灌丛带；更高处则变成高山草甸、地衣等自然带；5 000米以上则是终年积雪不融的积雪带。喜马拉雅山具有最完整的土壤垂直带谱，由山麓的红黄壤起，经过黄棕壤、山地酸性棕壤、山地漂灰土、亚高山草甸土（黑毡土）、高山草甸土（草毡土）、高山寒漠土，直至雪线，为世界所罕见。

Kalakunlun Shan
喀喇昆仑山 位于中国、塔吉克斯坦、阿富汗、巴基斯坦和印度等国的边境，宽度约为240千米，长度为800千米。向东延入西藏自治区北部，是中国习称葱岭的一部分。呈西北—东南走向，其高度仅次于喜马拉雅山，平均海拔6 000米以上，海拔8 000米以上的山峰有4座，位于国境线上的最高峰乔戈里峰，海拔8 611米，是世界第二高峰。在印度洋季风和西风带的影响下，喀喇昆仑山成为世界上纬度最大的山岳冰川发育地区。气候主要是半干旱大陆性气候。南坡因受到来自印度洋季风的影响而湿润，但北坡却极为干燥。垂直气候差异明显。如一些海拔3 000米以下的谷地，年降水量均不足100毫米，属干旱荒漠。大冰积累区的年降水量在1 000毫米以上。冬春受西风环流影响降水丰富，夏季亦有一定数量的降水，形成降水的两个明显峰值，以冬春为主。在正常年份，喀喇昆仑山受印度洋西南季风影响范围较小，但西南季风强大年份常带来暴雨性降水，造成洪水与泥石流灾害。年最热月0℃等温线约在海拔5 600米处。年0℃等温线约与4 200米等高线相一致，广大山区终年低温。喀喇昆仑山区空气稀薄，太阳辐射强烈，温度变化巨大，并常有强风。植物的垂直分带仅限于北坡和西坡，由谷底向上依次为干旱半干旱草原、阿蒂米西亚森林草原、湿润温带针叶林、亚高山桦属和栎属灌丛及高山植被。植被带的界限，向北随干燥度的不断增加而升高，致使中间森林带范围渐小而终于消失。在较温湿的南坡，从谷地到海拔约3 000米处，有松林、喜马拉雅山杉生长，邻近河流处可见柳和白杨，由此往上为高山草原。土壤类型主要有高山寒冻土、高山草原土、山地栗钙土、山地棕钙土、灰褐土等。

Kunlun Shan

昆仑山 中国西部山系的主干，也是中国最长的山脉，世界最大和最高山脉之一。西起帕米尔高原，横贯新疆、西藏间，延伸至青海境内。全长约2 500千米，东西走向，古老褶皱山。平均海拔5 500～6 000米，宽130～200千米，西窄东宽，总面积达50多万平方千米。最高峰公格尔峰海拔7 649米。昆仑山濒临最干旱的亚洲大陆中心，不受印度洋和太平洋季风的气候影响。相反处于大陆气团的持续影响之下，引起年气温和日气温的巨大波动。山系中段最干燥，而西部和东部的气候缓和一些。该山最干燥的地区，年降水量在山麓不足50毫米，在高海拔区为102～127毫米；在帕米尔和西藏诸山附近，年降水量增加到457毫米。在与北部平原交界的山体底部，7月平均气温25～28℃，在1月不低于−9℃；然而在山的上部和西藏边界，7月平均温度低于10℃，在冬季则常降至−35℃或更低。昆仑山北坡属暖温带塔里木荒漠和柴达木荒漠，山前年

昆仑山

降水量小于100毫米，西部60毫米，东部20毫米，若羌仅为15～20毫米。年降水量随山地海拔增高而略增，暖温带荒漠被高山荒漠所取代，由特有的垫状驼绒藜与西藏亚菊组成。雪线在海拔5 600～5 900米之间，雪线以上为终年不化的冰川。冰川面积达到3 000平方千米以上，是中国的大冰川区之一，冰川融水是中国几条主要大河的源头，包括长江、黄河、澜沧江（湄公河）、怒江（萨尔温江）和塔里木河。昆仑山地形切割轻微，山脊平坦。昆仑山地由山脚至山顶依次为山地森林草原、山地草原、山地草原化荒漠、山地荒漠和高寒荒漠景观。土壤类型主要有高山寒漠土、山地棕漠土、山地棕钙土和淡栗钙土等。

Tanggula Shan

唐古拉山 位于中国西藏东北部与青海边境。是在海拔5 000米的青藏高原面上耸起的山脉，山顶是准平原，其上的山脊已在雪线（5 300米）以上。最高峰各拉丹冬峰海拔6 621米，是长江正源沱沱河的发源地。唐古拉山相对高差仅为1 300～1 500米，全长约700千米，山体宽150千米以上。怒江、澜沧江和长江发源于唐古拉山南北两麓。唐古拉山冬春季节气温低，年平均气温−4.4℃，有多年冻土分布，冻土厚度70～88米，植被以高寒草原为主，混生有垫状植物。青藏公路以东，海拔4 400～5 000米为蒿草和蓼组成的高山草甸带；5 000米至雪线为高山冰缘稀疏植被带，主要植物有垫状点地梅、苔状蚤缀、风毛菊、火绒草；最上为高山永久冰雪带。青藏公路以西海拔4 500～5 000米为紫花针茅、羊茅等禾草组成的高寒草原，其上接高山冰缘稀疏植被带或部分镶接混有座垫植物的原始高山草甸带。山间分布着众多的河谷和湖盆草坝，水草丰美，是天然的优良牧场。土壤类型主要有高山草甸土、高山草原土、高山寒漠土等类型。

Nianqingtanggula Shan

念青唐古拉山 中国青藏高原主要山脉之一。横贯西藏中东部，为冈底斯山向东的延续。全长1 400千米，平均宽80千米。海拔5 000～6 000米，最高峰念青唐古拉峰海拔7 162米。青藏高原东南部最大的冰川区。西段为内流区和外流区分界，东段为雅鲁藏布江和怒江分水岭。念青唐古拉山地处大陆

腹地，山脉的屏障作用阻挡了西北的寒流和印度洋的暖流，基本属于半干旱大陆性气候，由西到东平均气温为0～8℃，7月均温10～18℃，1月均温-10～0℃，年较差16～20℃，西部低于东部。年降水量在300～400毫米之间。每年5月中旬到9月中旬是雨季，集中了年降水量的80%～90%。雨季天气现象也很复杂，变化无常，一天中往往出现阵雨、冰雹、雷暴、闪电等天气现象。西段的垂直带谱以高寒草原或草甸为基带，上接高山寒冻风化带，没有森林带；东段山脉的垂直带谱结构较复杂，属海洋性湿润型，山地寒温带暗针叶林带占优势，上限可达海拔4 400米。在海拔较低的暖热地区尚有以高山栎、青冈为代表的常绿阔叶林及铁杉林分布。在森林带以上则为高山灌丛草甸及高山草甸带，面积较广，为当地主要天然夏季牧场。土壤类型主要有亚高山草甸土、高山草甸土、高山草原土、高山寒漠土等。

冈底斯山脉主峰——冈仁波齐峰

念青唐古拉山

Gangdisi Shan

冈底斯山 横贯中国西藏西南部，喜马拉雅山脉之北，并与后者大致平行，呈西北—东南走向，属褶皱山。东接念青唐古拉山脉，长1 100千米。是青藏高原的南北重要地理界线，西藏印度洋外流水系与藏北内流水系的主要分水岭。海拔5 500～6 000米，最高峰冷布岗日峰海拔7 095米。冈底斯山脉

南侧即通称的藏南地区，气候温凉稍干燥，海拔4 000米以下的雅鲁藏布江河谷地区为灌丛草原，较高地区为亚高山草原。藏南地区草场辽阔，耕地集中，为西藏人口集中、农牧业发达的地域。其北侧为羌塘高原内流区，气候严寒干燥，以高山草原为主，为无人居住的区域。冈底斯山脉的垂直自然带谱属大陆性半干旱类型，基带为高山草原带（北坡）和亚高山草原带（西段南坡）或山地灌丛草原带（东段南坡），往上依次为高山草甸带、高山冰缘植被带及高山永久冰雪带等。土壤类型主要有亚高山草甸土、高山草甸土、高山草原土、高山寒漠土等。

Bayankala Shan

巴颜喀拉山 位于中国青海中部偏南。旧称巴颜喀喇山。该山地势高耸，群山起伏，雄岭连绵，景象恢宏。它是青海境内长江与黄河的分水岭，最高峰年保玉则峰海拔5 369米。山地海拔多在5 000米以下，约古宗列盆地及黄河源区的海拔在4 500米左右。山势和缓，山前遍布大小沼泽和湖泊。北麓的约古宗列曲是黄河源头所在，南麓是长江北源所在。属于大陆性寒冷气候，山区地势高，空气稀薄，气候寒冷，属高寒荒漠草原。土壤类型主要是高山寒漠土和高山草原土。

Animaqing Shan

阿尼玛卿山 位于中国青海东南部果洛藏族自治

玛卿岗日峰

代河谷平原，两侧则分布洪积平原。西部北麓冰缘作用的低台地表面分布有大面积古冰碛。沿断裂有第四纪火山活动，并沿断裂形成熔岩台地和丘陵。山峰深居大陆内部，属大陆性暖温带高原气候，空气干燥凉冽，全年最低气温低达−30℃，刮风期间风力常为11级、12级。地处温带草原边缘，牧草繁茂，生长芨芨草、白利果等丛生矮禾草和矮灌木。土壤类型主要是高山寒漠土和高山草原土。

州境内，又称玛积雪山或积石山。由13座山峰组成，山体平均海拔5 000～6 000米，最高峰玛卿岗日峰海拔6 282米，终年积雪。山体由砂岩、石灰岩及花岗岩构成，山顶起伏不大，山峰呈锯齿重叠形。由于地势高峻，发育有冰川57条，冰川面积约126平方千米，其中位于东北坡的哈龙冰川长7.7千米，面积24平方千米，垂直高差达1 800米，是黄河流域最长最大的冰川。阿尼玛卿山主峰东侧海拔4 000米生长着茂密的高山灌木丛，海拔3 200米以下分布有成片的原始森林。土壤类型主要是山地草甸土、山地灌丛草甸土、高山草甸土、高山灌丛草甸土、高山寒漠土。

A'erka Shan
阿尔喀山　位于中国青海境内，系褶皱山。呈东西走向，东部山体宽约80千米，西部宽约50千米，全长约300千米。平均海拔约5 000米，最高峰布喀达坂峰海拔6 860米，为青海最高峰。其东部被断裂分割成三列北西—南东向平行山脉，其间夹持着若干谷地。山区残留着地质历史时期形成的高海拔古岩溶地貌形态，有峰林、石林、岩溶裂隙、古岩溶泉等遗迹。南部的木孜塔格峰、巍雪山、新青峰等发育现代冰川，雪线由西向东逐降，雪线以上小面积山峰附近仍有冰川作用，雪线以下则为冰缘作用下的中浅切割山地。西部降水较少，为干燥剥蚀作用下的浅切割山地。三个谷地沿断裂形成，经第四纪冰川作用后，谷底开阔平坦，分布现

Kekexili Shan
可可西里山　位于中国西藏东北部及青海西南部。蒙古语为"青山"之意。东接巴颜喀拉山，西起木孜塔格峰之南，东止楚玛尔河与沱沱河间的青藏公路以西，呈东西走向。平均海拔5 000米以上，仅青、藏交界处有少数雪峰超过6 000米，最高峰岗扎日峰海拔6 305米。与其南北侧闭塞湖盆地面相比较，相对高差仅三四百米。山势一般平缓，多年冻土广布，高处少永久性积雪与冰川。由于地处内陆，气候干燥，除北侧有淡水湖外，其余湖泊均为咸水湖。东部楚玛尔河宽谷内甚至出现沙丘。山地草原草类稀疏，人烟与畜群均少。由于本区气候严寒，地形起伏和缓，植被以高寒草原、高寒荒漠草原和垫状植物为主，因此相应发育成高山草甸土、高山草原土和高山寒漠土三个地带性土壤，其次为沼泽土，零星分布的有草甸土、龟裂土、盐土、碱土和风沙土等。

Tian Shan
天山　横穿中国新疆中部，东西走向，把新疆分成两部分，南边是塔里木盆地，北边是准噶尔盆地。天山山脉中，海拔在5 000米以上的山峰有数十座之多，最高峰托木尔峰海拔7 439米。天山南麓和北麓的植被分布不同。北坡由山脚至山顶植被依次为：山地草原、山地草甸草原、针叶林、高山草原；南坡由山脚至山顶依次为：荒漠、荒漠草原、干旱山地草原、山地草原、剥蚀高山、积雪冰川。

新疆哈密伊吾东天山喀尔里克冰川

天山北坡受大西洋和北冰洋水汽影响，准噶尔盆地西部有缺口，便于水汽进入，生长着茂密的森林；南坡为背风坡，降水少，又为阳坡，蒸发量大，水分条件不适宜森林生长。土壤类型主要有黑钙土、栗钙土、棕钙土、山地灰褐土、山地灰黑土、亚高山草甸土和高山草甸土。

A'ertai Shan

阿尔泰山　斜跨中国、蒙古、俄罗斯和哈萨克，从戈壁（沙漠）向西西伯利亚，绵亘约2 000千米，呈西北—东南走向。中国境内的阿尔泰山属中段南坡，山体长达500余千米，南邻准噶尔盆地。主要山脊高度在3 000米以上，北部的最高峰为友谊峰，海拔4 374米，发育有现代冰川；西部的山体最宽，愈向东南愈狭窄，高度亦渐低下；从东北部国境线，自西北向东南山势逐渐降低到3 000～3 500米。向南西逐渐下降到额尔齐斯河谷地，呈四级阶梯，山地轮廓呈块状和层状；只在高山地区有冰蚀地形并有现代冰川，是中国最北端的现代冰川分布中心。除沿北西向断裂作串珠状分布有断陷盆地外，无大型纵向谷地，堪称典型的断块山。与天山、昆仑山、塔里木盆地、准噶尔盆地形成"三山夹两盆"的格局。土壤类型由高到低主要分布有冰沼土、高山草甸土、亚高山草甸土、山地灰褐土及山地灰黑土、黑钙土、栗钙土、棕钙土等。

A'erjin Shan

阿尔金山　中国新疆东南部山脉。东端绵延至青海、甘肃两省界上，为塔里木盆地和柴达木盆地的界山。东北东方向延伸，平均高度3 000～4 000米。西段较高，最高峰苏拉木塔格峰海拔6 163米。有小型冰川发育。东接祁连山，两山之间的当金山口为柴达木盆地与河西走廊之间的交通要道，有公路通过。属青藏高原寒带气候区域。虽在暖温带的纬度之内，但因地处高原山地，海拔高度对气温的影响已超过纬度位置作用。其特点是干旱少雨，四季温差大。冬季漫长酷寒，夏季短暂，多风、干燥。土壤类型主要有高山荒漠土、高山草甸土、高山草原土、高寒荒漠土、棕钙土等。

Hengduan Shan

横断山　位于中国青藏高原东南部，是川、滇两省西部和西藏东部南北向山脉的总称。是中国最长、最宽和最典型的南北向山系，也是唯一兼有太平洋和印度洋水系的地区。横断山是世界上年轻山系之一，其范围有"广义"和"狭义"之说。通常所指的横断山为"广义"说，即东起邛崃山，西抵伯舒拉岭，北界位于昌都、甘孜至马尔康一线，南界抵达中缅边境的山区，面积60余万平方千米。最高峰海拔7 556米。山川南北纵贯，东西并列，自东而西有邛崃山、大渡河、金沙江、怒江和高黎贡山等。由于横断山的走向特殊、地理位置特殊，使其在地理、地质、生物、水文等诸多科学领域有重要意义。气候上受高空西风环流、印度洋和太平洋季风环流的影响，冬干夏雨，干湿季非常明显，一般5月中旬至10月中旬为湿季，降水量占全年的85%

邛崃山　　　　　　　　　　　（陈百明　摄）

以上，主要集中于6、7、8三个月；从10月中旬至翌年5月中旬为干季，降水少，日照长，蒸发大，空气干燥。气候有明显的垂直变化，年均温14～16℃，最冷月6～9℃，谷地年均温可达20℃以上。南北走向的山体屏障了西部水汽的进入。植被和土壤依气候、地势而变，从东南到西北，可划分为：①边缘热带季雨林红壤带；②亚热带常绿阔叶林红壤黄壤带；③暖温带、温带针阔叶林褐土、棕壤带；④寒温带亚高山森林草甸暗棕壤和亚高山草甸土带。

Gongga Shan

贡嘎山 位于中国四川康定以南。是横断山的最高峰，最高海拔7 556米，高出其东侧的大渡河6 000米。周围有海拔6 000米以上的山峰45座。受海洋季风影响，雪线海拔4 600～4 700米，冰川发育规模较大。东坡最大的海螺沟冰川长14.2千米，末端下达2 850米，已落入森林带内，在长期冰川作用下，山峰发育为锥状大角峰，周围绕以峭壁。贡嘎山地区的气候深受海拔高度的影响，气温随海拔升高而降低，而降水量随海拔升高而增大，从沟口起，出现亚热带、暖温带、寒温带、亚寒带、寒带和极地带气候。东侧山麓年平均气温是13℃，海拔3 400米处年平均气温仅1℃，海拔4 900米的雪线附近年平均气温则低至-9℃。每年6～10月为雨季，11月至翌年5月为旱季。山下年降水量800～900毫米，山上最大可达3 000毫米以上，多集中在7、8、9三个月。特定的地理环境和特殊的气候条件，形成了多层次的立体植物带和特有的自然景观。海拔1 900～3 600米是原始森林区，其中1 900～2 200米是阔叶林带，2 200～2 800米为针阔混交林带，2 800～3 600米为针叶林带，3 600米以上为暗针叶林与高山灌丛分布区。3 000米的林地主要有云杉、冷杉、杜鹃、桦树等等。土壤类型的分布也具有明显的垂直地带性，自下而上分别为山地褐土、山地黄壤、山地棕壤、山地暗棕壤和棕色针叶林土，都具有粗骨性强、土层薄、石砾多的特征。

Nu Shan

怒山 位于中国云南西部及西藏东部。近南北走向，北段称他念他翁山，南段称怒山或碧罗雪山，属横断山脉，为怒江、澜沧江分水岭。山势北高南低，北段多海拔5 000米以上的雪峰，南段降至4 000米，为断块山地。最高峰梅里雪山海拔6 740米，山峰海拔一般为4 500～5 000米，有10余座海拔6 000米以上的雪峰，雪峰上广泛发育着冰川地貌，发育有现代冰川。由于海拔高差6 000米，区内呈现了北半球南亚热带、中亚热带、北亚热带、暖温带、温带、寒温带和寒带等多种气候类型。同时，是自新生代以来生物物种和生物群落分化最剧烈的地区。区内山体和大河均为南北向展布，大部分未受到第四纪冰川的覆盖，使得这一地区成为欧亚大陆生物物种南来北往的主要通道和避难所。植被茂密，物种丰富，表现为由热带向北寒带过渡的植物分布带谱。海拔2 000～4 000米主要是由各种云杉林构成的森林，森林的旁边有着绵延的高原草甸。土壤类型主要有砖红壤、赤红壤、山地红壤、山地黄棕壤、山地棕壤、山地暗棕壤、亚高山草甸土等。

Shaluli Shan

沙鲁里山 位于中国四川西部。属横断山脉北端中部山脉，是金沙江和雅砻江的分水岭，也是四川境内最长、最宽的山系。自巴颜喀拉山脉分出，东南入四川西部高原，纵贯甘孜藏族自治州，向南伸入云南境内。由北到南有雀儿山、素龙山、海子山、木拉山等，南北走向，海拔4 000米以上。最高峰雀儿山海拔6 168米。南北绵亘长达500～600千米，东西宽达200千米。山体由花岗岩、石灰岩、砂板岩、千枚岩等组成，山脊海拔在5 500米以上，山峰则多超过6 000米，海拔4 000米以上屡见古冰斗、U形谷、冰碛垅、冰漂砾、冰川湖，是四川省冰川湖群最集中之地。海拔5 200米以上有现代冰川分布，北部雪线在5 200～5 300米之间，南部雪线在5 400～5 500米之间。由于山体高大、山谷深窄，故崩塌、滑坡等重力地貌发育。此外，在分水山脊亦多山间盆地，如理塘、康嘎、稻城等，为当地主要牧场。沙鲁里山是四川主要林区之一，除川西云杉、丽江云杉、长苞冷杉、鳞皮冷杉、黄果冷杉及高山松、落叶松等针叶林外，还有多种高山栎及桦木。土壤类型主要有山地黄壤、山地黄棕壤、黄褐土、山地棕壤、高山草甸土等。

Daxing'an Ling

大兴安岭 位于中国最北部，是内蒙古高原与松辽平原的分水岭。北起黑龙江畔与俄罗斯隔江相望，南至西拉木伦河上游谷地与松嫩平原相连，东有小兴安岭，西依呼伦贝尔大草原。东北—西南走向，全长1 200多千米，宽200～300千米，海拔多为1 100～1 400米，最高峰黄岗梁海拔2 029米。原始森林茂密，是中国最北、面积最大的林区。主要树木有兴安落叶松、樟子松、红皮云杉、白桦、蒙古栎、山杨等。属寒温带大陆性季风气候，冬寒夏暖，昼夜温差较大，年平均气温-2.8℃，最低温度-50℃左右，无霜期90～110天，年平均降水量750毫米左右。主要土壤类型是漂灰土，属于针叶林下发育的强酸性土壤。

大兴安岭最高峰——黄岗梁

Xiaoxing'an Ling

小兴安岭 中国东北地区东北部的低山丘陵山地，是松花江以北的山地总称。西北部以黑河—孙吴—五大连池一线与大兴安岭为界；南部以五大连池—铁力—巴彦一线与松辽平原分界。海拔多为500～800米，最高峰平顶山海拔1 429米。是黑龙江与松花江的分水岭。山势和缓，北低南高，地貌相比差异显著，南坡山势浑圆平缓，水系绵长；北坡陡峭，成阶梯状，水系短促。北部多丘陵台地，河谷多为宽谷；南部为低山丘陵区，河谷多形成V形谷。全年平均气温-2～2℃，年平均降水量500毫米，无霜期100天左右。土壤主要为暗棕壤以及草甸土和沼泽土，部分高山地带为棕色针叶林土。暗棕壤分布在山地不同坡度、坡位和各种林分类型下，面积最大，分布最广，约占总面积的75%。

Changbai Shan

长白山 中国东北地区东部山地的总称。位于吉林、辽宁、黑龙江东部。北起完达山脉北麓，南延千山山脉老铁山。长约1 300千米，东西宽约400千米，略呈纺锤形。由多列东北—西南向平行褶皱断层山脉和盆地、谷地组成。最西列为吉林境内的大黑山和向北延至黑龙江境内的大青山；中列北起张广才岭，至吉林境内分为两支：西支老爷岭、吉林哈达岭，东支威虎岭、龙岗山脉，向南延伸至千山山脉；东列完达山、老爷岭和长白山主脉。中国境内的白头峰海拔2 691米，为东北地区第一高峰。夏季白岩裸露，冬季白雪皑皑，系多次火山喷发而成。长白山为松花江、图们江、鸭绿江的发源地。植物属长白山植物区系，生态系统比较完整，植物资源十分丰富，主要以红松阔叶林、针阔混交林、针叶林、岳桦林、高山苔原等组成，并从下到上依次形成5个植被分布带，具有明显的垂直分布规律。土壤受地貌、母质、植被和气候等自然因素的影响呈垂直带谱分布，自下而上可分为山地暗棕壤、棕色针叶林土、亚高山疏林草甸土和高山苔原土，在山间盆地、河谷阶地发育有白浆土。

长白山火山地貌

Zhangguangcai Ling

张广才岭 名字源于满语。中国长白山的支脉，位于黑龙江的东南部，是该省主要山脉之一，面积2.85万平方千米。张广才岭以东为牡丹江水系，以西为阿什河、拉林河水系。山势高峻，地形复杂，既有悬崖绝壁，又有深谷陡坡，为黑龙江最突出的高山峻岭。由主脊向两侧，逐渐由中山降为低山和丘陵。属于流水侵蚀山地，山体大部分由花岗岩组成。海拔在1 000米左右的山峰有20多个，平均海拔800多米，最高峰大秃顶子海拔1 690米。地处中纬度，属中温带大陆性季风气候，夏季温湿多雨，冬季寒冷干燥，年平均气温1.5℃，年降水量520～540毫米。有林地面积比重大，动植物资源丰富，是黑龙江省内重要的林区。但由于开发较早，原始的红松阔叶混交林已寥寥无几。除森林植被外还有草甸植被，主要分布于河漫滩和山前倾斜平原及山间谷地。主要土壤类型有山地暗棕壤、白浆土、草甸土、沼泽土等。山地暗棕壤是低山山地和丘陵山地的主要土壤，多在残积母质或坡积母质上发育。白浆土多分布在坡麓漫岗、排水不良地段，母质均为第四纪黄土状沉积物。草甸土主要分布在山间谷地或河流两岸阶地上。沼泽土分布于地势平坦的河流两岸。

张广才岭

Wanda Shan

完达山　位于中国黑龙江东部。属长白山山脉北延，是黑龙江东部主要山地之一。主脉呈西南—东北走向，绵延400千米，面积1.2万平方千米，海拔多为500～800米，最高峰神顶山海拔831米，位于山脉最北端。山体耸峙于平原之上。由于岩石性质不同，差别侵蚀非常明显。由砂岩、页岩所构成的山体，起伏平缓。由花岗岩所构成的山体，巍然挺立，形成高峻的山峰。完达山把三江平原分为南北两部分：山北是松花江、黑龙江和乌苏里江汇流冲积而成的沼泽化低平原，即狭义的三江平原；山南是乌苏里江及其支流与兴凯湖共同形成的冲积—湖积沼泽化低平原，亦称穆棱—兴凯平原。完达山地处东亚季风区，属中温带大陆性季风气候。冬季漫长、寒冷而干燥；夏季短促、温暖而多雨；早春少

雨易干旱；秋季降温迅速，常有冻害发生，年平均气温3.2℃，年平均日照时数2 500小时，无霜期126天，年降水量550毫米左右。主要乔木有柞树、白桦、黄波罗、水曲柳、椴树、柳树等，灌木有刺五加、毛榛子等，草本植物以薹草、地榆等为主。主要土壤类型为棕色针叶林土和山地暗棕壤，在浅平的岗地上分布着肥沃的黑土与草甸土。

Taihang Shan

太行山　横跨中国北京、河北、山西、河南四省市之间。北起北京西山，南达豫北黄河北崖，西接山西高原，东临华北平原。绵延400余千米，东北—西南走向。地势北高南低，大部分海拔在1 200米以上，最高峰小五台山海拔2 882米。为山西东部、东南部与河北、河南两省的天然界山。太行山是中国东部地区的重要山脉和地理分界线，太行山以西为黄土高原，以东为黄淮海平原。与大兴安岭—巫山—雪峰山一起组成中国地形第二、三阶梯的界线。太行山大致分为北、中、南三段。北段是多条由东北走向西南的斜列式山脉，最北端在北京西山北端南口附近与燕山山脉斜交；中段呈南北走向；南段又呈近东西走向，向南延伸至河南与山西交界地区。太行山是在古老地块上断裂上升而形成的块状山脉，断崖明显，山顶多为平坦面，出现若干台地，河流切割后形成许多深险峡谷，地势十分险峻。东坡急促短陡，为断层构造，相对高度差达1 500～2 000米，山前多有发育典型的由于洪水冲积而形成的扇形地貌以及小型的冲积平原。西坡较为和缓绵长。属暖温带半湿润大陆性季风气候，全年冬无严寒，夏无酷暑，雨热同季，虽四季分明，但冬长夏短。年平均气温在10℃左右，最冷月

太行山

平均气温为-5℃，最热月平均气温为23℃，年日照时数近2 500小时，年降水量在534毫米左右，7月降水最多，为132毫米，12月最少，为5毫米。由于太行山对夏季风有明显阻滞作用，迎风坡降水较多，并形成暴雨区。土壤类型主要有山地棕壤、山地褐土、石灰性褐土、淋溶褐土、酸性粗骨土等。

Lüliang Shan

吕梁山　中国黄土高原上的一条重要山脉，是黄河中游黄河干流与支流汾河的分水岭。位于山西西部，呈东北—西南走向。地形呈穹隆状，中间一线突起，两侧逐渐降低。绵延400多千米，海拔多在900～1 500米，最高峰关帝山海拔2 830米。纵贯山西西部，为东部季风湿润区向西北干旱区的过渡地带。吕梁山以西为黄土连续分布的典型黄土高原，水土流失严重。山地以东黄土断续分布，水热条件相对优越。属暖温带半干旱气候，年平均气温在8℃左右，年降水量一般为500毫米。吕梁山在历史时期森林茂盛，植被类型多样，地带性特征明显，分布有亚高山草甸、寒温带针叶林、温带针阔叶混交林、暖温带阔叶林。主要土壤类型有山地棕壤、山地褐土、褐土性土、粗骨性褐土等。

Wutai Shan

五台山　位于中国山西的东北部，太行山系的北端。由一系列大山和群峰组成，其中五座高峰连绵环抱，如五根擎天大柱拔地而起，而峰顶平坦如台，得名五台。最低处海拔624米，最高处海拔达3 061.1米，是中国华北地区的最高峰。五台山周长约250千米，总面积2 837平方千米。五台之中以北台最高，台顶海拔3 058米，有"华北屋脊"之

五台山

称。五台山气候寒冷，台顶终年有冰，盛夏天气凉爽，故又称"清凉山"。全年平均气温为-3～-4℃，年降水量500～550毫米，年日照时数2 700小时。无霜期为130～140天。五台山自然植被以草地为主，由草甸、草原、灌丛构成，是优良的夏季牧场。土壤类型自上而下依次为亚高山草甸土、山地草甸土、山地棕壤、褐土和石灰性褐土。

Zhongtiao Shan

中条山　位于中国山西西南部。因居太行山及华山之间，山势狭长，故名中条。山体东北—西南走向。长约160千米，宽10～15千米。中条山依黄河而行，山势狭长，整条山脉划开了中原与西北：北侧是运城盆地，南侧是中原大地。依山势可分为三段：东段称历山，最高峰舜王坪海拔2 322米，山顶呈平台状，其间有垣曲断陷盆地；中段山势较缓，呈阶台状；西段称中条山，兀立于运城盆地与黄河谷地之间，最高峰雪花山海拔1 994米，相对高差约1 500米。是温带向亚热带过渡的区域，属暖温带大陆性气候，年平均气温13.4℃，日照时数2 200小时，无霜期180天，降水量约700毫米。植被类型具有古老性、交汇性和过渡性。是华北木本植物区系中珍稀濒危植物较为集中的地区，已发现的原始森林保存完好，为中国西北黄土高原上仅存的一块。土壤类型主要是山地褐土，其上分布有山地棕壤。

Yan Shan

燕山　位于中国河北平原北侧。由潮白河谷到山海关，大致呈东西走向，长300多千米。燕山山脉是华北平原北部的重要屏障，内蒙古高原和东北地区进入华北平原的必经之地。属褶皱断块山。海拔400～1 000米，最高峰雾灵山海拔2 116米。北侧接七老图山、努鲁儿虎山，南侧为河北平原，高差大。山区有密云、潘家口等水库。地势西北高、东南低，北缓南陡，沟谷狭窄，地表破碎，雨裂冲沟众多。以潮河为界分为东、西两段。东段多低山丘陵，海拔一般在1 000米以下，植被茂盛，灌木、杂草丛生，森林面积广阔；西段为中低山地，海拔一般1 000米以上，植被稀疏，间有灌丛和草地。山脉间有承德、怀柔、延庆、宣化等盆地。水系发达，河流广布，主要有洋河、潮白河和滦河等。属温带半湿润大陆性季风气候，年平均气温5～

燕山山脉主峰——雾灵山

15℃，1月平均气温−3～−12℃，7月平均气温约22℃。年平均降水量400～700毫米。主要土壤类型有棕壤、褐土、草甸土和风沙土等。

Qin Ling

秦岭 横亘于中国中部的东西走向的巨大山脉。广义的秦岭范围包括西起甘肃临潭县北部的白石山，以迭山与昆仑山脉分界，向东经天水南部的麦积山进入陕西，在陕西与河南交界处分为三支，北支为崤山，余脉沿黄河南岸向东延伸，通称邙山，中支为熊耳山，南支为伏牛山。山脉南部一小部分由陕西延伸至湖北郧县。秦岭山脉全长1 600千米，南北宽数十千米至二三百千米。东西走向，海拔多为1 500～2 500米。最高峰太白山海拔3 767米。秦岭山地对气流运行有明显阻滞作用，夏季使湿润的海洋气流不易深入西北，使北方气候干燥；冬季阻滞寒潮南侵，使汉中盆地、四川盆地少受冷空气侵袭。因此秦岭成为亚热带与暖温带的分界线。秦岭以南河流不冻，植被

以常绿阔叶林为主；秦岭以北为著名的黄土高原，1月平均气温在0℃以下，河流冻结，植物以落叶阔叶树为主。狭义的秦岭是秦岭山脉中段，位于陕西中部的一部分。陕西境内的秦岭呈蜂腰状分布，东、西两翼各分出数支山脉。山体横亘，对东亚季风有明显的屏障作用，是气候上的分界线，又是黄河支流渭河与长江支流嘉陵江、汉江的分水岭。秦岭自然景观存在南北坡差异。北坡为暖温带针阔混交林与落叶阔叶林地带；南坡为北亚热带北部含常绿阔叶树种的落叶阔叶混交林。土壤类型自上而下分为亚高山草甸土、山地棕壤、山地黄棕壤和山地褐土。

Yin Shan

阴山 中国北部东西走向的山脉和重要地理分界线。横亘于内蒙古中部，是黄河流域的北部界线。山脉的平均高度在海拔1 500～2 300米之间，最高峰呼和巴什格峰海拔2 364米。西端以低山没入阿拉善高原；东端止于多伦以西的滦河上游谷地，长约1 000千米；南界在河套平原北侧的大断层崖和大同、阳高、张家口一带盆地谷地北侧的坝缘山地；北界与内蒙古高原相连，东西绵延长达1 000千米以上，南北宽50～100千米。是古老的断块山，大部由古老变质岩组成，主要地貌类型是中山和低山丘陵，山前和山谷两侧普遍发育有多级阶地。南坡山势陡峭，北坡起伏平缓，丘陵与盆地交错分布，相对高度50～350米。丘间盆地沿构造线

阴山山脉

呈东西向分布。巨大的山体如巨大的天然屏障，同时阻挡了南下的寒流与北上的湿气，使得阴山成为季风与非季风分界线，属温带半干旱与干旱气候的过渡带。南坡年均温5.6～7.9℃，无霜期130～160天；北坡年均温0～4℃，无霜期95～110天。多年平均降水量350毫米，南北相差25～100毫米。阴山是草原与荒漠草原的分界线。山区植被稀疏，仅在东段的阴坡有小片森林，有白桦、山杨、杜松、侧柏、油松等树种。中段和西段山地散布有大小不等的山地草场，历史上曾是重要的牧区。山坡低处为草地，中部有栎、榆、桦等树种。阴坡在2 000米处有矮曲林。主要土壤类型有灰色森林土、栗钙土、黑钙土等。

Liupan Shan

六盘山 中国西部山脉。位于宁夏西南部、甘肃东部。南段称陇山，南延至陕西西端宝鸡以北。是近南北走向的狭长山地。山脊海拔高度超过2 500米，最高峰米缸山海拔2 942米。其北侧另一高峰亦称六盘山，海拔2 928米。东坡陡峭，西坡和缓，为强烈地震带。降水量较周围高原稍多，高山上有小片松林，其余部分为草地。发源于山地北侧的清水河向北流注黄河，东侧为泾河上游，西南侧诸水汇入葫芦河，再入渭河。南段陇山南北长约100千米，山势陡峭，为渭河平原与陇中高原的分界。气候属中温带半湿润向半干旱过渡带，具有大陆性和海洋季风边缘气候特点，春季低温少雨，夏季短暂多雹，秋季阴涝霜早，冬季严寒绵长，光照资源十分丰富。六盘山在长期内、外营力作用下，形成了强烈切割的中山地貌，海拔高，相对高度达400米以上。植被类型既有水平地带性的森林、草原，又有山地植被垂直带谱中出现的低山草甸草原、阔叶混交林、针阔混交林、阔叶矮林等组成的垂直植被景观。土壤类型分为亚高山草甸土、灰褐土和粗骨土，其中以灰褐土面积最大。

Helan Shan

贺兰山 位于中国宁夏与内蒙古交界处。海拔2 000～3 000米，主峰贺兰山位于银川西北，海拔3 556米，是宁夏与内蒙古的最高峰。贺兰山脉为近南北走向，绵延200多千米，宽约30千米，是中国西北地区的重要地理界线。植被垂直带变化明显，有高山灌丛草甸、落叶阔叶林、针阔叶混交林、青海云杉林、油松林、山地草原等多种类型。其中分布于海拔2 400～3 100米阴坡的青海云杉纯林带郁闭度大，更新良好，是贺兰山区最重要的林带。贺兰山是中国一条重要的自然地理分界线，不但是中国河流外流区与内流区的分水岭，也是季风气候和非季风气候的分界线。山势的阻挡，既削弱了西北高寒气流的东袭，阻止了潮湿的东南季风西进，又遏制了腾格里沙漠的东移，东西两侧的气候差异颇大。贺兰山还是中国草原与荒漠的分界线，东部为半农半牧区，西部为纯牧区。贺兰山的土壤类型较多，灰钙土分布于海拔1 900米以下低山区及山前洪积扇地带，山地灰褐土分布于海拔1 900～3 100米的阴坡针叶林下，海拔3 100米以上发育着山地草甸土。此外，在山地北段和中段陡峻的阳坡分布着粗骨土，在西侧海拔1 600米以下的山地荒漠带发育着淡棕钙土。

Qilian Shan

祁连山 位于中国青海东北部与甘肃西部边境的山脉。由多条西北—东南走向的平行山脉和宽谷组成。西端在当金山口与阿尔金山脉相接；东端至黄河谷地，与秦岭、六盘山相连。长近1 000千米。属褶皱断块山。其间也夹杂有湖盆、谷地，如疏勒河、哈拉湖及青海湖等。山峰海拔多在4 000米以上，最高峰岗则吾结（团结峰）海拔5 808米。属典型大陆性气候特征。东部气候较湿润，西部较

祁连山

干燥。山前低山属荒漠气候，而中山下部属半干旱草原气候，中山上部为半湿润森林草原气候，亚高山和高山属寒冷湿润气候。水系呈辐射状，以哈拉湖到东经99°一带为中心，向四周辐射，在山前形成大绿洲。由于山脉东部气候湿润，祁连山脉的农业主要在东部和大通河中下游谷地及北坡的山麓地带，种植春麦、青稞、马铃薯、油菜、豌豆和瓜菜等，一年一熟；而且草场辽阔，适宜发展畜牧业，并有大片水源涵养林。土壤类型主要有棕钙土、棕漠土、栗钙土、山地灰褐土、高山草甸土等。

Wu Shan

巫山　位于中国重庆与湖北交界区，自巫山县城东大宁河起，至巴东县官渡口止，绵延40余千米。西起四川盆地，东至长江中下游平原，北与大巴山相连。东北—西南走向，与大兴安岭、太行山、雪峰山一起成为中国地势二、三级阶梯的界线。巫山海拔1 000～1 500米，最高峰乌云顶海拔2 441米。长江横穿其间，流向与岩层走向斜交，形成巫峡。北段河道曲折，两岸峭壁高出江面100多米，山峰高出江面一般为500～600米，最高的达1 300米，形成著名的巫山十二峰。属亚热带季风性湿润气候，气候温和，雨量充沛，年均温18.4℃，年平均降水量1 041毫米。土壤类型主要有黄壤、黄棕壤、山地草甸土等。

Xuefeng Shan

雪峰山　主体位于中国湖南西部沅江与资水间，为资江与沅水的分水岭。因山顶长年积雪而得名。南起湖南与广西边境，北止洞庭湖滨，西侧是湘西丘陵，东侧为湘中丘陵。东北—西南走向。属褶皱断块山。南段山势陡峻，北段被资水穿切后，渐降为丘陵。长350千米。最高峰苏宝顶海拔1 934米。山地冬冷夏凉，潮湿多雨。海拔1 405米处的雪峰气象站年平均气温10.5℃，1月均温–0.5℃，7月均温18.3℃，年降水量1 780毫米，相对湿度87%，雾日247天，年日照时数1 144小时，年积雪日数19天。植被以亚热带常

绿阔叶林及各种杉木为主，垂直分异明显。主要土壤类型为黄壤，分布在海拔200～1 000米的地带；1 000～1 400米的地带分布有黄棕壤，顶部为山地草甸土。

Dabie Shan

大别山　位于中国安徽、湖北、河南三省交界处。东西绵延约380千米，南北宽约175千米。西段呈西北—东南走向，东段呈东北—西南走向，一般海拔500～800米，山地主要部分海拔1 500米左右，是长江、淮河的分水岭。最高峰霍山（白马尖）海拔1 774米。属北亚热带温暖湿润季风气候区，具有典型的山地气候特征，气候温和，雨量充沛。光温同季，雨热同季，年平均气温12.5℃，最高气温18.7℃，最低气温8.8℃，≥10℃有效积温4 500～5 500℃，年平均降水量1 830毫米，年降水日数161天，年日照时数1 400～1 600小时。土壤类型由南向北，从高到低大致为山地草甸土、山地棕壤、粗骨土、黄棕壤性土、黄棕壤、棕色石灰土、紫色土、砂姜黑土等。

Wuyi Shan

武夷山　位于中国福建境内。方圆70千米，东北—西南走向。海拔1 800米以上的山峰多达30余座，最高峰黄岗山海拔2 160.8米，是中国东南最高峰。属中亚热带季风气候区，四季气温较均匀、温和湿润，年均温17.6℃，平均降水量1 864毫米。区内峰峦叠嶂，高差悬殊，物种资源十分丰富，是全球生

武夷山

物多样性保护的关键地区。土壤类型自下而上可分为红壤、黄红壤、黄壤、山地草甸土等。

Wuling Shan

武陵山 位于中国湖南、贵州、湖北、重庆四省市边境，主体位于湖南西北部。呈东北—西南走向，属云贵高原云雾山的东延部分，为中国第二阶梯与第三阶梯过渡带，是乌江和沅江、澧水分水岭。海拔1 000米左右，最高峰凤凰山海拔2 570米。山体形态呈现出顶平、坡陡、谷深的特点。气候属亚热带向暖温带过渡类型，夏凉冬冷，雨量适中。年降水量1 700毫米左右，相对湿度82%。组成山体的主要岩石是石英砂岩，质地坚硬，胶结致密，产状平缓，垂直节理发育，经地表流水切割及物理、生物风化，形成了峡谷、方山、石峰、石墙、石柱等多种地形。受成土母质、地势和水热条件的影响，土壤类型主要为山地黄棕壤、黄壤和石灰土。

Funiu Shan

伏牛山 中国河南西南部山脉，为秦岭东段的支脉。东西绵延约400千米。西北—东南走向。西北接熊耳山，南接南阳盆地，东南接桐柏山，为淮河与汉江分水岭。海拔1 000米左右，最高峰白云山海拔2 216米。属北亚热带向暖温带的过渡地带，是中国北亚热带和暖温带的气候分区线，也是暖温带落叶阔叶林向北亚热带常绿落叶混交林的过渡区。区内森林植被保存完好，是北亚热带和暖温带地区天然阔叶林保存较完整的地段。特殊的地理位置和复杂多样的生态条件，加之人为干扰较小，使伏牛山区保存了丰富的生物多样性资源。土壤类型自下而上主要有黏磐黄褐土、山地黄棕壤、山地棕壤、暗棕壤性土或山地草甸暗棕壤。

Wudang Shan

武当山 位于中国湖北丹江口市西南部。属秦岭东延部分和大巴山的东段。呈北西—南东走向，群山叠嶂，岭脊海拔一般在1 000米以上，最高峰天柱峰海拔1 612.6米。山体四周低下，中央呈块状突起，多由千枚岩、板岩和片岩构成，局部有花岗岩。岩层节理发育，沿旧断层线不断上升，形成许多悬崖峭壁的断层崖地貌。两侧多陷落盆地。属亚

武当山

热带季风气候，垂直气候明显，气温随海拔高度递减，并兼有复杂的局部小气候。海拔750米以下年平均气温在15.9℃左右，海拔750～1 200米年平均气温12℃，海拔1 200～1 600米年平均气温8.5℃。年降水量900～1 200毫米，多集中在夏季，迎风坡雨量多于背风坡。原生植被属北亚热带常绿阔叶、落叶阔叶混合林，次生林为针阔混交林和针叶林，主要有松、杉、桦、栎等。由于南有大巴山余脉为屏障，阻挡了夏季南来的热流；北有伏牛山作屏障，阻挡了冬季北来的寒潮，致使年温差变化较小。由于海拔高差悬殊，森林植被为北亚热带落叶阔叶与常绿阔叶混交林带及低山松栎混交林，既有天然次生林，又有人工林。植物资源丰富，品种繁多，南北植物混杂，有十余种国家级保护植物。土壤类型主要有山地黄棕壤、典型黄棕壤及黄棕壤性土。

Tongbai Shan
桐柏山 位于中国河南、湖北交界地区，为秦岭向大别山的过渡地带。其主脊北侧大部在河南境内，属淮阳山脉西段，西北—东南走向。全长120余千米，是淮河的发源地，也是长江、淮河两大水系的分界线，其西为长江流域，东为淮河流域。地处北亚热带和暖温带的过渡带，气候的过渡性明显，差异性显著，南北两个气候带的优点兼而有之。由于气候条件的影响，具有良好的过渡带森林生态系统，植物区系南北兼容，具有南北气候交汇区最为完整的自然生态和中原罕见的原始次生植被，是中原独特的天然生物物种基因库和自然博物馆。土壤类型自下而上分布为黄棕壤、黄褐土、暗黄棕壤和棕壤。

Nan Ling
南岭 中国南部最大山脉和重要自然地理界线。分隔了长江流域和珠江流域，横亘在湖南与广西、广东，江西与广东之间，向东延伸至福建南部。东西长约600千米，南北宽约200千米，东西走向。因由越城岭、都庞岭、萌渚岭、骑田岭和大庾岭五条主要山岭所组成，故又称五岭。广义的南岭还包括苗儿山、海洋山、九嶷山、香花岭、瑶山、九连山等。高度一般在1 000米左右，少数花岗岩构成的山峰海拔在1 500米以上。最高峰是越城岭的猫儿山，海拔2 142米，地形较破碎。萌渚岭长约

130千米，宽约50千米，最高峰山马塘顶海拔1 787米。都庞岭海拔800～1 800米，最高峰韭菜岭海拔2 009米。骑田岭最高峰海拔1 570米。山岭间都有低谷分布，有的是构造断裂盆地。历史上这些谷地均为南北交通要道，如越城岭与都庞岭之间的湘桂走廊，湘桂铁路即沿谷地兴建；骑田岭东侧谷地有京广铁路通过。南岭西段的盆地多由石灰岩组成，形成岩溶地貌；南岭东段的盆地多由红色沙砾岩组成，经风化侵蚀形成丹霞地貌。南岭阻挡南北气流的运行，以致南北坡的水热状况有一定差异，尤以冬温最为明显。例如瑶山（属于南岭）以北的坪石，1月均温为7.5℃，而山南乐昌为9.5℃；萌渚岭以北江华1月均温为7.3℃，而岭南连县高达9.5℃。南岭山地间的低谷和垭口是北方寒潮南侵的通道，故岭南冬季仍可受到寒潮威胁。南岭降水丰富，年降水量达1 500～2 000毫米。春季静止锋驻留长达两个月之久，春雨尤为丰富；夏秋之交多台风雨，冬季多锋面雨，降水季节分配较匀。南岭的地带性植被是亚热带常绿阔叶林，多分布在海拔800米以下；1 300米以上是针阔叶混交林；在1 600～2 100米的山顶，植被多为矮林，局部有草甸分布。人工

都庞岭

栽培林木以杉木和马尾松为主，是中国南方用材林建设基地之一。地带性土壤是红壤，海拔700米以上则为黄壤，山顶局部有草甸土发育。

Yao Shan

瑶山 位于中国广西中部。又称大瑶山。长约130千米，宽50~60千米。呈东北—西南走向，是桂江、柳江的分水岭。主要由砂页岩和含砾砂岩组成。一般海拔1 200米左右，最高峰圣堂山海拔1 979米。处于中亚热带向南亚热带过渡的季风气候区内，具有显著的亚热带山地气候特点：冬暖夏凉，日照少，阴雨天多，湿度大，气候的垂直变化和水平变化明显。年平均气温17℃，年降水量1 380~2 700毫米，年均相对湿度83%。植被类型多样，垂直带谱比较完整。主要森林植被为典型的南亚热带季风常绿阔叶林，并分布有完整的针阔叶混交林和中亚热带向南亚热带常绿阔叶林过渡的地带性植被。南坡地带性土壤为赤红壤，北坡地带性土壤为红壤。

Jiulian Shan

九连山 位于中国江西和广东边界、南岭东部的核心部位。呈东北—西南走向。地势由南向北、由北向西南递降，山脊向北伸展，东北接武夷山脉，向西南延伸，并呈放射状分支。主峰黄牛石海拔1 430米，由花岗岩侵入砂页岩构成。地貌具有盆岭相间、沟谷纵横的独特性。有流水侵蚀地貌，也有断层谷和悬崖峭壁等构造地貌，还遗存有山地小型沼泽地。总体上虽属山地，但在山间发育一些小型的山间盆地，还有山间河谷地貌和山地型河滩湿地。处于中亚热带与南亚热带过渡区，总体上属中低纬度带上的山地型气候。年平均气温16.4℃，≥10℃年积温约4 852.5℃，1月平均气温6.8℃，7月平均气温24.4℃，年降水量2 155.6毫米，平均相对湿度87%，具有冬暖夏凉的特点，适于各类生物繁衍。保存有较大面积的原生性常绿阔叶林，赢得"生物资源基因库"之称。土壤类型自下而上依次为山地红壤（分布于海拔500~600米之间）、山地黄红壤（分布于海拔500~800米之间）、山地黄壤（分布于海拔800~1 200米之间）和山地草甸土（分布于海拔1 200米以上的山顶或山脊）。

Danxia Shan

丹霞山 位于中国广东韶关市东北郊。由多座顶平、崖陡、麓缓的红色沙砾岩构成。在世界上千处丹霞地貌中，类型最齐全，造型最独特，景色最优美，地貌最典型。在距今一亿四千万年至七千万年间，丹霞山区是一个大型内陆盆地，受喜马拉雅造

丹霞山

山运动影响，四周山地强烈隆起，盆地内接受大量碎屑沉积，形成了巨厚的红色地层。在距今七千万年前后，地壳上升而逐渐受侵蚀。距今六百万年以来，盆地又发生多次间歇上升，平均大约每万年上升1米。属中亚热带季风气候，年平均温度20℃，年降水量1 640毫米，植物种类繁多。主要植被为中亚热带常绿阔叶林。主要土壤类型为赤红壤、山地红壤和山地黄棕壤。

Wumeng Shan

乌蒙山　中国西南部云贵高原上的主要山脉之一。呈东北—西南走向。系由断层抬升形成的年轻山地，是金沙江和北盘江的分水岭。北起云南、贵州两省边界，南至云南昆明境内，全长250千米。平均海拔约2 080米，最高峰韭菜坪海拔2 900米，为贵州最高峰。总面积达近400平方千米。山间多盆地和深切谷地。喀斯特地貌发育，残丘峰林、溶蚀洼地、石灰岩溶蚀盆地、灰岩槽状谷地及溶洞、地下河等广布。对沿四川盆地南缘或贵州高原斜坡

乌蒙山

向西、南推进的冬季寒风起了阻挡作用，对云南气候有一定影响。乌蒙山区以中亚热带季风湿润气候为主，四季分明，热量充足，水热同季。年平均气温为16.2℃，雨量充沛，年降水量1 200～1 600毫米。地形比较平缓，降水较充沛，蒸发量小，湿度大，植被丰富，主要是湿润型典型常绿阔叶林。主要土壤类型有山地黄棕壤、山地黄壤、紫色土和沼泽土。

Daba Shan

大巴山　位于中国西部。简称巴山。广义的大巴山指绵延重庆、四川、陕西、甘肃和湖北五省市边境山地的总称。西北—东南走向，长1 000千米，最高峰摩天岭海拔4 072米，为四川盆地、汉中盆地的界山。狭义的大巴山位于汉江支流河谷以东，四川、陕西、湖北三省边境，山峰大部分在海拔2 000米以上，最高峰神农顶3 105米。因石灰岩分布广泛，喀斯特地貌发育，有峰丛、地下河、槽谷等，还有古冰川遗迹。山体凌乱，地面崎岖，河谷深切，山谷高差800～1 200米，只有少数小型山间盆地。属北亚热带温湿气候，具有山区立体气候的特征，气候温和，雨量充沛，日照较足，四季分明，冬长夏短，无霜期长，湿度大。春季气温回升较快，但不稳定。常年平均气温13.7℃，7月平均气温24.8℃，1月平均气温2.4℃。年均降水量为1 400毫米，降水量分配不均，主要集中在5～9月的汛期，占全年降水量的77%。大巴山区是不同植物区系的交汇场所，植物起源古老，种类繁多，复杂多样，特有性极强。大巴山区还是第三纪植物的避难所，珍稀、濒危、孑遗的特有植物都相当丰富，是不可多得的北亚热带植物集中分布区，被列为中国生物多样性保护的关键地区和优先重点保护区域。主要土壤类型自下而上分别为黄褐土、山地黄棕壤、山地棕壤。

Ailao Shan

哀牢山　位于中国云南中部，为云岭向南的延伸，是云贵高原和横断山脉的分界线。呈西北—东南走向，全长约500千米。最高峰海拔3 166米。山体东坡因沿断裂带下切较陡，相对高差大，西坡则较平缓。由于山体相对高差大，气候垂直分布明显，从山麓至山顶依次为南亚热带、中亚热带、北亚热带、暖温带、温带、寒温带气候。独特的山地

气候使植被具有明显垂直分布。其主要植被是常绿阔叶林，植物种类丰富，植物区系成分和植被类型多样，且过渡性明显，植被的垂直带谱清楚。分布有干热河谷植被带、河谷季风常绿阔叶林带、云南松林及半湿性常绿阔叶林带、湿性常绿阔叶林带、山顶常绿阔叶矮曲林及灌丛带。主要土壤类型有山地红壤、山地黄壤、山地黄棕壤、山地棕壤、山地暗棕壤等。

Wuliang Shan

无量山 位于中国云南省思茅市。西北起于南涧县，向西南延伸至镇沅、景谷等地，西至澜沧江，东至川河，面积约1平方千米。古称蒙乐山。北部狭窄高峻，海拔2 500米以上，最高峰猫头山海拔3 306米；南部开阔低矮，海拔约1 500米，保存有一定面积的残存高原面，并有沿斜坡逐级下降的梯状盆地，如普洱、思茅、普文、勐养、景洪等，由海拔1 400余米下降到560米的澜沧江边。山体支脉向东西两翼扩展而呈扇形。由澜沧江水面到山顶气候与植被呈垂直分布，地形分别为低谷、平坝、丘陵、山地。气候为中亚热带与南亚热带的过渡地带，年均温18.3℃，年降水量为1 100毫米。气候垂直分布明显：东坡海拔1 100～1 800米为南亚热带气候；1 800～2 200米为中亚热至北亚热带气候；2 200～2 900米为暖温带气候；2 900～3 306米为温带气候。西坡澜沧江深度下切，焚风效应显著，在海拔1 200米为干热河谷气候，其他各带与东坡接近。主要植被类型是湿性常绿阔叶林、针阔叶混交林和山顶苔藓矮林，除思茅松分布较广外，还生长着稀有珍贵林木。土壤类型由低到高依次是赤红壤、山地红壤、山地黄棕壤、山地棕壤、亚高山灌丛草甸土。

Dalou Shan

大娄山 位于贵州北部，又称娄山。呈东北—西南走向，呈现向南东凸出的弧形。西起毕节，东北延伸至四川。在贵州境内的一段长约300千米，宽约150千米，海拔1 500～2 000米，相对高度常达500米。最高峰箐坝大山海拔2 028米，是乌江水系和赤水河的分水岭，也是贵州高原与四川盆地的界山。受长期侵蚀和多次间歇性构造抬升，形成了三级夷平面；又因碳酸盐岩广布，岩溶地貌发育，洼地、溶斗、暗河、溶洞普遍，以溶丘洼地、溶丘

谷地、高原丘陵地貌景观最典型，分布有大型溶蚀盆地、岩溶槽谷、宽谷和岩溶盆地。属中亚热带亚热带高原季风湿润气候，年平均气温13～18℃，≥10℃有效积温3 300～3 600℃，无霜期平均254～352天，年平均降水量1 030～1 290毫米。植被属于亚热带常绿阔叶林，有水杉、银杉等活化石树种。土壤类型主要是山地黄壤、山地黄棕壤，以及石灰土和紫色土等。

Shiwan Dashan

十万大山 位于中国广西西南部。呈东北—西南走向，西南伸入越南。长170多千米，宽15～30千米。山体庞大，地层古老，地貌复杂，以中山为主，地势陡峭，切割强烈，沟谷发育，海拔1 000米左右。最高峰莳良岭海拔1 462米，是桂南最高点。山势南高北低，南部由1 200～1 400米的山脊组成十万大山主轴，地势向北逐渐降低，依次出现850米、700米、550米、400米等数列单斜山地及丘陵面。河流多为顺坡面发育而向北流，属郁江水系。由于多列单斜地形的影响，河流多沿错动的断裂各地及两单斜山地之间发育，河床曲折急剧转弯与平直相间，多险滩。濒临热带海岸，热量丰富，雨量充沛，保存着较大面积的为数不多的热带森林，孕育着丰富的生物物种。主要土壤类型是山地黄壤，其下分布有山地红壤、赤红壤。山间盆地和沿河河谷的耕作土壤为水稻土。

Gaoligong Shan

高黎贡山 中国横断山脉中最西部的山脉。北连青藏高原，南接中印半岛，北段位于西藏境内（称伯舒拉岭，山体呈北偏西走向）。进入云南后，称高黎贡山，呈南北走向，平均海拔约3 500米。其中北段较高，海拔4 000米以上，尾端约2 000余米。因怒江切割较深，故相对高度甚大，山势陡峻而险要，是地壳抬升后受河流分割而成的断块山地。高黎贡山跨越5个纬度带，是地球上迄今唯一保存有大片由湿润热带森林到温带森林过渡的地区，无论在气象学还是生物学上，都具有从南到北的过渡特征。在其腹地，分布着大大小小90多座新生代火山。地热资源十分丰富，分布有许多温泉。属亚热带高原季风气候区，东、西坡水平基带的地带性气候为中亚热带气候。东坡自河谷至山顶依次出现干暖或干热河谷带、中北亚热带、暖温带、温带、寒

温带气候。西坡河谷位置较高，只出现中北亚热带以上的垂直气候。植被具有明显的水平地带性和垂直分布规律，由下至上形成热带季雨林、亚热带常绿阔叶林、落叶阔叶林、针叶林、灌丛、草丛、草甸等类型，在海拔3 600米以上则为岩石裸露地。土壤类型自下而上分别为燥红土、红壤、黄红壤、黄壤、棕壤、亚高山草甸土等。此外还有石灰土零星分布于东坡1 000～2 000米和西坡1 400～1 800米的石灰岩地区，紫色土分布于东坡1 400～2 300米的紫色砂页岩地区。

Wuzhi Shan

五指山　位于中国海南岛中部。呈北东—南西走向，长15千米。上覆厚层花岗岩。东北段破碎低矮，西南段完整高耸。最高峰五指峰海拔1 867米。山峰起伏如锯齿，多悬崖峭壁。山间盆地、丘陵错落分布于山脊两侧，呈多级地形。为万泉河、陵水河和昌化江等河流的分水岭。属热带海洋季风气候，年平均气温 20.5～23.4℃，1 月平均气温14.7～18.2℃，7 月平均气温24.4～27.6℃。平均年降水量 2 444毫米，雨日 195 天。东南麓位于迎风坡上，又为台风路径所经，年降水量2 866毫米，是全岛雨量最多的地区。森林成片，生长茂密，种类繁多，群落层次多而复杂。垂直地带性分异明显。海拔700～800米之间为热带季雨林和雨林，土壤类型为赤红壤；海拔800～1 400米或1 600米为山地常绿阔叶林（或山地雨林），土壤类型为山地黄壤；海拔1 400米或1 600米以上为山顶苔藓矮林，土壤类型主要为山地灌丛草甸土。

Taiwan Shanmai

台湾山脉　位于中国台湾省本岛。是中央山脉、玉山、阿里山及台东山的总称。属年轻褶皱山，由亚欧板块与太平洋板块碰撞所引起的地质运动形成。高峰连绵，有"台湾屋脊"之称。为全岛河流的分水岭，水系也呈放射状分布。3 500米以上高峰，冬季积雪不化，并有古冰川地貌。风景优美，森林茂密，环境优雅。多地震。东侧以断崖悬壁临太平洋。土壤类型以石质土（泛指土体含碎石太多，剖面层次不明显的弱育土）为主，因台湾面积广大，地形起伏变化大，加上母岩节理纵横，且多暴雨，凡海拔 500米以上丘陵山区，即见石质土混杂其他土之间，海拔 1 000 米以上的山区则以石质土为

主。在海拔 1 000 米以上的温湿气候森林及矮灌丛植被下则分布有灰壤、棕色灰化土和灰棕壤。在100～1 000米之间的丘陵山地区分布红棕壤、黄棕壤、棕壤等类型。

Tai Shan

泰山　位于中国山东中部。平地拔起，山势雄伟，为片麻岩构成的断块山地。东临大海，西靠黄河，地势差异显著，地形起伏大，类型繁多，侵蚀地貌十分发育。主峰玉皇顶海拔1 532.7米，是鲁中南丘陵区的最高峰。泰山总体地势呈现北高南低、西高东低的特征，主峰南陡北缓。南坡因受三条正断层的影响，形成了南天门、中天门和一天门三大台阶式的地貌景观。泰山受黄海、渤海的影响，雨量丰富，是干、湿交替的过渡带，属温带季风性气候，具有明显的垂直变化规律。山顶年均气温5.3℃，比山麓低7.5℃；年均降水量1 124.6毫米，相当于山下的1.5倍。泰山冬季较长，结冰期达150天，极顶最低气温-27.5℃，易形成雾凇、雨凇奇观。植被分森林、灌丛、灌丛草甸、草甸等类型，森林覆盖率为80%以上。土壤类型组合及分布也较复杂，主要有棕壤、山地暗棕壤、山地灌丛草甸土，分布上有明显分异。

泰山

Heng Shan

衡山　位于中国湖南衡阳市境内。由72座山峰组成，最高峰祝融峰海拔1 300米，耸立于海拔不到100米的湘中盆地，是长衡丘陵盆地中的一座孤峰，属于花岗岩断块组成的地垒形中山。衡山以断裂作用和间歇性升降运动为主，以各主峰山脊线为主体，中高周低，自上而下分四级阶梯，构成海拔1 000 米以上延伸 10千米的第一级阶梯。山脊线东

西两侧，从北向南排列着4～5列海拔在700～800米的东西方向平行山脊，构成第二级阶梯。在第二级阶梯的外侧，沿着平行山脊分别向东西延伸，形成一些海拔400～500米的山脊峰，构成第三级阶梯。在山体周围的山麓，大量花岗岩、变质岩以及紫色砂页岩的风化物组成红色丘陵和岗地，海拔在150～200米，构成第四级阶梯。属亚热带季风气候，温暖湿润，地带性植被类型为常绿阔叶。由于气候条件较其他四岳为好，终年翠绿，自然景色十分秀丽，因而有"南岳独秀"的美称。衡山土壤类型自下而上依次分布着红壤及山地红壤、山地黄壤、山地草甸土。

Hua Shan

华山　位于中国陕西华阴市境内。整体为花岗岩断块山，最高峰海拔2 154.9米。南接秦岭，北瞰黄

华山

渭，扼守着大西北进出中原的门户。以险峻称雄于世，自古以来就有"华山天下险"的说法。属于暖温带大陆性季风气候，年平均气温9～14℃，无霜期180～240天，≥10℃有效积温3 200～4 500℃，年降水量600毫米。海拔较高的地带，变成温带气候，年平均气温小于8℃，无霜期100～180天，≥10℃有效积温1 600～3 200℃，年降水量800～900毫米。植被属针叶、落叶阔叶混交林，主要类型有华山松林、油松林、栓皮栎林、白皮松林，还有人工种植的马尾松林。由于海拔、气候和地形的影响，土壤类型主要是山地棕壤（中山）、山地褐土（低山丘陵北坡）、山地黄褐土（低山丘陵南坡）。

Heng Shan

恒山　横跨中国山西、河北两省。是桑干河与滹沱河的分水岭，属于经历次造山运动和地壳升降运动形成的断层山。恒山山脉始于阴山，横跨塞外，东连太行，西跨雁门。岩层为古老的石灰岩，基岩裸露，风化破碎严重，峰峦均呈尖形，沟谷切割较深，相对高差达1 000米以上。整个山脉由东北向西南绵延数百千米，东西绵延150千米，最高峰天峰岭海拔2 016.1米，是五岳中最高的山峰。属温带半干旱大陆性气候，四季分明，冬季寒冷，春季干旱多风，夏季雨量集中，秋季短暂多晴，早晚温差大。年平均气温6.1℃，1月最冷，平均气温为－12.7℃，7月最热，年平均气温为21.6℃，≥10℃有效积温3 796.6℃。平均无霜期132天，高寒山区只有90天左右。年降水量为450～550毫米。是温带草原与暖温带落叶阔叶林带的分界，其南北坡分属于不同植被带，大致分为针叶林、阔叶林、针阔混交林、灌丛、灌草丛、草丛、草甸等类型。主要土壤类型为山地草甸土、山地栗钙土、褐土、沼泽土。

Song Shan

嵩山　位于中国河南西部。属伏牛山系，呈东西走向，北部和南部以山地丘陵为主，东部以黄土丘陵和平原为主。颍河沿岸有较宽的河漫滩和三级阶地。海拔最低

为350米，最高峰连天峰1 512米。属于暖温带山地季风气候，年平均气温为14.3℃，年平均降水量641毫米。地带性植被为落叶阔叶林带，林下灌草丛比较发育，褐土和棕壤广泛分布，是最主要的土壤类型。在垂直分布上，随着地势差异，土壤类型依次发生更替，海拔800米以上的中低山地为棕壤，海拔800米以下的低山丘陵岗地为褐土，海拔 550～800米的低山和高丘陵分布淋溶褐土，海拔 300～550米之间的低丘和岗地以及沿河高阶地上为褐土性土。潮土是最主要的非地带性土壤，分布位置最低。

Huang Shan

黄山　位于中国安徽南部。东西宽约30千米，面积约1 200平方千米。最高峰莲花峰海拔1 864.8米，与平旷的光明顶、险峻的天都峰并称黄山三大主峰。由于山高谷深，气候呈垂直变化。同时由于北坡和南坡受阳光的辐射差大，形成云雾多、湿度大、降水多的气候特点。有"天下第一奇山"之称。属亚热带季风气候，年均气温是7.8℃，年均降水量为2 390毫米。自然条件复杂，生态系统稳定，垂直分带明显，群落完整。土壤存在着明显的垂直分布特征，自上而下分布有棕壤（镶嵌分布着山地草甸土、山地草甸沼泽土）、暗黄棕壤、黄壤和黄红壤，其中穿插分布有水稻土。还有大面积石质土和粗骨土呈不规则分布。

Jiuhua Shan

九华山　位于中国安徽池州市青阳县境内，为皖南斜列的三大山系（黄山、九华山、天柱山）之一。九华山的褶皱和断裂构造都十分发育，岩浆活动也很频繁。主体是由花岗岩体组成的强烈断隆带，边缘地区除部分为沉积岩外，大部分为花岗闪长岩组成的褶皱断块轻度隆起带。隆起幅度从核心部位向边缘逐级下降。核心部位花岗岩体形成陡悬式中心峡谷区，奇峰、怪石多分布于此。外围山地由硬度较花岗岩为小的花岗闪长岩和沉积岩组成，易被冲刷蚀低。所以整个九华山体由众多不同高度和形态的中山、低山和丘陵组成。海拔1 000米以上的高峰有30余座，最高峰十王峰海拔1 344.4米。属北亚热带湿润季风气候，同时具有高山气候特点。年平均气温13.4℃，年平均降水量2 437.5毫米。植被为常绿落叶阔叶混交林及黄山松林类型，随海拔高度上升，落叶成分增加，山地上部植被为山地矮林灌丛，乔木矮小，黄山松稀疏，顶部植被为灌丛草地。主要土壤类型有山地棕壤、山地黄棕壤、山地黄壤、褐土、黄红壤、红壤性土，山脊附近低洼处分布小片的山地草甸土。

Lu Shan

庐山　位于中国江西北部。自东北向西南延伸约25千米，宽约15千米，耸峙于长江中下游平原与鄱阳湖畔。山体呈椭圆形，属地垒式长断块山。绵延的90余座山峰，东西两侧为大断裂，总面积302平方千米，最高峰汉阳峰海拔1 473.4米。多悬崖峭壁，瀑布飞泻，云雾缭绕。大山、大

黄山天都峰

江、大湖浑然一体，以"雄""奇""险""秀"闻名于世。虽地处亚热带东部季风区域，但山高谷深，具有鲜明的山地气候特征。夏季凉爽，年平均降水量1 917毫米，年平均相对湿度78%。良好的气候和优美的自然环境，使庐山成为世界著名的避暑胜地。在植被分布上，其水平地带是常绿阔叶林，随着海拔高度的增加，分布落叶阔叶林、常绿落叶阔叶混交林、落叶阔叶林和草甸植被。土壤分布也随之变化，自下而上分别为红壤、山地黄壤、山地黄棕壤、山地草甸土、山地沼泽土。

Yuntai Shan

云台山 位于中国河南焦作市修武县北部的太行山南麓。因山势高峻，群峰陡峭，常见白云缭绕而得名。主要由中山、低山、丘陵组成。海拔在600～1 382米，最高峰茱萸峰1 308米。山地走向为东北—西南。岩石以石灰岩为主，页岩、砂岩也有分布，主要以北方岩溶地貌为特色。地势起伏大，自北而南，由中山逐步过渡到低山丘陵和山前缓倾斜冲洪积平原。由于受强烈的侵蚀切割，地形

破碎，多深沟峡谷、悬崖峭壁，且连绵起伏，为典型的构造剥蚀地貌。属暖温带大陆性季风气候。四季分明，春季干燥多风，夏季高温多雨，秋季凉爽，冬季干寒。年平均温度 16.1℃，年平均降水量1 167 毫米，日照率为27%，无霜期328 天。随海拔与山势山形变化各异，差异明显。植被为暖温带落叶阔叶林带，森林植物资源较丰富，现有植被为天然次生栓皮栎林为主的落叶阔叶混交林。主要土壤类型有山地棕壤和褐土。

Luoxiao Shan

罗霄山 中国江西、湖南边界山地的总称。包括武功山、万洋山、诸广山等。为湘江和赣江的分水岭。总体呈南北走向。属褶皱断块山，由花岗岩和片麻岩组成。长约150千米，宽30～45千米，最高峰南风面海拔 2 120米。组成罗霄山脉的几座小山岭则呈东北—西南走向，地貌上表现为层峦叠嶂。属典型的中亚热带季风湿润气候。年均降水量约1 500毫米，年日照时数约1 600小时，年均气温19.7℃，年均无霜期约300天。山区生长松、杉、楠、樟、毛竹等常绿针叶、阔叶树种，有大量热带区系植物分布。万洋山尚保存面积约3 400公顷的天然常绿针阔叶林区。土壤类型自上而下依次为山地草甸土、山地棕壤、山地黄壤、山地红壤和面积较小的山地沼泽土等。

Jinggang Shan

井冈山 位于中国江西的西南部，在湘赣边界、罗霄山脉中段，是赣江和湘江两大水系的分水岭。

云台山

井冈山

山势高大、山体陡峭,地势西高东低。海拔280～1 600米,主要的山峰海拔都在1 000米以上,最高峰五指峰海拔1 597.6米。植被的垂直分布是:海拔250～1 400米为常绿阔叶林,1 400～1 600米为山地针叶林,1 300～1 500米为山顶矮林,1 600～1 800米为山顶灌丛。属中亚热带湿润季风性气候,雨量充沛,气候宜人,夏无酷暑,冬无严寒,年平均温度为14.2℃。土壤类型自上而下依次为山地草甸土、山地黄棕壤、山地黄壤、山地红壤和面积较小的山地沼泽土等。

Putuo Shan
普陀山　位于中国浙江舟山群岛东部海域,杭州湾南缘。呈菱形,南北长8 600米,东西宽约3 500米,面积12.5平方千米,岸线长30千米。最高峰佛顶山海拔286.3米。西为茶山,北为伏龙山,东为青鼓垒山,东南为锦屏山、莲台山、白华山,西南为梅岑山,其主峰均在100～200米之间,连绵起伏。普陀山由花岗岩构成基础,受第三纪新构造运动地壳间歇性上升及第四纪冰期、间冰期海蚀作用影响,可分为山地、海蚀海积阶地、海积地、海蚀区。属中亚热带海洋性季风气候,主要特点是冬暖夏凉,四季分明;风大雾多,雨量充沛。年平均气温16.1℃,最冷月(1月)平均气温5.4℃,最热月(8月)平均气温27℃。全年降水量1 186.9毫米,降水天数平均149.1日;其中春、夏季雨量较多,秋季雨量较少,相对湿度72%～91%(平均80%)。年日照时数平均2 133.7小时。季风明显,秋季多偏北风,春、夏多偏南风,7、8、9三个月时有台风。无霜期254天,结冰日数平均18.3天,很少积雪。山区植被以最高峰为中心,向四周成环状分布,山坡为灌木草本植物,局部为针叶林和常绿阔叶林、落叶阔叶林,沙丘水滩为兼盐性植物群落,滨海岩壁为海藻群落。土壤类型主要是红壤、粗骨土和滨海盐土。

Tianmu Shan
天目山　位于中国浙江西北部临安市境内,浙江、安徽两省交界处,古名浮玉山。主峰仙人顶海拔1 506米。地处中亚热带北缘,是太湖水系和钱塘江水系的分水岭。呈西南—东北走向,长200千米,宽约60千米,海拔1 500米以上的山峰有10余座,最高峰清凉峰1 787米。岩性以花岗岩、流纹

岩为主。山地两侧多低山、丘陵和宽谷。气候属中亚热带向北亚热带过渡型,受海洋暖湿气流影响,季风强盛,四季分明。气候温和,年平均气温8.8～14.8℃,最冷月平均气温2.6～3.4℃,最热月平均气温19.9～28.1℃,最高气温29.1～38.2℃。无霜期209～235天。雨水充沛,年雨日159～183天,年降水量达1 390～1 870毫米,积雪期较长。天然植被分布的垂直差异显著,海拔1 100米以下为常绿阔叶林,1 100～1 400米为落叶、常绿阔叶和针叶混交林,1 400米以上为稀疏灌木。土壤类型自下而上依次为黄壤、黄红壤、山地黄壤、山地黄棕壤。

Yandang Shan
雁荡山　位于中国浙江境内。绵延数百千米,史称中国"东南第一山"。因山顶有湖,芦苇茂密,结草为荡,南归秋雁多宿于此,故名雁荡。按地理位置不同,可分为北雁荡山、中雁荡山、南雁荡山、西雁荡山(泽雅)、东雁荡山(洞头半屏山)。通常所说的雁荡山主要指乐清市境内的北雁荡山。雁荡山是一座复活型破火山,巨厚的流纹质火山岩层在外动力作用下形成叠嶂、方山、石门、柱峰、岩洞、天生桥和峡谷、瀑潭、洞溪等地貌形态。雁荡山的流纹岩地貌不仅在中国东部广泛分布的流纹岩地貌中,而且在东亚的亚热带地区流纹岩地貌中均具有典型性。它完整记录了火山爆发、塌陷、复活隆起的完整地质演化过程。雁荡山面海背山,属亚热带海洋性气候,雨量充沛,气候温暖,冬无严寒,夏无酷暑。低温期短,无霜期长。年平均气温17.5℃,年平均降水量1 800毫米,最高达2 127毫米,年平均相对湿度为77%,平均无霜期269天。植被以常绿阔叶林为主。土壤类型主要有红壤和黄壤,红壤分布在海拔650～700米以下的低丘和山体下部,黄壤分布在海拔650～700米以上的低山山

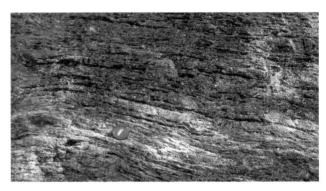

雁荡山的流纹岩体　　　　　(陈百明　摄)

地。局部地段有山地草甸土。

Tiantai Shan

天台山 地处中国浙江东部。西南连仙霞岭，东北入东海构成舟山群岛。呈东北—西南走向，全长约3 500千米，为曹娥江与甬江的分水岭。平均海拔500米以上，主峰苍山顶海拔1 113米。主要由花岗岩组成。山地大部分属于中、小起伏的低山和中起伏的中山，山体大多为凸形坡，坡度在25°～40°，山坡基岩裸露，有的山顶反而平坦。山地发育有2～3级夷平面，高度分别为1 000～1 100米、700～800米、200～300米。在准平原面上遗留有盆地或谷地、悬谷和瑶池。地处亚热带季风气候带，降水丰沛，热量充足，年均降水量1 391.4毫米，最多达1 729.8毫米。6～9月是全年降水最频繁的时期，尤其7～9月为台风、雷雨期，是全年降水最大值出现的时期，约占全年降水量的36%。植被以常绿阔叶林为主，但原生常绿阔叶林仅有小片保留。大多数的丘陵山地上现存的植被都是经次生演替而形成的各种类型的次生林或人工林。主要土壤类型

天台山　　　　　　　　　（陈百明　摄）

有山地红壤和山地黄壤，红壤分布在海拔700～800米以下的低山丘陵，黄壤分布在海拔700～800米以上的山地。

Emei Shan

峨眉山 位于中国四川境内，四川盆地西南部，地处长江上游，屹立于大渡河与青衣江之间。最高峰金顶海拔3 079.3米。峨眉山的雨量充沛，年平均降水量为1 922毫米，年平均相对湿度85%，年平均降雪天数为83天。山区云雾多，日照少。属亚热带湿润季风气候，1月平均气温约6.9℃，7月平均气温26.1℃。因海拔较高而坡度较大，气候带垂直分布明显，海拔1 500～2 100米属暖温带气候；海拔2 100～2 500米属中温带气候；海拔2 500米以上属亚寒带气候。海拔2 000米以上地区，约有半年（10月到次年4月）为冰雪覆盖。特殊的地形，充沛的雨量，多样的气候，为各类生物物种的生长繁衍创造了绝好环境，动植物资源极为丰富，被称为"古老的植物王国"。土壤具有明显的山地垂直带谱的特性，自上而下依次为漂灰土、山地暗棕壤、山地黄棕壤、山地黄壤。

Qingcheng Shan

青城山 位于中国四川都江堰市西南、成都平原西北部。古称丈人山，为邛崃山脉的分支。地貌以"丹岩沟谷，赤壁陡崖"为特征，有36座山峰，诸峰环绕状如城郭，主峰老霄顶海拔1 260米。区内气候属亚热带温湿型，年平均温度15.2℃，最热月极端温度34.2℃，最冷月极端温度-7.1℃，平均相对湿度81%，年降水量1 225毫米，无霜期271天。

植物区系有明显从亚热带向温带过渡的特征。主要植被类型有亚热带常绿阔叶林、常绿落叶阔叶混交林和暖性针叶林。土壤类型主要为山地黄壤。

gaoyuan

高原 海拔高度一般在1 000米以上、周边以明显的陡坡为界的较完整的大面积隆起地区。与平原的主要区别是海拔较高，而以完整的大面积隆起区别于山地。根据《中国国土资源统计年鉴2011》的数据，中国的高原面积250万平方千米，占土地总面积的26.04%。中国主要有四大高原（青藏高原、内蒙古高原、黄土高原和云贵高原），集中分布在第一、二级阶梯上。由于高度、位置、成因和受外力侵蚀作用不同，高原的外貌特征各异。高原的形成主要是地壳大面积上升的结果。由于地层整体大面积缓缓上升，没有剧烈的褶皱起伏，没有受力不均所造成的扭曲，保持了平坦的外貌。形成年代较短的高原一般更为平坦，而年代较长的高原则因长期受风化侵蚀，近似山地。

Huangtu Gaoyuan

黄土高原　第四纪以来由深厚黄土沉积物形成发育具有特殊地貌类型的自然区域。中国有世界最大的黄土沉积区。位于北纬34°～40°，东经103°～114°。东西千余千米，南北700千米。包括太行山以西、青海日月山以东、秦岭以北、长城以南广大地区。跨山西、陕西、甘肃、青海、宁夏及河南等地区，面积约40万平方千米，海拔1 500～2 000米。除少数石质山地外，高原上覆盖深厚的黄土层，黄土厚度在50～80米之间，最厚达150～180米。

黄土高原

　　主要特点　①雨量较少，时间短。年降水量一般在300～600毫米之间。由于雨量不多，且多集中在夏季，所以常出现暴雨，暴雨又常带有冰雹出现，往往造成山洪暴发和水土大量流失。②日光充足，日照时间多，无霜期较长，热量条件比较优越。各地的年日照一般都在2 000～3 000小时之间，由南向北逐渐增多。拥有比较充足的光照条件和比较丰富的热量资源，为喜温和喜阳性植物的发展提供了良好的气候条件。③冬季干燥，春旱现象明显。由于日光充足，热量条件较优越，加上冬春季节多大风，蒸发普遍比较强烈，冬干、春旱现象也相应表现得比较明显。可能蒸发量都普遍超过实际降水量。北部的沿长城一线由于地势高、日照时数多、降水少、风速大、湿度低等原因，是冬干、春旱现象最明显的地区。

　　土壤类型　①黄绵土：最主要的土壤类型，广泛分布于黄河中游的黄土丘陵土壤侵蚀强烈地区，以陕北分布最多，陇东、陇中和晋西北次之，常和黑垆土交错分布。②黑垆土：暖温带的古老耕种土壤，广泛分布于陕北、晋西北、陇东、陇中及内蒙古、宁夏南部的黄土高原部分，主要位于侵蚀较轻的黄土高原塬面，梁峁顶部或鞍部有残存，此外在丘间盆地、河谷沿岸的川台地也可见到。③娄土：主要分布在潼关以西、宝鸡以东的关中平原地区，在山西的南部，河南的西部也有一定面积的分布。④褐土：主要分布于秦岭北坡、陇山、吕梁山、伏牛山、中条山等地形起伏平缓、高度变化不大的山地丘陵和山前平原以及河谷阶地平原。⑤灰褐土：主要分布在六盘山、吕梁山、大青山、乌拉山、贺兰山等地的海拔1 200～2 600米，即栗钙土或棕钙土之上，亚高山草甸土之下。在黄河上游的大通河、洮河等主要支流也有分布。⑥灰钙土：荒漠草原地带土壤，分布在甘肃、宁夏境内黄河以南，甘肃华家岭以北的黄土丘陵、缓坡平原、平坦台地、高原盆地边缘、山麓平原、河谷阶地。如兰州、榆中、定西、靖远、会宁、临夏、永靖、海原、同心等。⑦棕钙土：干旱草原向荒漠过渡的地带性土壤，主要分布于鄂尔多斯中西部。⑧栗钙土：干旱草原地带性的土壤，主要分布于鄂尔多斯高原的东部和青海海东浅山地区。⑨灌淤土：长期利用富含泥沙的河水灌溉，在淤积和耕作施肥交替作用下形成的一种特殊农业土壤，多分布在河套平原、银川平原及沿黄河的一些地方。⑩风沙土：风成沙母质上发育的土壤，主要分布在库布其沙漠、毛乌素沙地、腾格里沙漠东南缘，以及风蚀沙化严重的长城以北风沙区。⑪棕壤：主要分布于半湿润半干旱地区的山地垂直带谱中，如秦岭北坡、吕梁山、中条山、六盘山等高山及洮河流域的茂密针叶林或针阔混交林的林下。棕壤在褐土分布区之上。⑫潮土：主要分布在黄河及其支流沿岸河谷平原或局部低地上。⑬盐土：主要分布在银川平原、河套平原、晋中盆地及渭河下游的低洼地、湖泊边缘及河滩地。碱土分布面积很小，主要分布在银川平原西大滩一带的洼地。

huangtu yuan

黄土塬　黄土高原经过现代沟谷分割后存留下来的大型平坦地面。又称黄土平台、黄土桌状高地。顶面平坦宽阔，周边为沟谷所切割的黄土堆积高地，俗称"塬"。黄土塬顶面平坦,坡度多为1°~3°,边缘可达5°左右,其上流水主要为片状侵蚀,水土流失轻微,它的边缘由于受沟谷溯源侵蚀而支离破碎,参差不齐。塬系因黄土堆积在地势平缓的、切割不强的大片古地面上形成;也可以是填充在山间或山前低地中的平坦黄土受沟谷分割而成。塬受到流水长期切割,面积逐渐缩小,也变得比较破碎,成为破碎塬。周围为沟谷深切,黄土塬代表黄土的最高堆积面。现代侵蚀微弱,是黄土高原地区的主要农耕地所在。因受沟谷侵蚀影响,塬面的面积正在缩小。按照成因类型和形态特征,分为:①古缓倾斜基岩平地上覆盖厚层黄土形成的塬,简称完整塬。如甘肃省陇东董志塬、陕西省陕北洛川塬。②山前倾斜平地上发育的塬,简称靠山塬。一面靠山,倾向河谷,被发源于山地的河流或沟谷切割,如秦岭山地中段北坡坡麓的塬。③断陷盆地中发育的塬,又称台塬。如陕西省关中平原北面的渭北高原上的塬。④河流高阶地形成的塬,如黄河龙门河段两侧的塬。这类塬已被后期发育的沟谷分割,成为破碎塬。⑤古平坦分水岭接受风积黄土形成的塬,如延河支流杏子河流域的杨台塬等。

huangtu liang
黄土梁 平行于沟谷的长条状黄土高地。梁长一般可从上千米至十几千米,梁顶宽几十米到几百米。梁的脊线起伏较小,呈鱼脊状向两侧沟谷微倾,坡度一般在20°~30°之间。有的黄土梁是黄土塬进一步切割而成,有的是晚期黄土覆盖在古代梁状高地之上而成。梁宽大于100米称为宽梁,小于100米称为窄梁。顶面平坦的称为平顶梁,凸形的称为条梁,丘与鞍状交替分布的称为峁梁;顶面倾斜的为斜梁,是黄土堆积在缓倾斜地面上的产物。按梁体规模大小分为长梁和短梁。前者见于六盘山以西陇中黄土区域,长度达数千米至数十千米;后者以陕北众多,长度仅数百。按梁的相对高程顺序分为"头道梁""二道梁"和"三道梁"。头道梁的顶面代表黄土高原最高的黄土堆积面。二道梁和三道梁都是沟谷从黄土堆积的古宽谷中下切而成。斜梁顶部的倾斜度一般为3°~10°,梁坡为15°~35°。梁坡坡面完整,其中上部常有细沟、浅沟等侵蚀形态,下部多被切沟分割破碎。黄土梁也是黄土高原的主要农耕地所在。受沟谷扩展影响,梁体面积日渐缩小。

huangtu mao
黄土峁 外形呈穹隆状或馒头状的黄土丘陵,俗称"峁"。峁的横剖面呈椭圆形或圆形,顶部有的为平顶,略呈拱起,四周多为凸形坡,坡长较短,坡度变化比较明显,主要分布在高原沟壑区。还有一种外形很像馒头的峁,峁顶面积不大,呈明显的拱起,周围全呈凸形斜坡,坡度变化较大,主要分布在丘陵沟壑区。其生成可由于继承了古地貌形态,或由于近代沟谷分割梁而成。

huangtu jian
黄土涧 黄土覆盖的谷底平地。是古河谷经黄土堆积形成的平坦谷地,至今还没有被现代沟谷分割的部分。主要分布在陕北白于山和甘肃东部的河源地区。马兰黄土充填了古河沟长条凹地,尚未被现代沟谷切开,宽几百米至数千米,长达几千米至数十千米,呈树枝状格局组合。

huangtu ping
黄土坪 黄土区沟谷底部黄土覆盖的黄土阶地或平台,是梁峁边缘的局部平坦地形。由受现代流水侵蚀沟破坏的黄土涧形成,谷坡两侧仍保存局部平坦的台面。表面平缓,微微向谷地轴部和下游倾斜。由于近代河谷或沟谷的下切,使其具有一定的高度,越向下游,其相对高度越大。它是黄土地区主要农耕地之一。

Qing-Zang Gaoyuan
青藏高原 中国最大、世界海拔最高的高原。分布在中国境内的部分包括西南的西藏、四川西部以及云南部分地区,西北的青海全部、新疆南部以及甘肃部分地区。平均海拔4 000~5 000米,有"世界屋脊"和"第三极"之称。南有喜马拉雅山,北有昆仑山和祁连山,西为喀喇昆仑山,东为横断山脉。高原内还有唐古拉山、冈底斯山、念青唐古拉山等。这些山脉海拔大多超过6 000米,在距今3 000万年前,青藏高原才由大海全部变成陆地。直到1 000万年前,青藏地区并不太高,一般在海拔1 000米左右。只是到距今二三百万年以来,原始高原受到南北两侧水平运动的压力,导致垂直方向上的大幅度抬升。这段时间高原平均上升了3 500~

4 000米。所以青藏高原是世界上年轻的高原。青藏高原内部地形复杂多样。昆仑山和冈底斯山之间是藏北高原，也叫羌塘高原。它东西长约2 000千米，南北宽约700千米，平均海拔4 500～5 000米，地面坦荡，湖泊星罗棋布。阿尔金山—祁连山和昆仑山之间是柴达木盆地，是高原上的巨大构造盆地。盆地内盐和石油、天然气资源都很丰富。冈底斯山—念青唐古拉山以南、喜马拉雅山以北为藏南谷地。青藏高原是亚洲大陆地区的许多大河的发源地。长江、黄河、澜沧江（下游为湄公河）、怒江（下游称萨尔温江）、森格藏布河（又称狮泉河，下游为印度河）、雅鲁藏布江（下游称布拉马普特拉河）以及塔里木河等都发源于此。

　　由于地势高，使得青藏高原的空气比较干燥、稀薄，太阳辐射比较强，气温比较低。各地年均温由东南部的20℃以上递降至西北部的–6℃以下。因受多重高山阻留，年降水量也相应地由2 000多毫米渐减至50毫米以下；喜马拉雅山脉中西段北侧为雨影地区，年降水量不足600毫米。大部分地区热量不足，高于4 500米的地方最热月平均温度不足10℃，无绝对无霜期，谷物难以成熟，只宜放牧。4 200米以下的河谷可以种植作物，以青稞、小麦、豌豆、马铃薯、油菜等耐寒种类为主。雅鲁藏

布江河谷纬度低，冬季无严寒，小麦可安全越冬。青藏高原地形复杂，气候严寒。气候变化是影响全球气候变化的重要因素。在漫长的地质发育与自然演替过程中，青藏高原不仅形成了高寒草原与草甸生态系统，还有沙漠、湿地及多种森林类型的自然景观，孕育了丰富的野生动植物资源。青藏高原山地的土壤类型主要有高山草甸土、高山草原土、亚高山草甸土、亚高山草原土、山地酸性棕壤、山地漂灰土、山地黄棕壤、山地黄壤等；草原、荒漠草原和荒漠地区发育着碱性的草原土壤和漠境土壤；河谷地区发育亚高山草原土、山地灌丛草原土和草甸土等。

Zangbei Gaoyuan

藏北高原　位于中国青藏高原腹地，处在青藏高原中部和西北部，是青藏高原上地势最高、面积最大的高寒地带。又称羌塘高原。南起冈底斯山—念青唐古拉山，北至喀喇昆仑山—可可西里山，东自内外流水系的分水岭，西以公珠错—革吉—多玛一线与阿里西部山地为界。面积超过70万平方千米，是青藏高原的主体部分。整个地势西北高，东南低，主要由低山缓丘与湖盆宽谷组成，起伏和缓，平均海拔4 800米，相对高差一般200～500米，为青藏高原内海拔最高、高原形态最典型地域。因气候干燥，除高原四周大山脉发育较大规模冰川外，高原内少数海拔6 000米以上高峰仅有小规模大陆性冰川。寒冻风化与冻融活动等形成的冰缘地貌普遍，冻土面积亦广，为北半球中低纬度地带多年冻土最为发育地区。在巴毛穷宗以北至昆仑山南麓残留有许多新生代火山活动遗迹，如火山锥、桌状山及熔岩台地等。在南部石灰岩地区则有过去间冰期温暖气候的产物，包括溶洞、天生桥、石芽与孤峰等岩溶地貌。海拔高与四周高山重围的内陆处境使羌塘高原成为同纬度寒冷干旱的独特区域，年均温度低于0℃，年均降水量50～300毫米，集中于夏季，干湿季分明，多为雪、霰、雹等固态降水。年日照时数2 800～3 400小时，光照充足，但是地面反射率达40%以上，地面实际获得太阳辐射不多。藏北高原

青藏高原

上分布着一系列东西走向连绵起伏的山岭，平均海拔4 000～5 000米。藏北高原深居大陆内部，气候寒冷而干燥，最冷可达-40℃以下，是青藏高原大范围的寒冷中心和冻土层广泛分布的区域，也是青藏高原旱季大风持续期最长、风力最强的地区。藏北高原多为草原和荒漠植被，植被结构稀疏、简单，草层低矮，一般高15～20厘米，覆盖率在30%～50%。高原东南部广布的高山草原无乔木生长，灌木也少，多为禾草类及蒿属植物；西北部为高原山地荒漠地区，植物生长期很短，分布的基本上是耐旱、耐寒、耐碱的种类。土壤类型以高山草原土与高山荒漠草原土为主，其剖面分化差，含石砾多，黏粒少，钙积或积盐过程较明显，并常有风蚀现象与冻融特征。

Neimenggu Gaoyuan

内蒙古高原　位于中国北部，是中国的第二大高原。东起大兴安岭和苏克斜鲁山，西至马鬃山，南界祁连山麓和长城，北接蒙古国。东西长约2 000千米，面积约130万平方千米。海拔1 000～1 200米，呈南高北低状，高原上普遍存有五级夷平面，形成层状高原。地面起伏和缓，是中国天然牧场和沙漠分布地区之一。较大的沙漠有巴丹吉林沙漠、腾格里沙漠、乌兰布和沙漠和库布齐沙地等。内蒙古高原主要由东部的呼伦贝尔高原、西部的阿拉善高原、南部的鄂尔多斯高原等构成。阴山横亘中部，山南有河套平原、呼和浩特盆地等断陷平原和盆地；山北地表坦荡开阔，低缓山岭之间分布有宽浅的洼地或盆地，当地称作"塔拉"。黄河流经内蒙古高原中部的这一段，有的地方河谷紧缩，成为峡谷；有的地方河谷宽展，泥沙堆积成肥沃的冲积平原。内蒙古高原属温带大陆性季风气候，因地域辽阔，各地差异较大，多数地区四季分明，夏短冬长，较为干冷。年均气温-1～10℃；年降水量50～450毫米。日照充足，年日照总时数2 800～3 200小时。多大风，日数每年在40～100天之间，干燥度自东向西由1.2～1.5渐增至4.0。东部为草甸草原暗栗钙土地带，中部为干草原栗钙土地带，西部为含灌木层片的荒漠草原棕钙土地带。土地资源丰富，牧草生长良好，是中国最主要的畜牧业基地。

Yungui Gaoyuan

云贵高原　中国云南高原和贵州高原的总称，包括贵州全省，云南哀牢山以东地区，广西的北部地区和四川、湖北、湖南等省交界地区。海拔在1 000～2 000米之间。整个云贵高原都属于亚热带高原，而又具有低纬度亚热带的气候特色。贵州高原的气候特点：雨量较丰，雨势和缓，雨日较多，全年多云雾，少日照，气候湿润，有冬暖夏凉之感。贵州全境，年降水量除西部威宁、赫章、毕节地区略少，在900～1 000毫米之外，其他地区一般都在1 000～1 250毫米之间，年际变化较小。年日照时数一般为1 200～1 400小时，但热量条件较优越，条件最好的高原南部地区几乎全年都是生长期。云南境内哀牢山之东为云南高原，气候条件优越而又奇特，由于海拔较高，受到高原地形和海拔高度的影响，因而使其夏无酷暑，冬无严寒，温度适宜，四季如春。云贵高原是中国南北走向和东北—西南走向两组山脉的交汇处，地势西北高，东南低，分布着广泛的喀斯特地貌，即石灰岩在高温多雨的复杂化学反应条件下，经过漫长的岁月被水溶解和侵蚀而逐渐形成溶洞、暗河、石芽、石笋、峰林等地貌。云贵高原是世界上岩溶地貌发育最完美、最典型的地区之一。在连绵起伏的山岭之间，分布着许多小盆地，当地称作"坝子"。坝子内部地面比较平坦，土层深厚，一般都是农业比较发达、人口和城镇比较集中的地方。土壤类型由高到低主要分布有棕壤、黄壤、红壤、燥红土、赤红壤、砖红壤等，盆地和谷地的水田土壤已发育为水

云贵高原

稻土。

Yunnan Gaoyuan
云南高原　中国云贵高原的组成部分，因云南省在其上而得名。东缘止于云南省境，南缘抵达广南、通海、峨山一线，西缘到大理、丽江附近，北缘则以北纬28°为界。西北高而东南低，大部分地区海拔1 500～2 000米，一些山地可高于3 000米，如东缘乌蒙山、西缘哀牢山等。云南高原是长江和珠江水系的分水高地。高原内部的河流多数是从中部向南北分流，分别注入长江和珠江水系。云南高原年均温15～18℃，各地气温年较差在12～16℃，冬暖夏凉，日较差通常在12～20℃，局部地区可高达25℃。同时，气温的垂直变化明显，年降水量1 000～1 200毫米。西南和东南较多，自此向东北递减。5～10月为湿季，降水量占全年的80%～90%，空气湿度大，日照少；11月至翌年4月为干季，降水量占全年的10%～20%，空气干燥，日照多。地带性植被以壳斗科的常绿阔叶林和云南松林为主。主要有滇青冈、黄毛青冈、高山栲和元江栲等，并伴生有少量的落叶和其他栎类或冬青属等。因长期人类活动的影响，多被云南松、华山松和滇油杉所取代。在石灰岩风化较厚地区，常由冲天柏、刺柏组成疏林；在石灰岩风化土层较薄的干旱地区为多刺小灌丛。栽培植物种类丰富，农作物以水稻、小麦为主，一年两熟。此外还以花卉多而闻名。土壤类型由高到低主要分布有棕壤、黄壤、红壤、燥红土、赤红壤、砖红壤等，盆地和谷地的水田土壤已发育为水稻土。

Guizhou Gaoyuan
贵州高原　中国云贵高原的组成部分，因贵州省在其上而得名。平均海拔约1 000米，除分布于北部的大娄山、东北的武陵山、西部的乌蒙山和东南部的苗岭高达1 500～2 600米外，呈由东向西逐级升高（500～800米、1 200～1 400米、1 800～2 400米）的梯级状大斜坡，同时由中部向南、北逐渐倾斜。河流亦由西、中部向北、东、南三面呈帚状散流，河流溯源下切侵蚀强烈，地面起伏较大，高原地貌已具山原特征。除了贵州东南为侵蚀剥蚀山地丘陵外，其余地区岩溶地貌广泛发育，表现出水平分布的条带性和垂直分布上的多层性。贵州高原山岭纵横，地表崎岖，在大的分水岭和河流上游，

河流溯源侵蚀尚未到达，高原面保存完好，谷宽水缓，地面平坦。由主要分水岭到深切峡谷，表现出由峰林（残丘）溶盆（平原）→峰丛谷地→峰丛洼地有规律地更替变化。为高原型亚热带气候，冬无严寒，夏无酷暑。大部分地区年均温14～16℃，最热月均温22～25℃，最冷月均温多在5℃以上，极端最高温多不超过38℃，极端最低温很少低于−8℃，年较差在20℃以下。大部分地区≥10℃有效积温达4 000～5 500℃，生长期达230～270天；南部海拔较低的河谷盆地可达5 500～6 500℃，生长期长达290～300天，有霜日仅10～15天。多阴雨，日照不足。年降水量多在1 100～1 400毫米，由西北往东南递增。大部分地区雨日在160天以上，小雨多，占全年总雨日80%。多数地区年均日照1 200～1 500小时，日照率仅25%～30%，为中国日照较少地区之一。植被属中亚热带常绿阔叶林，植物区系成分复杂，植被类型多样，具东西和南北过渡特征。东部湿性常绿阔叶林，树种多华中区系成分；西部干性常绿阔叶林，多云南区系成分。具有一定的垂直分带性，从下到上分别为常绿阔叶林红壤、黄壤带，常绿阔叶落叶混交林山地黄棕壤带，落叶阔叶林山地黄棕壤带，亚高山针叶林灰棕壤带，矮林灌丛草甸土带。

pendi
盆地　四周高（山地或高原）、中间低（平原或丘陵）的盆状地表形态。主要是在地壳运动作用下，地下的岩层受到挤压或拉伸，变得弯曲或产生了断裂使有些部分的岩石隆起，有些部分下降，下降的那些部分被隆起的那些部分包围而形成。

　　盆地的类型主要有构造盆地与侵蚀盆地两种。构造盆地是地壳构造运动形成的盆地，其形态和分布受构造控制。包括断陷盆地、凹陷盆地和向斜盆地。断陷盆地指断块构造中的沉降地块，又称地堑盆地。它的外形受断层线控制，多呈狭长条状。盆地的边缘由断层崖组成，坡度陡峻，边线一般为断层线。随着时间的推移，在断陷盆地中充填着从山地剥蚀下来的沉积物，其上或者积水形成湖泊（如贝加尔湖、滇池），或者因河流的堆积作用而被河流的冲积物所填充，形成被群山环绕的冲积、湖积、洪积平原。如太行山中的山间盆地和地堑谷中发育着的冲积—洪积平原。低于海平面的断陷盆地被称为大陆洼地。凹陷盆地是地壳局部拗曲沉降形

成的盆地，盆地外形比较宽浅（如江汉平原盆地、内蒙古的呼伦贝尔盆地）。向斜盆地是河流沿向斜侵蚀扩展而成，两边常有多级阶地，如云南的思茅盆地。大型盆地几乎都是构造盆地，盆地的底部多为稳定地块，周围多为褶皱带或褶皱断块山（如四川盆地、塔里木盆地等）。

侵蚀盆地是由冰川、流水、风和岩溶侵蚀形成的盆地。这类盆地一般面积较小，低平宽浅。根据不同的外力作用，分为风蚀盆地、溶蚀盆地、河谷盆地、冰蚀盆地等。如中国云南西双版纳的景洪盆地，主要由澜沧江及其支流侵蚀扩展而成。在中国西北部广大干旱地区，风力特别强，把地表的沙石吹走以后，形成了碟状的风蚀盆地。根据《中国国土资源统计年鉴2011》的数据，中国的盆地面积180万平方千米，占土地总面积的18.75%，主要有四大盆地（塔里木盆地、准噶尔盆地、柴达木盆地和四川盆地），它们主要分布在地势的第二级阶梯上，由于所在位置不同，其特点也不相同。

Sichuan Pendi
四川盆地　位于中国四川，西倚青藏高原和横断山地，北靠秦岭山地与黄土高原相望，东接湘鄂西山地，南连云贵高原。四周被海拔2 000～3 000千米的高山高原所环绕，轮廓相当完整，面积约18万平方千米。底部是海拔300～700米的丘陵和平原，其中平原占7%，丘陵占52%，低山占41%。四川盆地是中国和世界上人口最稠密的地区之一，号称"天府之国"。由于地形闭塞，气候温暖湿润，气温高于同纬度其他地区。1月平均温度在4℃以上，比同纬度的长江中下游高2～4℃。夏季炎热，7月平均气温一般在26～29℃，许多地方的最高气温都超过40℃。一年中霜雪极少见，无霜期长280～350天，年降水量1 000～1 300毫米。地带性植被是亚热带常绿阔叶林，海拔一般在1 600～1 800米。其次是亚热带针叶林及竹林。土壤类型主要是紫色土，含有丰富的钙、磷、钾等营养元素，是中国长江以南的肥沃土壤之一。四川盆地是中国紫色土分布最集中

的地方，有"紫色盆地"之称。盆地周边丘陵山地分布有山地黄壤、黄棕壤等，水田土壤已发育为水稻土。

Talimu Pendi
塔里木盆地　位于中国新疆南部，东到罗布泊洼地，西起帕米尔高原东麓，南至昆仑山脉北麓，北至天山山脉南麓。世界第一大内陆盆地。东西长1 400千米，南北宽约550千米，面积约53万平方千米。地貌呈环状分布，边缘是与山地连接的砾石戈壁，中心是辽阔沙漠，边缘和沙漠间是冲积扇和冲积平原，并有绿洲分布。地势由南向北缓斜，并由西向东稍倾。边界受东西向和北西向深大断裂控制，成为不规则的菱形，并在东部以70千米宽的通道与河西走廊相接。居亚洲大陆中心，塔克拉玛干沙漠位于塔里木盆地的中心。塔里木盆地属暖温带气候，年均温9～11℃，南部略高于北部。大陆性由西向东加强，冬季东部比西部冷，全年≥10℃有效积温超过4 000℃，南部高于北部，年际变化大。无霜期超过200天，北部200～210天，南部大多达220天，气温年均日较差14～16℃，最大日较差25℃。塔里木盆地沿天山南麓和昆仑山北麓土壤类型主要是棕色荒漠土、龟裂性土和残余盐土。昆仑山和阿尔金山北麓则以石膏盐磐棕色荒漠土为主。沿塔里木河和大河下游两岸的冲积平原上，主要是草甸土，轮台至尉犁间河道两侧最为集中；其次是胡杨林土（吐喀依土），发育于茂密成荫的胡杨林下，特点是有机质含量多，盐分

塔里木盆地

含量不高。

Tulufan Pendi
吐鲁番盆地　位于中国天山山地东端，是天山东部的一个山间盆地。属于典型的地堑盆地，面积约5万平方千米。是中国地势最低，也是世界上海拔最低的盆地。四周为山地所环绕，北高南低、西宽东窄，中部有火焰山和博尔托乌拉山余脉横穿。盆底艾丁湖水面，低于海平面154米，是仅次于死海的世界第二低地。吐鲁番盆地以艾丁湖为中心由三个环带组成。最外一环由高山雪岭组成，北面横亘着博格达山，终年白雪皑皑，南边有库鲁塔格山，西面有喀拉乌成山，东南有库姆塔格山。中环是长期以来山岭经风化剥蚀，由流水搬运下来的戈壁砾石带。第三环带是绿洲平原带，大部分属于山倾斜平原，堆积着大面积细土质冲积物。吐鲁番盆地属于典型的大陆性暖温带荒漠气候，日照充足，热量丰富但又极端干燥，降雨稀少且大风频繁。年日照时数为3 000～3 200小时。全地区年平均气温13.9℃，夏季地表温度多在70℃以上，自古就有"火洲"之称。全年≥10℃有效积温5 300℃以上，无霜期260天左右。年平均降水量仅有16.4毫米，而蒸发量则高达3 000毫米以上。由于盆地气压低，吸引气流流入，这里也是中国有名的"风库"。地下水资源十分丰富，水源主要是天山的冰雪融水。土壤类型主要有棕漠土、绿洲土、盐土等。

Zhunga'er Pendi
准噶尔盆地　位于新疆境内天山山脉和阿尔泰山脉之间。面积约13万平方千米，是中国第二大盆地。属中温带气候。年日照时数北部约3 000小时，南部约2 850小时。北部、西部年均温3～5℃，南部5～7.5℃。年均温日较差12～14℃。东部为寒潮通道，冬季为中国同纬度最冷之地。全年≥10℃有效积温3 000～3 500℃。无霜期除东北部为100～135天外，大多达150～170天。西部有高达2 000米的山岭，西北风由多处缺口吹入，以至盆底雨雪丰富。盆地边缘为山麓绿洲，栽培作物多一年一熟，盛产棉花、小麦。中部为广阔草原和沙漠，草原部分为灌木及草本植物覆盖，牧场广阔，牛羊成群。沙漠主要为南北走向的垄岗式固定、半固定沙丘，南端为蜂窝状沙丘。盆地南缘冲积扇平原广阔，是新垦农业区。发源于山地的河流、冰川和融雪水补给，使得水量变化稳定，农业用水保证率高。土壤类型主要有灰漠土、绿洲灰土、风沙土等。

Chaidamu Pendi
柴达木盆地　位于青海西北部，面积约20万平方千米。东西长800千米，南北宽350千米。海拔2 600～3 000米，是中国海拔最高的盆地。地处青藏高原深处，属高原型盆地。四面高山环绕，南面是昆仑山脉，北面是祁连山脉，西北是阿尔金山脉，东为日月山，是为数不多的封闭内陆盆地之一。盆地地势由西北向东南微倾，海拔自3 000米渐降至2 600米左右。地貌呈同心环状分布，自边缘至中心，洪积砾石扇形地（戈壁）、冲积—洪积粉砂质平原、湖积—冲积粉砂黏土质平原、湖积淤泥盐土平原有规律地依次递变。地势低洼处盐湖与沼泽广布。西北部戈壁带内缘成群成束分布坨岗丘陵。东南沉降剧烈，冲积与湖积平原广阔。东北部因有一系列变质岩系低山断块隆起，在盆地与祁连山脉间形成次一级小型山间盆地，自西而东有花海子，大、小柴旦，德令哈与乌兰等盆地。属高原干旱大陆性气候，以干旱为主要特点。年降水量自东南部的200毫米递减到西北部的15毫米，年均相对湿度为30%～40%，最小可低于5%。年均温在5℃以下，气温变化剧烈，绝对年温差可达60℃以上，日温差也常在30℃左右，夏季夜间可降至0℃以下。风力强盛，年8级以上大风日数可达25～75天，西部甚至可出现40米/秒的强风，风力蚀积强烈。气温低有利于地下冻土层的发育。柴达木盆地资源丰富。东部为大片盐湖，东部和东南部河湖形成冲积平原，适宜农耕地面积较大，农业高产，畜牧业发达，盐产及矿产都相当丰富，由于风化形成的雅丹地貌也闻名于世。主要土壤类型有盐化荒漠土和石膏荒漠土，后者主要分布于盆地西部，其他还有草甸土和沼泽土，一般均有盐渍化现象。土壤垂直分布以哈拉湖为基带，其湖北沿湖低地为沼泽土—高山荒漠草原土（4 130～4 250米）—高山草甸土（4 250～4 500米）—高山寒漠土（>4 500米）；哈拉湖南向湖滨为高山荒漠草原土（4 096～4 550米），地表为砾幂，生长稀疏垫状驼绒藜、沙生风毛菊、沙生针茅等。以德令哈的棕钙土（2 900～3 600米）的耕种土壤上限

3 200米为基带，往北至宗务隆山的土壤垂直分布为棕钙土—石灰性灰褐土（3 700～4 050米）—山地草原草甸土（3 600～3 900米）—高山草原土（3 900～4 500米）—高山寒漠土（＞4 500米）。西部从湖积平原盐壳和石膏盐磐灰棕漠土（2 720～3 200米）—粗骨土（3 200～3 800米）—高山漠土（3 800～4 200米）。

qiuling

丘陵　地球陆地表面绝对高度一般在500米以内，相对高度在50～200米之间，形态起伏和缓的坡面组合体。常由山地和高原经外力作用长期侵蚀而成。坡顶浑圆、高低起伏，坡度一般较缓，切割破碎，无一定方向。以相对高度100米为界，100米以下为低丘，100～200米为高丘。丘陵在陆地上的分布很广，一般分布在山地或高原与平原的过渡地带。根据《中国国土资源统计年鉴2011》的数据，中国的丘陵面积95万平方千米，占土地总面积的9.90%。中国东南地区是丘陵分布最广、最集中的地区，统称为东南丘陵，其他还有山东半岛的山东丘陵、辽东丘陵和辽西丘陵组成的辽宁丘陵、黄土高原的黄土丘陵等。

Dongnan Qiuling

东南丘陵　中国长江中下游平原以南，雷州半岛以北，云贵高原以东范围内的大片丘陵低山的总称。包括安徽、江苏、江西、浙江、湖南、福建以及广东、广西的部分或全部。东南丘陵地形多样，海拔多在200～600米之间，以丘陵、低山为主，山脉盆谷交错分布，其中主要的山峰超过1 500米。丘陵多呈东北—西南走向，丘陵与低山之间多数有河谷盆地。其组成又可细分为以下部分：南岭以北，长江以南、武夷山以西、雪峰山以东的丘陵（湖南和江西两省以及安徽南部的丘陵）称为江南丘陵；南岭以南，广东、广西的丘陵称为华南丘陵（两广丘陵）；另外，在浙江、福建边境的仙霞岭和福建、江西边界的武夷山，是长江与东南沿海独流入海水系的分水岭，这一列东北—西南走向山脉以东，浙江和福建境内的丘陵，则称为浙闽丘陵。东南丘陵气候地跨中亚热带和南亚热带，江南丘陵和浙闽丘陵属于中亚热带，华南丘陵属于南亚热带。东南丘陵地带性植被为常绿阔叶林，是中国红壤分布最为

张掖彩色丘陵

集中的地区。赤红壤主要分布于华南丘陵。在山地600～700米以上分布黄壤，1 000米以上分布黄棕壤，山顶分布山地草甸土。

Zhe-Min Qiuling
浙闽丘陵　中国武夷山、仙霞岭、会稽山一线以东的东南沿海丘陵的总称，是东南丘陵的组成部分。地势西北高东南低，分布着许多东北—西南走向的山脉，主要有武夷山、天目山、仙霞岭、括苍山、雁荡山、戴云山等。山岭海拔多为1 000～1 500米，少数山峰可达2 000米。河流多依地势倾斜方向自西北流向东南。地形较为破碎，流水切割作用强烈，形成许多河谷盆地及河口平原。主要盆地有金衢盆地、新嵊盆地和邵武盆地。主要河口平原有泉州平原、福州平原、漳州平原和温州平原等。浙闽丘陵依山濒海，年降水量1 400～1 900毫米，降水分布自东南向西北递增，受地形影响，迎风坡雨多，背风坡雨少。全年≥10℃有效积温5 000～6 500℃，作物一年两熟至三熟。植被属亚热带常绿阔叶林，土壤类型主要是红壤和黄壤，耕作土壤为水稻土。

Liangguang Qiuling
两广丘陵　中国广东、广西大部分丘陵低山的总称，是东南丘陵的组成部分。又称岭南丘陵或华南丘陵。东部多系花岗岩丘陵，外形浑圆，沟谷纵横，地表切割得十分破碎；西部主要是石灰岩丘陵，峰林广布，地形崎岖。主要山脉有十万大山、云开大山、大瑶山、云雾山、九连山和莲花山等。丘陵海拔多在200～400米。广东境内多花岗岩、红砂岩地形，广西境内多石灰岩地形。西江、北江、东江沿岸有河谷小平原。两广丘陵属南亚热带大陆性季风气候，1月平均气温10～15℃，日均温≥10℃的天数在300天以上，台风和暴雨频繁。植被为季风常绿阔叶林。土壤为赤红壤，耕作土壤为水稻土。

Jiangnan Qiuling
江南丘陵　中国长江以南、南岭以北、武夷山以西、雪峰山以东丘陵的总称，是东南丘陵的组成部分。包括江西、湖南两省大部分和安徽南部、江苏西南部、浙江西部边境。由一系列北东—南西走向的雁行式排列的中山、低山和位于其间的一系列丘陵盆地组成。山地平均海拔500～1 000米，高峰可超过1 500米，主要山地有雪峰山、幕阜山、九岭山、武功山、九华山、黄山、怀玉山等。此外，岩性坚硬的岩体形成了东北—西南向排列的陡峻雄伟山地，如黄山、衡山等。丘陵盆地主要由红色砂页岩或石灰岩组成，海拔100～400米，多分布于山岭间，一般呈长条形，以北东—南西向居多。规模不等，一般宽20～50千米，长可达数百千米。两侧多为断层界线，底部为红色碎屑岩层。规模较大的有湖南湘潭盆地、衡阳—攸县盆地、长沙盆地、株洲盆地、江西吉（安）泰（和）盆地、赣州盆地、浙江金（华）衢（县）盆地等，均为农业发达地区。丘陵坡度平缓，形状浑圆，相对高度一般在100～200米。在厚层砾岩和砂岩分布的盆地内，垂直节理发育，经流水和重力作用，形成丹霞地貌；在水平层理、岩性软硬相间的红层分布地区，如赣州盆地，则表现为方山地貌。江南丘陵属典型的亚热带景观，夏季高温，年降水量1 200～1 900毫米。天然植被为典型的亚热带常绿阔叶林，土壤类型主要是红壤和黄壤，耕作土壤为水稻土。

Liaoning Qiuling
辽宁丘陵　中国辽东丘陵和辽西丘陵的统称。辽东丘陵位于辽宁的东南部，西临渤海，东靠黄海，南面隔渤海海峡与山东半岛遥遥相望，西北和北部与辽河平原和长白山地相连，是长白山地的延续

辽宁丘陵　　　　　　　　　　　　（陈百明　摄）

87

部分。辽西丘陵是内蒙古高原与辽河平原之间的过渡地带。地势自西北向东南的渤海和辽河平原逐级降低。辽宁丘陵海拔高度500米以下，个别山岭逾千米，属于断块状丘陵，形成崎岖地表和临海峭崖台地的特色。地带性土壤是棕壤，较高山地为暗棕壤，其他有棕壤性土、淋溶褐土、褐土性土、褐土，平地分布有草甸土等，耕作土壤为水稻土。

Liaodong Qiuling
辽东丘陵　中国辽宁东南部的低山丘陵的总称。北部宽约150千米，向南逐渐变窄，南端宽不过10千米，面积约3.35万平方千米。辽河口至鸭绿江口一线以南，称辽东半岛，其中金州区以南的部分又称旅大半岛。千山为辽东丘陵的主干，海拔500～1 000米，少数山峰超过1 000米，如步云山、黑山等。山地两侧为400米以下的丘陵地，面积广阔。山地海拔较低，植被垂直带谱比较简单，地带性植被为以赤松和栎林为主的暖温带落叶阔叶林，随着地势增高，分布有针阔叶混交林、针叶林和岳桦矮林，是中国柞蚕和暖温带水果基地。由于受海洋影响显著，气候温和湿润。年均温8～10℃，年降水量600～1 000毫米，东北部山地高达1 124毫米。降水分配以夏季为多，7～8月雨量占全年降水量的50%以上。无霜期150～200天，作物一年一熟到两年三熟，极端最低气温-11～-30℃，冬小麦和果树一般都可安全越冬。农作物有玉米、冬小麦、大豆、高粱等。地带性土壤是棕壤，较高山地为暗棕壤，平地分布有草甸土等。

Liaoxi Qiuling
辽西丘陵　中国辽宁西部低山丘陵的总称。主要由努鲁儿虎山、松岭、医巫闾山等几条东北—西南走向的山脉组成。山脉海拔多在300～1 000米之间。努鲁儿虎山北高南低，构成蒙古高原边缘，东南侧形成大凌河谷地。南部松岭山脉海拔500～700米，西南部较险峻，黑山海拔1 140米；东侧和辽河平原相接。由于大凌河、小凌河的切割，地形较为破碎。主要植被为落叶阔叶混交林、油松林、针阔混交林及经济林等。土壤类型从上到下主要为棕壤性土、棕壤、淋溶褐土、褐土性土、褐土。

Shandong Qiuling
山东丘陵　中国山东半岛上黄河以南，大运河以东丘陵的总称。平均海拔650～800米，面积约占半岛面积的70%。它是由古老的结晶岩组成的断块低山丘陵。半岛中部的胶莱平原将山东丘陵分隔为鲁东和鲁中丘陵两部分。气候属暖温带季风气候类型，降水集中、雨热同季，春秋短暂、冬夏较长。年平均气温11～14℃，年平均降水量550～950毫米。土壤类型主要有棕壤和褐土，耕作土壤为水稻土。

Chuanzhong Qiuling
川中丘陵　中国最典型的方山丘陵区。东起华蓥山，西迄四川盆地内的龙泉山，北起大巴山麓，南抵长江以南，面积约8.4万平方千米。地表丘陵起伏，沟谷迂回，海拔一般为250～600米，丘谷高差50～100米，南部多浅丘，北部多深丘，为四川丘陵集中分布区。软硬相间的紫红色砂岩和泥岩经侵蚀剥蚀后常形成坡陡顶平的方山丘陵或桌状低山。丘坡多呈阶梯状，可达3～4级。仅剑阁和苍溪一带由砾岩组成的地区，地表经褶皱后成为单面低山。威远和荣县一带也分布有石灰岩低山。川中丘陵西缘的龙泉山为东北向狭长低山，是岷江和沱江的天然分水岭，亦是川中丘陵和川西平原的自然界线。长约210千米，宽10～18千米，海拔700～1 000米，最高处1 059米。属中亚热带湿润气候，年平均气温16～18℃，全年≥10℃有效积温5 500～6 000℃，无霜期280～350天。冬暖春旱，年降水量仅900～1 000毫米，是四川热量较高地区。广大丘陵地区田高水低，土壤类型以紫色土、水稻土为主。

Jianghuai Qiuling
江淮丘陵　中国大别山向东的延伸部分，属于长江与淮河的分水岭。面积约2万平方千米。东部、南部较高，海拔多在100～300米之间。因长期处于侵蚀剥蚀环境，地面基本上已被夷平，表现为波状起伏的丘陵和河谷平原。处于北亚热带向暖温带的过渡带上，年平均气温15～16℃，无霜期230天左右，年降水量900～1 000毫米，常有旱灾。亚热带北部的树种或草本植物常有栽培或分布，天然植被仍以落叶阔叶林为代表性类型，但已久遭破坏。地带性土壤为黄棕壤，而以黄棕壤中的黏磐黄棕壤为主；耕作土壤多为水稻土。

huangtu qiuling
黄土丘陵 中国黄土高原因侵
蚀切割形成由梁、峁组成的地
形，是黄土高原上的主要黄土
地貌类型。按形态可以分为两
种，长条形称为"梁"，椭圆
形或圆形的称为"峁"。梁和
峁的顶部面积都不大，但斜坡
所占的面积却很大，坡度一般
为10°～35°。黄土梁、黄土峁
地区地面非常破碎，沟谷密度
很大。山西的漳河、沁河上、
中游流域和陕北、陇东黄土高
原的北部，黄土丘陵分布广
泛。如延安市就是黄土梁、黄
土峁的分布区，梁、峁海拔一
般在1 000～1 300米，相对高度
为60～150米。

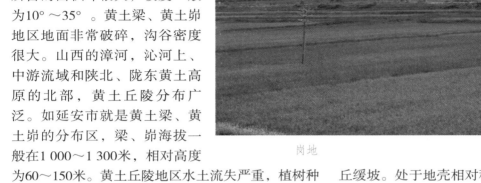

岗地　　　　　　　　　（陈百明　摄）

黄土丘陵地区水土流失严重，植树种
草，修筑梯田，进行水土保持的任务十分艰巨。

bazi
坝子 中国云贵高原上的局部平原的地方名称。主
要分布于山间盆地、河谷沿岸和山麓地带。坝上地
势平坦，气候温和，土壤肥沃，灌溉便利，是云贵
高原上农业兴盛、人口稠密的经济中心。云南约有
1 100多个坝子，坝子的耕地占全省耕地面积的1/3
以上。贵州的坝子约占耕地的1/4。坝子的形态和
成因多种多样，大致分为：①盆地坝，是地壳断裂
而陷落成的山间构造盆地，最初积水成湖，后淤
积成平原，有的坝子里的低洼处还有湖泊存在。
例如昆明的坝子有滇池，通海的坝子有杞麓湖
等。有的盆地坝是石灰岩长期受流水溶解和冲蚀
而成的溶蚀盆地。这种盆地面积很小，盆地内积
有较厚的红色土，如贵州境内的贵阳、遵义、安
顺等地的坝子。②河谷坝，分布在河流沿岸，多
呈狭长状，一般宽约几千米，长可达几十千米，
为局部的河谷平原。如西双版纳地区的景洪坝、
勐海坝等。③山麓坝，位于高山的山麓，是由山
麓冲积扇连接而成的山麓平原。如大理坝、下关
坝等。

gangdi
岗地 地形上介于丘陵和平原之间的部分，接近低
丘缓坡。处于地壳相对稳定的地带，长期受流水侵
蚀和物理风化等作用的影响。按其形态特征，分
为高岗地和低岗地两个亚类。高岗地海拔高度一
般低于100米，相对高度30～60米，地面坡度
10°～15°，河网冲沟密度4 000～6 000米/平方千
米。岗体呈馒头状散布或垅岗状沟垅相间排列。低
岗地海拔高度低于60米，相对高度10～30米，地面
坡度5°～10°。现代地貌发育过程以流水面状冲刷
和沟蚀作用为主。河网冲沟密度2 000～3 000米/平
方千米。岗顶平齐，岗体多呈馒头状，和缓起伏，
微向平原倾斜。外侧与平原接壤，转折清晰；内侧
与高岗地接壤，逐渐过渡。此外，还把波状起伏的
低缓岗地称为漫岗。

jiedi
阶地 沿河流、湖泊和海滨伸展，超出河、湖、海
面以上的阶梯状地貌。由侵蚀剥蚀、堆积过程和地
壳构造运动合力塑造而成。分布于河、湖、海等一
般洪水期和高潮位水面以上的坡地。阶地的级数是
由下而上按顺序区分的，最低一级的阶地称为一级
阶地，向上依次为二级阶地、三级阶地等。阶地的
海拔高度一般自上游向下游降低。但由于构造运动
或其他原因，同一级阶地的海拔高度，有时下游反
而较上游为大，如长江三峡地区的阶地就比其上游
的阶地高。运用物理、化学、生物、年代学的方法
研究阶地的级数、结构、年代、成因、分布的规律

在科学上与经济上都有着十分重要的意义。

heliu jiedi
河流阶地 河流两侧阶梯状的地形。由于地壳上升，河流下切，原来宽广的谷底突出在新河床上，而原来谷底的河漫滩则超出一般洪水期水面，成为阶地。河流如果发生多次侵蚀下切，就可能产生多级阶地。阶地面比较平坦，微向河流倾斜，阶地面以下为阶地坎，坡度较大。河流阶地高度一般指阶地面与河流平水期水面之间的垂直距离。

qinshi jiedi
侵蚀阶地 主要由基岩组成，其上没有或很少有河流冲积物覆盖的河流阶地。侵蚀阶地多发育在构造抬升的山区河谷中，由于山区河流流速较快，侵蚀作用较强，所以沉积物很薄，有时甚至在河床中出露基岩。当后期河流强烈下切时，河谷底部抬升成为阶地，所以在侵蚀阶地上很少找到河流冲积物，阶地面上往往只有一些坡积物。

duiji jiedi
堆积阶地 河流通过侵蚀、堆积活动，将自己所挟带的松散物质堆积下来而形成的阶地。常分布在河流的中下游。阶地全由河流冲积物组成。根据河流下切程度不同、形成阶地的切割叠置关系不同，又可分为上叠阶地（指组成新阶地的冲积物完全叠于较老的阶地冲积物之上）和内叠阶地（指新的阶地套在老的阶地之内）。

jizuo jiedi
基座阶地 上部为河流冲积物，下部为基岩或其他成因类型堆积物构成基座的阶地。多分布于河流中下游，在谷地展宽并发生堆积，后期河流下切深度超过老河谷谷底冲积层而进入基岩的情况下即可形成。所以阶地上部是由冲积物组成，下部由基岩组成。

maicang jiedi
埋藏阶地 早期形成的阶地，由于情况发生变化，被后来新的冲积物或其他堆积物所埋藏而形成的阶地。又称掩埋阶地。其成因有两种：一种是构造运动呈

阶段性下降，早期阶地被新沉积物埋藏后，又由河流下切形成新的阶地，而新阶地又被更新沉积物覆盖为埋藏阶地，如此多次进行，可形成多级埋藏阶地；另一种是早期地壳上升，形成多级阶地，而后地壳下降或侵蚀基准面上升，发生堆积，将早期形成的阶地全部埋没而形成埋藏阶地。

hu'an jiedi
湖岸阶地 发育于湖岸地带由湖水作用形成的阶梯状地形。由地面与前缘坡坎组成。前者是一个较平坦的向湖中心微微倾斜的侵蚀面，其上覆以厚度不等的沙砾石层；后者曾经是湖岸浅滩前缘的水下岸坡。在湖岸地带，由于地壳上升或湖水位下降，湖岸浅滩和水下岸坡出露水面，形成湖岸一级阶地。湖岸地区如经历数次或多次上述变化，就相应形成数级湖岸阶地。

taidi
台地 明显较四周或一侧为高、顶面相对平坦、面积不是很大的高地。一般指具有坡度较陡的台坡（一般坡度大于10°）和坡度较缓的台面（一般坡度小于7°）的地貌形态。有些学者认为台地是高原的一种，但一般而言，海拔较低的大片平地称为平原，海拔较高的大片平地称为高原，台地则介于两者之间，海拔在几十米至几百米之间。通常以绝对高度、相对高度较低，分布范围较小与高原相区别。台地根据成因可分为构造台地、剥蚀台地、冻融台地等。根据物质组成又可分为基岩台地、黄土台地、红土台地等。基岩台地主要由于构造的间歇性抬升，所以在中国多分布于山地边缘或山间。黄土台地实际上是地面组成物质均为黄土的台状地

构造台地　　　　　　　　　　　　（陈百明　摄）

形，所以在中国多分布于黄土高原，其中以陕西的陕北高原和关中盆地分布尤为集中。红土台地是地面具有红土覆盖层的台状地形，所以在中国多分布于热带和亚热带湿润、半湿润地区。

gudi

谷地　山间的低洼地。一般呈狭长状，有出口。表现为由两侧正地形夹峙的狭长负地形，常有坡面径流、河流发育。谷地的主要类型有山间谷地和丘间谷地。前者分布于山区，两侧由山脉或大山，中间为河流构成的地形。后者分布于丘陵地区，两侧由丘陵、岗地，中间为河溪水流构成的地形。当谷地面积较大，特别是宽度较大时，也可把谷地称为河谷平原。河谷平原的地势较平坦，中间的河道水流平缓。中国面积较大的谷地有汾河谷地、伊犁谷地、汉水谷地、湟水谷地、藏南谷地等。

Fenhe Gudi

汾河谷地　位于中国山西中部和南部。南与渭河平原相接，北与滹沱河谷地相连，经汾河等河流冲积形成为河谷平原。海拔400～500米，土地总面积6.7万平方千米。汾河谷地为黄土高原上的次一级地形区，又可分成南、北两个部分。北部是太原盆地，也叫晋中盆地，海拔在700～800米之间，呈北东—南西向分布。长约150千米，宽30～40千米，包括整个汾河中游，面积达5 000平方千米。盆地边缘是黄土台地，有的已被流水切割成黄土丘陵。汾河贯穿盆地中部，沿岸广泛发育着二级阶地，灌溉方便，为农业发展提供了有利条件。南部为临汾盆地，海拔在400～500米之间。长约200千米，宽20～25千米，面积约5 000平方千米，包括整个汾河下游地区。沿山前断裂带，开发利用历史悠久，气候温暖，土壤肥沃，水源丰富，农业发达，是山西主要的粮棉产区之一。汾河谷地属暖温带半湿润气候，年均气温10℃左右，年降水量650毫米，霜冻期为9月下旬至次年4月中旬，无霜期140天。土壤类型主要有褐土、潮土、㙦土、草甸土、沼泽土等。

Yili Gudi

伊犁谷地　位于天山山脉西部，三面环山。在中

巩乃斯河谷地，那拉提草原

国境内，东西长360千米，南北最宽处75千米，面积5.64万平方千米。可分为伊犁河谷地、喀什河谷地、巩乃斯河谷地、特克斯河谷地、昭苏盆地五个单元。属于温带大陆性气候，年平均气温10.4℃，年日照时数2 870小时，年降水量417.6毫米，山区达600毫米，是新疆最湿润的地区。自然条件优越，农、牧业发展优势显著，农畜产品丰富。天然草场总面积约2 000多万公顷，森林面积180万公顷，森林覆盖率6.69%。主要土壤类型有栗钙土、灰钙土、灌淤土、风沙土等。

Hanshui Gudi

汉水谷地　位于中国陕西秦岭以南。是由汉江冲积而成的平原和残丘，即汉江谷地。西起陕西勉县的西界，东至陕西与湖北交界处，南边和北边在西段以海拔700米以下的低丘和平原为界，东段则以海拔500米以下的低丘和平原为界。属北亚热带湿润季风气候，温和湿润，年平均气温保持在14℃以上，年降水量800毫米，无霜期210～270天。农作物为稻麦，一年两熟，农田灌溉历史十分悠久。土壤类型主要有黄棕壤、黄褐土、潮土和水稻土等。

Huangshui Gudi

湟水谷地　位于中国青海东部地区，处在青藏高原与黄土高原交接处。北面祁连山横亘，阻隔了南下的寒流。季风气候加上较低的海拔使得这里气候温和，降水丰沛，自古农业发达，集中了青海全省一半的耕地面积。湟水谷地地势较低，北面的

达坂山，南面屹立着拉脊山，西面的湟水谷地生态良好。日月山，海拔均在4 000米以上。谷地的出口在东南，能吸纳东来的水汽。因海拔相对较高，空气湿度不大，夏季十分凉爽，冬季又因河谷静风与焚风效应，气温相对温和，具有景观多样性，浓缩了荒漠草原、干草原、草甸草原和森林、高山草甸、冰川等各种类型。湟水谷地是中国栗钙土的主要分布区之一，包括暗栗钙土、栗钙土和淡栗钙土，在局部低地分布草甸栗钙土。

Zangnan Gudi

藏南谷地　喜马拉雅山以北，冈底斯山—念青唐古拉山以南地区，通常称为西藏"一江两河"地区。包括雅鲁藏布江中游和拉萨河流域的河谷地带。即在雅鲁藏布江及其支流流经的地方，形成的许多宽窄不一的河谷平地。谷宽一般7 000～8 000米，长70～100千米，地形平坦，海拔3 000～4 000米，平均在3 500米左右。气候较温暖，多晴天，光照充足，全年≥10℃有效积温1 800～2 300℃。降水主要来源于西南季风，年降水量少，多在300～400毫米之间，属温带半干旱气候。由于纬度位置偏南，北边又有高山、高原阻挡寒冷的冬季季风南下，又因空气稀薄，散热快，夏季气温难于升高，因而年较差小；因为空气稀薄，透明度好，太阳辐射强，白日升温快，夜晚地面散热快，难以保温，所以日较差较大。夏季中午炎热，气温可达27～29℃。大部分地区植被稀少，分布有温性草原和温性干旱落叶灌丛植被。经多年开垦，已经成为西藏重要的粮食作物青稞的主要产地，近年来已大面积种植冬小麦。主要土壤类型是耕种亚高山草原土、耕种山地灌丛草原土和耕种草甸土。由于自然条件相对优越，藏南谷地成为西藏人口分布最密集、城镇最集中的地区。

shidi

湿地　天然或人工形成的沼泽地等带有静止或流动水体的成片浅水区，还包括在水位时水深不超过6米的水域。各国根据湿地保护、管理和利用的不同目的和需要，对湿地有不同的定义。现在普遍引用的是1987年拉姆萨尔国际公约中对湿地的定义，即"不论其为天然或人工、长久或暂时性的沼泽地、湿原、泥炭地或水域地带，静止或流动的淡水、半咸水或咸水水体，包括低水位时水深不超过6米的水域"。这一定义包含了狭义湿地的区域，有利于将狭义湿地及附近的水体、陆地形成一个整体，便于保护和管理。根据这个定义，河流、湖泊、沼泽、珊瑚礁都是湿地，还包括人工湿地，如水库、鱼（虾）塘、盐田、水田等。尽管湿地的概念尚不统一，但都认为湿地是一种特殊的生态系统，既不同于陆地生态系统，也有别于水生生态系统，是介于两者之间的过渡生态系统。

中国是世界上湿地类型齐全、数量丰富的国家之一。1992年中国加入《关于特别是作为水禽栖息地的国际重要湿地公约》（简称《湿地公约》）后，积极开展湿地保护工作。中国湿地面积约6 594万公顷（不包括江河、池塘等），占世界湿地的10%，位居亚洲第一位，世界第四位。其中天然湿地约为2 594万公顷，包括沼泽约1 197万公顷，天然湖泊约910万公顷，潮间带滩涂约217万公顷，浅海水域270万公顷；人工湿地约4 000万公顷，包括水库水面约200万公顷，稻田约3 800万公顷。100公顷以上的大型湿地面积为38万公顷，其中天然湿地36万公顷。

中国湿地按地域划分为东北湿地、黄河中下游湿地、长江中下游湿地、杭州湾北滨海湿地、杭州湾以南沿海湿地、云贵高原湿地、蒙新干旱—半干旱湿地和青藏高原高寒湿地。中国湿地特点是类型多、绝对数量大、分布广、区域差异显著、生物多样性丰富。

按照《湿地公约》对湿地类型的划分，31类天然湿地和9类人工湿地在中国均有分布。中国湿地的主要类型包括沼泽湿地、湖泊湿地、河流湿地、河口湿地、海岸滩涂、浅海水域、水库、池塘、稻田等自然湿地和人工湿地。

在中国，从寒温带到热带、从沿海到内陆、从平原到高原山区都有湿地分布，而且还表现为一个地区内有多种湿地类型和一种湿地类型分布于多个地区的特点，构成了丰富多样的组合类型。中国东部地区河流湿地多，东北部地区沼泽湿地多，而西部干旱地区湿地明显偏少；长江中下游地区和青藏高原湖泊湿地多，青藏高原和西北部干旱地区又多为咸水湖和盐湖；海南岛到福建北部的沿海地区分布着独特的红树林和亚热带及热带地区人工湿地。青藏高原具有世界海拔最高的大面积高原沼泽和湖群，形成了独特的湿地生态系统。

依照《湿地公约》第二条，各缔约国应指定其领土内适当湿地列入《重要湿地名录》，并给予充分、有效的保护，列入名录的湿地需要接受《湿地公约》相关规定的约束。中国从1992年加入《湿地公约》起，先后分6批共41个湿地列入了该名录。

①第一批共7个：扎龙自然保护区，吉林向海自然保护区，海南东寨港自然保护区，青海鸟岛自然保护区，湖南东洞庭湖自然保护区，鄱阳湖自然保护区，香港米埔和后海湾国际重要湿地。

②第二批共14个：上海崇明东滩自然保护区，大连国家级斑海豹自然保护区，大丰麋鹿自然保护区，内蒙古达赉湖自然保护区，广东湛江红树林国家级自然保护区，黑龙江洪河自然保护区，广东惠东港口海龟国家级自然保护区，鄂尔多斯遗鸥自然保护区，黑龙江三江国家级自然保护区，广西山口国家级红树林自然保护区，湖南南洞庭湖湿地和水禽自然保护区，湖南汉寿西洞庭湖（目平湖）自然保护区，黑龙江兴凯湖国家级自然保护区，江苏盐城沿海滩涂湿地保护区。

③第三批共9个：辽宁双台河口湿地，云南大山包湿地，云南碧塔海湿地，云南纳帕海湿地，云南拉什海湿地，青海鄂凌湖湿地，青海扎凌湖湿地，西藏麦地卡湿地，西藏玛旁雍错湿地。

④第四批共6个：上海长江口中华鲟湿地自然保护区，广西北仑河口国家级自然保护区，福建漳江口红树林国家级自然保护区，湖北洪湖省级湿地自然保护区，广东海丰公平大湖省级自然保护区，四川若尔盖国家级自然保护区。

⑤第五批共1个：浙江杭州西溪国家湿地公园。

⑥第六批共4个：黑龙江七星河国家级自然保

内蒙古湿地风光

护区，黑龙江南瓮河国家级自然保护区，黑龙江珍宝岛国家级自然保护区，甘肃尕海则岔国家级自然保护区。

zhaoze shidi

沼泽湿地　包括沼泽和沼泽化草甸，是最主要的湿地类型。特点是地表经常或长期处于湿润状态，具有特殊的植被和成土过程。大致可以分为：①藓类沼泽，一般有薄层泥炭发育；②草本沼泽，有泥炭或潜育层发育；③灌丛沼泽，一般无泥炭堆积；④森林沼泽，一般有泥炭或潜育层发育；⑤沼泽化草甸，无泥炭堆积；⑥内陆盐沼，一般无泥炭形成。藓类沼泽、灌丛沼泽、森林沼泽和部分草本沼泽多分布在森林地带的林间地和沟谷中；草本沼泽和沼泽化草甸，多发育在河（湖）泛滥平原、河漫滩、旧河道及冲积扇缘等部位。部分草本沼泽分布在高原地区宽谷、河漫滩、阶地、各种冰蚀洼地等部位。沼泽湿地在中国各省区市均有分布，但是在寒温带、温带湿润地区分布比较集中。大小兴安岭、长白山地、三江平原、辽河三角洲、青藏高原的南部和其东部的若尔盖高原、长江与黄河的河源区、河湖泛洪区、入海河流三角洲及沙质或淤泥质海岸地带，沼泽湿地十分发育。

hupo shidi

湖泊湿地　湖泊岸边或浅湖发生沼泽化过程而形成的湿地。按拉姆萨尔国际公约，湖泊湿地还包括湖泊水体本身。湖泊湿地是在一定的地质历史和自然地理背景下形成的。由于中国区域自然条件的差异，以及湖泊成因和演化阶段的不同，显示出不同区域特点和多种多样的湖泊类型：有世界上海拔最高的湖泊，也有位于海平面以下的湖泊；有浅水湖，也有深水湖；有吞吐湖，也有闭流湖；有淡水湖，也有咸水湖和盐湖等。

heliu shidi

河流湿地　因河流泛滥而形成的湿地。其中又包括以下三类：永久性河流湿地；季节性或间歇性河流湿地；河流泛滥平原湿地，包括由河流泛滥而淹没的河流两岸地势平坦地区，河滩、泛滥河谷、季节性泛滥草地等。近年来，由于修建各种水利工程，特别是沿江、河筑堤，使洪水控制在沿河窄长地带，只有大洪水年才能漫堤进入堤外平原。因此，随着水利工程修建和控洪级别的提高，堤外的泛洪面积逐渐变小。但堤内泛洪湿地一般比较发育。

hai'an shidi
海岸湿地　由海洋和陆地相互作用形成的湿地，即海浪对海岸作用范围内的湿地。按其距离海洋的远近，包括潮上带湿地、潮间带湿地和水下岸坡湿地三类，其下限应在低潮位6米水深处。中国近海与海岸湿地主要分布于沿海的11个省区、市和港澳台地区。海域沿岸约有1 500多条大中河流入海，形成了浅海滩涂、珊瑚礁、河口水域、三角洲、红树林等湿地生态系统。

rengong shidi
人工湿地　由人为因素形成的湿地。如水田、水库、运河、盐田及鱼塘等。凡是满足湿地定义中所描述的各种特征，而同时又以人为因素作为先决条件的湿地都可归入到人工湿地的范畴。而狭义上的人工湿地则被定义为从生态学原理出发，模仿自然生态系统，人为将土壤、沙、石等材料按一定比例组成基质，并栽种经过选择的耐污植物，组成类似于自然湿地的新型污水净化系统。现在广泛提及的人工湿地都属于这种狭义上的湿地。

Sanjiang Pingyuan Shidi
三江平原湿地　位于中国松花江、黑龙江、乌苏里江汇流冲积而成的三江平原。属低冲积平原沼泽湿地，依地形的微起伏形式纵横交织，构成丰富多彩的湿地景观，堪称北方沼泽湿地的典型代表，也是全球少见的淡沼泽湿地之一。降水主要集中在夏、秋季节，由于气候冷湿，地表径流缓慢，再加上季节性冻融的黏重土质，使得地表长期过湿，积水过多，形成了大面积沼泽水体和沼泽化植被、土壤，构成了独特的沼泽景观。三江平原湿地泡、沼遍布，河流纵横，并间有岛状森林分布，保持着原始自然状态。属于典型的内陆高寒湿地和水域生态系统。其中兴凯湖湿地保护区是三江平原湿地的重要组成部分，属于温带大陆性季风气候，为湿润半湿润地区，是生物多样性极为丰富的湿地生态系统，是许多濒危物种的主要栖息地，也是候鸟南北迁徙的重要停歇地。七星河湿地保护区地处三江平原腹

兴凯湖湿地风光

地，属于内陆湿地，河、湖、泡、沼遍布全区，也是水陆生态类型湿地。

Zhalong Shidi
扎龙湿地　位于中国黑龙江松嫩平原西部乌裕尔河下游，中心位置在齐齐哈尔市东南的扎龙乡。主要有湖泊、沼泽、湿草甸三种类型，以芦苇沼泽面积最大。域内无明显河道，已与湖泊、苇塘连成一体，水质清纯，苇草肥美，沼泽湿地生态保持良好，完整保留下许多古老物种，是天然的物种库和基因库，也是众多鸟类和珍稀水禽理想的栖息繁殖地和许多跨国飞行鸟类的重要"驿站"，最为著名的有珍稀鸟类丹顶鹤。辽阔的地域，原始的湿地景观，丰富的鸟类资源，使之成为中国北方同纬度地区保留最完善、最原始、最开阔的湿地生态系统。

Nanwenghe Shidi
南瓮河湿地　位于黑龙江大兴安岭地区，处在大兴安岭寒温带针叶林区南端，以森林湿地及其生物多样性和嫩江源头为主要特色。域内具有丰富的生态系统，原始森林湿地、草丛湿地、灌丛湿地、冰湖湿地、岛状林湿地、湖泊湿地齐全完整，同时也容纳了大兴安岭寒温带森林所有的陆生、湿生、水生生物物种。在世界上具有较高的代表性和稀有性，给人类采种育种提供了天然基因宝库，也给各种动物及其他生物提供了充分多样的栖息地和丰富的食物资源，为研究寒温带生态系统的演变、水生生物系统的演替、冻土变化提供了可靠的基地。

Ruo'ergai Shidi

若尔盖湿地 地处青藏高原东缘、四川阿坝藏族羌族自治州境内，是青藏高原高寒湿地生态系统的典型代表。四周群山环抱，中部地势低平，谷地宽阔，河曲发育，湖泊众多，排水不畅。同时气候寒冷湿润，年平均气温在0℃左右，多年平均降水量500～600毫米，蒸发量小于降水量，地表经常处于过湿状态，有利于沼泽的发育。部分沼泽是由湖泊沼泽化形成的，如山原宽谷中的湖泊退化后，湖中长满沼生植物，湖底有泥炭积累，平均厚1米左右。由于泥炭沼泽广泛发育，沼泽植被发育良好，生境极其复杂，生态系统结构完整，生物多样性丰富，特有物种多，是中国生物多样性关键地区之一，也是世界高山带物种最丰富的地区之一。若尔盖湿地类型较多，分布在湖群洼地、无流宽谷、伏流宽谷和阶地等不同地貌部位上，相互连接形成许多巨大的复合沼泽体。受近代新构造运动和气候变化的影响，沼泽已趋于自然疏干。有的沼泽经人为改造，已作为牧场。

四川若尔盖草原与湿地风光

Bayinbuluke Shidi

巴音布鲁克湿地 位于新疆的天山山脉中部山间盆地中。四周为雪山环抱，水源补给以冰雪融水和降雨混合为主，部分地区有地下水补给，形成了大量的沼泽草地和湖泊。由河流、湖泊、沼泽、涌泉共聚形成。中国唯一的天鹅自然保护区，著名的"天鹅湖"就坐落于此。天鹅湖实际上是由众多相互串联的小湖组成的大面积沼泽地。保护区水草丰茂，气候湿爽，栖息着中国最大的野生天鹅种群，是鸟类的繁殖和栖息地。

Huanghe Sanjiaozhou Shidi

黄河三角洲湿地 位于山东东北部的渤海之滨，是世界上暖温带保存最广阔、最完善、最年轻的河口湿地生态系统。可分为天然湿地和人工湿地两大类。天然湿地面积比重较大，主要由河流、湖泊、草甸、灌丛、疏林、芦苇、盐碱化湿地组成；人工湿地主要以坑塘、水库为主。黄河三角洲上河流纵横交错，形成明显的网状结构，各种湿地景观呈斑块状分布。在湿地存在形态上，黄河三角洲湿地以常年积水湿地（河流、湖泊、河口水域、坑塘、水库、池塘、滩涂）为主，季节性积水湿地（潮上带重盐碱化湿地、芦苇沼泽、其他沼泽、疏林沼泽、灌丛沼泽、草甸和水稻田）也占一定的比重。

黄河三角洲湿地　　　　　（陈百明　摄）

Liaohe Sanjiaozhou Shidi

辽河三角洲湿地 位于辽宁盘锦市境内，地处辽河、大辽河入海口交汇处。域内的双台河口（即辽河口）国家级自然保护区，也是中国最大的湿地自然保护区。是世界上保存最好、面积最大、植被类型最完整的生态地块。属河流下游平原草甸草原区。域内木本植物较少，以苇田、沼泽草地、滩涂为主。辽河三角洲湿地是东亚至澳大利亚水禽迁徙路线上的中转站、目的地，有被誉为"湿地之神"的珍稀鸟类丹顶鹤、濒危物种黑嘴鸥等200余种候鸟。这里有绵延数百平方千米、面积居世界第一的芦苇荡，还有百万亩靠辽河水灌溉的生态稻田，是著名的盘锦大米主产区。

达赉湖湿地

Zhanjiang Hongshulin Shidi

湛江红树林湿地　地处广东雷州半岛，是中国大陆最南端而且是面积最大的海岸红树林湿地。受热带海洋气候的影响，沿海滩涂上分布着较大面积的红树林植被，其中红树植物有12科、16属、17种，是除海南岛外中国红树植物种类最多的地区。退潮后露出大面积裸滩为水禽觅食和栖息提供了优良的场所，拥有数量和种类众多的鹤类、鹳类、鹭类等水禽及其他湿地动物。据初步统计，仅鸟类就有82种，其中留鸟38种、候鸟44种。作为中国现存红树林面积最大的一个自然保护区，在控制海岸侵蚀、保持水土和保护生物多样性等方面发挥着越来越重要的作用。

Mipu he Houhaiwan Shidi

米埔和后海湾湿地　地处中国香港特别行政区新界北部深圳河河口地区。是中国南方典型的河口红树林滩涂湿地生态系统，拥有香港地区最大的红树林湿地，也是中国第六大红树林保护区。主要有鱼（虾）塘、潮间带滩涂（包括咸水滩涂）、红树林潮间带滩涂等三种湿地类型。保护范围内仍然保留着华南地区传统的基围虾塘，既是传统滨海养殖方式的遗存，也是为大量迁徙过境或滞留的候鸟提供充足食物的地方；是人工湿地与自然生态环境和谐共存、相互补充的典型保护模式。区内高等植物约190种，鱼类约40种，鸟类约280种。主要保护对象为鸟类及其栖息地。

Dalaihu Shidi

达赉湖湿地　位于内蒙古呼伦贝尔市西部，地处大兴安岭西麓、蒙古高原东侧，南与蒙古国接壤。达赉湖也称呼伦湖，是中国第五大湖泊，内蒙古第一大湖。属于呼伦贝尔高平原的一部分，为呼伦贝尔高平原上的唯一低地，在蓄洪、滞留沉积物等方面具有重要意义。自然景观具有典型草原向草甸草原过渡的特点。该湿地是由达赉湖水系（部分）形成的集湖泊、河流、沼泽、灌丛、苇塘为主要组成部分的湿地生态系统。具有干旱草原区湿地的典型特征，即很好的原始性、自然性。属于典型的内陆湿地。达赉湖水体边缘生长的芦苇及水生生物降解能力强，对水质保护有重大意义。

E'erduosi Shidi

鄂尔多斯湿地　位于内蒙古鄂尔多斯市中部，是欧亚草原区和亚洲荒漠区交汇地带典型的湿地生态系统。以沙柳、乌柳为主要建群种。以芨芨草、碱蓬、红柳为建群种的盐化滩地，生态脆弱。区内湖泊、岛屿众多，湿地、谷地草场遍布，是典型的高原荒漠、半荒漠湿地生态系统。其独特的地理位置和自然条件为众多候鸟提供了栖息、繁殖的必要环境。该湿地生存着国家一级保护动物遗鸥，种群数量有7 000余只，另外对其他鸟类也起着重要的维系作用。据已记录到的水禽、涉禽等湿地鸟类共计83种，占鄂尔多斯已知湿地鸟种的90%以上。以保护自然环境、拯救濒危物种遗鸥为主。

Shankou Hongshulin Shidi

山口红树林湿地　位于广西北海市合浦县沙田半岛，由该半岛东侧和西侧的海域、陆域及全部滩涂组成。东侧是火山灰发育的土壤，滩涂淤泥肥沃，红树林生长特别茂盛。西岸滩涂全为淤泥质，适宜红树林生长。湿地所处位置光热条件较好，冬季低温影响小，海湾侵入内陆，封闭性好，风浪、潮汐、余流的作用较弱，岸滩比较稳定，海水污染程

山口红树林湿地

中具有重要地位。动植物资源十分丰富，是丹顶鹤、白鹤、黑嘴鸥、雁鸭类、鹭类以及多种雀形目鸟类的栖息地和繁殖地，也是全球斑海豹繁殖的最南限。拥有大面积的碱蓬滩涂和浅海海域，碱蓬草由于嫣红似火，被誉为"红地毯"；芦苇更是享誉中外，有"世界第一大苇田"之称。

Maidika Shidi
麦地卡湿地 位于西藏那曲地区，处在藏北高原与藏东高山峡谷区域结合地带的高原山区。主体部分是拉萨河支流麦地藏布的源头区，为天然湿地，以高山沼泽、高山草甸、湖泊湿地为主。最大河流为麦地藏布。由于湿地的水主要来源于高山雪水的融化，所以水质清澈，含沙量少。除干流水较深外，其他均为浅水，水深不足3米。每年冬季水面较小，但主要径流不冰冻，只存在岸冰。湿地平均海拔4 900米，属于高原湖泊沼泽草甸湿地，是黑颈鹤、赤麻鸭等多种珍稀鸟类的迁徙走廊和繁殖地，有丰富的高原鱼类。该湿地对当地水土保持、防止季节性泛滥的洪水、阻截上游沉积物并形成生产力很高的草甸、沼泽湿地有重要作用。

度很低，水质洁净，是红树林大面积分布和生存的理想区域，由此形成了中国大陆海岸发育较好、连片较大、结构典型的天然红树林分布区。有红树植物15种，其中百年树龄的红海榄、木榄群落，生长高大连片，在中国极为罕见；还有多种濒危野生动物。

Yancheng Yanhai Tantu Shidi
盐城沿海滩涂湿地 位于江苏盐城市的沿海地区，地处江淮平原、太平洋西岸。海岸线长582千米，面对黄海，背靠苏北平原，是淤泥质平原海岸的典型代表，为陆地生态系统与海洋生态系统的过渡区。区内河流众多，沼泽湿地发育，核心区的生态系统基本处于原始状态。广阔的淤泥质潮滩形成了中国沿海最大的一块滩涂湿地，孕育着大量的生物，保证了数以百万计水禽的迁徙，满足了丹顶鹤等濒危物种的越冬安全。这里还是中国少有的高濒危物种分布地区之一。

Shuangtaihekou Shidi
双台河口湿地 位于辽宁辽东湾北部，在辽河的入海口处。平均海拔2米，是中国高纬度地区面积最大的芦苇沼泽区，属于河口湿地。是中国暖温带最年轻、最广阔、保护最完整的湿地，被称为"鸟类的国际机场"，也是世界上生态系统保存完整的湿地之一，在国际湿地和生物多样性研究与保护

Mapangyongcuo Shidi
玛旁雍错湿地 位于西藏阿里地区中国、印度和尼泊尔的交界处。平均海拔4 700米，是西藏高原最有代表性和典型性的湖泊湿地。该湿地包括玛旁雍错和其姊妹湖拉昂错及周边沼泽河流。湿地构造上属冈底斯山与喜马拉雅山之间的一个断陷盆地，对湿地周边的气候具有直接的调节作用。玛旁雍错是世界上海拔最高的大湖之一。这里栖息着黑颈鹤、斑头雁等大量水禽，也是藏羚羊、野牦牛等濒危物种种群向西藏喜马拉雅山脉迁徙的主要走廊之一。作为气候干旱的西藏西部地区重要的淡水湿地，对雁鸭类等水禽的繁殖、迁徙都具有关键性作用，对维持当地生物多样性具有重要意义。

Beilunhekou Shidi
北仑河口湿地 位于广西防城港市的西南沿海地带，属海岸潮间带。南濒北部湾，西与越南交界（北仑河为中越两国界河），自西向东跨越北仑河口、万尾岛和珍珠湾（港湾），海岸线全长87千米，拥有河口海岸、开阔海岸和海域海岸等地貌类型，属南亚热带海洋性季风气候区。区内分布有面积较大、连片生长的红树林，红树林植物有10科13种，形成12种红树林群落，其中连片木榄纯林和大面积老鼠簕纯林群落为中国罕见。保护区的建立不仅在保护生物多样性方面具有重要意义，而且对防止国土流失、保护领土和领海权益也具有非常重要的战略意义。由于湿地位于亚洲东部沿海和中西伯利亚中国中部两鸟类迁徙线的交汇区，为候鸟的重要繁殖地和迁徙停歇地。

北仑河口湿地

Zhangjiangkou Hongshulin Shidi
漳江口红树林湿地 位于福建漳州市云霄县漳江入海口。为河口滩涂湿地，有红树林、芦苇、沼泽、盐沼、江河、滩涂、河滩、鱼塘、水田等多种天然及人工湿地。滩涂底质有泥滩、泥沙滩、沙滩等各种类型。河网密布，湿地环境多样。保护区内红树林植物主要分布有秋茄、木榄等红树科植物，还有紫金牛科的桐花树、马鞭科的白骨壤等，保存了中国天然分布最北的大面积天然红树林，具有较高的自然属性和典型的红树林群落特征，是湿地生物多样性的宝库之一。其中的秋茄林、白骨壤林、桐花树林都具有代表性，在一定程度上反映出红树林北缘分布区红树林的原貌，具有重要的生物地理学意义。

Gahai–Zecha Shidi
尕海则岔湿地 地处甘肃甘南藏族自治州碌曲县境内。位于青藏高原、黄土高原和陇南山地交汇处，地跨黄河和长江两大水系，也是黄河最大支流洮河的发源地之一和长江水系白龙江的发源地。海拔2 900～4 400米，高差1 500米。气候属于青藏高原湿润气候区，冬季漫长，夏季温凉。由尕海和则岔两个部分组成。尕海与若尔盖湿地相邻，为典型的高寒沼泽湿地，并为黑颈鹤的重要繁殖地之一；则岔以森林和高寒草甸生态系统为主，其岩溶地貌及石林景观在中国北方极为罕见。尕海则岔湿地是鸟类迁徙的必经之路，每年春秋季有数以万计的候鸟到此地歇脚，繁殖后代。湿地集森林和野生动物型、高原湿地型、高原草甸型三重功能为一体，区内湿地、森林和高寒草甸生态系统基本保持了原始状态，野生动植物资源丰富，区系组成复杂，特有种分布集中。

caoyuan
草原 温带和热带干旱区中的一种特定的自然地理景观，是以多年生旱生草本植物为主组成的一种植被类型。草原对人类具有生产功能、防护功能和环境功能。它是动物饲养业赖以发展的物质基础，并具有调节气候、防风固沙、涵养水源、保护水土以及美化环境、净化空气、防治公害等重要作用。广阔无垠的草原为牲畜提供了饲用植物。所谓饲用植物，就是指各种牲畜所采食的草本植物（牧草）和木本植物（半灌木、灌木和小乔木）。它们的生态条件、形态特征和营养成分虽各有不同，但是，每一种植物都能够不断制造出本种植物所特有的产品，供牲畜食用，这种生产是迄今为止人类所难以替代的。此外，草原植被还蕴藏着许多药用植物，可采收利用。

中国草原广泛分布于东北的西部、内蒙古、西北荒漠地区的山地和青藏高原一带，横亘于北纬30°～50°之间，主要分布在黑龙江、吉林、辽宁、内蒙古、宁夏、甘肃、青海、新疆、陕西、河北、山西和四川等12个省（自治区）。中国草原上分布的饲用植物有6 000种以上，占世界主要禾本科和豆科牧草种类的85%以上，牧养着中国家畜（不包括猪）总数的1/3，有各类放牧家畜品种150多个。大多著名的草原都有其独特的优良家畜品种，如呼伦贝尔草原的三河马和三河牛，宁夏草原

呼伦贝尔草原风光

一般分布于森林与草原接壤的地区，如内蒙古草原的东部、大兴安岭两侧山麓及沿山地丘陵向西南延伸的山地。疏林草原的植物种类较多，构成了多种多样的植被类型。如禾本科牧草主要有贝加尔针茅、羊草、早熟禾等；豆科有野豌豆、歪头菜；莎草科有薹草等；杂类草有地榆、柴胡、唐松草、蓬子菜等。夏秋季节，百花盛开，五彩缤纷，十分美丽。森林主要为落叶阔叶林，如栎林、桦林和杨林等。疏林草原内良好的季节牧场和分散的割草场，一般都发育在森林的边缘地带，如大兴安岭西侧的桦林、栎林草原，西藏高原东南部河谷上游的栎林草原，东北北部平原的榆林草原等都是如此。

caodian caoyuan
草甸草原　植被为疏林草原与干草原之间的过渡草原类型。属半湿润气候，雨水适中。草甸草原地区的气候与土壤条件，虽不如疏林草原地区好，但仍有较多的雨水，而且气温较高。在没有人工灌溉的条件下，也能生长多种优良牧草，草高达60～80厘米，优质牧草覆盖度可达50%～80%。是良好的天然放牧场和割草场，适于发展大牲畜，尤其适于养牛业。草甸草原主要分布在平坦的洼地和北向的坡地上。如内蒙古东北部森林草原带的下部，东北北部广阔平坦的冲积平原、坡地、河谷低地和丘陵地的淡黑钙土、黑钙土和草甸土地区都有分布。高原上的低地、河湖遗迹以及丘陵起伏的地段，由于小地形起伏明显的作用，可以生成草甸草原、沼泽草甸和盐生植被等组成的草甸复合体。根据生态条件和优势种植物的不同，又可以分为丛生禾草、根茎性禾草及杂类草等三种草甸草地亚类。例如，以丛生禾草贝加尔针茅为优势种的贝加尔针茅草甸草地，主要禾草有贝加尔针茅、羊草、隐子草、野古草、拂子茅等。这些植物在不同季节开花，呈现出五颜六色的景观，故称为"五花草塘"。

的滩羊和中卫山羊，阿拉善荒漠草原的阿拉善双峰驼和白绒山羊，阿勒泰草原的阿勒泰大尾羊，巩乃斯草原的新疆细毛羊，伊犁草原的伊犁马和哈萨克牛等。中国的天然草原已利用了几千年，由于不断开垦，草原面积越来越少。同时由于家畜数量的不断增加，草原的负载量越来越重，随之引发了许多生态和生产问题，造成了中国90%以上的草原出现不同程度的退化。

shulin caoyuan
疏林草原　气候湿润的林缘或疏林地区，植被以中生或中旱生草本植物为主，伴有杂类草组成的草原类型。疏林草原地区属于半湿润气候，年降水量约450毫米，蒸发量不高，水分条件较好，土壤为山地棕壤、山地灰褐土、灰棕壤及淡黑钙土。腐殖质层深厚，可达45～50厘米，肥力较高。疏林草原

gan caoyuan
干草原　半干旱气候条件下，植被由旱生多年生草本植物占优势组成的草原类型。由于气候原因，干

草原地区没有自然成林现象，即使在阴坡，也只能生长一些灌木。此外干草原地区每年春季酷旱，常刮旱风，草木焦枯。这是干草原与草甸草原在生活环境方面的最大区别。干草原是草甸草原与荒漠草原之间的过渡类型。干草原地区气候干旱，热量充足，年降水量250～400毫米，并且多集中在夏季；春旱比较严重，影响牧草的发育；土壤多以暗栗钙土、栗钙土和淡栗钙土为主，腐殖质层深达35厘米，自然肥力较高。干草原在中国内蒙古丘陵起伏的高原上广泛地发育，并向西南延伸到黄土高原，向西北进入广阔的荒漠境内，受干燥气候的影响，只出现在一定高度的山地上。在中国东北广泛分布于黑土平原上。在西藏高原的东北部则呈带状分布。根据不同草原的植物组成情况，干草原可以划分为丛生禾草、根茎性禾草和杂类草三个亚类。

huangmo caoyuan
荒漠草原　干旱气候条件下，植被由以稀疏旱生的多年生草本植物为主，混生有大量旱生小半灌木组成的草原类型。是草原向沙漠过渡的一类草原，是草原植被中最干旱的一类草原。属典型的大陆性气候，热量比较丰富，年降水量为150～200毫米，蒸发量超过降水量的数十倍。土壤主要为栗钙土、棕钙土和灰钙土，腐殖质层较薄，肥力较低。中国的荒漠草原主要分布在内蒙古高原的中北部和鄂尔多斯高原的中西部、宁夏的中部、甘肃的东部、黄土高原的北部及西部、新疆的低山坡麓等地区。荒漠草原的牧草的生长条件比干草原更差，如果没有地下水的补给，往往成为不毛之地。荒漠草原的植物种类单调，适于放牧小牲畜，对骆驼更为适宜。在一些低湿滩地上有芨芨草、小芦草、薹草和水沙葱等，生长比较茂密，成为荒漠中的"绿洲"。

shandi caoyuan
山地草原　一定海拔高度的山谷和山坡上，植被由各类多年生草本植物所组成的草原类型。气温较低，年降水量稍大，可达300～500毫米，但蒸发量低，湿润系数较高。土壤主要为山地暗栗钙土和栗钙土。地势倾斜，土壤中丰富的盐类易于淋溶和流失，土层薄，基质多石砾质，肥力中等。山地草原的植物种类丰富，有些是耐寒性强、适于冰雪的种类。灌木的种类亦不少，如绣线菊、枸子木、蔷薇类等，并有一些山地特有种类。由于组成植被的优势种不同，草层较高的可达50～70厘米。山地草原主要分布在西北荒漠地区的各大山地，特别在阿尔泰山、准噶尔界山、天山等分布普遍。植被主要是由密丛型小禾草和喜冰雪的杂类草所组成。像细柄茅以及一些蒿类，如博乐蒿等在高山区生长，其他还有一些细草、薹草和委陵菜等，草质良好。

shandi caocong caopo
山地草丛草坡　在亚热带和热带海拔500～700米以下的低山及和缓起伏的丘陵上，植被由喜温热的中生或旱中生的多年生草本植物和杂类草以及少量稀疏散生乔木所组成的草原类型。在中国常称为南方草山草坡。主要分布在长江以南，水热条件较好。由于雨水充沛，气温高，所以南方山地草丛牧草覆盖度大，一般都在80%～90%之间。由于南方山地草丛的自然条件比北方优越，为灌木草丛的发育提供了条件。山地草丛一般都可以放牧或割草，为中国南方良好的天然饲草地，有些地区可以昼夜放牧，不需棚圈。

gaohan caoyuan
高寒草原　在海拔4 500米以上的高原上，植被由以寒旱生的多年生丛生禾草为主，并有不同数量的垫状植物和高原灌丛所组成的草原类型。气候寒冷干燥，冬季多风；夏季受西风气流的影响，比较湿润。年降水量为100～300毫米。土壤为山地草原土，有强烈的石灰质反应，钙积层显著，土质粗松，含碎石砾质。结构稀疏简单。草层低矮，一般在15～20厘米之间。草场利用的季节性明显，适于夏秋短期放牧。中国的高寒草原主要分布在青藏高原的北部、东北部，新疆和青海高山的顶部。主要植物为紫花针茅、羊茅属植物和垫状植物。

高寒草原　　　　　（陈百明　摄）

lüzhou

绿洲 干旱地区有稳定的水源可以对土地进行灌溉，适于植物生长，明显区别于荒漠景观的地方。即在大尺度荒漠背景基质上，以小尺度范围，但具有相当规模的生物群落为基础，构成能够相对稳定维持的、具有明显小气候效应的异质生态景观。相当规模的生物群落可以保证绿洲在空间和时间上的稳定性以及结构上的系统性；其小气候效应则保证了绿洲能够具有人类和其他生物种群活动的适宜气候环境，有利于形成景观生态健康成长的生物链结构。绿洲土壤肥沃、灌溉条件便利，是干旱地区农牧业发达的地方。它多呈带状分布在河流或井、泉附近，以及有冰雪融水灌溉的山麓地带。绿洲大小不一，从小泉水周围到大面积有天然水或灌溉水源的土地。按形成方式可将绿洲分成天然绿洲、半人工绿洲、人工绿洲等。天然绿洲是在自然条件下形成和成长的，一般不适宜开发，如中国的塔克拉玛干沙漠中即有这样的绿洲，其作用主要体现在生态方面。半人工绿洲指虽自然发育，但经过人工改造的绿洲，自然界的大多数绿洲属于半人工绿洲。半人工绿洲本身自然结构较优，又通过人类的改良，其结构变得更加合理。人工绿洲基本上都是新绿洲，指在纯荒漠上建设的绿洲或原来的生态系统已改变的绿洲。根据分布部位，还可以分为沿河两岸阶地型绿洲、扇形地型绿洲、冲积平原型绿洲、三角洲型绿洲等。中国西北有很多曾经创造过历史文明的绿洲遗迹，最著名的有孔雀河下游的楼兰、疏勒河流域的锁阳城、黑河中游的骆驼城及其下游的居延海等。当前一般所说的绿洲主要以农业绿洲为主，如甘肃张掖市的临泽和新疆的吐鲁番、石河子等绿洲都是典型的农业绿洲。

huangmo

荒漠 地球表面的一种干旱的自然景观。分布在降水稀少或者蒸发量大而引起的气候干燥、植被贫乏的地区。其地表温度变化大，物理风化强烈，风力作用活跃，地表水极端贫乏，植物的生长条件极差。荒漠是因地带性分异造成的综合体。主要分布在南北纬15°～50°之间的地带。其中，15°～35°之间为副热带，是由高气压带引起的干旱荒漠带；北纬35°～50°之间为温带、暖温带，是大陆内部的干旱荒漠区。荒漠植被为超旱生的半乔木、半灌木和灌木或旱生的肉质植物占优势的稀疏植被。

荒漠气候具有以下特点：①终年少雨或无雨，年降水量一般少于250毫米，愈向荒漠中心愈少。②气温、地温的日较差和年较差大，多晴天，日照时间长。③风沙活动频繁，地表干燥，裸露，沙砾易被吹扬，常形成沙暴，冬季更多。根据组成物质不同，荒漠可分为沙漠、泥漠、岩漠、砾漠、盐漠等多种类型。

shamo

沙漠 长期干旱气候条件下形成的地表覆盖厚层细沙状物质的自然景观，是荒漠中分布最广的一种类型。又称沙质荒漠。广义的沙漠是荒漠的同义词，既包括沙漠本身，也包括石漠、砾漠、泥漠和盐漠。沙漠区内整个地面覆盖大片流沙，广泛分布着各种沙丘。在风的作用下会变化和移动，沙随着风跑，沙丘就会向前层层推移，变化成不同的形态，一般以流动沙丘为主。沙漠是地球表面干旱气候的产物，干燥、少雨和丰富的沙源是形成沙漠的必要条件。沙漠主要出现在年平均降雨小于250毫米，植被稀疏，地表径流少，风力作用明显的干旱区。

中国沙漠大部分深居中国内陆。在乌鞘岭、贺兰山为界线，以西，沙漠戈壁分布较为集中，除准噶尔盆地的古尔班通古特沙漠为固定、半固定沙丘外，绝大部分以流动沙丘为主；以东，沙漠分布零散，面积较小，且都系半干旱地区的沙地，呈现斑点状流沙与固定、半固定沙丘的相互交错分布。中国沙漠分布区气候干旱，降水稀少，年降水量自东向西递减。东部沙区年降水量可达250～500毫米，内蒙古中部及宁夏一带沙区在150～250毫米，阿拉善地区及新疆的沙区均在150毫米以下，最低的塔克拉玛干沙漠东、中部不及25毫米。沙漠地区全年日照时间一般为2 500～3 000小时，无霜期一般为120～130天，全年≥10℃有效积温一般多在3 000～5 000℃。几乎无由当地地表径流所形成的河流。人为因素在一些沙漠边缘和半干旱的草原地带沙地形成过程中有显著的影响，历史上沙区曾存在过的著名古城，如喀拉屯、精绝、楼兰、黑城、居延、统万等，反映了人类历史时期沙漠的变化。特别在草原地带的强度土地利用（过度农垦放牧及樵柴等）破坏了植被，导致下伏沙质沉积物被风力吹扬搬动堆积形成类似沙漠的景观，在鄂尔多斯、科尔沁等草原都不乏其例。在干旱荒漠地带的一些大沙漠边缘或深入到沙漠中的河流下游流沙景观的形成，往往与上、中游大量用水造成下游绿洲的废弃有关。此外与绿洲边缘植被破坏造成流沙再起及大沙漠中沙丘前移有关。中国沙漠面积约为71万平方千米，占中国陆地面积的7.4%，主要分布在西部的新疆、内蒙古、青海、陕西、宁夏等省区，其中塔克拉玛干沙漠是中国最大的沙漠。此外主要有巴丹吉林沙漠、古尔班通古特沙漠、腾格里沙漠、库姆塔格沙漠、柴达木盆地的沙漠。

shazhi huangmo
沙质荒漠　参见第101页沙漠。

nimo
泥漠　荒漠的一种，地面被贫瘠的泥土所覆盖。泥漠主要由细粒黏土、粉砂等泥质沉积物组成，分布于荒漠中的低洼处，多由湖泊干涸和湖积地面裸露而成，如湖沼洼地和冲积、洪积扇前缘等。其地面平坦，富含盐碱，龟裂纹发育，植物稀少，风蚀作用强，常有风蚀脊、白龙堆发育。局部地表盐分大量聚积，可成盐漠。中国新疆的罗布泊、青海的柴达木盆地泥漠分布较广。

yanmo
岩漠　干旱地区遭受强烈风化和风蚀的裸露的基岩地表。又称石质荒漠。岩漠大多分布在干旱区的山地边缘或山前地带。其主要特点是山地边缘分布着山麓剥蚀面，其上有一些坚硬岩层构成的残丘，表现为宽广的石质荒漠平原。岩漠地貌的形成不单纯是风力作用，风化和水（特别是暂时性洪流和片流）也起了重要作用。在构造稳定的干旱区，都可见有规模较大的石质荒漠平原。在中国西北的祁连山、昆仑山的山麓均有岩漠。

limo
砾漠　古代堆积物经强劲风力作用，吹走较细的物质，留下粗大砾石覆盖于地表而形成的荒漠地形。又称砾石荒漠。古代堆积物可以是经过长期风化剥蚀的基岩碎屑物，或为山下坡积物，也可以是经流水（包括冰雪水）的搬运，在山麓地带堆积的洪积、冲积物。泥漠和岩漠砾石磨圆度差，均带棱角；

而砾漠砾石粗大，经过滚磨，砾石表面有时蒙盖着由毛细管水带出的黑色铁锰沉淀物，经风沙摩擦后，光亮耀目。由于地面缺乏土壤，气候又十分干旱，植物稀少，形成砾石荒漠。在中国内陆盆地边缘及内蒙古高原上均有砾漠分布。

yanmo
盐漠　荒漠的一种，地面被盐类矿物所覆盖。又称盐沼泥漠。在地下水位较浅的泥漠地区，含盐分的地下水沿毛细管孔隙上升达到地表时，水分蒸发，盐分在地表积聚，即形成盐漠。因盐分具有吸水作用，地表常处于潮湿状态，干涸时形成龟裂地。盐漠地区只能生长少量的盐生植物，中国青海的柴达木盆地中部有大片盐漠分布。

gebi
戈壁　粗沙、砾石覆盖在硬土层上的荒漠地形，属于风对地表松散堆积物的侵蚀、搬运和堆积过程所形成的地貌，即风沙地貌。戈壁地区气候环境恶劣，降水量少，昼夜温差悬殊，风沙大，风速快且持续时间长。表层以砾石为主，基本上没有植物生长。戈壁是沙漠的前身，戈壁在风蚀作用进一步的侵蚀下就会演变成沙漠。中国的戈壁主要分布在新疆、青海、甘肃、内蒙古和西藏的东北部等地。戈壁按其成因可以分为风化的、水成的和风成的三种。按其分布和生成特点可以分为砾质戈壁和石质戈壁两大类。

　　砾质戈壁　分布在山麓地带，多为砾石堆积而成。在中国河西走廊地区，被称为"白戈壁"。如果砾石有黑色沙漠漆包裹，则被称为"黑戈壁"。

戈壁

砾质戈壁是由古代暴流洪积扇群组成，由于山地不断隆起，暴流冲积物不断向前发展。随着风力的侵蚀，使得冲积物的表层细沙被吹走，形成了砾质戈壁滩。戈壁滩地势平坦，没有丘谷起伏，风力强劲，冷热剧变，地表无水源，人类活动困难。但是戈壁基础坚固，是建设公路和铁路的良好路基。

石质戈壁　多分布在夷平面上，地表岩体被长期侵蚀风化，地形起伏和缓，大部分基岩被削平，地表缺少植被和土壤，岩石裸露或上覆浅层岩屑堆积层，形成石质戈壁。

塔克拉玛干沙漠

Takelamagan Shamo
塔克拉玛干沙漠　位于新疆塔里木盆地的中部。东西长约1 000千米，南北宽约400千米，面积33.7万平方千米，是中国最大的沙漠，也是世界第二大沙漠，同时还是世界最大的流动性沙漠。沙漠西部和南部海拔高达1 200～1 500米，东部和北部则为800～1 000米。沙漠除局部尚未为沙丘所覆盖外，其余均为形态复杂的沙丘所占。主要是流动沙丘，且沙丘高大，多在50米以上，成沙较老的可达250米。沙漠东部主要由延伸很长的巨大复合型沙丘链组成，一般长5 000～15 000米，最长可达30千米。宽度一般在1 000～2 000米，落沙坡高大陡峭，迎风坡上覆盖有次一级的沙丘链。丘间地宽度为1 000～3 000米，延伸很长，但为一些与之相垂直的低矮沙丘所分割，形成长条形闭塞洼地，其间有湖泊等分布。沙漠东北部湖泊分布较多，但往沙漠中心则逐渐减少，且多已干涸。沙漠中心为东经82°～85°。沙漠西南部主要分布着复合型纵向沙垄，延伸长度一般为10～20千米，最长可达45千米。金字塔状沙丘分布或成孤立的个体，或成串状组成一狭长而不规则的垅岗。北部可见高大弯状沙丘，西部及西北部可见鱼鳞状沙丘群。

塔克拉玛干沙漠系暖温带干旱沙漠，年降水量极低，从西部的38毫米到东部的10毫米不等，而平均蒸发量高达2 500～3 400毫米。夏季气温高，7月份平均气温为25℃；冬季寒冷，1月份平均气温为−9～−10℃。全年有1/3是风沙日，大风风速达300米/秒。由于整个沙漠受西北和南北两个盛行风向的交叉影响，风沙活动十分频繁而剧烈，沙丘时常移动，流动沙丘占80%以上，低矮的沙丘每年可移动约20米，近一千年来，整个沙漠向南伸延了约100千米。

塔克拉玛干沙漠植被极端稀少，整个地区几乎都缺乏植物覆盖。在沙丘间的凹地中，地下水离地表不超过3～5米，可见稀疏的柽柳、硝石灌丛和芦苇。然而厚厚的流沙层阻碍了植被的扩散。在沙漠边缘，沙丘与河谷及三角洲相会的地区，地下水相对接近地表的地区植被较为丰富。除了上述植物外，尚可见一些胡杨、胡颓子、骆驼刺、蒺藜及猪毛菜。岗上沙丘常围绕灌丛形成。这些沙漠植物的根系异常发达，超过地上部分的几十倍乃至上百倍，以便汲取地下的水分。该沙漠的动物也极其稀少。只是在沙漠边缘地区，在有水草的古代和现代河谷及三角洲，动物种类才较多。在开阔地带可见成群的羚羊，在河谷灌木丛中有野猪，在食肉动物中有狼和狐狸。稀有动物包括栖息在塔里木河谷的西伯利亚鹿与野骆驼，现在只偶尔出现于沙漠东部地区。

塔克拉玛干沙漠虽以流沙为主，但仍可划分为：①具有风蚀雅丹和沙丘覆盖的罗布泊、孔雀河、塔里木河下游河湖平原；②流沙沙丘与灌丛沙堆覆盖的阿尔金山—昆仑山山前洪积、冲积平原；③剥蚀低山与复合型沙丘覆盖的麻扎塔格北部平原；④复合型沙丘覆盖的倍尔库姆；⑤灌丛沙丘及流动沙丘覆盖的塔里木平原；⑥具有"河谷天然绿洲"与高大沙山覆盖的塔克拉玛干中部三角洲平原；⑦高大沙山覆盖并有湖泊残余的塔克拉玛干东部平原。

Gu'erbantonggute Shamo
古尔班通古特沙漠　位于新疆准噶尔盆地中部。面积4.88万平方千米，是中国的第二大沙漠。由四片沙漠组成，西部为索布古尔布格莱沙漠，东部为霍景涅里辛沙漠，中部为德佐索腾艾里松沙漠，其北为阔布北—阿克库姆沙漠。由于盆地周围的山地封闭不十分严密，使得较为湿润的西风得以吹入。年降水量70～150毫米，为中国唯一一个为保护荒漠植被而建立的自然保护区。沙漠内部绝大部分为固定和半固定沙丘，其面积占整个沙漠面积的97%，形成中国面积最大的固定、半固定沙漠。固定沙丘上植被覆盖度40%～50%，半固定沙丘上植物覆盖度达15%～25%，为优良的冬季牧场。属温带干旱荒漠，沙漠内植物种类较丰富，可达百余种。植物区系成分处于中亚向亚洲中部荒漠的过渡。沙漠的西部和中部以中亚荒漠植被区系的种类占优势，广泛分布以白梭梭、梭梭、苦艾蒿、白蒿、蛇麻黄、囊果薹草和多种短命植物等；沙漠西缘有甘家湖梭梭林自然保护区，沙漠形态主要是树枝状沙垄，一般高度为10～50米不等。沙漠西部呈西北—东南走向，沙漠的中部和北部呈南北走向，沙漠东部转为西北西—东南东走向。在沙漠的西南部还分布有固定和半固定的沙垄蜂窝状沙丘和蜂窝状沙丘。流动沙丘主要在沙漠东北部的阿克库姆和沙漠东南部霍景涅里辛沙带的最东端，基本上属新月形沙丘和沙丘链。

巴丹吉林沙漠

Badanjilin Shamo

巴丹吉林沙漠　位于内蒙古的西部，阿拉善盟的中部，处在额济纳河、古日乃湖以东，宗乃山和雅布赖山以西，拐子湖以南，北大山以北。总面积4.7万平方千米，是中国的第三大沙漠。沙丘走向为南西—北东，与主风向垂直。沙丘多为复合型高大沙山，密集分布，其面积分布约占沙漠总面积的61%，主要集中在沙漠中部。一般海拔1 200～1 500米，最高可达1 700余米。其中的巴彦诺尔、吉诃德沙山是世界上最高的沙丘。巴丹吉林沙漠地区主要呈现典型的大陆性气候。冬季干燥寒冷，夏季酷热，春秋两季短，年降水量在40～120毫米之间，50%集中于7、8月，且从东向西降水量和相对湿度逐渐减小；年均温度7～8℃，年温差及日温差大，日照强烈。终年盛行西北风和西风，年平均风速在3.0～4.5米/秒之间，全年八级大风日30天左右。由于降水稀少，地表径流不发育，弱水为沙漠内部的唯一河流。沙漠中植被较少，仅于沙丘下部或丘间低地生长有稀疏的灌木、半灌木，除梭梭林外，主要生长有沙拐枣、沙竹、霸王、蓼目、沙蒿、柽柳、沙葱等。覆盖度5%左右，在沙山与湖泊间常出现有白刺沙堆。巴丹吉林沙漠气候极端干旱，年降水量不足40毫米。但是沙漠中的湖泊竟多达100多个。高耸入云的沙山，神秘莫测的鸣沙，静谧的湖泊、湿地，构成了巴丹吉林沙漠独特的景观。

Tenggeli Shamo

腾格里沙漠　位于内蒙古阿拉善盟的东南部，小部分在甘肃。介于贺兰山和雅布赖山之间，面积4.27万平方千米，是中国第四大沙漠。属中温带典型的大陆性气候，降水稀少，年平均降水量102.9毫米，年均气温7.8℃，无霜期168天，光照3 181小时。沙漠内部并不全是流沙，交错呈现沙丘、湖盆、草滩、山地、残丘及平原。沙丘面积占71%，以流动沙丘为主，大多为格状沙丘链及新月形沙丘链，高度多在10～20米之间。高大复合型沙丘链则见于沙漠东北部，高50～100米。固定、半固定沙丘主要分布在沙漠的外围与湖盆的边缘，其上植物多为沙蒿和白刺。在流动沙丘上有沙蒿、沙竹、芦苇、沙拐枣、花棒、柽柳、霸王等，在沙漠西北和西南的麻岗地区还有大片麻黄，在梧桐树湖一带沙丘间有天然胡杨次生林，头道湖、通湖等地有人工林。流动沙丘所占的面积虽然较大，但多数被一些固定或半固定沙丘、湖盆和山地浅丘所分割。山地大部为流沙淹没或被沙丘分割的零散孤山残丘，如阿拉古山、青山、头道山、二道山、三道山、四道山、图兰泰山等。沙漠内部的平地主要分布在东南部的查拉湖与通湖之间。沙漠内

腾格里沙漠

大小湖盆多达400多个，为干涸或退缩的残留湖，湖盆半数有积水，面积在1～100平方千米之间。呈带状分布，水源主要来自周围山地潜水。湖盆内植被类型以沼泽、草甸及盐生等为主，是沙漠内部的主要牧场。其中不少湖盆可以作为治理沙漠的基地，是中国西北开发利用条件较好的沙漠之一。

Kumutage Shamo
库姆塔格沙漠　中国西部有两个库姆塔格沙漠。一个在甘肃西部和新疆东南部交界处，简称甘新库姆塔格沙漠，面积约2.2万平方千米。该沙漠北接阿奇克谷地—敦煌雅丹国家地质公园一线，南抵阿尔金山，西以罗布泊"大耳朵"为界，东接敦煌鸣沙山和安南坝国家级保护区。具有典型的雅丹、风棱石、风蚀坑等风蚀地貌和格状沙丘、新月形沙丘、蜂窝状沙丘、金字塔形沙丘、星状沙丘和线状沙丘等沙丘类型。气候极其干旱，植被群落物种组成稀少，结构单调。主要有草原化荒漠植物，如合头草、红砂、霸王、裸果木、膜果麻黄；荒漠植物，如梭梭、沙拐枣、胡杨、多枝柽柳、短穗柽柳、沙生柽柳、白刺、泡泡刺、沙刺蓬、碱蓬；草甸植物，如芦苇、胀果甘草、盐穗木、盐爪爪、骆驼刺、罗布麻、花花柴等。该沙漠是国家一级保护动物野生双峰驼冬春迁徙的主要通道和主要栖息地。在该沙漠地带已设立三个国家级保护区，分别是新疆罗布泊野骆驼国家级自然保护区、甘肃安南坝野骆驼国家级自然保护区和甘肃敦煌西湖国家级自然保护区。

另一个位于新疆鄯善老城南端，简称鄯善库姆塔格沙漠，面积1 880平方千米。风沙地貌，景观类型齐全。沙漠地形地貌有沙窝地、蜂窝状沙地、平沙地、波状沙丘地、鱼鳞纹沙坡地、沙漠戈壁混合地等。沙丘轮廓清晰、层次分明。

Wulanbuhe Shamo
乌兰布和沙漠　位于内蒙古西部巴彦淖尔市和阿拉善盟境内。东北与河套平原相邻，东近黄河，西至吉兰泰盐池，南至贺兰山北麓，北至狼山。南北最长170千米，东西最宽110千米，总面积约1万平方千米。属干旱、高温、多风、少雨的典型大陆性气候。降水量从东向西由144.6毫米减至116毫米，年蒸发量从东向西由2 380毫米增至3 005毫米，年均气温从东向西由7.6℃增到8.6℃。无霜期140～160天。主要风向为西北风，风势强烈，年均风速4.1米/秒。风沙灾害为主要自然灾害，是中国西北方向的主要沙尘源和沙尘暴通道之一，全年扬沙日数80余天，沙尘暴20天。沙漠植被类型较为丰富，沙漠植物基本上都是由沙生、旱生、盐生类灌木和小灌木组成，这些植物对当地生境有极强的适应性和抗逆性。乌兰布和沙漠的东缘是亚洲中部荒漠区与草原区的分界线。沙漠海拔1 028～1 054米，地势由南偏西倾斜。沙漠西部是古湖积平原，沙漠北部是古黄河冲积平原，零散分布着低矮的沙丘链与灌丛沙堆，加之濒临黄河，可以引黄灌溉，使得它的开发利用条件较为优越。

Chaidamu Shamo
柴达木沙漠　中国第五大沙漠，位于青藏高原东北部的柴达木盆地腹地。海拔2 500～3 000米，是中国沙漠分布海拔最高的地区。面积大约3.49万平方千米，约占柴达木盆地总面积的1/3。干旱程度由东向西增大，东部年降水量50～170毫米，干燥度2.1～9.0；西部年降水量仅10～25毫米，干燥度9.0～20.0。呈现出风蚀地、沙丘、戈壁、盐湖及盐土平原相互交错分布的景观。沙漠与风蚀地面积中流沙约占70%，以新月形沙丘链为主。荒漠植被类型较为丰富，沙漠植物主要有沙拐枣、梭梭、芨芨草、驼绒藜、合头草、细枝盐爪爪等。随着气候的变化，人类活动的增加，沙区植被遭到严重的破坏，使原有沙漠化土地面积不断扩大，河流水量日益减少，已影响柴达木盆地及周边地区的经济社会发展。

shadi

沙地 表层为沙覆盖，基本无植被的土地。地貌分类中常包含在沙漠内。由于人为活动对土壤环境的影响，使疏松沙质地表出现以风沙活动、沙丘起伏为主要标志的类似沙漠景观。地表被沙丘（或沙）覆盖，通常以固定或半固定沙丘为主，主要发生在半干旱气候条件下，多风少水流和植被较少的地区。一般分布在中国半干旱地区，如内蒙古的科尔沁沙地、毛乌素沙地和浑善达克沙地等。

沙地 （陈百明 摄）

Ke'erqin Shadi

科尔沁沙地 位于内蒙古东部和吉林、辽宁的西部，主要分布在通辽市西辽河中下游附近。面积约5.06万平方千米，是中国最大的沙地，也是沙化最为严重的地区之一。离海洋较近，受湿润气流的影响，年平均降水量可达300～500毫米。降水量多集中于7、8、9三个月，约占全年降水量的70%～80%。沙地南部由于受海洋气团影响相对较大，降水量高于沙地中部。受蒙古冷高压和太平洋暖低压消长变化影响，沙地冬春季以西北风和偏北风为主，夏季以东南风为主。科尔沁沙地处在大兴安岭和冀北山地之间的三角地带，地势是南北和西部高，中部和东部低，西辽河水系贯穿其中。沙丘多是西北—东南走向的垄岗状，沙岗上广泛分布着沙地榆树疏林，沙层有广泛的覆盖。丘间平地开阔，形成了坨甸相间的地形组合，当地称沙丘为"坨子地"，丘间低地为"甸子地"，合称为"坨甸地"。这里除降水较多外，还有诸多河流经沙区，是中国沙地中水分条件最好的地区。植被以虎榛子灌丛和油松人工林为主，西部松树山及附近沙地分布有油松林，东南部大青沟内分布有水曲柳林。

Maowusu Shadi

毛乌素沙地 位于内蒙古鄂尔多斯市南部，陕西长城一线以北。面积约4.22万平方千米，流沙面积达1.38万平方千米。沙区年平均气温6.0～8.5℃，1月平均气温-9.5～12℃，7月平均气温22～24℃，年降水量250～440毫米，集中于7、8、9三个月，占全年降水量的60%～75%，尤以8月为多。沙地东部年降水量达400～440毫米，属淡栗钙土干草原地带，流沙、半固定和固定沙丘广泛分布。西北部年降水量为250～300毫米，属棕钙土半荒漠地带。毛乌素沙地地表水和地下水都比较丰富，加上有几条较大的河流纵贯沙地的东南部流入黄河，以及沙漠内部分布的众多的湖泊，甚至淡水湖的分布，使其水分条件较为优越。毛乌素沙地处于几个自然地带的交接地段，植被和土壤反映出过渡性特点。除向西北过渡为棕钙土半荒漠地带外，向西南到盐池一带过渡为灰钙土半荒漠地带，向东南过渡为黄土高原暖温带灰褐土森林草原地带。沙区土地利用类型较复杂，不同利用方式常交错分布在一起。农林牧用地的交错分布自东南向西北呈明显地域差异，东南部自然条件较优越，人为破坏严重，流沙比重大；西北部除有流沙分布外，还有成片的半固定、固定沙地分布。东部和南部地区农田高度集中于河谷阶地和滩地，向西北则农地减少，草场分布增多。现有农林牧用地利用不充分，经营粗放。中华人民共和国建立后，通过固沙工作、引水拉沙、发展灌溉、植树造林、改良土壤等各种改造措施，毛乌素沙地东南部面貌已发生变化。

Hunshandake Shadi

浑善达克沙地 位于内蒙古中部锡林郭勒草原南端。东西长约450千米，面积约5.2万平方千米，平均海拔1 100多米，是内蒙古中部和东部的四大沙地之一。属中温带大陆性气候，年平均气温1.5℃，1月份平均气温-18.3℃，7月份平均气温18.7℃，极端最高温度35.9℃，极端最低气温-36.6℃。夏季凉爽宜人，是避暑的好地方。全年降水量为365.1毫米，而且主要集中在7、8、9三个月，约占全年降水量的80%～90%。全年的无霜期为104天，冬天有180天的冰雪期。近代由于气候的持续干旱和开垦，草场超载，造成草场退化，河流湖泊萎缩，沙化日益严重。地势西南高，东北低，平均海拔1 300米。浑善达克沙地多为固定或半固

浑善达克沙地

定沙丘，沙丘大部分为垄状、链状，少部分为新月状，呈北西—南东向展布，丘高10～30米，丘间多甸子地，多由浅黄色的粉砂组成。沙地中东段为典型的坨甸相间地貌，在沙丘间形成的平坦草地上发育着疏林、灌丛和草甸，与其他草原构成独特的牧区风光。南部为低山丘陵地貌，是燕山北缘的低山丘陵与大兴安岭西南缘的低山丘陵交会地带，山间分布有面积较大的草原。浑善达克沙地是中国著名的有水沙地，在沙地中分布着众多的小湖、水泡子和沙泉，泉水从沙地中冒出，汇入小河。较为丰富的水资源成为沙地治理的有利条件。

Kubuqi Shadi

库布齐沙地 位于鄂尔多斯高原脊线的北部，跨鄂尔多斯市杭锦旗、达拉特旗和准格尔旗的部分地区。西、北、东三面均以黄河为界，地势南部高，北部低。南部为构造台地，中部为风成沙丘，北部为河漫滩地，面积约1.45万平方千米，形态以沙丘链和格状沙丘为主，高10～60米。绝大部分都为半荒漠地带，以流动沙丘居多，长400千米，宽50千米，占整个沙地面积的80%。气候类型属于温带干旱、半干旱区，气温高，温差大，年大风天数为25～35天。东部属于半干旱区，雨量相对较多；西部属于干旱区。由于高原上的几条季节性河流自南向北穿过，使沙地显得比较零散。沙地西部没有河流切穿，比较完整。西部和北部因其地靠黄河，地下水位较高，水质较好，可供草木生长。沙漠的植物种类多样，植被差异较大。东部为草原植被，西部为荒漠草原植被，西北部为草原化荒漠植被。主要植物种类为东部的多年禾本植物，西部的半灌木

植物，北部的河漫滩地碱生植物，以及在沙丘上生长的沙生植物。在北部的河成阶地多系泥沙淤积土壤，土质肥沃，水利条件较好，是黄河灌溉区的一部分，粮食产量较高，有"米粮川"之称。

Hulunbei'er Shadi

呼伦贝尔沙地 位于内蒙古东北部呼伦贝尔高原。东部为大兴安岭西麓丘陵漫岗，西部为达赉湖和克鲁伦河，南与蒙古相连，北达海拉尔河北岸，地势由东向西逐渐降低，且南部高于北部。东西长270千米，南北宽约170千米，面积近1万平方千米。气候具有半湿润、半干旱的过渡特点，年平均气温较低，为-2.5～0℃，全年≥10℃有效积温1 800～2 200℃，年日照时数2 900～3 200小时，无霜期90～100天。7月份平均气温在18～20℃之间，有利于牧草生长。年降水量280～400毫米，多集中于夏、秋季，年蒸发量1 400～1 900毫米。境内的河流、湖泊、沼泽较多，水分条件优越。沙丘大部分分布在一些河流沿岸及其下游冲积、湖积平原上，都是固定、半固定的梁窝状沙丘。以榆、樟子松、黄柳、蒿属植物和丛生禾草等为主，植被覆盖度一般都在30%以上。近年来沙化土地面积扩大，流动、半固定沙地增加，表明沙地内部植被覆盖度降低，潜在沙化形势严峻。沙地的活化会造成巨大的区域生态灾难，呼伦贝尔沙地已上升为中国第四大沙地，而且是唯一仍在扩展的沙地，所以亟需开展人工造林、封沙育林、飞播造林，建立起以林草植被为主体的沙区生态安全体系，从而遏制呼伦贝尔沙地扩展的态势。

呼伦贝尔沙地

shaqiu

沙丘 风力作用下沙粒堆积而成的丘状或垄状地貌。沙丘的存在是由于风吹移未固结的物质所致，常见于干燥沙地表面，河谷及海岸也有分布。由于风况的不同，风力作用下沙粒堆积而成的沙丘形态也不同，高度从几米到几百米都有。一般把沙丘分为固定、半固定和流动三大类。沙丘形状各异，有新月形沙丘（横向沙丘）、纵向沙垄、金字塔沙丘、海岸沙丘等。一些巨型沙丘或沙丘链相对高度在100米以上，又称为沙山。中国的沙丘广泛分布于各沙漠、沙地。

根据沙丘移动的速度，中国沙漠、沙地可以划分为三个类型：①慢速类型。前移值不到5米/年，包括塔克拉玛干沙漠、巴丹吉林沙漠和腾格里沙漠的大部分，乌兰布和沙漠的南部等。②中速类型。前移值在5～10米/年，包括塔克拉玛干沙漠的西、南、东南边缘等。③快速类型。前移值在10米/年以上，包括塔克拉玛干沙漠南部绿洲边缘、河西走廊的绿洲边缘等。 除塔克拉玛干沙漠东部、北部和河西走廊西部的沙丘自东北向西南移动外，其他各地区沙丘都是由西北趋向东南或由西北向东南方向移动。

在中国，位于不同自然地带的沙丘具有不同的沙丘特征。①东北地区西部与内蒙古东部的沙地，绝大部分为固定、半固定沙丘。流沙仅作小面积的斑点状分布。②鄂尔多斯沙地，分布在河套以南，长城以北，包括库布齐沙地和毛乌素沙地，宁夏河东沙地也在本区范围内。区内流动沙丘与固定、半固定沙丘相互交错分布。其间分布有不少下湿滩地、河谷和柳湾林地。③阿拉善地区的沙地，分布在河西走廊以北，中国与蒙古国国境线以南，新疆以东，贺兰山以西的广大地区。呈现裸露流沙沙丘与戈壁低山相间分布的特征。沙丘高大，一般为200～300米，其东南部还有不少湖盆分布其间。④柴达木盆地是中国沙丘分布地势最高的地区，一般在海拔2 000～2 400米之间。沙丘分布较为零散，并与戈壁、盐湖、盐土平原相交错。主要风成地貌为风蚀地。

xinyuexing shaqiu

新月形沙丘 流动沙丘中最基本的风积地貌形态。又称横向沙丘。沙丘的平面形如新月，丘体两侧有顺风向延伸的两翼，两翼开展的程度取决于当地主导风的强弱，主导风风速愈强，交角角度愈小。丘体两坡不对称，迎风坡凸出而平缓，坡度在5°～20°，背风坡凹入而较陡，倾角在28°～34°。沙丘高度都不大，一般为1～5米，宽度可达100～300米。新月形沙丘是在单一方向的风或两种相反方向的风的作用下形成的。在沙源供应比较丰富的情况下，由密集的新月形沙丘相互连接，形成新月形沙丘链，其高度一般在5～30米。单个新月形沙丘一般分布在沙漠的边缘地区。而新月形沙丘链发育在沙漠腹地，或是沙子来源丰富的地区。

zongxiang shalong

纵向沙垄 在单风向或几个近似的风向的作用下形成向主风向延伸的垄状风积地貌形态。沙丘形态的走向与起沙风的方向基本一致（一般小于30°）。长条状展布，最长达数十千米，高约数十米，宽数百米。沙源丰富时形成复合型纵向沙垄。它的规模因地而异，在中国西北一般高十余米至数十米，长数百米至数千米。纵向沙垄的成因各有不同，以新月形沙丘演化而来的是钓鱼钩状的新月形沙垄。在两种主次风向呈锐角斜交的情况下，新月形沙丘一翼延伸，另一翼相对萎缩。有的纵向沙垄是由单向风派生的涡流作用而成的。在纵向螺旋形涡流之间，地表的收敛空气狭长带内，由下降风对地面侵蚀，将沙粒带到沙丘两侧和顶部堆积而成，沙丘脊呈狭条状。纵向沙垄还

沙丘

可由地形条件控制而成。在一些风力强烈的地区，如山口附近，亦可形成巨大的纵向沙垄。例如塔克拉玛干西部，一些山口前方的沙垄可延长十几千米，最长达四十余千米。在有些规模巨大的沙垄上，发育着密集而叠置的新月形沙丘链，形成复合纵向沙垄。这类沙丘都属于平行于风向的纵向沙丘。

jinzita shaqiu

金字塔沙丘　形态呈角锥状，外观似金字塔的风积地貌形态。本身排列方向不与任何一种风向相平行或垂直，而是具有不同方向的脊线和三角斜面，形象上脊线尖棱呈涡轮状纹形，主要由于长时期的多风向风沙流作用而成。这类沙丘大部分出现在山前或地形较复杂的地区。

hai'an shaqiu

海岸沙丘　平行于海岸呈波状起伏的沙质堆积地貌形态。其排列大致与风向成直角。迎风坡比较平缓坚实，背风坡则比较陡峭松散。通常在比较开阔的海岸地带，由强劲的向岸海风将大量的海滩沙粒吹至海岸粗糙地表附近堆积下来，经过不断的加长、加宽和加高而形成。由不规则沙丘与洼地组成的沙丘带，称为水边低沙丘或海岸前丘，它们形成一条高出高潮水位若干米的屏障。风暴潮可冲击这些沙丘。如有植物则经一定时间沙丘脊又可恢复。当植被遭破坏，沙丘形状改变，发展为加积性横向沙丘，而向内陆移动，沙丘分布范围随之扩大，由此可造成沙埋灾害。

wadi

洼地　地表局部低而平的地方，或位于海平面以下的内陆低地，即近似封闭的比周围地面低洼的地形。有两种情况：①指陆地上的局部低洼部分。洼地因排水不良，中心部分常积水成湖泊、沼泽或盐沼。②指位于海平面以下的内陆盆地。如新疆吐鲁番盆地，最低处在海平面以下154米，整个盆地有4 050平方千米低于海平面，是世界上面积最大的内陆洼地之一。这种洼地一般位于新生代的凹陷带上，由于处在内陆地区，所以干燥剥蚀作用很强。中国的洼地广泛分布在东北平原、华北平原、长江中下游平原的低洼处，在云贵高原、内蒙古高原、黄土高原的相对低地也有分布，在盆地内部更是常见。

yanrong wadi

岩溶洼地　碳酸盐岩地区由于溶蚀作用所形成的负地形的总称。包括小至漏斗大至岩溶盆地等一类岩溶地貌，又称为溶蚀洼地。是由岩溶地区地表水和地下水垂直循环作用加强形成，也可由地下洞穴塌陷形成。大洼地底部平坦，有较厚的沉积物；小洼地底部平坦很小，沉积物很薄甚至缺乏。洼地的规模主要受集水面积的控制。洼地规模还与地壳运动有关：当地壳运动趋于稳定时，洼地趋向扩大；而地壳上升运动强烈时，则在大洼地中形成叠置的小洼地，洼地向纵深方向发展。主要的岩溶洼地类型有漏斗、圆洼地、合成洼地、槽谷、岩溶湖、岩溶盆地等。中国的岩溶洼地主要分布于广西、广东西部、云南东部和贵州南部等地。这些地方地下洞穴众多，地下河支流较多，流域面积大，地表发育有众多洼地，呈现峰林—洼地地貌。岩溶盆地实际上是大型的岩溶洼地，常生成于地壳运动长期相对稳定的地区，代表岩溶发育的后期阶段，多在热带气候条件下形成。一般面积较大，长达数十至百余千米。底部平坦，有地表河流通过，堆积有冲积、坡积及溶蚀残余的各类沉积物。四壁一般被峰林包围，而谷内峰林稀疏或只有孤峰和溶丘。波立谷延长方向多与构造线一致，如沿断裂带、不同岩层的接触面，向斜及其他构造洼地都能形成岩溶盆地。中国广西分布较多，是岩溶地区的主要农业区。

rongshi wadi

溶蚀洼地　参见第109页岩溶洼地。

fengshi wadi

风蚀洼地　由松散物质组成的地面，经风吹蚀形成的宽广而轮廓不太明显的、成群分布的洼地。其外形多呈椭圆形，成行分布，并沿主要风向伸展。洼地的深度不超过10米，长度在1 000～2 000米之间。背风坡一侧的坡度较陡，迎风坡一侧较缓。中国柴达木盆地西北部广泛发育风蚀洼地。较深的风蚀洼地，如以后有地下水潜育，可成为干燥区的湖泊，如中国呼伦贝尔沙地中的乌兰湖、浑善达克沙地中的查干淖尔、毛乌素沙地的纳林淖尔等。

liedi

劣地　半干旱区发育的一种地貌。在半干旱气候带，在岩性松软的地区，沟网密布，地面被切割得支离破碎，通常称之为劣地。由于降水比较集中，降水强度大，使流水冲刷和沟谷侵蚀都比较强烈，如黄土高原就是这种地貌。劣地上有重重叠叠的树枝状沟壑，沟壑间分布着高度和形状极不一致的丘地。它是在干旱气候条件下由于植被稀少，经强烈的侵蚀切割作用，水土流失严重而形成的。在半干旱区任意开荒，易造成劣地。

tulin

土林　林立的土质峰丘，即土状堆积物塑造的、成群的柱状地形，因远望如林而得名。是一种独特的流水侵蚀地貌。在干热气候和地面相对抬升的环境下，暴雨径流强烈侵蚀、切割地表深厚的松散碎屑沉积物，最终形成了这种分割破碎的地形。因沉积物顶部有铁质风化壳，或夹铁质、钙质胶结沙砾层，对下部土层起保护伞作用，加上沉积物垂直节理发育，使凸起的残留体侧坡保持陡直。一般高20～40米。各柱体常持高度齐一的顶部，是原始沉积面。土林一般出现在盆地或谷地内，主要分布于不同时代的高阶地上，系多期形成，反映了古地理变迁和地貌发育过程。中国云南的元谋盆地、西藏阿里的扎达盆地最为发育，此外，云南玉溪市的江川、大理州南涧，四川凉山州的西昌，甘肃的天水与张掖，新疆喀什地区的叶城等地也有分布。

土林

hongjishan

洪积扇　由暂时性流水堆积成的扇形地貌。又称为干三角洲。洪积扇由山口向山前倾斜，扇顶部坡度5°～10°，远离山口则为2°～6°，扇顶与边缘高差可达数百米。分布在干旱、半干旱地区，这里的

河流多为间歇性洪流，有的虽为经常性水流，但其水量变幅较大，也具有山区洪流的性质。同时山地基岩机械风化作用强烈，提供了大量粗粒碎屑物。由于河流出山口后，比降显著减小，水流分散形成许多支汊，因气候干旱，分散的水流更易蒸发和渗透，于是水量大减，甚至消失，因此所挟带的物质大量堆积，形成坡度较大的扇形堆积体。在扇体的边缘常有泉水出露，成为干旱区的绿洲。组成洪积扇的堆积物叫作洪积物，通常扇顶物质较粗，主要为沙、砾，分选较差，随着水流搬运能力向边缘减弱，堆积物质逐渐变细，分选也较好，一般为沙、粉砂及亚黏土。洪积扇沿山麓常造成一片，构成山前倾斜平原。

chongjishan

冲积扇　由经常性流水堆积的扇状地貌。山地河流出山口后，比降显著减小，水流分成许多支汊，呈扇形向外流动，河流能量显著降低，大量物质堆积下来，易于使河流改道。随着支汊的不断堆积和变迁，就形成了冲积扇。大的山地河流因侵蚀力强，出山口后，河床坡度变化不大，河流分汊不多，沉积物可带到较远的地方，形成伸延极广的冲积扇，向平原逐渐过渡，使冲积扇扇心坡度比较平缓。如黄河冲积扇西起孟津附近，向东延伸到鲁西的山前洼地，向东北推进到丘县、临清、聊城一带，向东南延至亳县、沈丘一带。扇顶的坡度为1/2 000，扇缘的坡度降至1/6 000。组成冲积扇的沉积物分选较好，顶部物质较粗，主要为沙砾，随着水流搬运能力的减弱，堆积的物质逐渐变细，分选也较好，一般为沙、粉砂及亚黏土，所以冲积扇是较好的含水层，边缘常有泉水出露，可发展自流灌溉。在山麓地带往往分布着许多冲积扇、冲洪积扇和洪积扇，它们连成一片，形成山前平原。如太行山东麓的山前平原，由于地面有一定的坡度，地表水、地下水均很丰富，便于发展自流灌溉，成为主要农业区。

hemantan

河漫滩　河床主槽两侧平水期露出水面，洪水期又被水淹没的平坦谷底，即河流洪水期淹没的河床以外的谷底部分。它由河流的横向迁移和洪水漫堤的沉积作用形成。河漫滩表面平坦，仅有一些微小的起伏。随着河流侧向侵蚀的发展，河谷不断展宽，凸岸边滩不断展宽、加高、增长，面积越来越大，

形成了雏形河漫滩。洪水泛滥时，往往使河床宽度增大几倍，洪水到了滩上，由于水深变浅，流速减小，大量的泥沙沉积下来，形成了河漫滩。洪水在河漫滩上的流速，离河床愈远愈小，使水流的挟沙力也随之降低，故在滩面上沉积的泥沙的平均厚度与粒径随着远离河床逐渐减小，因此在近岸处形成河岸沙堤。如果河床继续侧向转动，又可发展成新的河漫滩，河谷不断增宽，河漫滩不断扩大。在山区，河漫滩较窄，多为一些分选差的粗大沙砾组成，构成沙砾质漫滩。在平原区，河漫滩宽广，主要为粉砂、黏土构成的沙泥质漫滩，其下部为河床相沙砾层，故沉积物具有二元结构。

tianrandi

天然堤 平原河流两侧由沙、粉砂构成的略为高起的楔形脊堆积体。当挟沙水流漫出河槽时，因流速降低而堆积形成。天然堤是河漫滩上最高的组成部分。堤的两坡不对称：河流一侧坡陡，河岸一侧坡缓。天然堤随每次洪水上涨而不断增高。在天然堤外侧的低地上，常形成洼地及湖泊。一般在河流的凹岸天然堤发育较好，在凸岸天然堤与边滩相连。许多大河的天然堤宽度可达1 000～2 000米，高出泛滥平原5～8米。如黄河在下游段天然堤宽达2 000～5 000米，高出泛滥平原上的洼地8～10米，形成地上河，如黄河下游。两河间的低地常形成湖泊或沼泽。有时天然堤被冲毁，河流沿决口处改道，可以形成很大范围的决口扇。洪水退去，决口扇上沙粒被风吹扬，形成风成沙丘和沙地。在中国，天然堤主要见于平原区河流，如黄河下游、长江中下游等地。

qinshigou

侵蚀沟 为线形伸展的槽形凹地，是暂时性流水形成的侵蚀地貌。主要发育在半干旱气候带的松散沉积层上，在植被稀疏的缓坡地区，侵蚀沟可以发展得很快，使地形遭受强烈的分割，蚕食耕地，破坏道路，造成大量的水土流失。侵蚀沟的形成与发展经过以下几个阶段：细沟阶段。水流在斜坡上由片流逐渐汇集成细小的股流，在地表形成大致平行的细沟（宽0.5米，深0.1～0.4米，长数米）。由细沟进一步下切加深形成了切沟。切沟已有了明显的沟缘，沟口形成小陡坎，宽和深可达1～2米。切沟再进一步下蚀，形成了冲沟。冲沟的沟头有了明显的

陡坎，沟边经常发生崩塌、滑坡，使沟槽不断加宽，冲沟深约几米至几十米，长约几百米，冲沟在中国的黄土高原特别发育。冲沟进一步发展，沟坡由崩塌逐渐变得平缓，沟底填充碎屑物，形成宽而浅的干谷，称为坳谷。

chonggou

冲沟 参见第111页侵蚀沟。

benggang

崩岗 中国南方广大风化壳坡地上发育的各种形状的深切山坡崩陷凹地形，即由冲沟沟头部分经不断崩塌和侵蚀作用而形成的围椅状侵蚀地貌。亦称陡脊、壁龛、崩坡、围椅状山坡等。崩岗的命名具有发生学和形态学方面的双重意义，"崩"是指以崩塌作用为主要侵蚀方式，"岗"则指经常发生这种类型侵蚀的原始地貌类型。崩岗侵蚀作为一种严重的水土流失类型，在中国南方地区，特别是风化壳深厚的花岗岩低山丘陵区分布十分普遍。

形态类型 目前多数学者认可的是把崩岗分为瓢状崩岗、条状崩岗、爪状崩岗、箕形崩岗、弧形崩岗、混合型崩岗。还有学者在综合分析崩岗影响因子的基础上把崩岗分为：发展型崩岗、剧烈型崩岗、缓和型崩岗、停止型崩岗。

发育阶段 ①深切活动期：以水蚀为主，由沟头跌水造成的冲刷下切力量，加上溯源沟蚀的作用，致使沟底加深，沟道加宽，沟岸陡壁形成，此时沟坡尚未出现堆积。②崩塌活动期：侵蚀力逐渐由水蚀转化为重力，集水区的径流继续跌水，并不断入渗崩顶周围的裂隙和侵蚀沟，作为地下水保存起来，通过其潜蚀作用从崩底以下降泉的形式重新出露地面。与此同时，崩岗的溯源侵蚀、侧向侵蚀和下切侵蚀仍旧继续，土壤块体受重力发生断裂崩塌，崩顶不断向上和两边扩张逐渐接近分水岭，沟坡出现堆积锥，又被径流切割，崩壁越来越高，越来越陡。③平衡趋稳期：崩顶发展到分水岭，集水坡面很小，水力冲刷作用变弱，基本只有重力崩塌仍然继续，但崩塌量已经大大减少，崩壁和沟岸坡度变缓，沟坡堆积量增大，崩岗发育趋向稳定，植被也逐渐恢复。其中，第二阶段侵蚀最严重、危害最大，也是崩岗发育受外部影响最复杂的阶段。

开发治理 ①以林（竹）草措施为主的治理方式。主要是选用抗性强、耐旱耐瘠的树、草

种，采用高密度混交方式在崩岗侵蚀坡面、崩塌轻微且相对稳定的沟谷及其冲积扇造林；沟谷治理则采取必要的谷坊工程。这种模式具有投资省的特点，但见效相对较慢，经济效益较小，对偏远的崩岗侵蚀区较为适用。②对地表支离破碎的崩岗群，采用机械或爆破的办法进行强度削坡，修成梯田种植果树、茶叶或其他经济作物。这种模式投入大，但见效快，经济效益显著，对崩岗相对集中的侵蚀区最为适用。③地理位置较好、交通方便的崩岗群或相对集中的崩岗侵蚀区，采用机械把崩岗推平，并配置好排水、拦沙和道路设施，建设为工业园区用地。这一模式虽然投入大，但回报率高且快。主要适用于交通要道、集镇周边的崩岗侵蚀区。

xintan

心滩 位于河心的浅滩，与复式环流作用有关。在河床突然加宽处，由于河水流速降低，河底受两股相向的底流作用不断侵蚀两岸，从而在河床底部堆积逐渐形成的一种浅滩。每当洪水期，心滩就增大淤高，顶部覆盖了悬移质泥沙，发展成经常露于水面之上的江心洲，又称沙岛。江心洲比较稳定，但通常由于洲头不断冲刷，洲尾不断淤积，整个江心洲很缓慢地向下移动。由于心滩和江心洲的发展，使河流分汊，河床不稳定。在一定的条件下边滩和心滩可以互相转化，它们也都可能发展成河漫滩的一部分。中国黄河中下游河床宽浅，含沙量大，心滩和江心洲十分发育。

jiangxinzhou

江心洲 参见第112页心滩。

guhedao

古河道 河流他移后废弃的河道。河流改道有由内因引起的，也有由外因引起的。外因包括构造运动使某一河段地面抬升或下沉，冰川、崩塌、滑坡将河道堰塞，人工另辟河道等。其中构造运动可以使河流大规模改道，被废弃的河段可能被抬高而位于现今的分水岭上，也可能由于沉降而被后来的沉积物所埋藏。河流本身作用引起的改道多半发生在堆积作用旺盛的平原河流上。这种河流的河床逐渐淤浅，比降减小，以致洪水发生时来不及排泄而泛出河槽。泛出河槽的水流在河槽两侧大量迅速堆积

泥沙，形成天然堤。久而久之，河槽及其两岸的天然堤会高出地面，当天然堤于某处溃决后在下游冲刷出一条较深的槽道，洪水消退后河流循新槽流去，原河道就成为废弃的古河道。中国的黄河下游善淤善徙，在华北平原上留下了无数古河道。河流作用形成的古河道也有的是由河流侵蚀作用引起的，如平原曲流导致洪水的裁弯取直，留下牛轭湖式古河道。长江中游荆江段两岸就留下许多这样的古河道。古河道可以分为两大类：①埋藏古河道，形成于地面沉降河床不易淤高的河流，古河道为地面物质充填埋藏。②裸露古河道，古河道裸露地表未被物质填充埋藏。包括多由地上河决口改道而成的条状高地古河道，形成于弯曲型河流的牛轭湖古河道，形成于多沙、具有江心洲河流的江心洲古河道。

canjiwu

残积物 在山地和丘陵区岩石风化后未经搬运的物质。这种风化物的性质与其原生的岩石的矿物性状关系密切。根据其原生的岩石分类，可以分为三大类。

火成岩类 表现其风化过程及风化后的产物性状差异比较明显者为酸性岩类与基性和超基性岩。酸性岩类包括喷出的流纹岩和深成的花岗岩在内。其矿物组成为石英、长石与云母等，其风化特点是：第一，物理风化快，因矿物结晶好（花岗岩类），组成较复杂，易于发生物理风化，因此形成较厚的风化壳；第二，因为含钙、镁矿物少，风化产物中盐基离子较少，在一定淋溶条件下就易形成酸性（南方）或微酸性（北方）的土壤；第三，花岗岩虽然节理发育，但节理不形成连通的裂隙，因而成为隔水层，有利于形成地下潜水，所以花岗岩山区一般是富水区。基性岩类包括喷出的玄武岩和深成的辉长岩。虽然其矿物组成以辉石、斜长石、角闪石等深色矿物为主，但因结构致密，物理风化慢；在北方山地和丘陵区一般风化壳薄，但在南方高温高湿地区化学风化强烈，形成较厚的风化壳；又因含钙、镁等碱土金属矿物多，阻碍土壤酸化，所以土壤较肥沃。

沉积岩类 一般矿物组成比较单一，结构致密，成岩条件与地面环境条件比较一致，所以物理风化速度较慢，土层浅薄。其中砂岩类的矿物组成以石英为主，所形成的土壤砂性透水，养分

贫乏。石英岩类的矿物组成以碳酸盐类为主，含有一定量的黏土矿物，因为碳酸盐阻碍风化，所形成的土壤质地黏重，透水性差，土层薄，一般呈微碱性（北方）或中性（南方）反应。石灰岩岩石垂直裂隙发达，化学风化形成溶蚀洞，所以漏水严重，不利于地下潜水形成，石灰岩山区多为缺水地区。紫色砂页岩类的物质组成以粉砂为主，固结差，较易风化，特别是含有一定量的钾、磷、钙等矿物养分，在南方湿热地区形成中性或微酸性、养分含量较高的土壤，如紫色土。

变质岩类　性状基本上和其原生岩石相同，如花岗片麻岩在风化和形成的风化壳性质上与花岗岩相同，石英岩在风化和形成的风化壳性质上与砂岩基本一致。

各类岩石的风化残积物在土地利用方面表现出不同的特征：首先，残积物一般分布在丘陵山区，地面起伏，具有坡度，易发生水土流失，所以利用上要注意水土保持和依地形部位及坡向安排利用方式。第二，残积物的性质较多地继承了其下伏母岩的矿物学性质，可以按岩石类型把山地分成石灰岩山区、花岗岩山区、紫色砂页岩山区、玄武岩山区等，因地制宜，栽培不同作物。如在北方，板栗只能栽培在花岗岩类发育的微酸性土壤上，而核桃、柿子、花椒对岩性的要求不严格，无论是什么山区都可以栽培。花岗岩发育的土壤因为质地较粗，通透性好，钾素含量高，因此适宜种植苹果、梨，花岗岩山区出产的苹果和梨糖分含量高，果形好。而石灰岩山区发育的土壤因为质地较黏重，不适于栽种水果。在四川盆地，高温多雨，化学风化强烈，花岗岩发育的土壤表现了更大的酸性，养分相当贫乏，只能种植耐酸性耐贫瘠的作物，而且必须施用石灰和大量肥料；而紫色砂页岩发育的土壤，酸度低，含有较多的钙、钾、磷素，成为较肥沃的土壤，所出产的柑橘品质优良。四川称为"天府之国"，一方面是因为它有优越的气候条件，另一方面是因为紫色砂页岩分布广泛。

yunjiwu
运积物　岩石风化后经受了一定的搬运的物质。包括坡积物、洪积物、冲积物、风积物等。共同特点是物质疏松深厚。由于被搬运的距离远近不一样，搬运的动力不同，这些运积物被分选的程度不一样，从坡积物到洪积物、冲积物、风积物，物质的分选程度越来越高，物质的均匀程度增加。根据物质组成，这些运积物可被分为沙质运积物、壤质运积物和黏质运积物。沙质运积物一般分布在河流故道和风沙区，易随风流动，漏水漏肥，保蓄能力差。壤质运积物一般分布在广大的冲积平原和黄土高原，具有较好的物理性质，通气透水，且具有一定的保蓄能力。黏质运积物一般分布在河间洼地、扇缘洼地或湖积平原，物质黏重，耕性差，虽然保肥保水能力强，但通透性差，易滞水积涝。相对来说，运积物比残积物的地面坡度小，所以一般不存在水土流失。运积物一般土层深厚，也不存在土层浅薄的限制。沙性运积物通气透水性好，春天土温上升快，可栽培对积温要求较高的作物，如棉花；这类运积物的热容量小，昼夜温差大，栽种瓜果有利于糖分积累；同时土质疏松，适宜于栽培花生、甘薯和马铃薯等块根作物。黏质运积物质地黏重，土壤的通透性差，不适宜于栽培果树、瓜类以及花生、甘薯和马铃薯等块根作物；但它的保蓄能力强，养分含量较多，有后劲，所以可以种植小麦、玉米、水稻等谷类作物。壤质运积物质地适中，土壤的通透性和保蓄性能都较好，适宜于各种作物的栽培。

huangtuzhuangtu
黄土状土　不完全具备典型黄土特征的土。具备以下特点：①颗粒成分中粉土粒级含量大于50%；②含有碳酸钙成分；③具备黄土基本颜色，灰黄或褐黄。黄土状土多分布于山前丘陵或倾斜平原。由于黄土状土的自身结构抗冲蚀能力较弱，导致黄土状土地区冲沟比较发育，且沟壁陡、挺立。黄土状土通常具有黄土地区的地形、结构及组合特征，但一般不具湿陷性，或具轻微湿陷性，极少数具中等湿陷性。

huangtu
黄土　第四纪形成的陆相黄色钙质胶结的松软粉砂质状沉积物。是粉砂、黏土和少量碳酸钙的混合物。黄土浅黄色或褐色，易成粉末，遇水易分散，粒径小于0.1毫米，其粒度成分百分比在不同地区和不同时代有所不同。黄土的物理性质表现为疏松、多孔隙，垂直节理发育，极易渗水，且有许多可溶性物质，很容易被流水侵蚀形成沟谷，也易造成沉陷和崩塌。黄土广泛分布于北半球中纬度干旱和半干旱地区。中国黄土分布区介于北纬34°～45°之间，与东西向山脉的走向大体一致，在昆仑山、秦岭、泰山一线以北呈东西向带状分布，西起甘肃祁连山脉的东端，东至山西、河南、河北交界处的太行山脉，南抵陕西秦岭，北到长城，包括陕西、山西、宁夏、甘肃、青海等五个省区的220多个县市，西北的黄土高原是世界上规模最大的黄土地带。分布面积广、厚度大，各个地质时期形成的黄土地层俱全。黄土的厚度各地不一，从数米至数十米，甚至一二百米。

Wucheng Huangtu

午城黄土 第四纪早更新世黄土。因命名地点位于山西临汾市隰县午城镇附近砾石层之上而得名。午城黄土分布在黄土塬、黄土梁、黄土峁上土状堆积的下部。无清楚层理，为棕黄色、浅棕褐色亚砂土、亚黏土，所含沙与砾石的数量较少，说明形成时无较强流水活动。暂时性流水作用使黄土堆积初期，山坡上的基岩受到冲刷，风化物混于黄土之中。故于其底部黄土中偶夹有小石粒，间夹多层棕红色古土壤及灰-灰白色、灰褐色钙质结核层。古土壤常以密集平行排列成组出现。黄土中含有生活于森林中的哺乳动物化石；午城黄土与上覆的离石黄土平行不整合，或直接不整合覆于古老基岩地层之上。厚10～40米。

Lishi Huangtu

离石黄土 第四纪中更新世黄土。因命名地点位于山西吕梁市离石区王家沟乡而得名。分布于中国华北、西北、黄河中游等地区。黄土层分为上、下两部：下部为黄色、浅黄色黄土状亚黏土，呈块状，较致密，质地均匀，不具层理，具大孔隙，层中含红色埋藏土壤层，整合于午城黄土剥蚀面上；上部为灰黄、黄色黄土，土质较松软，垂直节理发育，含较厚的古土壤。离石黄土富含钙质结核，有时成层分布。其颜色比午城黄土浅，比马兰黄土深，粒度成分以粉砂为主，粉砂与黏土含量较马兰黄土为高。离石黄土厚90～100米，构成黄土高原的基础。离石黄土与午城黄土又统称为"老黄土"。

Malan Huangtu

马兰黄土 第四纪晚更新世黄土。因命名地点位于北京门头沟区斋堂的马兰阶地而得名。广泛分布于燕山南麓、太行山东麓及山东泰山、鲁山山麓和山东半岛北侧山麓与山间盆地。马兰黄土为中国华北典型的风力堆积物。呈浅灰黄色，疏松，颗粒较均匀，以粉砂为主，呈块状，大孔隙显著，垂直节理发育，偶夹古土壤。底部见有基岩碎屑。其生成期较离石黄土为晚，与下伏离石黄土的差别是更加疏松，多虫孔和植物残体。层中钙质结核小而少，常零散分布。其厚度分布不均匀，从数米到数十米不等。如秦岭北翼仅厚2～5米，甘肃兰州可达50米。

dalujia

大陆架 包含两层有关联而不同的含义：自然的大陆架与法律上的大陆架。

自然的大陆架 范围自海岸线（一般取低潮线）起，向海洋方面延伸，直到海底坡度显著增加的大陆坡折处为止。大陆架坡折处的水深在20～550米间，平均为130米，也有把200米等深线作为大陆架下限的。大陆架宽度不等，在数千米至1500千米间。全球大陆架总面积为2710万平方千米，约占海洋总面积的7.5%，按形态属于海底地貌。大陆架地形一般较为平坦，但也有小的丘陵、盆地和沟谷；上面除局部基岩裸露外，大部分地区被泥沙等沉积物所覆盖。大陆架是大陆的自然延伸，原为海岸平原，后因海面上升之后才沉溺于水下，成为浅海。

法律上的大陆架 《联合国海洋法公约》中规定，沿海国的大陆架包括陆地领土的全部自然延伸，其范围扩展到大陆边缘的海底区域，如果从测算领海宽度的基线（领海基线）起，自然的大陆架宽度不足200海里，通常可扩展到200海里，或扩展至2500米水深处（二者取小）；如果自然的大陆架宽度超过200海里而不足350海里，则自然的大陆架与法律上的大陆架重合；自然的大陆架超过350海里，则法律上的大陆架最多扩展到350海里。大陆架上的自然资源主权，归属沿海国所有，但在相邻和相对沿海国间，存有具体划界问题。中国沿海有宽阔的大陆架，根据大陆架是一国陆地领土的自然延伸的原则，中国对邻接本国陆地领土的广大的大陆架地区拥有主权权利。

dalupo

大陆坡 介于大陆架和大洋底之间的部分。按形态属于海底地貌。大陆架是大陆的一部分，大洋底是真正的海底，因而大陆坡是联系海陆的桥梁，一头连接着陆地的边缘，一头连接着海洋。大陆坡虽然分布在水深200～2 000米的海底，但是大陆坡地壳上层以花岗岩为主，通常归属于大陆型地壳，只有极少部分归属于过渡型地壳。大陆坡可以是单一斜坡，也可呈台阶状，大陆坡底质以泥为主，还有少量沙砾和生物碎屑。在与山脉海岸相邻的狭窄陆架外的陡坡上，常见岩石露头。大陆坡沉积物主要是陆源碎屑，也有生物与化学作用形成的沉积物。

hai'andai

海岸带 海洋和陆地交接、相互作用的地带。即由海洋向陆地的过渡地带，是陆地和海洋的分界线，是海岸在构造运动、海水动力、生物作用和气候因素等共同作用下所形成的海岸地貌。海岸带是海岸线向陆、海两侧扩展一定宽度的带形区域，其宽度的界限尚无统一标准，随海岸地貌形态不同而异。中国海岸带和海涂资源综合调查规定：海岸带的宽度为离岸线向陆侧延伸10千米，向海到15米水深线；在河口地区，向陆侧延伸至潮区界，向海方向延伸至浑水线或淡水舌。海岸带往往拥有丰富的土地资源，称为海涂。利用海涂发展水产养殖业为沿海各国所重视。一些海岸带由于河流挟带泥沙入海，每年海涂都有自然增长。如中国的大河每年入海泥沙达20余亿吨，大部分沉积在河口海岸，一些岸段的岸线每年向外延伸数十至数百米。许多海洋国家还围海造地，扩充海岸带土地资源。海岸是海岸线以上狭长的陆上部分。它的上界是激浪作用能达到的地方。海岸线是高潮面与陆地的交界线。潮间带是高、低潮面之间的地带，高潮时淹没，低潮时出露。这个地带的坡度越平缓，则宽度越大。水下岸坡是低潮线以下一直到波浪有效作用的下界。这三个地带在其形成及发展变化上是相互影响、相互联系、相互制约的统一体。通常从三方面开展海岸分类：①根据海岸动态，分为堆积海岸和侵蚀性海岸；②根据地质构造，分为上升海岸和下降海岸；③根据海岸组成物质的性质，分为基岩海岸、沙砾质海岸、平原海岸、红树林海岸和珊瑚礁海岸。

jiyan hai'an

基岩海岸 由岩石组成的海岸，是山地丘陵被海水淹没改造而成的。基岩海岸比较陡峭，岬湾相间，岸线曲折，岛屿罗列（断层海岸除外）。基岩海岸分布的地方一般没有平坦的海滩，在海蚀崖的崖麓堆积着粗大的砾石和粗沙，海蚀崖的前方常伸展着一条带状的狭窄海滩。由于海浪的撞击和冲刷，在基岩海岸地带分布着一系列的海蚀地貌。基岩海岸用途十分广泛，首先它具有优良的建港条件，并可用来发展海产养殖和捕捞事业。中国的基岩海岸主要分布在山东半岛、辽东半岛、台湾、福建和浙江一带。

shalizhi hai'an

沙砾质海岸 由砾石（粒径大于2毫米）或沙（粒径0.2～2毫米）所组成的海岸。主要分布在一些背负山地或丘陵的狭窄平原地区，由于源远流急的河流提供了颗粒较粗的物质，在波浪和激岸浪的作用下发育而成。一般在岸边高潮位以上，堆积着沙砾等粗大物质，沉积物多有向海倾斜的层理，砾石的长轴多与海岸平行。磨圆度和分选良好。其下物质逐渐变细，层理细薄。海岸的坡度与组成物质的粗细有关，物质颗粒愈粗，坡度愈大，颗粒愈细，坡度愈小。沿岸沙堤、沙嘴十分发育。这种海岸以中国台湾西海岸最为典型。此外，在中国华北平原沿海地区，即山海关至滦河三角洲之间，也发育有沙砾质海岸。

pingyuan hai'an

平原海岸 由松散泥沙组成的海岸。常常是由平原地形被海水淹没改造而成。海岸平直，很少曲折，有平坦宽阔的沙滩，地势微微向海倾斜，坡度很小。它的内缘和冲击平原相连，岸外多浅滩和沙洲。由于海岸线的冲淤变化快，因此海岸线很不稳定。沙岸主要发育于构造沉降区。这种海岸因组成物质疏松，海蚀地貌少见，而堆积地貌发育。沙岸不利于建港，但可开辟为盐田或围垦土地。

hongshulin hai'an

红树林海岸 有红树林生长的海岸。红树林是热带、亚热带特有的盐生木本植物群丛。主要生长在背风、浪小的潮间泥滩上，高潮时树冠漂荡在水面，蓊郁浓绿，景色独特。红树林生出大量的支柱根、呼吸根，这些根系有减低风浪、减小潮流流速的作用，使泥沙沉积下来，促使海岸的发展。中国红树林海岸主要分布在广东、广西、台湾、福建四省区沿海港湾、河口及其他较隐蔽的地段。为了促进海滩的增长，中国浙江南部沿海已成功地引种红树，达到护滩促淤的作用。

shanhujiao hai'an
珊瑚礁海岸　有珊瑚礁分布的海岸。由于珊瑚生长条件的限制，珊瑚礁海岸主要分布在北纬30°～南纬25°之间的温暖海域。按其分布特征可分为岸礁、堡礁、环礁三种类型。按珊瑚的生长状况可分为增长型、侵蚀型两种类型。增长型的珊瑚礁海洋，由于波浪作用较弱，水下坡度小，珊瑚大量繁殖。侵蚀型的珊瑚礁海岸一般分布在突出的岬角或暴露的岸段，水下坡度较大，在强潮和击岸浪的作用下散布了许多珊瑚礁碎屑。各种类型的珊瑚礁海岸在中国均有分布。

珊瑚礁海岸

tantu
滩涂　包括沿海滩涂和内陆滩涂。沿海滩涂指高潮位与低潮位之间的潮浸地带；内陆滩涂指河流、湖泊和水库常水位至洪水位间的滩地以及时令湖、河洪水位以下的滩地。其中能被人类改造利用的滩涂，称为滩涂资源。根据滩涂的物质组成成分，可分为岩滩、沙滩和泥滩三类。滩涂是中国重要的后备土地资源，具有面积大、分布集中、区位条件好、农牧渔业综合开发潜力大的特点。如沿海滩涂是一个处于变化中的海陆过渡地带，通过围垦，引淡洗盐，可较快形成农牧渔业用地。滩涂也是生物多样性、多功能性的重要基因库，对维

持区域生态系统具有举足轻重的作用。随着滩涂的加速开发，生态恶化问题日益突出，所以在滩涂的开发利用中必须把开发和保护结合起来，以滩涂的自然环境为基础，以滩涂的可持续利用为目标，从实际出发，因地制宜，全面规划，合理利用。避免盲目和掠夺性的开发利用，实现经济效益、社会效益和生态效益的有机结合。

daoyu
岛屿　四面环水并在高潮时高于水面的自然形成的陆地区域。是岛和屿的总称（有学者提出不足1平方千米为屿；大于1平方千米为岛）。散布在海洋、江河或湖泊之中，彼此相距较近的一组岛屿称为群岛或诸岛，列状排列的群岛即为列岛。中国沿海分布着面积大于500平方米的大小岛屿6 000多个，总面积约为8万平方千米。中国的岛屿面积相差很大，其中台湾岛最大，海南岛次之。位于台湾岛东北海面上的钓鱼岛、赤尾屿，是中国最东的岛屿。南海共有200多座岛、礁、滩、暗沙，分属东沙、西沙、中沙、南沙4个群岛，另外还有长山群岛、舟山群岛、澎湖列岛等。

dalu dao
大陆岛　由大陆向海洋延伸露出水面的岛屿。世界上较大的岛基本上都是大陆岛。它是因地壳上升、陆地下沉或海面上升、海水侵入，使部分陆地与大陆分离而形成的。中国的台湾岛、海南岛，都是大陆岛。成因主要有：①构造作用，如断层或地壳下沉，致使沿岸地区一部分陆地与大陆相隔成岛；或因陆块分裂漂移，岛与原先的大陆之间被较深、较广的海域隔开。前者如中国的台湾岛、海南岛，欧洲的不列颠群岛，北美洲的格陵兰岛和纽芬兰岛等；后者如马达加斯加岛、塞舌尔群岛等。②冰碛物堆积，原为大陆冰川的一部分，后因间冰则气候变暖，冰川融化，海面上升，同大陆分离，如美国东北部沿岸和波罗的海沿岸的一些岛屿。

Taiwan Dao
台湾岛　中国台湾本岛面积35 759平方千米。西邻台湾海峡，与福建大约相隔200千米。北部是东中国海，东部为太平洋，西南则是南中国海与巴士海峡。在西太平洋由阿留申、千岛、日本、琉球、菲

律宾等众多岛屿所形成的岛弧中位于中枢位置。台湾岛位于太平洋西岸边缘，受到欧亚大陆板块与菲律宾海板块之推挤而隆起，因此台湾岛山势高峻，山脉皆南北走向，平原狭小，多火山，地震频繁，川短流急。台湾岛东部多山，向西逐渐过渡为平原。台湾岛的重要山脉有中央山脉、玉山山脉、雪山山脉、阿里山山脉、海岸山脉。最高山为玉山，海拔3 952米。平原与盆地虽狭小分散，却是人口稠密的地区。嘉南平原是台湾最大的平原。台湾岛多丘陵。丘陵和台地分布在山系与平原过渡的山麓地带，从台北盆地周缘至恒春半岛止，一般海拔在600米左右。主要丘陵有基隆竹南丘陵、嘉义丘陵、丰原丘陵和恒春丘陵。其中基隆竹南丘陵为台湾岛最大的丘陵。

由于北回归线横跨台湾，地形又多变化，形成南北气候的差异，以北为亚热带季风气候，以南为热带季风气候。冬季吹东北季风，夏季吹西南季风。山脉高峻能阻隔季风。台湾高温多雨，最冷月均温在14℃以上，年降水量2 500毫米以上。北部全年有雨，南部则是夏季降雨。热带气旋（台风）经常在夏季侵袭台湾，造成灾害，但也是台湾重要

的淡水来源，台风较少年份的冬季容易有旱象。

台湾岛的土壤按其成土和分布高度可分为山地土壤和平地土壤两大类。

山地土壤　按所处高度和发育程度分为三种类型：①山地草原土，分布在海拔3 000米以上的山区。这些地区年降水量在3 000毫米以上，年平均气温在5℃以下。土层较薄，呈灰色、灰棕色或黄棕色，含有机质不多，土壤呈酸性，植被以针叶树为主，零星生长。②山地灰化黄壤和灰棕壤，分布在海拔1 500～3 000米的山地。这些地区年降水量3 000～5 000毫米，年平均气温10℃左右。土层较厚，多呈灰色、灰黄色或灰棕色，含有机质多些，呈酸性，以阿里山一带的土壤为代表，植被以针叶林为主，生长茂密，是培植山地森林的理想地带。③山地黄壤和微红化壤，分布在海拔500～1 500米的山地。这些地区年降水量多在1 500～2 500毫米，年平均气温15～20℃。土壤层较厚，多呈黄色、黄红色和微红色，呈酸性反应，含有机质较多，植被多属落叶林和阔叶林，生长茂盛，是发展林业或在低层山地开垦栽培旱地作物的主要地区。

平地土壤　分布在台湾海拔500米以下的平

台湾日月潭

原、盆地、台地和丘陵区，按其成土和分布地势不同又可分为三种类型：①红壤，主要分布在海拔100～500米的台地和丘陵。这些地区年降水量约2 000毫米，年平均气温在20℃左右。土层较厚，有数十厘米至数米不等，含有的铝、铁、磷和有机质程度不同，呈酸性反应。主要分布在桃园、新竹、苗栗、台中、彰化、嘉义、台南、高雄和屏东等地区的台地和丘陵，以人工植被为主。②酸性冲积土，包括盘层土和冲积土，主要分布在靠近山地的台地、丘陵和河流上游两岸冲积地带。土壤层厚薄不一，有的为泥岩或黏板岩，其黏性较大，肥力不高，多呈酸性，主要分布在嘉义、台南、高雄和屏东一带，土壤多被开辟为旱田或水田，利用比较充分。③碱性冲积土，包括水稻土、盐渍土等，主要分布在沿海和河流下游地带。土层较厚，受咸水侵入，多呈碱性，有的含有机质较多，肥力较高，经长期开发、改良，多是种植水稻、甘蔗的良田。沿海边一带土壤碱性较大，多作为盐田等，主要分布在新竹、彰化、嘉义、台南和高雄等沿海一带。

Hainan Dao

海南岛 中国最南部海南省的主岛，又称"琼崖""琼州"。其长轴呈东北—西南向，长约300千米，短轴为西北—东南向，长约180千米。面积3.39万平方千米，是中国仅次于台湾岛的第二大岛。北隔琼州海峡，与广东的雷州半岛遥相对望。属华夏台背斜，燕山运动时花岗岩广泛侵入，形成

海南岛

穹窿构造，基本奠定了全岛地貌轮廓。约在中更新世末上更新世初，琼州海峡相对下沉，海南岛与雷州半岛分离，形成大陆岛。琼州海峡宽约20千米，是海南岛和大陆间的海上走廊，又是北部湾和南海之间的海运通道。

海南岛中间高，四周低。地形以山地和台地为主，从中心向外，山地、丘陵、台地及平原依次环状分布。海拔500米以上的山地约占全岛面积25%，100～500米的丘陵占10%，50～100米的台地占47%，50米以下的平原约占11.5%，阶地和沙地共约占5.5%，河流等占1%。北部为台地和平原，海拔多在百米以下，沿海为海拔40米以下的海蚀台地。中部偏南地区多山地，三列主要山脉呈东北—西南平行排列。山地高度多半在500～800米。岛上超过千米的山峰有81座，6座高出1 500米。最高峰五指山海拔1 867米，第二高峰鹦哥岭海拔1 812米。

海南岛岸线曲折，多港湾，岸线长1 477千米，北段从白马井到清澜港为海蚀堆积岸，东南段从清澜港到榆林港是小港湾式堆积海岸，西南段由榆林港到白马井多为海积阶地海岸。近岸有红树林和珊瑚礁。

海南岛属于海洋性热带季风气候，地处热带北缘，光照充足，年日照时数大于2 000小时，年平均气温在24℃左右，为中国之冠。7月份是气温最高的月份，但平均气温只有28.4℃；1月份是最冷月份，但平均气温为17.2℃。雨量充沛，年降水量多在1 600毫米左右，其中以8月、9月降水量最为充沛，时有暴雨出现，也常有台风侵袭。受夏季风影响，降水从东向西减少；受地形影响，降水广泛集中于东部，西南部降水少。从沿海至高山，相继分布红树林—热带常绿季雨林和热带雨林—山地雨林—山地矮林。植物种类成分复杂，层次杂乱，乔木高大，板根和茎花现象普遍，藤本植物和附生植物丰富，植物花期很长。还生长着几乎所有的热带作物，出产橡胶、咖啡、可可、椰子、槟榔、胡椒等。地带性土壤为砖红壤，占近半岛屿面积，分布于低丘和台地上。山地土壤，下部为赤红壤，上部为山地黄壤等。西部为红褐土，沿海以滨海沙土为主。

chongji dao
冲积岛 河流挟带的物质在海岸河口堆积而成的岛。位于大河的出口处或平原海岸的外侧，由河流泥沙或海流作用堆积而成的新陆地。由于它的组成物质主要是泥沙，也称沙岛。冲积岛是陆地的河流夹带泥沙搬运到海里沉积下来形成的海上陆地。陆地的河流流速比较急，带着上游冲刷下来的泥沙流到宽阔的海洋后，流速就慢了下来，泥沙就沉积在河口附近，积年累月，越积越多，逐步形成高出水面的陆地。世界上许多大河入海的地方，都会形成一些冲积岛。中国共有400多个冲积岛，长江入海口的崇明岛是中国的第一大冲积岛。冲积岛的成因不尽相同。中国长江口的冲积岛是由于涨落潮流不一泥沙不断沉积而形成的。珠江口沙岛成因不一，有的是由河心滩发育而成；有的是由于河流中的河汊流速较慢的一侧泥沙沉积而成沙垣，再发育成沙岛；有的是由河口沙嘴发育而成，最典型的是台湾岛浊水溪三角洲外的一系列沙岛。

Chongming Dao
崇明岛 地处长江的入海口，属上海。是中国第三大岛，世界上最大的河口冲积岛。成陆已有1 300多年历史，现有面积为1 041.21平方千米，东西两端每年还在以143米的速度延伸。海拔3.5～4.5米。东西长约76千米，南北宽13～18千米。全岛地势平坦，土地肥沃，林木茂盛，物产富饶，是有名的"鱼米之乡"。崇明岛是长江三角洲发育过程中的产物，它的原处是长江口外浅海。长江奔泻东下，流入河口地区时，由于比降减小、流速变缓等原因，所挟大量泥沙于此逐渐沉积。一面在长江口南北岸造成滨海平原，一面又在江中形成星罗棋布的

崇明岛

河口沙洲，由此逐渐成为一个典型的河口沙岛。它从露出水面到最后形成大岛，经历了千余年的涨坍变化。地处北亚热带，气候温和湿润，四季分明，夏季湿热，盛行东南风，冬季干冷，盛行偏北风，属典型的亚热带季风气候。台风、暴雨、梅雨、干旱等是常见的灾害性气候。年平均气温为15.3℃，月平均气温以1月的2.8℃为最低，以7月的27.5℃为最高。日极端最低气温为-10.5℃，日极端最高气温为37.3℃。岛的东、西部气温略有差异，东部年平均温度高于西部，而年较差则低于西部。东部气温变化较平稳，春季气温回升迟于西部，秋季气温下降则比西部稍慢。年平均降水量为1 003.7毫米，但年际间变化很大，季节性变化也较明显。降水主要集中在4～9月，占全年降水量的70.7%。全年日照时数2 104小时，日照百分率47%。全年无霜期229天。岛上土壤有水稻土、潮土、盐土三大类型，适宜多种作物种植，但土壤有机质、全氮和速效磷含量均较低。速效钾含量相对较高，北沿地区土壤含盐量较高。

huoshan dao
火山岛 由海底火山的喷发物质（主要是熔岩）堆积，最后露出水面而形成的陆地。一般面积不大，高度较大，形态多样。按其属性分为两种：一种是大洋火山岛，它与大陆地质构造没有联系；另一种是大陆架或大陆坡海域的火山岛，它与大陆地质构造有联系，但又与大陆岛不尽相同，属大陆岛屿与大洋岛之间的过渡类型。著名的火山岛，如夏威夷群岛是由一系列海底火山喷发而成，露出水面后呈长长的直线形。中国的火山岛较少，总数约百十余个，主要分布在台湾岛周围，在渤海海峡、东海陆架边缘和南海陆坡阶地仅有零星分布。台湾海峡中的澎湖列岛（花屿等几个岛屿除外）是以群岛形式存在的火山岛；台湾岛东部陆坡的绿屿、兰屿、龟山岛，北部的彭佳屿、棉花屿、花瓶屿等岛屿，渤海海峡的大黑山岛，西沙群岛的高尖石岛，福建漳州南碇岛等则都是孤立海中的火山岛，它们都是第四纪火山喷发而成，形成这些火山岛的火山现在都已停止喷发。火山喷发的熔岩一边堆积增高，一边四溢流淌。在火山岛形成中，呈圆锥状的地形，被称为火山锥，它的顶部为大小、深浅、形状不同的火山口。中国的火山岛主要由玄武岩和安山岩火山喷发形成。玄武岩浆黏度较稀，喷出地表后

四溢流淌，形成的火山岛坡度较缓，面积较大，高度较低，其表面是起伏不大的玄武岩台地，如澎湖列岛。安山岩属中性岩，岩浆黏度较稠，喷出地表后，流动较慢，并随温度降低很快凝固，碎裂的岩块从火山口向四周滚落，形成地势高峻、坡度较陡的火山岛，如绿岛和兰屿。如果火山喷发量大，次数多，时间长，火山岛的高度和面积也就增大。火山岛形成后，经过漫长的风化剥蚀，岛上岩石破碎并逐步土壤化，因而火山岛上可生长多种动植物。但因成岛时间、面积大小、物质组成和自然条件的差别，火山岛的自然条件不尽相同。澎湖列岛上土地瘠薄，常年狂风怒号，植被稀少，景色单调。绿岛上地势高峻，气候宜人，树木花草布满山野。位于广西北海市的涠洲岛，是中国面积最大、地质年龄最年轻的火山岛。火山熔岩构筑了涠洲岛的基底，岛南端的南湾火山喷发物形成了涠洲岛现代火山地貌。南湾火山喷发以岩浆喷发和射气岩浆喷发交替进行为特征，火山碎屑岩和基浪堆积物向岛北延伸，覆盖了大半个涠洲岛。

Weizhou Dao
涠洲岛　位于广西北海市，处在北部湾中部，北临北海市区，东望雷州半岛，东南与斜阳岛毗邻，南与海南岛隔海相望，西面面向越南。是中国面积最大、地质年龄最年轻的火山岛。南北方向长6 500米，东西方向宽6 000米，总面积24.74平方千米，最高海拔79米。涠洲岛地势南高北低，其南面的南湾港是由古代火山口形成的天然良港。西南端则主要是火山口景观、海蚀景观、热带植物景观。火山喷发堆积和珊瑚沉积融为一体，使岛的南部的高峻险奇与北部的开阔平缓形成鲜明对比。涠洲岛具有奇特的海蚀、海积地貌，海岸基岩出现海蚀洞、海蚀沟、海蚀龛、海蚀崖、海蚀柱、海蚀台、海蚀窗、海蚀蘑菇等类型。夏无酷暑，冬无严寒，年平均气温23℃，年降水量1 863毫米，是广西最多雨的地方之一；年活动积温8 265℃，是广西热量最丰富的地方。

lulian dao
陆连岛　由连岛坝或沙嘴与陆地连成一体的岛屿。但如果连岛坝所占岛屿岸线的比例大于1/4，已成为半岛形态，则归为大陆海岸带。山东烟台的芝罘岛、龙口的屺姆岛和广东汕头的达濠岛最为典型。陆连岛属于屏障海岸的形体，这种屏障可以是海岛，也可以是沙嘴或人工建筑（防波堤）。其形成原因是由于岛屿前方受波浪能量辐聚导致冲蚀破坏；而岛屿后方是波影区，是波浪能量辐散的区域，波能所挟带的泥沙逐渐地在波影区形成堆积，加之常有由岸上河流挟入的泥沙，故形成的堆积体愈来愈大，并使岛屿同陆地相连。

Zhifu Dao
芝罘岛　位于中国黄海之滨，距烟台市北5 000米。是中国漫长海岸线上众多岛屿之中最为典型和著名的陆连岛。芝罘岛是个基岩岛，状如长梭，东西长9 200米，南北宽1 500米，面积约10平方千米，岛上最高峰海拔294.1米。北岸峭壁悬崖，悬崖高达70米。芝罘岛原是一个海中孤岛，与烟台隔海相望。由于海岸近海区域存在海岸泥沙流，在芝罘岛附近大陆海岸就有这种泥沙流存在，泥沙多半来源于附近河流冲积物和海滩物质。在芝罘岛的屏蔽隐藏作用下，北来波浪不易在岛后形成强大的浪流，因此在岛后形成了波影区，水动力条件较为弱小，从而使海岸泥沙流在此堆积。日久天长，渐渐堆积了沙坝，称为连岛沙坝，将芝罘岛

涠洲岛

与大陆连接了起来。连岛沙坝共有4条，海拔高度3～4米，长达6 000米，宽500～800米。沙坝之内有一个小小的海域，即潟湖，堆积了灰黑色的粉砂质淤泥，富有贝壳和有机质。连岛沙坝上的物质主要为较粗的沙砾质。由连岛沙坝连接的岛屿即为陆连岛。

Qimu Dao
屺姆岛　位于山东烟台龙口市西北10千米处的渤海海峡间。是个远伸海中似孤屿又连接陆地的奇特半岛，总面积10平方千米。此岛南、北、西三面环海，东西长达10千米，宽1 000米，沙堤与陆地相连，岛形纵短横阔，北高南低。西、北侧陡峭，多见悬崖峭壁，礁石林立；南侧平缓，延伸至浅海滩涂。主峰高298米，由火成岩构成。岛上有经海风、海浪多年侵袭形成的海蚀礁、海蚀洞。属于暖温带季风气候，全年平均气温12℃左右。岛上生长着黑松、刺槐等。

Dahao Dao
达濠岛　位于广东汕头市区南部，是一座陆连岛。西北临榕江入海口牛田洋，北面与汕头北区形成内海湾，西南隔濠江与陆地相连，北部是汕头港，东、南为大海。西北—东南走向，长19千米，宽9.5千米，岸线长59.6千米，面积82平方千米，由花岗岩构成。西北部和东南端以丘陵为主，其余多为滨海平原。西北部香炉山海拔212.3米，为全岛最高点；次高为青云岩所在的大望山。北部多为岩石岸，东、南多沙岸。岸线曲折，沿岸多湾，泥湾和后江湾为主要港湾。气候温和湿润，属亚热带海洋性季风气候，光照充足，年均温21.5℃，7月均温27.9℃，1月均温14.8℃。春暖早，冬寒迟。每年10月至4月为东北季风，6月至8月为西南季风，5月及9月为东北与西南季风过渡季节。年均降水量1 536毫米，集中在4月至9月汛期，为全年总降水量的80%。

bandao
半岛　伸入海洋或湖泊，一面同大陆相连，其余三面被水包围的陆地。大的半岛主要受地质构造断陷作用而成，此外由于沿岸泥沙流挟带泥沙由陆向岛堆积，或岛屿受海浪侵蚀使碎屑物质由岛向陆堆积，逐渐使岛与陆相连，形成陆连岛，如中国山东的芝罘岛。从分布情况看，世界主要的半岛都在大陆的边缘地带。中国较大的半岛有山东半岛，位于山东东部、胶莱谷地以东，伸入渤海与黄海之间；辽东半岛，位于辽宁东南部、辽河与鸭绿江口连线以南，伸入渤海与黄海之间；雷州半岛，位于广东西南部，伸入北部湾和雷州湾之间。它们在世界上均属于比较小的半岛。

Shandong Bandao
山东半岛　中国三大半岛之一，是中国最大的半岛。山东半岛有大、小山东半岛之分。小山东半岛指的是胶莱河以东的胶东半岛，大山东半岛是寿光小清河口和日照岚山口与岚山头苏鲁交界处的绣针河口两点连线以东的部分。山东半岛位于山东东部，突出于黄海、渤海之间，隔渤海与辽东半岛遥遥相对。主要由花岗岩组成。丘陵、低山占总面积的70%。丘陵海拔大多在200米左右。有数列东北—西南走向的山岭，海拔500～1 000米。沿海有海积平原，面积不足30%。海岸线曲折，多海湾、岬角和岛屿。属暖温带湿润季风气候。1月均温-3～-1℃，8月（最热月）均温约25℃，极端最高温约38℃。全年≥10℃有效积温为3 800～4 100℃。年降水量650～850毫米，南侧在800毫米以上，西北侧滨海平原约600毫米。年降水量约60%集中于夏季，且强度大，常出现暴雨。降水年均相对变率约20%。年均相对湿度在70%以上。东侧南部沿海4～7月多海雾，年均雾日30～50天。天然植被为暖

烟台的海岛风光

温带落叶阔叶林，主要树种有栎类，针叶树以日本赤松为代表。由于开发历史悠久，原生植物破坏殆尽。地带性土壤为典型棕壤，一般分布在缓坡地和排水良好的平地，多已辟为农田和果园，发育成熟化的耕作土。低山丘陵中上部残积、坡积物上的粗骨棕壤，土层浅薄，质地较粗，多种植花生、甘薯等作物。

Liaodong Bandao
辽东半岛 位于辽宁南部，是中国第二大半岛。由千山山脉向西南延伸到海洋中构成。南端老铁山隔渤海海峡，与山东半岛遥相呼应，形成渤海和黄海的分界。千山山脉从南至北横贯整个半岛，北起连山关，南到老铁山，将其分成两大斜面。东南坡较平缓，有大洋河、英那河、碧流河、大沙河等较长水系，注入黄海；西北坡较陡峻，有大清河、熊岳河、复州河等较短水系，注入渤海。辽东半岛东北与长白山毗连，中部为千山山脉。个别高峰海拔1 000米以上，大部为低山、丘陵。沿海分布有海蚀阶地。南部的金州湾、大连湾为两个构造盆地，形成弯曲的海岸线，有旅顺、大连等良港，为中国北部地区海运、渔业的重要基地。北面边界是鸭绿江口与辽河口的连线，其他三面临海。辽东半岛因伸入海洋，受海洋影响较大，气候温暖湿润，属暖温带季风气候。夏季温热多雨，受海洋调剂，很少出现酷热天气，年均温8～10℃，最热月均温24～25℃，最冷月均温–10～–5℃，无霜期160～215天，年降水量550～900毫米，60%集中在夏季。土壤以棕壤为主，河谷低地为草甸土，滨海有盐土分布。

Leizhou Bandao
雷州半岛 位于广东西南部，介于南海和北部湾之间。南隔琼州海峡与海南岛相望。南北长约140千米，东西宽60～70千米，面积0.78万余平方千米。由于喜马拉雅运动，雷州半岛与海南岛上升为陆地。中更新世末上更新世初，琼州海峡相对断裂下陷，致使雷州半岛与海南岛分离。雷州半岛地形单一，起伏和缓，以台地为主，次为海积平原。地面坡度一般仅3°～5°。北部为和缓的坡塘地形，海拔25～50米，遂溪、城月、湖光岩一带为玄武岩台地，海拔45～55米，台地上有螺岗岭、交椅岭和湖光岩等7座火山丘。其中湖光岩为具有火山口湖

雷州半岛卫星影像

的盾形火山，海拔60米左右。南部玄武岩台地更平坦，分布有10座火山丘，一般海拔25～80米，高者达200米以上，沿海有海蚀和海积阶地。半岛三面环海，岸线长约1 180千米，连海岛岸线总长达1 450千米。东海岸沿海有海成平原，外缘多沙泥滩，并有东海、南三和硇洲等岛屿。东海岸有海堤与大陆相连。西海岸具高岸特征，多沙堤、潟湖分布。南部海岸港湾众多，有红树林和珊瑚滩。雷州湾、英罗湾、流沙湾等滩涂广阔。雷州半岛河川短小，呈放射状，由中部向东、南、西三面分流入海。属热带季风气候。年均温在23℃以上，最冷月均温超过15℃，极端最低温一般大于4℃，全年无霜。0℃左右低温仅见于个别年份。年降水量1 300～1 700毫米，由东向西递减。降水集中在夏、秋两季，多暴雨。12月至翌年3月的降水量不及年总量的10%，且年变率大。一般10年有6年春旱。半岛上海陆风明显，主导风向为偏东风，年均风速3.5～4米/秒。夏、秋间多台风暴雨。影响半岛的台风年均约5.1次。天然植被为热带季雨林，以热带性常绿树种为主。但天然森林多已无存，小片次生林仅见于村边和南部台地，林地多为人工栽种的桉树林，滨海有红树林和沙荒草地。土壤以砖红壤为主，水土流失严重。谷地为冲积土，海滨为盐土。

qundao

群岛 群集的岛屿类型。一般指集合在一起的小型岛屿群体,是彼此距离很近的许多小型岛屿的合称。最早指多岛海(分布着很多岛屿的海域)。根据成因,可分为构造升降引起的构造群岛、火山作用形成的火山群岛、生物骨骼形成的生物礁群岛、外动力条件下形成的堡垒群岛四种。群岛有大小之分,在许多群岛中往往也包含着许多小群岛。中国的主要群岛有长山群岛(又称长山列岛)、舟山群岛、澎湖列岛、洞头群岛以及南海海域中的东沙、西沙、中沙、南沙四大群岛。其中舟山群岛面积最大,位于中国海岸线的中段,南北海运与长江河运的"丁"字形交汇处。

Zhoushan Qundao

舟山群岛 位于中国海岸线的中段,浙江东北部,长江、钱塘江(杭州湾)、甬江三江入海口外的东海中。由大小1 390个岛屿和3 330个礁组成,陆域面积1 440平方千米。主岛为舟山岛,是中国第四大岛屿,面积502平方千米。群岛内广布深厚的中生代火山岩,间杂酸性、中性岩株,局部(如普陀山、朱家尖、桃花岛、嵊泗列岛等风景区)分布有花岗岩等侵入体。地貌受北北东主构造线控制,岛屿分两列向东北延伸;地势由西南向东北倾斜,南北差400米。整个群岛的岛屿分布西南部密集,岛屿较大,东北部反之。花鸟山以北没有岛屿分布。地貌类型为海岛丘陵,多数岛屿在200米以下。最高峰为桃花岛对峙山,海拔544.3米。岛屿的地貌构造为高丘—低丘—平原—滩涂—海域,以舟山岛最为典型。高丘(300~500米)占6%,坡度在30°~40°,土层薄,多裸岩;低丘(50~300米)占61%,地势低缓,土层较厚,红壤发育,边

舟山群岛

缘海蚀地貌发育;平原占30%,主要是海积平原,少部分为海积、冲积共同作用形成的平原,发育水稻土。海岸以淤泥质为主,基岩次之,砂质、砾质占少数。淤泥质海岸分布在群岛内侧,以2‰~3‰的坡降向海域延伸,形成广阔的潮间带,基岩海岸分布在小岛四周及各岛的岬角,海蚀地貌发育。气候类型为受海洋影响明显的北亚热带季风气候。季风显著,四季分明,温和湿润,降水丰沛。全年多大风,春季多雾,夏、秋季多热带气旋和台风。年平均气温在16℃左右,气温年较差为21.4~22℃,日较差为4.8~6.3℃。年平均日照为2 024~2 262小时。降水集中在下半年。年平均降水量922~1 319毫米。年相对降水变率在13%~16%,降水的季节分配呈双峰型,峰值分别出现在6月份和9月份。年雾日为17~50天,自西南向东北递增。

Dongtou Qundao

洞头群岛 位于浙南沿海,瓯江口外。群岛散布于东海大陆架上,西北距温州市区约53千米,离大陆最近点为5 700米。洞头群岛的分布排列受构造带控制,呈东北—西南方向,与海岸线方向一致。属海岛丘陵地形,山脉大体为东西走向地势,一般为西北高而东南低。海拔均在90~391.8米之间,其中以大门岛上的烟墩山为最高。山地丘陵平均海拔在100米以下,相对高度在50~100米之间,切割不深,多圆浑平缓,无典型的河谷地貌。大门、洞头等较大岛屿南部山脚缓坡带有小块冲积小平原和人工围造海涂。属亚热带海洋性季风气候,具有温和湿润、四季分明、气温年月差较小、冬暖夏凉的特点。年平均气温为17.3℃,绝对最低气温为-4.1℃,绝对最高气温为35.7℃。年无霜期达350天。雨量充沛,年平均降水量为1 215.6毫米。土壤类型主要是红壤,其他依次是盐土、水稻土、潮土。

shanhu dao

珊瑚岛 热带、亚热带海洋中的珊瑚礁构成的岩岛或在珊瑚礁上由珊瑚碎屑等形成的沙岛。一般与大陆的构造、岩性、地质演化历史没有关系。这些由珊瑚虫残骸及其他壳体动物残骸堆积而成的陆地大部分地势低平。岛上有珊瑚碎屑组成的古堤岸、沙丘和珊瑚灰岩溶蚀形成的沟槽、陷穴等。表面常覆

盖着一层磨碎的珊瑚砂和珊瑚泥。珊瑚岛可沿大陆或岛屿外缘延长，呈长蛇阵；也可在海洋中呈花环状。中国南海诸岛中的大部分岛屿都属于珊瑚岛。位置自北向南分为四个岛群，分别称为东沙群岛、西沙群岛、中沙群岛和南沙群岛。其中，东沙群岛距中国大陆最近；西沙群岛居中；中沙群岛紧靠西沙群岛东南方向，是一个水下大环礁，只有黄岩岛出露海面；南沙群岛居南，距中国大陆最远。除西沙群岛中的高尖石岛外，四个群岛中的岛屿都是珊瑚岛。

珊瑚礁 由珊瑚遗体堆积而成的石炭岩礁。珊瑚虫是一种腔肠动物，在其生长过程中分泌一种石灰质，形成它的石灰质外骨骼。珊瑚死亡后，留下石灰质骨骼，长期堆积便会形成巨大的礁盘。而新的珊瑚肢体又在它上面不断向海面和四周生长，经过几百年、几千年甚至更长的时间，珊瑚就能生长到海面附近的地方，甚至低潮时还可以露出海面，形成珊瑚礁。造礁珊瑚的生活有着严格的条件，包括：①温暖的海水。珊瑚生长的极限水温是16～36℃，而大量繁殖的水温为25～29℃。②良好的光照。在透明度特别好的海水中，珊瑚可生活在200多米的深度，但在多数情况下，仅生长在40～50米的深度，而以0～20米深处生长最好。③适宜的盐度。盐度在27‰～40‰的范围内，珊瑚可以生存，但珊瑚生长的适宜盐度为34‰～36‰。此外氧气的供应以及适宜的底质都是珊瑚生长不可缺少的条件。因此珊瑚主要分布在北纬30°至南纬25°之间的热带、亚热带的浅海之中，并且必须在海水清澈又能受到波浪冲击的地方。珊瑚礁顶部一般十分平坦，在低潮时礁顶可露出水面，在高潮时被海水淹没。珊瑚礁通常可以分为岸礁、堡礁和环礁三种类型。

岸礁 紧密连着大陆或岛屿的珊瑚礁，在退潮时可看出岸礁好似海岸向外延伸的一个平台，如海南岛东部海岸即有上千米宽的岸礁。

堡礁 又称离岸礁，指由潟湖与陆地隔开的珊瑚礁。由于岛屿或海岸不断下沉（也可能由气候转暖而引起冰雪融化使海面上升），原来岸礁区的珊瑚礁体仍不断向上生长，则礁体与陆地之间有水域隔开，形成堡礁。堡礁一般淹没在水下，退潮时呈链状列岛露出水面。如澳大利亚东海岸的大堡礁，南北长约2 000千米，东西宽2～150千米，是世界上规模最大的堡礁。

环礁 呈环状或马蹄状的珊瑚礁。由于堡礁环绕的岛屿继续下沉（或海面继续上升），当岛屿全部没入水中，继续向上生长的珊瑚礁就成为环礁的形态，原来岛屿的所在地完全被海水淹没形成潟湖。环礁一般不露出水面，退潮时可见环状礁体。潟湖有水道与外海相通，往往成为优良的避风港。

暗滩 海底突起的珊瑚礁滩地。多呈椭圆形，位于水面以下较深处，一般超过20米。表面起伏和缓，滩外四坡陡峭，水深骤增。滩面有礁墩向上隆起。如南沙群岛的人骏滩，滩面平均水深27米。暗滩是航行的障碍。

暗沙 较浅的珊瑚礁滩，即由暗滩上生长起来的珊瑚礁体。一般深十多米，退潮时一般不能露出水面。如中沙群岛中的暗沙深度多在13～23米外。暗沙是航行中的障碍，中国领土的最南端曾母暗沙，深度为-22米，属于离海面较深的暗沙。

暗礁 生长到海面附近的礁体。深度很小，一般不到十米，礁顶在退潮时多数可露出水面。暗滩、暗沙在珊瑚生长速度不及海面上升速度的情况下，暗礁体多潜没在水下。为了航行的安全，需在航海图上精确地绘出暗礁的位置，如位于航线附近，需设置灯塔或其他标志。

东沙群岛 中国南海诸岛中四大群岛（东沙群岛、西沙群岛、中沙群岛、南沙群岛）之一。位于广东汕头市正南约160海里处。由东沙岛、东沙礁及南卫滩、北卫滩组成，是南海诸岛四大群岛中位置最北、离大陆最近、岛礁最少的一个群岛。东沙岛是群岛中唯一的岛屿，为西北—东南向的碟形沙岛，长约2 800米，宽约700米，面积1.8平方千米，是南海诸岛中面积第二大的岛屿，仅次于西沙永兴岛。它平均高出海面约6米，东北面稍高，达12米，西南面次高，约8米。整个岛屿呈四周高中间低形态。中部低地积水成湖，湖深1～1.5米，湖口向西开口。东沙岛共有三个珊瑚环礁，即东沙环礁、南卫滩环礁及北卫滩环礁。东沙岛与南卫滩、北卫滩相距约80千米。环礁北面外缘礁相当宽广，在退潮时可浮现水面。东沙岛地处热带北部，具热带季风气候。冬季时仍受东北季风的影响，年平均气温25.3℃，12月份最低平均气温22.2℃；6月份最高平均气温为29.5℃。5、6月为梅雨期，7、8月有台风。夏季平均气温28.5℃，雨水充沛，冬季20℃，较少下雨。岛上主要植被为热带性植物，以蔓性爬藤植物及矮小灌木为主，伴有桑树、麻风桐等。

Xisha Qundao
西沙群岛　中国南海诸岛中四大群岛之一，属海南三沙市管辖。位于海南岛东南约330千米。主体部分处于北纬15°40′至17°10′，东经110°至113°之间。大致以东经112°为界，西沙群岛分为东、西两群，东群为宣德群岛，西群为永乐群岛，共由40多座岛、洲、礁和沙滩组成。在南海四大群岛中，西沙群岛露出海面的陆地最多，拥有岛屿最多，岛屿面积最大（永兴岛），海拔最高（石

西沙群岛

岛），是唯一非生物成因岛屿（高尖石）。西沙群岛地处热带中部，属热带季风气候，炎热湿润，但气温和湿度变化比较平稳，无酷暑。全年各月平均相对湿度都在80%以上。月平均气温都在24～29℃之间，最热的6～8月，月平均气温在29℃左右。12～2月份气温相对较低，月平均最低气温22℃。西沙群岛的岛屿上鸟粪沉积，通过富磷化过程不断增加土壤养分，沙洲随着珊瑚礁的生长而扩大延伸，土壤逐渐脱盐，形成硬磐磷质石灰土，适合植物生长。岛上植被通常为灌丛，较大的岛屿如永兴岛和东岛上有高大的乔木。西沙群岛地理位置非常重要，处于太平洋的交通咽喉地位，是中国的海防前哨。

Zhongsha Qundao
中沙群岛　中国南海诸岛中四大群岛之一，属海南

三沙市管辖。位于西沙群岛东南约100千米。主要部分由隐没在水中的三座暗沙与滩、礁、岛组成。长约140千米（不包括黄岩岛），宽约60千米，从东北向西南延伸，略呈椭圆形。包括南海海盆西侧的中沙大环礁、北侧的神狐暗沙、一统暗沙及耸立在深海盆上的宪法暗沙、中南暗沙、黄岩岛等。中沙大环礁是南海诸岛中最大的环礁，几乎全部隐没于海面之下，距海面10～26米，只有黄岩岛南面露出了水面。黄岩岛是中沙群岛东部边缘岛屿，离其他岛礁约300千米。中沙群岛大部海区位于热带中部，只有一统暗沙、神狐暗沙位于热带北部，均属热带季风气候，南北温度差异稍大。年平均气温25～27℃，年平均海温25～28℃。中沙群岛受台风影响大，又是南海台风的发源地。

Nansha Qundao
南沙群岛　中国南海诸岛中四大群岛之一，属海南三沙市管辖。是中国南海诸岛四大群岛中位置最南、岛礁最多、散布最广的群岛。主要岛屿有太平岛、南威岛、中业岛、郑和群礁、万安滩等。曾母暗沙是中国领土最南点。南沙群岛形成于南海陆坡区的南沙台阶上，处于多山的海底高原上。共有大小岛礁200多个，按在海面上下的位置分为岛、沙洲、暗礁、暗沙、暗滩。南部的曾母暗沙与南康暗沙、北康暗沙位于北巽他大陆架东北部，构造上属西北加里曼丹地槽的一部分；东部的舰长礁、指向礁、都护暗沙与保卫暗沙等，则位于南沙海槽西北坡，与加里曼丹岛、巴拉望岛相望；西北的礼乐滩、双子群礁以北，渚碧礁、永暑礁与日积礁，属于南海中央深海盆地。群岛的大部分处于多山的海底高原，大小海山顶部有许多珊瑚礁，并大都形成环礁，少数为台礁。

南沙群岛

Huangyan Dao

黄岩岛 曾用名民主礁，是中沙群岛中唯一露出水面的岛礁。位于北纬15°07′，东经117°51′，距中沙环礁约160海里。黄岩岛是中国固有领土，由海南三沙市管辖，中国对黄岩岛的领土主权拥有充分法理依据：中国最早发现、命名黄岩岛，并将其列入中国版图，实施主权管辖；中国一直对黄岩岛进行长期开发和利用。黄岩岛以东是幽深的马尼拉海沟，这是中国中沙群岛与菲律宾群岛的自然地理分界。黄岩岛发育在3 500米深的海盆上，是深海平原上的一座巨大的海底山峰露出水面的部分。黄岩岛四周为距水面0.5～3米之间的环形礁盘。礁盘周缘长55千米，面积150平方千米。礁盘外形呈等腰直角三角形，其内部形成一个面积为130平方千米、水深为10～20米的潟湖。

Diaoyu Dao

钓鱼岛 根据中国国务院新闻办公室2012年发布的《钓鱼岛是中国的固有领土》白皮书的最新资料，钓鱼岛及其附属岛屿位于中国台湾岛的东北部，是台湾的附属岛屿，属中国固有领土。分布在东经123°20′～124°40′，北纬25°40′～26°00′之间的海域，由钓鱼岛、黄尾屿、赤尾屿、南小岛、北小岛、南屿、北屿、飞屿等岛礁组成，总面积约5.69平方千米。钓鱼岛位于该海域的最西端，面积约3.91平方千米，是该海域面积最大的岛屿。钓鱼岛呈番薯形，地势北部较平坦，南部陡峭，中央山脉横贯东西；最高山峰海拔362米，位于中部；其他尚有若干山峰及四条主要溪流，处在东海大陆架上。黄尾屿位于钓鱼岛东北，陡岩峭壁，屹立于海中；赤尾屿是钓鱼台列岛最东端的岛屿；南小岛和北小岛孤悬于海中，两岛相隔约200米，古时合

钓鱼岛

称橄榄山，它们原为一个岛屿，后因断裂活动，地堑陷落，一岛分裂为二；北屿位于钓鱼岛东北约6 000米处；南屿位于钓鱼岛东北约7 400米处；飞屿处在中国陆地领土自然延伸的大陆架上，以冲绳海沟与琉球群岛相隔。

Yongxing Dao

永兴岛 位于中国西沙群岛东部的宣德群岛中部。是由白色珊瑚、贝壳沙堆积在礁平台上而形成的珊瑚岛，四周为沙堤所包围，中间较低，是潟湖干涸后形成的洼地，发育由鸟粪衍化成的磷质石灰土。永兴岛是西沙群岛中面积最大的岛屿，是西沙、南沙、中沙三个群岛的军事、政治、文化中心，隶属于中国海南三沙市，是海南三沙市人民政府驻地。该岛地势平坦，东西长1 850米，南北宽1 160米，陆地面积约3.2平方千米。平均海拔高度为5米，最高点为西南部的沙堤，达8.5米；四周礁盘宽度1 200米左右，礁缘突起呈环状。沙滩宽50～100米，围绕着茂盛的绿色丛林，沙滩周围又有宽100米、高6～8米的沙堤环绕。该岛地处北回归线以南，属热带季风气候，由于周围被海包围且陆地面积小，有海洋性气候的特点，炎热湿润，但无酷暑，雨量充沛，太阳直射时间多，日照长，阳光明媚，紫外线格外强烈。年平均气温26.5℃，极端高温34.9℃，极端低温15.3℃。年降水量1 505毫米，雨季为每年5～6月。岛上热带植物茂盛，林木遍布，以椰树为主。

Taiping Dao

太平岛 又称黄山马礁，是一珊瑚礁岛。位于南沙群岛北部中央郑和群礁西北角，居南海西侧航道的东边。地表的细砂土为珊瑚礁风化所形成，下层为坚硬之礁盘。沙滩上堆积的细砂主要为珊瑚和贝壳碎屑。该岛平均潮位时陆域出水面积约为0.49平方千米，低潮位时礁盘与陆域出水面积约0.98平方千米，是南沙群岛最大的自然岛。隶属于海南三沙市，现由中国台湾当局实际管辖。岛形东西狭长，地势低平，海拔4～6米。岛之四周均有沙滩，南北侧沙滩较狭，宽仅5米，东侧宽约20米，西南侧宽约50米。属热带海洋性气候，年平均气温21～35℃，年较差2.7℃，日较差3～4℃。因为日照强烈，对流旺盛，降雨比西沙群岛多，但由于缺少地形性降水，年降水量为1 500～2 200毫米。6～10月为雨季，11～5月为旱季，8～9月雨量最集中。由

于靠近赤道，土质良好，基本没有台风侵袭。还是南沙群岛中唯一存在淡水资源的岛，所以岛上覆盖着各种高大茂密的热带植被，如椰子林、木瓜树、香蕉树等，一年四季有多种海鸟栖息于此。

Yongshu Jiao
永暑礁 地处南沙群岛中部，隶属于海南三沙市。位于北纬9°37′，东经112°58′，处在南沙群岛九章群礁和尹庆群礁的中点，地理位置重要，战略价值极高。永暑礁是一个环形珊瑚礁，呈长椭圆形，分为西南和东北两块。属热带海洋性季风气候，月平均温度在25～29℃之间，年降水量约2 800毫米。1988年中国选定永暑礁作为联合国教科文组织海洋观察站，立有主权碑，并分别在这一海域的5个礁盘上建立10座航标灯。永暑礁具有108平方千米的独立礁盘，具有填礁成岛的潜力，其地质构造亦适合建造人工岛。2013年以来中国开始在永暑礁上填海造陆，至今陆地面积已经超过2平方千米。

liedao
列岛 群岛的一种，一般指排列成线或弧形的群岛。如中国的嵊泗列岛、长山列岛、澎湖列岛等。嵊泗列岛位于杭州湾以东，长江口东南，由钱塘江与长江入海口汇合处的数以百计的岛屿群构成。澎湖列岛位于台湾岛西部的台湾海峡东南部，由火山喷发形成的60多个岛屿组成，是台湾最早开发的地方。长山列岛位于渤海、黄海交汇处，胶东半岛和辽东半岛之间，由32个岛屿组成，主要岛屿是南岛和北岛。

Shengsi Liedao
嵊泗列岛 位于中国第一大群岛舟山群岛的北部，长江口与杭州湾的汇合处。西与上海芦潮港隔海相望，南临普陀山，东临浩瀚的太平洋，北接黄海。由钱塘江与长江入海口汇合处的数以百计的岛屿群构成，包括大洋山、小洋山、沈家湾岛、薄刀嘴岛等400多个大小岛屿。是浙东天台山主脉沉陷入海的外露部分。嵊泗列岛由泗礁岛、崎岖列岛、马鞍列岛等多个岛群组成，各岛的地貌结构特征基本一致，由内到外、从高到低大多依次为山脊、坡地、谷地（陡崖）、滩涂、海洋。山岩峻峭，丘陵起伏，山地高度不大，一般海拔在几十米到一百多米

之间，境内最高峰为花鸟岛上的前坑顶，海拔高度为236.9米。山地多而谷地狭小，岛屿四周多成陡崖，平地较少。陆地多为海岛丘陵，岛小而散，无水系，只有少数短浅直接入海的间歇溪。淡水资源靠天然降水。土壤主要分为红壤、潮土、盐土、水稻土四大类。红壤分布在各岛地势较高的山坡上。其他类型主要分布于各岛地势较低的平地和滩涂。各岛境内均无河流水系，岛屿四周海水环绕，海湾曲折，岸线长达380余千米。属北亚热带南缘海洋性季风气候区，常年温和湿润，冬无严寒，夏无酷暑，常年平均气温15.8℃，气温日较差和年较差小，最冷月平均气温4.9℃（1月），极端最低温度-7℃；最热月平均气温26.9℃，极端最高温度36.7℃，年温差25℃。降水量偏小，年均降水量973.3毫米，降水期较集中于春、夏。海岛日照充足，年平均日照时数2 148.7小时。全年平均无霜期256～268天，年平均结冰日数19.8天。常有大风，年平均大风日147天，年平均风力5级，风浪3级，大风日多出现在10月至翌年4月间。夏秋之交常有台风袭扰，年平均受台风影响4.3次，风力最大的在12级以上，台风时常夹带有大雨或暴雨，并出现狂涛。

Changshan Liedao
长山列岛 位于渤海、黄海交汇处，胶东半岛和辽东半岛之间。历称庙岛群岛，古称沙门岛。陆地面积153.06平方千米，呈现明显的海蚀地貌景观，沿岛屿海岸形成99处海湾。主要由南北长山岛、南北隍城岛、大小黑山岛、大小钦岛和庙岛等32个岛屿组成（包括10个常住居民岛）。最大岛为南长山岛，面积12.75平方千米；最小岛为小高山岛，面积2 400平方米。主要由石英岩、千枚岩及板岩等构成。地貌以低山丘陵为主，有40多座山头海拔在百米以上。最高点高山岛，海拔202.8米；最低点东嘴石岛，海拔7.2米。众多岛屿南北向排布，纵贯渤海海峡南部，占据了海峡3/5的海面，以北砣矶水道、长山水道为界，分为北、中、南三个岛群。南岛群地势平缓，多沙滩、石滩；中、北岛群地势高陡，多岩岸。棕壤为地带性土壤，主要分布在岛屿中上部；岛屿下部分布有褐土；大多数岛局部覆盖有第四系黄土。属暖温带季风大陆性气候区。年均气温11.9℃，极端最高气温36.5℃，极端最低气温3.3℃。年均降水量567毫米，降水年际变化大，年内分配不均，59%的降水集中在夏季，年日照

长山列岛

时数2 554小时，无霜期243天。春、秋季多西南风、西北风，夏季盛行东南风，冬季以西北风为主。

Penghu Liedao

澎湖列岛　位于台湾海峡的南部。面积约127平方千米，域内岛屿罗列，港湾交错，地势险要，是中国东海和南海的天然分界线。地理位置优越，东隔澎湖水道，与台湾岛相对，西面与福建省厦门市隔海相望。属火山岛，由玄武岩组成，环以珊瑚礁。地势平坦，大部海拔30～40米，最高的猫屿海拔79米，以澎湖、渔翁、白沙三岛最大，澎湖与白沙岛间有石堤相连，低潮时可以徒步通过。年平均气温为27.7℃。冬暖夏凉，唯雨量稀少，风力强大。全年平均风速超过6级的大风日多达144天，其中，每年11月至翌年1月，大风日每月超过20天。每年除6～8月为南风外，其他月份多为东北季风，最大风速可达20米/秒以上。年降水量为1 000毫米，且分布不均匀，夏季降水量占全年的80%，干旱期长达180天左右。澎湖列岛地势平坦，无河川山岳，土层浅薄，肥力不足，水源缺乏，加上海风强劲，不利于农作物生长，仅能种植甘薯、花生等。

Mazu Liedao

马祖列岛　位于台湾海峡正北方，面临闽江口、连江口和罗源湾，与中国大陆只有一水之隔，为海运要冲。因南竿塘上的马祖澳得名，总面积约20平方千米。马祖列岛由南竿塘（又称马祖岛）、北竿塘、高登岛等3座较大岛及附近13座小岛屿组成。马祖岛最大，面积10.4平方千米，岸线长23.5千米。地势西部和东北部较高，以园台山为最高，海拔249米。北岸青水澳和西岸马祖澳是船舶停靠处。北竿塘又名长屿山，面积7.13平方千米，

中部壁山297米，居列岛最高点。高登岛又称北沙岛，面积1.25平方千米，地形南宽北窄，地势南高北低，南部下目山177米，为全岛制高点。在南竿塘、北竿塘之间为马祖海峡，水深可达40～50米。马祖列岛属亚热带海洋性气候，四季分明，冬冷潮湿，春夏交际多雾，秋天气候较为稳定。年平均温度为18.6℃，年平均降水量1 060毫米，多集中于4、5月。多大风，台风多发生于7、8月。马祖列岛为岩岛，海岸陡峭，北竿塘西岸和南岸有沙滩发育。岛上耕地少，居民多以捕鱼为业。

dongtu

冻土　0℃以下，并含有冰的各种岩石和土壤。在高纬度地区及中纬度高山地区，如果处于较强的大陆性气候条件下，地温常处于0℃以下，降水少，大部分又渗入土层中，不能积水成冰，而土层的上部常发生周期性的冻融，在冻融作用下而产生的地貌现象。一般可分为短时冻土（数小时、数日以至半月）、季节冻土（半月至数月）及多年冻土（数年至数万年以上）。地球上冻土区的面积约占陆地面积的50%，其中多年冻土面积占陆地面积的25%。冻土是一种对温度极为敏感的土体介质，含有丰富的地下冰。中国多年冻土又可分为高纬度多年冻土和高海拔多年冻土，前者分布在东北地区大兴安岭、小兴安岭，后者分布在青藏高原及西北的天山、阿尔泰山和祁连山等地区及东部一些较高山地。季节冻土遍及北部和中部，其南界西从云南章风，向东经昆明、贵阳，绕四川盆地北缘，到长沙、安庆、杭州一带。

huoshan

火山　地球深处的岩浆等高温物质从地壳裂缝中喷出而形成的锥形高地。火山出现的历史很悠久。有些火山在人类有史以前就喷发过，但现在已不再活动，称之为"死火山"；有些火山有史以来曾经喷发过，但长期以来处于相对静止状态的，保存有完好的火山锥形态，仍具有火山活动能力，或尚不能断定其已丧失火山活动能力，称之为"休眠火山"；人类有史以来，时有喷发的火山，称为"活火山"。

　　中国晚新生代以来的火山及熔岩活动较普遍，主要分布在东北地区、内蒙古及山西、河北两省北部、广东雷州半岛、海南岛、云南腾冲、藏北高原、台湾等地。从全球火山分布来看，中国火山活动大

部分属于环太平洋火山带的大陆边缘火山,主要受华夏系、新华夏系断裂及与之相交的北西向断裂控制,为喜马拉雅造山运动的产物。

东北地区火山群　中国新生代火山最多的地区,共有34个火山群,计640余座火山,并有大面积的熔岩被。主要分布在长白山地、大兴安岭和东北平原(五大连池火山群)及松辽分水岭三个地区,具有活动范围广、强度高、喷发期数多、分布密度大等特点。新第三纪时期多有规模巨大的沿断裂溢出的基性玄武岩,覆盖于广大准平原面之上,呈大面积的熔岩高原及台地;规模较小者后期被侵蚀切割为方山、岭脊、尖山、残丘等;第四纪以后喷发规模渐小,熔岩充填谷地,覆于河流阶地之上成低台地,或堵塞河流堰塞成湖,如"地下森林"火山群的熔岩流阻塞牡丹江上游,使之成为中国最大熔岩堰塞湖(镜泊湖);晚期则以强烈的中心式喷发为主,形成由火山熔岩及火山碎屑(火山弹、火山砾、火山砂、火山灰等)组成的突兀于熔岩高原、台地之上众多的火山锥。以长白山地区为例:在以长白山火山锥为中心的广大地面上,熔岩高原、熔岩台地呈环带状分布,覆盖面积达万余平方千米。一般认为东北区晚新生代以来的火山活动共有九期,其中以上新世中期(第三期)喷发为最强烈,此后规模和强度逐渐减弱。

内蒙古高原火山群　亦为中国晚新生代火山活动较频繁地区。在大兴安岭新华夏隆起带和阴山东西向复杂构造带截接部位之北侧,以锡林郭勒盟为中心的内蒙古高原中部,发育有大片第三纪末至第四纪初期的玄武岩组成的熔岩台地,总面积约1.2万多平方千米,规模仅次于长白山区。台地上有规律地排列着许多第四纪死火山锥。按其分布约可分为三片:巴彦图嘎熔岩台地集中于中蒙边界,至少有40余座火山;阿巴嘎火山群规模最大,熔岩台地之上有206座呈截顶圆锥形、钟形、马蹄形、不规则形火山锥;达来诺尔熔岩台地面积约3 100平方千米,102座火山锥呈华夏向雁行式排列有序。均为新第三纪宁静式裂隙喷溢到第四纪后逐渐转为多次强烈的中心式喷发而形成。内蒙古高原南部的集宁周围直至山西右玉、大同,及张北汉诺坝玄武岩台地一带,称察哈尔火山区。该区恰值阴山东西向复杂构造带与大兴安岭新华夏构造带之截接部位,又为祁吕东翼反射弧的斜接所复杂化。所以,玄武岩台地的分布明显受控于北东向及东西向构造。该

区熔岩面积很大,如察哈尔熔岩台地面积约4 400平方千米,但后期火山活动规模及火山锥数目均远不及高原中部。第四纪火山锥仅分布在玄武岩台地的南北两侧,如大同火山群可见保存完好的火山锥十余个,另外还有由九座火山组成的马兰哈达火山群和由七座火山组成的岱海南部火山群。据推断该区火山活动始于中新世末上新世初,到更新世末甚至全新世方结束。

海南岛北部与雷州半岛火山群　火山及熔岩地貌的形成与该区强烈的新构造运动密切相关。该区第三纪初期开始断陷下沉,沉积厚度达3 000余米,其中夹有数十层薄层玄武岩。第四纪初雷琼地区上升,火山活动也最强烈。早期为裂隙式的平静溢流,成大规模熔岩被,而后逐渐转为猛烈但规模较小的中心式喷发,至全新世渐趋停息。在地表形成了大面积的熔岩台地及星罗棋布的火山锥。玄武岩流面积达7 500平方千米,火山锥近70个。

云南腾冲火山群　位于云南西横断山系南段的高黎贡山西侧。火山及熔岩流以腾冲县城为中心呈一南北向延伸的长条形,面积2 870平方千米,计有火山锥70余座,其中火口完整的22座,遭破坏的10座,其余为无火口火山。火山及熔岩活动自上新世始至全新世。本区以极丰富的地热资源著称于世。另外该区地震频繁,并具岩浆冲击型地震的特点:小震、群震、浅震甚多。表明热田下部存在尚未溢出的残余岩浆体活动,成为地热流的强大热源,火山仍处于微弱活动过程。

腾冲火山群

藏北高原北部火山群　上新世以来青藏高原强烈隆起,伴随着强烈的地壳运动,留下了分布较广的多期火山活动遗迹。可划分为六个火山群。其中西昆仑山中克里雅河上游位于海拔4 700米处的

高145米的1号火山，曾于1951年5月27日爆发，延续数昼夜，为中国大陆火山活动的最新记录。该区位置最南的大火山群（巴毛穷宗火山群），最高达5 398米，是中国最高的火山。

太行山东麓火山群　包括井陉雪花山玄武岩、汤阴黑山头玄武岩等及河北平原内部黄骅附近的"小山"和无棣附近的"大山"，为新生代以来火山活动的产物。华北平原底部发现有四层玄武岩及火山碎屑岩夹层，说明在太行山的抬升和华北平原的下沉过程中，也曾伴随有多次岩浆喷出活动。

南京附近火山群　包括上新世喷发的上"方山"玄武岩和下"方山"玄武岩，长江北岸的盱眙、六合及南岸江宁一带均有由十余座火山锥组成的小型火山群。

台湾基隆火山群　位于台湾岛东北，基隆市以东，三貂角以北至海岸间，即著名的九分矿区与金瓜石矿区一带。有基隆山、新山、牡丹坑山、塞连山、金瓜石山、草山、鸡母岭等，均为海拔700多米以下，以石英安山岩结构为主的火山体。其中最著名的为金瓜石，位于火山群中心，海拔约660米，以富产金矿闻名。草山在其东南，高达729米，有南北两处钟状火山丘，其南侧另有宽约900米的小火山。基隆山位于西北海滨，宽1 000～2 000米，呈椭圆形，高588.5米，以形似鸡笼得名（与基隆港口外的基隆屿同），西与深澳港（番子澳）为邻。各山体大致形成于更新世，分新喷出和旧侵入两期，有南北性断裂。

台湾大屯火山群　位于台湾岛北部，地处环太平洋火山带内，大屯火山群为早更新世—晚更新世期火山活动的产物，并有澎湖列岛等火山岛。这些火山不仅形成了台湾岛北部独特的火山海岸，而且有些火口至今仍有硫气喷出。

luoyan shilidi
裸岩石砾地　表层岩石裸露，植被覆盖率小于5%的石质土地。其中表层为石砾覆盖，覆盖面积大于70%的土地又称石砾地。中国的裸岩及石砾地主要分布在西北山区、华北山区和西南岩溶山区。两者在当前的技术经济条件下，只能用于观赏、旅游，一般难以作生产性开发利用。但有小部分石砾地的石砾层较浅，如采取重大的改良与治理措施，还可以作农林牧业开发利用。主要措施：一是开渠引水，把高山冰雪融水引入就可形成绿洲；二是造林

防风，减少水分的蒸发；三是改良土壤，提高土壤肥力。在此基础上根据土地的适宜用途合理开发利用。

裸岩　　　　　　　　　　（陈百明　摄）

yadan
雅丹　经长期风蚀或其他外力作用，由一系列平行的垄脊和沟槽构成的地貌。雅丹来源于维吾尔语，原意为具有陡壁的小丘。多发育于干燥地区古河湖相土状堆积物分布的地区。形成雅丹的外营力存在三种类型：一类是以风力侵蚀为主形成的雅丹；一类是以水流侵蚀为主形成的雅丹；还有一类则是风和水共同作用形成的雅丹。其中以风力侵蚀为主形成的雅丹称为风蚀雅丹，指风蚀土墩和风蚀凹地的组合。风蚀雅丹地面崎岖起伏，支离破碎，高起的风蚀土墩多为长条形，排列方向与主风向平行，相对高度多在4～10米。土墩物质全为粉砂、细砂和砂质黏土互层。砂质黏土往往构成土墩顶面，略向下风方向倾斜，四周由几种坡向的坡面组成，坡度上陡下缓。它们发育在古代河湖相的土状堆积物中，由于处于干旱地区，湖水干涸，黏性土因干缩而产生龟裂，定向风沿裂隙不断吹蚀，使裂隙逐渐扩大而形成风蚀凹地，而在凹地间则形成土墩。在中国以罗布泊洼地西北部的古楼兰附近最为典型。中国的雅丹地貌面积约2万平方千米，主要分布于青海柴达木盆地西北部，疏勒河中下游和新疆罗布泊周围。

danxia
丹霞　有陡崖的陆相红层地貌。红色砂岩经长期风化和流水侵蚀，形成孤立的山峰和陡峭的奇岩怪石，是巨厚红色砂、砾岩层中沿垂直节理发育的各种丹霞奇峰的总称。主要发育于侏罗纪至第三纪的水平或缓倾斜的红色地层中，以中国广东北部的丹霞山最为典型。丹霞地貌主要分布在中国、美国西部、中欧和澳大利亚等地，以中国分布最广。

土壤编

turang

土壤　陆地表面由矿物质、有机物质、水、空气和生物组成，具有肥力，能生长植物的未固结层。其主要特点是具有肥力，能持续、同时为植物生长提供水、热、肥、气等。土壤是在母质、气候、生物、地形、时间综合作用下的产物。母质是土壤形成的物质基础，构成土壤的原始材料，其组成和理化性质对土壤的形成、肥力高低有深刻影响；气候主要通过温度和降水影响岩石风化和成土过程；生物是土壤形成的主导因素，特别是绿色植物将分散的、深层的营养元素进行选择性吸收，集中地表并积累，促进肥力发生和发展；地形主要起再分配作用，使水热条件重新分配，从而造成地表物质的再分配；时间决定土壤形成发展的程度和阶段，影响土壤中物质的淋溶和聚积。土壤是在上述五大成土因素共同作用下形成的，各因素相互影响，相互制约，共同作用形成不同类型。在上述各种成土因素中，母质和地形是比较稳定的影响因素，气候和生物则是比较活跃的影响因素，它们在土壤形成中的作用随着时间的演变而不断变化。所以土壤是一个经历着不断变化的自然实体，它的形成过程是相当缓慢的。

ziran turang

自然土壤　在自然成土因素（母质、气候、生物、地形、时间）综合作用下形成的，未经人类开垦利用的自然植被下的土壤。自然土壤的形成是风化作用与成土作用同时进行的结果，也可以说是微生物和绿色植物在土壤母质上活动的结果。自然土壤的形成是在生物的主导作用下加上气候和地形等其他因素的参与作用并经过长期发育的过程。地质大循环和生物小循环共同作用是土壤发生的基础。地质大循环指植物营养物质由大陆到海洋，又由海洋到大陆，然后又随新的大陆流向海洋的循环过程；生物小循环指植物（包括生物）反复吸收利用累积植物营养物质，使其在土壤—生物体中反复循环的过程。没有地质大循环，生物小循环无法进行，没有生物小循环，仅靠地质大循环，土壤难以形成。在土壤的形成过程中，两种循环过程互相渗透，不可分割。在中国的平原地区，由于人类的耕作、施肥、灌排、土壤改良等生产活动，留存的自然土壤已经非常少见，所以自然土壤主要分布在人类还未开展耕垦利用的丘陵山区和高原地区。

gengzuo turang

耕作土壤　自然土壤通过人类长期的农业生产活动和自然因素综合作用，形成适于农作物生长发育的土壤。又称农业土壤。经过人类的耕作、施肥、灌排、土壤改良等生产活动影响和改造的土壤，其形态、性状和肥力特性在不同程度上有别于当地的自然土壤。耕作、施肥、灌溉等农事活动，带来大量新的物质，改变了原有的自然土壤的层次和土壤肥力发展的方向、方式和速度，因而，人类的农业生产活动是耕作土壤形成中的主导因素。合理利用改良培肥可使耕作土壤的肥力超过自然土壤。如长期灌溉和种植水稻的土壤，发生层重新分异，形成具有耕作层、犁底层和水耕氧化还原层的水稻土。耕作土壤是人类劳动的产物，是农业最基本的生产资料。中国重要的耕作土壤，除水稻土外，还包括潮土、灌淤土、绿洲土。这类土壤是在长期耕作施肥和灌溉的影响下形成的。在成土过程中，获得了一系列新的属性，使土壤有机质累积、土壤质地及层次排列、盐分剖面分布都起了很大变化。

nongye turang
农业土壤 参见第131页耕作土壤。

senlin turang
森林土壤 发育于木本植被下的各类土壤的总称。与林业土壤不同，具有土壤发生学含义，而林业土壤主要说明土壤在利用上的特点，用以指天然林、次生林和人工林下的土壤以及宜林的荒山荒坡的土壤。森林土壤通常具备以下特征：①有一个死地被物层（又称枯枝落叶层），由覆盖于土壤表面的未分解和半分解的凋落物组成。厚度不等，通常为1～10厘米。按凋落物的分解程度又可分为粗有机质层和半分解的有机质层。②表层腐殖质含量明显高于底层。③淋溶作用强烈，土壤中盐基离子淋溶殆尽，土壤盐基饱和度低。④呈酸性反应。淋溶作用愈强烈，则酸性特征愈明显。

　　中国有世界上典型的森林土壤类型，森林土壤面积约占土地总面积的1/4。在东北、内蒙古林区，大兴安岭落叶松林下分布着漂灰土，小兴安岭及长白山针阔混交林下分布着暗棕壤；在西南高山林区，四川西部、云南西北分布着山地红壤、山地棕壤、山地暗棕壤及山地漂灰土，西藏东南部针叶林及常绿阔叶林下分布着山地漂灰土及山地黄壤；在东南低山、丘陵林区，长江中下游松杉、阔叶林下分布着红壤、黄壤及山地棕壤，在南岭山地常绿阔叶林下分布着黄壤、赤红壤，在台湾亚热带常绿阔叶林下分布着山地黄壤；在热带林区，海南岛热带季雨林下分布着赤红壤、砖红壤及山地黄壤，台湾热带季雨林下分布着山地赤红壤及砖红壤，在西双版纳热带季雨林下分布着赤红壤及砖红壤；在华北和西北高山林区，华北及黄河中游油松林、落叶阔叶林下分布着棕壤及褐土，在黄河上游及黑龙江流域针叶阔叶林下分布着山地灰褐土及山地棕壤，在祁连山针叶

林下分布着山地灰褐土，在新疆阿尔泰山、天山针叶林下分布着山地灰褐土及山地灰黑土。

caoyuan turang
草原土壤 半干旱地区草甸草原及草原植被下发育的各类土壤的总称。广泛分布于温带、暖温带以及热带的大陆内部。在中国，主要分布在小兴安岭和长白山以西、长城以北、贺兰山以东的广大地区。其共同特点是：①土壤淋溶作用较弱，剖面下部均有钙积层；②土壤盐基物质丰富，代换性盐基呈饱和状态；③土壤反应多呈中性至碱性；④有机质主要以根系形式进入土壤，故腐殖质含量自表层向下逐渐减少。主要成土过程有腐殖质累积过程和钙化过程，但二者间的量的对比关系各土类有别，随干旱程度的增加，前者减弱，后者加强。

huangmo turang
荒漠土壤 荒漠地区发育的地带性土壤。广泛分布于温带和热带荒漠地区，约占地球陆地面积的10％。中国主要分布于内蒙古、宁夏、青海、新疆等省区。它们的共同特征是：①成土过程主要表现为钙化作用、石膏化与盐化作用、铁质化作用和风成作用；②具有多孔状的结皮层，腐殖质含量低；③石灰含量高，且表聚性强；④石膏和易溶性盐在剖面不大的深度内聚积；⑤具有残积黏化和铁质染色形成的红棕色紧实层；⑥整个剖面厚度较薄，石砾含量多。由于利用上受限制因素多，主要是细土物质少，灌溉水源缺乏，风沙危害严重，所以大部分用作牧地。

shidi turang
湿地土壤 根据1971年《关于特别是作为水禽栖息地的国际重要湿地公约》（简称《湿地公约》或《拉姆萨公约》），"无论天然或人为、永久或暂时、静止或流水、淡水或咸水、或二者混合者，由沼泽、泥沼、泥煤地或水域所构成的区域，包括水深在低潮时不超过6米的沿海区域即为湿地。"因此湿地土壤可以泛指在上述湿地定义范围内之具有一定发育程度的各类土壤的集合，即长期积水和在生长季节有水生植物或湿生植物生长的土壤，以及与其有着密切的物质、能量交换季节性积水的土壤。此范围的土壤中，地下水层经常可达到或接近地表，并且水分处于饱和或经常饱和状态，其水生

或喜水植被常可形成特别的生态相。只要有潮湿积水条件，无论在温带、亚热带、热带均可有湿地土壤。中国湿地土壤主要分布在东北地区、川西北高原地区及各大河流的泛滥地、冲积平原、三角洲以及湖滨、海滨的地势低平地区。

qinshi turang
侵蚀土壤 遭受侵蚀作用后原地残留的土壤，即土壤表层及其母质在水力、风力、冻融或重力等外营力作用下被破坏、剥蚀、冲刷搬运而流失。由于土壤侵蚀，使大量肥沃表土流失，残留土壤的土层变薄，肥力和植物产量迅速降低。如中国东北的黑土区，肥沃的黑土层不断变薄，有的地方甚至全部被侵蚀，通常被侵蚀的是较肥沃的土壤表层，造成大量土壤有机质和养分损失，土壤理化性质恶化，土壤板结，土质变坏，土壤通气透水性能降低，残留土壤的肥力和质量迅速下降。

yanzi turang
盐渍土壤 盐土和碱土以及各种盐化、碱化土壤的统称。一般表层20厘米土壤含盐量为0.2%～0.6%的称盐化土壤，含盐量为0.6%～2%或以上的称为盐土。含盐土壤多分布在干旱、半干旱和滨海地区。气候干旱、排水不畅、地下水位过高及海水浸渍是土壤积盐的重要原因。此外，由于人为原因，不合理的耕作灌溉，可使地下水位上升，易溶性盐在表土层积聚，发生次生盐渍化作用，形成盐渍土壤。碱化土壤吸附较多的代换性钠，碱土中碱化层的代换性钠可占代换性阳离子的20%以上。盐土中过多的可溶性盐，可增高土壤溶液的渗透压而引起植物生理干旱；碱土中过多的代换性钠可引起一系列不良理化特性。盐渍土壤的改良多采用水利土壤改良措施。

中国是盐渍土壤分布广泛的国家，主要分布在东北平原盐渍土地区、黄淮海平原盐渍土地区、甘新漠境盐渍土地区、青海极漠境盐渍土地区、西藏高寒漠境盐渍土地区及滨海海浸盐渍土地区。

turang fenbu
土壤分布 土壤及其组合在陆地表面呈有规律变化的现象。土壤与生物、气候条件相适应，表现为广域的水平分布、垂直分布和水平与垂直复合分布规律，总称为土壤地带性分布规律；土壤还和地方性的母质、地形、水文、成土年龄以及人为活动相关，表现为地域性分布。

土壤水平地带性分布 因纬度和距海远近不同，引起热量和湿润度差异，形成不同的土壤带（或土被带）。大致沿纬线（东西）方向延伸，按纬度（南北）方向逐渐变化的为土壤纬度地带性分布；而沿经线（南北）方向延伸，按经度（东西）方向排列的属土壤经度地带性分布。从全球范围看，由于各大陆自然条件的差异，土壤带的排列方向也各有不同。中国位于欧亚大陆的东南部，生物气候条件深受东南季风的影响，土壤的水平分布既具有沿纬度方向变化的特点，也有沿经度方向变化的特点。例如，东部沿海地区属湿润型土壤带，土壤分布基本上与纬度相符，由南而北有砖红壤、赤红壤、红黄壤、黄棕壤、棕壤（或褐土）、暗棕壤带。但西北内陆干旱、半干旱地区，土壤分布基本上沿经度方向排列，自东而西有灰黑土、黑钙土、栗钙土、棕钙土，以至灰漠土和灰棕漠土带。

土壤垂直地带性分布 山地土壤类型随地形海拔的升高（或降低），与生物、气候的变化相应而呈现有规律的变化。或土壤随地形高低自基带面向上（或向下）依次更迭的现象，并由此而形成不同的土壤垂直带谱（或土壤垂直带结构）。土壤自基带随海拔高度向上依次更迭的现象，叫正向垂直地带性；反之，称负向垂直地带性。土壤垂直带谱，因基带生物，气候条件（或地理位置），山体的大小、走向和高低，坡度的陡缓、坡向、形态的不同，而有很大差异。如热带湿润区山地的土壤垂直带谱为：山地砖红壤（或山地赤红壤、红壤）、山地黄壤、山地漂灰黄壤、山地灌丛草甸土（中国五指山）；温带干旱区的土壤垂直带谱则为：山地栗钙土、山地黑钙土、山地灰黑土、山地漂灰土和高山寒漠土（中国阿尔泰山西北坡）。

土壤水平与垂直复合分布 是高原土壤地理分布的重要特点，在中国西藏高原表现得最为明显。在辽阔的高原面上，由东南向西北，随着气候干旱程度的增强，土壤随之呈现水平分布，依次为高山草甸土（草毡土）、高山草原土（莎嘎土）和高山漠土。在高原上屹立的高大山体，具有正向垂直带谱；而随高原面河流下切形成的深谷，则具有负向垂直带谱。以雅鲁藏布江中游谷地为例，土壤负向垂直带谱为：亚高山草甸土（黑毡土）和亚高山林灌草甸土（棕黑毡土）、山地灰化土、山地暗棕壤和山地棕壤（西藏林芝附近）。

土壤地域性分布　在地带性土壤带范围内，由于地形、母质、水文、成土年龄以及人为活动影响，使土壤发生相应变异，形成非地带性土壤（或称隐域性土和泛域性土），出现地带性和非地带性土壤的镶嵌或交错分布现象。在红壤地带的丘陵、河谷平原中，可见到红壤和水稻土、潮土交错分布；若母质为石灰岩，则形成红壤和石灰（岩）土、水稻土等相应的土壤组合。在栗钙土地带湖泊洼地周围，由水体向外依次为沼泽土、盐土、草甸土、草甸栗钙土和栗钙土，呈环状、半环状分布。在中国黄淮海平原中，由于微地形影响，尚有盐渍土与非盐渍土组成复合分布。由于人为改造自然的结果，在中国南方可见到阶梯式、棋盘式和框垛式土壤复域。

turang ziyuan
土壤资源　可利用或潜在可利用的土壤，即具有生物性产品生产能力的各种土壤类型的总称，包括土壤类型的数量与质量。土壤资源具有农、林、牧业生产性能，是人类生活和生产最基本、最广泛、最重要的自然资源，属于地球上陆地生态系统的重要组成部分。土壤资源的生产力高低，除了与其自然属性有关外，很大程度上决定于人类的生产科学技术水平。不同种类和性质的土壤，对农、林、牧具有不同的适宜性，人类生产技术是合理利用和调控土壤适宜性的有效手段。土壤资源具有可更新性和可培育性，人类可以利用它的发展变化规律，应用先进的技术，促使其肥力不断提高，以生产更多的农产品，满足人类生活的需要。若采取不恰当的培育措施，土壤肥力和生产力会随之下降，甚至衰竭。土壤资源的空间存在形式具有地域分异规律，这种地域分异规律在时间上具有季节性变化的周期性，所以土壤性质及其生产特征也随季节的变化而发生周期性变化。

yinong turang ziyuan
宜农土壤资源　适宜发展农业的农用与宜农土壤，也包括需要进行土壤改良的农林结合利用的土壤。中国的宜农土壤类型有15个，分别是：黑土、白浆土、砂姜黑土、草甸土、水稻土、灌淤土、潮土、黑钙土、红壤、紫色土、塿土、绵土、黑垆土、灰褐土和盐碱土。主要分布在三江平原、松嫩平原、辽河平原、黄淮海平原、长江中下游平原、珠江三角洲、成都平原、河套平原等。

yilin turang ziyuan
宜林土壤资源　适宜发展林业的林用与宜林土壤，也包括林农结合利用的土壤。中国的宜林土壤类型有11个，分别是：灰化土、灰色森林土、暗棕壤、棕壤、黄棕壤、黄壤、砖红壤、赤红壤、红色石灰土、黑色石灰土和燥红土。主要分布在东北、内蒙古林区、西南高山林区、东南低山丘陵林区、西北高山林区和热带林区。

yimu turang ziyuan
宜牧土壤资源　适宜发展牧业的牧用与宜牧土壤，也包括牧农、牧林结合利用的土壤。中国的宜牧土壤类型有10个，分别是：栗钙土、棕钙土、灰钙土、灰漠土、灰棕漠土、棕漠土、风沙土、龟裂土、泥炭土和沼泽土。主要分布在年降水量少于400毫米的内蒙古、新疆、青海、西藏、甘肃、宁夏和东北三省西部、四川西北部、陕西北部和云南西北部地区。

turang pucha
土壤普查　对土壤的成因、类型的性状、肥力、分布、改造利用途径所进行的广泛调查研究。一般以生产单位（村或乡）或以图幅（或航片）分幅（或分航带）为调查区，自下而上，逐级汇总。土壤普查内容一般包括：确定土壤类型、测定土壤理化性质、评价土壤等级和制订低产土壤改良规划等。土壤普查工作可包括：剖面控制取样和采集测试样品等外业调查，测定分析样品理化性状、编绘土壤、土壤肥力等级、有机质、氮、磷、钾等图件，量算土壤类型面积和撰写土壤调查报告等。1958～1960年，中国开展第一次土壤普查，总结农民群众鉴别土壤农业性状的经验，以土壤农业性状为基础提出了第一个农业土壤分类系统，完成土壤图、土地利用现状图、土壤改良分区图、土壤养分图和土壤志。1979年中国第二次土壤普查提出《暂拟土壤工作分类系统》（修改稿）；在野外工作接近完成时，于1987年拟订出《中国土壤分类系统》，经过修改，于1992年定稿，以成土条件、成土过程及其属性为土壤分类依据，确立了12个土纲、29个亚纲、61个土类和231个亚类的高级分类单元；基层分类单元为土属、土种和变种，而以土种为基本单元。普查从乡一级做起，按1∶1万大比例尺，逐级汇总到县级1∶5万，地区级1∶10万，省级1∶50万，国家1∶100万、1∶250万和1∶400万比例尺，分级完成不同比例尺的土壤图、土壤养分图、土壤改良利用分区图等。

turang diaocha

土壤调查 野外研究土壤的一种基本方法。它以土壤地理学理论为指导，通过对土壤剖面形态及其周围环境的观察、描述记载和综合分析比较，对土壤的类型、分布、肥力和利用改良状况进行实地勘查、描述、分类和制图的全过程。是认识和研究土壤的一项基础工作和手段。通过调查了解土壤的一般形态、形成和演变过程，查清土壤资源的数量和质量及其分布规律，为研究土壤规划、利用、保护和管理提供科学依据。按照土壤调查的目的和要求，通常分为土壤详查与土壤概查。土壤详查指在一定区域范围用大比例尺地形图（≥1∶25 000）为底图的土壤调查，特点是调查范围较小、成图精度要求高，通常采用航空像片结合地形图的方法进行。土壤概查是在县以上区域或中小河流域范围内，以中、小比例尺地形图（≤1∶50 000）为底图的土壤调查，具有区域范围广、工作流动性大、综合性强等特点，多采用卫星图片结合地形图的方法进行。中国的土壤调查研究始于20世纪30年代初期。当时主要是进行了一些地区的土壤详查、概查和路线约查，并编制了地区性和全国性的土壤图。1949年以后陆续开展了大规模的区域性土壤调查和专门性的综合科学考察。1958～1959年和1979年，先后进行了两次全国性土壤普查和大比例尺土壤制图。进入20世纪80年代以来，由于调查过程中较多地应用了航片技术和编制了系列成果图件，调查的质量得到提高，为查明土壤资源的数量和质量提供了可靠的基础资料。通过各种比例尺的土壤调查和制图，现已确立了若干新的土壤类型，编写和编制了许多调查报告和全国性或区域性的土壤图，填补了若干土壤调查空白区。

turang quhua

土壤区划 对土壤群体所作的地理上的区分。即根据土被或土壤群体在地面组合的区域特征，按其相似性、差异性和共轭性，进行地理区域上的划分。一般根据各地区土被结构、分布特征、发生特性以及生产性能，将具有相同和共轭关系的群体组合占据的区域，划为一个土区，与相异的地域区分开，并根据差异程度大小在不同级别中予以反映，成为一个多等级的区划系统。区划的主要目的是：合理规划和配置农、林、牧业生产，充分开发、利用和改良土壤资源，发挥土壤生产潜力和提高土地利用率。土壤区划既是综合自然区划的组成部分，又是农业区划的基础工作。

一般可分特定地区土壤区划和特定土壤类型区划两类：①特定地区土壤区划。指对全国或某一省、县或其他指定地区范围内所分布的土壤类型进行的区划，目的主要是为农、林、牧业综合发展服务。涉及内容较广，综合性较强。省级或特定地区的土壤区划，尚可进一步细分为亚土区、小区与土片等续分单元。县级以下的土壤区划要求与农业区划紧密配合，有具体的土壤改良利用措施。县级区划以分两级为宜。②特定土壤类型区划。指为某一土壤类型的利用、改良而对该土壤分布区进行的区划，着重对影响该土类特性和形成发育过程的有关因子进行分析。如风沙土的改良区划重点分析干燥度、风速、风向以及风沙移动和累积的情况；盐碱土的改良利用区划重点分析土壤盐分累积和碱化的情况，并联系反映地下水位、水质、矿化度以及地区盐渍化的地球化学特征等。

Zhongguo turang quhua

中国土壤区划 1949年以来中国学者曾经提出多套土壤区划方案。1959年中国科学院自然区划工作委员会提出中国土壤的区划系统，分为：土壤气候带（0级）、土壤地区和亚地区（1级）、土壤地带和亚地带（2级）、土壤省（3级）、土壤区（4级）、土组（5级）、土片（6级）。0～3级是区划的高级单元，用于全国性、省级、大地区的土壤区划；4～6级是低级单元，用于地区和县级的土壤区划。使用较多的是1982年《中国综合自然区划概要》中提出的中国土壤区划方案。该方案将全国土壤分为3级：土壤区域（1级，4个）、土壤带（2级，15个）、土区（3级，64个）。其划分依据和具体区划如下。

土壤区域 根据土壤性状和自然景观的重大差异，划为四大土壤区域。①富铝土区域（或铁铝土区域），位于秦岭、淮河以南，包括红壤、黄壤等。②硅铝质土区域，位于秦岭、淮河以北，包括棕壤、褐土等。土壤只及于黏粒形成、淋溶和淀积阶段，不少土壤仍含有石灰，低平处见盐分累积，以旱耕为主。③干旱土区域，位于长城沿线及黄土区西缘的西北部，包括栗钙土、漠土等。盐分大量累积，多草场，主要为牧业。④高山（原）土区域，位于中国西南部低纬度、高海拔的青藏高原。

土壤带 土壤区域的续分。主要依据土壤与生物、气候的一致性进行划分。①富铝土区域由南向北分为：砖红壤带，属强富铝化土壤，可种植橡胶及其他地带性经济作物；赤红壤带，适生龙眼、荔枝，局部可引种驯化热带经济作物；红、黄壤带，属中度富铝化土壤，以常绿阔叶林、柑橘、油茶、油桐为主；黄棕壤带，属弱度富铝化土壤，局部可生长茶、柑橘等。②硅铝土区域由南向北分为：棕壤、褐土和黑垆土带，以旱作为主，为干鲜果类的重要产区，有水土保持问题；暗棕壤、黑土和黑钙土带，土壤富含有机质，多森林及草甸草原，盛产大豆、高粱；灰化土或漂灰土带，以落叶松林为主。③干旱土区域可分为：栗钙土、棕钙土、灰钙土带，多干旱草原，以牧业为主；灰棕漠土带，多沙漠，山前多灌区；棕漠土带，多风蚀地貌、戈壁，山前多绿洲。④高山（原）土区域可分为：亚高山草甸土带，多草原及牧业；亚高山草原土带，多干旱草场及牧区，局部沟谷中见农区；高山草甸土带，以牧业为主；高山草原土带，多盐湖，局部有牧业；高山漠土带，属高山漠境草原。

土区 土壤区划的基本单元。以黄淮海平原为例，属棕壤、褐土带中的广阔平原，是一个完整的土壤区，以潮土为主。可再分为黄河以北华北平原潮土—盐碱土区、黄河以南黄泛平原潮土—盐碱土区、淮北、苏北平原砂姜黑土区等。

turang nianling
土壤年龄 由成土因素和成土过程所决定的土壤生成发育全过程经历的时间。又称土壤形成年龄。根据历史发展的时间和各种成土因素的相互作用，可分为绝对年龄和相对年龄。绝对年龄又称土壤真实年龄，系土壤在当地新风化层或新的母质上开始发育至今的绝对时间。它与土壤的发育程度无关，但一般来说经历的年代较久，会发育较好。造成土壤绝对年龄差异的原因，很多都与地质作用有关，如火山的喷发与覆盖、冰川的前进与后退、海进与海退、洼地的沉降与山地的抬升等。而绝对年龄较长的则常与地壳相对稳定致使地面发育年龄较长有关。绝对年龄长的土壤，其发育方向多有一些变动，会造成复杂与重叠的成土过程。相对年龄即土壤的发育程度，最具体的是土壤层次的分化，或者说发生学土层的清晰度，可作为相对年龄的衡量尺

度。发生学土层越明显的表示土壤相对年龄越长。决定土壤相对年龄的是土壤是否有一相对平静的发育环境，例如地面侵蚀或不断有新母质覆盖，就会使成土难以深化。

turang poumian
土壤剖面 土壤三维实体的垂直切面，是一般平行于地表的土壤层次。从地面垂直向下的土壤纵截面一般都表现出一定程度的水平层状构造，在野外以其颜色、质地、结构及松紧度、新生体等区分。层状结构为其最重要的特征，是土壤形成及其物质迁移、转化和累积的表现。一般划分为三个最基本层次：①表土层（A层），为有机质积聚层和物质淋溶层；②心土层（B层），为淋溶物质淀积层；③底土层（C层），又称母质层。这三个基本层最早由俄国土壤学家道库恰也夫命名，以后，人们根据每个基本层的性状与发生学特点又进一步细分。

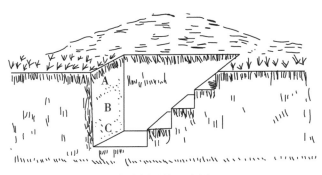

土壤剖面坑示意图

turang cengci
土壤层次 土壤剖面上表现出的水平层状构造。简称土层。反映了土壤形成过程中物质的迁移、转化和累积的特点。自然土壤一般可分为三个最基本的发生层次，即 A、B、C 层。A 层是土壤剖面的表层，是有机质积聚层。B 层位于 A 层的下部，是淋溶物质的淀积层或聚积层。C 层为母质层，位于表土层、淀积层之下，由未受成土作用影响或影响较小的风化残积物或堆积物组成，是形成土壤的母体或基础。土壤层次的野外鉴定特征主要包括土壤颜色、质地、结构、松紧度和新生体等。一定的土壤层次与一定的成土过程相联系。腐殖质化过程广泛分布于自然界，故各种土壤剖面上部大都具有暗色的腐殖质层。淋溶和淀积过程对土壤剖面的分化具有重要意义，在寒带或寒温带针叶林植被下强有机酸参与的淋溶过程（灰化过程）形成强酸性的灰

白色土层（灰化层）；在热带、亚热带生物—气候条件下，伴随强烈风化作用的土壤淋溶过程，形成富含铁铝氧化物的土层；干旱与半干旱环境中与可溶盐分淋失和积聚的不同强度相联系的土壤层次有黏化层；与土壤氧化还原过程相联系的有潜育层；与土壤碱化过程相联系的有碱化层等。一种类型的土壤往往存在几个成土过程，不同的土壤则具有不同的成土过程组合，因此也就有不同土壤层次的组合。如暖温带阔叶林下的棕壤具有两个成土过程，即腐殖质化过程和黏化过程，其剖面主要由腐殖质层、黏化层和母质层构成；温带草甸草原植被下的黑钙土，具有明显的腐殖质累积过程的钙化过程，其剖面主要由腐殖质层、钙积层和母质层构成。土壤层次及其组合是土壤分类的主要依据，也是决定土壤肥力高低的重要因素。

turang muzhi

土壤母质 与土壤直接发生联系的母岩风化物，即未经成土作用的物质，是土壤的前身，位于土层之下。土壤母质是土壤形成的基础，不同的土壤母质会形成不同类型的土壤，是建造土体的基本材料和土壤的"骨架"，也是植物矿质养料（不包括氮素）的最初来源。不同的母质会形成物理、化学特性不同的土壤，从而影响土壤的适宜性。按地质学观点，主要分为残积母质和运积母质，前者是残留于原地的母岩风化物，后者是在搬运过程中沉积下来的风化剥蚀产物。不同的成土母质决定了土壤的机械组成，含有大量粗石英沙砾的花岗岩风化物，由于石英沙砾抗风化能力较强，所以这种风化物上形成的土壤质地较粗。此外不同成土母质还影响了土壤的养分状况，钾长石风化后形成的土壤有较多的钾素，而斜长石风化后形成的土壤有较多的钙素，辉石和角闪石风化后形成的土壤有较多的铁、镁、钙等元素；含磷量多的石灰岩母质，在成土过程中虽然石灰质遭淋溶，但土壤的含磷量仍然很高。如北京山区花岗岩风化而成的土壤土层较厚，呈酸性反应，适宜种植板栗；在石灰岩上发育的土壤，土层较薄，呈碱性反应，水分条件较差，适宜种植核桃。南方杉木在白云母片岩风化而成的厚层黏土上生长良好，而在红色片麻岩风化而成的厚层黏土上则生长不良。

chengtu muzhi

成土母质 参见第137页土壤母质。

turang zucheng

土壤组成 组成土壤的各种成分及其数量的配比。主要由三部分组成，即由矿物质和有机质组成的土粒，由气体、水分占据的粒间孔隙，以及各种生物。其中土粒是土壤的主体，约占土体容积的50%以上。气体一部分由大气层进入，主要为氧气、氮气等，另一部分由土壤内部产生，主要为二氧化碳、水汽等；水分主要由地上进入土中，其中还包括许多溶解物质。生物包括动物界的昆虫、蠕虫、各种原生动物及植物界的藻类和各种微生物。这些组成成分数量配比差异很大。如泥炭土等有机质含量高达70%～80%；而砂质土壤及某些侵蚀严重或荒瘠无植被的土壤，有机质含量极低。土壤中水和空气的变化更大，土壤生物特别是微生物的变化也十分复杂。

turang shengwu

土壤生物 土壤中各种生物的总称。种类很多，包括昆虫、蠕虫、各种原生动物、藻类及各种微生物等。其中微生物的数量极多。环境的改变不仅影响土壤微生物数量，也影响其种类。如将森林地或草地开垦耕作后，土壤状况会发生很大变化。首先植物残体作为生物食料的数量急骤减少，且高等植物的种类亦改变和减少。在单一栽培或轮作中，因无杂草丛生，能提供原始有机成分的范围比自然条件下要窄得多。土壤生物对土壤的物质转化、土壤养分供应及土壤结构的改变均起着重要作用。

turang feili

土壤肥力 土壤能供应与协调植物正常生长发育所需的养分和水、气、热的能力。是土壤各种基本性质的综合表现，是土壤区别于成土母质和其他自然体的最本质的特征，也是土壤作为自然资源和农业生产资料的物质基础。土壤肥力按成因可分为自然肥力和人为肥力。自然肥力是由土壤母质、气候、生物、地形等自然因素的作用形成的土壤肥力，是土壤的物理、化学和生物特征的综合表现。它的形成和发展，取决于各种自然因素质量、数量及其组合适当与否。自然肥力是自然再生产过程的产物，是土地生产力的基础，主要存在于未开垦的自然土壤。人工肥力是指通过人类生产活动，如耕作、施肥、灌溉、土壤改良等人为因素作用下形成的土壤肥力，主要存在于耕作土壤。土壤的自然肥力与人工肥力结合形成的经济肥力，才能用以为人类生产出充裕的农产品。经济肥力是自然肥力和人工肥力的统一，是在同一土壤上两种肥力相结合而形成的。仅仅具有自然肥力的土壤，不存在人类过去劳动的任何痕迹。而具有经济肥力的土壤，由于其中包括人工肥力，则凝结有人类的劳动。由于人工肥力是凭借人的生产活动形成的，人们就可以利用一切自然条件和社会条件促使人工肥力的形成，并加快潜在肥力转化，使土地尽快投入生产。人类的生产活动是创造人工肥力、充分发挥自然肥力作用的动力。土壤肥力经常处于动态变化之中，土壤肥力变好变坏既受自然气候等条件影响，也受栽培作物、耕作管理、灌溉施肥等农业技术措施以及经济、社会制度和科学技术水平的制约。农业生产上，能为植物或农作物即时利用的自然肥力和人工肥力是有效肥力，不能即时利用的是潜在肥力。潜在肥力在一定条件下可转化为有效肥力。

turang feili pingjia
土壤肥力评价　土壤肥力水平评定等级的过程。又称土壤肥力分级。评价的目的是掌握不同土壤的增产潜力，揭示出它们的优点和存在的缺陷，为施肥、改良土壤提供科学依据。参评项目一般包括土壤环境条件（地形坡度、覆被度、侵蚀度）、土壤物理性状（土层厚度、耕层厚度、质地、障碍层位）、土壤养分（有机质、全氮、全磷、全钾）储量指标、土壤养分有效状态（速效磷/全磷、速效钾/全钾）等。项目的具体选择，可根据土壤类别而定。评级方法有累计积分法和数理统计法等。评定结果可划分为瘦土、熟土、肥土和油土等级别。

turang yangfen
土壤养分　土壤中含有的植物生长发育所需的营养物质。是土壤肥力的重要因素之一。可分为两大类：速效性养分，不经过转化即可被植物根部直接吸收利用的养分；缓效性养分，多以复杂的有机化合物和难溶的无机化合物状态存在，只有经分解转化变为速效养分后才能被植物吸收。如氮在耕层土壤中全氮量一般为0.02%～0.2%，多数情况下小于0.1%，有效态氮仅占一小部分。速效性氮通常指无机氮和水解性氮。无机氮又称矿质态氮，包括铵态氮和硝态氮，极易被作物吸收利用，数量一般为全氮量的1%～3%。硝态氮存在于土壤溶液中，其

数量变化较大。铵态氮一部分溶于土壤溶液，一部分吸附于土壤胶体上，都能为植物根系所吸收。水解性氮主要包括无机氮和简单的易水解的有机态氮，其中有的可被作物直接吸收，有的可在短期内供作物吸收，也属于有效态氮。土壤中其他部分的氮为迟效的复杂有机态氮，主要包括腐殖质、蛋白质、有机残体等复杂的有机化合物，这部分含氮物质，必须经微生物的分解转变为无机态氮后才能被植物吸收利用，其数量约占土壤全氮量的90%左右。其他土壤养分还有土壤全磷、土壤缓效磷、土壤全钾、土壤速效钾、土壤缓效钾及锌、锰、硼、铜、钼等微量元素。

turang xingtai
土壤形态　土壤的外部特征。土壤形成以后在组成和性质上是不同的，所以反映在剖面形态特征上也是有差别的。在野外通过土壤剖面形态的观察，可判断出土壤的一些重要性质。土壤重要的形态特征有：颜色、结构、质地、坚实度、孔隙、湿度、新生体、侵入体、动物孔穴等。土壤形态是土壤内在性质及其发生发展过程的外部表现和土壤分类的重要依据，也是研究成土过程的基础。

turang wuli xingzhi
土壤物理性质　土壤固、液、气三相体系中所产生的各种物理现象和过程。可概括为一般物理性质、水分性质、热量性质和物理机械性质。用于表征土壤物理性质的指标主要有：土壤比重、土壤容重、土壤结构、土壤孔隙度、土体构型、土壤耕性、土壤通气性、土壤水分、土壤田间持水量、土壤毛管持水量、土壤饱和持水量等。土壤物理性质制约土壤肥力水平，进而影响植物生长，是制定合理耕作和灌排等管理措施的重要依据。对土壤物理性质的研究，特别是对水、热、气等物质与能量的转移和运动的研究不仅限于对土壤的物理过程进行孤立和静态的研究，而是将它与自然环境联系起来，从整体上分析研究，为耕作、施肥、灌溉、排水及工程建设等提供依据。

tuceng houdu
土层厚度　土壤层和松散的母质层厚度之和。又称有效土层厚度。土层厚度关系到植物的扎根条件，也影响植物根系吸收水分和养分，深厚的土层不但

为植物扎根提供了良好的立地条件，而且对养分和水分的保蓄能力强，对农、林、牧业利用均有利，而薄层土壤对深根性植物的生长就有限制。如谷子是须根作物，只要有20～30厘米厚的土壤就可生长，而洋槐是直根根系的树木，至少要50厘米厚的土层。耕地的土层厚度一般要求在100厘米以上，主要根系活动在50～60厘米，耕作层约30厘米。在中国东部湿润气候区，平原区耕地土层厚度最低不少于30厘米，西部干旱区不小于50厘米。在土地利用时，要根据具体土层的厚度，选择农、林、牧业和安排对土层要求不同的植物或作物品种。

从土壤发生学角度分析，土层厚度取决于气候、地形、植被、成土年龄和母岩等各种因素，其中地形和成土母质以及成土年龄的控制因素较为显著。如黄土高原、华北平原和内蒙古草原等地，地貌多为黄土地貌，成土母质基本为黄土或黄土状沉积物，母质深厚，地形平坦，成土母质发育时间长使得土体深厚；南方山地、丘陵地带由于地形复杂，水土流失和侵蚀情况较为严重，地面物质不断更新，土壤发育始终停留在幼年阶段，从而影响到土壤的发育程度，土层厚度值多低于平均值。

从全国土层厚度的整体情况看，松辽丘陵、冀北山地、黄土高原、华北平原、内蒙古草原和山东丘陵的土层厚度值基本上大于全国平均值，其中较大的最厚值出现在黄土高原的陇东、陇西以及董志塬、洛川塬和渭水一带。南方丘陵地带的土层厚度多低于全国平均值；土层厚度较低值主要集中在西藏、青海、新疆、云贵高原以及四川盆地的部分地区。

《农用地质量分等规程》国家标准附录C（规范性附录）把有效土层厚度从优到差分为五个等级（分级界限下含上不含）。1级：有效土层厚度≥150厘米；2级：有效土层厚度 100～150厘米；3级：有效土层厚度 60～100厘米；4级：有效土层厚度 30～60厘米；5级：有效土层厚度<30厘米。

turang kongxidu

土壤孔隙度 单位容积土壤中孔隙容积占整个土体容积的百分数。表示土壤中各种大小孔隙度的总和。土壤是一个复杂的多孔体系，由固体土粒和粒间孔隙组成。土壤中土粒或团聚体之间以及团聚体内部的空隙叫作土壤孔隙。土壤孔隙是容纳水分和空气的空间，是物质和能量交换的场所，也是植物根系伸展和土壤动物、微生物活动的地方。土壤孔隙大小和数量影响着土壤的松紧状况，而土壤松紧状况的变化又反过来影响土壤孔隙的大小和数量，二者密切相关。一般粗砂土孔隙度33%～35%，大孔隙较多；黏质土孔隙度为45%～60%，小孔隙多；壤土的孔隙度有55%～65%，大、小孔隙比例基本相当。

土壤孔隙状况密切影响土壤保水通气能力。土壤疏松时保水与透水能力强，而紧实的土壤蓄水少、渗水慢，在多雨季节易产生地面积水与地表径流，但在干旱季节，由于土壤疏松则易通风跑墒，不利于水分保蓄，故较多采用耙、糖与镇压等办法，以保蓄土壤水分。由于松紧和孔隙状况影响水、气含量，也就影响养分的有效化和保肥供肥性能，还影响土壤的增温与稳温，所以，土壤松紧和孔隙状况对土壤肥力的影响是巨大的。

从农业生产需要来看，各种作物对土壤松紧和孔隙状况的要求略有不同，因为各种作物、蔬菜、果树等的生物学特性不同，根系的穿插能力不同。如小麦为须根系，其穿插能力较强，当土壤孔隙度为38.7%、容重为1.63克/立方厘米时，根系才不易透过；黄瓜的根系穿插较弱，当土壤孔隙度为45.5%、容重为1.45克/立方厘米时，即不易透过；甘薯、马铃薯等作物，在紧实的土壤中根系不易下扎，块根、块茎不易膨大，故在紧实的黏土地上，产量低而品质差；李树对紧实的土壤有较强的忍耐力，故在坡地土壤上能正常生长；而苹果与梨树则要求比较疏松的土壤。另外，同一种作物，在不同的地区，由于自然条件的悬殊，故对土壤的松紧和孔隙状况要求也是不同的。土壤孔隙度一般不直接测量，可根据土壤容重和比重计算而得。公式为：

土壤孔隙度（%）=（1-容重/比重）×100

公式中比重是指单位体积的固体土粒（除去孔隙的土粒实体）的重量与同体积水的重量之比，一般取其平均值2.65。土壤容重是指单位体积（包括孔隙体积）内自然干燥土壤的重量与同体积水的重量之比，一般为1.0～1.8。

turang bizhong

土壤比重 单位容积的固体土粒（不包括粒间孔隙）的干重与4℃时同体积水的重量之比。由于4℃时水的密度为1克/立方厘米，所以土壤比重的数值就等于土壤密度（单位容积土粒的干重）。土壤比重无量纲，而土壤密度有量纲。土壤比重数值的大小，主要决定于组成土壤的各种矿物的比重。大多数土壤矿物的比重在2.6～2.7之间。因此，土壤比重一般取其平均值为2.65。土壤有机质的比重为1.25～1.40，表层的土壤有机质含量较多，所以，表层土壤的比重通常低于心土及底土。

土壤中主要矿物的比重

矿物	比重	矿物	比重
蒙脱石	2.00～2.20	白云母	2.76～3.00
埃洛石（多水高岭石）	2.00～2.20	黑云母	2.76～3.10
正长石	2.54～2.58	白云石	2.80～2.90
高岭石	2.60～2.65	角闪石、辉石	3.00～3.40
石英	2.65～2.66	褐铁矿	3.50～4.00
斜长石	2.67～2.74	磁铁矿	5.16～5.18
方解石	2.71～2.72		

turang rongzhong

土壤容重 单位容积土体（包括孔隙在内的原状土）的干重。单位为克/立方厘米或吨/立方米。由于容重包括孔隙，土粒只占其中的一部分，所以，相同体积的土壤容重的数值小于比重。一般旱地土壤容重大体在1.00～1.80之间，其数值的大小除受土壤内部性状如土粒排列、质地、结构、松紧的影响外，还经常受到外界因素如降水和人为生产活动的影响，尤其是耕层变幅较大。土壤容重是一个十分重要的基本数据，在农业生产过程中用途较广，其中一个重要性表现在可以反映土壤松紧度上：在土壤质地相似的条件下，容重的大小可以反映土壤的松紧度。容重小，表示土壤

土壤容重和土壤松紧度及孔隙度的关系

松紧程度	容重（g/cm³）	孔隙度（%）
最松	<1.00	>60
松	1.00～1.14	60～56
适宜	1.14～1.26	56～52
稍紧	1.26～1.30	52～50
紧	>1.30	<50

疏松多孔，结构性良好；容重大则表明土壤紧实板硬而缺少结构。不同作物对土壤松紧度的要求不完全一样。各种大田作物、果树和蔬菜，由于生物学特性不同，对土壤松紧度的适应能力也不同。对于大多数植物来说，土壤容重在1.14～1.26克/立方厘米之间比较适宜，有利于幼苗的出土和根系的正常生长。

turang zhidi

土壤质地 按土壤中不同粒径颗粒相对含量的组成而区分的粗细度。即不同粒径的土粒在土壤中所占的相对比例或重量百分数。又称土壤机械组成。世界上广泛采用的质地分类标准主要有国际制、美国制和苏联制三种。土壤质地与土壤通气、保肥、保水状况及耕作难易有密切关系；土壤质地状况是拟定土壤利用、管理和改良措施的重要依据。肥沃的土壤不仅要求耕层的质地良好，还要求有良好的质地剖面。最基本的土壤质地类型主要有：①砂质土，蓄水力弱、养分含量少，保肥力较差，土温变化较快，但通气性和透水性良好，易于耕作。大量灌水、施肥时容易造成水肥淋失，养分和水分的利用率低，所以施肥时要采取少量多次的方式，灌溉要避免大水漫灌方式，采取喷灌或滴灌方式。含有砾石的土壤，因为含有大量孔隙，对肥水的渗漏更迅速；大块的砾石还干扰耕作，撅犁打铧，因此不适于需要耕作的作物，最好林用或牧用。②黏质土，保水力和保肥力较强，养分含量较丰富，土温较稳定，但通气、透水性差，耕作较困难，湿时粘犁，干时坚硬，根系不易穿透土层，作物因缺氧而受影响。③壤质土，质地介于黏质土和砂质土之间，兼具两者优点，是较理想的农业土壤。不同土壤质地适宜不同的作物和林木，如豆类、谷子、烟草、麻类、萝卜、苹果、梨等较适宜于偏黏的类型，水稻适宜于黏重的类型，花生、西瓜、苜蓿等适宜于砂质类型。虽然土壤质地主要决定于成土母质类型，有相对的稳定性，但耕作层的质地仍可通过耕作、施肥等活动进行调节。

《农用地质量分等规程》国家标准附录C（规范性附录）把表层土壤质地（一般指耕层土壤的质地）分为砂土、壤土、黏土和砾质土四个级别。1级，壤土：包括苏联卡庆斯基制的砂壤、轻壤和中壤，1978年全国土壤普查办公室制定的中国土壤质地试行分类中的壤土；2级，黏土：包括苏联卡庆

斯基制的黏土和重壤，1978年全国土壤普查办公室制定的中国土壤质地试行分类中的黏土；3级，砂土：包括苏联卡庆斯基制的紧砂土和松砂土，1978年全国土壤普查办公室制定的中国土壤质地试行分类中的砂土；4级，砾质土，即按体积计，直径＞3～1毫米的砾石等粗碎屑含量大于10％，包括苏联卡庆斯基制的强石质土，1978年全国土壤普查办公室制定的中国土壤质地试行分类中的多砾质土。

turang jixie zucheng
土壤机械组成　参见第140页土壤质地。

turang jiegou
土壤结构　土壤中不同颗粒的排列和组合形式。据其大小和形状，主要分为五种类型，即块状结构、

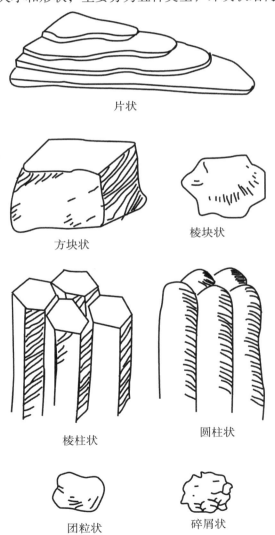

片状

方块状　　棱块状

棱柱状　　圆柱状

团粒状　　碎屑状

土壤结构形态类型

核状结构、柱状（棱柱状和圆柱状）结构、片状结构及团粒结构。①块状结构在质地比较黏重而且缺乏有机质的土壤中容易形成，特别是土壤过湿或过干耕作时，最易形成。块状结构常造成土壤跑墒、压苗、妨碍根系穿插。②核状结构一般多以钙质与铁质作为胶结剂，在结构面上往往有胶膜出现，故常具水稳性，在黏重而缺乏有机质的底土层中较多。③柱状结构在一些土壤的底土层中常有出现。④片状结构往往由于流水沉积作用或某些机械压力所造成，常形成于冲积性母质中，在犁底层中常有鳞片状结构出现。片状结构常造成土壤通透性差、易滞水，扎根阻力大。⑤团粒结构在农业生产上最有价值，多在有机质含量高、肥沃的耕层土壤中出现。有团粒状结构的土壤，松紧适度，通气、保温、保水、保肥，扎根条件良好，能够从水、肥、气、热、扎根条件等肥力因素方面满足作物生长发育的要求，保证土壤水气状况和营养状况的适宜组合，从而获得高产。中国东北地区的黑土，表土层中具有大量的团粒结构。团粒结构经水浸泡较长时间不松散者，称为水稳性团粒结构。这种结构对调节土壤中水肥矛盾作用较大，一般高产田水稳性团粒结构较多，对土壤的孔隙和松紧状况以及调节土壤肥力，也具有相当大的作用。改良土壤即指促进团粒结构的形成。各结构体在土体中分布位置不同，核状、柱状结构主要出现于底土，片状结构在表土层和亚表土层中均有。此外水稻土和许多旱地土壤常含有较多量的小于0.25毫米的微团粒，不仅在调节土壤水肥矛盾上有一定作用，而且也为团粒结构的形成奠定良好的基础。

tuti gouxing
土体构型　土壤层次有规律组合、有序排列的状况，即土壤层次的垂直序列组成的不同类型的排列组合形式。又称为土壤剖面构型、土体构造、土体类型。属于土壤剖面最重要的特征。一般的土体构型包括通体壤质、通体黏质（通体黏壤、通体黏土）、上轻下重（砂质/壤质、壤质/黏土、壤质/黏壤）、上重下轻（黏土/黏壤、壤质/砂质）、夹黏型（壤质/黏土/壤质、壤质/黏壤/壤质）。土体构型是制约土壤肥力的重要因素，不同的土体构型对作物的生长影响不同。如上沙下黏构型，即"蒙金型"，其表层的砂性轻壤质土壤有利于耕作，心

土层重质的土层有利于保水保肥,是良好的土壤剖面构型,对耕作、发苗和保水保肥最为有利。相反地,如果表层土壤质地黏重,心土质地砂性,结果是表层耕性不良,心土漏水漏肥,是不利的土壤剖面构型。

《农用地质量分等规程》国家标准附录C(规范性附录)把土体构型分为三个类别:①均质质地剖面构型:指从土表到100厘米深度土壤质地基本均一,或其他质地的土层的连续厚度<15厘米,或这些土层的累加厚度<40厘米。分为通体壤、通体砂、通体黏,以及通体砾四种类型;②夹层质地剖面构型:指从土表20～30厘米至60～70厘米深度内,夹有厚度15～30厘米的与上下层土壤质地明显不同的质地土层。续分为:砂/黏/砂、黏/砂/黏、壤/黏/壤、壤/砂/壤四种类型;③体(垫)层质地剖面构型:即指从土表20～30厘米以下出现厚度>40厘米的不同质地的土层。续分为:砂/黏/黏、黏/砂/砂、壤/黏/黏、壤/砂/砂四种类型。

turang zhang'aiceng

土壤障碍层　在耕层以下出现白浆层、砂姜层、石灰磐、黏土磐和铁磐等阻碍根系伸展或影响水分渗透的层次。这些障碍层次对作物生长的影响视其出现的深度而不尽相同,一般在距地表50厘米深度就会产生严重影响。当然具体还要看种植的作物种类,如对于果树,即使这些障碍层次在距地表100厘米深度出现,也会对果树生长产生明显影响;而这个深度对一般的谷类作物的影响就不太大。对于水稻,这些障碍层次在距地表50厘米深度出现,其影响也不大,因为水稻需要一定的保水层次。在选择土地利用方式时,要充分考虑这些障碍层次对作物或植物的影响。一般认为,土壤障碍层埋深30厘米为宜农地的临界指标,50厘米为宜林地的临界指标。

《农用地质量分等规程》国家标准附录C(规范性附录)根据其距地表的距离把土壤障碍层分为三个级别(分级界限下含上不含):1级,60～90厘米;2级,30～60厘米;3级,<30厘米。如果这些障碍层次在距地表≥90厘米处出现,则不算作障碍层次。

turang shuifen

土壤水分　土壤中各种形态的水分总称。是土壤的重要组成部分,对其发生、发育起着重要作用。分为固态、气态和液态三种形式。液态水按其所受的力又分为吸湿水、薄膜水、毛管水和重力水。吸湿水是吸附在土粒表面的水汽分子,紧靠土粒,无溶解能力,不能移动,故对植物生长意义不大。薄膜水是保卫在吸湿水外层的水分,所受吸力比吸湿水小,移动缓慢,虽可被植物吸收一部分,但不能满足植物需要。毛管水是在土壤毛管孔隙中由毛管力所保持的水分,可上下左右自由移动,并有溶解养分的能力,是农业生产中最有效的土壤水分。重力水是在土壤非毛管孔隙中受重力影响自由向下移动的水分,能被植物吸收,但会很快渗透到土壤下层,故不能为植物持续利用,成为地下水的重要来源之一。土壤水主要来源于大气降水、灌溉水和地下水及大气中的水汽遇冷在土壤中形成的凝结水,其增长、消退及动态变化,同降水、蒸发、渗漏、地表和地下径流等有密切关系。土壤中的营养物质必须溶于土壤水中才能被植物吸收,土壤中有机物质、无机物质的积累、转化和迁移,都必须有土壤水的参与。土壤水的有效利用和调节,是保证农业生产与改良土壤的重要环节。

turang gengxing

土壤耕性　土壤对耕作的综合反映,即土壤适宜于耕作与否的性状。影响土壤耕性的因素主要是土壤水分、土壤质地、土壤结构和土壤有机质,通过土壤黏结性、黏着性和可塑性在耕作时反映出来。土壤黏结性强,农具不易入土,土块不易散碎;黏着性大,易黏着农具,阻力大;可塑性强,易成泥条,干后土壤板结。理想的耕性应该是黏结性和黏着性不太强、可塑性不高。这三者的变化除取决于土壤质地、土壤结构和土壤有机质以外,还在于耕作时的土壤含水量。土壤过干黏结性大,过湿黏着力强,一般以在可塑性下限以下合墒时为最好。土壤耕性的综合指标包括耕作的难易程度、耕作质量和宜耕期的长短。

土壤耕性一般表现在以下三个方面:①耕作难易程度,指土壤在耕作时对农机具产生阻力的大小,是判断土壤耕性好坏的首要条件。它决定了人力、物力和机械动力的消耗,直接影响机器的耗油量、损耗以及劳动效率,即直接影响着土壤耕作效率的高低。凡是耕作时省工省劲易耕的土壤，称之为"土轻""口松""绵软"。而耕作时费工费劲难耕的土壤，称之为"土重""口紧""僵硬"等，通常有机质含量少及结构不良的土壤耕作较为困难。②耕作质量好坏，指耕后土壤表现的状态及其对作物生育产生的影响。土壤经耕作后所表现出来的耕作质量是不同的，凡是耕后土垡松散，容易耙碎，不成坷垃，土壤松紧、孔隙状况适中，有利于种子发芽出土及幼苗生长的，谓之耕作质量好，相反则称为耕作质量差。③宜耕期的长短，指耕性良好的土壤，适宜耕作时间长，表现为"干好耕，湿好耕，不干不湿更好耕"，而耕性不良的土壤则适耕期短，一般只有一两天，错过适耕期不仅耕作困难，费工费劲，而且耕作质量差。适耕期长短与土壤质地及土壤含水量密切相关，壤性沙壤质及沙质土壤适耕期长，而黏质土壤适耕期短。

改良土壤耕性的措施主要有：增施有机肥料；通过掺砂掺黏，改良土壤质地；掌握宜耕期；改良土壤结构；轮作换茬，水旱轮作，深根作物与浅根作物相结合。

turang huaxue xingzhi
土壤化学性质　土壤固、液、气三相体系中所产生的各种化学行为和过程，可以借助各种方法加以调节和改善。用于表征土壤化学性质的指标有：土壤矿物和有机质的化学组成、土壤胶体、土壤溶液、土壤电荷特性、土壤吸附性能、土壤酸碱度、土壤缓冲性、土壤氧化还原性等。它们之间相互联系、相互制约，而以土壤矿物和有机质等居主导地位。土壤化学性质是影响土壤肥力水平的重要因素之一。除土壤酸碱度和氧化还原性对植物生长产生直接影响外，土壤化学性质主要是通过对土壤结构状况和养分状况的干预间接影响植物生长。土壤矿物的组成、有机质的数量和组成、土壤代换性阳离子的数量和组成等都对土壤质地、土壤结构直至土壤水分状况和生物活性产生影响。进入土壤中的污染物的转化及其归宿也受土壤化学性质的制约。土壤质地、土壤结构和土壤水分状况等土壤物理性质对土壤胶体数量和性质、电荷特性、氧化还原程度和土壤溶液的组成也有明显影响；土壤生物，尤其是土壤微生物则影响到土壤有机质的积累、分解和更新。

turang kuangwu
土壤矿物　土壤中具有特征结构和一定化学式的各种天然无机固态物质。包括土壤固相物质中除有机质和生物体以外的所有无机质部分，如石英、长石、云母、角闪石、辉石等原生矿物以及高岭石、蒙脱石、水云母、含水氧化铁、含水氧化铝等次生矿物。土壤矿物占土壤固相物质的绝大多数，一般占干土重的95%以上，是土壤最基本的物质成分。它影响土壤的质地、孔隙、通气性、透水保水性、供肥保肥性等一系列肥力性状。

turang jiaoti
土壤胶体　土壤中呈胶体状态的物质。常指直径小于1微米（0.001毫米）的固相颗粒。一般可分为无机胶体、有机胶体、有机-无机复合胶体。无机胶体在数量上远比有机胶体多，主要是土壤黏粒，包括铁、铝、硅等含水氧化物类黏土矿物以及层状硅酸盐类黏土矿物。有机胶体主要指土壤中的腐殖质，腐殖质颗粒很细小，具有巨大的比表面积，带有大量的负电荷。腐殖质是亲水胶体，具有高度的亲水性，可以吸附大气中的水汽分子。在土壤中有机胶体一般很少单独存在，绝大部分与无机胶体紧密结合在一起形成有机-无机复合胶体。有机胶体与无机胶体的连接方式是多种多样的，但主要是通过二价、三价等多价阳离子作为桥梁把腐殖质与黏土矿物连在一起，或者通过腐殖质表面的功能团以氢键的方式与黏土矿物连在一起。土壤胶体对土壤结构的形成和肥力变化起重要作用。

turang suanjiandu
土壤酸碱度　反映土壤溶液中氢离子浓度和土壤胶体上代换性氢、铝离子数量状况的化学性质，是土壤各种化学性质的综合反应。又称土壤pH值。包括强度和数量两个方面。强度的主要指标是pH值。pH值6.5～7.5为中性土壤，pH值5～6.5为酸性土壤，pH值小于5.0为强酸性土壤，pH值7.5～8.5为碱性土壤，pH值大于8.5为强碱性土壤。土壤酸碱度对土地利用影响较明显，不同作物对土壤酸碱性有不同要求。一般pH值在6.0～8.5的土壤对大多数作物生长都是适宜的，而有些作物只能在pH值6.0～7.0的土壤中正常生长，但也有些喜酸性或喜碱性的作物例外。在pH值5.5～6.0的酸性土壤上，适宜种植荞麦、马铃薯、甘薯、油菜、木薯、马尾松、板栗等。在pH值6.2～6.9的土壤上，适宜种植小麦、玉米、大麦、花生、棉花、豆类、高粱、甜菜、水稻等。在pH值大于7.5的碱性土壤上，适宜生长苜蓿、棉花、甜菜、草木樨、高粱等。茶树要在酸性（pH值5.0～6.0）土壤上才能生长好，板栗适宜在微酸性（pH值6.0～7.0）土壤上生长。土壤酸碱度对土壤中矿物质养分的有效性、土壤微生物的活性等也产生重要影响，从而影响植物生长。同时对土壤肥力、土壤微生物的活动、土壤有机质的合成与分解、各种营养元素的转化和释放、微量元素的有效性以及动物在土壤中的分布都有着重要影响。在土地利用中，对于酸性土壤可以通过施用石灰中和酸性，对于碱性土壤要改碱洗盐；或者是选择耐酸、耐碱品种；施用肥料要注意pH值对养分有效性的影响。

《农用地质量分等规程》国家标准附录C（规范性附录）根据对作物生长的影响程度把土壤pH值分为六个等级（分级界限下含上不含）：1级，土壤pH值6.0～7.9；2级，土壤pH值5.5～6.0，7.9～8.5；3级，土壤pH值5.0～5.5，8.5～9.0；4级，土壤pH值4.5～5.0；5级，土壤pH值<4.5，9.0～9.5；6级，土壤pH值≥9.5。

turang yanglizi daihuanliang

土壤阳离子代换量 土壤胶体所能吸附各种阳离子的总量。亦称土壤阳离子交换量，即CEC。以每千克土壤中含有各种阳离子的物质的量表示（摩尔/千克）。不同土壤的阳离子代换量不同，主要影响因素有：①土壤胶体类型，不同类型的土壤胶体的阳离子代换量差异较大，如有机胶体＞蒙脱石＞水化云母＞高岭石＞含水氧化铁、铝。②土壤质地，土壤质地越细，其阳离子交换量越高。③土壤黏土矿物，其硅、铝、铁率越高，其代换量就越大。④土壤溶液pH值，当其降低时土壤胶体微粒表面所吸附的负电荷减少，其阳离子代换量降低；反之则增大。土壤阳离子交换量是影响土壤缓冲能力高低的因素，也是评价土壤保肥能力、改良土壤和合理施肥的重要依据。

turang yanji baohedu

土壤盐基饱和度 土壤吸附代换性盐基总量的程度。土壤吸附性阳离子，根据其解吸后的化学特性可区分为致酸的非盐基离子（如氢和铝离子）与非致酸的盐基离子（如钙、镁、钠等）两大类。当土壤胶体所吸附的阳离子基本上属于盐基离子时，称为盐基饱和土壤，呈中性、碱性、强碱性反应；反之，当非盐基离子占相当大比例时，称为盐基不饱和土壤，呈酸性或强酸性反应。土壤盐基饱和度以土壤的交换性盐基总量占土壤阳离子代换量（CEC）的百分比表示。计算公式如下：

盐基饱和度（%）＝代换性盐基总量/CEC×100＝（CEC-代换性酸量）/CEC×100

盐基饱和度真正反映土壤有效（速效）养分含量的大小，是改良土壤的重要依据之一。盐基饱和度的大小，可用作施用石灰或磷灰石改良土壤的依据。

turang yanzihua chengdu

土壤盐渍化程度 自然因素和人为不合理的措施引起土壤盐渍化的不同状态。当土壤中的氯化钠、氯化镁、氯化钙、碳酸钠、碳酸氢钠、硫酸钠、硫酸镁等可溶性盐达到一定含量时，因为土壤溶液的渗透压增大，影响作物吸收水分，从而对作物生长有抑制作用。一般可溶盐总含量在0.3%以上时即开始影响作物根系对水分的吸收而阻碍作物生长，当含量达到0.5%时即产生明显的抑制作用，达到0.7%时即严重减产，达到1%时则成为难以生长植物的盐土。特别是土壤中的碳酸钠、碳酸氢钠，这些碱性可溶盐使土壤的pH值升高、物理性质恶化，对作物的毒害性更大。在土壤中的代换性钠的百分比（ESP）达到15%时一般不能生长作物，ESP在5%～15%之间时对作物生长有抑制作用，只有抗碱的作物才能生长。

《农用地质量分等规程》国家标准附录C（规范性附录）把土壤盐渍化程度分为：无盐化、轻度盐化、中度盐化、重度盐化四个区间（分级界限下含上不含）。1级，无盐化：土壤无盐化，作物没有因盐渍化引起的缺苗断垄现象，表层土壤含盐量<0.1%（易溶盐以苏打为主）或<0.2%（易溶盐以氯化物为主）或<0.3%（易溶盐以硫酸盐为主）；2级，轻度盐化：由盐渍化造成的作物缺苗2～3成，表层土壤含盐量0.1%～0.3%（易溶盐以苏打为主）或0.2%～0.4%（易溶盐以氯化物为主）或0.3%～0.5%（易溶盐以硫酸盐为主）；3级，中度盐化：由盐渍化造成的作物缺苗3～5成，表层

土壤含盐量0.3%～0.5%（易溶盐以苏打为主）或0.4%～0.6%（易溶盐以氯化物为主）或0.5%～0.7%（易溶盐以硫酸盐为主）；4级，重度盐化：由盐渍化造成的作物缺苗≥5成，表层土壤含盐量≥0.5%（易溶盐以苏打为主）或≥0.6%（易溶盐以氯化物为主）或≥0.7%（易溶盐以硫酸盐为主）。

turang huanchongxing
土壤缓冲性 土壤溶液抵抗酸碱度变化的能力。土壤溶液中含有碳酸、硅酸、腐殖酸以及其他有机酸及其盐类，构成一个良好的缓冲体系，故对酸碱具有缓冲作用。土壤缓冲能力的大小和它的阳离子交换量有关，交换量愈大，缓冲性愈强。所以黏质土及有机质含量高的土壤，比砂质土及有机质含量低的土壤缓冲性强。在生产实践中，通过各种措施以提高土壤有机质含量，可增强土壤缓冲能力。同时，不同的盐基饱和度表现出对酸碱的缓冲能力是不同的，如两种土壤的阳离子交换量相同，则盐基饱和度愈大的，对酸的缓冲能力愈强，而对碱的缓冲能力愈小。土壤具有缓冲性能，使土壤pH值在自然条件下不致因外界条件改变而剧烈变化。土壤pH值保持相对稳定性，有利于营养元素平衡供应，从而能维持一个适宜的植物生活环境。显然土壤的缓冲性能愈大，改变酸性土（或碱性土）pH值所需要的石灰（或硫磺、石膏）的数量愈多。因此，改良时应考虑土壤胶体类型、有机质含量、土壤质地等因子，因为土壤缓冲性能与这些因子密切相关。

turang youjizhi
土壤有机质 土壤中除碳酸盐和二氧化碳以外的各种含碳化合物的总称。由未分解和半分解的生物残体和腐殖质构成。自然土壤中有机质的主要来源为动植物及其排泄物。耕作土壤中的有机质，除作物残体外，还有人工施用的有机肥料等。土壤有机质可分为新鲜有机质、半分解有机质、腐殖质和简单的有机化合物，其中腐殖质占土壤有机质总量的50%～70%。土壤有机质虽然含量少，但对土壤物理、化学、生物学性质影响很大，同时它又是植物和微生物生命活动所需的养分和能量的源泉。植物所需的无机元素主要来自土壤中的矿物质和有机质的分解。有机质的存在，有助于提高土温、增

强保水保肥性和缓冲性，还可以与进入土壤中的化学农药结合，影响农药的生物活性、持续性和淋溶状况等。有机质腐化后，很多养分以腐殖质形式贮藏起来，因分解较慢，可不断供应被释放的养分，为植物提供大量有效养分。腐殖质还能调节土壤酸碱度，增强土壤微生物的活性，加速土壤中养分转化；促进土壤团粒结构形成，改善土壤的化学、物理及生物学特性，调节土壤中水分和空气的比例，使作物有良好的生长环境。所以土壤有机质不但是植物养分供给的源泉之一，也是保持土壤良好的物理性质的物质，土壤有机质含量的高低可作为土壤综合肥力的一项重要标志，必须通过施用有机肥或秸秆还田等措施，保持土壤有机质的平衡。

地表各类土壤有机质含量变化幅度很大，多数在5%以下。某些沼泽土、泥炭土或高山土壤，其表层有机质含量在20%以上或更高；一般温带地区的耕地，有机质含量在4%～6%即为优质耕地，暖温带地区的耕地土壤有机质含量2%～3%即为上等；而热带地区的耕地，土壤有机质含量达2%就是上等耕地。

《农用地质量分等规程》国家标准附录C（规范性附录）把土壤有机质含量分为六个级别（分级界限下含上不含）：1级，土壤有机质含量≥40克/千克；2级，土壤有机质含量40～30克/千克；3级，土壤有机质含量30～20克/千克；4级，土壤有机质含量20～10克/千克；5级，土壤有机质含量10～6克/千克；6级，土壤有机质含量<6克/千克。

turang wuji yuansu
土壤无机元素 一般指土壤中存在的植物所需的无机元素。植物从土壤中所摄取的无机元素中有13种对任何植物的正常生长发育都是不可缺少的，其中大量元素7种（氮、磷、钾、硫、钙、镁和铁），微量元素有6种（锰、锌、铜、钼、硼和氯）。还有一些元素仅为某些植物所必需，如豆科植物必需钴，藜科植物必需钠，蕨类植物必需铝，硅藻必需硅，等。植物所需的无机元素主要来自土壤中的矿物质和有机质的分解。腐殖质是无机元素的贮备源，通过矿质化过程而缓慢地释放可供植物利用的养分。土壤中必须含有植物所必需的各种元素而且保持这些元素及其适当比例，才能使植物生长发育良好。某些无机元素的不足或过剩，就会影响一些

农作物的正常生长，如在土壤缺乏钙、镁元素的地方，水稻、玉米、小麦及经济作物会减产；在土壤缺乏锌元素的地方，豆类作物、水果、树木容易落花落果，造成减产，水稻会坐蔸而影响生长；在土壤缺乏硼元素的地方，蔬菜会烂心等。因此通过合理施肥改善土壤的营养状况是提高植物产量的重要措施。同时应该查明各个地区的农业地质状况和各类农作物对不同土壤、不同无机化学元素的需要，开展农、林、牧业的合理区划与布局，提出优势作物种植方案，以促进农、林、牧业增产增收。

turang didaixing

土壤地带性　土壤在空间上与生物气候条件的变化相适应而呈带状分布的特征。包括水平地带性和垂直地带性。水平地带性主要指纬度地带性，即土壤带与纬度相平行分布，它与不同纬度所接受的太阳能的数量有关。土壤分带又与距离海洋的远近及山脉走向的特点有关，常作东西向分布。垂直地带性是指山区土壤带随海拔高度不同而变化的规律，是在水平地带性的基础上，因山地不同、海拔高度不同所接受的太阳能的数量和降水量的差异而产生的另一种土壤分布形式。

tubei jiegou

土被结构　土壤群体组合的空间格局或空间构型。地球陆地表面分布的土壤状如覆被，故称之为土被。因成土因素的地域差异，土被普遍呈现不均一性。在一个土壤带或土壤区内，除某些主要的土壤类型外，还镶嵌着其他类型的土壤，各种类型的土壤在空间上有规律地构成不同组合形式，反映了土壤群体组合在空间的表现形式及其成分之间发生联系的规律性。土被结构的特征主要表现在土区及其组合关系和几何形状方面。不同的土被结构具有不同的形态特征：与侵蚀地形相联系的呈枝状结构；与洪积—冲积地形相联系的呈扇形结构；与各种低地地形相联系的呈环形结构等。土被结构还具有不同的层次等级，如与微地形相联系的微域土被结构类型（土壤复区）、与中地形相联系的中域土被结构类型（土壤复域）等。层次越低，其内部结构单元间的物质、能量交换关系越密切。土被结构的研究对土壤资源的评价及农业生产的布局都具有重要意义。

turang liyong

土壤利用　根据土壤性状及其分布地区的环境条件，研究、制定和实施土壤的农、林、牧生产和管理的方式和措施。土壤作为资源所具有的各种途径，在广义上分为四种：①用于农、林、牧业生产；②用于工业、街道、住宅建设；③用于休养与娱乐场地；④用于其他方面的建设（如道路、机场、军事设施等）。在狭义上，土壤利用仅指农、林、牧业的生产利用。土壤资源作为一种重要的自然资源和永恒的生产资料，是人类从事农、林、牧业生产以达到自身生存、繁衍和社会发展的重要物质基础。土壤利用是一个很复杂的问题，一方面不同部门的利用方式对土壤有不同要求；另一方面各类土壤的性质千差万别，适宜性各异，故在土壤利用中应进行统一规划，做到因地制宜、合理利用。对未利用的或利用极为粗放的土壤，要努力使之成为高度利用的土壤，同时对已利用的土壤要协调各利用种类间的用地分配，避免产生争地问题。特别是农业利用的土壤，应把用地与养地相结合，以保持土壤肥力不衰。

1949年以来，中国进行了两次全国性的土壤普查。结果显示，中国现有耕地土壤资源中约2/3属于中低产田，主要是丘陵山地的旱坡地，南方地区的部分水稻土、沼泽土，北方地区的盐碱地、风沙土等，各种中低产土壤占土壤总面积的80%左右。在土壤利用中，存在毁林开荒、陡坡种植、盲目施肥、大水漫灌等问题，带来水土流失、土壤沙化、土壤盐渍化、土壤污染、土壤养分含量下降、土壤条件变劣等不良后果，因此合理利用土壤资源，加强对土壤资源的管理与保护，是中国土壤利用的紧迫任务。

turang tuihua

土壤退化　在各种自然和人为因素影响下，导致土壤生产力、环境调控潜力和可持续发展能力下降甚至完全丧失的过程。是土壤环境和土壤理化性状恶化的综合表征。简言之，是指土壤数量减少和质量降低。数量减少表现为表土丧失或整个土体毁坏，或被非农业占用。质量降低表现为物理、化学、生物方面的质量下降。土壤退化是土地退化最集中的表现，是最基础和最重要的且具有生态连锁效应的退化现象。土壤退化的标志对农业而言是土壤肥力和生产力的下降，对环境而言是土壤质量的下降。所以分析土壤退化不但要注意量的变化（土壤面积的变化），更要注意质的变化（肥力与质量问题）。

土壤退化类型 1971年联合国粮农组织（FAO）在《土壤退化》一书中，将土壤退化分为十大类：侵蚀、盐碱、有机废料、传染性生物、工业无机废料、农药、放射性、重金属、肥料和洗涤剂。后来又补充了旱涝障碍、土壤养分亏缺和耕地非农业占用三类。中国科学院南京土壤研究所借鉴了国外的分类，结合中国的实际，采用了二级分类。一级分类将中国土壤退化分为土壤侵蚀、土壤沙化、土壤盐化、土壤污染、土壤性质恶化和耕地的非农业占用等六大类，在这六级基础上进一步进行了二级分类。

中国土壤退化状况 由于不合理的利用，中国土壤退化相当严重。据统计，因土壤沙化、水土流失、盐碱化、沼泽化、土壤肥力衰减、酸化等造成的退化总面积约4.6亿公顷，约占中国土壤总面积40%，约占全球土壤退化总面积25%。

turang shahua

土壤沙化 土壤细颗粒物质丧失，或外来沙粒覆盖原有土壤表层，造成土壤质地变粗的过程，是土壤退化的一种类型。由自然和人为因素导致自然因素方面主要与气候干燥程度、植物疏密状况和风蚀强弱等生物气候特征有关；此外与地形和地面物质来源也有密切关系。一般发生于干旱、半干旱，风力较强盛，地面波状起伏，有充足沙源的地区。气候越干旱，沙化越严重，沙化面积越大。人类生产活动对土壤沙化亦有很大影响。由于不合理的放牧或开垦，破坏了原有自然植被，亦可导致土壤沙化趋于严重，加速沙化过程。

根据土壤沙化区域差异和发生发展特点，中国的土壤沙化大致可分为三类：①干旱荒漠地区的土壤沙化。主要分布在内蒙古的狼山—宁夏的贺兰山—甘肃的乌鞘岭以西的广大干旱荒漠地区，土壤沙化发展快，面积大。该地区气候极端干旱，沙化后很难恢复。②半干旱地区的土壤沙化。主要分布在内蒙古中西部和东部、河北北部、陕西及宁夏东南部。该地区属于农牧交错的生态脆弱带，由于过度放牧、农垦，土壤沙化呈区域化发展，人为因素影响很大，土壤沙化有逆转可能。③半湿润地区的土壤沙化。主要分布在黑龙江、嫩江下游，其次

是松花江下游、东辽河中游以北地区，呈狭带状断续分布在河流沿岸。土壤沙化面积小，发展程度较轻，并与土壤盐渍化交错分布，属林、牧、农交错地区，降水量在500毫米左右。这些地区的土壤沙化可控制和修复。

turang suanhua

土壤酸化 土壤吸收性复合体接受了一定数量代换性氢离子或铝离子，使土壤中碱性（盐基）离子淋失的过程。酸化是土壤风化成土过程的重要方面，导致pH值降低，形成酸性土壤，影响土壤中生物的活性，改变土壤中养分的形态，降低养分的有效性，促使游离的锰、铝离子溶入土壤溶液中，对作物产生毒害作用。在中国，南方地区的土壤酸化日趋严重，导致肥力水平下降，宜种性变窄，农作物产量降低，更为重要的是土壤中重金属活性提高，危及农产品质量安全。

turang qinshi

土壤侵蚀 表层土壤或成土母质在水、风、重力等力量的作用下，发生各种形式的剥蚀、搬运和再堆积的现象和过程。根据侵蚀营力，分为水蚀、风蚀、重力侵蚀、泥石流等。根据侵蚀性质，水蚀又分为：雨滴打击地表引起的溅蚀；分散水流冲走表土或冲成无数细密小沟的片蚀或面蚀；坡面径流集中到一定数量时，冲刷能力加强，将地表划成沟的沟蚀。根据引起侵蚀的原因、发展速度及人类经济活动的影响，又分为自然侵蚀和加速侵蚀（人类活动引起的）。前者主要由气候、地形、植被和地面组成物质所决定，速度缓慢，危害不大，实际是自发的不断进行着的土壤更新作用，即因侵蚀消失的表土层同由风化产生的新土层之间存在着暂时的平衡。后者是因人类的不合理经济活动对土壤的影响，大大加快了侵蚀的速度，可以使土壤在极短时间内流失殆尽。

土壤侵蚀危害 中国是世界上土壤侵蚀最严重的国家之一，主要发生在黄河中上游黄土高原地区、长江中上游丘陵地区和东北平原地区，水土流失严重。产生的主要危害包括以下三个方面：

①破坏土壤资源。由于土壤侵蚀，大量土壤资源被蚕食和破坏，沟壑日益加剧，土层变薄，大面积土地被切割得支离破碎，耕地面积不断缩小。随着土壤侵蚀年复一年的发展，势必将人类赖以生

存的肥沃土层侵蚀殆尽。根据《土壤侵蚀分类分级标准》（SL190—1996）规定的轻度等级以上的水蚀和风蚀面积数据（引自《中国水土流失防治与生态安全·水土流失数据卷》，科学出版社，2010年），21世纪初，中国的水土流失总面积是356.92万平方千米，占土地总面积的37.18%。土壤侵蚀使大量肥沃表土流失，土壤肥力和植物产量迅速降低。如吉林省黑土地区，每年流失的土层厚度达0.5～3厘米，肥沃的黑土层不断变薄，有的地方甚至全部侵蚀，使黄土或乱石裸露地表。四川盆地中部土石丘陵区，坡度为15°～20°的坡地，每年被侵蚀的表土达2.5厘米。黄土高原强烈侵蚀区，平均年侵蚀量6 000吨/平方千米以上，最高可达两万吨以上。珠江三角洲每年以50～100米的速度向海推进。中国每年流失土壤超过50万吨，占世界总流失量的20%，相当于剥去10厘米厚的较肥沃的土壤表层。水土流失的土壤一般是较肥沃的土壤表层，造成大量土壤有机质和养分损失，土壤理化性质恶化，土壤板结，土质变坏，土壤通气透水性能降低，使土壤肥力和质量迅速下降。

②恶化生态和环境。由于严重的水土流失，导致地表植被的严重破坏，自然生态失调恶化，洪、涝、旱、冰雹等自然灾害加剧，特别是干旱的威胁日趋严重。频繁的干旱严重威胁着农林业生产的发展。由于风蚀的危害，致使大面积土壤沙化，并在中国西北地区经常形成沙尘暴天气，造成严重的大气环境污染。

③破坏基础设施。水土流失带走的大量泥沙，被送进水库、河道、天然湖泊，造成河床淤塞、抬高，引起河流泛滥，这是平原地区发生特大洪水的主要原因，大大缩短了水利设施的使用寿命。同时大量泥沙的淤积还会造成大面积土壤的次生盐渍化。一些地区由于重力侵蚀的崩塌、滑坡或泥石流等经常导致交通中断，道路桥梁被破坏，河流堵塞，已造成巨大的经济损失。

土壤侵蚀类型　按土壤侵蚀的不同外营力，中国土壤侵蚀类型分为三个一级区，根据地质、地貌、土壤等形态，又在三个一级区划的基础上分为九个二级区。①水力侵蚀为主的类型区。包括五个二级区：西北黄土高原区（主要在黄河上中游），东北黑土区（低山丘陵区和漫岗丘陵区，主要在松花江流域），北方土石山区（主要在淮河流域以北及黄河中下游），南方红壤丘陵区（主要在长江中游及汉水流域、洞庭湖水系、鄱阳湖水系、珠江中下游及江苏、浙江等沿海侵蚀区），西南土石山区（主要在长江上中游及珠江上游）。②风力侵蚀为主的类型区。包括两个二级区：三北戈壁沙漠及沙地风沙区（包括青海、新疆、甘肃、宁夏、内蒙古、陕西、黑龙江等省区的沙漠戈壁和沙地），沿海环潮滨海平原风沙区（主要在山东黄泛平原、鄱阳湖滨湖沙山及福建、海南滨海区）。③冻融侵蚀为主的类型区。包括两个二级区：北方冻融土侵蚀区（主要在东北大兴安岭山地及新疆的天山山地），青藏高原冰川侵蚀区（在青藏高原和高山雪线以上）。

土壤侵蚀强度分级　基于中国地域辽阔、自然条件复杂，各地区成土速率不同，在各侵蚀类型区采用了不同的土壤容许流失量。土壤侵蚀强度分级以年平均侵蚀模数为判别指标，只有缺少实测及调查侵蚀模数资料时，才可以在经过分析后运用有关侵蚀方式（面蚀、沟蚀、重力侵蚀）的指标进行分级。各分级的侵蚀模数与土壤水力侵蚀强度分级相同。土壤侵蚀模数表示单位面积和单位时段内的土壤侵蚀量，其单位为吨/平方千米·年（$t/km^2 \cdot a$），或采用单位时段内的平均流失厚度（土壤侵蚀厚度），其单位为毫米/年（mm/a）。各地可按当地土壤容重建立土壤侵蚀模数与平均流失厚度（土壤侵蚀厚度）之间的换算关系，即平均流失厚度为土壤侵蚀模数与土壤容重的比值（容重单位为g/cm^3或t/m^3）。

土壤侵蚀强度分级标准表

级别	平均侵蚀模数（$t/km^2 \cdot a$）			平均流失厚度（mm/a）		
	西北黄土高原区	东北黑土区/北方土石山区	南方红壤丘陵区/西南土石山区	西北黄土高原区	东北黑土区/北方土石山区	南方红壤丘陵区/西南土石山区
微度	<1 000	<200	<500	<0.74	<0.15	<0.37
轻度	1 000～2 500	200～2 500	500～2 500	0.74～1.9	0.15～1.9	0.37～1.9

级别	平均侵蚀模数（t/km²·a）			平均流失厚度（mm/a）		
	西北黄土高原区	东北黑土区/北方土石山区	南方红壤丘陵区/西南土石山区	西北黄土高原区	东北黑土区/北方土石山区	南方红壤丘陵区/西南土石山区
中度	2 500～5 000			1.9～3.7		
强度	5 000～8 000			3.7～5.9		
极强度	8 000～15 000			5.9～11.1		
剧烈	>15 000			>11.1		

*本表流失厚度系按土壤容重1.35g/cm³折算，各地可按当地土壤容重计算。

turang fengshi

土壤风蚀　土壤侵蚀的一种形式。因风力的破坏力使地面沙尘移动或飞扬、转移的全过程，多发生于极端干旱、植被稀少的沙漠地带，或天然植被遭受破坏的森林草原地带和干草原地带。风是土壤风蚀发展过程中最重要的气候因素。在其他条件相同的情况下，风的作用大小又决定于风速、延续时间和风向。此外植被覆盖、土壤水分状况、地形条件及土壤利用程度等均为影响土壤风蚀的因素。受风蚀影响，良田表土和地面细粒物质被吹走，土壤结构受破坏，肥力不断降低；同时还折断植株，暴露根系。流沙沉降后又会掩盖田野、建筑物，使农业生产遭受损失，也给工矿企业和交通路线带来威胁。中国遭受土壤风蚀的范围很广，主要分布在新疆、青海、甘肃、宁夏、陕西、内蒙古等省区沙漠地区及部分沿海、沿河沙地。根据《土壤侵蚀分类分级标准》（SL190—1996）规定的轻度等级以上的风蚀面积数据（引自《中国水土流失防治与生态安全·水土流失数据卷》，科学出版社，2010年），21世纪初，中国的风蚀面积已经达到195.70万平方千米，占中国土地总面积的20.38%。

风蚀强度取决于风的侵蚀力、土壤或岩石的抗蚀性以及地表的粗糙度。风的土壤搬运量约与风速的平方成正比，一般情况下表面越粗糙风蚀越轻，但极细微的颗粒的光滑表面能够经受相当高的风速而不被侵蚀。风蚀强度分级以植被覆盖度（非流沙面积）、风蚀厚度和侵蚀模数为判别指标。在判别侵蚀程度时，根据风险最小原则，应将该评价单元判别为较高级别的侵蚀程度。

风蚀强度分级表

级别	地表形态	植被覆盖度（非流沙面积）（%）	风蚀厚度（mm/a）	侵蚀模数（t/km²·a）
微度	固定沙丘、沙地和滩地	>70	<2	<200
轻度	固定沙丘、半固定沙丘、沙地	70～50	2～10	200～2 500
中度	半固定沙丘、沙地	50～30	10～25	2 500～5 000
强度	半固定沙丘、流动沙丘、沙地	30～10	25～50	5 000～8 000
极强度	流动沙丘、沙地	<10	20～100	8 000～15 000
剧烈	大片流动沙丘	<10	>100	>15 000

turang wuran

土壤污染　人类活动产生的污染物进入土壤，使得土壤环境质量已经发生或可能发生恶化，对生物、水体、空气和人体健康产生危害或可能有危害的现象。土壤污染主要体现于其对受体的可能污染危害或实际污染危害，而不是其污染物含量多寡。由于不同场地的污染源、土壤、受体等的差别性，因而土壤污染危害具有显著的场地差别性特点。与其他环境介质相比较，土壤污染的场地差别性远远地超过大气或水体。根据中国国土

广东台山，农田土壤重金属严重超标，晚稻"中毒"不抽穗

资源部、中国地质调查局开展的《全国多目标区域地球化学调查》项目数据，中国局部地区的土壤污染相当严重，重金属元素在土壤表层明显富集，并与人口密集区、工矿业区存在密切相关性。与1994～1995年采样相比，土壤重金属污染分布面积显著扩大，并向东部人口密集区扩散。从1994年开始，中国地质科学院相关研究机构对全国土壤51个化学元素进行监测，1999年开始对中国东部农田区54个化学元素进行填图，2008年开始建立覆盖全国的地球化学基准网进行探测，发现重金属等污染物指标在大的流域及局部工矿业和农业区上升较快。

turang wuran fengxian pinggu

土壤污染风险评估　土壤污染对人体健康或（和）陆生生态产生危害影响的可能性与程度的评估。采用风险评估法可以用来制定土壤环境质量基准，即在特定的土地利用方式下，分析土壤中污染物对受体（人、生物、水和气）产生危害的主要暴露途径。通过建立风险评估模型，在一定的可接受风险水平下，反推出土壤环境质量基准值。按评估对象与参数的详细程度不同，土壤污染风险评估可分为通用的区域土壤污染风险评估和特定的场地土壤污染风险评估。按受体不同，则可分为保护人体健康风险评估和保护生态风险评估。

turang gailiang

土壤改良　消除土壤障碍因子，改善土壤物理化学性状，提高土壤肥力，为植物生长、合理利用土地资源创造良好土壤环境的重要措施。通常借助于水利和农业等技术措施，减轻或消除土壤中存在的影响土壤肥力和植物生长发育的因素。如土壤含有盐碱，或酸性过大，或土质过沙过黏，或排水和通气不良等不利因素，使之变成高产土壤。土壤改良必须在全面规划的基础上，对不同类型的土壤，采取不同的改良措施，通过综合治理，以获得更好的土壤改良效果。中国土壤改良的基本类型有：土壤侵蚀改良、盐碱化和次生盐碱化土壤改良、沙化土壤改良、沼泽化土壤改良、红黄壤土壤改良。土壤侵蚀改良措施是指水土保持以及采取生物措施和工程措施如造林、种草、修筑梯田、合理种植等。盐碱化和次生盐碱化土壤改良措施有：水利改良，包括合理灌溉、排水、洗盐、渠道防渗等；农业技术改良，包括耕作、施肥、轮作、平整土地等；生物改良，包括种植耐盐作物、绿肥、牧草等；化学改良，施用改良物质如石膏、磷石膏、亚硫酸钙等。沙化土壤改良措施有客土、放淤、造林、种草等，要注意农林牧结合、生物与工程措施相结合、造林种草与保护天然植被相结合。沼泽化土壤改良措施有挖渠排水、降低水位、压沙改土、深耕、种植绿肥、合理耕作、改善土壤通气条件等综合治理。红黄壤土壤改良措施有防止水土流失、修库蓄水、发展灌溉、增施有机肥等。

turang baochi

土壤保持　防止和治理土壤侵蚀，保护土壤资源，维持和提高土壤生产力的措施或工作。如在土壤侵蚀地区，针对侵蚀的发生状况和特点，采用植物措施、工程措施和保土耕作措施，以控制土壤侵蚀；在尚未发生土壤侵蚀的地区或土壤侵蚀轻微的地区，通过合理的利用方式，防止乱砍滥垦滥牧，预防土壤侵蚀的发生和发展。土壤保持原则是防治并重，治管结合，统一规划，综合治理，因地制宜，除害兴利。还要做到治坡和治沟结合，生物措施与工程措施结合，田间工程和耕作措施结合，骨干工程与一般工程结合，乔、灌、草结合。具体治理过程中，因农业生产地域性强，因此农业耕作技术措施的制定和实施，应充分做到因地因时制宜。田间工程措施必须在合理规划和利用土地的基础上，配合其他土壤保持措施进行。土壤保持的关键是保水，防止水流失的途径在于改土，提高土壤的吸水能力。

turang xiufu

土壤修复　使遭受污染的土壤恢复正常功能的过程与结果。通常利用物理、化学和生物的方法转移、吸收、降解和转化土壤中的污染物，使其浓度降低到可接受水平，或将有毒有害的污染物转化为无害的物质。从根本上说，污染土壤修复的技术原理可包括：①改变污染物在土壤中的存在形态或同土壤的结合方式，降低其在环境中的可迁移性与生物可利用性；②降低土壤中有害物质的浓度。20世纪80年代以来，世界上许多国家特别是发达国家均制订并开展了污染土壤治理与修复计划，形成了一个新兴的土壤修复行业。中国的污染土壤修复研究正经历着由实验室向实用阶段的过渡，加快实验室技术走向工程现场是改善中国土壤环境的迫切要求。

turang huanjing zhiliang

土壤环境质量　土壤环境因子对人类及陆地生物的生存和繁衍的适宜程度。一般是指在一个具体的环境内，土壤环境对人群和其他生物的生存和繁衍以及经济社会发展的适宜程度。在20世纪70年代提出环境污染问题后，常用环境质量的好坏来表示环境受到污染的程度，所以土壤环境质量也被定位为土壤污染问题。

turang huanjing beijingzhi

土壤环境背景值　在不受或很少受人类活动影响的情况下，土壤的化学组成或元素含量水平。土壤环境背景值不仅含有自然背景部分，还可能含有一些面源污染物，如大气污染物漂移沉降等。由于人类活动与现代工业发展的影响已遍布全球，真正的土壤自然背景值已很难确定。土壤环境背景值受自然条件尤其是成土母质和成土作用等的影响大，具有显著的区域性特点。若因背景含量高而造成对

工人正在检测修复好的土壤达标情况

受体的危害，可称为土壤原生危害而不称为土壤污染危害。

土壤环境质量标准 turang huanjing zhiliang biaozhun 土壤中污染物的最高容许含量。污染物在土壤中的残留积累，以不致造成作物的生育障碍、在籽粒或可食部分中的过量积累（不超过食品卫生标准）或影响土壤、水体等环境质量为界限。中国在1995年首次发布了国家标准《土壤环境质量标准》（GB15618—1995），2008年做了第一次修订，提出《土壤环境质量标准（修订）》（GB15618—2008）（征求意见稿），至今仍在讨论过程中，尚未正式颁布修订后的新标准。

土壤生态系统 turang shengtai xitong 土地生态系统的一个亚系统，其结构组成包括：①生产者。高等植物根系、藻类和化能营养细菌。②消费者。土壤中的草食动物和肉食动物。③分解者。细菌、真菌、放线菌和食腐动物等。④参与物质循环的无机物质和有机物质。⑤土壤内部水、气、固体物质等环境因子。土壤生态系统的结构主要取决于构成系统的生物组成及其数量，生物组成在系统中的时空分布和相互之间的营养关系，以及非生物组成的数量及其时空分布。土壤生态系统的功能主要表现在系统内物质流和能量流的速度、强度及其循环方式和传递方式。不同土壤生态系统的上述功能各不相同，反映了土壤生产力相异的实质。土壤生态系统的结构和功能可通过人为管理措施加以调节和改善。土壤中物质转化和能量流通的能力和水平、土壤生物的活性、土壤中营养物质和水分的平衡状况及其对环境的影响等，是土壤生态系统研究的主要内涵。

土壤地球化学类型 turang diqiu huaxue leixing 根据土壤地球化学过程及其特性的差异划分的土壤种类。不同的土壤地球化学类型各具特色，但其内部具有相同或近似的特征。划分土壤地球化学类型有助于认识土壤发生、发展的趋势，为有效地保护、合理利用和改良土壤提供科学依据，也有助于认识地理环境的化学特征。

20世纪初土壤学开始土壤地球化学分类研究，当时的分类从元素的含量和比例关系出发区分土壤，在盐渍土、碳酸盐土和硅铁铝土的分类中应用较多，尤以盐渍土的分类最为普遍。20世纪三四十年代，苏联以发生学观点建立了风化壳的地球化学分类，把风化壳分为残积类型和堆积类型两大类，其中残积类型分为铝残积、硅铝残积和钙残积；堆积类型分为硅铝堆积、碳酸盐堆积和氯化物—硫酸盐堆积。以后一些土壤学家又把风化壳分类应用于土壤，发展为景观土壤地球化学分类。苏联土壤学家 B.A.科夫达应用土壤黏土矿物的研究成果，在《土壤学原理》（1973年）一书中提出了一个土壤地球化学分类，将全球土壤划分为：①酸性富铝化土壤群系；②酸性富铝—高岭化土壤群系；③酸性高岭化土壤群系；④酸性硅铝化土壤群系；⑤中性与弱碱性硅铝化土壤群系；⑥中性与弱碱性蒙脱型土壤群系；⑦碱土与盐渍土土壤群系；⑧火山灰土壤群系；另外还分出耕种土壤。每个土壤群系包括按成土物质的淋溶、迁移与积累状况划分的九个土壤组中的若干组。同一时期，美国土壤学家把矿物学的地球化学分类广泛应用于土壤科学中。中国土壤工作者也对土壤的地球化学分类进行了研究。

中国土壤地球化学类型 中国土壤工作者根据历史发生学的观点，结合本国实际，划分出土壤地球化学的八个主要类型，其下再划分亚型。

①碎屑状土：发育在高山严寒气候条件下。土层很薄，土粒常填充于石缝内。元素迁移微弱，土壤呈中性至微碱性反应，黏土矿物以水化度低的水云母和绿泥石为主。

②盐渍土：发育在内陆干旱、半干旱地区和受海水影响的滨海地区。土壤中易溶盐类含量高，呈碱性至强碱性反应。其下按盐分组成划分为氯化物、苏打—氯化物、硫酸盐—氯化物（或氯化物—硫酸盐）和石膏盐盘（或盐壳）等亚型。

③石膏型土：发育在暖温带和温带干旱条件下。土层浅薄，多石砾。碳酸钙在表层积聚，石膏和易溶盐在剖面中、下部聚集，呈碱性至强碱性反应，黏土矿物以水云母为主。其下分为典型的、碎屑状的和碳酸盐的等亚型。

④碳酸盐土：发育在暖温带和温带半干旱的气候条件下。大部分易溶盐已淋失，碳酸钙在土壤中大量残留，呈碱性反应，黏土矿物以水云母—蛭石（或绿泥石）为主。其下除典型的外，还可分碎屑状的、淋溶的、残余的和次生堆积的等亚型。

⑤硅铝土：发育在温带和寒温带半湿润气候条件下。碳酸钙基本上已淋失，同母质相比，碱金属和碱土金属含量减少，而硅开始淋失，土壤呈中性至微酸性反应，黏土矿物以 2:1 型层状硅酸盐为主。其下可分为碎屑状、饱和、不饱和与弱富铝等亚型。

⑥硅铁铝土：发育在湿润亚热带气候条件下。风化作用和脱硅作用强烈，铁、铝、锑的水化氧化物相对富集，黏粒硅铝率小于2.4，黏粒有效阳离子交换量为10～24毫克当量/100克，土壤呈酸性反应，黏土矿物以高岭石和水云母为主。其下可分为硅铝质、硅铁质和水化等亚型。

⑦铁铝土：发育在湿润热带气候条件下。风化作用比硅铁铝土更强烈，黏粒有效阳离子交换量小于10毫克当量/100克，土壤呈酸性反应，黏土矿物以高岭石和三水铝矿为主。其下可分为铁质、铝质和石英质等亚型。

⑧渍水离铁土：发育在长期或季节性渍水还原条件下，铁、锰还原，使包被于土粒或结构体表面的铁、锰胶膜消散，沿土壤剖面向下移动，并发生还原淋溶和氧化淀积。其下可分为碳酸盐、饱和、不饱和与酸性硫酸盐等亚型。

地理分布 土壤地球化学类型的分布除受碳酸盐岩影响的碳酸盐土和受海水影响的盐渍土等外，受水、热条件的影响非常强烈。例如，在中国东部地区，自南向北依次分布铁铝土、硅铁铝土、硅铝土和碳酸盐土带，构成相当完整的水平地带谱；在暖温带内陆地区，从东向西依次分布硅铝土、碳酸盐土、石膏型土和盐渍土，构成东西方向上的明显变化；在喜马拉雅山南侧山地，因地势起伏大，具有明显的气候垂直变化，形成了由硅铁铝土、硅铝土至碎屑状土的垂直带谱。

turang diqiu huaxuequ
土壤地球化学区 根据土壤地球化学类型组合特点的相似性和差异性划分的区域。中国可以划分为四个土壤地球化学区，自西北至东南分别为盐渍土区、碳酸盐土区、硅铝土区、铁铝土区。这些区域的土壤地球化学特征以及土壤中与作物生长有关的磷、钾、硼、锰、铜、锌、钼、铁等元素的分布均有一定规律。

西北内陆的盐渍土区 分布于中国西部内陆的干旱区，包括青藏高原的北部，占中国土地面积的29%。本区土壤质地较粗，多沙壤土；黏土矿物以水云母为主，土壤呈碱性。分布的主要土壤为石膏土和盐渍土。土壤中大多含有盐分，主要为氯化物和硫酸盐，局部地区可出现硝酸盐和硼酸盐。一般来说，盐渍土区土壤钾、磷、硼、铜等元素含量较丰富，有效性也高，就作物生长而言，这些元素一般不显缺乏。较缺乏的元素主要有锌、铁、锰等元素。

北部高原的碳酸盐土区 分布于内蒙古高原、黄土高原，向西一直延伸到西藏高原。占中国土地面积的23%。本区土壤质地以壤土为主，黏土矿物主要为水云母、绿泥石等，土壤亦呈碱性。地球化学类型以碳酸盐土为主。土壤中碳酸盐含量较高，可达10%～20%。该地区土壤中钾、磷、硼仍较充足，有效性也较高，但一些元素缺乏现象亦很明显，锌、铁、锰、钼等元素均较缺乏。

纵贯东西的硅铝土区 呈带状自东北经华北南部向西南伸展，占中国土地面积的30%。土壤质地以黏壤土为主，黏土矿物主要为蒙脱石、伊利石、蛭石等。土壤呈中性反应。地球化学类型以硅铝土为主。由于淋溶作用加强和土壤性质的改变，土壤中钾元素缺乏逐渐明显，缺钾面积可达32%，缺磷的面积也在扩大。土壤中缺锌、锰、铁的面积较碳酸盐土区减少，但缺有效性硼的面积增加。

华南亚热带的铁铝土区 分布于长江以南地区，占中国土地面积的18%。土壤质地以黏土为主，黏土矿物主要为高岭石和铁铝的三氧化二物等。土壤呈酸性。地球化学类型大多为铁铝土。在人为作用条件下，可出现渍水离铁土（水稻土）。土壤中以富含铁铝为特征。充足的水分和热量使得化学风化作用非常强烈，钾、硼等活动性元素严重流失，因此，铁铝土区缺钾、硼很明显。磷主要以铁、铝结合态为主，有效性较差，缺磷状况也很突出。钼含量并不低，但有效性较低。据统计，全区约有60%的土壤缺钾，90%的土壤缺有效性硼、钼。

turang quan
土壤圈 覆盖于地球陆地表面和浅水域底部的土壤所构成的一种连续体或覆盖层，犹如地球的地膜，通过它与其他圈层之间进行物质能量交换。土壤圈是岩石圈最外面一层疏松的部分，其上面或里面有生物栖息，是构成自然环境的五大圈（大气圈、水圈、岩石圈、土壤圈、生物圈）之一，是与人类关

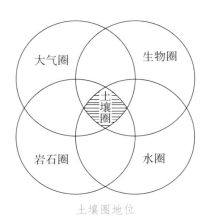

土壤圈地位

系最密切的一种环境要素。土壤圈的平均厚度为5米，面积约为1.3亿平方千米，相当于陆地总面积减去高山、冰川和地面水所占有的面积。

guturang

古土壤　地质历史时期形成的土壤。古土壤主要是第四纪时期形成的，偶尔也见于第三纪地层中。更早时期的土壤一般均已石化，不再称为古土壤。古土壤剖面和现代土壤剖面一样，自上而下分为淋滤层、黏化层与淀积层。古土壤可以作为划分第四纪地层的一种标志。古土壤的类型及性状可保持不变，因此，利用古土壤来划分地层，又叫古土壤法。分析土壤与发生环境之间的矛盾是古土壤鉴定的基础。据其产状和性质，分为以下类型：①埋藏土。古土壤形成后，被地质物质（如火山灰、熔岩、黄土、冲积物、崩积物和风积物）所埋藏。②化石土。古土壤被埋藏于深处，遭受石化作用，处于成岩的最初阶段。③裸露埋藏土。被埋藏的古土壤，上覆层遭受破坏，使其重新裸露于地表。④残余土。未被埋藏的古土壤，因气候变化、构造运动、土壤分异和人类对土壤的利用，改变了原来的成土方向，使之成为与现代自然环境不协调的土壤，或在现代土壤中残存着原先成土过程所获得的某些特性。通过对古土壤的研究，可重建过去的成土环境，了解土壤的发生演化过程。

chengtu guocheng

成土过程　在各种成土因素的综合作用下，土壤发生发育的过程。又称土壤形成过程。它是土壤中各种物理、化学和生物作用的总和，包括岩石的崩解，矿物质和有机质的分解、合成，以及物质的淋失、淀积、迁移和生物循环等。土壤母质或土壤在一定的成土因素作用下形成一定类型的土壤，或从一种类型的土壤演变为另一种类型的土壤的过程。在此过程中将发生物质和能量的迁移和转化。在不同的成土因素作用下，有不同的成土作用和成土过程，从而形成不同类型的土壤。如在热带和亚热带的湿热气候和常绿阔叶林下，土壤进行脱硅和富铁、铝化过程，形成砖红壤、红壤、黄壤等；在寒温带冷湿润气候的针叶林下，土壤发生灰化过程，黏粒和铁、铝淋失并淀积于下层，上层的硅相对富集，形成灰化土；干旱和半干旱地区，因灌溉不当，排水不畅，地下水位上升，盐分随水上升积聚于地表，造成次生盐渍化过程，形成次生盐土。研究成土过程，了解土壤中各种物质的移动转化规律，对合理施肥和耕作，培育肥沃土壤，有重要的理论和实践意义。

didaixing turang

地带性土壤　成土过程主要受大气水分和温度条件影响的土壤。曾经称为显域性土壤。具有显著的地带性特征。广义的理解包括纬度地带性、经度地带性和垂直地带性，前两者又合称水平地带性。狭义的理解仅指纬度地带性。这些地带性因素共同影响某地的气候，气候则决定植被，气候和植被共同作用而形成的土壤即形成了地带性土壤。分布在与生物气候带相一致的广阔地区，如发育在热带雨林下的砖红壤，南亚热带季雨林下的赤红壤（砖红壤性红壤），中亚热带常绿阔叶林下的红壤与黄壤，北亚热带常绿与落叶阔叶林及疏林灌丛下的棕壤和褐土，温带针阔混交林下的暗棕壤，寒温带针叶林下的漂灰土，发育在温带森林草原下的灰黑土（灰色森林土），温带草原下的黑钙土、栗钙土，温带荒漠草原下的棕钙土和温带灌木荒漠下的灰棕色荒漠土（灰棕漠土）等，均是地带中的典型土壤，在发生学上是独立的，可作为不同地带的代表性土壤。土壤垂直地带性指山地土壤类型随地形海拔的升高（或降低），相应于生物、气候的变化而呈现有规律的变化，或土壤随地形高低自基带面向上（或向下）作依次更迭的现象，并由此而形成不同的土壤垂直带谱（或土壤垂直带结构）。土壤自基带随海拔高度向上依次更迭的现象，叫正向垂直地带性；反之，称负向垂直地带性。土壤垂直带谱因基带生物，气候条件（或地理位置），山体的大小、走向和高低，坡度的陡缓、坡向、形态的不同而有很大差异。

中国地带性土壤分布由湿润海洋性与干旱内陆性两个地带谱构成。东部沿海为湿润海洋性地带谱，西部则为干旱内陆性地带谱，在两者之间的过渡地带则有过渡性土壤地带谱。

在秦岭—淮河以南属亚热带至热带地区，由于受到湿润季风的影响，气温和雨量自北而南递增，地带性土壤基本上随纬度变化，自北而南是黄棕壤、红壤和黄壤、赤红壤和砖红壤。但由于区域地形的影响，故使地带性土壤在同一地带内也产生分异。在中亚热带，由于湘鄂山地地势较高，云雾多，雨量大，以黄壤为主；在云贵高原，由于东面和西南受海洋性季风的影响较大，气候比较湿润，而高原的中心则具有比较干热的高原型亚热带气候特点。因此地带性土壤分布有别于亚热带的东部地区，在黔中高原（贵阳）一带分布黄壤，而滇中高原（昆明）一带则为红壤，往西至下关逐渐过渡至褐红壤，继续往西南，在芒市则分布赤红壤。在秦岭—淮河以北地区，为广阔的温带。在山东半岛、辽东半岛主要为棕壤；在长白山地区由棕壤逐渐向暗棕壤过渡；在大兴安岭北部林下可见灰化土的发育。在松辽平原，在草甸草原植被下有黑土与白浆土发育。上述中国东部地带性土壤分布基本上与纬度带相一致，即由南而北依次为砖红壤、砖红壤性红壤、红壤、黄棕壤、棕壤、暗棕壤、灰化土。

由于中国暖温带至温带地区十分广阔，又位于季风交替地区，夏季湿润气团活跃，气温普遍升高，且湿润多雨；而冬季盛吹西北风，干燥而寒冷，气温普遍下降。水热条件由东南向西北变化。地带性土壤也相应作东南至西北向更替。在暖温带的地带性土壤演替顺序是：由东部的棕壤向西北演变为褐土、黑垆土，进入半荒漠地带则演变为灰钙土，再向西延伸，演化为棕漠土。温带的地带性土壤分布则是另一种情况，从东北北部松辽平原的黑土、白浆土起，地带性土壤的分布基本上作东西向排列，愈向西气候逐渐干旱，则又相继出现黑钙土、暗栗钙土、栗钙土、淡栗钙土以及棕钙土、灰漠土、灰棕漠土。上述两种由湿润向干旱土壤顺序排列的情况，使在大兴安岭南端、赤峰、阴山及贺兰山一带，地带性土壤分布模式发生弧形偏异。在暖温带干旱中心的南疆塔里木盆地，地带性土壤为棕漠土，而温带干旱中心的准噶尔盆地和阿拉善高原则以灰棕漠土和灰漠土为主。

feididaixing turang

非地带性土壤　主要指由地方性成土因素（如母质、地形、水文等）作用形成的呈斑状散布于地带性土壤之中的土壤。曾经称为隐域性土壤。地形、母质或水文等地区性因素的显著影响超过气候和植被的正常作用。其形成和分布虽不受生物气候地带的严格制约，但仍与一定的生物气候条件相联系。其分布范围较地带性土壤宽，如草甸土、沼泽土广泛分布于各地带的河、湖冲积平原。根据起主导作用的地方性因素，可划分为水成土壤、盐成土壤、岩成土壤等发生系列。

turang fenlei

土壤分类　根据土壤之间的相似性和差异性，对自然界各种土壤类型加以区分和归纳，并系统排列序列位置，用以反映不同土壤类型之间的自然发育联系，并对所划分的土壤类型分别给予适当名称。土壤是经常变化着的自然客体，据以分类的性质和条件十分复杂，尚无一致的分类原则和方法，各国学者从本国的土壤实际出发进行分类，出现了不同的学派和分类体系。主要有以苏联为代表的土壤发生学分类，以德国为代表的土壤形态发生学分类，以美国为代表的土壤诊断学分类及以澳大利亚为代表的土壤形态分类学分类。各学派采用的分类原则、依据和分类系统均不相同。中国的土壤分类，早期受美国学派影响，1949年后又受苏联学派影响。20世纪70年代以来开始探索具有中国特色的分类体系，根据成土因素、成土过程和土壤属性相结合的原则，强调以土壤属性为主，采用土类、亚类、土属、土种和亚种五级分类制，并在土类以上归纳为土壤系列，以反映土类间在发生上的联系。土壤分类是土壤科学的理论基础和发展水平的重要标志，又是指导农业生产、合理利用和改良土壤、提高土壤肥力的依据，在科学上和生产实践上都具有重要意义。

turang jibie

土壤级别　土壤分类中根据土壤性质划分的等级。如中国的土纲、亚纲、土类、亚类、土属、土种、变种，美国的土纲、亚纲、土类、亚类、土族、土系，联合国世界土壤图的土壤类群、土壤单元、土壤亚单元，等。①土纲：根据主要成土过程产生的或影响主要成土过程的性质划分。中国土壤系统分类划分了14个土纲，即有机土纲、人为土纲、灰土纲、火山灰土纲、铁铝土纲、变性土纲、干旱土纲、盐成土纲、潜育土纲、均腐土纲、富铁土纲、淋溶土纲、雏形土纲、新成土纲。②亚纲：土纲的辅助级别，主要根据影响现代成土过程的控制因素所反映的性质划分。如雏形土纲，根据水分状况又分为潮湿、干润、湿润、常湿。③土类：亚纲的续分，土类类别多反映主要成土过程强度或次要成土过程或次要控制因素的表现性性质划分。④亚类：土类的辅助级别，主要根据是否偏离中心概念、是否具有附加过程的特性和是否具有母质残留的特性来划分。如石灰性、酸性、含硫等。

Zhongguo turang fenlei xitong
中国土壤分类系统　中国近代土壤分类研究，始于20世纪30年代初，以土系为基层分类单元，以美国地质学派的土壤分类为指导，在中国鉴定土系；到1949年为止，先后确定过约2 000个土系。20世纪50年代初期，开始学习苏联的地理发生学土壤分类，在1954年提出了以土壤发生学为指导思想，以地理条件、发生过程和土壤属性三者为分类依据的以土类为基本分类单元的地理发生学分类系统。1958～1960年中国第一次土壤普查时，总结农民群众鉴别土壤农业生产性状的经验，提出了第一个农业土壤分类系统。1978年中国土壤学会提出了《全国土壤分类暂行草案》。为开展中国第二次土壤普查，全国第二次土壤普查办公室在《全国土壤分类暂行草案》的基础上，于1979年7月提出《暂拟土壤工作分类系统》；在全国土壤普查试点经验的基础上，进一步修订补充，于1984年以全国第二次土壤普查办公室的名义发布了《全国第二次土壤普查分类系统》，用以指导全国土壤普查。第二次中国土壤普查结束后，根据全国土壤普查成果，1998年全国土壤普查办公室编著出版了《中国土壤》，其中进一步修订完善了中国土壤分类系统。中国土壤分类系统是以地理发生学为指导思想的土壤分类，采用土类、亚类、土属、土种、变种五级分类。其中高层分类以土类为基本单元，低层分类以土种为分类单元，土属则起到承上启下的作用。第二次土壤普查汇总时，又在土类之上依据土类共性归纳为土纲和亚纲。

划分标准　①土类。高级分类的基本单元。归纳土类的更高级分类单元土纲和亚纲可以变化，但土类的划分依据和定义不改变，土类是相对稳定的。划分土类时，强调成土条件、成土过程和土壤属性的三者统一和综合；认为土类之间的差别，无论在成土条件、成土过程方面，还是在土壤性质方面，都具有质的差别。如在热带雨林下发生富铁铝化过程形成黏土矿物以氧化铁、氧化铝和高岭石为主、pH酸性的砖红壤；在温带半湿润草原下发生腐殖质化过程形成腐殖质含量高土壤团粒结构良好的黑土；潮土则是地下水位较高且有季节波动，土壤中发生氧化还原过程，形成了铁和锰的锈纹锈斑。②亚类。是土类间的过渡类型，是以主要成土过程以外的附加成土过程及其产生的性状为分类依据。如潮褐土是潮土和褐土之间的过渡类型，是褐土又附加了氧化还原过程，底土出现了锈纹锈斑特征。亚类也可能是同一土类的发育分段，如淋溶褐土、典型褐土和碳酸盐褐土是根据碳酸盐的淋溶程度划分。③土属。为土类和土种之间的承上启下的分类单元，主要根据成土母质的成因类型与岩性、区域水文控制的盐分类型等地方性因素进行划分。④土种。是土壤分类的低级分类单元，根据发生层的发育程度和土壤剖面中的土层排列划分。⑤变种。根据表层或耕层性质的差异而划分，如质地变化。

命名方法　采用分级命名法，即土类、土属、土种等都可以单独命名，习惯名称和群众名称并用。高级分类单元（土类、亚类）名称还是以发生学命名，如黑钙土、褐土等，也有从群众名称中提炼而来的，如潮土、白浆土等。在低层分类单元中，尤其是耕种土壤的土种、变种，主要选用群众名称，如华北平原的两合土、鸡粪土，太湖平原的青泥土和青紫泥。①土类。高级分类的基本单元，在一定生物气候、耕作制度等自然和人为因素影响下形成的，具有相似的剖面构型和土壤属性。土类之间有明显的性状差异。如地带性土类与生物气候条件相吻合，灰化过程形成灰化土，富铁铝化过程形成红壤；潮土、水稻土等半水成、水成土类，系地下水参与成土过程及淹水耕作形成的，均具有一定的成土过程和独特的剖面形态与属性。②亚类。是土类间的过渡类型，表现为主要成土过程以外的附加成土过程，如潮土和褐土间为潮褐土；或同一土类的发育分段，如淋溶褐土和碳酸盐褐土。③土属。为过渡分类单元，主要依据区域性变异划分，如母质类型、地形部位、区域水文状况等。④土种。土壤分类的基层单元，具有相类似发育程度和剖面层次排列。⑤变种。根据表层或耕层性质的差异而划分，如质地变化及次要性状的差异。

hongrang xilie
红壤系列
热带、亚热带森林地区发育的一组土壤。包括砖红壤、燥红土（热带稀树草原土）、赤红壤（砖红壤性红壤）、红壤、黄壤等土类。砖红壤发育在热带雨林或季雨林下，在中国分布面积较小；燥红土是在热带干热地区稀树草原下形成的；赤红壤发育在南亚热带常绿阔叶林下，具有红壤与砖红壤的过渡性质；红壤与黄壤发育在亚热带常绿阔叶林下，前者分布在干湿季变化明显的地区，后者分布在多云雾、水分条件较好的地区。这些土类在成土过程上的共同特点是：具有不同程度的铁铝化作用；在酸性环境中进行腐殖质累积及淋溶作用和黏粒的下移都很强烈。表现在土壤属性上亦有某些相似，如土壤呈酸性反应，盐基不饱和，磷的有效性低等。但燥红土的铁铝化程度较弱，有时还具有石灰性反应。该系列的土类大多处在高温多雨条件下，生物循环作用旺盛，土壤肥力可维持在一定水平上，能满足植物生长发育的需要，特别是红壤分布区气候条件优越，光热充足，植物生长期长，适于发展热带、亚热带经济作物、果树和林木，且作物一年可两熟乃至三熟、四熟，土地的生产潜力很大，是热带、亚热带地区重要的土壤资源。

hongrang
红壤
发育于中亚热带湿热气候常绿阔叶林植被条

湖南浏阳　红壤　　　　　　　　　　（张凤荣　摄）

件下，发生脱硅富铝过程和生物富集作用，发育成红色、铁铝聚集、酸性、盐基高度不饱和的土壤。中国主要分布于长江以南的低山丘陵区，包括江西、湖南两省的大部分，云南南部、湖北的东南部，广东、福建北部及贵州、四川、浙江、安徽、江苏等省的一部分。红壤通常具深厚红色土层，网纹层发育明显，黏土矿物以高岭石为主，风化程度深，质地较黏重。红壤分布地区开垦历史悠久，原生植被已不复存在，是亚热带经济林果及粮食生产的重要基地。多数丘陵岗地，由于利用不当，水土流失严重。红壤的酸性强、土质黏重是红壤利用上的不利因素，可通过多施有机肥，适量施用石灰和补充磷肥、防止冲刷等措施提高红壤肥力。针对红壤有机质含量很低的情况，可种植绿肥，以提高有机质含量和氮素肥力。红壤速效磷普遍缺乏，增施磷肥并提高利用率是重要的农业增产措施。

zhuanhongrang
砖红壤
热带雨林或季雨林下，发生强度富铝化作用和生物富集作用而发育成的深厚红色土壤。以土壤颜色类似烧制的红砖而得名。砖红壤是具有枯枝落叶层、暗红棕色表层和棕红色铁铝残积B层的强酸性土壤，砖红壤的水热条件最优越，有机物合成量最大，虽然分解迅速，但在土壤中仍能积累较多的有机质。黏粒部分硅铝率<2.0。生物积累与分解作用都很强烈。砖红壤是中国最南端的地带性土壤，主要分布在海南岛和广东雷州半岛、云南南部西双版纳和台湾南部的热带雨林和季雨林地区，大致位于北纬22°以南地区的低山、丘陵、缓坡台地和阶地上。垂直分布海南在450米以下，云南南部在800～1 000米以下。砖红壤地区的农作物可一年三熟。适宜橡胶等作物生长，是中国发展热带经济作物的重要基地。

chihongrang
赤红壤
砖红壤与红壤之间的过渡土壤。又称砖红壤性红壤。是中国南亚热带代表性土壤。主要分布于广东的西部和东南部，广西西南部，福建、台湾南部等地。生物、气候条件介于红壤和砖红壤之间。植被为南亚热带季雨林，尚有部分热带植物混生。地形多为低山丘陵。在高温、多雨气候，亚热带季雨林植被作用下，土壤形成特点是富铝化作用和生物累积较红壤强，而较砖红壤弱，具有明显的过渡性。土体中大量元素被淋失，黏粒部分硅铝率<2.0。黏粒在剖面中下部有较明显的淀积现象。赤红壤分布地区可发展亚热带、热带作物，主要是林果及药材等。

zhuanhongrangxing hongrang
砖红壤性红壤　参见第157页赤红壤。

zaohongtu
燥红土　发育于热带和南亚热带干旱的稀树草原性植被下的土壤，具有灰棕色的腐殖质A层和红褐色、块状结构的深厚B层。又称热带稀树草原土。与同纬度的砖红壤、赤红壤等相比，燥红土由于受干热生物气候条件的影响，成土过程相对较弱，矿物风化程度较低，脱硅富铝化作用不明显。黏土矿物以水云母和高岭石为主，黏粒部分硅铝率为2.1～3.3，盐基饱和度高，pH值6.0～6.5，甚至是有石灰反应的半淋溶土。主要分布在海南岛的西南部，及云南南部元江河谷等酷热期长、降水量少、蒸发量大、旱季长的干热河谷及季风背风坡。燥红土分布区热量丰富、光照充足，如能解决缺水问题，可以发展多种经济作物和粮食生产。

redai xishu caoyuantu
热带稀树草原土　参见第158页燥红土。

huangrang
黄壤　发育于中亚热带湿润山地或高原常绿阔叶林下的富含水合氧化铁（针铁矿）的黄色土壤。

黄壤剖面　　　　　　（张凤荣　摄）

酸性，土层经常保持湿润，集中分布于南北纬23.5°～30°之间。中国主要分布于四川、贵州两省以及云南、福建、广西、广东、湖南、湖北、浙江、安徽、台湾等地，为南方山区的主要土壤类型。在山地的垂直带谱中，黄壤下部一般是红壤，上部以黄棕壤为多。黄壤的形成包含富铝化作用和氧化铁的水化作用两个过程。由于高温多雨、岩石风化强烈，在成土过程中难移动的铁、铝在土壤中相对增多；土壤终年处于相对湿度大的环境中，土体中大量氧化铁发生水化作用而形成针铁矿。黄壤的基本发生层仍为腐殖层和铁铝聚积层，其中最具标志性的特征乃是其铁铝聚积层，因"黄化"和弱富铝化过程而呈现鲜艳黄色或蜡黄色。黄壤的利用以多种经营为宜。所处地形坡度较小、土层厚度在1米以上的可发展农业和农林综合利用。丘陵下部缓坡和谷地可种水稻、玉米和麦类；丘陵中上部可以发展果树、茶和油菜等经济作物和薪炭林。已耕种的黄壤为防治土壤侵蚀，宜进行以山、水、田综合治理为中心的农田基本建设，多施有机肥料和种植绿肥，并适量施用石灰和磷肥。处于海拔高、坡度陡、土层薄的地段，不宜种植农作物或经济林木，宜以培育药用植物为主。

zongrang xilie
棕壤系列　主要在温带生物气候条件下发育的一组森林土壤。包括黄棕壤、棕壤、暗棕壤和漂灰土等土类。从分布地带看，在北亚热带落叶阔叶林杂生常绿阔叶树下为黄棕壤，其分布界于黄红壤和棕壤地带之间；在暖温带夏绿阔叶或针阔混交林下为棕壤；在温带针阔混交林下为暗棕壤，其分布界于棕壤和漂灰土地带之间；在寒温带明亮针叶林下为漂灰土。这些土类均在酸性环境中进行腐殖质累积，次生黏化和淋溶—淀积作用较明显，除黄棕壤外，还具有不同程度的灰化或假灰化现象。土壤属性上的共同特点为：多呈弱酸性或中性反应，盐基饱和度较高，在多数情况下铁的氧化物和黏粒沿剖面有明显移动等。棕壤系列均为重要的森林土壤类型，尚有较大面积的天然林，是中国主要的林业生产基地。在丘陵和平原区，黄棕壤和棕壤一般都有很高的农用价值，多数已开垦为农田和果园。但各类土壤的特性和森林类型不同，其利用发展方向和采取的措施也不相同。特别是漂灰土作为林业用地，因土壤肥力不高，加之气候冷湿，故林木生长缓慢，地位级较暗棕壤低，应注意及时抚育更新，保持水土和培育土壤肥力。

huangzongrang

黄棕壤　发育于北亚热带常绿阔叶与落叶阔叶混交林下的土壤。具有温带向亚热带过渡的明显特征。黄棕壤剖面中有棕色或红棕色的B层，即含黏粒量较多的黏化层，土体内有铁锰结核，具有酸性至微酸性反应。中国曾称之为灰棕黏磐土，20世纪50年代后定为现名。中国的黄棕壤分布范围大致为：北起秦岭、淮河，南到大巴山和长江，西自青藏高原东南边缘，东至长江下游地带。中、南亚热带和热带地区的山地垂直地带谱均有分布。黄棕壤地区的水热条件优越，自然肥力较高，适宜多种林木的生长，是中国经济林的集中产地，也是重要的农作区，盛产多种粮食和经济作物。在改良与利用中应注意：山地黄棕壤要发展适于当地的经济林，在引种经济林木时要注意南北过渡地带的特点，因土造林、适地适树；对于丘陵、岗地的黏磐黄棕壤，因其质地黏重，物理性质较差，一般采取逐年加深耕层，重施有机肥、增施磷肥，使土壤逐渐熟化，或施用煤渣、炉灰等，改善土壤的通气透水状况和耕

江苏江宁　黄棕壤　　　（张凤荣　摄）

作性能；对于坡度较大的山地，由于过去滥伐森林及不合理开垦，已经引起严重的水土流失，必须选择速生和侧根发达的树种营造护坡林和沟底防冲林；在坡地上的茶、桑、果园，应采用等高种植、修筑梯田等方法，并结合绿肥覆盖，防止水土流失。

zongrang

棕壤　暖温带落叶阔叶林和针阔混交林下形成的土壤。又称棕色森林土。棕壤地区气候条件的特点是夏季暖热多雨，冬季寒冷干旱。剖面通体呈不同程度的棕色，土壤质地因母质类型不同而变化较大，但总的来说，在发育良好的棕壤中，由于黏化作用而使淀积层质地普遍偏黏，使得透水性较差，尤其是经长期耕作后形成较紧的犁底层，透水性更差。在坡地上降水由于来不及全部渗入土壤而产生地表径流，引起水土流失，严重时表土层全部侵蚀掉，黏重心土层出露地表，肥力下降；在平坦地形上，如降水过多，表层土壤水分饱和，作物易倒伏，生长不良。中国的棕壤分布纵跨辽东半岛与山东半岛，带幅大致呈北方向。在半湿润半干旱地区的山地，如燕山、太行山、嵩山、秦岭、伏牛山、吕梁山和中条山的垂直带谱的褐土之上以及南部黄棕壤地区的山地上部有棕壤分布。由于受东南季风、海陆位置及地形影响，东西之间地域性差异极为明显。普通棕壤分布于山麓和丘陵缓坡，多用于农业，其中一部分水土流失较重，水肥条件较差，需要采取水土保持措施和进一步发展灌溉，并加强培肥。白浆化棕壤有的分布于剥蚀堆积丘陵，多用于农业，肥力甚低，需要改良；有的分布于山地，多用于林业。酸性棕壤分布于山地，多用于林业，有的还是荒山，需要种树造林。

anzongrang

暗棕壤　温带湿润地区针阔混交林下发育的地带性森林土壤。暗棕壤分布广，向北（向上）过渡为漂灰土（棕色针叶林土），向南（向下）过渡为棕壤。在中国的分布范围北起黑龙江，东到乌苏里江，西起大兴安岭中部，南到辽宁省的铁岭、清原一带。具体分布于大兴安岭东坡海拔800米以下，小兴安岭海拔900米以下，完达山脉和长白山海拔1 100米以下。是东北地区面积最大的森林土壤之一。在中国其他山区的垂直带谱中棕壤之上也广泛

分布有暗棕壤。暗棕壤地区的气候特点是一年中有水热同步的夏季和漫长严寒的冬季以及短暂的春秋两季。水平分布区多为低山和丘陵，山岭的海拔高度多在500～1 000米，只有少数高于千米。中国东北地区暗棕壤的原始植被为红松阔叶林，伴生阔叶树种、林下灌木及草本植物。暗棕壤具有良好的土壤物理性状，为林木或作物的生长奠定了优越的条件。暗棕壤的腐殖质层因土壤生物积累作用强，有机质含量高，具有良好的团粒结构，形成特点主要表现为弱酸性腐殖质累积和轻度淋溶、黏化过程。暗棕壤腐殖质含量高，表层微酸性，是肥力较高的土壤。在中国是名贵木材红松的中心产地。平缓坡地可辟为农田，适种大豆、玉米，也可发展果树业及栽培人参。

piaohuitu
漂灰土　中国寒温带湿润地区明亮针叶林或暗针叶林条件下形成的，具有一层灰白色亚表土的土壤。曾称棕色针叶林土。主要分布在内蒙古大兴安岭北段山地的垂直带上部，北面宽南面窄，自北向南延伸。其次在青藏高原东南边缘的亚高山和高山垂直带上也有分布。气候条件的主要特点是寒冷而湿润，冬季土壤普遍结冻，冻层深度2～3米，在大兴安岭北端，甚至出现岛状永久冻层。在上述生物气候条件下，土壤进行着比较特殊的漂灰作用，实际包括水漂作用和灰化作用两个方面。前者是指土壤亚表层在冻层影响下，氧化铁被还原随侧向水流失的漂洗作用；后者是指雨季解冻后，土壤亚表层的铁、铝氧化物与腐殖酸形成螯合物，向下淋溶并淀积于心土或底土的作用。漂灰土是中国重要的森林土壤之一，区内森林茂密，但由于林内阴暗、潮湿、气温低，加上土壤酸性强和有效养分少，因而林木生长缓慢。因此应积极择伐成过熟林，以提高土温、降低湿度，加速生物分解的能力。同时注意及时抚育更新，防止水土流失，促进林木更好地生长。

zongse zhenyelintu
棕色针叶林土　参见第160页漂灰土。

hetu xilie
褐土系列　暖温带半湿润、半干旱地区森林草原、草原条件下发育的一组过渡性土壤。包括褐土、塿土、绵土、黑垆土和灰褐土等土类。褐土是在旱生森林灌丛草原下形成的，在水平分布上处于棕壤和黑垆土带、栗钙土带之间，在垂直分布上出现在棕壤带之下。塿土是在褐土的基础上经过长期施用土粪堆积覆盖，并在不断耕作影响下形成的。黑垆土和绵土是草原植被下由黄土母质发育而成，前者具有深厚的黑色垆土层，后者受到强烈侵蚀多具有黄土性状。灰褐土发育于干旱地区山地森林下，兼有褐土和灰黑土（灰色森林土）的形成特点和性状。褐土系列的各类土壤，尽管其成土条件和成土过程各异，但也有某些相似点。在中性或碱性环境中进行腐殖质累积，石灰的淋溶和淀积作用明显。残积—淀积黏化现象有不同程度表现。在利用上，除灰褐土是干旱地区山地重要的森林土壤外，其他土壤类型大多为中国北方主要的旱作土壤，农业开发历史悠久，土壤生产潜力较大。但由于多分布在黄土高原地区，植被稀少，坡耕地多，黄土母质疏松，抗蚀力弱，加之降雨强度大，土壤侵蚀普遍，发展农业生产须做好全面规划，采取水土保持、培肥改土等综合治理措施。

hetu
褐土　暖温带半湿润地区发育于排水良好的地形部位的半淋溶型土壤。又称褐色森林土。中国的褐土多发育于碳酸盐母质上，其成土母质富含石灰，具有明显的黏化作用和钙化作用。呈中性至碱性反

北京门头沟　褐土　　　　　　（张凤荣　摄）

应，具有黏化和钙质淋移淀积特征，碳酸钙多为假菌丝体状广泛存在于土体中、下层。在中国主要分布于北纬34°～40°，东经103°～122°之间，即北起燕山、太行山山前地带，东抵泰山、沂山山地的西北部和西南部的山前低丘，西至山西东南和陕西关中盆地，南抵秦岭北麓及黄河一线，一般分布在海拔500米以下的山地低丘、洪积扇和高阶地。水平分布在棕壤之西，垂直分布则在棕壤之下，常呈复域分布。褐土分布区具有较好的光热条件，多已垦为农地，适种多种旱作物，一般可以两年三熟或一年两熟，为所在地区的主要耕作土壤。由于土层深厚，质地适中，耕性良好，是中国北方的小麦（绝大部分为冬麦）、玉米、棉花、甘薯、花生、烟草、苹果的主要产区。存在的主要问题是降水量偏小和降水量过于集中，以及分布在丘陵与高平地的褐土存在侵蚀现象，为此需要采取以保墒培肥为中心的旱作农业耕作措施，开展水土保持与发展水利灌溉。

loutu
垆土 具有≥50厘米的人为土粪堆垫层的土壤。垆土是一种古老的耕作土壤，一般在黄土母质发育的褐土上，由于长期施用大量黄土和厩肥堆垫混合而成的土杂肥，经过长期旱耕熟化，在原来的褐土上部形成了厚50～60厘米的堆垫熟化层，下部是比较紧实偏黏的褐土，两种土壤紧密相接，但又上下界限分明，好像盖上一层楼房一样，所以把它形象地称为"垆土"。垆土具有双层耕种熟化层段，即在现代耕作层和犁底层之下具有埋藏的老耕作层。现代耕作层及其人工堆垫表层以下的土壤剖面同于普通褐土。主要分布于中国古老农业区的关中平原，其他古老农业区也有点状分布，是中国特有的土壤类型。垆土区盛产小麦、棉花、玉米和谷子。

miantu
绵土 没有明显剖面发育、母质特征明显的黄土性土壤的总称。是黄土母质特征明显的幼年土壤。因其土质疏松、绵软、色浅而得名。在中国广泛分布于黄土高原，尤其是黄土丘陵水土流失严重地区，如陕西北部、宁夏南部、甘肃中东部和山西芦芽山、吕梁山以西的黄土丘陵地区。内蒙古中部的南边沿长城一线也有分布。在水平分布上，东面、南面都与褐土、黑垆土交叉相连，西边与灰钙土、黑垆土相接，北边为风沙土和栗钙土。由于长期受强烈侵蚀和局部堆积作用，土壤发育很弱，其基本性状仍接近黄土母质。剖面土层深厚、均质，为浅棕色粉砂质壤土，分层不明显，结构性差，疏松绵软，容易耕翻。土体均有石灰反应，底层见有碳酸盐结核。少数发育在红土层（老黄土）上的绵土，质地较黏，保肥能力较强。由于耕种熟化程度的差异，土壤肥力水平不一。绵土是不合理耕种与侵蚀共同作用下形成的，它的前身可能是黑垆土和褐土。由于长期广种薄收，粗放耕作，在暴雨的冲刷下，以致原来的表土和心土层完全被侵蚀掉，而将底土（黄土母质）露在地面。土壤基本上没有发育。从上到下除可以分出耕作层和底土层外，其他发生层次很难看到，完全保留着清一色的黄土特点。

heilutu
黑垆土 发育于黄土母质上的具有残积黏化层（黑色垆土层）的黑钙土型土壤。黑垆土地区具有干湿季分明的暖温带半湿润到半干旱的气候，自然植被为干草原，成土母质多黄土物质。黑垆土地带是中国农业历史最悠久的地区，人类的耕垦活动对土壤形成具有深刻的影响。由于处在暖温带热量较高地区，加之成土母质的通透性良好，在一定程度上限制了有机物的合成和腐殖质的累积，所以黑垆土剖面上部的腐殖质层虽较深厚和疏松，但腐殖质含量不高。黑垆土是中国黄土高原地区主要土类之一，主要分布于陕西北部、甘肃东部、宁夏南部、山西北部和内蒙古的黄土塬地、黄土丘陵和河谷高阶地。其中以地形平坦、侵蚀较轻的董志塬、早胜塬、洛川塬等塬区为多，由于黑垆土的腐殖质层深厚，适耕性较强，适种多种作物，现已全部为耕种土壤，产量较为稳定。但由于气候干旱，需充分利用地表和地下水资源，大力发展农田灌溉，扩大灌溉面积；由于天然植被已破坏，母质疏松，土壤侵蚀严重，利用时必须加强水土保持，采取措施防止水土流失。

huihetu
灰褐土 温带干旱半干旱地区山地旱生针阔叶混交林下形成的土壤。又称灰褐色森林土。灰褐土地区的气候属温带半干旱大陆性气候类型，比褐土地区凉爽、干旱，处在褐土地带的西面。其性状与褐土有些相似，但并不完全相同。如淋溶作用比褐土弱，黏化作用不如褐土明显，土壤颜色比褐土灰暗，腐殖质积累作用比褐土强一些。灰褐土主要呈零星斑块或稍大片状分布在山西的五台山、吕梁山，内蒙古的大青山，宁夏的贺兰山、六盘山，甘肃的祁连山、兴隆山，青海的青石山、唐古拉山，新疆的西部天山，帕米尔、西昆仑山等山地的阴坡、半阴坡部位，海拔高度大体在1 500～3 000米之间，分布的范围虽广，但实际面积不大。 由于主要分布在山地上，土层薄，坡度大，石块多，同时气温较低，发展农业生产不如褐土地区好。但灰褐土的肥力较高，适宜发展林业，是中国西北山地发展林业生产的重要土壤资源。

huihese senlintu
灰褐色森林土　参见第161页灰褐土。

heitu xilie
黑土系列　温带森林草原和草原地区发育的一组土壤。包括灰黑土、黑土、白浆土和黑钙土等土类。以明显的腐殖质累积过程为其共同特点，大多具有深厚的腐殖质层。但因水热条件和植被类型的不同，各类土壤的腐殖质累积状况及其相伴随的其他成土过程也各有区别。灰黑土处在温带半湿润地区，植被为森林类型。林下草灌植物繁茂，有机质累积量大，有较明显的淋溶作用和黏粒移动淀积现象。黑土的水分状况和灰黑土相似，植被为草原化草甸，以杂类草为主，根系发达，分布深，土壤有机质累积量比灰黑土大，但土壤因有季节性水分过多现象而出现轻度还原淋溶作用。白浆土处在湿润地区，植被类型复杂，多为喜湿性植物，根系分布浅，有机质累积量不及黑土，但土壤常发生季节性滞水，有机质分解程度差，并有泥潭化特征，土壤具强度还原淋溶作用，在腐殖质层下出现灰白色的白浆层。黑钙土分布在温带半湿润半干旱地区，水分不足，植被以草原类型为主，也有草甸草原植物，根系深而根量少，有机质累积量较小，但分解强度比黑土大，土壤水分属半淋溶型，石灰在土壤中淋溶淀积明显。黑土系列的土类具有发展农牧业和林业的良好条件，尤其是黑土、白浆土和黑钙土是发展农业的重要土壤。

huiheitu
灰黑土　温带半湿润地区森林植被下发育的土壤。又称灰色森林土。属于森林土壤向草原土壤的过渡类型，因具有深厚的灰色土层而得名。在中国常与黑钙土组成复区。植被以落叶阔叶林为主，混生落叶松、云杉等针叶林。林下草灌植物繁茂，腐殖质累积过程较强，有机质累积量大，土壤具较明显的淋溶作用和黏粒移动淀积现象。在中国主要分布在内蒙古大兴安岭北段山地的西坡及南段山地垂直带上部；在新疆阿尔泰山与准噶尔盆地以西也有分布，并常与黑钙土组成复区。灰黑土地带的气候条件与漂灰土和亚高山草甸土地区比较略显温和、干旱，但比草原地区的黑钙土又略显凉爽湿润。灰黑土土质肥沃，水分条件好，适宜多种树木生长，利用方向应以林为主，对已开垦的耕地要逐步退耕还林还草，恢复原有的森林草原景观。为充分发挥灰黑土的优势，可利用林间或林下草地适度发展畜牧业，但要严格控制放牧强度，防止家畜啃食林木，幼林地绝对禁牧。

huise senlintu
灰色森林土　参见第162页灰黑土。

heitu
黑土　温带半湿润地区草原化草甸植被（五花草塘）下形成的具有深厚腐殖质层、无石灰性的黑色土壤。是温带森林土壤向草原土壤过渡的一种土壤类型。黑土带的气候特征是四季分明，雨热同季。由于夏秋多雨，土壤常形成上层滞水，草甸草

黑龙江　黑土

本植物繁茂，地上和地下均有大量有机残体进入土壤。漫长的冬季，微生物活动受到抑制，有机质分解缓慢，并转化成大量腐殖质累积于土体上部，形成深厚的黑色腐殖质层。土体内盐基遭到淋溶，碳酸盐也移出土体，土壤呈中性至微酸性。季节性上层滞水引起土壤中铁锰还原，并在旱季氧化，形成铁锰结核。所以黑土是由强烈的腐殖质累积和滞水潴积过程形成，是一种特殊的草甸化过程。自然状态下，黑土腐殖质层可厚达1米，养分含量丰富，肥力水平高。黑土是中国最肥沃的土壤之一，主要分布在吉林和黑龙江中东部的高平原、台地和阶地上，北起黑龙江的嫩江、克东县，经海伦、绥化、哈尔滨等，向南断续延伸至吉林四平市的南部。黑土分布区是重要的粮食基地，适种性广，尤适大豆、玉米、小麦、谷子等生长。中国黑土区的大规模开荒垦殖始于20世纪五六十年代，长期以来在吉林和黑龙江两省的农业生产中占有极其重要的地位。黑土开垦后，黑土的肥力性状会发生变化，部分土壤向着不断培肥熟化的方向发展，但大量的、比较普遍的则是土壤的自然肥力呈不断下降趋势。主要表现在土壤侵蚀严重、有机质含量下降、作物养分减少、土壤理化性状恶化等。近些年来，中国已逐步加大了黑土区的培肥和水土流失治理力度。

baijiangtu
白浆土 温带半湿润及湿润区森林、草甸植被下，经过白浆化等成土过程形成的具有白浆层的土壤。主要特征是在腐殖质层下有一灰白色的紧实亚表层，即白浆层。中国主要分布在黑龙江东部、东北部和吉林东部，北起黑龙江的黑河，南到辽宁的丹东—沈阳铁路线附近，东起乌苏里江沿岸，西到小兴安岭及长白山等山地的西坡，局部抵达大兴安岭东坡。垂直分布高度最低为海拔40～50米的三江平原；最高在长白山，海拔可达700～900米。大抵南部较高，北部较低。以三江平原最为集中。地形部位主要为丘陵漫岗至低平原，主要类型有低平原、河谷阶地、山间盆地、山间谷地、熔岩台地和山前洪积台地。大部分已垦为农田，成为吉林、黑龙江两省的主要耕地土壤之一。当前对分布在丘陵漫岗上的白浆土主要是防治水土流失，对分布在低平部位的白浆土则主要是合理排灌。白浆土改良的重点是结合施用有机肥料，补充有机质和矿质养分，在

不使白浆层翻至表层的前提下，打破心土层或逐步加深耕作层，以改善底层透水不良的性状。

heigaitu
黑钙土 温带半湿润半干旱地区发育于草甸草原和草原植被下的土壤。其主要特征是土壤中有机质的积累量大于分解量，土层上部有一黑色或灰黑色肥沃的腐殖质层，在此层以下或土壤中下部有一石灰富积的钙积层。中国大多分布在东北地区的西部和内蒙古东部，尤以大兴安岭东西两侧、松嫩平原中部、松辽分水岭地区，以及向西延伸到燕山北坡和阴山山地的垂直带谱上更为集中。其形成主要有两个过程：腐殖质累积和钙化过程。黑钙土由腐殖质层、腐殖质过渡层、钙积层和母质层组成。中国的黑钙土地区有大面积的耕地和辽阔而优质的天然草场，还是建设防护林的重点地区，具有发展种植业和林、牧业的基础和优势。黑钙土潜在肥力较高，有相当一部分适宜发展粮食和油料作物。尤其种植小麦产量高，因此分布黑钙土的地带常被称为"粮仓"。主要限制因素是水分不足，干旱发生频繁，需要进行补充灌溉。

ligaitu xilie
栗钙土系列 温带半干旱、干旱草原地区发育的一组土壤。包括栗钙土、棕钙土和灰钙土等土类。栗钙土是在温带半干旱草原（干草原）植被下形成的。棕钙土是温带草原向荒漠过渡的一种地带性土壤，形成于荒漠草原的自然环境。灰钙土是地区性的土壤，常与黄土母质相联系，植被类型也是荒漠草原，气候条件较接近于暖温带。这些土类的共同特点是有较明显的腐殖质累积过程和石灰的淋溶—淀积过程，并存在着弱度的石膏化和盐化过程，这是与黑土系列的本质区别。土壤剖面一般由腐殖质层和钙积层组成，通体呈微碱性至碱性反应，代换性阳离子以钙、镁为主，盐基高度饱和。但各类土壤在理化性质上也存在许多差异，随着干旱程度的增强，腐殖质含量由栗钙土至棕钙土、灰钙土渐减，而石灰淀积层深度变浅，从表层开始即有较强的石灰反应；石膏和易溶性盐的累积现象越来越明显。栗钙土系列在草原地区分布面积很广，主要用于牧业生产，也可发展农业。在土地利用上，应实行农牧结合，做到用地养地并重，以合理利用土壤资源。

ligaitu

栗钙土 温带半干旱地区干草原植被下发育而成的土壤。其主要特征是具有松软表层，剖面上部呈栗色，下部有菌丝状或斑块状或网纹状的钙积层。在中国主要分布于内蒙古高原东部和中南部、呼伦贝尔高原西部、鄂尔多斯高原东部、大兴安岭东南麓平原，以及新疆准噶尔盆地西部山区谷地。栗钙土地带是中国北方主要的草场，历来以牧为主，作为天然放牧和割草场。近百年来渐有较大规模的农垦，以一年一熟的雨养农业为主。由于降水偏少，年际变幅大，干旱是主要限制因素。加上耕种粗放，农田建设水平低，产量低而不稳，耕地肥力普遍有下降趋势。今后应农牧结合，增施有机肥，推广草田轮作，种植绿肥牧草，增加土壤有机质。在水分条件好的地方可适当发展一些农田，但要少耕免耕，建设防护林体系，防止风蚀沙化。广大牧区由于草场保护与建设跟不上畜牧业的发展，长期超载过牧，导致草场退化，土壤在植被覆盖降低后发生沙化、盐化、退化。应有计划地在适宜地段建设人工草地，种植优良高产牧草，成为广大牧区的育肥基地。要改良退化草场，提高植被覆盖度，防止土壤退化，严格控制牲畜头数，防止超载过牧。

zonggaitu

棕钙土 发育于温带荒漠草原植被下的土壤。是干草原地带的栗钙土向荒漠地带的灰漠土过渡的土壤，成土过程以草原土壤腐殖质累积作用和钙积作用为主。地表多沙砾石，剖面上部呈褐棕色，下部为粉末层状或斑块状灰白色钙积层，土壤腐殖质积累作用弱，有机质含量低。在中国主要分布在内蒙古高原和鄂尔多斯高原的中西部、准噶尔盆地的北部、塔城盆地外缘以及中部天山北麓山前洪积扇的上部等地。棕钙土地区光热资源丰富，但水资源稀缺，不能从事雨养农业，虽有少量农田，但水分条件较差，土层浅薄，矿质养分含量低；加之春季风大和侵蚀严重，农作物产量低且不稳定，是所谓的"闯田"。今后应在开辟水源、开展水利建设的基础上，发展灌溉农业及饲草料基地。引水灌区主要控制灌溉定额，灌排配套，防止次生盐渍化；井灌区要注意地下水平衡，防止过采。灌溉农业要推广应用节水灌溉新技术（喷灌、渗灌），要农牧结合，采取种植绿肥、增施有机肥及矿质肥料等改

良措施，建设有灌溉的农田防护林体系，防止风蚀沙埋，减轻夏季干热风危害。棕钙土地区以畜牧业为主，主要是天然放牧场，饲养羊、骆驼。由于超载过牧，草场土壤沙化、退化严重。今后应划区轮牧，建立小型分散的人工草料基地，防止超载过牧，以利于草场资源的恢复。

huigaitu

灰钙土 暖温带荒漠草原下弱腐殖质积累过程和心土弱黏化过程形成的土壤。灰钙土的腐殖质层很不明显，有机质含量低；黏化层和钙积层也不明显。灰钙土地区虽然比棕钙土地区的年降水量多一些，但因为气温较高，依然属于干旱区，自然植被为荒漠草原。在中国分布在棕钙土区的南部，主要在黄土高原西北部、银川平原、河西走廊东段及伊犁河谷地等。灰钙土地区为半农半牧区，土层深厚，热量条件较好，但水土流失严重，加上干旱、风沙危害，作物产量较低，需进行水土保持，发展灌溉，实行粮草轮作，提高土壤肥力。用作天然牧场的灰钙土区当前普遍存在的主要问题是放牧利用过度，从而引起土壤侵蚀和土壤退化，应适当限制载畜量。

huangmotu xilie

荒漠土系列 在气候极端干旱条件下形成的一组土壤。包括灰漠土、灰棕漠土、棕漠土和龟裂土等土类。灰漠土为温带荒漠边缘的过渡性土壤，反映其略微湿润一些的形成特点。灰棕漠土和棕漠土分别代表温带和暖温带典型荒漠土壤。龟裂土分布在荒漠区细土平原上，经常受短暂地表水流的影响，但不具水成土的性质，属于发育较年轻的一种特殊的荒漠土壤。该系列土壤的共同特征是：具有多孔状的漠境结皮层，腐殖质含量低，石灰含量高且表聚性强，石膏和易溶性盐在剖面不大的深度内聚积，存在较明显的残积黏化和铁质染红，整个剖面的厚度较薄，石砾含量多（除龟裂土和部分灰漠土外），等。成土过程主要表现为钙化作用（石灰的聚积）、石膏化和盐化作用、弱铁质化作用，同时风化作用相当明显。但因土壤荒漠化各个基本过程相互间量的对比关系不同，各类土壤间在发生特性上有很大差别。在利用方面受的限制因素较多，最突出的是灌溉水源的有无和细土物质含量的多少。大部分用作牧地，也有一部分开垦为农地。为克服干旱和风沙危害，保证农牧业生产

的发展，应大力进行水利建设，营造防风林，播种牧草和进行土壤改良。

huimotu
灰漠土　温带荒漠或荒漠草原区发育的土壤。成土母质多为黄土状冲积物，地表有孔状结皮，土壤质地为粉砂壤或沙壤，土壤淋洗微弱，石膏和易溶盐在剖面中分异不明显。在中国主要分布于内蒙古河套平原、宁夏银川平原的西北角、新疆准噶尔盆地南部、天山北麓山前倾斜平原与古老冲积平原和剥蚀高原地区、甘肃的河西走廊中西段的祁连山山前平原和阿拉善高原。灰漠土区的天然植被为旱生和超旱生的灌木与半灌木，覆盖度一般小于5％～10％。灰漠土只有在利用引水（雪山融水与地下水）灌溉时，才能种植作物，是典型的绿洲农业。农业生产应利用气候资源优势，种植经济瓜果和棉花，但要防止次生盐渍化。对于大部分灰漠土来说，因干旱少水，土地利用主要还是放牧业，但生产力也很低，要防止超载过牧，造成风蚀沙化与草场退化。

huizongmotu
灰棕漠土　温带荒漠地区粗骨母质上发育的土壤。又称灰棕色荒漠土。其成土母质主要有两大类：在山前平原上为沙砾质洪积物或洪积—冲积物；在低山和剥蚀残丘上为花岗岩、片麻岩及其他古老变质岩。在中国主要分布于准噶尔盆地、河西走廊等地，青海柴达木盆地西北部戈壁也有分布。分布区的气候条件是夏季热而少雨，冬季冷而少雪，温度年变化、日变化大。由于气候干旱，地表水缺乏，灌溉条件差；土壤粗骨化，细土物质少，有机质含量低，开垦利用困难，农业利用受到很大限制。只有利用引水（雪山融水与地下水）灌溉时，才能种植作物，是典型的绿洲农业。农业生产应利用气候资源优势，种植经济瓜果和棉花，但要防止次生盐渍化。对于大部分灰棕漠土地区来说，土地利用主要还是放牧业，是中国重要的养驼业基地。

huizongse huangmotu
灰棕色荒漠土　参见第165页灰棕漠土。

zongmotu
棕漠土　暖温带极端干旱荒漠沙砾质洪积物和石质残积物或坡积残积物母质发育的土壤。地表有明显砾幂，土层具孔泡结皮层、紧实层、石膏层、石膏—盐磐层等序列。母质多是戈壁滩，某些棕漠土有盐分积累，甚至有盐磐。在中国广泛分布于新疆天山山脉、甘肃的北山一线以南，嘉峪关以西，昆仑山以北的广大戈壁平原地区。以河西走廊的西半段，新疆东部的吐鲁番、哈密盆地最为集中。塔里木盆地周围山前的洪积戈壁以及这些地区的部分干旱山地上也有分布。棕漠土除少数有水源灌溉地段经垦殖从事农业生产外，其余皆为牧业用地，是中国西北重要的养驼基地之一。但由于极端干旱缺水，植物生长非常稀疏，草质也很差，载畜量很低，牧用也不理想。唯有光热资源极为丰富，只要能解决水源灌溉，可以适度发展农牧业和瓜果生产。由于受干旱缺水制约，棕漠土地区除适合放养一定数量耐旱能力极强的骆驼外，其他牲畜难以发展。因此今后的利用改良方向主要应加强天然草被的封育管理，实行分区轮牧，努力提高载畜能力，建设养驼基地。在开发利用方面，首先是广辟水源，搞好引水设施，努力发展灌溉农牧业，充分利用宝贵的热量资源，增施磷肥及有机肥料，合理种植适宜当地生长的粮、棉、油、瓜果等优势作物；同时为促进养驼业发展，应适当施行粮草轮作制，特别是农作物与豆科养地牧草轮作，既恢复地力又为畜牧业提供饲草、饲料。

junlietu
龟裂土　温带、暖温带漠境与半漠境地带发育的土壤。一般处在山前细土平原，古老冲积平原及沙丘中间和剥蚀高原上的平坦洼地，常与其他土壤成复区存在。龟裂土几乎无高等植物，地衣、藻类低等植物在短暂地表水流湿润的时候可以出现，水分干后就很快死亡，在地面形成粉红色极薄的卷皮，同时表土逐渐收缩裂开形成平坦而坚硬的裂板，所以龟裂土的地面普遍被网格状的裂纹切割成不规则的多角形裂片，好像镶嵌在地面上的龟背状图案，非常坚硬。裂缝中间常常填有沙粒。龟裂土地面间歇水的弱淋洗和干旱区的强烈蒸发，导致土壤脱盐返盐以及碱化作用交替进行。在长期频繁的积盐与脱盐交替过程中，土壤胶体吸附钠离子逐渐增多，并伴随碱化特征。在中国主要分布于西北的干旱地区，如新疆塔里木盆地、准噶尔盆地边缘，甘肃河西走廊的疏勒河两岸，宁夏银川平原的西大滩。因土质不良，加之所处生态条件恶劣，农业利用价值很低。此类土壤大多为养驼业的辅助性自然放牧地或荒芜地。因植物稀少，放牧效果也很差。但在近农区的龟裂土，只要解决水源灌溉和客砂改黏，种植绿肥或增施有机肥，也可改造成农田。在南疆和河西走廊，有的地区通过灌淤逐渐加厚土层，种植绿肥牧草为先锋植物，结合施用有机肥逐步改良龟裂土的物理性状和改善其营养状况，为进一步发展农业生产奠定基础。也可利用土质黏重、水分下渗力差的特点，筑池蓄水以备灌溉水源，或就地蓄水增肥种稻。

guanyutu xilie

灌淤土系列　在长期耕作、施肥和灌溉等人为措施影响下形成的一组土壤。包括潮土、灌淤土和绿洲土等土类。它们具特殊的"灌淤层"或"农业灌溉层"，在熟化过程中已完成改变了耕垦前原有土壤的属性，如土壤的有机质累积，土壤质地、结构和维持状况及盐分剖面等都起了很大变化。潮土多直接发育在河流沉积物上，受地下水影响，剖面由耕作层、犁底层和心土层组成。耕作层有机质含量在1.0%左右，颜色稍淡；心土层均有锈纹锈斑。灌淤土具有较厚的灌淤熟化土层，一般＞30～50厘米。绿洲土是荒漠及荒漠草原地带的耕种熟化土壤，分布于新疆东部、北部和甘肃河西地区的一些古老灌溉农区，土壤剖面上部有厚达30厘米以上的熟化层，耕层有机质含量＞1.5%，含盐量大部分＜0.3%。灌淤土系列是中国北方平原区最重要的农业土壤类型，开发利用程度很高，但应注意用地与养地结合，防止土壤肥力下降。

chaotu

潮土　河流沉积物受地下水运动和耕作活动影响而形成的土壤。主要特征是地势平坦、土层深厚。集中分布于河流冲积平原、三角洲泛滥地和低阶地。它不同于有机质积累较多的草甸土，在沉积之后一般都未经过生长茂密草甸植被的阶段，便已开始耕种。在耕种过程中又继续遭受泛滥沉积的影响，加上气温较高，有机质分解较快，所以土壤腐殖质积累过程较弱。潮土具有腐殖质层（耕作层）、氧化还原层及母质层等层次，沉积层理明显。在中国，黄淮海平原分布面积最大，华北山区的河谷平原、长江中下游平原，以及南方山区的河谷平原也有一

潮土　　　　　　　　　　　　（张凤荣　摄）

定面积的分布。潮土分布区地势平坦，土层深厚，水热资源较丰富，造种性广，是中国主要的旱作土壤，盛产粮棉。但潮土分布面积最大的黄淮海平原，旱涝灾害时有发生，尚有盐碱危害，加之土壤养分低或缺乏，大部分属中、低产土壤，作物产量低而不稳。必须在防洪、防涝和发展灌溉的同时大力培肥、治理盐碱。

guanyutu

灌淤土　具有一定厚度灌淤土层的土壤。灌淤土层是在引用含大量泥沙的水流进行灌溉，灌水落淤与耕作施肥交迭作用下形成的，可厚达1米以上，一般也可达30～70厘米。灌淤土层下面可见被埋藏的古老耕作表层。灌淤土的土体颜色、质地、结构、有机质含量等性状比较均匀一致，有人为侵入体散布。在地下水位较深的地区，土壤盐分随灌溉水的下渗而下移。灌淤土是半干旱与干旱地区平原中的主要土壤，栽植农作物一年一熟，以春播作物为主，生长小麦、玉米、糜谷等。灌淤土在中国广泛分布，东起西辽河平原，经河北北部的洋河和桑干河河谷，内蒙古、宁夏、甘肃及青海黄河冲积平原，甘肃河西走廊，至新疆昆仑山北麓与天山南北的山前洪积扇和河流冲积平原。多年引用含有大量泥沙的水流进行灌溉的地区，一般都有灌淤土的分布。灌淤土地形平坦，土层深厚，质地适中，更

兼光热条件好，灌溉便利，故具有广泛的适宜性，适宜种植小麦、玉米及水稻等粮食作物，胡麻（油用亚麻）及向日葵等油科作物，以及多种瓜果、蔬菜、树木等。宁夏的枸杞、新疆的长绒棉和陆地棉，都是灌淤土上生长的优质产品。灌淤土区一般地下水位较浅，如果排水条件较差，会产生次生盐化现象，要建立排水系统（沟排或井排）进行排水，以降低地下水位；实行合理灌溉，防止深层渗漏，还必须配合其他有效的农业耕作措施，有条件的地方进行水旱轮作等。

lüzhoutu

绿洲土　沙漠地区古老灌溉绿洲中的原生漠土等在人为灌溉、耕作和施肥等措施的影响下，经过灌溉熟化过程形成的人为土。绿洲土分布的地形部位通常是冲积扇的中下部，冲积平原沿河两岸或沿河阶地上，地形稍有倾斜，地下水较为丰富，地下水矿化度较高，成土母质为冲积物，其主要特征是在土壤剖面中形成了农业灌溉层。在原生土壤中常累积大量石灰、石膏和可溶盐，经垦殖灌耕发展成绿洲土时，耕作层中易溶盐多被淋洗，脱盐明显。土层质地大多均一，土壤通透性好；下层质地较黏重，多片状、块状结构，保肥作用良好。绿洲土主要分布于新疆及河西走廊的沙漠地区的绿洲中，是干旱地区的主要耕作土壤。在农业利用中要采取灌溉与排水相结合，营造防风林带与林网，合理轮作倒茬，多种绿肥、牧草，提高肥力。

shuidaotu xilie

水稻土系列　一种特殊的土壤系列。分布广泛，由各种地带性土壤、半水成土和水成土经过水耕熟化培育而成。在其形成的过程中，一方面经受交替的氧化还原作用，使剖面发生明显的分异；另一方面在耕作、施肥、灌溉等人为措施影响下，进行有机质分解与合成，复盐基与盐基的淋溶，以及黏粒聚积与淋失等作用，使原来土壤的特性受到不同程度的改变，形成水稻土。发育在各个生物气候带的不同耕作程度下，既有其共同性，又有其他地带性的烙印，故各地水稻土的发生特性有明显差异。中亚热带以南双季稻地区的水稻土，铁、锰淋溶淀积强烈，有机质累积较明显，土壤呈酸性反应，盐基不饱和。北亚热带单季或双季稻地区的水稻土，有机质含量稍低，铁、锰还原淋溶作用较弱，土壤一般

呈中性反应、盐基饱和。暖温带和温带单季稻地区，水稻土的有机质分解作用弱，含量较高，剖面中物质移动淀积作用也较弱，铁、锰分异现象不明显，土壤多呈中性和微碱性反应。水稻土是极为重要的农业土壤资源，采取合理的耕作、灌溉和施肥措施，不断提高其肥力，是合理利用和改良水稻土的有效途径。在第二次中国土壤普查分类系统中，根据水文状况将水稻土分为潜育水稻土、淹育水稻土、渗育水稻土和潴育水稻土。在中国主要分布于秦岭—淮河一线以南，其中长江中下游平原、珠江三角洲地区、四川盆地和台湾西部平原最为集中。

qianyu shuidaotu

潜育水稻土　河湖低圩区及峡谷低洼处，地下水位较高或接地表，还原作用强，具有潜育层的水稻土。潜育水稻土一般在沼泽土上经过人工改良培育而成，质地黏重，结构性差或无结构，通透性能差，水、气、热、肥协调能力弱，属典型的低产稻田。潜育水稻土表层累积大量有机质，呈黑色黏糊状腐殖质层或黑色泥炭层，其下为潜育层。潜育化水稻土地下水位较高，水稻生长期间处于还原状态，由于长期渍水，土粒高度分散，土质黏重，湿时软烂，耕作不便，插秧时又易浮棵。土体内常残留碳酸钙，又因地势较低，盐基富集，pH值多为中性至微碱性。潜育水稻土的养分贮量高，保肥性能强，但由于水分过多，微生物活动弱，养分释放缓慢。主要障碍因素有：①水多渍害；②水、土温度低；③土黏、烂、深、硬；④通透性能差；⑤还原性物质多；⑥速效养分缺乏。改良潜育水稻土，首先要排除土壤积水，降低地下水位，以增加土壤的通透性，降低土壤还原物质，促进潜在养分的释放。这就需要搞好农田水利建设，排灌沟渠配套，使农田能排能灌，特别对低洼地区埋设暗管，能有效控制地下水位，是改善潜育水稻土的重要措施之一。田间开沟后，土温升高，土壤容重增加，通气孔隙增加。氧化还原电位提高，还原物质总量降低，土壤速效养分明显增加，土壤理化性状得到明显改善。对于不宜种稻、渍害严重的重潜育化水稻土，应该实行退田还湖（塘）、种植水生经济作物（如莲藕、菱、席草等）、垄稻沟鱼或稻鱼鸭模式加以利用。对于中轻度潜育化水稻土，变传统的稻—稻、稻—冬水田为水旱轮作并适时晒田，能明显改善土壤状况。另外长期有机无机肥配施、增施钾

肥等措施对潜育化水稻土具有积极作用，选用耐潜品种也能显著提高水稻产量。

yanyu shuidaotu
淹育水稻土 山丘梯田上的雨养水田，或种植水稻年限较短，仅水耕耕作层和犁底层发育明显，而下部土层中锈纹锈斑不明显或有很少的弱度发育的水稻土。淹育水稻土的土壤剖面发育不完整，一般只有耕作层、犁底层和母质层，山区有部分稻田直接发育于基岩之上。淹育水稻土耕作层比其余水稻土亚类的耕作层都要浅薄，土壤颜色的基本色调与母土相似。淹育水稻土的黏粒淋溶少，土壤质地多为砂质黏壤土至壤土，土壤紧实，孔隙度较小。淹育水稻土分布的地形部位较高，土层薄，耕层浅，有机质的积累差。保水能力差，水源缺乏，每逢降雨少的年份常因缺水而改旱粮，另外，山坡冲刷严重，岩石碎屑大量入田，造成土壤结构不良，不但漏水漏肥，而且淀浆板结，耕作困难。淹育水稻土一般为稻、麦两熟，作物长势差，产量较低，在改良利用上应兴修水利，改善灌溉条件，提高保灌能力；整治坡面水系，防止水土流失；加深耕作层，改良土壤质地；提高施肥水平，增施有机肥料，推广平衡施肥，合理轮作，发展豆科作物，种植冬绿肥，不断提高土壤肥力。

shenyu shuidaotu
渗育水稻土 广泛分布于河流两岸与下游三角洲地区、平原及丘陵缓坡，具有渗育层的水稻土。渗育层厚度在20厘米以上，呈棱块状结构，有铁、锰物质淀积。渗育水稻土的水利条件好，多为人工引水和提水灌溉，其次为天然降雨补给土壤水分。地下水位较低，一般在1.5米以下，对成土过程影响较小，主要受季节性下渗水的作用，其作用时间比淹育水稻土长，强度比淹育水稻土大，处于淹育水稻土向潴育水稻土发育的过渡阶段。渗育水稻土的土壤剖面发育较完整，土层较深厚，具有明显的犁底层和初期潴育层。耕作层因氧化还原交替作用，有少量的锈纹锈斑。犁底层较紧实，呈板状或扁平结构，氧化还原交替作用较弱，但沿根孔可见锈纹。犁底层以下的初期潴育层土体较紧实，经犁底层下渗的水分较少，淋溶淀积不明显，只有少量的铁、锰淀积，颜色较均一或有分化，呈棱柱状结构。初期潴育层以下受水作用更弱，保留了母质（母土）

的特性。渗育水稻土质地随母质（母土）不同有较大差异。渗育水稻土土层深厚，结构良好，耕层松软，犁底层厚度适宜，既托水托肥，又能保持适当渗漏，保肥供肥能力强，宜种作物广，产量较高，多为稻—麦（油）两熟。在改良利用上，应增施有机肥料，推广配方施肥，有针对性地施用微量元素肥料。对黏重的土壤要深耕炕土，掺沙改黏。

zhuyu shuidaotu
潴育水稻土 长期种植水稻，灌溉条件良好的条件下，土壤的还原淋溶和氧化淀积作用明显，土层分异明显的水稻土。这类水稻土剖面质地较为均一，无障碍层。土壤形成受地表灌溉水和地下水双重影响，地下水位一般在60～150厘米之间。灌水季节耕作层呈还原状，淀积层受氧化还原作用交替影响，底土受地下水影响而有还原作用，水分渗漏较通畅，无滞水现象，具备铁、锰分离淀积的特点。主要分布于河谷冲积平原、三角洲平原与碟形洼地的边缘地带，起源土壤多为剖面质地均匀的草甸土或草甸沼泽土，成土母质多为大小河流的冲积物和部分坡积、洪积物。经过人类长期培养，矿质养分含量丰富协调，耕层较厚，通透性好，肥力高，耕性为旱湿耕作均适宜的糯性，是高产稳产水稻土之一，常种植水稻、大豆、油菜、小麦、甘蔗等作物。水稻与旱作产量均高而稳定。但在耕作层质地较黏的状态下，如果耕作不合理或长期种植双季稻，可能会使耕性变僵。需要适时排水晒田，开展水旱轮作。

shitu xilie
湿土系列 在成土过程中长期或季节性（周期性）受到水分浸润或水分饱和的土壤。包括草甸土和沼泽土等土类。土壤性质主要受非地带性因素影响，同时也具有一定的地带性特征。如中国南方的草甸土和沼泽土常以酸性、无盐渍化、无石灰性或弱石灰性为其特点；而北方的草甸土和沼泽土则反之。湿土系列土类的共同特征是，土壤湿度大，有机质含量高，在土体一定部位显灰蓝色，有锈斑和铁子等新生体。草甸土是直接接受地下水浸润，在草甸植被下进行腐殖质积累过程和潜育化过程，形成表层为腐殖质层，往下为锈色斑纹层，再下为潜育层的剖面构型。沼泽土是在地表长期渍水、沼泽植物或水生杂草植被下发育的，土壤进行泥炭化或腐殖质化过程和潜育化过程，剖面上部为黑色、黑褐色腐殖质或泥炭层，下部为蓝灰色潜育层。

caodiantu

草甸土 发育于地势低平、受地下水或潜水的直接浸润并生长草甸植物的土壤。属半水成土。其主要特征是有机质含量较高，腐殖质层较厚，土壤团粒结构较好，水分较充分。分布在各地平原地区。中国南方草甸土由于长期耕种，大部分已发展成水稻土和其他耕种类型土壤；北方主要分布在东北三江平原、松嫩平原、辽河平原及沿河地区。草甸土的形成有潴育过程和腐殖质积累过程，有腐殖质层、腐殖质过渡层和潜育层。由于草甸土所处地形平坦，地下水位较高，土壤水分充足，成土母质含有相当丰富的矿质养分，土体较深厚，适宜多种作物和牧草生长，并能获得较高产量。但部分草甸土受盐碱影响，限制了作物生长，需要结合旱灌淋盐，配合其他农业技术措施综合治理，或改种水稻，或作放牧用地；碱化草甸土多数碱化层含有苏打，碱性强，土壤物理性质差，改良难度大，宜于牧用。

zhaozetu

沼泽土 发育于长期积水并生长喜湿植物的低洼地土壤。其表层积聚大量分解程度低的有机质或泥炭，土壤呈微酸性至酸性反应。沼泽土的形成包括两个成土过程：表层喜湿植物残体因土壤水分过多、通

沼泽土　　　　　　（张凤荣　摄）

气不良、土温较低、微生物活动弱而不能迅速彻底分解，致使有机质积聚形成泥炭或腐殖质层；下层由于土壤长期渍水形成水溶性低价铁、锰化合物，形成潜育层。沼泽土土体分散无结构，土壤质地不一，常为粉砂质壤土，有的偏黏。沼泽土主要分布在寒带森林苔原和温带森林草原地区。在中国主要分布于东北、青藏高原和新疆北部山地，以三江平原、川西北高原的松潘草地较集中。在开发利用沼泽土方面，主要措施是疏干排水，但在大面积疏干以前要开展生态评估，防止不良的生态后果。在小面积的治涝田间工程方面，可以修筑条台田、大垄栽培等，以局部抬高地势，增加田块土壤的排水性。排水差的沼泽土，由于有湿生植被，可以作为牧地。

yanjiantu xilie

盐碱土系列 盐土和碱土的总称。主要分布在内陆干旱、半干旱地区和滨海地区。盐土表层（0～20厘米）水溶性盐类一般为0.6%～2%，pH值一般不超过8.5。在气候干旱少雨、蒸发量大、地势低平、地下水位高、矿化度大等自然条件和人为活动影响下形成。此外还有由古代积盐而成的残积盐土。在盐土上仅能生长少数盐生和耐盐性强的植物，地表常见有盐霜、盐结皮或盐结壳，其下是疏松的盐土混合层，再下为盐斑层。碱土是土壤吸收性复合体吸附一定数量的代换性钠，一般占代换总量的15%～20%（即碱化度达15%～20%），通常处在高平的地形部位，地下水位较深。典型碱土的特征是：表层多为灰色，呈片状或鳞片状结构，含盐量<0.5%，无定形二氧化硅相对富集；表层之下为柱状或棱块状结构的碱化层，pH值8.5～11，呈强碱性反应，胶体高度分散，质地较为黏重，结构性差，通透性不良；干时收缩坚硬板结，湿时膨胀泥泞；碱化层下为盐分积聚层，含盐量高。

yantu

盐土 表层或土体中积聚有过多的可溶性盐类的土壤。盐土表层（0～20厘米）水溶性盐类一般为0.6%～2%，pH值一般不超过8.5。中国的盐土主要分布在北方干旱、半干旱地区，尤以内蒙古、宁夏、甘肃、青海和新疆为多，华北平原和汾、渭谷地也有零星分布。气候干旱、蒸发强烈、地势低洼、含盐地下水接近地表是盐土形成的主要条件。盐分累积的形态通常是地表出现白色盐霜，作斑块

状分布。含盐量高的盐土可出现盐结皮（厚度小于3厘米）或盐结壳（厚度大于3厘米），在结皮或结壳以下为疏松的盐与土的混合层，可由几厘米到30或50厘米，甚至可见盐结磐层。盐分累积的特点是表聚性很强，盐分向下逐渐递减。沿海地带盐分累积特点是整层土体均含较高盐分。中国盐土的盐分组成甚为复杂。滨海地区的盐土主要为氯化物盐土；硫酸盐盐土则分布于新疆北部、甘肃河西走廊、宁夏银川平原和内蒙古后套地区，但面积不大。而氯化物与硫酸盐混合类型的盐土，在中国盐土中到处可见，以河北、内蒙古、宁夏、甘肃和新疆等省区最为集中。此外，东北松嫩平原、山西大同盆地等，在其盐分组成中含有碳酸根，称苏打盐土，碱性特强，腐蚀植物根系，大部分植物难以生长。盐土的改良应采取灌排、生物及耕作等综合措施。种稻洗盐也是改良盐土的有效措施。

jiantu
碱土　碱化过程形成的土体中含有较多的苏打盐类，使土壤呈强碱性，钠饱和度在20%以上，土壤胶体被钠分散，物理性质恶化的土壤。在中国分布面积较小，大都零星分布于盐土地区，特点是表层含盐量一般不超过0.5%，但土壤溶液中普遍含有苏打。在吸收复合体中（尤其是碱化层）代换性钠占代换总量20%以上；pH值可达9.0或更高。土壤有机部分与无机部分高度分散，胶粒和腐殖质淋溶下移，使表土质地变轻，而胶粒聚积的碱化层则相对黏重，有时形成柱状结构，湿时膨胀泥泞，干时收缩板结，通透性与耕性均极差。过高的碱度可以毒害植物根系，过多的代换性钠可引起一系列不良的理化性质，对植物生长危害极大。碱土的形成与发育因地区而异，如松辽平原的碱土是由于苏打盐土在脱盐过程中钠离子进入土壤吸收复合体而形成的。华北平原的碱土（当地称瓦碱）是盐化潮土或盐土在脱盐过程中，突出了土壤的碱化特性，表层出现碱壳。碱土改良的中心任务是降低代换性钠的含量，需采取施用石膏和磷石膏等化学改良措施，并与水利、农业措施相配合。

yanxingtu xilie
岩性土系列　受母质（或母岩）影响阻滞了正常成土过程的进行，土壤发育相对年轻，剖面分异较差，母质特征表现明显的一组土壤。包括紫色土、石灰土、

磷质石灰土和风沙土等土类。紫色土是在热带、亚热带地区紫色岩石上发育的，因受频繁的侵蚀和堆积作用的影响，全剖面无明显发生层次，不具有脱硅富铝化特征，土壤颜色和理化性状与母质相似。石灰土亦是在热带、亚热带地区发育在石灰岩上，其主要成土过程为碳酸钙的淋溶淀积和较强烈的腐殖质累积以及矿物质（除碳酸盐矿物外）的弱化学风化，土壤形成A～C剖面，土层浅薄，质地黏重。磷质石灰土地处热带，发育在珊瑚礁磐基础上，地表积聚大量的富含磷质和有机质的海鸟粪。风沙土是在风沙地区由风成沙性母质发育的，其特点是成土作用微弱，质地多为中沙、细沙，松散而无结构。

zisetu
紫色土　发育于亚热带地区石灰性紫色砂页岩母质的土壤。全剖面呈均一的紫色或紫红色，层次不明显。在中国主要分布于四川盆地，在南方诸省盆地中也有零星分布。紫色土是在频繁的风化作用和侵蚀作用下形成的，其过程特点是：物理风化强烈、化学风化微弱、石灰开始淋溶。紫色土有机质含量为1.0%左右，其发育程度较同地区的红、黄壤为迟缓，尚不具脱硅富铝化特征，属化学风化微弱的土壤，呈中性至微碱性反应，pH值为7.5～8.5，石灰含量随母质而异，盐基饱和度达80%～90%。矿质养分丰富，在四川盆地的丘陵地区中是较肥沃的土壤，其农业利用价值很高。利用中需防止水土流失和注意蓄水灌溉、增施有机肥料、合理轮作等。

四川彭州　紫色土　　　　（张凤荣　摄）

shihuitu
石灰土　热带、亚热带地区碳酸岩类风化物上发育的土壤。在中国南方一般发育在石灰岩母质之上，土壤交换量和盐基饱和度均高，土体与基岩面过渡

清晰，质地都比较黏重，剖面上或多或少都有石灰反应，土壤颜色各不相同。主要分布在广西、贵州、云南、四川、湖南等省区。石灰土的利用应以保护为主，如利用不当则易造成土壤侵蚀，肥力下降，难以再利用，最后成为无土壤、无植被的石质山丘。所以总体上应采取封山育林的措施，适度发展石灰土地区特有的喜钙耐旱植物，包括经济林木和药用植物。

linzhi shihuitu

磷质石灰土 发育于热带珊瑚岛上珊瑚砂母质的土壤。曾称鸟粪土、磷黑土。其主要特征是磷和碳酸钙的含量特高，质地粗，呈碱性反应（pH值为7.5～9.5）。成土母质为珊瑚、贝壳灰岩风化体以及其他海生生物的骨骼和外壳的碎屑。由于成土期间有大量鸟类栖息其上，鸟粪在土壤表面堆积、腐解的结果使大量磷素以胶磷矿形态富集于土壤剖面上部，并与珊瑚、贝壳碎屑相胶结。土壤发育微弱，黏粒含量极低，主要黏土矿物为云母和水云母。在中国主要分布在东沙群岛、西沙群岛、中沙群岛和南沙群岛等南海诸岛。这些岛屿由富含碳酸钙的珊瑚礁构成，地处高温多雨的热带，植被以草本植物居多，也有一些乔木、灌木生长，因此成为海鸟栖息的良好场所，不断遗下和积存了大量鸟粪以及海鸟尸体。这是磷质石灰土形成的基本条件和土壤富含磷质、碳酸钙的根本原因。磷质石灰土的质地多属沙土。土壤中碳酸钙含量达95%以上。但在表层土壤中，含量可因有机质和磷酸盐的积累而相对减少。pH值为8.0～9.5。表土含有机质可达5%～10%，由于珊瑚、贝壳碎屑母质的化学组成比较单纯，钙和磷的含量极高，成为一种品位较高，并含有丰富有机质的天然磷肥资源。对于改良缺磷的酸性土壤具有重要意义。

fengshatu

风沙土 发育于风成沙性母质的土壤。其主要特征是土壤矿质部分几乎全由细沙颗粒（直径在0.05～0.25毫米）组成；剖面层次分化不明显，仅有A层（有机质层）和C层（母质层）；风蚀严重；土壤处于幼年阶段。主要分布于干旱少雨、昼夜温差大和多沙暴的地区。在中国主要分布于北纬36°～49°之间的干旱和半干旱地区，东南沿海也常有所见。风沙的来源有岩石就地风化的产物，

也有河流冲积物、洪积物、海积物。风沙土地区的自然植被为草原、荒漠草原和荒漠，以耐旱灌木或半灌木为主，还有耐旱、耐瘠的沙生植物。由于所处的自然地带不同，风沙土的性质也表现出一定的地区性变异。通常是草原地区的风沙土有机质含量较高，盐分含量较低且无石灰积聚；半荒漠地区的风沙土有机质含量较低，有盐分及少量石灰积聚；荒漠地区的风沙土有机质含量更低，盐分及石灰的积聚作用明显增强。在中国，风沙土的利用大致以300毫米的降水量等值线为界，其东部为牧业和部分旱作农业，属半牧半农区；其西部基本只有牧业，但在河流沿岸的一定范围内有绿洲农业区，水源足，日照长，温差大，作物产量一般均较高，常常成为瓜果之乡。由于受自然条件和水源的限制，大部分风沙土仍处于未利用状态。改良风沙土的基本要求是制止风沙土的流动，保护与之相邻的农田不受破坏。已辟为农田的应通过增施有机肥料、客土（掺黏土）、种植豆科绿肥等措施，增强风沙土的抗风蚀的能力，并提高土壤肥力水平。

gaoshantu xilie

高山土系列 分布于高山垂直带最上部、森林郁闭线以上或无林的高山、高原上的一组土壤。包括高山草甸土（草毡土）、亚高山草甸土（黑毡土）、高山草原土（莎嘎土）、亚高山草原土（巴嘎土）、高山荒漠土和高山寒冻土等土类。高山草甸土和亚高山草甸土是在半湿润草甸植被条件下，表层形成毡状草皮层的土壤。高山草原土和亚高山草原土形成于半干旱草原植被条件下，剖面碳酸钙有不同程度的淋溶和淀积。高山荒漠土是在高山荒漠植被条件下形成的。高山寒冻土是分布在雪线以下寒冻期长的一种粗骨土。这些土类的共同特点是：发育程度低，具粗骨性，土层薄，土体分异不显著，黏土矿物以水云母为主；植物残体的分解和腐殖化过程很弱，局部有泥炭状的有机质积累，表层有机质含量变幅大。高山土系列一般随地势由低而高，热量和水分条件发生变化，植被组成逐渐单调稀疏，相应地土壤利用也有差别，但大部分为天然放牧场。

gaoshan caodiantu

高山草甸土 森林线以上，高寒矮生嵩草草甸下形成的土壤。又称草毡土。其主要特征是：地表因常有冻裂和土滑作用而呈层状或小丘状；表层由草根

交织成软韧的草皮层。在中国主要分布于青藏高原东部的高原面和高山，以及帕米尔高原、天山和祁连山等亚洲中部海拔在3 200～5 200米的高山区。在天山等山地常呈垂直带出现，而在高原面上则具有水平地带性分布的特征。高山草甸土草场绝大多数是优良的放牧场。例如，藏北高原的高山草甸土草场是中国的重要畜产区之一。但在经营管理上要注意做好草场轮牧，不可过度牧用。特别是在坡度较大或草皮层已有破坏的地方，牲畜过多地践踏会促成或加重草皮层和表层土壤的滑塌。草皮层一旦破坏就极难恢复，土壤变干易受风蚀，原来多砾质的土壤很快就砾质化或沙化，高山草甸植被的嵩草也会为旱生杂草所取代，草的质量和数量都将大为下降。

caozhantu
草毡土 参见第171页高山草甸土。

yagaoshan caodiantu
亚高山草甸土 森林线以上，禾本科和杂生草增多

亚高山草甸土 　　　　　（吴克宁等　提供）

的嵩草草甸下形成的土壤。又称黑毡土。最主要的特征是土壤表层有5～10厘米的草皮层。它是冷湿气候条件下有机物残体不易分解的明显标志。但在土壤剖面的中上部，水热条件比较好一些，可以形成厚15厘米左右的灰棕色腐殖质层，可见到蚯蚓或其排泄物；土壤剖面的中下部比较紧实，多为黄棕色；剖面下部是岩石风化的碎块。由于气温低，土壤表层有机质含量可高达10%～15%或更多，但随深度增加而迅速降低。土壤的酸碱度和盐基饱和度在不同地区有明显差异。在中国主要分布于青藏高原、阿尔泰山、准噶尔盆地及天山山脉，是优良的高山牧场，特别适于牧养牦牛、藏羊等牲畜，是重要的畜产品生产基地。今后应采取划区轮牧方式，以减少羊只践踏牧草造成的损失，提高牧草产量，使牧草有休养生息、恢复生长的机会，提高载畜量，有利于保护草地。可以发展高寒种植业，但宜选择在向阳避风的地段，以避免霜害。

heizhantu
黑毡土 参见第172页亚高山草甸土。

gaoshan caoyuantu
高山草原土 高山亚寒带半干旱草原植被下形成的土壤。又称莎嘎土。成土过程表现为腐殖质累积和冻融作用减弱，钙化作用出现。高山草原土的整个剖面分化较差，通体富含砾石，土壤pH值8.0左右。在中国广泛分布于藏北高原、青海西部高原、帕米尔高原、天山、昆仑山和祁连山等海拔2 400～5 300米的山区，所在地形为宽谷、湖盆周围的丘陵山地、古冰碛平台、湖成阶地。所在地区除海拔稍低处有零星农田外，大部分为纯牧区。但由于水土资源分布不平衡，经常难以满足放牧需要。为了克服和防止出现因过度放牧而引起的草场退化和风蚀加剧现象，宜开发水源，选择有利地形，逐步建立人工饲草、饲料基地。

shagatu
莎嘎土 参见第172页高山草原土。

yagaoshan caoyuantu
亚高山草原土 森林线以上，旱生草原植被下形成的土壤。又称巴嘎土。其特征表现为在土壤剖面上部有腐殖质累积，土壤有机质含量大多为5%

亚高山草原土　　　　　　（吴克宁等　提供）

左右，表层可见簇状草根层。腐殖质层厚10～20厘米，粒状结构，颜色为灰棕色或棕色。在剖面的30厘米或50厘米的深度上，可见比较明显的钙积层。土壤呈微碱性至碱性反应，pH值为7.5～8.5。土壤质地较轻，大部分含有石砾。在中国主要分布于青藏高原的喜马拉雅山北侧，羊卓雍湖以西的高原宽谷湖盆区。此外，在帕米尔高原、昆仑山、阿尔金山、祁连山西部等处也有分布。所处的海拔高度范围，在青藏高原是4 200～4 700米，其他地区则要低得多，为3 300～4 200米或3 500～4 500米。多用于放牧，但草质较差、产草量低。在利用方面需要开发水源，改良草地，实行划区轮牧；在背风向阳的山麓洪积扇和滨湖平原，气温较高，如引水方便，可发展高寒种植业，适当种植一些经济作物。

bagatu
巴嘎土　参见第172页亚高山草原土。

gaoshan huangmotu
高山荒漠土　以藜科、菊科为代表的高山荒漠植被下发育的土壤。在中国主要分布于藏北高原北缘、帕米尔高原及昆仑山内部山脉。一般海拔为4 200～4 500米。所在地形为准平原化的山原面。土壤发育比较原始，腐殖质累积过程很弱，但盐渍化和钙化过程较显著。剖面发育比较微弱，土层较薄，粗骨性强，细土物质少。地表呈不明显的龟裂，常有白色盐斑；表层为多孔的薄结皮，厚0.5～1.5厘米，结皮中夹有小砾石或碎石，结皮下为浅棕色或棕色鳞片状或层片状层次，砾石较多，厚4～10厘米，砾石背面常有石灰薄膜。表层有机质含量0.4%～0.6%。全剖面呈碱性反应，pH值8.2～8.4。因为水草分布不平衡，淡水缺乏，所以仅在雨季低洼处有淡水蓄积时，才能为少量羊群游牧之用。

gaoshan handongtu
高山寒冻土　分布在雪线以下，寒冻期长的一种粗骨土。主要发育在中国青藏高原等高山区冰雪活动带的下部，一般在海拔4 000米以上。高山寒冻土形成以物理风化为主，而且进行得很缓慢，只有冻融交替时稍为显著，生物、化学风化作用亦非常微弱，元素迁移不明显，黏粒含量少，普遍存在着粗骨性，土层浅薄，石多土少，剖面发育弱，地表多砾石。高山寒冻土分布区气候严寒或干寒，土壤自然肥力很低，不经改造不宜于农业利用。

Zhongguo turang xitong fenlei
中国土壤系统分类　为了促进土壤分类的定量化，中国从20世纪80年代中期正式开始研究土壤系统分类，1985年中国科学院南京土壤研究所提出了《中国土壤系统分类初拟》。此后，在1987年提出了《中国土壤系统分类（二稿）》，1991年提出了《中国土壤系统分类（首次方案）》，1995年提出了《中国土壤系统分类（修订方案）》，2001年提出了《中国土壤系统分类检索（第三版）》。中国土壤系统分类主要吸取了美国土壤系统分类的思想和方法，参考西欧、苏联的一些土壤分类概念和经验，并根据中国实际情况，突出了中国特有的人为土和高山土壤，在国内外产生了较广泛的影响。中国土壤系统分类以诊断层和诊断特性作为分类的基础。诊断层指在性质上有一系列定量规定的特定土层。分为：①诊断表层，指位于单个土体最上部的诊断层。如有机物质表层、人为表层等。②诊断表下层，由物质的淋溶、迁移、淀积或就地富集作用在土壤表层之下所形成的具诊断意义的土层。如黏化层、漂白层。诊断特性指具有定量规定的土壤性质，包括形态的、物理的、化学的性质。如土壤水分状况、土壤温度状况、盐基饱和度、铁质特性、石灰性等。2001年的《中国土壤系统分类检索（第三版）》划分了下面14个土纲。

有机土　以具有有机表层为其诊断特征。有机表层就是自地表以下至40厘米内，土壤有机碳含量≥180克/千克或≥120克/千克+（黏粒含量克/千克×0.1）；或经常被水饱和情况下，在地表至40厘米范围内，高腐或半腐物质纤维物质占3/4的体积或更高。有机表层是在长期积水和滞水的情况下，土壤处于嫌气状态，有机质分解十分缓慢，从而使有机物质大量积累形成的。有机土在中国三江平原、黄河、长江源区和川西北高原等地有分布。有机土纲可分为永冻有机土和正常有机土2个亚纲。中国土壤发生分类系统中与有机土近似的土壤类型是泥炭土。

人为土　由长期人类活动强烈干预下形成的水耕表层和水耕氧化还原层，或肥熟表层和磷质耕作淀积层，或灌淤表层，或堆垫表层。人为土纲可分为水耕人为土和旱耕人为土2个亚纲。中国土壤发生分类系统中与人为土近似的土壤类型是水稻土、灌淤土、菜园土和娄土。

灰土　土壤自地表以下至100厘米范围内有灰化淀积层。灰化淀积层是灰化过程形成的，有活性铁、铝、非晶质黏粒和腐殖质的淀积；该层之上一般有漂白层。灰土主要分布于湿润寒温带的砂质酸性母质上。灰土土纲可分为腐殖灰土和正常灰土2个亚纲。中国土壤发生分类系统中与灰土近似的土壤类型是灰化土。

火山灰土　土壤自地表以下60厘米或至更浅的范围内石质接触面达60%或更厚的土层。具有火山灰特性。火山灰土是在火山喷发物上形成的。火山灰土纲可分为寒冻火山灰土、玻璃火山灰土和湿润火山灰土3个亚纲。中国土壤发生分类系统中与火山灰土近似的土壤类型是火山灰土。

铁铝土　土壤自地表以下至150厘米范围内有铁铝层。铁铝层是在富铝化、富铁铝化过程中形成的，主要分布在低纬湿润热带和亚热带地区。铁铝土纲只分为湿润铁铝土1个亚纲。中国土壤发生分类系统中与铁铝土近似的土壤类型是砖红壤、赤红壤。

变性土　土壤自地表以下至50厘米范围内黏粒

海南　火山灰土　　　　　　（张凤荣　摄）

≥30%，且无石质或准石质接触面，土壤干燥时有宽度>0.5厘米的裂隙，和地表至100厘米范围内有滑擦面或自吞特征。变性土的开裂、滑擦面或自吞特征是由于高黏粒含量，且黏土矿物具有高膨胀收缩性造成的。变性土纲可分为潮湿变性土、干润变性土和湿润变性土3个亚纲。中国土壤发生分类系统中与变性土近似的土壤类型是砂姜黑土。

干旱土　土壤有干旱表层和自地表以下至100厘米范围内有下列任一诊断层：盐积层、超盐积层、盐磐、石膏层、超石膏层、钙积层、超钙积层、钙磐、黏化层或雏形层。分布于年降水量小于350毫米的干旱半干旱地区。干旱土纲分为寒性干旱土和正常干旱土2个亚纲。中国土壤发生分类系统中与干旱土近似的土壤类型是棕钙土、灰钙土、灰漠土、灰棕漠土、棕漠土、亚高山草原土、高山草原土、高山荒漠土等。

盐成土　土壤自地表以下至30厘米范围内有盐积层，或地表至75厘米范围内有碱积层。主要发育于内陆干旱半干旱地区的低平洼地及滨海地区低地，气候干旱，地下水埋藏浅且矿质度高，经蒸发，易溶盐向土体上层集中。盐成土纲可分为正常盐成土和碱积盐成土2个亚纲。中国土壤发生分类系统中与盐成土近似的土壤类型是盐土和碱土等。

潜育土　土壤自地表以下至50厘米范围内出现厚度至少有10厘米的潜育特征。分布在土壤水分饱和且含有机物质的低洼地区，有机质的分解造成土壤缺氧，铁、锰处于还原状态。潜育土纲可分为永冻潜育土、滞水潜育土和正常潜育土3个亚纲。中国土壤发生分类系统中与潜育土近似的土壤类型是沼泽土。

均腐土　土壤中有暗沃表层，且腐殖质含量自地表向下逐渐减少，地表下180厘米或至更浅的石质或准石质接触面范围内的土壤盐基饱和度≥50%。均腐土的成土过程主要是腐殖质积累过程，还可能有黏化过程、钙积过程、氧化还原过程等。主要分布于半湿润和半干旱地区的草甸草原以及草原地区，中国东北地区分布面积较广。均腐土纲可分为岩性均腐土、干润均腐土和湿润均腐土3个亚纲。中国土壤发生分类系统中与均腐土近似的土壤类型是黑土、黑钙土、暗栗钙土以及黑色石灰土。

富铁土　土壤自地表以下至125厘米范围内有低活性富铁层。土壤形成过程中，因矿物高度风化，盐基淋失，脱硅，导致氧化铁富集，呈现铁质特性和低活性黏粒特征，因而低活性富铁层是富铁土纲特有的诊断层：①厚度大于30厘米；②质地为极细沙土、壤质细沙或更细的质地；③色调为5YR或更红，或细土DCB浸提游离铁含量≥14克/千克（游离Fe_2O_3≥20克/千克），或游离铁占全铁的40%或更多；④其部分亚层（厚度≥10厘米）CEC7<24cmol（+）/kg黏粒；无铁铝层所有的全部特征。分布于热带、亚热带地区，植被为常绿阔叶林或常绿针叶林。富铁土纲可分为干润富铁土、常湿富铁土和湿润富铁土3个亚纲。中国土壤发生分类系统中与富铁土近似的土壤类型是赤红壤、红壤、黄壤、燥红土、红色石灰土等。

淋溶土　土壤自地表以下至125厘米范围内有黏化层或黏磐。即在湿润气候条件下，土壤中的易溶解物质，乃至可溶性的碳酸钙、碳酸镁为渗漏水所溶解并随之淋洗至下层，甚至在整个土壤剖面中淋失，黏粒也明显向下移动，在剖面中下部淀积，形成黏化层乃至黏磐。淋溶土广泛分布于湿润的温带、暖温带和北亚热带地区。淋溶土纲可分为冷凉淋溶土、干润淋溶土、常润淋溶土和湿润淋溶土4个亚纲。中国土壤发生分类系统中与淋溶土近似

的土壤类型是黄棕壤、黄褐土、棕壤、黄壤、燥红土、红壤等。

雏形土　没有有机土、人为土、灰土、火山灰土、铁铝土、变性土、干旱土、盐成土、潜育土、均腐土、富铁土、淋溶土等所具有的那些诊断层或诊断特性，一般仅有一个土壤结构已经形成的雏形层，或地表至100厘米范围内有漂白层、钙积层、超钙积层、钙磐、石膏层、超石膏层等某些诊断层；或当地表下20～50厘米范围内有≥10厘米土层的n值<0.7，或黏粒含量<80克/千克时，可以有有机表层，或暗沃表层，或暗瘠表层。当土壤有永冻层同时10年中有6年或更多年份一年中至少一个月在矿质土表至50厘米范围内有滞水土壤水分状况时，也将其归为雏形土。雏形土纲可分为寒冻雏形土、潮湿雏形土、干润雏形土、常湿雏形土和湿润雏形土5个亚纲。中国土壤发生分类系统中的潮土、褐土、棕壤、暗棕壤、漂灰土（棕色针叶林土）的大部分都是雏形土。

新成土　成土过程微弱，基本没有土层分化的土壤。一般只有薄的表层或者人为扰动层和不同的岩性特征，可出现于任何气候、地貌、冲积物和植被条件下，广泛分布于大江大河两侧的河漫滩、河口三角洲、风沙流动地区、高寒和剥蚀山区。新成土纲可分为人为新成土、砂质新成土、冲积新成土和正常新成土4个亚纲。中国土壤发生分类系统中与新成土近似的土壤类型是灌淤土、风沙土、粗骨土、冲积土、紫色土、黄绵土等。

Meiguo turang xitong fenlei

美国土壤系统分类　美国农业部从1951年开始论证土壤系统分类方案，于1960年公布以定量化为特征的美国第七次土壤系统分类草案，1975年正式出版了《土壤系统分类》一书。此后，美国农业部的土壤学家又到世界各地调查鉴定土壤，吸纳各国土壤调查分类的成果，不断完善土壤系统分类，大致每两年将其修订成果通过《土壤系统分类检索》予以发布。1999年出版了《土壤系统分类（第2版）》，2013年公布《土壤系统分类检索（第12版）》。美国土壤系统分类是以诊断层和诊断特性为基础的谱系式土壤分类。有土纲、亚纲、土类、亚类、土族和土系六个分类层级。其最大的特点是，在土壤发生层的基础上，建立了以定量化和半定量化土壤性质和形态特征定义的诊断层和诊断特性，如有机表层、松软表层、暗色表

层、淡色表层、人为表层、厚熟表层、氧化层、黏粒淀积层、碱化层、耕作淀积层、灰化淀积层、漂白层、薄铁磐层、雏形层、硬磐、脆磐、钙积层、石膏淀积层、石化钙积层、石化石膏淀积层、积盐层和含硫层，以及变性特征、土壤温度状况和土壤水分状况等一系列的诊断特性。第二个特点是建立了土壤类型（分类单元）的检索系统，使得具有多个诊断层或诊断特性的土壤在分类时，可将其置于不同分类层级按顺序检索，确定分类地位，使分类不再混乱。第三个特点是土族及其以上各级分类单元采取连续命名法，在土纲名称的词根之前逐级追加拉丁文、希腊文词根和英文修饰形成亚纲、土类、亚类、土族名称，由名称可以判断分类单元所处的分类层级和该分类单元的基本特性。最新的分类方案中共有12个土纲。

新成土　在任何气候区都可能存在，大多发育于近代河流冲积扇、泛滥平原、沙地、基岩等最新形成的地貌面上，也可出现在由难风化矿物所组成的母质类型上。其发育特点是：成土时间极短或某些自然因素的影响阻碍了土层发育，土层浅薄，尚不具有土壤发生层次，剖面性质在很大程度上仍保持母质特征。新成土分为湿新成土、扰动新成土、砂质新成土、冲积新成土和典型新成土5个亚纲。大抵相当于中国土壤系统分类系统中的新成土和中国土壤发生分类系统中的风沙土、粗骨土、冲积土和石质土。

变性土　黏粒含量高达30%以上的矿质土壤，且黏粒的黏土矿物主要是膨胀收缩性很强的蒙脱石等2:1型黏土矿物。因此，在有明显干湿季节交替的条件下，随着土壤水分含量的变化，土壤体积可以产生明显的变化，形成微小起伏的地形。在旱季，土壤可以生成深而宽的裂隙（可达50厘米深、21厘米宽），剖面中可以看到与水平方向成一定角度的楔形结构体，表明土壤移动的迹象。由于土体经常被"自吞"混合，以致影响了诊断层的发育。变性土分为湿变性土、寒冷变性土、夏旱变性土、干热变性土、半干润变性土和湿润变性土6个亚纲。大抵相当于中国土壤系统分类中的变性土和中国土壤发生分类系统中的砂姜黑土。

始成土　成土过程微弱、未形成明显的其他土纲所具有的诊断层和诊断特性，但比新成土的发育程度强，因此，形成带棕、红棕、红、黄或紫等颜色的且有土壤结构的雏形层，或有暗色表层、淡色诊断表层且表层以下有脆磐或硬磐的矿质土壤。在一定条件下，也可出现松软、有机、生草或人为的诊断表层，以及薄铁磐层、钙积层等。始成土一年中有大半年或温暖季节连续三个月以上，植物可以从土壤中获得水分。始成土分为湿始成土、人为始成土、永冻始成土、寒冷始成土、半干润始成土、夏旱始成土和湿润始成土7个亚纲。大抵相当于中国土壤系统分类中的雏形土和中国土壤发生分类系统中的大部分潮土和褐土，以及部分棕壤、暗棕壤和漂灰土。

干旱土　主要分布在干旱区，土壤具有干旱的水分状况，有机质含量低，土壤普遍含有碳酸盐，有些含大量可溶盐。干旱土可能有下列一个或以上性质不同的诊断表下层：黏化层、钙积层、石化钙积层、石膏层、盐积层、盐磐层、雏形层、碱化层和硬磐等。干旱土分为寒冷干旱土、盐化干旱土、硬磐干旱土、石膏干旱土、黏化干旱土、钙积干旱土和雏形干旱土7个亚纲。干旱土大抵相当于中国土壤系统分类中的干旱土，也包括大部分盐成土；大抵相当于中国土壤发生分类系统中的棕钙土、灰钙土、灰漠土、灰棕漠土、棕漠土、亚高山草原土、高山草原土、高山荒漠土等。

软土　发育于湿润、半湿润和半干旱的温暖至寒冷气候条件下，具有松软表层的富盐基土壤。是草原上的主要土壤类型。具体性质是：①表土呈松软特征，干旱时不结块或变硬；②盐基饱和度高，大于等于50%；③因有丰富的有机质而呈黑色。软土可能具有一个黏化的、碱化的、石膏的、漂白的、石灰的或石灰磐的发生层，但无氧化层或灰化层。软土分为漂白软土、湿软土、黑色石灰软土、永冻软土、寒冷软土、夏旱软土、半干润软土和湿润软土8个亚纲。大抵相当于中国土壤系统分类中的均腐土和中国土壤发生分类系统中的黑土、黑钙土、暗栗钙土以及黑色石灰土。

灰化土　发育于潮湿而凉爽或温和的气候条件下，粗质酸性母质上的具有灰化层的矿质土壤。灰化层为铝（有铁或无铁）与腐殖质组成的非晶型物质聚集而成，一般为黑红色，在灰化层之上，未耕种的条件下一般还有浅色的漂白层。灰化土通常在距矿质土壤上部约50厘米处还有一个薄的黑至暗红色的薄铁磐层，主要由丰富的黏粒经铁胶结而成，厚度为2.5～10厘米。可分为湿灰化土、永冻灰化土、寒冷灰化土、腐殖质灰化土和正常灰化土5个亚纲。大抵相当于中国土壤系统分类中的灰土。中国土壤发生分类系统中与灰化土概念近似的是灰化土，但实际上在中国基本不存在。

淋溶土　形成于干湿交替气候区的森林和稀树草原植被下，具暗色或淡色表土层和黏化层的矿质土壤。土壤通常是潮湿的，但在每年暖季的部分时间内，部分土壤剖面干燥。淋溶土是中度至高度盐基饱和，肥力较高。黏化层下部，约距地表120厘米处的盐基饱和度为35%或更高。淋溶土分为湿淋溶土、寒冷淋溶土、半干润淋溶土、夏旱淋溶土和湿润淋溶土5个亚纲。大抵相当于中国土壤系统分类中的淋溶土。中国土壤发生分类系统中与淋溶土近似的土壤类型是黄棕壤、黄褐土、棕壤、燥红土和部分黄壤和红壤。

老成土　盐基饱和度低，具有黏粒淀积诊断亚表层的矿质土壤。通常处于潮湿状态，但在暖季的部分时间里，部分土壤干燥。植被和母质对土壤发育的影响与淋溶土相似，但其风化和淋溶程度更高，土体因普遍受化学风化和淋溶程度更高，由于化学风化而有盐基移动，黏化层的盐基饱和度小于35%。在热带地区，与温暖湿润气候有关的网纹层和脆磐得到最广泛发育。该脆磐能阻止水分向下渗透和植物根系扩展。老成土分为湿老成土、腐殖质老成土、湿润老成土、半干润老成土和夏旱老成土5个亚纲。大抵相当于中国土壤系统分类中的富铁土和部分铁铝土。中国土壤发生分类系统中与老成土近似的土壤类型是黄壤、红壤和赤红壤以及部分砖红壤。

氧化土　多发育于热带或亚热带稳定的地貌面上，具有高度风化的氧化层的矿质土壤。氧化层由铁或铝氢氧化物组成，呈无定形状态，主要是高岭土，含水氧化物和石英等难溶性矿物的混合体，含有少量的可风化1:1晶格黏粒。其经受了最深的矿物化学作用和剖面发育过程，可风化的原生矿物残存极少，几乎不存在由进一步的矿物化学作用产生的盐基释放，阳离子代换量很低。有时，在距表面约30厘米内有一网纹层，可单独出现，也可与氧化层同时出现。氧化土分为湿氧化土、干热氧化土、半干润氧化土、常湿润氧化土和湿润氧化土5个亚纲。大抵相当于中国土壤系统分类中的铁铝土和中国土壤发生分类系统中的部分砖红壤。

有机土　含大量有机物质（泥炭与腐泥）的非矿质土壤。在其上部约80厘米土层内，所含有机质占其重量的12%~18%以上，若按容积计算，有机质部分可占一半以上，或上覆有厚度不固定的岩石或碎屑物质，其空隙中充满有机物质。有机土可形成于任何一种气候下，只要有有机质积累条件都可能形成；大多分布在沼泽地带和原始林区。依据有机残体的分解程度和土壤水分含量，分为落叶性有机土、积水有机土、纤维质有机土、高分解有机土、低分解有机土和半分解有机土等亚纲。有机土大抵相当于中国土壤系统分类中的有机土。中国土壤发生分类系统中与有机土近似的土壤类型是泥炭土。

火山灰土　距矿质土表面或有机凋落物层底部60厘米或小于60厘米，出现的坚硬根系限制层的全部土层内至少60%的土壤物质具有火山灰特性的土壤。火山灰土分为湿火山灰土、永冻火山灰土、寒冷火山灰土、干热火山灰土、夏旱火山灰土、玻璃质火山灰土、半干润火山灰土和湿润火山灰土8个亚纲。大抵相当于中国土壤系统分类中的火山灰土。中国土壤发生分类系统中与火山灰土近似的土壤类型是火山灰土。

寒冻土　距地表以下100厘米内有永冻层或者是在地表以下200厘米内有永冻层，且地表以下100厘米内有因为"自吞"作用表层土壤物质混合进心底土。寒冻土分为有机寒冻土、扰动寒冻土和正常寒冻土3个亚纲。寒冻土大抵相当于中国土壤系统分类中的有机土、火山灰土和潜育土中的永冻亚纲。中国土壤发生分类系统中没有寒冻土，但漂灰土（棕色针叶林土）和高山土壤中的某些土壤与其类似。

shijie turangtu fenlei xitong
世界土壤图分类系统　为编制 1:500万世界土壤图，进行世界土壤资源统计，以促进建立一个世界通用的土壤分类及命名系统，1960年起联合国粮农组织（FAO）与教科文组织（UNESCO）会同国际土壤学会（IUSS），制定了一个两级制的土壤分类体系，采用诊断层和诊断特性作为分类依据，属于诊断学分类体系。此后经不断修改完善，在1974年制定以美国土壤系统分类为基础的世界土壤图图例单元，并在1988年又出版了修订本，划出28个土壤单元、153个亚单元，并增设了第三级单元，以适应大比例尺制图的精度要求。

分类体系　①土壤单元：相当于土类，主要根据关键诊断层的有无和类型划分，其中如果有两个或两个以上土壤单元共同具有一关键诊断层时，则进一步按诊断亚层和诊断特性区分。这一级命名大部分采用各国惯用的传统土壤名称，也采用美国和其他国家所发展的分类名称，还有采用自创的名称。②土壤亚单元：相当于亚类，主要根据土壤诊断特性和次要诊断层划分。该单元的命名方式是在土壤单元名称前加一形容词。③三级单元：主要按过渡特征或附加特征划分，其命名是在土壤亚单元名称前加一形容词。

主要特点 ①划分土壤单元的主要依据是诊断土层。将发育微弱的冲积土列于首位，然后顺序排列其他土壤类型，止于湿润热带强烈风化的铁铝土，试图反映土壤的演化序列。②将气候对土壤形成的影响列于次要地位，如灰壤可出现在寒温带和热带土壤中。③在命名上既引用了大量习用传统土壤名称，如盐土、碱土、黑钙土、栗钙土、灰壤等（来自苏联土壤系统分类），黑色石灰土、淋溶土、铁铝土、石质土、粗骨土等（来自西欧土壤分类），也引用了新发展的土壤分类单元，如变性土、有机土和始成土（来自美国土壤系统分类）。④分类中的潜育土所概括的土壤类型十分广泛，包括地下水位高、有明显腐殖质累积具有潜育层的土壤，如中国土壤分类中的水稻土、草甸土等。⑤分类中的淋溶土是指有黏粒移动、淀积的土壤类型，包括部分褐土和红色石灰土等。而强淋溶土，主要指盐基饱和度低、呈酸性反应的土壤，相当于中国土壤分类中的暗棕壤等类土壤。⑥在土壤亚单元划分中，主要依据土壤反应，分饱和、石灰性和不饱和三级。以松软、腐殖质和冰冷等特性划分亚单元。对热带、亚热带土壤则划分出网纹、强酸性等亚单元，作为各土壤单元间的过渡类型。

简要评述 该分类体系涉及全球的土壤类型，比较全面，并且简单明了，易于应用；分类思想体现了一定的继承性，吸收了土壤分类研究的新成果。特别是修订稿考虑到当今世界上人口增长和土壤资源减少之间的矛盾日益尖锐，所以添加了许多与土地资源评价和农业生产技术有关的内容，从而加强了服务于农业生产的实用性和指导性。总体而言这一土壤分类系统较为概括，但由于分类过于简化，将许多性质差异较大的土壤类型归并在一起，如把中国的棕壤、褐土、黄棕壤和紫色土等土类均归为雏形土中。在引用这个系统时，应增加新的辅助分类级别。

土地调查与分类编

土地调查 以了解土地的实际情况为目的而进行的各种考察活动的总称。对土地及其在多种经济社会活动中利用和管理状况进行调查研究，是认识、利用和管理土地的有效手段。土地调查的内容主要包括土地的类型、数量、质量、分布、权属等。具体的调查项目和指标则主要取决于调查目的。按调查目的和内容的不同，土地调查可分为若干不同类别，如土地利用现状调查、土地类型调查、土地质量调查、土地权属调查、土地环境状况调查、土地动态变化调查等。土地调查要力求统一和规范化，以利于不同地区之间的互相比较。在调查中应尽可能采用遥感等先进技术和工具，以提高土地调查的质量和水平。在调查的深度方面大致可以分为勘查、普查、详查三种，调查研究的对象（土地单位）分别是土地系统、土地单元和土地相。其步骤是收集一定土地单位上的地质、地貌、气候、水文、土壤、植被及土地利用等方面的信息，分析它们的相互作用结果，从而得到土地综合特征的认识，据此进行土地单位分类，然后按照土地类型统计、梳理关于土地质量、数量的资料，最后根据一定的目的加以评价。土地调查一般需要进行土地制图。

土地要素调查 以土地的自然属性，包括近地表气候、地形、表层地质、水文、土壤、植被和野生动物等为对象的专业调查。近地表气候对于土地利用，特别是对农作物、牧草、树木种类、品种的分布、组合、产量和品质的形成有着十分重要的作用。至今为止人类还很难大规模和大幅度地改变近地表气候条件，近地表气候往往是农业生产的先决条件，是土地资源及其利用的基础要素。地形和表层地质的差异不仅直接影响土壤与植被的形成、发育，以及农林牧用地分布和利用方式，也通过对热量、水分在地表的再分配和物质的迁移作用而间接对农业生产产生重大影响，同时对城镇、工矿、交通用地等都有直接影响。水文状况是植物生长的基本条件之一，各种水源、水量、水质分布、季节变化、利用状况及其对农作物的保证程度、给排水状况以及对农业生产的危害程度与土地利用有密切关系。土壤是农业生产的重要基础，不同类型的土壤在很大程度上影响作物的类型、产量和质量，从而影响土地利用的方向和改造措施。植被和野生动物等则根据实际情况，配合其他的要素调查工作。

土地类型调查 在土地要素调查的基础上，以综合研究和划分土地类型为目的的土地调查。对于土地类型调查来说，要观察一些地形特征线，如山脊线、沟谷线、坡脚线等，它们可为土地类型界线的确定提供依据；还要注重分析母岩（或沉积物）、地貌特征、土壤类型与植物群落（或植物种类）特征之间的关系。

tudi fubei diaocha

土地覆被调查　以土地覆被的类型、面积、性状、分布等为对象的土地调查。土地覆被调查可以追溯到对土地利用的相关调查，实际上土地利用调查中包含了许多土地覆被调查的内容。早在20世纪20年代，美国就应用遥感技术获得包括土地覆被等相关数据。随着航天技术和计算机技术的发展，使得在大范围内进行土地覆被详细调查成为可能。进入20世纪80年代后，已在洲际范围内利用气象卫星数据进行土地覆被的调查研究，并取得了有效成果。1980～1986年，美国农业部、宇航局等部门联合开展了全球性的农业和资源空间遥感调查计划，并建成了集成化的运行系统，完成了美国1∶100万比例尺和全球范围的土地覆被数据集。进入20世纪90年代以后，随着国际地圈生物圈计划（IGBP）和全球环境变化的人文因素计划（IHDP）联合开展的土地利用与覆被变化项目（LUCC），土地覆被调查工作进入一个新的阶段，主要依靠土地覆被的遥感调查，已经建成全球1 000米空间分辨率的土地覆被数据库，1个经纬度间距的土地覆被类型图。

tudi chanquan diaocha

土地产权调查　对申请登记单位土地权属状况的调查。又称土地权属调查、地权调查。是清查每宗土地的权利人、现有权利内容、来源和土地用途，并在现场标定宗地界址、位置，绘制权属调查草图，填写地籍调查表的工作。调查的单元是各所有者及使用者的所有或使用的独立权属段（一宗地）。如果一个土地所有者及使用者有两块不连接的土地，则其调查单元有两个。调查的内容是独立权属地段的位置、境界、权属、土地类别、使用状况等。调查的内容可编制列成表，以便调查时填写。土地权属调查的一般流程是：准备工作，包括准备调查底图和调查表；权属界线外业调查，包括指界、标绘权属界线、填写土地权属调查表及鉴定认可书；权属界线的审核与调处。

土地类型调查现场　　　　　　　　　　　　　（胡淑文　摄）

tudi quanshu diaocha
土地权属调查　参见第180页土地产权调查。

tudi ziyuan diaocha
土地资源调查　为认识土地资源的各种属性和形成规律，掌握其数量、质量、空间分布格局和利用状况而进行的土地调查。土地资源调查的目的是，为合理调整土地利用结构和产业布局、制订产业区划和土地规划提供科学依据，并为进行科学的土地管理创造条件。土地资源调查的内容主要包括土地资源类型、数量、质量、分布、利用状况、生产力水平和土地权属等。土地资源调查按照目的和任务不同可分为：①以反映土地类型为主的土地类型调查。如《中国1:100万土地类型图》的编制工作。②以反映土地利用状况为主的土地利用现状调查。如《中国1:100万土地利用图》的编制和中国土地利用详查工作。③以反映土地适宜性和限制性为主的土地资源质量调查。如《中国1:100万土地资源图》的编制和研究工作。④反映土地潜在资源的土地潜在资源调查。如中国宜农荒地资源和中国后备土地资源调查等工作。⑤反映土地权属的地籍调查等。以上各项调查工作在实际应用中，既可以分别进行，也可以结合进行。

发达国家对土地资源的调查研究，早在20世纪30年代就已相当普遍地展开，大多是配合农业生产的需要进行土地资源分类、土地质量评价和土地利用制图。土地资源调查和土地利用研究以英、美、日、澳、德等国的调查手段比较先进，并取得了较高水平的研究成果。20世纪70年代以后，陆地卫星开始运用于中小比例尺的土地资源调查。航空像片的大量采用，促进了大比例尺土地制图的发展，制图比例尺逐渐由1:10万～1:5万扩大到1:2.5万～1:1万，调查的速度和效率也得到了成倍提高。遥感技术已成为土地资源调查，特别是土地资源动态监测不可缺少的手段。

luxian diaocha
路线调查　根据调查需要，沿科学选定的路线系统地布置调查观测点，以了解土地要素的特点、分布和（或）利用状况及其相互关系和分异规律的调查方法。沿路线进行系统、连续的观察，是土地调查的基本工作方法。路线的密度及布置，以能控制各种土地界线和土地利用差异，满足调查的目的和要求为准，一般取决于调查的比例尺、土地要素特点、分布和（或）利用状况的复杂程度、航空像片解译程度及通行条件等因素。选择路线一般应垂直于主要地貌类型的断面线，能够通过不同的地形部位。根据土地调查与评价的需要，还可分为主干路线和辅助路线。

yangdi diaocha
样地调查　由调查人员判断和确定重要而有代表性的调查观测点，在这些观测点上了解土地要素的特点、分布和（或）利用状况及其相互关系和分异规律的调查方法。在中国开展的农用地分等（后称农用地质量分等）工作中，通过选择一定栽培管理技术条件下，区域内农作物产量水平最高的若干农用地分等单元作为标准样地。这些标准样地具有最好的农业生产条件，在本区域内处于最优的气候、地貌、土壤、灌溉与排水等条件下。在样地调查的基础上确定其分等属性特征值以及基准分值，从而为全面地分等提供依据。

zonghe fangfa diaocha
综合方法调查　遥感图像解译和地面调查相结合的土地调查方法。主要包括：现场踏勘，航片、卫片解译、调绘和地形图补测，以及收集、了解近年来土地利用的动态变化等；然后把外业补测或航片、卫片调绘的内容转绘到工作底图上，根据底图量算面积，编制土地利用现状分幅图；在分幅土地利用现状图的基础上，按行政区域编绘土地利用现状图，编写土地利用现状调查报告（或说明书）和有关专题报告。

tudi liyong diaocha
土地利用调查　以土地用途和（或）土地利用方式的类型、面积、分布等为对象的土地调查。又称土地利用现状调查。其主要任务是，查清各地类的分布和面积，编制土地利用现状图，编写土地利用现状调查报告。如果进行的是大比例尺土地利用现状详查，则还需查清土地权属界线及行政管辖范围界线，并按土地权属界线及行政范围界线汇总出土地总面积及各类用地面积。土地利用现状调查可为拟订国民经济计划，开展农业区划和规划，以及土地统计、土地登记、土地评价等提供科学依据。进行土地利用现状调查，首先要建立土地利用分类系

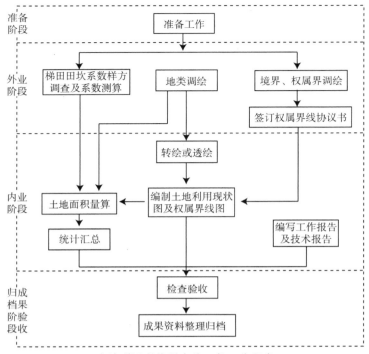

土地利用现状调查的一般工作程序

统，然后开展外业实地调查，根据实际需要编制相应比例尺的土地利用现状图，量算各类用地面积，编写土地利用现状调查报告。土地利用现状调查按照调查的深度和细度可分为土地利用概查和土地利用详查两种，按行政范围可分出国家、省、地和县等若干级别。中国土地利用现状调查一般以县为单位进行，土地利用现状调查的主要成果有土地利用现状分类系统、土地利用现状图及其说明书、土地利用面积统计表和土地利用现状调查报告等。

tudi liyong xianzhuang diaocha
土地利用现状调查 参见第181页土地利用调查。

kanchaxing tudi diaocha
勘察性土地调查 成图比例尺一般小于1:50万的土地调查。基本方法是利用小比例尺地形图或卫片等，在室内地物界线解译和调绘的基础上，根据验证统计的要求，选择一些有代表性的样区，通过外业踏勘，在野外验证地类解译准确率与界线勾绘的精度。把需要的地类转绘到地形图或影像图上，并以勾绘后的地图作底图，量算出各类土地面积，编写报告。

tudi liyong gaicha
土地利用概查 成图比例尺一般为1:5万～1:20万的土地调查。是采用中、小比例尺基础图件进行的土地利用现状调查工作。简称土地概查。土地利用概查一般利用中、小比例尺地形图和卫片资料量算各类土地概数，或通过典型调查和抽样推算出各类土地面积。其成果只能作为大范围土地利用的宏观依据，不能用于地籍管理和土地利用规划设计等精度要求高的土地管理工作。

tudi liyong xiangcha
土地利用详查 成图比例尺一般为1:1万或大于1:5万（林区、牧区）的土地调查。是采用大比例尺基础图件进行的一种分类较细、精度要求较高的土地利用现状调查工作。简称土地详查。在制图中，外业调绘的地物界线在图上的位移量控制在0.3～0.1毫米；耕地、园地最小图斑面积为6.0平方毫米，林地、草地为15.0平方毫米，居民地为4.0平方毫米；航片转绘对点误差一般不大于图上0.5毫米，最大不超过0.8毫米。

tudi diaocha de 3S jishu
土地调查的3S技术 基于集成3S手段开展土地调查的技术。3S技术是遥感技术（Remote Sensing，RS）、地理信息系统（Geography Information System，GIS）和全球定位系统（Global Position System，GPS）的统称，因其英文中分别含一个S而得名。3S技术是空间技术、传感器技术、卫星定位与导航技术和计算机技术、通讯技术相结合，多学科高度集成的，对空间信息进行采集、处理、管理、分析、表达、传播和应用的现代信息技术。在土地调查中，首先通过遥感技术获取现时性强的遥感影像资料，通过影像处理技术对遥感影像进行纠正、色彩平衡等处理后生成土地调查所需的正射影像图；然后应用GPS技术获取像控点及土地利用信息的空间坐标，通过解译提取土地相关信息，判读土地利用类型界线和线状地物位置，标绘权属界线；最后应用GIS技术建设土地利用数据库，通过GIS技术具有的空间数据输入、存储、编辑、组织、分析、查询、显示、管理及制图输出功能，土地利用数据库可以快捷实现面积汇总、数据查询、输出、图件编辑。为防止内业预判错误或遥感影像不够清晰而未判读出来的土地利用信息状况出现，可以应用GPS技术进行全野外数据采集，然后应用GIS技术对内业预判成果和外业校核的土地信息进行处理，最终完成土地利用数据库。

tudi yaogan diaocha
土地遥感调查　利用遥感技术进行的土地调查。土地遥感调查根据平台和精度不同，分为航空和航天两种。中国应用航空遥感大面积调查，特别是森林调查是20世纪50年代开始的，主要用于资源详查和大比例尺制图。由于航空遥感费用高，其应用受到限制。1972年美国发射第一颗地球资源卫星（陆地资源卫星"LANDSAT"）后开始了航天遥感应用。中国应用了美国、法国和自行研制的卫星调查土地资源，主要手段是通过遥感影像解译获得所需的信息。遥感影像解译分为直接解译和间接解译。前者根据遥感影像（航空像片和卫星影像）所提供的影像信息对所要求的专业制图对象进行直接判读。后者对难以直接判读的专业信息，根据遥感影像所提供的信息及解译的专业知识对专业制图对象进行综合分析而间接识别。

tudi yaogan diaocha liucheng
土地遥感调查流程　主要包括外业调绘和内业工作两个阶段。外业调绘指在野外进行的调查工作，包括遥感影像（航空像片和卫星影像）、地形图的预判读，路线踏勘，样地调查、遥感影像实地判读，地类检验、调绘和补测，勾绘工作草图以及填写外业手簿等工作。在航片调绘中，为排除航摄像片固有构象误差对调绘精度的影响，还要在航片上划定工作范围。内业工作指主要在室内进行的调查工作，包括遥感影像解译、图形转绘、实验室分析、面积量算、图件整饰以及编写调查报告等工作。其中重要的工作是遥感影像（航空像片和卫星影像）转绘，即把遥感影像（航空像片和卫星影像）上外业调绘的内容转绘到地形图上，并整饰成图；在调绘、转绘或补测合格的地图上，要以地形图图幅理论面积为基本控制，量算图斑面积。

yinong huangdi diaocha
宜农荒地调查　以清查适宜种植农作物、牧草、经济林果的天然草地、疏林地、灌木林地和未利用地

为目的的土地调查。调查内容一般都是水热条件、地形条件、土壤性状、坡度和水源条件（地表水和地下水），也包括经济社会因素中与宜农荒地开发利用相关的部分。由于主要目的是农业利用，所以对与农作物生长直接相关的有效积温、降水量、地形等因素要有详尽的分析，由于宜农荒地的土壤一般存在不同强度的限制因素，所以还需要调查分析土壤改良措施和方向。在成果中还应该包括投资与收益的调查分析结论。

gengdi houbei ziyuan diaocha
耕地后备资源调查　以清查适宜种植农作物的未利用地和废弃地为目的的土地调查。中国开展的耕地后备资源调查主要是适宜开发、复垦、整理的耕地后备资源。包括经过改良与改造可能开发为耕地的未利用土地；允许并能开发为耕地的苇地、滩涂；通过工程与生物措施，可恢复耕种的损毁废弃地；地下开采矿产资源和地下工程挖空后，由于地表塌陷而废弃的土地中可复垦为耕地的部分；因采矿、冶炼、燃煤发电、水泥厂等排放的废渣、石、土、煤矸石、粉煤灰等工业固体废弃物，露天矿排土场及生活垃圾所压占的土地中可复垦为耕地的部分；因污染废弃的土地中可复垦为耕地的部分；因地震、暴雨、山洪、泥石流、滑坡、崩塌、沙尘暴等自然灾害而被损毁的可复垦为耕地的土地。通过调查确定这些类型后，要具体查清位置、面积、权属、地形状况、地貌特征、土壤状况、植被状况、水资源状况等，为后续的评价工作提供依据。

kaifaqu tudi liyong diaocha
开发区土地利用调查　在中国，指依照《开发区土地集约利用评价规程》（TD/T1029—2010）的要求，开展开发区土地集约利用状况基础调查，并对调查结果进行汇总分析的过程。调查内容主要包括六个方面。

　　基本信息　包括开发区名称、级别、类型、设立时间、审批单位、地址、管理机构、依法审批土地总面积、扩区或调整情况、土地开发程度、经济社会发展及相关规划资料等。

　　用地状况　依照建设状况分类，对已建成城镇建设用地、未建成城镇建设用地和不可建设土地的情况进行调查：①已建成城镇建设用地中，明确各类用地的位置、范围、面积、用途、建筑基底

面积、建筑面积等，其中，工矿仓储用地应调查建筑物构筑物基底、露天堆场和露天操作场地的总面积；②未建成城镇建设用地中，明确已建成农村建设用地的位置、范围、面积、用途等，明确其他未建成城镇建设用地的位置、范围、面积、权属和开发状况等；③明确不可建设土地中河湖及其蓄滞洪区土地，自然、生态保护区土地和其他不可建设土地的位置、范围、面积、权属等，并说明其确认依据。依照供应状况分类，对已供应国有建设用地、尚可供应土地和不可供应土地的情况进行调查：①已供应国有建设用地分为划拨土地和有偿使用土地。明确各类用地的位置、范围、面积、用途、供应时间、供应方式、招标拍卖挂牌情况、使用年限、土地使用者和规划用途等。②明确尚可供应土地的位置、范围、面积、权属和规划用途等。③明确不可供应土地的位置、范围、面积和权属等，不可供应土地对应按建设状况划分的土地利用类型中的不可建设土地。依照开发区闲置土地分类，调查评价范围内闲置土地的位置、范围、面积及是否达到收回条件等情况，汇总相关数据。依照高新技术产业用地分类，调查评价范围内高新技术产业用地的位置、范围、面积、类型等情况，汇总相关数据。

用地效益 主要针对评价范围内已建成城镇建设用地中工矿仓储用地的投入产出情况开展调查，主要包括开发区工业（物流）企业总收入、工业（物流）企业固定资产投资总额等。高新技术产业开发区和省级高新技术产业园区还应调查评价范围内高新技术产业总收入等。调查中，只有工矿仓储用地上的物流企业的经济数据才可计入数据统计范围，其他类型用地的物流企业的经济数据不可纳入数据统计范围。

管理绩效 主要针对评价范围内已供应国有建设用地的土地利用监管绩效和土地供应市场化程度开展调查。土地利用监管绩效调查主要针对评价范围内累计有偿使用且已到期土地及其中已处置土地，累计闲置土地及其中已处置土地等情况开展调查。土地供应市场化程度调查主要针对评价范围内历年供应土地面积、历年供应工矿仓储用地面积，累计应有偿使用土地面积及其中实际有偿使用土地面积，累计应通过招标、拍卖、挂牌方式出让的土地面积及其中实际通过招标、拍卖、挂牌方式出让的土地面积等开展调查。

典型企业 主要针对评价范围内典型企业的基本情况、投入产出状况、用地状况、建设情况等开展调查：①应结合开发区的定位和发展方向，从主导产业中优先选取企业；②典型企业选取一般不得少于10家；③选取的典型企业注册和生产均应在评价范围内。典型企业的选取方法：①应选取各主导产业总收入或总产值排名前三名的企业作为典型企业，当主导产业企业总数不足10家时，应从非主导产业中选取总收入或总产值靠前的企业进行补充；②当评价范围内企业总数不足10家时，应将全部企业作为典型企业进行调查。针对选定的典型企业发放调查表，通过实地踏勘、座谈，汇总、分析典型企业调查情况。

其他调查 评价工作中可根据实际需要开展其他相关调查。

shamohua diaocha

沙漠化调查 在干旱、半干旱（及部分半湿润）地区，为查明因自然环境条件恶化或人类过度经济活动，使原非沙漠地区出现以风沙活动为主要特征的环境退化过程而进行的地质调查。沙漠化是荒漠化的一种。调查内容主要有：①沙漠化基本特征调查，包括地貌类型（风蚀地貌、风积地貌），沙漠化土地的范围、裸沙分布面积、沙层厚度、植被覆盖度，确定沙地类型和沙漠化程度，并进行沙漠化程度分区；②沙尘暴调查，包括发生时间、范围和发生频率，主要风向，风速与起沙风速；③沙漠化土地资源调查，包括土地资源的类型、分布特征、开发利用状况和标志性植物及植被覆盖程度；④土地沙漠化形成的自然因素与人为因素调查和发展趋势分析；⑤土地沙漠化的危害调查和防治现状及效果调查。

shimohua diaocha

石漠化调查 由于侵蚀作用或植被破坏强烈，而使基岩大面积裸露而形成荒漠的过程称石漠化。对其进行的调查称为石漠化调查。石漠化是荒漠化的一种，基岩裸露面积大于30%的地区均可划为石漠化地区，以碳酸盐岩分布区最为严重。调查内容主要有：石漠化基本特征调查，包括石漠化的分布范围、高程、面积与展布特征，石漠化发展速率，石漠化的发育程度；根据基岩岩石裸露面积所占的比例和裸露岩石分布形状、植被状况，确定石漠化发育程度等级分区，并分析石漠化发展趋势；地表堆积物特征调查，包括堆积物的赋存状态、分布特征、厚度及变化，土壤的成分、母岩岩性，主要植（作）物种类及生长情况；石漠化形成的自然因素和人为因素调查；石漠化危害调查和防治现状及效果调查。

石漠化调查

tudi celiang
土地测量　对土地及其附着物的界线、位置、面积、高程和分布的测量与制图工作。也可泛指为土地调查、整理、规划、利用和管理等需要进行的测量工作。包括地形测量、地籍测量、土地平整测量、土地利用现状测量、荒地等后备资源调查等内容。所使用的测量方法包括大地测量、普通测量、航空摄影测量、遥感技术及地图编制等。在国家基本地形图逐步完成的情况下，土地测量主要指地形测量以外的其他各项内容，并均以国家基本地形图为基础进行测量和绘图工作。土地测量工作有着碎部点数量多、精度要求高等作业特点，并且对作业区域内整体的精度平衡有一定要求。土地测量的一般方法是，先测出土地的主要的线段长度，算出面积，再折合成土地面积。土地测量的工具有卷尺（或测绳）、标杆、测桩、直角器、平板仪、水准仪、经纬仪等。随着全球定位系统实时动态技术的发展，当前已开始应用GPS实时动态监测技术开展土地测量工作。

tudi zhenduan
土地诊断　土地评价中对土地资源类型、适宜性和限制因素的分析过程。根据《中国1∶100万土地资源图制图规范》，土地诊断考虑下列基本原则：①单因素分析与综合评价相结合。即先进行各种

土地因素的鉴定，再进行综合评价，突出主导因素。②部门评价与综合评价相结合。即先分别进行农、林、牧业评价，再进行农林牧综合评价。③国家与地区相结合。既要考虑国家的统一标准，即可比性，又要考虑区域差别，即特殊性。简言之，土地诊断就是在潜力区范围内，按农、林、牧业适宜性确定土地资源类型，并根据国家统一标准确定其等级地位，然后用各个限制因素的诊断指标衡量，逐个作出土地资源类型总评价的过程。土地资源类型的诊断是定性的。为了便于国家统一比较，除了按气候因素将中国划为九大潜力区外，对地形、土壤、植被类型按其农、林、牧生产能力及其适宜程度也作出大致统一的评价，拟定每个单位农、林、牧利用可能达到的最高等级。如地形方面，倾斜平原农业利用最高可达一等地，丘陵最高为二等地，而山地最高仅为三等地，但山地、丘陵在林业和牧业利用方面最高也可达一等地。这个可能达到的最高等级是假设其他因素均为良好状态下达到的水平。

tudi xianzhi yinsu zhenduan
土地限制因素诊断　包括限制因素类别和诊断指标两部分。限制因素类别主要选择不易改变的因素，在《中国1∶100万土地资源图制图规范》中主要是侵蚀程度、地形坡度、土壤质地、有效土层厚度、硬磐层位置、水文和排水条件、土壤盐碱化和改良条件、土壤酸碱度、温度条件和水分条件等。每个类别按对农、林、牧业的适宜程度划分为最适宜的、一般（中等）适宜的、临界（勉强）适宜的和不适宜的四级，尤其注意临界指标的确定。诊断指标应用于土地分等（或亚等）时以影响当前该土地质量的一个最主要的限制因素指标为依据，即一等宜农、宜林、宜牧地基本无限制因素；二等宜农、宜林、宜牧地至少有一个主要限制因素为一般适宜，但不存在临界和不适宜指标；三等宜农、宜林、宜牧地至少有一个限制因素为临界适宜的；不适宜农、林、牧业利用的土地，则必有一个限制因素在临界指标之下。

tudi zhitu
土地制图　以图件形式反映土地资源研究成果的过程。是土地资源调查与研究成果的主要表现形式。土地制图分为综合制图与制图综合两个方面。

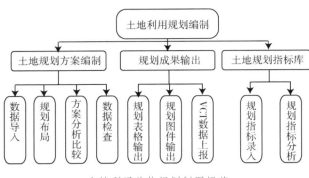

土地利用总体规划制图规范

综合制图 编制相同比例尺的各种土地要素图，即土地要素图组，一般包括地貌图、植被图、土壤图、气候图、草场图、森林图以及某些土地因子图，如坡度图、土壤侵蚀图、土壤质地图、土壤养分含量分布图、土壤pH值图、土壤盐渍化图和地下水矿化度图等。这些图虽然各自有其专门的内容，仅反映土地的某个要素特性及空间分布状况，但是它们彼此联系起来即能够提供土地资源的综合属性，成为土地资源研究的重要基础。在典型地区的综合制图基础上编制大面积小比例尺的土地资源图件，由于有充分可靠的科学依据，成图的科学水平较高，同时也容易有较大的指导实践的意义。由此可见，综合制图所获得的土地系列图是检验和衡量土地资源研究工作质量的重要标志，是重要的基础性研究工作。

制图综合 指编制一整套不同比例尺的土地资源图件。通常制图比例尺是根据土地资源研究的目的、制图地区面积大小与制图内容以及所要求的精度来选择和确定的。例如，编制中国土地资源图件，其比例尺为1:100万，也可以用更小的比例尺；一般省级可编制1:25万到1:50万比例尺的土地资源图件；在一些小面积的典型地区则可编制1:5万或1:10万比例尺的土地资源图件。很显然，不同比例尺精度的图件，它们所表达的制图内容的详细程度或深度等都有差别。比例尺愈大，其内容就愈详细、精度也愈高，在生产实践上针对性也愈强。反之，比例尺愈小，内容愈趋概括。因此，小比例尺土地资源图主要反映宏观的规律性，对生产实践的指导常常是战略性的。编制同一地区不同比例尺的土地资源图件的目的在于通过制图综合的手段来对比、分析和摸清这些不同比例尺图件之间内涵的规律性的联系，以便于从大比例尺典型地区制图扩展到小比例尺大面积的制图。中国幅员

辽阔，各地区自然条件变化明显，这种制图方式既能掌握可靠的典型资料和依据，也能在此基础上较快编制成质量较高的小比例尺的中国土地资源图件。

土地制图基础知识 开展土地制图应该了解和知晓的基础性知识和技术手段。包括：①地理底图，编制专题地图的数学与地理控制基础。一般除经纬网格以外，还有表示水系、居民点、交通线、境界线等基础地理要素。②地形图，根据国家制定的规范图式测制或编绘，具有统一的大地控制基础、投影及分幅编号，内容详细完备的大、中、小比例尺普通地图。③地理坐标，用经度、纬度表示地面点的球面坐标。④地图分幅，为便于地图的制作和使用，按一定方式将大范围、大幅面的地图划分成尺寸适宜的若干单幅地图。⑤地图投影，运用一定的数学法则，将地球椭球面的经纬线网相应地投影到平面上的方法，即椭球面上各点的地球坐标变换为平面相应点的直角坐标的方法。⑥等角投影，在一定的范围内，投影面上任何点上两个微分线段组成的角度投影前后保持不变的一类投影。⑦地理坐标网格，地图上用以确定点位坐标的网格，是以某种投影方法绘制的经纬线网。⑧地理位置，地理现象所在的地点。作为绝对的术语，是指经纬坐标网中的某个地点；作为相对的术语，是指在某个地域内的相对空间关系。⑨地图容量，地图上所含的内容与信息的数量，通常以地图单位面积内的线划、符号和注记面积的总和及其占地图总面积的比率来表达。⑩地理精度，地图上所表示的内容与实际的地理分布相对应的准确程度，或经地图概括后地理分布规律体现的程度。⑪地理拓扑空间用图要素及其关联函数对地理事物之间的几何关系加以描述和分析的范围。

土地制图技术 土地制图过程中需要采用的技术手段和方法。包括：①地图表示手段，地图表现形式的基本手段。包括图形符号、色彩与文字。②地图表示方法，地图上表达各类制图质量与数量及动态变化特征的基本方法。③点状符号法，以个体符号表示呈固定点位分布的地物与制图对象质量与数量特征的地图表示方法。④等值线法，用一组相同数

值点的连线表示连续而布满整个制图区域的制图对象数量特征的表示方法。⑤地图整饰，地图表现形式设计与生产中美化地图外貌及规格化的工作。⑥地图可视化，以计算机科学、地图学、认知科学与地理信息系统为基础，以屏幕地图形式，直观、形象与多维、动态地显示空间信息的方法与技术。⑦地图数字化，实现从模拟地图到数字信息转换的技术。⑧地理编码，在含地址的表格数据与相关图层之间建立联系，把地理坐标分配给含相应地址的表格数据记录，并为其创建一个相应的点要素图层。⑨地图量算，在地图上对有关要素进行量测和计算，以获取其数量特征的方法。

tudi zhitu biaoxian xingshi

土地制图表现形式　土地制图的不同表现形式和类别。包括：①等值线图，用一组相等数值点的连线表示连续分布且逐渐变化现象的数量特征的一种图型。②点值图，用大小与形状相同且代表一定数值的点表示分散分布现象的分布范围、数量和密度的一种图型。③动态地图，表示制图对象时空动态变化的地图。④鸟瞰图，用高视点透视法绘制的地图。使视线与水平线有一俯角，似从高处俯视制图区。⑤电子地图，具有地图的符号化数据特征，并能实现计算机屏幕快速显示，可供阅读的有序数据集合。⑥多媒体电子地图集，运用多媒体技术，集地图、影像、文字、声音、视频等多种信息于一体，并具备检索与分析功能的电子地图的系统集成。

tudi zhitu danyuan

土地制图单元　土地制图中用于在图上加以区分的具有相同或相似特征的最小图斑。土地制图单元一般选择研究对象的最低分级单元或其组合。土地制图中经常按照具有相对一致性的土地要素组合确定土地制图单元。在土地评价工作中，一般具有相似的生产潜力和限制性。如在土地适宜性图中每个土地制图单元都能表示对每一确定的土地利用种类的适宜性。

tudi zonghe poumiantu

土地综合剖面图　记录野外调查剖面土壤、植物、沉积物或母岩类型特征的图件。在土地制图中，根据野外路线调查编制的综合剖面图，是用于综合分析土地组成要素及其相互联系以及不同土地类型之间的空间组合关系的重要工具，是土地资源研究中最基础的图件，具有特殊重要的作用。通过编制综合剖面图，可以揭示土地组成要素与相互联系以及不同土地之间的空间组合关系。综合剖面图的编绘方法与所采用的比例尺有关。在范围较大、制图比例尺较小的情况下，主要采用室内阅读地形图和解译航空像片或大比例尺卫星影像，并参考其他自然要素图件和资料编绘；在范围较小和制图比例尺较大的情况下，则主要靠野外实地测绘，比例尺愈大，野外工作量愈大。

选定剖面线位置　根据地形等高线和航空像片影像特征，弄清水系格局、分水岭的走向、地貌类型特征、坡向与坡度、海拔高度与相对高度等，分析地貌、土壤、植被、土地利用等的相互关系。剖面线要尽可能短，但又要尽可能通过当地各种地貌类型。在山区可布设两种不同类型的综合剖面线：一种从分水岭开始，直至河谷，反映垂直变化规律，是山地基本的综合剖面；另一种横切过山脊和冲沟的剖面，反映不同坡向对土地分异的影响，属于辅助性剖面。剖面线确定后，要用直线或折线准确地标绘在地形图或航空像片上。

确定比例尺　综合剖面图的比例尺包括水平比例尺和垂直比例尺。水平比例尺指综合剖面图横坐标的缩尺，表明剖面沿水平延伸的距离；垂直比例尺指综合剖面图纵坐标的缩尺，反映剖面上任意一点的绝对高度和相对高度，也表明地表起伏和切割的程度。确定垂直比例尺要考虑到它与水平比例尺的匹配关系。两者若相等，剖面上的地面起伏曲线真实地反映了地形起伏，这种剖面称为"自然剖面"。此时地面起伏曲线所表示的坡度是正常的，可测出地面坡度及测算距离与高度的关系，适合于表示坡度陡、切割程度大的土地。若垂直比例尺大于水平比例尺若干倍，地面起伏曲线则与地面实际起伏不一致，对坡度和切割程度都作了某种程度的夸大，故这种剖面称为"夸张剖面"。其优点是适于表示起伏平缓的丘陵和平原上的微地貌特征。

绘制综合剖面图　包括剖面图、带状图和土地类型描述表三个组成部分。①剖面图以地面起伏曲线为骨架，上方表示植被，下方表示土壤、第四纪沉积物或母岩。绘制地面起伏曲线可先画出直角坐标。如果剖面图的水平比例尺和地形图比例尺一致，则根据等高线原理和垂直比例尺的要求，把剖面线横切过的等高线系统按间距投影在垂直坐标上，就可以绘制地面起伏曲线；如果水平比例尺大于地形图比例尺，要先在横坐标上决定各点间的距离，再按高度确定相应的点，然后把各点联结起来，即为地面起伏曲线；如果通过野外实测记录编绘大比例尺剖面图，也可以采用这一方法。②带状图是剖面线两侧一定宽度范围内土地类型图或土地类型影像图的一部分，它通常置于剖面图以下，剖面线的确切位置用粗线条表示在带状图上。③土地类型描述表置于带状图的下方，其横行列出土地类型的名称和代号，纵行列出相应的土地类型的主要特征或数量指标，内容要求简明扼要。此外，土地类型综合剖面图还需有图名、比例尺和图例符号等。

tudi xilie zhitu
土地系列制图　编绘一套不同比例尺的土地类型图。例如，国家编1：100万土地类型图，省级行政区域编1：50万土地类型图，县级行政区域编1：5万土地类型图。在实际工作中，常常是在一个大范围地区编制小比例尺或中比例尺土地类型图，而在其内部的某些典型区域编绘大比例尺土地类型图，以便对这些典型区域进行更深入的研究。尽管土地类型系列图中的每一种比例尺图均有其自己的制图对象和服务目的，但各种比例尺图之间存在紧密的联系，必须将它们视为一个整体。因此，在土地类型系列制图的全过程中，必须十分注意不同比例尺之间底图要素和专题内容上的协调。

tudi jiexian
土地界线　区分不同类型和不同权属的土地分界标志。主要包括土地利用权属界线、土地利用类型界线、基本农田界线、农用地转为建设用地的范围线等。确定土地界线需要现场踏勘、实地调绘，并将勾画出的界线转绘于工作底图。一般在通过土地测量的勘测定界中，要埋设与测定界标，测绘界址点的解析坐标，编绘勘测定界图，编制土地勘测定界报告书。

zongdi
宗地　地籍调查单元，即为土地权属界址线所封闭的地块，亦即地籍调查和土地登记的基本土地单元。①几个土地使用人共同使用而又难以划清各自权属的宗地称为共同宗地；②一宗地分散在几幅地籍图上的宗地图斑称为破宗地；③与本宗地相邻的宗地称为邻宗地；④一个土地权属单位的宗地中，与其宗地主体相分离、孤立地坐落于其他土地权属单位范围内的零散宗地图斑称为飞地；⑤两个或更多土地权属单位的宗地因地界交错、穿插而形成的边界不规则、不整齐的地块称为插花地。

zongdi bianma
宗地编码　为宗地建立编号和记录相应信息的过程。中国正在开展全国宗地统一编码试点工作，通过实施全国宗地的统一编码，确保国家通过对每一块土地的"身份"编号，便捷查询和跟踪掌握土地使用情况，真正做到对土地实时全程监管，从而实现土地管理的信息化、社会化、产业化。有了统一编码信息，可以监管每块土地的利用情况，特别是监督经营性用地，是推进以土地为基础的不动产统一登记的有效途径。

zongdi xinxi
宗地信息　有关宗地的数据、资料和图件。主要包括：①宗地编号，在地籍调查工作底图上每一宗地的编号。②宗地位置，宗地所在区、街道、街坊、门牌号及四至，其中四至是指每宗地四邻的名称。③界址线：界址点之间的连接线。④界址点，宗地权属界线的拐点或转角点。⑤指界，通过相邻宗地双方权利人和地籍调查员对该宗地权属界址状况进行实地调查，并予以认定的结果。⑥宗地图，通过实地调查绘制的，包括一宗地的宗地号、地类号、宗地面积、界址点及界址点号、界址边长、邻宗地号及邻宗地界址示意线等内容的专业地图。⑦宗地合并，两宗或两宗以上相邻接的土地因土地权属的变动而合并成一宗地的信息。⑧宗地分割，一宗地因土地权属的变动而分割为两宗或两宗以上的宗地的信息。

diji
地籍　记载宗地的权利人、土地权利内容及来源、权属界址、面积、用途、质量等级、价值和土地使用条件等土地登记要素的簿册。主要包括：①税收地籍，指以课税为目的而建立的地籍，主要记载纳税人姓名、地址、宗地面积及为确定税率所需的土地等级。②产权地籍，指以保护土地权利人合法权利为目的而建立的地籍，主要记载土地权利人姓名、宗地位置、界址、面积和土地权利内容、来源等。③多用途地籍，指以土地产权登记、课税以及科学管理、利用和保护土地等多种用途为目的而建立的地籍，它记载有关宗地的全部属性。

diji yaosu
地籍要素 地籍图和地籍簿中所包含的宗地的属性。包括各级行政界线、宗地界线、土地用途、分类界线与土地等级界线、地块编号与界址点编号、土地面积等符号、注记和说明。主要可列为：①各级行政境界；②地籍区与地籍子区界；③宗地界址点与界址线及其编号；④地籍号注记；⑤宗地坐落；⑥土地利用类别及代码注记；⑦土地权属主名称；⑧土地等级；⑨土地面积；⑩房产情况。

diji dang'an
地籍档案 经过立卷归档保管的各种地籍资料，即经过收集、整理、归类、鉴定的正式地籍文件。地籍档案最主要的作用是为地籍管理工作服务，保证地籍管理的各项工作都能建立在"有档可查""有据可依"的基础上。所以，地籍档案的建立及其管理水平，是各级地籍管理工作科学化、正规化和制度化的重要标志。按照地籍管理的内容，可以分为国家地籍档案和基层地籍档案两类系统。国家地籍档案指保存在县级或县级以上土地管理机关内的地籍文件，包括土地利用现状调查档案、土地登记档案、土地统计档案、土地质量档案、土地利用档案、土地征拨文件档案等。基层地籍档案指保存在乡镇一级或村一级的基层地籍文件，包括土地二级使用权管理档案、地块管理档案、宅基地管理档案和地籍图集等。

dijitu
地籍图 表示土地权属界址线、面积、利用状况等地籍要素的经过土地登记具有法律效力的专业地图。根据土地权属调查和地籍测量的成果绘制而成。地籍图是进行地籍管理的基础图件，反映

了比土地利用现状图更为详尽的地籍要素的内容。经过土地登记的权属界具有法律性质。地籍图可根据地籍管理的需要，分为地籍总图和地籍分图两种。总图一般为乡镇级地籍管理服务，主要反映一个乡镇范围内各土地权属单位的境界及其四至、面积、等级、地类、地块，以及反映主要线性地物和居民点、独立工矿等单位的位置和范围。分图是为乡镇级以下土地使用单位的地籍管理服务的，其内容比总图更为详细，农村一般按行政村或自然村等为单位编绘。城市地籍图一般按建制市为单位编绘总图，以街道或居住小区编绘分图。中国的《城镇地籍调查规程》规定，基本地籍图包括分幅铅笔原图和着墨二底图，比例尺一般为1:500或1:1 000。城镇宜采用1:500，独立工矿和村庄也可采用1:2 000。图幅规格为40厘米×50厘米的矩形图幅或50厘米×50厘米的正方形图幅。分幅铅笔原图绘制精度是内图廓长度误差不得大于0.2毫米，内图廓对角线误差不得大于0.3毫米，图廓点、控制点和坐标网的展点误差不得超过0.1毫米。着墨二底图的绘制精度是解析坐标点的展点误差不得大于0.1毫米，其他要素不得偏离底线。地籍图的主要内容包括：各级行政界线、地籍平面控制点、地籍编号，宗地界址点和界址线，街道名称、门牌号，在宗地内能注记下的单位名称，河流、湖泊及其名称，必要的建筑物、构筑物，地类号，宗地面积，等。在一幅基本地籍图或一个街坊内，宗地权属变更面积超过1/2时，对该图幅、街坊要进行更新测绘，称为地籍图更新。

diji diaocha
地籍调查 以清查每宗土地的位置、界线、面积、权属、用途和等级为目的的土地调查，包括土地权属调查和地籍测量。也可以泛指为取得基础地籍资料而进行的调查工作以及在土地利用现状调查基础上进行补充调查和修正的工作。重点是查清每一宗土地的位置、权属、界线、面积、用途和等级等基本情况，并以图、簿表示。地籍调查既是土地管理的基础性工作，调查成果经土地登记后，具有法律效力，也是地籍管理的基础性工作，是地籍测量的必要条件。地籍调查的单元是宗地。它是被权属界址线所封闭的地块。一个地块内由几个土地使用者共同使用而其间又难

以划清权属界线的也称为一宗地。地籍调查的主要目的：核实宗地的权属，确认宗地界线，掌握土地利用状况，获得宗地界址点的平面位置、宗地形状及其面积的准确数据，为土地登记、核发土地权属证书奠定基础。地籍调查成果资料主要包括：①地籍调查技术设计书；②地籍调查表；③地籍平面控制测量的原始记录、控制点网图、平差计算资料和成果表；④地籍测量原始记录；⑤解析界址点成果表；⑥地籍原图和宗地图（土地证附图）；⑦地籍图分幅接合表；⑧面积量算表和原始记录；⑨以街道为单位宗地面积汇总表；⑩城镇土地分类面积统计表；⑪检查验收报告、技术报告。

diji diaocha zhonglei
地籍调查种类 可以分为：①根据调查时间和任务的不同，可分为初始地籍调查和变更地籍调查。初始地籍调查在土地初始登记前进行；变更地籍调查在变更土地登记前进行，是在初始土地登记后因土地权属发生变化，为变更上次调查结果而进行的地籍调查。②按调查区域功能的不同，分为农村地籍调查和城镇地籍调查。中国的农村地籍调查是结合土地利用现状调查进行的。

diji diaocha liucheng
地籍调查流程 主要包括两个阶段。①权属调查。对宗地权属来源及其所在的位置、界址、数量、用途和等级等情况的调查。包括：现场指界、标定宗地界址、绘制宗地草图、调查土地用途和等级、填写地籍调查表等。②地籍测量。在土地权属调查基础上，借助测绘仪器，测量每宗地的权属界址点的平面位置、形状、内部地类界线等，并计算宗地面积，绘制地籍图。

diji celiang
地籍测量 以查清每宗土地的边界、位置、形状、面积为目的的土地测量。即以国家设置的控制点或加密图根点为依据所进行的服务于地籍管理的大比例尺测量工作。由此获得地面上的地籍要素的水平投影位置，即把地面上的权属地界、四至、地类、地块等地场及其他地籍信息编绘制图，从而为土地登记、土地统计提供准确的权属界线和各种地类界线（包括地块界）的平面位置及据此测量的各类面积。在地籍要素发生变化后需要进行地籍补充测量，称为地籍补测。经地籍测量后的宗地，由于天然或人为因素，导致测量结果与实际情况不符时，应土地所有人或使用人向土地管理机构申请需要进行再次测量，称为土地复丈。为征用土地而对被征用地进行测量定界，称为土地征用定位测量。

diji celiang fangfa
地籍测量方法 地籍测量过程中的不同技术手段。①图解地籍测量：在工作底图上，应用实际测量数据（角度、距离）标绘地籍要素于图上，并在图上进行面积量算而完成地籍测量的方法。②数值地籍测量：将每块宗地的界址点按编号测算其坐标，由坐标展绘成不同比例尺的地籍图，并在图上进行面积量算而完成地籍测量的方法。③地籍控制测量：为开展地籍测量而布设大地控制网，进行平面控制测量和高程控制测量的过程。④地籍平面控制测量：在地籍测量区内，依据国家等级控制点选择若干控制点，逐级测算其平面位置的过程。⑤地籍高程控制测量：依据国家等级高程控制点，逐级测

注：地籍调查应将合法用地界址和违法用地界址分别查明，无法区分的应说明清楚。

合法用地批文 → 土地使用者申请或委托 ← 调处结果
处理补办手续
国土所或有资质的专业技术单位受理 → 寄送违约指界通知
违法占地权属争议 → 权属调查 → 界址争议
地籍勘丈
地籍调查审核合格
地籍调查表、宗地图、宗地界址坐标
并入土地登记申请资料

地籍调查流程图

算各级控制点高程的过程。⑥地籍细部测量：在地籍平面控制点的基础上，测定地籍要素及附属地物的位置，并按确定比例尺标绘在图纸上的测绘工作。⑦地籍图根控制测量：在利用大地控制网进行控制测量的基础上，为地籍测量及恢复权属界址点位置而进行的加密平面与高程控制点的测量工作。

diji celiang pingmian kongzhidian
地籍测量平面控制点　为地籍控制测量布设的基本控制点、图根控制点及辅助控制点。其中图根控制点是为满足界址点坐标测量及细部测量精度和密度要求而布设的控制点。辅助控制点是不埋石，在地籍图上不标示的界址控制点。

tudi xinxi
土地信息　通过调查或其他途径获得的并经过处理成为对科学管理有意义的有关土地的数据与资料。广义的土地信息可以泛指所有与土地相关的数据与资料，狭义的土地信息主要包含土地资源、土地权属、土地资产、土地市场、土地法规和土地监察的信息。随着信息技术在土地领域得到越来越广泛的应用，未来的土地利用和管理将在很大程度上取决于土地信息的获取、处理与应用程度。土地信息技术的标准化、系列化、实用化、网络化，也将为提高土地科学管理水平发挥重大作用。

tudi xinxi xitong
土地信息系统　地理信息系统（GIS）的一种特殊类型，属于专题性的地理信息系统，也就是针对土地资源信息而建立的一种专题信息系统。利用土壤、地貌、土地利用等要素的数据以及相关的经济社会要素数据，以土地调查、分类、评价、利用、规划等为目的设计的一种信息系统。主要包括数据的输入、存储、处理、分析和信息显示与输出等几个部分。数据输入是数据的采集、核实、编码与转换的全过程，这个过程需要建立一个土地资源数据库。数据的存储和处理是把表示位置、土地组成要素属性及网络关系的数据予以结构化与有序化，以便计算机分析处理和用户理解。数据分析是通过建立数学模型，根据用户的意图对数据进行综合、分解与匹配；信息显示与输出是将分析结果以图或表的形式提供给用户。

tudi guanli xinxi xitong
土地管理信息系统　采集、存储、管理、分析、输出和传递土地管理信息，以满足各种土地管理要求的计算机系统。是在计算机软、硬件的支持下，把土地管理的有关信息和参数，按照空间分布或地理坐标，以一定格式输入、存储、检索、显示、处理、分析应用和输出表示的技术系统，可以为综合分析评价土地数据，科学有效地管理土地资源提供现代化的手段。

tudi shujuku
土地数据库　土地资源信息系统的基本组成部分，是一定区域与土地资源有关的所有数据的集合。又称土地资源数据库。它在数据库管理系统下，按一定的数据模型和数据格式实现土地资源数据的计算机存储和管理。土地数据涉及各类土地组成要素，它们不仅包括属性数据，还包括大量的空间数据。空间数据可分为点、线、面三类，可用二维平面坐标地理经纬度或格网法表示。属性数据与空间数据之间具有不可分割的联系，但是两者存储方式差别大，需要在数据库中分别建库，通过软件联系。建立土地资源数据库的要求是：数据可集中管理，以保证不同用户共享；数据冗余度小，以减少存储空间；数据与应用程序相对独立；有效的数据保护，即能防止数据丢失、错误更新或越权使用。土地资源数据库的数据组织形式是，一个数据库由若干个文件组成，一个文件包括若干个相关联的记录，而一个记录又包括若干个相关联的数据项。土地资源数据库设计的核心问题之一是设计实用的数据模型。常用的数据模型有层次模型、网状模型和关系模型等。它能便捷地实现土地资源数据的编目、定位、存储、查询、检索、显示和维护等功能，为综合分析评价土地资源数据提供了现代化手段。

tudi shuju
土地数据　土地资源数据库的基础要素。土地数据可分成几种类型：①类型数据，如土地及其各组成要素的类型及其分布；②面域数据，如随机多边形的中心点及类型区界线；③网络数据，如道路交叉点、街道与街区；④样本数据，如气象台站和野外样点分布；⑤曲面数据，如高程点、等高线和等值区；⑥符号数据，如点状、线状和面状符号；⑦文本数据，如地名、河流名、类型区名称。上述土地数据有些为属性数据，如土地的分类、数量特征及名称等，但大部分为空间数据，即具有空间特征或称几何特征和定价特征的数据。由于属性数据与空间数据随时间的变化是相对独立的，因此在土地资源信息系统中要求将空间数据与非空间数据分开存储，并采用不同的软件进行处理。

矢量格式空间数据 shiliang geshi kongjian shuju 用一系列有序的空间坐标作为位置标识符表示点、线、面位置的空间数据。是地理信息系统中常用的一种数据结构。在土地资源信息系统中，它常用于描述线状要素，如河流、道路、等值线等。矢量数据结构通过多边形表示不同的土地空间单元，对多边形各条边的坐标进行数字化，精确确定多边形的形状，在每一多边形内表示出它们的土地属性值。由于矢量数据结构可精确地表示现象和实体的空间分布特征，所以显著提高了制图精度。

栅格格式空间数据 zhage geshi kongjian shuju 以栅格（网格）格式表示的空间数据。栅格数据结构是地理信息系统中常用的一种数据结构。在土地资源信息系统中，它常用于描述土地及其组成成分的面状要素。栅格数据结构是将研究区划分成一系列栅格，每一栅格是数据的采集点（或区），也是数据的存储、分析处理点（或区）。它们均赋有各自的坐标值（行和列），即栅格数据的每个元素可以用行和列加以标识。行和列的数目取决于栅格的分辨力（或大小）及实体的特征。一般而言，实体的特征愈复杂，要求栅格的尺寸愈小，这样分辨率愈高。由于每一栅格具有相同的大小和形状，因此采用栅格数据结构可以比较方便地进行各种空间分析与模拟，并易于将图件数据与遥感数据相结合。栅格数据的主要缺点是空间精度较低。

土地数据处理 tudi shuju chuli 以数字化方式获取的土地信息从数据到图形输出这两个阶段之间所要进行的各种数据加工的过程。包括数据输入、数据编码、数据存储、数据操作、数据运算、数据匹配、数据显示、数据压缩、数据检索、数据共享、数据转换、数据传输等方面。

多边形叠置分析 duobianxing diezhi fenxi 地理信息系统中进行空间数据分析的一种手段，它在土地资源信息系统中得到了广泛的应用。实质上是多种要素（面状要素）的空间合成。它通过叠置同一地区、同一比例尺的多种图件，综合分析和评价所有被叠置要素之间的相互作用和联系。或者通过叠置不同时期同一要素的图件，进行多时相的综合分析，探讨动态变化特征。这类叠置分析借助计算机自动进行，其结果以图形输出或存储。多边形叠置采用两两叠置的方法，即每次叠置只能在两幅图之间进行。两幅图叠置后，将所得叠置与第三幅原图叠置，直到叠置最后一幅原图。在完成所有原图叠置以后，可以根据已经确定的分析或评价方案运用一定的数学模型进行信息的综合分析，如统计计算、相关分析、多元回归分析、聚类分析、线性组合等。

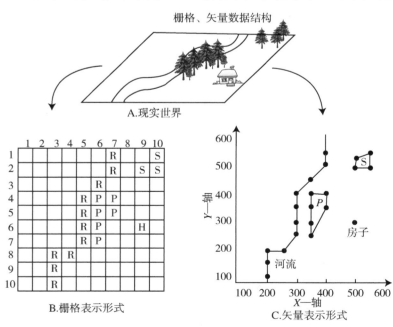

矢量、栅格表示形式

tudi jichu shujuku

土地基础数据库 存储服务于土地信息系统的各个应用方面的基本土地信息的数据库。基本土地信息一般指土地的数量、质量、权属等数据。土地基础数据库主要包括土地利用数据库、城镇地籍数据库、土地利用规划数据库、地价数据库、政策法规数据库和收费数据库等。土地利用数据库主要为1∶1万比例尺，属于国土资源信息网络中最基本的、可共享的土地基础数据库之一，可作为土地利用规划、农村地籍管理、基本农田保护区管理、建设项目用地管理和土地利用动态监测等土地管理工作的基础数据，也可为基于土地资源管理的宏观经济预测分析和决策提供技术和数据支撑。

tudi shuxing shujuku

土地属性数据库 存储和处理用来描述土地空间数据的专题或专项特征的属性数据的数据库。属性数据是那些可以分为由某个非数字型特征区分的不同类别的数据，是与空间数据相对应的描述性数据，包括数字、文本、日期等。土地属性数据库常用于描述土地数量和质量的基本情况，如土地的分类、名称、面积大小和质量等级。

tudi kongjian shujuku

土地空间数据库 存储和处理可以在通用空间坐标系统中被索引到的空间数据的土地信息数据库。主要是反映土地资源空间分布的空间数据，包括图形图像数据、空间关系数据等。如地理位置、坐标、地籍图、土地利用图、土地类型图等各类图形信息。

tudi shujuku guanli xitong

土地数据库管理系统 一组管理土地数据的软件系统。通常包括数据描述语言、数据操作语言和数据管理例行程序。数据描述语言用于定义数据库全局逻辑数据结构、用户逻辑数据结构和物理逻辑数据结构。数据操作语言是向用户提供存储、检索、修改、删除数据的工具。数据管理例行程序包括系统运行控制程序、语言翻译处理程序和公用程序。数据库管理系统一般对数据采用加密处理和存取控制，保护数据安全。加密处理包括文件加密和数据库加密。文件加密是将文件中的数据在文件密钥的控制下，使用某种加密算法，也可用软件加密来实现。数据库加密是在操作系统和数据库管理系统支持下，对数据库的文件或记录进行加密保护。

tudi jiance

土地监测 定期或不定期对土地的各种属性进行连续调查，以获取其动态变化信息的土地调查。又称土地动态监测、土地变化动态监测。实际工作中，一般按照一定的时间序列对土地面积、质量、分布的变化进行调查，及时掌握土地的利用变化状况。监测的方法有连续普查和抽样调查两种。连续普查是通过两次或多次的土地利用状况比较，了解监测区域的土地利用变化，达到监测的目的。抽样调查一般按概率论原理统计推算出各类土地利用变化情况，具有速度快、费用低等优点，但不能定位和制图。

tudi feili jiance

土地肥力监测 观测土地肥力因子动态变化的过程。土地的水、肥、气、热等肥力因子，随着气候、水文等自然环境条件的变化以及农业生产活动的影响，不断地产生变化，有些变化对植物生长发育有利，有些变化则不利。掌握土地肥力因子的动态变化，及时预测和调控，可使土地肥力的发展与作物的需求经常处于协调状态，以取得作物高产稳产的效果。

tudi fenji

土地分级 基于特定目的，按一定的标准，通过自下而上地归并或自上而下地细分，将土地划分为一系列分层次的、复杂程度有差异的土地单元的过程。这是由于陆地表层是由不同等级的土地单位镶嵌组成的复杂综合体。要揭示这种多级镶嵌系统的内在规律，需要自下而上，即从低级土地单位到高级土地单位逐级研究其特点和组合关系。土地分级的任务，就是在对土地组成要素进行综合分析的基础上，自下而上合并或自上而下划分出一些等级有高低、复杂程度有差异的土地单位，它们构成一个土地等级系统。在这种等级系统中，分级单位的等级愈高，彼此之间的相似性愈小；反之分级单位的等级愈低，彼此之间的相似性愈大。土地分级是土地分类的前提，因为土地分类需要逐级进行，而不能跨越不同的级别。同时，土地分级也是土地类型制图的基础，因为受比例尺和地图负荷量的限制，某一比例尺的土地类型图仅适合表示某一等级的土地单位，将其作为该土地类型图的基础制图单位。

tudi leixing fenji
土地类型分级　在一定区域范围内，根据各个土地单元土地要素属性和组合的相似性或差异性，通过自下而上归并或自上而下细分而形成一系列分层级的、复杂程度有差异的土地类型的过程。土地类型分级是以土地要素属性的宏观控制影响逐级减退而区域因素影响逐级加强形成的层级体系，即所谓土地类型分级系统。以气候要素为主体的宏观分析多用于划分土地类型分级的高级单元，而以地形要素为主导的微观分析多用于划分土地类型分级的中、低单元。

tudi leixing quyu fenji
土地类型区域分级　在土地类型分级过程中逐级归并出的高级单元，这些单元具有更多的区域性质而不是类型性质。可归于区域性质的分级单元主要有：①土地纲（或土地地带、土地带），是按大气候、水热条件组合特征差异划分的最大尺度的土地区域分级单元；②土地亚纲（土地大区），是一个土地带内按一级地貌单元划分的土地区域分级单元；③土地省（土地类），一个土地大区内按二级地貌单元划分的土地区域分级单元；④土地区（即土地亚省），一个土地省内由地貌上有发生学联系的或同一地貌单元中不同岩性形成的几个土地类构成的土地区域分级单元。

tudi fenji xitong
土地分级系统　在土地类型分级过程中逐级归并或细分所形成的类型序列。它是土地分级的产物。土地分级尚未统一。各国学者提出过几十种土地分级系统，在级别数目和名称上不完全一致。但基本的级别一般包括以下三级：①土地系统；②土地单元或土地面；③土地点或土地素。苏联学者采用的地方、限区和相三级系统在含义上与上述系统大体相似。

tudi xitong
土地系统　在狭义上指具有相对一致的地表气候、

密切联系并重复出现的地形—土壤组合及植被格局的土地类型分级单元。是一组土地单元有规律重复出现的地段，具有地貌、植被和土壤的特定组合型，即具有一定的土地单元结构。其内部可实行同样的土地利用组合。土地系统是一个地区土地调查的对象和制图单元，制图比例尺一般为1∶10万到1∶100万，可为土地勘查和土地规划服务，也可为土地单元抽样调查提供抽样框架。土地系统的优化配置强调综合运用各学科和技术领域中所获得的成就和多种优化配置技术，通过各种技术的综合运用，取得各种单一技术无法实现的效益。土地系统是英、澳学派土地类型分级系统中的高级土地单位，被定义为土地单元的集合，这些土地单元在地理上和地形上有相互联系，在这个土地系统中地形、土壤、植被重复出现。由于土地系统内部的复杂程度往往不同，澳大利亚和英国学者又提出必须区分三种土地系统：①简单土地系统。②复杂土地系统。包括两个或以上的简单土地系统，它们在地貌上有发生学的联系。例如，原先为简单土地系统的一个上升平原，经切割后形成的河谷成为新的土地系统，两者即构成一个复杂的土地系统。③复合土地系统。也包括两个或以上的简单土地系统，但它们缺乏地貌上的发生学联系。例如，在一个沉积岩地形区内出现火山岩地形区，两者往往构成一个复合土地系统。广义理解的土地系统参见第20页土地系统。

tudi danyuan
土地单元　狭义的土地单元指英、澳学派在土地分级系统中提出的中级土地单位。又称土地面。是一组相互联系的土地，它们在土地系统内与某一特定的地形有关。在该土地单元出现的地方总有相同的土地点的组合，其复杂程度部分决定于作为被研究单元的地形的复杂性，部分则决定于反映土壤或植被变化的发生因素，但不是地形本身的变化。他们还指出：一个土地单元是一组相关的土地点，这一组土地点在主要的内部特征上对土地利用来说是相似的。也就是从实际应用目的来说，在它分布的地方在地形、植被和土壤上是一致的。广义理解的土地单元参见第22页土地单元。

tudimian
土地面　参见第194页土地单元。

tudilian

土地链　组成土地系统的土地单元从谷底到谷顶再到谷底沿地形剖面的重复分布图式。土地分类中的土地链源于土壤分类中的土链，并与土壤分类中的土链相似。土链指一组土壤在以基本的发生和形态差异为依据的自然分类系统中彼此分离很远，但它们的出现由于地形状况而联系起来，并且在任何地方只要遇到相同的状况，就会依同样的相互关系而重复。土地链同样随地形或母质依次更替，在横断面上的空间排列呈链条状，在平面上表现为土地单元组合。这种空间组合形式在条件相同情况下可重复出现。

tudidian

土地点　英、澳学派土地分级系统中的低级土地单位。又称土地素。它是在土地组成要素的性质和土地利用特点上非常一致的土地区域。因其面积较小，不适宜作为中、小比例尺土地综合调查制图的对象，而必须用大于1：1万的比例尺加以表示。若干个土地点构成一个土地单元。

tudisu

土地素　参见第195页土地点。

difang

地方　苏联景观学派在土地分级系统中提出的高级土地单位。每一个地方均由若干个限区有规律地组合而成。即每一个地方均有自己的一组限区，这些限区构成一个复区，相当于特别复杂的初级地貌形态，在其范围内无统一的物质迁移方向。例如由沙丘和丘间凹地两种限区组合分布而形成的一个沙丘带。

xiang

相　苏联景观学派在土地分级系统中提出的低级土地单位，也是最小的景观形态单位。一个相在地貌上相当于一个地貌面，具有相同的处境（指地形部位、相对高度、坡度和坡向等），同一基质（岩性），同一小气候和水分状况，同一植被群丛和同一土壤变种，在生产利用上可采用几乎相同的措施。符合上述条件的丘顶、丘坡、丘麓等均可作为相的实例。

xianqu

限区　苏联景观学派在土地分级系统中提出的中级土地单位。限区是相的有规律结合体，即因水的运动、固体物质的搬运和化学元素的迁移具有共同方向而联结起来的不同相的有规律的结合。例如，丘陵限区由丘顶相、丘坡相、坡麓相结合而成，冲沟限区由沟坡相和沟底相组成，阶地限区由阶坡相和阶面相组成。每一个限区在利用改造时都需要有一套相应的措施，这些措施应考虑到组成该限区的各个相的关系。以冲沟限区为例，沟底相要防止不断下切，必须采取修建谷坊等措施；沟坡相要采用生物和工程措施防止侵蚀；沟底相与沟坡相必须作为整体考虑。

tudilei

土地类　中国学者在土地分级系统中提出的高级土地单位。是一个土地区内，具有相对一致的地表气候、地形上密切联系并重复出现的地形—土壤组合和植被格局的土地类型分级单元。大致与英国、澳大利亚的土地系统相当。

tudixing

土地型　中国学者在土地分级系统中提出的中级土地单位。是一个土地系统内，在相同的地方气候下，受地貌单元制约，由一组有发生学联系的立地集合而成的土地类型分级单元。大致与土地面和土地限区相当。

lidi

立地　中国学者在土地分级系统中提出的低级土地单位。是一个土地型内，对于实际利用目的来说，其小气候、微地形、土种和植被特性基本一致的土地单元；亦即层次最低的土地类型分级单元。大致与相、土地素和生境相当。

tudi fenlei

土地分类　基于特定目的，按一定的标准，对土地进行不同详细程度的概括、归并或细分，区分出性质不同、各具特点的类型的过程。包括土地类型分类、土地覆被分类、土地利用分类、土地适宜性或土地潜力分类、土地规划用途分类、土地权属分类等。广义的土地分类包括土地分级。进行土地分类，可使人类更好地认识和掌握土地的特征，也便于进行土地评价及土地规划与管理。

tudi leixing fenlei

土地类型分类 在一定区域范围内，按各个土地单元和土地要素属性及组合的相似性或差异性，在同一层级和不同层级作不同程度地细分或归并而形成性质不同、各具特点的土地类型的过程。土地类型的分类既不同于生物体分类，也不同于土壤的系统分类。土地类型的分类单位是从区域土地个体单位所具有的相似属性中归纳出来的，具有抽象性和概括性。单位级别愈低，分类标志的共同性或相似性则愈多，级别愈高则共同性愈少。土地类型分类主要根据综合分析、主导因素和生产实用等原则。中国自然条件复杂，土地类型千差万别，首先按水热条件（≥10℃期间的有效积温和干燥度）的组合类型划分出土地纲，纲以下按大（中）地貌类型（山区以垂直地带为主要指标）划分出土地类，类以下按植被亚型或群系组、土壤亚类划分土地型。土地纲是研究土地形成、特性、结构、分类的基础，土地型是制图的基本单元。

canshufa tudi fenlei

参数法土地分类 建立在海拔高度、相对高度、坡度、水文网度等分类指标的数量化或等级化基础上的一种土地分类方法。其具体方法是，首先选定分类标志，然后对每一分类标志划分以数量指标表示的等级，最后再加以综合而构成不同土地分类单位。在对分类标志划分以数量指标表示的等级时，对于那些本身就用数量表示的标志（如海拔高度、相对高度）直接给出数量指标，而对于那些难以定量表示的标志（如水系形式等）则给出其等级的数字代码。参数法土地分类的优点是便于作数量比较，适于计算机处理；缺点是如果指标值的划分不适当，分类结果必然会受到影响。

tudi fubei fenlei

土地覆被分类 根据一定的目的，按照拟定的分类标准，对土地覆被进行分类的过程。初期主要应用遥感数据采用自上而下的土地覆被等级分类系统，即在分类前预先划定若干等级的土地覆被类型和亚类型，然后将图像像元划入某一类型，

这种预先制定的分类系统往往针对某种应用需要而制定，因此很难将其转换成适应不同应用目的的要求。改进后的土地覆被分类系统依据地表覆被的动态过程，将图像像元划分为不同的土地覆被单元（季节性土地覆被单元），每一个单元内部的像元具有相似的物候生长期，这一新的土地覆被分类原则在美国及全球1000米土地覆被数据库的研制中得以应用，并已建成全球范围的一个经纬度间距的土地覆被类型图。此外，从土地覆被的遥感分类方法看，近年来出现了不少新方法，主要包括人工智能神经元网络分类、分类树方法、多元数据的专家系统和计算机识别法等。

tudi shengtai fenlei

土地生态分类 从生态学角度对土地的划分。其含义是把各种不同的土地视为具有一定结构、执行特定功能的土地生态系统。这种生态系统主要是指地球表层一定地段以生物和人类为主的自然和人文多种要素组合而成的复杂有机组合体，它不同于一般的生物生态系统。生态土地分类始于生物与非生物土地分类，是一种土地综合调查方法。1977年加拿大开始采用土地生态分类这一名词。其含义是，对每一个地域按其生态一致性所进行的分类与制图，其过程包括对有关土地的生物与非生物特征的描述、比较和综合。加拿大土地生态分类采用六级土地分级系统，其名称和适宜的制图比例尺自上而下依次为：生态省1:500万；生态区1:300万～1:100万；生态县1:50万～1:12.5万；生态组1:12.5万～1:5万；生态点1:5万～1:1万；生态素1:1万～1:2500。其中，前三级属区域划分，后三级才是真正的土地分级单位。

tudi guihua yongtu fenlei

土地规划用途分类 中国根据土地利用总体规划编制和实施管理的需要，在现行土地利用现状调查的基础上，将有关地类进行归并或调整所形成的土地规划用途类别。土地规划用途分类采用三级分类体系：一级类3个，二级类10个，三级类26个。在现有分类体系基础上，可根据需要进一步细分。

土地规划用途分类及含义

一级	二级	三级	含义
农用地			指直接用于农业生产的土地，包括耕地、园地、林地、牧草地及其他农用地
	耕地		指种植农作物的土地，包括熟地、新开发复垦整理地、休闲地、轮歇地、草田轮作地；以种植农作物为主，间有零星果树、桑树或其他树木的土地；平均每年能保证收获一季的已垦滩地和海涂。耕地中还包括南方宽<1.0米，北方宽<2.0米的沟、渠、路和田埂
		水田	指用于种植水稻、莲藕等水生农作物的耕地，包括实行水生、旱生农作物轮种的耕地
		水浇地	指有水源保证和灌溉设施，在一般年景能正常灌溉，种植旱生农作物的耕地，包括种植蔬菜等的非工厂化的大棚用地
		旱地	指无灌溉设施，主要靠天然降水种植旱生农作物的耕地，包括没有灌溉设施，仅靠引洪淤灌的耕地
	园地		指种植以采集果、叶、根、茎等为主的集约经营的多年生木本和草本作物（含其苗圃），覆盖度大于50%或每亩有收益的株数达到合理株数70%的土地
	林地		指生长乔木、竹类、灌木、沿海红树林的土地，不包括居民点内绿化用地，以及铁路、公路、河流、沟渠的护路、护岸林
	牧草地		指生长草本植物为主，用于畜牧业的土地
	其他农用地		指上述耕地、园地、林地、牧草地以外的农用地
		设施农用地	指直接用于经营性养殖的畜禽舍、工厂化作物栽培或水产养殖的生产设施用地及其相应附属用地，农村宅基地以外的晾晒场等农业设施用地
		农村道路	指公路用地以外的南方宽度≥1.0米、北方宽度≥2.0米的村间、田间道路（含机耕道）
		坑塘水面	指人工开挖或天然形成的蓄水量<10万立方米的坑塘常水位岸线所围成的水面
		农田水利用地	指农民、农民集体或其他农业企业等自建或联建的农田排灌沟渠及其相应附属设施用地
		田坎	主要指耕地中南方宽度≥1.0米、北方宽度≥2.0米的地坎
建设用地			指建造建筑物、构筑物的土地，包括居民点用地、独立工矿用地、特殊用地、风景旅游用地、交通用地、水利设施用地等
	城乡建设用地		指城镇、农村区域已建造建筑物、构筑物的土地，包括城市、建制镇、农村居民点、采矿用地等
		城市用地	指城市居民点，以及与城市连片的和区政府、县级市政府所在地镇级辖区内的商服、住宅、工业、仓储、机关、学校等单位用地
		建制镇用地	指建制镇居民点，以及辖区内的商服、住宅、工业、仓储、学校等企事业单位用地
		农村居民点用地	指农村居民点，以及所属的商服、住宅、工矿、工业、仓储、学校等用地
		采矿用地	指独立于居民点之外的采矿、采石、采砂（沙）场，砖瓦窑等地面生产用地及尾矿堆放地（不含盐田）
		其他独立建设用地	指采矿地以外，对气候、环境、建设有特殊要求及其他不宜在居民点内配置的各类建筑用地

一级	二级	三级	含义
	交通水利用地		指城乡居民点之外的交通运输用地和水利设施用地。其中，交通运输用地是指用于运输通行的地面线路、场站等用地，包括公路、铁路、民用机场、港口、码头、管道运输及其附属设施用地；水利设施用地是指用于水库、水工建筑的土地
		铁路用地	指用于铁道线路、轻轨、场站的用地，包括设计内的路堤、路堑、道沟、桥梁、林木等用地
		公路用地	指用于国道、省道、县道和乡道的用地。包括设计内的路堤、路堑、道沟、桥梁、汽车停靠站、林木及直接为其服务的附属用地
		民用机场用地	指用于民用机场的用地
		港口码头用地	指用于人工修建的客运、货运、捕捞及工作船舶停靠的场所及其附属建筑物的用地，不包括常水位以下部分
		管道运输用地	指用于运输煤炭、石油、天然气等管道及其相应附属设施的地上部分用地
		水库水面	指人工拦截汇集而成的总库容≥10万立方米的水库正常蓄水位岸线所围成的水面
		水工建筑用地	指除农田水利用地以外的人工修建的沟渠（包括渠槽、渠堤、护堤林）、闸、坝、堤路林、水电站、扬水站等常水位岸线以上的水工建筑用地
	其他建设用地		指城乡建设用地范围之外的风景名胜设施用地、特殊用地、盐田
		风景名胜设施用地	指城乡建设用地范围之外的风景名胜（包括名胜古迹、旅游景点、革命遗址等）景点及管理机构的建筑用地
		特殊用地	指城乡建设用地范围之外的用于军事设施、涉外、宗教、监教、殡葬等的土地
		盐田	指以经营盐田为目的，包括盐场及附属设施用地
其他土地			指农用地和建设用地以外的土地
	水域	河流水面	指天然形成或人工开挖河流常水位岸线之间的水面，不包括被堤坝拦截后形成的水库水面
		湖泊水面	指天然形成的集水区常水位岸线所围成的水面
		滩涂	指沿海大潮高潮位与低潮位之间的潮浸地带，河流、湖泊常水位至洪水位间的滩地；时令湖、河洪水位以下的滩地；水库、坑塘的正常蓄水位与最大洪水位间滩地；生长芦苇的土地
	自然保留地		指水域以外，规划期内不利用、保留原有性状的土地，包括冰川及永久积雪、沼泽地、荒草地、盐碱地、沙地、裸地、高原荒漠、苔原等

tudi liyong fenlei

土地利用分类 按利用方式对土地进行的类型划分。即区分土地利用空间地域组成单元的过程。这种空间地域单元是土地利用的地域组合单位，表现人类对土地利用、改造的方式和成果，反映土地的利用形式和用途（功能）。从土地利用现状出发，根据土地利用方式和结构特征、土地利用的地区差异性、生产上的实用性、一定层次的系统性，可以把一个国家或地区的土地利用状况划分为若干不同的土地利用类别。联合国粮农组织（FAO）制定的《土地评价纲要》指出，土地利用分类除了考虑土地利用的目的性外，还应注意以下因素：①土地所有制；②土地利用性质；③经营方针；④资金和劳动力集约程度；⑤生产力和技术状况；⑥基础设施的状况；⑦能源状况；⑧地块大小和形状等。

在《土地评价纲要》中把土地利用现状分为：①耕地和多年生作物土地；②永久草地和天然牧场；③森林和林地；④其他土地。国际上多数国家土地利用分类采用二级分类系统，如美国、英国。中国的《土地利用现状分类》国家标准也是采用一级、二级两个层次的分类体系，共分12个一级类，56个二级类。

tudi leixing
土地类型 根据土地要素的特性及其组合形式的不同而划分的一系列各具特点、相互区别的土地单元。在陆地表面，由于土地组成要素的性质及其组合形式的不同，形成了一系列相互区别、各具特色的土地单元。按其相似性与差异性，对自然界这种千差万别的土地单元进行分门别类，便获得各种不同的土地类型。土地类型的命名方法尚不统一，大致有以下三种做法：①植被、土壤、地貌的三联名，如灌丛棕壤中山地；或植被（或土壤）、地貌两联名，如红壤坡地。这种命名法比较直观，可直接反映土地的特征，但名称冗长，不便于非专业人员应用。②群众习用名，如黄土高原的川、塬、梁、峁等。这种命名简练、形象、生动，便于群众应用，缺点是同一名称在不同地区可能指不同土地类型，同一类土地在不同地区又可能有不同名称。③地名命名，西方国家在对土地系统进行命名时大多采用这种方法。如澳大利亚有一种土地系统在纳珀比这个地方最为典型，于是即定名为"纳珀比土地系统"。

根据"中国1：100万土地资源图"分类系统，中国约有2 700个基本分类单位。土地类型的分布既受自然地带规律（包括水平地带和垂直地带性）支配，又受地质、地形条件和人类生产活动的"非地带性"规律的影响，往往表现为二者相结合，形成严格的区域性。

tudi leixing jiexian
土地类型界线 区分土地单位的线或带。一般处在土地要素特征变化最明显的部位。不同土地类型在空间分布上一般呈现出过渡和模糊的特点，较少出现突然跃迁的现象，所以两个土地类型之间的界线常常是逐渐变化的过渡带。土地组成要素中地质、地貌的界线通常比较明显，易于确定；土壤和植被的界线虽然变化多，但在野外能够实地观测判断。另一类如气候、水文等要素的界线在野外无法直接观测，这类界线带有很强的概括性。土地类型界线具有综合特征，必须详细研究组成要素分布的相互关系，划分才能符合实际。

tudi leixing jiegou
土地类型结构 参见第22页土地结构。

tudi leixing jiegou fenlei
土地类型结构分类 根据土地结构形成及构型的特点，按一定标准对土地结构进行分类的过程。一般根据空间结构和数量结构两方面的相似性和差异性划分出类别。通常按一个区域内各种土地类型彼此组合而成的一定格局或图式，如空间结构、带状结构、环状结构、扇形结构、同心圆状结构、树枝状结构等，这些结构包含哪几种土地类型组合、各占多少面积等在不同尺度上对比各种类型的组合方式及其所占的比重，表述不同层次的划分结果。

tudi leixing fenbu
土地类型分布 土地类型随地理位置、地形高度变化而呈现有规律更替的分布现象。中国的土地类型的分布与生物气候地带性条件相吻合，表现为水平分布规律和垂直分布规律，以及青藏高原水平和垂直复合分布规律；在地带性分布规律的基础上，由于地形、母质、水文地质状况以及人类开发利用的影响，使土地分布发生相应的变异，形成一系列的中域或微域土地分布。土地的中域或微域分布对因地制宜开展土地利用规划、合理开发保护土地资源具有更直接的意义。

tudi leixing yanti
土地类型演替 在一定时段内一种土地类型向另一种土地类型转化的过程。例如，流动沙丘地转化为半固定沙丘地，半固定沙丘地转化为固定沙丘地。土地类型演替的原因有自然原因，如新构造运动、滑坡、崩塌、侵蚀等；也有人为原因，如砍伐植被、不合理开垦以及由此引起的水土流失、土层变薄和沙漠化等。从演替过程来说，既有节律性演替，又有非节律性演替。从演替方向而言，既有正向演替，指人类在顺应自然规律和合理开发利用土地的情况下，土地类型向维持生态平衡方向发展的一种良性演化；也有逆向演替，指人类不合理开发利用土地，造成土地类型向破坏生态平衡方向发展的一种退化性演化。研究土地类型演替，就是要阐明土地类型演化的规律及其原因，在不违背自然规律的前提下施加人工影响，排除和防止土地类型的退化性演替，促进其进化性演替。

tudi leixing tu
土地类型图 反映土地这一地表自然综合体的各种不同类型的地理分布及其特征的地图。其作用在于通过地图的形式揭示某一区域土地类型的形成、特性、结构和土地的分异规律，全面、系统地总结该区土地类型研究的成果，为土地评价、土地规划与管理等提供基础资料和科学依据。要编绘好土地类型图，首先，必须拟定具有科学性、系统性、完整性并适于制图表示的土地类型的分类系统和图例系统。其次，土地类型图要能反映制图区域土地类型的结构规律性，即要能反映不同地区土地类型结构的差异性。此外，土地类型图要与土地组成要素图件以及土地利用图等在内容上相协调。

Zhongguo 1:100 wan tudi leixing tu

中国1:100万土地类型图 中国科学院地理研究所主持编制的小比例尺专题地图。根据综合性原则、主导因素原则和生产实用性原则进行土地类型划分。分类系统包括土地纲、土地类和土地型。土地纲为水热条件基本一致的自然地区或自然地带，实质上是自然区划的分类单位，但又是土地类型划分的出发点，故作为本分类系统中的"零"级单位。中国共划分出12个土地纲，分别用英文大写字母表示。土地类为第一级土地类型，相当于英澳学派的"土地系统"或苏联景观学派的"地方"，根据引起土地类型分异的大地貌类型及其相应的土壤、植被类型划分，在土地纲英文字母的右下角用阿拉伯数字标出。土地型为第二级土地类型，为上图的基本单元，相当于英澳学派的"土地单元"或苏联景观学派的"限区"，具有相同的中地貌、土壤亚类和植被群系，在山地垂直带中则相当于同一的土类（亚类）和植物型（亚型），在土地纲英文字母的右上角用阿拉伯字母表示。此项制图工作尚未完成全国性的图件。

tudi fubei leixing

土地覆被类型 可以识别和定义的土地覆被类别。其分类系统侧重考虑地表覆盖物的不同性质与特点。例如，可将土地分为耕地、林地、草地、建成区等。在耕地内部，可依不同作物品种作进一步划分；在林地内部，可划分出阔叶林、针叶林、针阔混交林等；在草地内部，可进一步划分出草地、灌木草地、疏林草地等；在建成区内部，可进一步划分出房屋、绿地、空地及水体等。20世纪70年代开始，随着遥感数据的广泛应用以及计算机技术的快速发展，以土地覆被为主的分类系统迅速发展起

来，它侧重于土地覆被类型的差异，主要用于土地利用与土地覆被变化研究。迄今为止，尽管各国学者已从不同角度构建了众多的分类系统，但各分类系统往往只针对特定的研究目的、研究尺度，没有统一的标准。各分类系统间很难进行严格的比较和转换，使得不同分类系统的土地覆被数据汇总、分析与共享还存在困难。

tudi shengtai leixing

土地生态类型 具有相同或相近的组成、结构和特定生态功能的土地生态系统类别。又称土地生态系统类型。土地生态系统的生物群落主要是绿色植物（生产者）、异养生物（消费者）及各类微生物（分解者）等。由于主体绿色植物群落的不同而分别有农田生态系统、林地生态系统、草地生态系统、荒漠生态系统、水域湿地生态系统和城镇生态系统等不同类型。所以土地生态类型和土地利用与土地覆被类型的划分基本一致。

tudi liyong leixing

土地利用类型 按土地用途划分的土地类别。土地利用类型是土地利用方式相同的土地单元，是人类在改造利用土地进行生产和建设的过程中所形成的各种具有不同利用方向和特点的类别。它不同于土地类型，是人类对土地开发利用以后，表现在生产利用上的不同特点，反映了土地的经济社会状态。土地利用类型在空间分布上可以不连片而重复出现，但同一类型必须具有相似的特点。土地利用类型不是土地用途分类中的一个明确的级别，但它综合说明一定的自然、经济社会条件下形成的土地利用方式。

tudi liyong leixing zhuanhuan

土地利用类型转换 土地利用类型之间的转移变化。土地利用类型转换发生的驱动因素分为直接因素和间接因素。直接因素包括对土地产品的需求、对土地的投入、城市化程度、土地利用的集约化程度、土地权属、土地利用政策以及对土地资源保护的态度。间接因素包括人口变化、技术发展、经济增长、政治与经济政策、富裕程度和价值取向6个方面，它们通过直接因素作用于土地利用类型。

tudi liyong diyu leixing

土地利用地域类型 在一定的历史发展过程中，一

定的生产力水平和土地利用条件下形成的、在地域上表现为有规律分布的具有类似的土地利用方向、特点的地域单位组合。它们在一定的自然、经济、社会条件和发展阶段中，形成了各具特点的土地利用方式和产业经营方式。分析土地利用地域类型对于土地利用实践具有重要的意义。通过划分地域类型可以直观地了解一个地区土地利用的生产特点和分布特征，使各类土地利用能够因地制宜，明确方向，减少或避免盲目性；并通过了解地域类型的内部结构使各生产经营部门之间加强联系，相互促进，充分发挥土地利用潜力。

tudi fenlei xitong
土地分类系统　通过从低级到高级归纳的土地类型序列。与土地分级系统不同，土地分类系统的高级单位是从低级单位的属性中归纳出来的。这种归纳不要求地域上相邻，不是区域合并，而是同类的概括。土地分类系统由低级归纳成高级的根据是土地特征的相似性，不同的相似程度归纳为不同等级，等级越高，对属性的概括越简略。土地分类系统不是一个单列系统，而是有几个分级单位就有几列分类系统，而且是各自独立的分类系统。

nongyongdi
农用地　中国《土地管理法》使用的三大地类（农用地、建设用地、未利用地）之一，是《土地规划用途分类》的一级类。在《土地利用现状分类》国家标准中，取消了这一土地利用类别。由于《土地利用现状分类》国家标准是推荐性标准，所以农用地的类别仍然在广泛使用。通常指直接用于农业生产的土地。包括耕地、园地、林地、牧草地、其他农用地（包括畜禽饲养地、设施农业用地、农村道路、坑塘水面、养殖水面、农田水利用地、田坎、晒谷场等）。

jiben nongtian
基本农田　按照一定时期人口和经济社会发展对农产品的需求，依据土地利用总体规划确定的不得占用的耕地。这是1998年国务院颁布的《基本农田保护条例》对基本农田的定义。它是从国家粮食安全的战略高度出发，为满足一定时期人口和经济社会发展对农产品的需求而必须确保的耕地最低需求量。基本农田的内涵包括三个方面：①强调基本农田与一般农田的内在肥力差异，即土地对作物的适宜性和自然生产力的高低；②明确基本农田与一般农田所处的地段不同，即农田立地条件的优劣；③基本农田是一定时期内人地关系平衡的一种表达，具有时段性。基本农田是耕地中的精华，加强基本农田保护，即对优质耕地实行特殊保护，对保障国家粮食安全具有积极作用。2001年，中国各地

浙江嘉兴农田

基本草牧场

调整划定基本农田工作基本完成，全国共划定基本农田16.32亿亩。2004年，按照国务院部署，国土资源部和农业部联合组织开展了全国基本农田保护检查工作，基本摸清了基本农田的底数及变化情况。检查后统计结果表明，中国在册基本农田面积为15.89亿亩。

jibencaomuchang

基本草牧场　按照一定时期人口和国民经济对畜产品的需求，依据土地利用总体规划确定的不得占用的牧场和草场。在中国，基本草牧场保护以稳定面积、提高质量和改善生态为目标，贯彻全面规划、加强保护、严格管理、重点建设、合理利用的方针。基本草牧场根据资源条件和基础建设情况划分为两个等级：①人工半人工草场、围封草场、天然打草场、饲草料基地、牧草种子生产基地、畜牧业科研教学与试验示范基地以及生产条件好、优质高产和对保护生态有重要作用的天然草原，划为一级基本草牧场；②其他作为常年放牧地使用的天然草原划为二级基本草牧场。

jianshe yongdi

建设用地　中国《土地管理法》使用的三大地类（农用地、建设用地、未利用地）之一，是《土地规划用途分类》的一级类。在《土地利用现状分类》国家标准中，取消了这一土地利用类别。由于《土地利用现状分类》国家标准是推荐性标准，所以建设用地的类别仍然在广泛使用。通常指用于建造建筑物、构筑物的土地，含采矿地和废弃物堆积场所。建设用地包括城乡住宅和公共设施用地、工矿用地、交通水利设施用地、旅游用地、军事设施用地、其他建设用地等。建设用地是城乡居民的基本生活空间和生产基地，合理开发、集约利用建设用地，对于保障经济社会活动的顺利开展，提高城乡人民生活质量，改善城乡环境，加速中国城镇化进程和新农村建设，支持国民经济的可持续发展，具有重要意义。

城乡住宅和公共设施用地　可以细分为城乡居民的住宅、公共建筑、道路、给排水、电力、电讯、防洪、供热等公共设施用地。

工矿用地　可以细分为工业用地和矿业用地，包括工业厂房、各种仓库、动力设施、各种堆场、道路、矿山操作场地及配套设施等。

　　交通水利设施用地　可以细分为机场、铁路、公路、港口、航道、水电站、水库及人工河道等。

　　旅游用地　可以细分为风景名胜区、游乐场等专门供游览参观的设施用地。

　　军事设施用地　可以细分为军事训练、军事指挥、防务设施、营房、武器装备仓库等用地。

　　其他建设用地　泛指未包含在上述范围内的建设用地。

　　建设用地用途可划分为非农业建设用地和农业建设用地。非农业建设用地是指一切用于非农业用途的建设用地，包括城镇用地、工矿用地、村庄用地、交通用地、乡镇企业用地、农村作坊用地、养殖场用地、采矿区用地、垃圾堆场用地、旅游用地、军事设施用地等。农业建设用地是指直接用于农业生产的设施用地，如设施农业用地、农田水利用地、农村道路用地等。

nongcun jianshe yongdi
农村建设用地　按照中国土地管理制度，土地权属分为国有土地和农村集体土地两类。农村集体建设用地是指农民从事第二、三产业及其居住生活的空间承载地，包括农村居住用地、农村公共服务及基础设施用地、村办及乡镇企业用地等。总体上看，中国土地要素市场还不完善，城乡之间发展不平衡、不统一，特别是集体建设用地基本被排斥在土地市场之外。逐步建立城乡统一的建设用地市场将是农村集体建设用地使用制度改革的重大政策导向。推动农村集体建设用地在符合规划的前提下进入市场，与国有建设用地享有平等权益，有利于形成反映市场供求关系的土地价格，建立与城镇地价体系相衔接的集体建设用地地价体系，促进土地在竞争性使用中实现更合理的配置。

guihua jianshe yongdi
规划建设用地　规划建造建筑物、构筑物的土地，包括规划城乡住宅和公共设施用地、工矿用地、交通水利设施用地、旅游用地、军事设施用地等。规划建设用地要坚持保护耕地和节约集约用地原则，鼓励和引导优先开发利用空闲、废弃、闲置和低效利用土地，执行相关用地标准，促进提高建设用地利用效率；提倡建造村民公寓式住宅；配置建设用地必须符合土地利用总体规划和城乡规划；严格按照规定的供地方式提供土地。用地单位（含农村集体经济组织或村民委员会）和个人进行非农业建设，需要使用国有土地；农村集体经济组织或村民委员会兴办企业、建设乡（镇）村公共设施和公益事业、村民建设住宅，需要使用农村集体土地。

weiliyongdi
未利用地　中国《土地管理法》使用的三大地类（农用地、建设用地、未利用地）之一。在《土地规划用途分类》中改称为其他土地，仍然作为一级类。《土地利用现状分类》国家标准取消了这一土地利用类别。由于《土地利用现状分类》国家标准是推荐性标准，所以"未利用地"或"其他土地"的类别仍然在广泛使用，通常指农用地和建设用地以外的土地。

shengtai yongdi
生态用地　具有显著生态功能的土地利用类型，包括生态功能脆弱而需要修复、保护的土地。国务院2000年发布的《全国生态环境保护纲要》指出："大中城市要确保一定比例的公共绿地和生态用地。"这是官方首次使用"生态用地"的提法，但是没有给出明确的定义。由于对生态用地的概念还没有形成科学、准确、统一的概念，所以生态用地也没有进入中国正式的土地利用分类系统之中。生态用地与土地的生态功能密切相关，1997年美国学者Robert Costanza等在《全球生态系统服务与自然资本的价值》一文中对全球生态系统服务价值评估时，将生态系统服务分为17项：大气调节、气候调节、干扰调节、水调节、供水、控制侵蚀和保持沉积物、土壤形成、养分循环、废物处理、授粉作用、生物防治、生物避难所、食物生产、原材料、基因资源、游憩、文化。从广义上说，具有这些生态系统服务的土地利用类型都可以归入生态用地的范畴。但是这个范畴显然过于宽泛，而且与其他利用类型有重叠和交叉。这是由于同一种土地可能具有多种功能，如耕地，既是生产性土地，又具有生物保育、环境调节的生态功能，是否归入生态用地存在较多争议。一般认为，有些土地以生态功能为主，如林地、草地、湿地、内陆水域等，有些土地以生产功能为主，如耕地、园地，还有些土地以生活功能为主，如居住用地等。实际上，就林地而言，有生产型林地和生态型林地之分，它们的生态功能又有区别；草地也有用于畜牧业的牧草地和其他草地之分；湿地与其他类型也有重叠。所以如何在土地利用分类系统中建立生态用地类型，仍然需要深入研究。

如果主要从保证人类生存环境安全、维持生物多样性、提高生态系统稳定性、提供生态系统服务的角度考虑，可以把起到支撑和保障作用的土地利用类型归入生态用地。为此，生态用地首先应该包括自然保护区、湿地、林地、草地、城乡绿化用地、内陆水域等生态功能显著的土地利用类型。耕地尽管具有一定的生态功能，但因其侧重于食物生产，不宜纳入生态用地。其他土地（未利用地）的情况比较复杂，其中沙地、裸地、盐碱地等生态功能弱，但为了实现生态安全，其生态功能亟须修复和保护，可以列入生态用地范畴。

Zhongguo tudi liyong xianzhuang fenlei
中国土地利用现状分类　中国在土地利用现状调查与研究中，曾制定过若干个土地利用分类方案。有代表性的方案首推全国农业区划委员会1984年颁发的《土地利用现状调查技术规程》中制定的《土地利用现状分类及含义》，其土地利用现状分类采用两级系统，一级按土地利用特点和主导功能分为8类，二级按土地利用的主导产品或具体功能分为46类，并可按实际情况进行三、四级分类。此后在《县级土地利用总体规划编制规程》（〔1997〕国土〔规〕字第140号）中，曾对一级8大类的土地利用现状分类进行过局部调整。中国科学院地理研究所在20世纪80年代编制中国1：100万土地利用图时，采用了三级土地利用分类系统。第一级土地利

用类型按国民经济部门结构划分为10个类型，第二级利用类型按土地利用特点和经营方式划分为42个类型，第三级利用类型按利用方式、地形或林种划分为35个类型，其中第一级和第二级与全国农业区划委员会颁布的分类系统比较相似。这两个土地利用分类系统均侧重于农用土地，对城镇用地的划分较为简略。在城镇用地调查中，国家土地管理局在1993年发布的《城镇地籍调查规程》中制定了《城镇土地分类及含义》。根据土地用途的差异，城镇土地分为10个一级类，24个二级类。国家建设部也于1991年颁布了《城市用地分类与规划建设用地标准》，分类采用大类、中类和小类三层次的分类体系，共分为10个大类，46个中类，73个小类。分类的主要依据是土地使用的主要性质。

随着城乡一体化进程，要求实现城乡土地统一分类，以利于全国城乡土地的统一管理和调查成果的应用。国土资源部在分析研究原有土地利用分类的基础上，修改、归并出城乡统一的全国土地利用分类体系，即《土地分类（试行）》，自2002年1月起试行。2007年，中华人民共和国质量监督检验总局与中国国家标准化管理委员会联合发布分类体系更为完善的、更具权威性的《土地利用现状分类》（GB/T21010—2007）。这是中国首次将土地利用分类作为国家标准颁布。该标准规定了土地利用的类型、含义，指出该标准适用于土地调查、规划、评价、统计、登记及信息化管理等工作。该标准规定了土地利用现状分类采用一级、二级两个层次的分类体系，共分12个一级类、56个二级类。在使用本标准时，也可根据需要，在本分类基础上续分土地利用类型。

土地利用现状分类

一级类		二级类		含义
编码	名称	编码	名称	
01	耕地			指种植农作物的土地，包括熟地，新开发、复垦、整理地，休闲地（含轮歇地、轮地）；以种植农作物（含蔬菜）为主，间有零星果树、桑树或其他树木的土地；平均每年能保证收获一季的已垦滩地和海涂。耕地中包括南方宽<1.0米，北方宽<2.0米的固定的沟、渠、路和地坎（埂）；临时种植药材、草皮、花卉、苗木等的耕地，以及其他临时改变用途的耕地
		011	水田	指用于种植水稻、莲藕等水生农作物的耕地，包括实行水生、旱生农作物轮种的耕地
		012	水浇地	指有水源保证和灌溉设施，在一般年景能正常灌溉，种植旱生农作物的耕地，包括种植蔬菜等的非工厂化的大棚用地
		013	旱地	指无灌溉设施，主要靠天然降水种植旱生农作物的耕地，包括没有灌溉设施，仅靠引洪淤灌的耕地

一级类		二级类		含义
编码	名称	编码	名称	
02	园地			指种植以采集果、叶、根、茎、汁等为主的集约经营的多年生木本和草本作物（含其苗圃），覆盖度大于50%或每亩株数大于合理株数的70%的土地，包括用于育苗的土地
		021	果园	指种植果树的园地
		022	茶园	指种植茶树的园地
		023	其他园地	指种植桑树、橡胶、可可、咖啡、油棕、胡椒、药材等其他多年生作物的园地
03	林地			指生长乔木、竹类、灌木的土地，及沿海生长红树林的土地，包括迹地，不包括居民点内部的绿化林木用地，铁路、公路征地范围内的林木，以及河流、沟渠的护堤林
		031	有林地	指树木郁闭度≥0.2的乔木林地，包括红树林地和竹林地
		032	灌木林地	指灌木覆盖度≥40%的林地
		033	其他林地	包括疏林地（指树木郁闭度≥0.1、<0.2的林地）、未成林地、迹地、苗圃等林地
04	草地			指生长草本植物为主的土地
		041	天然牧草地	指以天然草本植物为主，用于放牧或割草的草地
		042	人工牧草地	指人工种植牧草的草地
		043	其他草地	指树木郁闭度<0.1，表层为土质，生长草本植物为主，不用于畜牧业的草地
05	商服用地			指主要用于商业、服务业的土地
		051	批发零售用地	指主要用于商品批发、零售的用地，包括商场、商店、超市、各类批发（零售）市场、加油站等及其附属的小型仓库、车间、工厂等的用地
		052	住宿餐饮用地	指主要用于提供住宿、餐饮服务的用地，包括宾馆、酒店、饭店、旅馆、招待所、度假村、餐厅、酒吧等
		053	商务金融用地	指企业、服务业等办公用地，以及经营性的办公场所用地，包括写字楼、商业性办公场所、金融活动场所和企业厂区外独立的办公场所等用地
		054	其他商服用地	指上述用地以外的其他商业、服务业用地，包括洗车场、洗染店、废旧物资回收站、维修网点、照相馆、理发美容店、洗浴场所等用地
06	工矿仓储用地			指主要用于工业生产、物资存放所的土地
		061	工业用地	指工业生产及直接为工业生产服务的附属设施用地
		062	采矿用地	指采矿、采石、采砂（沙）场，盐田，砖瓦窑等地面生产用地及尾矿堆放地
		063	仓储用地	指用于物资储备、中转的场所用地
07	住宅用地			指主要用于人们生活居住的房基地及其附属设施的土地
		071	城镇住宅用地	指城镇用于生活居住的各类房屋用地及其附属设施用地，包括普通住宅、公寓、别墅等用地
		072	农村宅基地	指农村用于生活居住的宅基地
08	公共管理与公共服务用地			指用于机关团体、新闻出版、科教文卫、风景名胜、公共设施等的土地
		081	机关团体用地	指用于党政机关、社会团体、群众自治组织等的用地
		082	新闻出版用地	指用于广播电台、电视台、电影厂、报社、杂志社、通讯社、出版社等的用地
		083	科教用地	指用于各类教育，独立的科研、勘测、设计、技术推广、科普等的用地
		084	医卫慈善用地	指用于医疗保健、卫生防疫、急救康复、医检药检、福利救助等的用地
		085	文体娱乐用地	指用于各类文化、体育、娱乐及公共广场等的用地
		086	公共设施用地	指用于城乡基础设施的用地，包括给排水、供电、供热、供气、邮政、电信、消防、环卫、公用设施维修等用地
		087	公园与绿地	指城镇、村庄内部的公园、动物园、植物园、街心花园和用于休憩及美化环境的绿化用地
		088	风景名胜设施用地	指风景名胜（包括名胜古迹、旅游景点、革命遗址等）景点及管理机构的建筑用地，景区内的其他用地按现状归入相应地类

续表

一级类 编码	一级类 名称	二级类 编码	二级类 名称	含义
09	特殊用地			指用于军事设施、涉外、宗教、监教、殡葬等的土地
		091	军事设施用地	指直接用于军事目的的设施用地
		092	使领馆用地	指用于外国政府及国际组织驻华使领馆、办事处等的用地
		093	监教场所用地	指用于监狱、看守所、劳改场、劳教所、戒毒所等的建筑用地
		094	宗教用地	指专门用于宗教活动的庙宇、寺院、道观、教堂等宗教自用地
		095	殡葬用地	指陵园、墓地、殡葬场所用地
10	交通运输用地			指用于运输通行的地面线路、场站等的土地，包括民用机场、港口、码头、地面运输管道和各种道路用地
		101	铁路用地	指用于铁道线路、轻轨、场站的用地，包括设计内的路堤、路堑、道沟、桥梁、林木等用地
		102	公路用地	指用于国道、省道、县道和乡道的用地，包括设计内的路堤、路堑、道沟、桥梁、汽车停靠站、林木及直接为其服务的附属用地
		103	街巷用地	指用于城镇、村庄内部公用道路（含立交桥）及行道树的用地，包括公共停车场等，汽车客货运输站点及停车场等用地
		104	农村道路	指公路用地以外的南方宽≥1.0米，北方宽≥2.0米的村间、田间道路（含机耕道）
		105	机场用地	指用于民用机场的用地
		106	港口码头用地	指用于人工修建的客运、货运、捕捞及工作船舶停靠的场所及其附属建筑物的用地，不包括常水位以下的部分
		107	管道运输用地	指用于运输煤炭、石油和天然气等管道及其相应附属设施的地上部分用地
11	水域及水利设施用地			指陆地水域、海涂、沟渠、水工建筑物等用地，不包括滞洪区和已垦滩涂中的耕地、园地、林地、居民点、道路等用地
		111	河流水面	指天然形成或人工开挖河流常水位岸线之间的水面，不包括被堤坝拦截后形成的水库水面
		112	湖泊水面	指天然形成的积水区常水位岸线所围成的水面
		113	水库水面	指人工拦截汇集而成的总库容≥10万立方米的水库正常蓄水位岸线所围成的水面
		114	坑塘水面	指人工开挖或天然形成的蓄水量<10万立方米的坑塘常水位岸线所围成的水面
		115	沿海滩涂	指沿海大潮高潮位与低潮位之间的潮浸地带，包括海岛的沿海滩涂，不包括已利用的滩涂
		116	内陆滩涂	指河流、湖泊常水位至洪水位间的滩地；时令湖、河洪水位以下的滩地；水库、坑塘的正常蓄水位与洪水位之间的滩地，包括海岛的内陆滩地，不包括已利用的滩地
		117	沟渠	指人工修建，南方宽度≥1.0米、北方宽度≥2.0米，用于引、排、灌的渠道，包括渠槽、渠堤、取土坑、护堤林
		118	水工建筑用地	指人工修建的闸、坝、堤路林、水电厂房、扬水站等常水位岸线以上的建筑物用地
		119	冰川及永久积雪	指表层被冰雪常年覆盖的土地
12	其他土地			指上述地类以外的其他类型的土地
		121	空闲地	指城镇、村庄、工矿内部尚未利用的土地
		122	设施农用地	指直接用于经营性养殖的畜禽舍、工厂化作物栽培或水产养殖的生产设施用地及其相应附属用地，农村宅基地以外的晾晒场等农业设施用地
		123	田坎	主要指耕地中南方宽度≥1.0米，北方宽度≥2.0米的地坎
		124	盐碱地	指表层盐碱聚集，生长天然的耐盐植物的土地
		125	沼泽地	指经常积水或渍水，一般生长沼生、湿生植物的土地
		126	沙地	指表层为沙覆盖、基本无植被的土地，不包括滩涂中的沙地
		127	裸地	指表层为土质，基本无植被覆盖的土地；或表层为岩石、石砾，其覆盖面积≥70%的土地

gengdi

耕地 《土地利用现状分类》（GB/T21010—2007）中的一级地类。指种植农作物的土地，包括熟地，新开发、复垦、整理地，休闲地（含轮歇地、轮作地）；以种植农作物（含蔬菜）为主，间有零星果树、桑树或其他树木的土地；平均每年能保证收获一季的已垦滩地和海涂。耕地中包括南方宽＜1.0米，北方宽＜2.0米的固定的沟、渠、路和地坎（埂）；临时种植药材、草皮、花卉、苗木等的耕地，以及其他临时改变用途的耕地。

耕地是土地的精华。能够形成耕地的土地需要具备可供农作物生长、发育、成熟的自然条件：①必须有平坦的地形，或者在坡度较大的条件下，能够修筑梯田，而又不至于引起水土流失，一般超过25°以上的陡坡地不宜发展成耕地；②必须有相当深厚的土壤，以满足储藏水分、养分，供作物根系生长发育之需；③必须有适宜的温度和水分，以保证农作物生长发育成熟对热量和水量的要求；④必须有一定的抗拒自然灾害的能力；⑤必须达到在选择种植最佳农作物后，所获得的劳动产品收益，能够大于劳动投入，取得一定的经济效益。具备上述条件的土地经过人类的生产劳动可以发展成为耕地。

在耕地中，根据耕种情况可分为常用耕地和临时性耕地。常用耕地指专门种植农作物并经常进行耕种、能够正常收获的土地。包括土地条件较好的基本农田和虽然土地条件较差，但能正常收获且不破坏生态的可用耕地。常用耕地作为中国基本的、宝贵的土地资源，受到严格保护，未经批准，任何个人和单位都不得占用。临时性耕地又称"帮忙田"，指在常用耕地以外临时开垦种植农作物，不能正常收获的土地。包括临时种植农作物的坡度在25°以上的陡坡地，在河套、湖畔、库区临时开发种植农作物的土地，以及在废旧矿区等地方临时开垦种植农作物的成片或零星土地。根据中国《水土保持法》规定，在25°以上的陡坡地要逐步退耕还林还草，在其他一些地方临时开垦种植农作物，易造成水土流失、影响行洪泄洪及沙化的临时性耕地，也要逐步退耕，所以可称这部分临时性耕地为待退耕土地。

第二次全国土地调查数据显示，2009年全国耕地13 538.5万公顷（203 077万亩），比基于第一次调查逐年变更到2009年的耕地数据多出1 358.7万公顷（20 380万亩），主要是由于调查标准、技术方法的改进和农村税费政策调整等因素影响，可以认为第二次全国土地调查的数据更加全面、客观、准确。

shuitian

水田 《土地利用现状分类》（GB/T21010—2007）中的一级地类耕地之下的二级地类。指用于种植水稻、莲藕等水生农作物的耕地，包括实行水生、旱生农作物轮种的耕地。水田包括灌溉水田和雨育水田。因天旱暂时没有蓄水而改种旱地作物的，或实行水稻和旱地作物轮种的（如水稻和小麦、油菜、蚕豆、绿肥等轮种），仍计为水田。灌溉水田是有水源保证和灌溉设施，在一般年景能正常灌溉，用于种植水生作物的耕地，包括灌溉的水旱轮作地。灌溉水田一般筑有田埂（坎），可以经常蓄水。雨

江西遂川水田

育水田又称望天田，指无灌溉设施，依靠天然降雨来种植水生作物（水稻、莲藕、席草等）的耕地，包括无灌溉设施的水旱轮作地。中国水田主要分布在长江中下游和西南的湿润地区，处于平原向丘陵、山区过渡和丘陵向山区过渡地带，具有一定的地形雨效应、降水较为丰富的部位。一般在灌溉水田的界线以上，即在丘陵的中部和中上部、山体的中部。

shuijiaodi

水浇地 《土地利用现状分类》（GB/T21010—2007）耕地之下的二级地类。指有水源保证和灌溉

设施，在一般年景能正常灌溉，种植旱生农作物的耕地。包括种植蔬菜等的非工厂化的大棚用地。是在灌溉水田以外能够灌溉的耕地。由于雨水充足在当年暂时没有进行灌溉的水浇地，也包括在内。没有灌溉设施的引洪淤灌的耕地，不计入水浇地。

handi
旱地　《土地利用现状分类》（GB/T21010—2007）耕地之下的二级地类。指无灌溉设施，主要靠天然降水种植旱生农作物的耕地，包括没有灌溉设施，仅靠引洪淤灌的耕地。中国旱地主要分布在东北、华北和西南地区，各省旱地以黑龙江省最多。沿昆仑山—秦岭—淮河一线划分，以北为北方旱地，以南为南方旱地。

yuandi
园地　《土地利用现状分类》（GB/T21010—2007）中的一级地类。指种植以采集果、叶、根、茎、汁等为主的集约经营的多年生木本和草本作物（含其苗圃），覆盖度大于50%或每亩株数大于合理株数70%的土地，包括用于育苗的土地。园地包含果园、茶园和其他园地，但不包括固定的林木育苗地，即苗圃。根据2013年年末公布的中国第二次全国土地调查（以2009年年末为标准时点汇总）数据，全国园地面积1 481.2万公顷（22 218万亩），占土地总面积的1.54%。虽然比例很小，但是由于园地的集约化程度和单位面积效益较高，因此在国民经济中占有较为重要的地位。充分发挥现有园地的生产潜力，满足经济社会发展和人民生活水平提高对园地产品的需求，对于提高农业经济效益、促进农业生产的发展具有重要意义。受自然条件、栽培历史、经济条件等多方面因素的影响，中国园地分布范围很广，但是区域间分布不平衡。虽然在全国各省区市均有分布，但较集中于河北、广东、广西、山东、陕西、福建等省区。

guoyuan
果园　《土地利用现状分类》（GB/T21010—2007）园地之下的二级地类。指种植果树的园地。中国主要有苹果园、柑橘园、梨园、葡萄园、香蕉园等。苹果园主要分布在北方的暖温带地区；柑橘园主要分布在南方的亚热带地区，其中湖南柑橘园面积最大，居中国第一位；梨园主要分布在北方地

香蕉园

区；葡萄园集中分布在北方地区，以新疆葡萄园面积为最大；香蕉园主要分布在南亚热带地区，以广东香蕉园面积为最大。

chayuan
茶园　《土地利用现状分类》（GB/T21010—2007）园地之下的二级地类。指种植茶树的园地。茶起源于中国，栽培历史已有三千多年，茶园一般分布在气候湿润、坡度25°以下的丘陵山地，坡向坐北朝南或东南向，土层厚度1米以上，富含有机质、微酸性（pH4.5～6.5）土壤，附近有可利用的水源。主要分布在中国南方的亚热带地区，其中云南、湖南、浙江、福建分布最多。

qita yuandi
其他园地　《土地利用现状分类》（GB/T21010—2007）园地之下的二级地类。指种植桑、橡胶、可可、咖啡、油棕、胡椒、药材等多年生作物的园地。中国的桑园面积增加较快，主要分布在南方地区，其中四川、江苏、浙江桑园面积分别居中国的前三位。热带雨林气候是橡胶种植的最适宜地区。1949年以后，中国的橡胶发展很快。海南是中国最大的植胶基地，主要栽培在海拔400米以下的丘陵；其次是云南西双版纳州，主要栽培在海拔800米以下的丘陵山地。此外在广东（雷州半岛）、广西南部、福建南部也有少量分布。中国的可可主要种植在海南、广西、云南南部和台湾等地，咖啡主要种植在云南及海南等少数区域，油棕主要种植在海南、云南、广东、广西，胡椒主要种植在广东、云南、广西、福建等地，药材在全国各地均有种植。

lindi

林地 《土地利用现状分类》（GB/T21010—2007）中的一级地类。指生长乔木、竹类、灌木的土地及沿海生长红树林的土地。包括迹地，不包括居民点内部的绿化林木用地，铁路、公路征地范围内的林木，以及河流、沟渠的护堤林。林地又可以细分为有林地、灌木林地、其他林地（包括疏林地、未成林地、苗圃、采伐迹地、火烧迹地）。林地是国家重要的土地资源和战略资源，是森林赖以生存与发展的根基，具有改善生态和调节气候的功能。林地在保障木材及林产品供给，维护国土生态安全中具有核心地位，在应对全球气候变化中具有特殊地位。中国国务院明确要求"要把林地与耕地放在同等重要的位置，高度重视林地保护"。

根据第七次中国森林资源清查（2004～2008年）数据，中国林地总面积30 378.19万公顷，占全国土地总面积的31.6%。中国林地分布很不平衡，主要分布在400毫米等降水量线的东南部，而西北部林地面积较小。集中成片的林地有大、小兴安岭和长白山地区，以中温带针叶落叶阔叶混交林为主；青藏高原东缘、阿尔泰山南坡、天山北坡和祁连山地区，以冷杉、云杉等耐寒针叶林为主；南岭、武夷山区、云贵境内山区等地区，以多种常绿阔叶林、针叶林和竹林组成；海南岛、台湾南部及云南南部地区，以多种热带常绿林、落叶阔叶林为主。

youlindi

有林地 《土地利用现状分类》（GB/T21010—2007）林地之下的二级地类。指树木郁闭度≥0.2的乔木林地，包括红树林地和竹林地。中国属少林国家，政府十分重视林业建设。自20世纪80年代后期

有林地　　　　　　　　　（陈百明　摄）

始，国家长期坚持植树造林和封山育林，人工造林速度和规模均居世界第一。根据第七次中国森林资源清查（2004～2008年）数据，中国有林地面积18 138.09万公顷，占全国土地总面积的18.9%，占全国林地总面积的59.7%。其中，防护林地面积8 308.38万公顷，占林地总面积的45.8%；特种用途林地面积1 197.82万公顷，占林地总面积的6.6%；用材林地面积6 416.16万公顷，占林地总面积的35.4%；经济林地面积2 041.00万公顷，占林地总面积的11.3%；薪炭林地面积174.73万公顷，占林地总面积的0.9%。

guanmu lindi

灌木林地 《土地利用现状分类》（GB/T21010—2007）林地之下的二级类。指灌木覆盖度≥40%的林地，即以灌木为优势种的林地，一般把高山矮木也计入灌木。灌木林地是有林地和荒山之间的过渡地类，包括人工灌木林地和天然灌木林地两类。根据第七次中国森林资源清查（2004～2008年）数据，中国灌木林地面积5 365.34万公顷，占全国林地总面积的17.7%。

qita lindi

其他林地 《土地利用现状分类》（GB/T21010—2007）林地之下的二级类。包括疏林地（指0.1≤树木郁闭度＜0.2的林地）、未成林造林地、苗圃、迹地等林地。根据第七次中国森林资源清查（2004～2008年）数据，中国疏林地面积482.22万公顷，占全国土地总面积的1.6%；未成林造林地面积1 132.63万公顷，占全国林地总面积的3.7%；苗圃地面积45.4万公顷，占全国林地总面积的0.1%；迹地（含采伐迹地和火烧迹地）面积709.61万公顷，占全国林地总面积的2.3%。

疏林地　可分为原始疏林地和次生疏林地。原始疏林地是由于当地自然条件差、林木生长缓慢、天然更新困难而形成的。次生疏林地是由于人为原因造成的有林地经过逆向演替而形成的。中国的疏林地以次生疏林地为主。疏林地可根据具体情况，采取补种、补播、重造、间伐补植或封山育林等措施加以改良。

未成林造林地　指造林或封育后不到成林年限，当年造林成活率85%以上或保存率80%（年均等降水量线400毫米以下地区当年造林成活率为

70%或保存率为65%）以上，飞播造林后保留苗木3 000株/公顷以上或沙区成苗2 500株/公顷以上，封育地天然幼苗3 000株/公顷以上或幼树500株/公顷以上，分布均匀，尚未郁闭但有成林希望的林地。未成林造林地中，按造林方式分为人工造林地、飞播造林地；按造林地段划分为宜林荒山造林地、林分改造造林地、迹地更新造林地。

　　苗圃　固定育苗的土地。按苗圃使用年限的长短可分为永久苗圃（固定苗圃）和临时苗圃。永久苗圃一般面积较大，经营年限较长，多设在土壤、灌溉、交通条件较好的地方，劳力较固定，集约经营，具有一定规模的基本建设和投资，可进行多种苗木的生产和科学实验工作。临时苗圃则专为完成一定时期造林绿化任务而设立，多靠近采伐迹地或造林地，一般面积较小，苗木品种少，随着造林或更新任务的完成，苗圃也随之撤销。

　　迹地　森林采伐后或火烧后未更新的土地。这部分土地原有的森林环境已不存在或已发生明显改变。根据造成的原因不同，可以分为采伐迹地和火烧迹地。采伐迹地是已经被采伐过的林地，采伐后保留木达不到疏林地标准，且尚未人工更新或天然更新达不到中等更新等级的林地。火烧迹地是被火烧过的林地，火灾后活立木达不到疏林地标准，且尚未人工更新或天然更新达不到天然幼苗3 000株/公顷以上或幼树500株/公顷以上的林地。中国的迹地主要分布在东北地区，又以黑龙江迹地面积为最多。迹地面积中采伐迹地约占3/4，火烧迹地约占1/4。对迹地要及时进行更新，以尽快恢复森林植被，防止因地表长期裸露造成水土流失而导致土地退化。

caodi
草地　《土地利用现状分类》（GB/T21010—2007）中的一级地类。指生长草本植物为主的土地，包括各类草原、草甸、稀树干草原等。草地可供放养或割草饲养牲畜，是发展草地畜牧业的最基本的生产资料和基地。中国的草地生产力水平较低，而且大部分已利用过度，超载现象十分严重。中国草地分为牧区草地、农区草坡草滩以及以牧为主的疏林草地、灌丛草地。草本植被覆盖度一般在0.15以上，干旱地区在0.05以上，树木郁闭度在0.1以下。牧区草地主要分布于西北、东北、西南诸省的牧区县和半牧业县，有草甸、干旱、荒漠与半荒

漠三种基本草地类型；农区草坡草滩及以牧为主的疏林草地、灌丛草地主要分布于南方各省和北方黄土高原地区，有温带、亚热带、热带灌丛草丛草地，林缘与疏林草地等基本类型。

　　按热量、水分与生产力的差异，中国草地可划分为三个区域：①北方温带草地，位于400毫米年等降水量线以北，从大、小兴安岭向西、西南直至新疆西部，属干旱地区，从东向西降水量递减，干旱程度递增；②青藏高原高寒草地，位于整个青藏高原，寒冷且干旱，该区域从东南向西北干旱程度递增；③南方、华北山地和沿海滩涂次生草地区域，绝大部分为森林屡遭破坏后形成的次生草地，地形陡或土壤瘠薄，多砾质，或积水或地下水位高，该区自北向南热量和降水逐步递增。

tianran mucaodi
天然牧草地　《土地利用现状分类》（GB/T21010—2007）草地之下的二级地类。指以天然草本植物为主，用于放牧或割草的草地。中国天然牧草地包括牧区、半牧区的草原和农区草滩草坡。主要分布在中国西北部，东起东北平原的西部，经内蒙古高原、鄂尔多斯高原、黄土高原直达青藏高原，以内蒙古、新疆、青海、四川、西藏、甘肃、宁夏、黑龙江、吉林、辽宁等省区较为集中连片。主要可分为三大类：①草甸草原草地。降水量较多，热量条件适宜，草质好，产量较高，主要分布在东北三省西部、内蒙古东部和新疆部分地区。②干草原草地。分布在干旱气候区，草质差，产量低，主要分布在内蒙古中部、东北三省、西北山地高原和青藏高原。③荒漠草原草地。草质差，产量低，主要分布在干旱气候区的内蒙古西部、宁夏、甘肃、新疆等省区的荒漠区。在天然牧草地中，牧草种类丰富，草质较好，生长丰茂的优质牧草地比重较小，主要集中于内蒙古高原和东北平原，大多数牧草地的牧草质量不高。

rengong mucaodi
人工牧草地　《土地利用现状分类》（GB/T21010—2007）草地之下的二级地类。指人工种植牧草的草地，包括人工培植用于牧业的灌木地。人工种植牧草的草地，一般采取集约经营管理方式，所以生产力较高，在半干旱地区人工牧草地单位面积产量是天然牧草地的数倍以至十几倍，发展人工牧草地是

发展集约畜牧业的方向。中国人工牧草地的面积太小，草地畜牧业缺乏优质的人工牧草地的支持，尤其是北方和西部干旱寒冷地区，缺乏可供割贮冬草、产草量稳定的人工牧草地，不能满足稳定、优质、高产草地畜牧业的需要。人工牧草地还包括一部分采用围栏、灌溉、排水、施肥、松耙、补植等措施进行改良的牧草地。即在不完全破坏原有天然草地植被的前提下，对草地施以划破草皮、施肥、灌水、补播、除莠等一种或多种提高草地生产力的农业技术措施进行改良的天然牧草地，目的是使退化了的天然低产牧草地更新为优质高产的牧草地，提高牧草地生产力。

qita caodi
其他草地 《土地利用现状分类》（GB/T21010—2007）草地之下的二级地类。指树木郁闭度<0.1，表层为土质，生长草本植物为主，不用于畜牧业的天然草地，不包括盐碱地、沼泽地和裸土地，大致相当于原有分类中的荒草地。这类草地尚难利用而致荒芜，可以分为两种类型：一是森林被破坏后成为次生疏林地，树木郁闭度>0.1，以生长杂草为主的土地；二是难以利用而致荒芜的缺水草地，以及海拔高、气候寒凉、山高路远、道路险阻、缺少安全牧道的高山草地。

shangfu yongdi
商服用地 《土地利用现状分类》（GB/T21010—2007）中的一级地类。指主要用于商业、服务业的土地，包括批发零售用地、住宿餐饮用地、商务金融用地和其他商服用地等四个二级地类。①批发零售用地，指主要用于商品批发、零售的用地，包括商场、商店、超市、各类批发（零售）市场、加油

上海新天地暨淮海路商圈

站等及其附属的小型仓库、车间、工厂等的用地。②住宿餐饮用地，指主要用于提供住宿、餐饮服务的用地，包括宾馆、酒店、饭店、旅馆、招待所、度假村、餐厅、酒吧等。③商务金融用地，指企业、服务业等办公用地，以及经营性的办公场所用地，包括写字楼、商业性办公场所、金融活动场所和企业厂区外独立的办公场所等用地。④其他商服用地，指上述用地以外的其他商业、服务业用地，包括洗车场、洗染店、废旧物资回收站、维修网点、照相馆、理发美容店、洗浴场所等用地。

gongkuang cangchu yongdi
工矿仓储用地 《土地利用现状分类》（GB/T21010—2007）中的一级地类。指主要用于工业生产、物资存放场所的土地，包括工业用地、采矿用地和仓储用地三个二级地类。①工业用地，指工业生产及直接为工业生产服务的附属设施用地。②采矿用地，指采矿、采石、采砂（沙）场，盐田、砖瓦窑等地面生产用地及尾矿堆放地。③仓储用地，指用于物资储备、中转的场所用地。

zhuzhai yongdi
住宅用地 《土地利用现状分类》（GB/T21010—2007）中的一级地类。指主要用于人们生活居住的房基地及其附属设施的土地，包括城镇住宅用地和农村宅基地两个二级地类。①城镇住宅用地，指城镇用于生活居住的各类房屋用地及其附属设施用地，包括普通住宅、公寓、别墅等用地。②农村宅基地，指农村用于生活居住的宅基地。

gonggong guanli yu gonggong fuwu yongdi
公共管理与公共服务用地 《土地利用现状分类》（GB/T21010—2007）中的一级地类。指用于机关团体、新闻出版、科教文卫、风景名胜、公共设施等的土地。包括机关团体用地、新闻出版用地、科教用地、医卫慈善用地、文体娱乐用地、公共设施用地、公园与绿地、风景名胜设施用地八个二级地类。①机关团体用地，指用于党政机关、社会团体、群众自治组织等的用地。②新闻出版用地，指用于广播电台、电视台、电影厂、报社、杂志社、通讯社、出版社等的用地。③科教用地，指用于各类教育，独立的科研、勘测、设计、技术推广、科普等的用地。④医卫慈善用地，指用于医疗保健、

国家大剧院

卫生防疫、急救康复、医检药检、福利救助等的用地。⑤文体娱乐用地，指用于各类文化、体育、娱乐及公共广场等的用地。⑥公共设施用地，指用于城乡基础设施的用地，包括给排水、供电、供热、供气、邮政、电信、消防、环卫、公用设施维修等用地。⑦公园与绿地，指城镇、村庄内部的公园、动物园、植物园、街心花园和用于休憩及美化环境的绿化用地。⑧风景名胜设施用地，指风景名胜（包括名胜古迹、旅游景点、革命遗址等）景点及管理机构的建筑用地，景区内的其他用地按现状归入相应地类。在这一地类中的各项用地应该按照城乡建设的需要进行配套，按城乡的用地结构开展布局，使之与城乡功能和人口分布相适应。其中的公共设施用地应该从城乡居民方便使用的要求出发，确定合理的服务半径，保证公共设施经营管理的经济性和合理性。

teshu yongdi

特殊用地　《土地利用现状分类》（GB/T21010—2007）中的一级地类。指用于军事设施、涉外、宗教、监教、殡葬等的土地。包括军事设施用地、使领馆用地、监教场所用地、宗教用地、殡葬用地五个二级地类。①军事设施用地，指直接用于军事目的的设施用地。②使领馆用地，指用于外国政府及国际组织驻华使领馆、办事处等的用地。③监教场所用地，指用于监狱、看守所、劳改场、劳教所、戒毒所等的建筑用地。④宗教用地，指专门用于宗教活动的庙宇、寺院、道观、教堂等宗教自用地。⑤殡葬用地，指陵园、墓地、殡葬场所用地。

jiaotong yunshu yongdi

交通运输用地　《土地利用现状分类》（GB/T21010—2007）的一级地类。指用于交通运输通行的地面线路、场站等的土地，包括民用机场、港口、码头、地面运输管道和各种道路用地。交通运输是通过路网密度、运输方式及其运输量等来影响土地资源的开发利用。一是新交通运输路线的兴建，有利于土地的综合开发，改善土地利用的条件与结构。如兰新铁路的修通，使新疆的长绒棉花可以及时运至上海等棉纺织厂，从而促进新疆的棉花面积的扩大。大秦铁路的修通，扩大了大同煤矿开采规模和产品外运能力，同时对秦皇岛城市用地和码头建设有直接影响。欧亚大陆桥的建成，促进中国与欧洲国家的经贸联系，也刺激了沿海两侧土地的开发利用。在山区，由于修建公路，可以保证山区农副产品及时外运，增加经济收入，促进山区土地资源开发。二是交通运输条件将影响到土地的区位价值。一般说，在其他条件一定的情况下，凡是交通方便地区的土地，对生产和生活有利，因而土地的价值则高，反之则低。尤其在城市及周围地区，交通运输条件的作用更为明显，凡是距城市较近，交通运输又方便的地区，是城市建设或人们居住的优势地区，其区位价值较高，土地利用效益也高。三是交通运输条件还影响城镇居民点建设用地规模与区域布局。中国许多城镇不仅都分布在铁路、公路主要交通干线及江河沿岸，而且其建设规模与交通运输条件密切相关。如铁路枢纽徐州、郑州、鹰潭、兰州等，水陆交通枢纽武汉、南京、株洲、蚌埠等，海港连云港、秦皇岛、宁波，内河港宜昌、镇江

兰州—新疆铁路，新疆段

等。广大乡村的居民点也多分布在交通线两侧及其可以到达的地区。20世纪80年代以来，中国交通运输事业发展较快，随着中国经济社会发展，铁路、公路、机场、港口、码头不断新建、扩建，交通运输占用土地将不断增多。

tielu yongdi
铁路用地　《土地利用现状分类》（GB/T21010—2007）交通运输用地之下的二级地类。指用于铁道线路、轻轨、场站的用地，包括设计内的路堤、路堑、道沟、桥梁、林木等用地。铁路用地是铁路部门依法取得使用权的土地，包括留用的和征（拨）用的运输生产用地、辅助生产用地、生活设施用地和其他用地。铁路用地属于国家所有，由铁路部门利用和管理。铁路用地是铁路运输生产的重要基础，是维护铁路运输安全的重要条件。铁路用地的利用规划要与当地县级以上人民政府土地利用总体规划相协调，并纳入当地土地利用总体规划。远期扩建、新建铁路所需要的土地，由县级以上人民政府在土地利用总体规划中安排。

gonglu yongdi
公路用地　《土地利用现状分类》（GB/T21010—2007）交通运输用地之下的二级地类。指用于国道、省道、县道和乡道的用地，包括设计内的路堤、路堑、道沟、桥梁、汽车停靠站、林木及直接为其服务的附属用地。公路用地的最小宽度为路基坡脚（挖方地段为坡顶）间宽度加两侧排水沟、取土（或弃土）用地，以及栽植行道树所需的宽度，具体视路幅、路肩度、路基填土高度（或开挖深度）、边坡坡度，以及土质和取土、弃土方法，排水系统和路侧发展要求而定，一般难以作出统一的规定。根据《中华人民共和国公路法》的规定，公路用地的具体范围由县级以上人民政府确定，但公路两侧边沟（或截水沟）及边沟以外的土地范围最低不少于1米。

jiexiang yongdi
街巷用地　《土地利用现状分类》（GB/T21010—2007）交通运输用地之下的二级地类。指用于城镇、村庄内部公用道路（含立交桥）及行道树的用地，包括汽车客货运输站点及公共停车场等用地。随着城镇化和新农村建设进程的推进，近年来中国的街巷用地面积增加较快，在交通运输用地中的比重不断增大。街巷用地是城乡生产组织、生活安排、经济运行、物资流通所必需的交通运输设施。发挥街巷用地的功能，关键是合理规划城乡道路，使之具有合理的等级与网络体系。

nongcun daolu
农村道路　《土地利用现状分类》（GB/T21010—2007）交通运输用地之下的二级地类。指公路用地以外的南方宽度≥1.0米、北方宽度≥2.0米的村间、田间道路（含机耕道）。中国的农村道路在近年来开展的"村村通"工程和土地整治工程中有了长足的发展，农村道路的建设有利于农民便捷出行，扩大农机具使用，以及农业生产资料和农副产品的运送等，对于促进农业结构调整、繁荣农村经济起到了巨大的作用。

jichang yongdi
机场用地　《土地利用现状分类》（GB/T21010—2007）交通运输用地之下的二级地类。指用于民用机场的用地，包括民用机场及其相应附属设施用地。在中国，各省区市都有民用机场分布，面积最多的省是江苏。民用机场用地特点是远离市区，对机场周围用地单位的建筑物高度有严格的限制。

gangkou matou yongdi
港口码头用地　《土地利用现状分类》（GB/T21010—2007）交通运输用地之下的二级地类。指用于人工修建的客运、货运、捕捞及工作船舶停靠的场所及其附属建筑物的用地，不包括常水位以下的部分。港口码头的主要任务是为船舶提供安全停

天津港货运码头

靠的设施，及时完成旅客和货物由船到岸或由岸到船以及由船到船的转运，并为船舶提供补给、修理等技术和生活服务。中国港口码头主要分布在沿海和主要江河沿岸，港口码头用地面积以东部沿海地带为最多，西部一些省区没有港口码头用地。

guandao yunshu yongdi
管道运输用地　《土地利用现状分类》（GB/T21010—2007）交通运输用地之下的二级地类。指用于运输煤炭、石油和天然气等管道及其相应附属设施的地上部分用地。由于管道运输的建设周期短、费用低、运量大、耗能少、成本低、安全可靠、连续性强，特别是地上用地部分占地少，所以近年来中国的管道运输发展很快，管道运输用地比重不断增大。

shuiyu ji shuili sheshi yongdi
水域及水利设施用地　《土地利用现状分类》（GB/T21010—2007）中的一级地类。指陆地水域、海涂、沟渠、水工建筑物等用地，不包括滞洪区和已垦滩涂中的耕地、园地、林地、居民点、道路等用地。中国水域辽阔，水利设施众多，是世界上水域和水利设施用地面积最多的国家之一。根据第二次全国土地调查数据，2009年全国水域及水利设施用地面积为4 269.03万公顷（64 035.5万亩），占全国土地总面积的4.5%。

heliu shuimian
河流水面　《土地利用现状分类》（GB/T21010—2007）水域及水利设施用地之下的二级地类。指天然形成或人工开挖河流常水位岸线之间的水面，不包括被堤坝拦截后形成的水库水面。中国河流众多，河流水面除天然形成的外，还有人工开挖的，最著名的是京杭大运河。中国河流水面的地区差异显著，南方河流密度大，河流水面比重大；西北气候干燥，形成大面积无流区。

hupo shuimian
湖泊水面　《土地利用现状分类》（GB/T21010—2007）水域及水利设施用地之下的二级地类。指天然形成的积水区常水位岸线所围成的水面。中国是一个多湖之国，但是分布很不平衡，面积最大的是西南地区，最小的是东北地区。1949年以来，中国湖泊水面由于围垦出现水面不断缩小的状态。长江中下游地区有1/3以上的湖泊被围垦，因围垦而消亡的湖泊达1 000余个。鄱阳湖、洞庭湖、江汉平原湖泊群、太湖流域的湖泊都因大量围垦和泥沙淤积，湖泊水面持续缩小。

shuiku shuimian
水库水面　《土地利用现状分类》（GB/T21010—2007）水域及水利设施用地之下的二级类。指人工拦截汇集而成的总库容≥10万立方米的水库正常蓄水位岸线所围成的水面。水库水面主要用于蓄水、

北京密云水库水面

发电、灌溉、养殖、风景旅游和生态保护。中国现有水库调蓄能力不高，总库容占总径流量的比例低于1/5。水库的供水量占总径流量的比例低于1/10，供水保证率不高。部分水库泥沙淤积、水体污染问题日益严重。

kengtang shuimian
坑塘水面　《土地利用现状分类》（GB/T21010—2007）水域及水利设施用地之下的二级地类。指人工开挖或天然形成的蓄水量<10万立方米的坑塘常水位岸线所围成的水面，不含养殖水面。主要分布在中国东部地区，又集中分布在长江以南平原湖区

周围和丘陵稻作区，以及广东的珠江三角洲地区。坑塘分为天然坑塘、人工坑塘和半人工坑塘三种。天然坑塘是由天然水坑、水潭、山塘、泡子等自然形成的水面。人工坑塘一般是为养鱼修建的。半人工坑塘是拦截溪河、湖泊或沟渠交汇的积水地区建坝而成的水面，在江苏、浙江一带通常称"堰"，一般是灌溉、养鱼兼用。广大的西北地区坑塘水面仅零星分布。人工开挖或天然形成的专门用于水产养殖的坑塘水面称为养殖水面。坑塘水面是发展内陆养殖业的主体。在大城市郊区，坑塘养殖发展异常迅速。坑塘养殖产量占淡水养殖产量的50%以上，成为淡水养鱼业的主体。

yanhai tantu

沿海滩涂 《土地利用现状分类》（GB/T21010—2007）水域及水利设施用地之下的二级地类。指沿海大潮高潮位与低潮位之间的潮浸地带，包括海岛的沿海滩涂，不包括已利用的滩涂。沿海滩涂介于陆域与海域之间的过渡地带，依附于陆域，不断淤积延伸至海域，涨潮时淹没，潮退时露出，属动态的再生性资源，是优质的后备土地资源。中国的沿海滩涂主要分布在北起辽宁，南至广东、广西和海南的海滨地带，是海岸带的一个重要组成部分。根据沿海滩涂的物质组成成分，可分为岩滩、沙滩、泥滩三类；根据潮位、宽度及坡度，可分为高潮滩、中潮滩、低潮滩三类。由于岸的类型多样，水流的作用以及河流的含沙量等因素的影响，有的岸受水的冲刷，沿海滩涂向陆地方向后退；有的岸堆积作用强，沿海滩涂则向有水方向伸展；有的岸比

江苏盐城沿海滩涂，风电场

较稳定，沿海滩涂的范围也较稳定。

沿海滩涂的开发利用主要是围垦造田，扩大耕地面积，即把涨落潮位差大的地段筑堤拦海，防止潮汐浸渍并将堤内海水排出，造成土地，用于农业生产的工程。在垦区内开挖河道，需于入海口修建闸口，防止海潮沿河倒灌，便于排除雨季渍涝和新围垦土地中的大量盐分，并需兴修灌溉引水渠系，建立相应的排水系统引淡排咸，在围垦区内侧应开挖截渗沟，以防止海水对垦区继续补给盐分，或在田间开挖毛排沟，形成条田，并在条田上平地筑堰，利用降雨蓄淡淋盐，经过一个雨季，一米土层脱盐率可达 10% ～ 30%。围垦区的滩涂可直接种稻，如能做到事先整地翻耕、泡田洗盐，生育期灌水得当、管理及时，当年即可获得高产量。围垦初期，因表土含盐量高应及时换水，以保证水稻正常生长，也可先选种耐盐作物或一定比例的绿肥以改良土壤。

neilu tantu

内陆滩涂 《土地利用现状分类》（GB/T21010—2007）水域及水利设施用地之下的二级地类。指河流、湖泊常水位至洪水位间的滩地；时令湖、河洪水位以下的滩地；水库、坑塘的正常蓄水位与洪水位之间的滩地，包括海岛的内陆滩地，不包括已利用的滩地。

gouqu

沟渠 《土地利用现状分类》（GB/T21010—2007）水域及水利设施用地之下的二级地类。指人工修建，南方宽度≥1.0米、北方宽度≥2.0米，用于引、排、灌的渠道，包括渠槽、渠堤、取土坑、护堤林。其中用于灌溉的渠道分为固定渠道和临时渠道。按控制面积大小和水量分配层次，又可把灌溉渠道分为若干等级。大、中型灌区的固定渠道一般分为干渠、支渠、斗渠、农渠四级。在地形复杂的大型灌区固定渠道的级数往往多于四级，干渠可分成总干渠和分干渠，支渠可下设分支渠，甚至斗渠也可下设分斗渠。在灌溉面积较小的灌区，固定渠道的级数较少，如灌区呈狭长的带状地形，固

农田灌溉沟渠

定渠道的级数也较少。干渠的下一级渠道很短可称为斗渠，这种灌区的固定渠道就分为干、斗、农三级。农渠以下的小渠道一般为季节性的临时渠道。一般干渠布置在灌区的较高地带，以便自流控制较大的灌溉面积，其他各级渠道亦应布置在各自控制范围内的较高地带，渠线应尽可能短直以减少占地，斗、农渠的布置要满足机耕要求。

shuigong jianzhu yongdi
水工建筑用地　《土地利用现状分类》（GB/T21010—2007）水域及水利设施用地之下的二级地类。指人工修建的闸、坝、堤路林、水电厂房、扬水站等常水位岸线以上的建筑物用地。这些建筑物可以在水的静力或动力的作用下工作，并与水发生相互影响，以控制和调节水流，防治水害，开发利用水资源。按水工建筑物功能可分为通用性水工建筑用地和专门性水工建筑用地两大类。

bingchuan yu yongjiu jixue
冰川与永久积雪　《土地利用现状分类》（GB/T21010—2007）水域及水利设施用地之下的二级地类。指表层被冰雪常年覆盖的土地。实际上冰川是由积雪变质成冰，并能自行呈固体移动的水体。地球陆地表面有11%的面积为现代冰川覆盖，主要分布在极地、中低纬的高山和高原地区。冰川及永久积雪是天然固体水库，是补给江河水量的重要源泉之一。据中国土地利用现状调查，截至1996年10月，中国的冰川及永久积雪总面积为5 974.9千公顷（8 962.4万亩）。冰川及永久积雪的总水量为5万亿立方米，每年可提供550亿立方米水量补给河川，成为长江、黄河、雅鲁藏布江以及内陆河流的主要水源地。中国冰川及永久积雪集中分布在西北地区和西南地区的高山地带，面积最多的是新疆和

米堆冰川

西藏。从山脉来看，以昆仑山和喜马拉雅山的冰川及永久积雪面积为最大，分别为11 639平方千米和11 055平方千米。由于近些年来全球变暖的影响，冰川和永久积雪地均有退缩。

qita tudi

其他土地 《土地利用现状分类标准》（GB/T21010—2007）中的一级地类。指除耕地、园地、林地等11个地类以外的其他类型的土地，即多年来一直使用的未利用地。由于称未利用地通常指尚未开展生产性利用，而其中的一些土地具有生态功能，也是一种利用方式，所以《土地利用现状分类标准》及近年来的一些土地利用分类系统均改称其他土地。

kongxiandi

空闲地 《土地利用现状分类》（GB/T21010—2007）之一级地类其他土地之下的二级地类。指城镇、村庄、工矿内部尚未利用的土地。这部分土地属于尚未被人类开展直接的生产性利用，但它们的存在同样具有一定的生态功能、景观价值和多样性作用。在利用空闲地的过程中，应该注意科学利用，提高利用质量。

sheshi nongyongdi

设施农用地 《土地利用现状分类》（GB/T21010—2007）之一级地类其他土地之下的二级地类。指直接用于经营性养殖的畜禽舍、工厂化作物栽培或水产养殖的生产设施用地及其相应附属用地，农村宅基地以外的晾晒场等农业设施用地。具体分为生产设施用地与附属设施用地。

生产设施用地 直接用于农产品生产的设施用地。包括：①工厂化作物栽培中有钢架结构的玻璃或PC板连栋温室用地等；②规模化养殖的畜禽舍（含场区内通道）、畜禽有机物处置等生产设施及绿化隔离带用地；③水产养殖池塘、工厂化养殖、进排水渠道等水产养殖的生产设施用地；④育种育苗场所、简易的生产看护房用地等。

附属设施用地 直接辅助农产品生产的设施用地。包括：①管理和生活用房用地，指设施农业生产中必需配套的检验检疫监测、动植物疫病虫害防控、办公生活等设施用地；②仓库用地，指存放农产品、农资、饲料、农机农具和农产品

分拣包装等必要的场所用地；③硬化晾晒场，生物质肥料生产场地，符合农村道路规定的道路等用地。

tiankan

田坎 《土地利用现状分类》（GB/T21010—2007）之一级地类其他土地之下的二级地类。主要指耕地中南方宽度≥1.0米、北方宽度≥2.0米的地坎，即田间的土埂，用以分界并蓄水，方便农民行走。田坎的另一用途是种植作物，适合坎上种的作物有蚕豆等植株相对矮小、直立生长的一、二年生草本作物。由于田坎常在沟渠旁，有利于各种野菜的生长或种子的传播。耕地图斑中田坎面积与耕地图斑面积的比例称为田坎系数。耕地图斑面积是指已扣除其他线状地物但还含有田坎的面积。田坎系数的大小随着耕地所处位置（丘陵、山地）、耕地类型（梯田、坡耕地）和利用方式（水田、旱地）等的差异而不同。通常表现为，耕地所在的地面坡度越大田坎系数越大，旱地比水田的田坎系数大，梯田比坡耕地的田坎系数大，山区耕地比丘陵耕地的田坎系数大。

yanjiandi

盐碱地 《土地利用现状分类》（GB/T21010—2007）之一级地类其他土地之下的二级地类。指表层盐碱聚集，生长天然耐盐植物的土地，是盐地、碱地、盐化土地、碱化土地的统称。盐碱地由于土壤表层积聚过多盐碱成分，对植物生长产生危害。在土壤学中，把这类土地的土壤称为盐渍土或盐碱土。土壤中的盐碱成分，主要由钾、钠、钙、镁等阳离子与氯、硫酸根、碳酸根、碳酸氢根等阴离子结合成多种盐组成，其中氯盐和硫酸盐类为中性盐，碳酸钠（苏打）和碳酸氢钠（小苏打）为碱性盐。盐碱对植物根系直接产生毒害，并提高土壤溶液的浓度，使作物吸收不到所需的水分，生长受到抑制，土壤有机质和养分含量低，土壤结构和物理性能不良，水、肥、气、热失调。气候和水文地质条件是形成盐碱地的主要因素。降水量少，蒸发量大，使土壤和地下水中残留比较多的盐分；地下水排泄不畅，水位高，潜水蒸发量大，溶解在地下水中的盐分，在蒸发作用下向表土层集积，因而产生盐碱化现象。滨海盐碱地是因滨海土地受海水浸

渍，土壤盐分以氯化钠为主。中国的内陆盐碱地主要分布在黄淮海平原、东北的西部平原、黄河河套平原和西北内陆干旱区。

zhaozedi

沼泽地　《土地利用现状分类》（GB/T21010—2007）之一级地类其他土地之下的二级地类。指经常积水或渍水，一般生长沼生、湿生植物的土地。主要分布在地势低洼，受地表水或地下水影响，排水不良，土壤常呈过湿状态的地区。其成因可分为：①水体沼泽化。包括湖泊沼泽化和河流、小溪等的沼泽化。②陆地沼泽化。包括草甸沼泽化和森林沼泽化。按供给水源和演变过程可分为：低位沼泽地、中位沼泽地、高位沼泽地。按地貌条件可分为：平原沼泽地、山地沼泽地、高原沼泽地。中国沼泽地主要分布在黑龙江的三江平原和大、小兴安岭地区、四川的若尔盖高原，以及各省的海滨、湖滨、河流沿岸地区。

沼泽地是中国重要的耕地后备资源，具有地势平坦、水分充足、土壤潜在养分高的优势。在三江平原的低平原区已垦殖了大量沼泽地，兴建了机械化程度较高的农场，成为中国重要的商品粮生产基地。沼泽地是鸟类繁衍生息的场所，沼泽地生长的芦苇是造纸原料。同时，沼泽地又是脆弱的生态系统。开发沼泽地必须兼顾生态、经济、社会效益，在自然保护优先的原则下制订综合规划，开展综合利用。

shadi

沙地　《土地利用现状分类》（GB/T21010—2007）之一级地类其他土地之下的二级地类。指表层为沙覆盖、基本无植被的土地，不包括滩涂中的沙地。主要发生在半干旱气候条件下，多风少水流和植被较少的地区。一般分布在中国的半干旱地区，如内蒙古的毛乌素沙地、科尔沁沙地和浑善达克沙地等。作为地貌类型的沙地参见第106页沙地。

沼泽地

luodi

裸地 《土地利用现状分类》（GB/T21010—2007）之一级地类其他土地之下的二级地类。指表层为土质，基本无植被覆盖的土地；或表层为岩石、石砾，其覆盖面积≥70%的土地。裸地主要分布在中国西北部的青海、新疆、甘肃等。裸地是可以改良利用的，治理的主要措施是采取引水灌溉、防风治沙和防止水土流失等综合措施。中国的裸地大部分经过改良后可供农、林、牧业开发利用。

chengshi yongdi

城市用地 按城市中土地使用的主要性质划分的居住用地、公共设施用地、工业用地、仓储用地、对外交通用地、道路广场用地、市政公用设施用地、绿地、特殊用地、水域和其他用地的统称。在中国仅指设市建制的城市建成区用地。城市用地包括：①居住用地，指城市中包括住宅及相当于居住小区及小区级以下的公共服务设施、道路和绿地等设施的建设用地。②公共设施用地，指城市中为社会服务的行政、经济、文化、教育、卫生、体育、科研及设计等机构或设施的建设用地。③工业用地，指城市中工矿企业的生产车间、库房、堆场、构筑物及其附属设施（包括其专用的铁路、码头和道路等）的建设用地。④仓储用地，指城市中仓储企业的库房、堆场和包装加工车间及其附属设施的建设用地。⑤对外交通用地，指城市对外联系的铁路、公路、管道运输设施、港口、机场及其附属设施的建设用地。⑥道路广场用地，指城市中道路、广场和公共停车场等设施的建设用地。⑦市政公用设施用地，指城市中为生活及生产服务的各项基础设施的建设用地，包括供应设施、交通设施、邮电设施、环境卫生设施、施工与维修设施、殡葬设施及其他市政公用设施的建设用地。⑧绿地，指城市中专门用以改善生态、保护环境、为居民提供游憩场地和美化景观的绿化用地。⑨特殊用地，一般指军事用地、外事用地及保安用地等特殊性质的用地。⑩水域和其他用地，指城市范围内包括耕地、园地、林地、牧草地、村镇建设用地、露天矿用地和弃置地，以及江、河、湖、海、水库、苇地、滩涂和渠道等常年有水或季节性有水的全部水域。⑪保留地，指城市中留待未来开发建设的或禁止开发的规划控制用地。

中国上海

chengshi jichu sheshi yongdi

城市基础设施用地　用于建造城市基础设施的土地。城市基础设施用地属于城市规划的强制性内容，与城市规划一并报批，不能轻易更改。主要包括：①城市公共汽车首末站、出租汽车停车场、大型公共停车场；城市轨道交通线、站、场、车辆段、保养维修基地；城市水运码头；机场；城市交通综合换乘枢纽；城市交通广场等城市公共交通设施。②取水工程设施（取水点、取水构筑物及一级泵站）和水处理工程设施等城市供水设施。③排水设施；污水处理设施；垃圾转运站、垃圾码头、垃圾堆肥厂、垃圾焚烧厂、卫生填埋场（厂）；环境卫生车辆停车场和修造厂；环境质量监测站等城市环境卫生设施。④城市气源和燃气储配站等城市供燃气设施。⑤城市热源、区域性热力站、热力线走廊等城市供热设施。⑥城市发电厂、区域变电所（站）、市区变电所（站）、高压线走廊等城市供电设施。⑦邮政局、邮政通信枢纽、邮政支局；电信局、电信支局；卫星接收站、微波站；广播电台、电视台等城市通信设施。⑧消防指挥调度中心、消防站等城市消防设施。⑨防洪堤墙、排洪沟与截洪沟、防洪闸等城市防洪设施。⑩避震疏散场地、气象预警中心等城市抗震防灾设施。⑪其他对城市发展全局有影响的城市基础设施。

Zhongguo chengshi yongdi fenlei

中国城市用地分类　在中国，为统筹城乡发展，集约节约、科学合理地利用土地资源，依据《中华人民共和国城乡规划法》的要求制订、实施和监督城乡规划，促进城乡的健康、可持续发展，中国住房和城乡建设部制定了《城市用地分类与规划建设用地标准》（GB50137—2011），自2012年1月1日起实施。该标准适用于城市和县人民政府所在地镇的总体规划和控制性详细规划的编制、用地统计和用地管理工作。其中包括城乡用地内各类用地和城市建设用地分类。相对于《土地利用现状分类》（GB/T21010—2007），该标准在城市和建设用地方面的分类更为细致。

首都机场T3航站楼

城乡用地内各类用地和代码

类别代码			类别名称	范围
大类	中类	小类		
H			建设用地	包括城乡居民点建设用地、区域交通设施用地、区域公用设施用地、特殊用地、采矿用地等
	H1		城乡居民点建设用地	城市、镇、乡、村庄以及独立的建设用地
		H11	城市建设用地	城市和县人民政府所在地镇内的居住用地、公共管理与公共服务用地、商业服务业设施用地、工业用地、物流仓储用地、交通设施用地、公用设施用地、绿地
		H12	镇建设用地	非县人民政府所在地镇的建设用地
		H13	乡建设用地	乡人民政府驻地的建设用地
		H14	村庄建设用地	农村居民点的建设用地
		H15	独立建设用地	独立于中心城区、乡镇区、村庄以外的建设用地，包括居住、工业、物流仓储、商业服务业设施以及风景名胜区、森林公园等的管理及服务设施用地
	H2		区域交通设施用地	铁路、公路、港口、机场和管道运输等区域交通运输及其附属设施用地，不包括中心城区的铁路客货运站、公路长途客货运站以及港口客运码头
		H21	铁路用地	铁路编组站、线路等用地
		H22	公路用地	高速公路、国道、省道、县道和乡道用地及附属设施用地
		H23	港口用地	海港和河港的陆域部分，包括码头作业区、辅助生产区等用地
		H24	机场用地	民用及军民合用的机场用地，包括飞行区、航站区等用地
		H25	管道运输用地	运输煤炭、石油和天然气等地面管道运输用地
	H3		区域公用设施用地	为区域服务的公用设施用地，包括区域性能源设施、水工设施、通讯设施、殡葬设施、环卫设施、排水设施等用地
	H4		特殊用地	特殊性质的用地
		H41	军事用地	专门用于军事目的的设施用地，不包括部队家属生活区和军民共用设施等用地
		H42	安保用地	监狱、拘留所、劳改场所和安全保卫设施等用地，不包括公安局用地
	H5		采矿用地	采矿、采石、采沙、盐田、砖瓦窑等地面生产用地及尾矿堆放地
E			非建设用地	水域、农林等非建设用地
	E1		水域	河流、湖泊、水库、坑塘、沟渠、滩涂、冰川及永久积雪，不包括公园绿地及单位内的水域
		E11	自然水域	河流、湖泊、滩涂、冰川及永久积雪
		E12	水库	人工拦截汇集而成的总库容不小于10万立方米的水库正常蓄水位岸线所围成的水面
		E13	坑塘沟渠	蓄水量小于10万立方米的坑塘水面和人工修建用于引、排、灌的渠道
	E2		农林用地	耕地、园地、林地、牧草地、设施农用地、田坎、农村道路等用地
	E3		其他非建设用地	空闲地、盐碱地、沼泽地、沙地、裸地、不用于畜牧业的草地等用地
		E31	空闲地	城镇、村庄、独立用地内部尚未利用的土地
		E32	其他未利用地	盐碱地、沼泽地、沙地、裸地、不用于畜牧业的草地等用地

城市建设用地分类和代码

类别代码			类别名称	范围
大类	中类	小类		
R			居住用地	住宅和相应服务设施的用地
	R1		一类居住用地	公用设施、交通设施和公共服务设施齐全、布局完整、环境良好的低层住区用地
		R11	住宅用地	住宅建筑用地、住区内城市支路以下的道路、停车场及其社区附属绿地
		R12	服务设施用地	住区主要公共设施和服务设施用地，包括幼托、文化体育设施、商业金融、社区卫生服务站、公用设施等用地，不包括中小学用地
	R2		二类居住用地	公用设施、交通设施和公共服务设施较齐全、布局较完整、环境良好的多、中、高层住区用地
		R20	保障性住宅用地	住宅建筑用地、住区内城市支路以下的道路、停车场及其社区附属绿地
		R21	住宅用地	
		R22	服务设施用地	住区主要公共设施和服务设施用地，包括幼托、文化体育设施、商业金融、社区卫生服务站、公用设施等用地，不包括中小学用地
	R3		三类居住用地	公用设施、交通设施不齐全，公共服务设施较欠缺，环境较差，需要加以改造的简陋住区用地，包括危房、棚户区、临时住宅等用地
		R31	住宅用地	住宅建筑用地、住区内城市支路以下的道路、停车场及其社区附属绿地
		R32	服务设施用地	住区主要公共设施和服务设施用地，包括幼托、文化体育设施、商业金融、社区卫生服务站、公用设施等用地，不包括中小学用地
A			公共管理与公共服务用地	行政、文化、教育、体育、卫生等机构和设施的用地，不包括居住用地中的服务设施用地
	A1		行政办公用地	党政机关、社会团体、事业单位等机构及其相关设施用地
	A2		文化设施用地	图书、展览等公共文化活动设施用地
		A21	图书展览设施用地	公共图书馆、博物馆、科技馆、纪念馆、美术馆和展览馆、会展中心等设施用地
		A22	文化活动设施用地	综合文化活动中心、文化馆、青少年宫、儿童活动中心、老年活动中心等设施用地
	A3		教育科研用地	高等院校、中等专业学校、中学、小学、科研事业单位等用地，包括为学校配建的独立地段的学生生活用地
		A31	高等院校用地	大学、学院、专科学校、研究生院、电视大学、党校、干部学校及其附属用地，包括军事院校用地
		A32	中等专业学校用地	中等专业学校、技工学校、职业学校等用地，不包括附属于普通中学内的职业高中用地
		A33	中小学用地	中学、小学用地
		A34	特殊教育用地	聋、哑、盲人学校及工读学校等用地
		A35	科研用地	科研事业单位用地

类别代码			类别名称	范围
大类	中类	小类		
	A4		体育用地	体育场馆和体育训练基地等用地，不包括学校等机构专用的体育设施用地
		A41	体育场馆用地	室内外体育运动用地，包括体育场馆、游泳场馆、各类球场及其附属的业余体校等用地
		A42	体育训练用地	为各类体育运动专设的训练基地用地
	A5		医疗卫生用地	医疗、保健、卫生、防疫、康复和急救设施等用地
		A51	医院用地	综合医院、专科医院、社区卫生服务中心等用地
		A52	卫生防疫用地	卫生防疫站、专科防治所、检验中心和动物检疫站等用地
		A53	特殊医疗用地	对环境有特殊要求的传染病、精神病等专科医院用地
		A59	其他医疗卫生用地	急救中心、血库等用地
	A6		社会福利设施用地	为社会提供福利和慈善服务的设施及其附属设施用地，包括福利院、养老院、孤儿院等用地
	A7		文物古迹用地	具有历史、艺术、科学价值且没有其他使用功能的建筑物、构筑物、遗址、墓葬等用地
	A8		外事用地	外国驻华使馆、领事馆、国际机构及其生活设施等用地
	A9		宗教设施用地	宗教活动场所用地
B			商业服务业设施用地	各类商业、商务、娱乐康体等设施用地，不包括居住用地中的服务设施用地以及公共管理与公共服务用地内的事业单位用地
	B1		商业设施用地	各类商业经营活动及餐饮、旅馆等服务业用地
		B11	零售商业用地	商铺、商场、超市、服装及小商品市场等用地
		B12	农贸市场用地	以农产品批发、零售为主的市场用地
		B13	餐饮业用地	饭店、餐厅、酒吧等用地
		B14	旅馆用地	宾馆、旅馆、招待所、服务型公寓、度假村等用地
	B2		商务设施用地	金融、保险、证券、新闻出版、文艺团体等综合性办公用地
		B21	金融保险业用地	银行及分理处、信用社、信托投资公司、证券期货交易所、保险公司，以及各类公司总部及综合性商务办公楼宇等用地
		B22	艺术传媒产业用地	音乐、美术、影视、广告、网络媒体等的制作及管理设施用地
		B29	其他商务设施用地	邮政、电信、工程咨询、技术服务、会计和法律服务以及其他中介服务等的办公用地

类别代码			类别名称	范围
大类	中类	小类		
	B3		娱乐康体用地	各类娱乐、康体等设施用地
		B31	娱乐用地	单独设置的剧院、音乐厅、电影院、歌舞厅、网吧以及绿地率小于65%的大型游乐等设施用地
		B32	康体用地	单独设置的高尔夫练习场、赛马场、溜冰场、跳伞场、摩托车场、射击场，以及水上运动的陆域部分等用地
	B4		公用设施营业网点用地	零售加油、加气、电信、邮政等公用设施营业网点用地
		B41	加油加气站用地	零售加油、加气以及液化石油气换瓶站用地
		B49	其他公用设施营业网点用地	电信、邮政、供水、燃气、供电、供热等其他公用设施营业网点用地
	B9		其他服务设施用地	业余学校、民营培训机构、私人诊所、宠物医院等其他服务设施用地
M			工业用地	工矿企业的生产车间、库房及其附属设施等用地，包括专用的铁路、码头和道路等用地，不包括露天矿用地
	M1		一类工业用地	对居住和公共环境基本无干扰、污染和安全隐患的工业用地
	M2		二类工业用地	对居住和公共环境有一定干扰、污染和安全隐患的工业用地
	M3		三类工业用地	对居住和公共环境有严重干扰、污染和安全隐患的工业用地
W			物流仓储用地	物资储备、中转、配送、批发、交易等的用地，包括大型批发市场以及货运公司车队的站场（不包括加工）等用地
	W1		一类物流仓储用地	对居住和公共环境基本无干扰、污染和安全隐患的物流仓储用地
	W2		二类物流仓储用地	对居住和公共环境有一定干扰、污染和安全隐患的物流仓储用地
	W3		三类物流仓储用地	存放易燃、易爆和剧毒等危险品的专用仓库用地
S			交通设施用地	城市道路、交通设施等用地
	S1		城市道路用地	快速路、主干路、次干路和支路用地，包括其交叉路口用地，不包括居住用地、工业用地等内部配建的道路用地
	S2		轨道交通线路用地	轨道交通地面以上部分的线路用地
	S3		综合交通枢纽用地	铁路客货运站、公路长途客货运站、港口客运码头、公交枢纽及其附属用地
	S4		交通场站用地	静态交通设施用地，不包括交通指挥中心、交通队用地
		S41	公共交通设施用地	公共汽车、出租汽车、轨道交通（地面部分）的车辆段、地面站、首末站、停车场（库）、保养场等用地，以及轮渡、缆车、索道等的地面部分及其附属设施用地
		S42	社会停车场用地	公共使用的停车场和停车库用地，不包括其他各类用地配建的停车场（库）用地

类别代码			类别名称	范围
大类	中类	小类		
	S9		其他交通设施用地	除以上之外的交通设施用地，包括教练场等用地
U			公用设施用地	供应、环境、安全等设施用地
	U1		供应设施用地	供水、供电、供燃气和供热等设施用地
		U11	供水用地	城市取水设施、水厂、加压站及其附属的构筑物用地，包括泵房和高位水池等用地
		U12	供电用地	变电站、配电所、高压塔基等用地，包括各类发电设施用地
		U13	供燃气用地	分输站、门站、储气站、加气母站、液化石油气储配站、灌瓶站和地面输气管廊等用地
		U14	供热用地	集中供热锅炉房、热力站、换热站和地面输热管廊等用地
		U15	邮政设施用地	邮政中心局、邮政支局、邮件处理中心等用地
		U16	广播电视与通信设施用地	广播电视与通信系统的发射和接收设施等用地，包括发射塔、转播台、差转台、基站等用地
	U2		环境设施用地	雨水、污水、固体废物处理和环境保护等的公用设施及其附属设施用地
		U21	排水设施用地	雨水、污水泵站、污水处理、污泥处理厂等及其附属的构筑物用地，不包括排水河渠用地
		U22	环卫设施用地	垃圾转运站、公厕、车辆清洗站、环卫车辆停放修理厂等用地
		U23	环保设施用地	垃圾处理、危险品处理、医疗垃圾处理等设施用地
	U3		安全设施用地	消防、防洪等保卫城市安全的公用设施及其附属设施用地
		U31	消防设施用地	消防站、消防通信及指挥训练中心等设施用地
		U32	防洪设施用地	防洪堤、排涝泵站、防洪枢纽、排洪沟渠等防洪设施用地
	U9		其他公用设施用地	除以上之外的公用设施用地，包括施工、养护、维修设施等用地
G			绿地	公园绿地、防护绿地等开放空间用地，不包括住区、单位内部配建的绿地
	G1		公园绿地	向公众开放，以游憩为主要功能，兼具生态、美化、防灾等作用的绿地
	G2		防护绿地	城市中具有卫生、隔离和安全防护功能的绿地，包括卫生隔离带、道路防护绿地、城市高压走廊绿带等
	G3		广场用地	以硬质铺装为主的城市公共活动场地

duli gongkuang yongdi

独立工矿用地 独立于居民点（城市、建制镇和农村居民点）用地之外的采矿用地，以及对气候、环境、建设有特殊要求和其他不宜在居民点内配置的各类建筑用地，依据发展需要划定的土地用途区。包括各种工矿企业、采石场、砖瓦窑、仓库和其他企事业单位的建设用地。

dandu xuanzhi jianshe xiangmu yongdi

单独选址建设项目用地 在中国指土地利用总体规划确定的城市和村庄、集镇建设用地地区以外选址进行建设的建设项目用地。包括能源建设项目、交通建设项目、水利建设项目、矿山建设项目、军事设施建设项目；道路、管线工程等基础设施建设项目用地大部分在城市和村庄、集镇建设用地区外，小部分在城市和村庄、集镇建设用地区内的，可以整体作为单独选址建设项目处理。

linshi yongdi

临时用地 在中国指工程建设施工和地质勘查需要临时使用、在施工或者勘查完毕后不再需要使用的国有或者农民集体所有的土地，不包括因临时使用建筑或其他设施而使用的土地。根据相关规定，建设项目施工和地质勘查需要临时使用国有土地或者农民集体所有的土地的，由县级以上人民政府土地行政主管部门批准。其中，在城市规划区内的临时用地，在报批前，应当先经有关城市规划行政主管部门同意。土地使用者应当根据土地权属，与有关土地行政主管部门或者农村集体经济组织、村民委员会签订临时使用土地合同，并按照合同的约定支付临时使用土地补偿费。临时使用土地的使用者应当按照临时使用土地合同约定的用途使用土地，并不得修建永久性建筑物。临时使用土地期限一般不超过两年。

caidi

菜地 常年种植蔬菜为主的耕地。菜地主要分布在城市郊区和独立工矿区附近。菜地经过多年培育，一般土层深厚、质地疏松、土壤肥沃，发育成特有的菜园土。但是在中国随着城市的扩展，质量好的菜地大量被占用，新补充的菜地一般质量都较差，征占菜地的问题日益突出。因此，在城市化进程中加强菜地保护，保障蔬菜供应，已成为需要认真对待的问题。

teguanlindi

特灌林地 在中国，是"国家特别规定的灌木林地"的简称。这一林地类型不在土地分类系统之内。它的特别之处在于中国的森林覆盖率是按一定行政区域范围内的有林地与特别规定灌木林地面积占土地总面积的百分率计算，即这一部分灌木林列入森林范围。根据中国国家林业局的定义，特灌林地指具有一定经济价值，以取得经济效益为目的进行经营的灌木林，或者分布在干旱、半干旱地区和乔木生长界线以上专为防护用途，且覆盖度大于30%的灌木林地。由于上述定义在实际操作中有一定的困难，为确保森林覆盖率计算的科学性、权威性，国家林业局在广泛征求各省、自治区、直辖市及有关单位意见的基础上，于2004年1月颁发了《"国家特别规定的灌木林地"的规定（试行）》，对有关标准、范围等作出了规定。

特灌林地具体范围包括：①年均降水量400毫米以下地区。以县为单位，最近连续30年平均年降水量值小于400毫米的单位确定为年均降水量400毫米以下的地区。②乔木分布上限。根据各省区市所处的生物气候带和自然条件，以植被垂直分布为主要依据，按山脉（山系）确定山地乔木分布上限海拔高度值。③热带、亚热带岩溶地区和干热（干旱）河谷区。其具体范围，按现地区划确定。各有关省根据本地的实际情况，先进行摸底调查，制定区划调查方案，报国家林业局审批；按审批后的区划调查方案组织区划调查，区划调查结果经专家论证后，以正式文件上报国家林业局；国家林业局各区域森林资源监测中心负责提出审核意见，经国家林业局批准后执行。

nanfang shuitian leixing

南方水田类型 中国南方地区，劳动人民在长期的农业生产过程中，针对不同的地貌部位，创造了多种多样的水田利用方式，形成了各不相同的水田类型，同时积累了辨土、识土的经验，并用简练生动的语言加以表达。中国在土壤普查中广泛总结农民群众分类命名的经验，采用了中国农民在长期耕作过程中用地形命名的不同水田类型，如圩田（垸田）、洲田、涂田、平田、洋田、岗田、塝田、冲

水田插秧　　　　　　　　（陈百明　摄）

田、垅田、垌田、畈田、坑田等。

weitian
圩田　在中国南方地区，指低洼地区四周筑堤防水的水田。长江下游地区称为圩田（也称围田），长江中游地区称为垸田。堤上有涵闸，平时闭闸御水，旱时开闸放水入田，因而旱涝无虑。圩田源于先秦，唐中叶以来发展很快，北宋以后沿长江从下游向中游湖泊地区推广，因而这一带成为中国农业中心。圩田对促进古代农业发展起了重要作用，是中国古代劳动人民的重要创造，也是农业发展史上的一大进步。但圩田的过度开发，对自然生态造成一定的影响。随着湖区面积的缩小，湖泊对洪水的调节作用下降，水道被逐步堵塞。因此，中国已经在一些地区开展退田还湖。

yuantian
垸田　参见第227页圩田。

zhoutian
洲田　在中国南方地区，指沿江、河泛滥地而修筑的水田，又称槽田。洲田有的一面临水，有的四周环水，根据地下水埋藏深度，有高位洲田、中位洲田、低位洲田之分。高位洲田地下水位的埋藏深度>0.8米，中位洲田地下水位的埋藏深度0.5～0.8米，低位洲田地下水位的埋藏深度<0.5米。高位洲田多沙质或沙壤质，漏水漏肥严重；而低位洲田则有洪涝威胁。由于土壤质地变化很大，轮作制度较复杂，一般为水稻、小麦、棉（麻）的轮作。

tutian
涂田　在中国南方地区，指由海涂建成的水田。由于盐分含量高，或存在酸的危害，要靠雨水或灌溉水冲洗以后才能种植水稻或水旱轮作。按照潮位波及范围，可以区分高、中、低位涂田，再按照土壤脱盐程度与地下水埋藏深度续分类型。

pingtian
平田　在中国南方地区，指平原地区的水田。经人工长期耕作，平整、水网纵横、农田水利设施配套、灌排便利，旱涝保收。按照海拔高程与灌排状况可以分为高平田、平田与低平田，其上分布的土壤类型也因之而异。

yangtian
洋田　在中国南方地区，指山地之间或丘陵之间的水田。其地形呈盆状，由四周向内微倾，地下水位较低，但灌溉水源充裕，排水状况亦佳。洋田的土层深厚、土壤肥沃，除间有山洪威胁外，没有其他限制条件，是高产稳产的水田类型。

gangtian
岗田　在中国南方地区，指分布于山地丘陵顶部的梯形水田。岗田主要靠天然降水，耕作层浅，肥力较低，不受地下水的影响。

bangtian
塝田　塝是中国南方地区的方言，指田地、沟渠、土埂的边坡。塝田泛指山边地势较高的田地，后用于专指分布在山地丘陵坡地的梯形水田，位置一般在岗田之下、冲田之上。塝田不受地下水的影响。

塝田　　　　　　　　　　（陈百明　摄）

chongtian

冲田 冲是中国南方地区的方言，泛指丘陵山区的平地。冲田则是指分布于丘陵山地之间平缓地上的水田，位置在塝田之下。

longtian

垅田 在中国南方地区，指分布于山间、丘间谷地的呈垅状的水田，与冲田的分布位置相似，但是比冲田开阔一些。垅田一般不受地下水的影响。在中国南方的农村又经常把冲田和垅田合称冲垅田。

dongtian

垌田 垌是中国南方地区的方言，泛指田地。垌田则指在江河的冲积扇或三角洲上大片广阔的田地。后用于专指分布于山间、丘间谷地的水田，与冲田、垅田的分布位置相似，但是比垅田更开阔一些。垌田一般不受地下水的影响。

fantian

畈田 畈是中国南方地区的方言，泛指成片的田。畈田则指分布于山间、丘间谷地的水田，比垅田更为开阔，一般连片分布，位置比冲田低一些。

kengtian

坑田 在中国南方地区，指分布于山区沟谷中受冷泉浸渍的水田。特点是具有较厚的烂泥层，只能种植水稻，但由于排水不良、土壤通气透水性差，春季土温回升慢，秧苗发育迟，产量较低。一般实行单季稻、冬泡休闲耕作制。

土地评价与利用编

土地评价　对土地资源用于某种用途时的性能的评定。又称土地资源评价。包括对土地资源组成要素和人类活动对土地资源的影响等方面的调查分析，以及根据评价目的比较土地资源质量优劣或确定可持续的土地利用类型和利用方式。联合国粮农组织（FAO）公布的《土地评价纲要》指出：土地评价是"对土壤、植被、气候及土地其他方面的基本条件进行对比和说明的过程，以便根据评价的目的，对有前途的土地利用选择方案，进行鉴别和比较"。中国开展的土地资源评价工作有土地质量评价、土地潜力评价和土地适宜性评价等。根据评价目的和对象，土地资源评价还可划分出农业土地评价、林业土地评价、牧业土地评价、城镇土地评价、旅游土地评价等，它们的内部还可以作进一步的细分。土地资源评价的方法可以分为直接评价法和间接评价法。直接评价法是通过实验方法了解土地某种或某些性状，从而确定其质量、潜力或适宜性。间接评价法是对影响土地的各种特性作出诊断，由此推论土地资源的质量、潜力或适宜性。土地资源评价可按不同的区域范围开展，例如全球、一洲、一国、一地区、一生产单位，也可以在土地利用类型的基础上开展，不论范围大小，都是在一定的区域范围内考虑。无论是哪一类土地资源评价，都应该遵循：①明确土地评价的目的，尤其是土地利用方式，并将这种土地利用方式对土地的要求与所评价土地的质量进行比照；②具有

经济观点，即要将土地利用所得效益与所需的投入进行比较；③因地制宜，针对研究区的具体情况进行评价；④考虑到一个地区的不同土地利用方式，分别进行评价，并对其结果进行比较，以作出恰当选择；⑤考虑到土地的生态、经济和社会效益，以土地的可持续利用为前提。

土地评价单元　能在图上加以区分的、具有特定土地特性和土地质量的土地评价和制图的基本单元，即用于一定评价目的、具有专门特征的土地单位（制图区域）。土地评价单元通过土地调查加以确定和制图，构成土地评价工作的基础。在自然、经济等特征方面具有某种程度相似性的任何类型地区，均可作为土地评价单元。由于制图比例尺和调查工作性质（如详查、半详查、概查）不同，土地评价单元内部的相似性程度差异较大，特别是出于经济分析的需要，采用一些行政区划单位界线时更是如此。从各国的工作实践来看，土地评价单元的选取大致有五种方式：①以土地类型（或土地资源类型）单元作为评价单元，以土壤—地貌—植被—利用现状的相对一致性作为划分依据；②以土壤分类单位（中国常采用土类、土属、土种，英国、美国常采用土系）作为评价单元，划分依据是土壤分类体系；③以土地利用类型单元作为评价单元，划分依据是土地利用分类体系；④以生产地段或地块（如中国的承包地块或其组合，西方

国家的家庭农场或大农场的作业地块）作为评价单元；⑤以行政区划单位（如行政村、行政乡）作为评价单元。采用哪一种方式和该方式中的哪一级别，均应根据不同目的、用途、范围、制图比例尺而定。以土地自然评价为主的多采用①②种方式，以土地经济评价为主的多采用②③④种方式。评价目的愈具体，用途愈明确，范围愈小，制图比例尺愈大，在各方式中选取的类型单元级别则愈低。

tudi pingjia yinzi

土地评价因子　对所评价的土地利用类型或利用方式的潜力、适宜性或可持续性有重要影响，并用以评定等级的土地特性或土地质量。又称参评因子、诊断指标、等级决定因子。中国的土地评价工作中常常应用的土地评价因子包括：有效土层厚度、土壤质地、剖面构型、盐渍化程度、土壤污染状况、土壤有机质、土壤酸碱度、障碍层深度、排水条件、地形坡度、灌溉保证率、灌溉水源条件、排水条件等。

tudi pingjia yinzi fenji

土地评价因子分级　针对每个土地评价单元，按每个评价因子的分级临界值评定其等级的过程。分级临界值是对划分不同土地适宜性、土地潜力或可持续性的等级有关键意义的评价因子的界限值。评价因子分级主要有：①极限条件法，又称最大限制因子法。以评价因子分级中最低的质量（或潜力、适宜性）等级，即最大的限制性因子的等级，作为该土地单元对所评价的土地利用类型或利用方式总的质量（或潜力、适宜性）等级的方法。②累加法，又称指数和法。将各个评价因子评定的分数或指数（按其重要性加权或不加权）累加，以其和数来评定等级的方法。③乘积法，以各个评价因子评定的分数或指数的乘积来评定等级的方法。④复合函数法，以数学模型表示各评价因子间的相互关系，并以其计算值评定等级的方法。

tudi pingjia xitong

土地评价系统　在土地评价工作中评定土地质量、潜力或适宜性的等级序列系统。制定土地评价系统是土地评价和制图的重要基础工作。土地评价系统是一个多级序系统，每一等级均按一定的指标对土地分等划级，低一级的等级单位更详细地反映高一级的等级单位在土地方面的差异性。不同的评价系统，对评价内容反映的详略程度不尽相同。评价系统中等级序列的数目和每一等级中的等级数目亦不相同，主要取决于评价目的和制图比例尺。国际上影响较大的土地评价系统中，联合国粮农组织（FAO）在《土地评价纲要》提出的"土地适宜性分类"的评价系统，是由适宜性纲（分出两个）、适宜性级（分出三级）、适宜性亚级（一般为四个）、适宜性单元组成的四级序列系统。美国农业部的"土地潜力分类"的评价系统是由潜力级（分八级）、潜力亚级（一般为四个）、潜力单元组成的三级序列系统。其他的评价系统如苏联的评价系统是由土地类、土地级、土地亚级、土地种组成的四级序列系统，澳大利亚联邦科学与产业组织的土地潜力评价系统是由限制性等级、适宜类别组成的二级序列系统。在中国影响较大的土地评价系统是《中国1∶100万土地资源图》的分类系统，它是由土地潜力区、土地适宜类、土地质量等、土地限制型、土地资源单位组成的五级序列系统。

tudi pingjia gangyao

土地评价纲要　联合国粮农组织（FAO）1976年公布的一个技术性文件，用于指导各国进行土地适宜性评价。其评价系统是迄今国际上影响最大和使用最广泛的土地适宜性评价系统。文件中阐述的土地适宜性评价系统分为纲、级、亚级、单元四级。

　　土地适宜性纲　指适宜性的种类。分为适宜纲（S）和不适宜纲（N）以及作为过渡单位的有条件适宜纲（Sc）。S纲的定义是这类土地按所考虑的用途在持续利用中能获得足以抵偿投入的收益，而且没有破坏土地的危险。N纲表示这类土地不能按所考虑的用途持续利用。Sc纲适用于小范围的、在特定管理条件下不适宜或不甚适宜于所考虑的用途，但只要采取一定的技术措施就可成为适宜的土地。

　　土地适宜性级　在适宜性纲内反映适宜性的程度。最多可分为五级，一般分为三级。S1级表示高度适宜，表明土地对某种用途的持续利用没有明显限制，或只有轻微限制，但不会显著降低产量或收益，也不会导致投入超过可接受的程度；S2级表示中等适宜，表明土地对指定用途的持续利用有中等程度的限制性，这些限制将减少产量和收益并增加所需的投入，但仍能获得一定利益；S3级表示勉强适宜，表明土地对指定用途的持续利用有严重限制，因此会降低产量和收益或增加必需的投入，收支仅能勉强平衡。在不适宜纲内划分暂时不适宜和永久不适宜两级，当前不适宜级（N1）与S3之间的界线由经济指标确定，并根据相对成本和价格变动加以调整。

土地适宜性亚级　在适宜性级内反映限制性因素的种类。主要有土壤水分不足、侵蚀危害、排水限制性、养分缺乏等。S1级由于已经高度适宜，无适宜性亚级。

土地适宜性单元　根据土地的生产特征和管理要求，按土地的生产潜力和管理措施的相似性划分，是亚级的再细分。同一适宜单元的土地具有相同程度的适宜性和相似的限制性，具有相同的生产特点和要求相同的经营管理措施。主要用于详查尺度。在比例尺较小时，一般仅分到适宜性亚级。

《土地评价纲要》提及的适宜或不适宜，均针对某特定土地利用方式，仅是各类具体适宜性评价的提纲或指南。

Meiguo tudi qianli pingjia xitong
美国土地潜力评价系统　美国农业部土壤保持局在20世纪30年代提出的土地潜力评价系统，是世界上最早使用和最典型的土地潜力评价系统。该系统提出时的目的是协助开展土壤侵蚀的控制，以后有所发展并在许多国家获得应用，成为世界上在评价农业用地中影响最大的系统。它根据土地对作物生长的自然限制性因素的限制程度将土地分为若干个顺序的类别，其中可耕地的分类根据土地持续生产一般农作物的潜力与所受到的限制因素划分，不宜耕种的土地分类还考虑因经营不当所引起的土壤破坏的危险性。该评价系统从高到低分为潜力级、潜力亚级和潜力单位。

潜力级　分类中最高的等级，是土地利用的限制性程度大致相同的若干土地潜力亚级的归并。全部土地分为八级，用罗马数字表示。从Ⅰ级至Ⅷ级，土地在利用上受到的限制逐渐增强。八级土地的定义分别为：Ⅰ级，土壤在利用上基本没有限制，适宜多种作物；Ⅱ级，土壤在利用上有一定的限制性，由此减少了种植作物选择的余地，或者要有中度的保护措施；Ⅲ级，土壤有严重的限制性，由此降低了种植植物的选择余地或需要专门的土壤保持措施，或两者兼有；Ⅳ级，土壤存在十分严重的限制性，由此制约了对种植作物的选择，或要求十分精细的管理，或者兼有；Ⅴ级，土壤没有或很少有侵蚀危险，但有其他限制因素且难以消除，所以一般仅限于作牧场、林地或野生动物栖息地；Ⅵ级，土壤由于其存在很严重的限制性，通常不适于耕作，基本上限于作草场、林地或野生动物栖息地；Ⅶ级，土壤由于其存在极严重的限制性，不适于耕作，基本上只限于用作放牧、林地或野生动物栖息地；Ⅷ级，土壤和地貌的限制性使其不能用于商业性的作物生长，只能用于娱乐、野生动物栖息、水源涵养，或用于观赏。

潜力亚级　按主导的土地利用限制因素划分，即具有相同种类的土地利用限制性因素的若干土地潜力单元的组合。根据限制性因素种类分为四个亚级，分别表示侵蚀（e）、水分过多（w）、土壤根系层（s）（深度和石质性等）、气候（c）四种限制性类型，可明显表示每一种特殊的危害以及与之有关的管理问题的范围和程度。如Ⅱe表示二级土地，其原因是有侵蚀危害；Ⅲs表示三级土地，其原因是土壤根系层限制性。后来在使用过程中有时增加亚级数目，如把原来属于单一土壤根系层限制的土壤深度、石质性和盐渍化分开，单独成为限制性因素，水分过多也分出高地下水位和泛滥危害两种。

潜力单位　潜力亚级之下一组具有相同潜力、限制性和管理措施的土壤制图单元，即具有相同的潜力、限制性并对同一经营管理措施有大致相同响应的若干土地段的组合。

Zhongguo 1:100 wan tudi ziyuan tu
中国1:100万土地资源图　属小比例尺的专题地图，是中国第一套全面系统反映土地资源潜力、质量、类型、特征、利用的基本状况及空间组合与分布规律的大型小比例尺专业性地图。它由中国科学院自然资源综合考察委员会主持，由43个单位，300多位科学工作者协作完成。1986～1989年由西安地图出版社陆续出版。《中国1:100万土地资源图》的成果，除60幅国际分幅图外，还有按土地资源分类系统进行分省、分潜力区、分类型逐级逐项量算统计得到的《土地资源数据集》。《中国1:100万土地资源图》所提供的资源数据是全面的、系统的，特别是其中土地适宜性、土地质量等与土地限制型的土地评价部分的资源数据在国内尚属首次。

《中国1:100万土地资源图》评价系统属于土地适宜性评价体系。评价原则是：土地生产力的高低；土地对农、林、牧业的适宜程度；适当考虑与土地资源有密切关系的土地利用现状和经济社会因素。分类系统采取土地潜力区、土地适宜类、土地质量等、土地限制型、土地资源单位的五级分类制。

土地潜力区 作为"零"级单位，以水热和气候条件为依据，反映区域之间生产力的对比。中国划分为华南、四川盆地—长江中下游、云贵高原、华北—辽南、黄土高原、东北、内蒙古半干旱区、西北干旱区、青藏高原九个土地潜力区。

土地适宜类 在土地潜力区的范围内依据土地对农、林、牧业生产的适宜性划分。共划分宜农土地、宜农宜林土地、宜农宜牧土地、宜林宜牧土地、宜农宜林宜牧土地、宜林土地、宜牧土地和不宜农林牧土地八个土地适宜类。

土地质量等 在土地适宜类范围内的土地适宜程度和生产潜力高低，是土地资源评价的核心。土地质量等的划分按农、林、牧业利用各分三等，如宜农一等、二等、三等，宜林一等、二等、三等，宜牧一等、二等、三等。

土地限制型 在土地质量等的范围内，按其限制因素及其强度划分。土地限制型除无限制外，分为水文和排水条件、土地盐碱化、有效土层厚度、土壤质地、基岩裸露、地形坡度、土壤侵蚀、水分、温度九种限制因素划分。各个限制因素分若干级，分级指标以能满足进行农、林、牧业利用分等为原则。

土地资源单位 即土地资源类型，是土地资源分类的基层单位，由地貌、土壤、植被、利用组合类型表达，以四者的联名命名，如山地黄壤阔叶林地、平地黑土旱耕地。

基本评价方法 主宜性与多宜性评价相结合、主导因素与综合分析相结合，通过农林牧分类评价，由低级向高级归并，分别评定土地资源单位的农林牧质量等级。

评价设定 稳定的耕地只作农业评价；不稳定的耕地和质量很差的耕地要作农林牧评价；平地、岗地的林地原则上只作农林评价；丘陵、山地的林地原则上只作林业评价；平地、岗地、丘陵的草地要作农林牧评价；山地的草地只作林牧评价。

tudi pingjia zhuanjia xitong
土地评价专家系统 存储土地专家的土地评价经验和方法，模拟土地评价的具体思维过程，解决复杂的土地评价问题的计算机程序系统。即利用计算机处理土地评价专家的知识，并模仿专家的思维和分析技巧，建立土地评价专家的思维模型，通过知识获取、推理、演绎、启发、解释、直觉判定等策略，对土地评价问题提供专家水平的解答，把原来经验性、直观性、模糊性的土地评价知识变为具体化、结构化和形式化的知识，从而使土地评价工作实现半自动化和自动化。系统的核心由知识库和推理机两部分组成：知识库存储与土地评价问题有关的求解问题的专家知识；推理机把知识库中的土地评价知识施用于具体求解问题的数据，以获得可能的解。此外还有以下内容：①知识获取部分。负责知识库的管理和对知识库进行增加、修改和删除操作。②解释部分。根据用户要求，对系统操作和运行过程作出解释。③数据库部分。存储土地评价的固有数据，如用户提供给系统进行分析的数据和推理过程产生的中间信息。

tudi pingjia tixi
土地评价体系 为不同评价目的而设计的特定的土地评价方法和程序。如根据评价对象确定土地利用要求，根据不同的评价区域或制图比例尺选择土地评价单元，根据不同的土地评价类别确定土地评价因子，根据不同的评价目的和要求制定分级临界值和评价因子分级依据等。还包括制定评价工作的技术路线，规定土地评价的步骤和关键环节，选择合理可行的计算公式、数学模型方法等。

tudi pingjia leibie tixi
土地评价类别体系 根据土地单元的一些决定其利用性能的土地性状阈值，将土地归类为若干顺序的类别的一类土地评价体系。其做法是，针对一定的土地利用方式，以定性方式将土地质量、潜力或适宜性的评价结果表示出不同的类别等级。又称归类法土地评价、类别法（或范畴法）土地评价。美国农业部的土地潜力分类和联合国粮农组织（FAO）的土地适宜性分类均属归类法土地评价。

tudi pingjia canshu tixi

土地评价参数体系　将土地单元的一些决定其利用性能的土地性状阈值用数学模型联系起来，得出一个预期产量或指数，以此划分土地等级的一类土地评价体系，即用数量方法进行土地评价。又称参数法土地评价、数值法土地评价。一般步骤是：首先，根据土地评价的目的选取有关的土地性质，并根据它们的重要性分别给出一定的数值；然后，按照一定的数学运算方法将这些数值结合起来，产生总的土地性能指数；最后，将这些指数进行适当的划分，并与一定的土地等级联系起来，即对土地作出等级评定。参数体系广泛运用于农、林、牧业土地评价，尤其是以征税为目的的土地评定，而且也用于非农业利用目的的土地评价。

situoli zhishu fendeng

斯托利指数分等　一种乘法土地评价体系，在世界上广泛应用。经多次修改完善后发表的斯托利指数分等系统为：SIR（斯托利指数）=A（土壤剖面特性）×B（表土质地）×C（坡度）×X（其他因子，如排水、侵蚀等）。对表达式中的每个因子均用百分比打分，并在变换成小数后相乘，最后结果仍用百分比表示。其他因子项（X）如不止一项因子，则先将它们以小数相乘，再得出X的百分比，然后再以小数形式与A、B、C相乘，最后仍转化为百分比。在获得斯托利指数后，便可据事先规定的土地等级指数等级范围评定土地等级。

yiban mubiao tudi pingjia

一般目标土地评价　以较广义的土地利用大类（如农业、林业、旅游业等）作为评价目标，而不详细规定所评价的具体土地利用方式的一类土地评价体系。一般是从土地本身的综合属性出发，揭示土地的形成、特性、结构和地域分异规律，也就是说，它并不偏重于考虑某种具体的土地利用或开发活动的目的。在评价过程中，主要依据对土地组成要素及其相互关系的综合分析，恰当地选取反映土地客观分异的依据和指标，并阐明土地的综合特征。大范围的小比例尺土地评价工作往往属于这种性质。一般目标土地评价的适应性广，可为特定目标土地评价提供一个"框架"，因此可视为一个地区土地资源研究的科学"储备"。尤其是在尚未开发或即将开发的地区，往往还无十分明确的目标，或者在各种可供选择的具体土地利用方式上还未作出最后决策，在这些情况下开展这类评价应该是一种恰当的做法。

teding mubiao tudi pingjia

特定目标土地评价　以某一有明确定义的特定土地利用类型或利用方式或经营管理措施作为评价目标的一类土地评价体系。通常具有明确和具体的目标，如某种作物的栽培、荒地开发、水土保持、城市建设、自然保护等等。其特点是要考虑到其服务目标，尤其是在主要依据和指标上要更多考虑与该目标有关的内容。特定目标评价的实用价值较大，在经济较发达地区或对土地资源总体状况已有较好了解的地区，这是经常采用的方法。然而，这类评价的目的愈是狭窄，成果的使用范围也愈小。例如，在一个地区所作的茶叶适宜地评价并不适合于建筑用地评价；如果需要后一方面的资料，还需要作补充调查和评价。

tudi dingxing pingjia

土地定性评价　评价结果仅用定性的方式表示，不作产量或投入产出分析的一类土地评价体系。如土地适宜性评价中，各类土地评价单元对不同利用目的适宜性仅作定性表述，即对某一特定用途的适宜性仅评定为高度适宜、一般适宜、勉强适宜或不适宜。定性评价主要用于踏勘性尺度的调查，或作为更详细调查的开端。

tudi dingliang pingjia

土地定量评价　评价结果用量化的数字表示，可以在不同用途的适宜性之间进行比较的一类土地评价体系。最初的定量评价常常作为经济评价的基础而开展，其后常用于专门目的的评价，如估算不同作物的生产率或不同树种预期的增长率。这类用实物的数量（如作物单产等）表示其评价结果的缺点是一般不能提供不同生产形式之间的比较基础，如难以比较木材的立方米和谷物的吨数。为了解决不能比较的问题，又尝试以指数形式表示评价结果，如著名的斯托利指数分等方法。随着数学模型和计算机技术广泛应用，土地定量评价已经成为主要的评价方法。

tudi ziran pingjia

土地自然评价 通过分析土地的自然属性，评定各种土地在一定的科学技术水平和经营管理条件下的生产或其他利用方面的质量、潜力或适宜性的过程。自然属性是土地本身固有的内在属性，是由构成土地的诸要素如岩性、海拔高度、坡度、抗蚀性、土壤质地、有效土层厚度、土壤有效水分、养分、适耕性、盐渍化程度等长期相互作用、相互制约所赋予土地的特性。在农、林、牧业利用中，自然评价主要考虑农作物或森林、牧草对土地自然属性的要求，以及人类对这些自然属性在生产利用中构成的限制性所具备的改造能力，但不具体考虑人类劳动和物质投入的耗费情况。在这类评价中，常把土地的自然生产率作为综合指标。

tudi jingji pingjia

土地经济评价 运用经济指标对土地的评定。一般在自然评价的基础上，进行经济社会分析，并用可比的经济指标表示结果。在现实土地利用中，通过活劳动和物化劳动综合消耗所获得的产品或经济效益（效率）对土地进行评定，即对土地进行投入和产出分析，通过比较不同土地利用的投入和效益，决定土地的适宜性类型及其适宜程度。

土地经济评价内容 不仅要考虑到土地所固有的自然属性的差异，而且要着重分析土地的经济属性，研究在等量劳动（包括活劳动和物化劳动）耗费下土地的产出效果，从土地利用的经济学差异评价土地。土地经济评价主要揭示土地利用方式的经济效果，反映在不同的自然条件和经济条件下不同土地类型的生产耗费量和产品量或经济效益（效率）的对比关系，或在相同的劳动和投入的耗费量下得到不同产出量的经济指标（单位面积土地产值、投资回报率、级差收入等）。

评价过程 通过一系列经济指标比较不同土地类型对一种确定用途的适宜性，或比较不同利用对一种土地类型的适宜性，分析土地改造的经济可行性，比较在两个或两个以上的不同区域内进行投资的经济效益，比较土地改造和维持现状不加改造两种情况的经济效益。所以土地经济评价还可以为土地改良提供选择依据。

评价目的、用途和方法 由于各国情况不同，评价的目的、用途和方法也各异。从目的和用途看，大致可以分为两方面：一是为制定政策、法令提供依据；二是为土地经营者服务。美国、日本和西欧国家的土地经济评价包括为课税服务的评价、为制定政策服务的土地经济分级；苏联和东欧国家大多用于评定土地的劳动生产率以及指导生产经营；中国的土地经济评价主要为土地经营管理服务。评价方法中较为著名的有德国以课税为目的的土地评价方法、美国土地经济分级中预计收入分级和经营性质的分级方法、苏联以等量劳动耗费条件为基础的经济评价方法。

联合国粮农组织评价体系 20世纪80年代以来，联合国粮农组织（FAO）提出的土地经济评价体系代表了发展的趋势。它是对每一类土地上每一种特定产业以利润表示结果的一种评价方式。评价工作中采用专门的经济核算方法，分析由定量的自然评价所获得的数据，从而得到投入的成本和生产的价值。

tudi shengchanli pingjia

土地生产力评价 选用相应的指标对不同类型土地在不同投入条件下具有的不同产出能力和经济效益进行评等定级的过程。评价采用的主要指标为单位面积的产量、产值和利润等。对农用土地，评价指标主要是土地的生物生产量，如农作物产量、果品菜蔬产量、材积量、产草量等。对城镇、工业、商业等非农业用地，评价指标主要是单位土地面积上的产值和利润等。在农用地生产力评价中又分为土地自然生产力评价和土地经济生产力评价两种。土地自然生产力评价，是指对在没有人类劳动投入的条件下，由土壤因子及其地上地下环境条件（如气候、地形、坡度、水文地质等）所共同形成的自然生产能力的评价。土地经济生产力评价，是指对包括人类劳动投入和自然生产力一起形成的综合生产能力的评价。土地经济生产力评价既可以是现有投入水平条件的生产能力评价，也可以是未来投入水平和改良限制因素后的生产潜力评价。

tudi kechixu liyong pingjia

土地可持续利用评价 评定给定的土地利用系统在特定区域或地点和特定时段内的可持续性的过程。又称可持续土地利用评价。即针对土地可持续利用的状况（生产性、安全性、保护性、可行性、可接受性）进行系统诊断，并寻求土地资源可持续利用的措施和途径，是一种针对土地利用现状的前瞻性评价，包括定性评价和定量评价两类。国际研究的重点是土地可持续利用的定量评价。具体而言，土地可持续利用评价是在可持续发展思想的基础上，依据土地可持续利用的内涵与目标，选取一定的评价指标，将与土地利用有关的自然环境、经济、社会各个方面的因素联系起来，针对一定的土地评价单元，对其土地利用方式进行定性、定量评价，以此来衡量该土地利用方式在一定时间段内的稳定性和发展性，即土地利用的可持续性。所以土地利用的可持续性是土地适宜性在时间上的扩展和延伸。土地可持续利用评价不仅包括对土地利用方式的现状功能评价，还包括对未来的预测性评价，即需要对该土地利用方式下影响土地评价单元的各种生态、经济和社会因子与过程可能的变化趋势作出预测并予以评价。土地可持续利用评价以探求土地利用系统及其与外界因素之间的相互关系为目标，以评价为目的，既不同于土地规划，也不同于具体的持续土地利用管理方法或措施，通过科学、客观的评价，分析区域土地利用的自然、经济和社会属性，衡量其可持续性程度，从而确定当前土地利用系统所处状态和存在问题，以及现行土地利用措施对土地利用土地覆被的预期影响，为完善土地利用规划、改进土地利用管理方式、实现土地可持续利用提供依据。

tudi zhiliang pingjia

土地质量评价 根据一定的利用目的，对土地资源的性状进行质量鉴定的过程。主要根据土地的自然生产力或其他利用的潜力高低对土地质量作出评估。在联合国粮农组织（FAO）公布的《土地评价纲要》中，土地质量是由明显影响土地对特定用途适宜性的一组土地特性所组成的复合土地属性。由于土地质量可更好地体现土地属性与土地利用之间的联系，因此它比土地特性更适用于土地评价。土地特性是一种可度量或测定的土地属性，如坡度、降水量、土壤质地、有机质、土层厚度、平均温度、土壤排水等级、土壤有效水容量等。如土壤抗蚀性作为一项土地质量，不仅与坡度有关，而且也与渗透性、土壤质地、降雨强度等有关。通常由几种土地特性评定一项土地质量，如土壤有效水分这一土地质量可通过降水量、蒸腾速率、土壤有效水容量等多种土地特性综合评定；也有的仅由一种土地特性评定一项土地质量，如根部氧素有效性这一土地质量仅由土壤排水等级这一土地特性即可评定。土地质量评价是一项高度综合性的研究工作，其成果可作为国土整治、区域规划、土地利用规划与管理等的重要基础。

tudi shiyixing pingjia

土地适宜性评价 评估土地对特定利用类型或利用方式适宜程度的过程。即某块土地针对特定的土地利用类型或方式是否适宜，如果适宜，其适宜程度如何，存在什么影响适宜性的限制因素，从而作出适宜等级的评定，属于特定目标的土地评价体系。世界上影响最大和使用最广泛的是联合国粮农组织（FAO）公布的《土地评价纲要》中的土地适宜性评价体系。从一定意义上说，土地适宜性评价是对土地潜力评价的进一步发展，由于它的针对性强，评价结果的实用性较大，因此在国际上正在得到广泛的应用。

评价步骤 土地适宜性评价从土地利用研究和土地调查开始，要求明确土地利用条件和每一土地单元的属性和相关的经济社会条件，在此基础上进行土地利用的适宜性比较，以及相关的经济、社会条件的分析。根据上述比较分析确定土地适宜性等级，建立土地评价的数据档案，以便在有关成本、收益因价格发生重大变化时，可以重新评价，改变适宜性类型。

评价类型 根据是否开展土地改良可以分为当前适宜性评价和潜在适宜性评价：①当前适宜性评价。评定土地单元在不进行大型土地整治的当前情况下，对给定土地利用类型或利用方式的适宜性的土地评价。②潜在适宜性评价。评定土地单元在完成大型土地整治后的条件下，对给定土地利用类型或利用方式的适宜性的土地评价。

tudi qianli pingjia

土地潜力评价 对土地用于农林牧业生产或其他方面的潜在能力的评定，即根据土地的自然要素对农业、林业、牧业和旅游业等几种土地利用大类的限制性因素的多少和程度，把土地分成若干类别的一种土地评价体系，属于一般目标的土地评价体系。又称土地能力评价、土地利用可能性评价。

评价依据 以土地的自然性质（土壤、气候、地形等）及其对于土地的某种持久利用的限制性，就土地在该种利用方面的潜在能力作出等级划分。在这一评价系统中，限制性是对潜力施加不利影响的土地特征。其中，永久限制性指不能轻易改变，至少不能通过小型土地整治改变的限制性，包括坡度、土层厚度和易受泛滥。暂时限制性指可以通过土地管理排除或改善者，例如土壤养分含量或轻微程度的排水障碍。土地潜力评价主要根据永久限制性来进行。

评价过程 首先确定土地利用种类的系列，并按假定的合乎需要的递减顺序排列：①适宜耕作栽培任何作物，不需要土壤保持措施；②耕作栽培作物选择受到限制并（或者）需要土壤保持措施；③改良牧草放牧利用；④天然牧草放牧利用或同一水平上的林业利用；⑤娱乐、野生动物保护、水源涵养和美学目的方面的利用。然后根据永久限制性把评价区域的土地从一级（最好）到八级（最差）进行潜力等级划分。评定为任何一个潜力级的土地，具有专门针对这一级和低于该级的利用能力。例如，能很好地用于耕作的一级土地，同时也可很好地用于以下七级的任何目的。

评价设定 ①土地潜力是根据土地的永久质量和特性作出的一种解释性分类，现有植被（包括灌木、乔木、采伐迹地）不认为是永久的特性；②同一级的土地在限制性强度上是相似的，但不一定在限制性种类和所要求的经营管理措施上也相似，所以同一级土地的土壤可以完全不同；③土地潜力等级不是具体作物的生产力分级；④假定具有中上等的经营管理水平；⑤评价本身并不表示这块土地可能构成的最有利的用途；⑥在排除或已排除限制因素（如排水、灌溉、消除耕作障碍）的地方，按土地整治工程完成之后仍然存在的限制因素进行评价；⑦当大型的开发工程（如大规模排水、灌溉、防洪工程）使限制因素的性质和程度发生永久性改变时，潜力评价亦可随之改变；⑧土地潜力评价结果也可根据新获得的资料而改变；⑨到市场的距离、道路的种类、地块大小和形状、田间位置以及土地所有权

形式等其他特征，都不作为评价的指标。土地潜力评价适用于一般目的评价，考虑的是广泛的标准化的土地利用和土地自然属性的变化，未涉及经济、技术、社会的变化，所以评价成果能应用较长时间，具有相对稳定性；但潜力评价没有针对特定土地利用类型进行适宜性评价，无法说明对特定作物的适宜性。

tudi fendeng dingji
土地分等定级 针对给定的土地用途，对土地单元的自然、经济属性进行综合鉴定，并依据其生产能力或经济效益划分出在一定区域内可比的质量等级的一种土地评价体系。中国的分等定级主要是耕地分等定级，是中国农村基层（乡、村）传统的评价方式。等的含义反映土地利用的适宜程度和限制性强度的差异。级是等之下的续分，可以按所在乡、村的具体情况，以及在相同投入量下产出水平的差异划级。中国农村习惯用"三等九级"的续分制划分土地的等和级。一等地通常指在土地利用方面基本没有限制或只有轻微的限制。在一等地之下以同等投入水平的不同产量作依据划分1～3级地。二等地通常指对农业利用有轻度或中度限制，对农作物有一定选择。在二等地之下续分4～6级地。三等地指对农业利用有较大限制，或不宜农用，需要退耕还林、还牧。在三等地之下续分7～9级，属于劣等地或暂不能农用的土地。分等定级的指标通常用在相同劳动投入下的不同"标准产出量"表示。为便于比较，常把各种农产品的产量统一折算为产值（货币形态）。为消除农产品之间的不合理比价，把各种农产品产出量按一定的比例关系折算成粮食的产出量，作为统一度量单位。把不同地块上各种农产品折算为一个可以比较的粮食产出量，可称"标准产出量"，以它作为分等定级的指标。

nongyongdi fendeng
农用地分等 根据农用地的自然属性和经济属性，对农用地的优劣进行综合定量评定并划分等别的过程。亦称农用地质量分等。农用地分等是中国开展的针对农用地的土地评价工作。根据《农用地质量分等规程》（GB/T28407—2012），农用地分等的工作对象是县级行政区内现有农用地和宜农未利用地，暂不包括自然保护区和土地利用总体规划中划

定的林地、牧草地及其他农用地。农用地是指直接用于农业生产的土地，包括耕地、园地、林地、牧草地及其他农用地。依据国家统一制定的标准耕作制度，以指定作物的光温（气候）生产潜力为基础，通过对土地自然质量、土地利用水平、土地经济水平逐级订正，综合评定农用地等别。农用地等别要求在国家范围内具有可比性。

分等步骤　主要包括：①根据标准耕作制度，确定基准作物、指定作物，查各指定作物光温（气候）生产潜力指数、产量比系数；②划分分等单元，编制分等单元图；③划分分等指标区或样地适用区，并确定各指标区的分等因素或分等特征属性；④编制"指定作物—分等因素—自然质量分"关系表或分等特征属性自然质量分加（减）规则表；⑤计算分等单元各指定作物的农用地自然质量分；⑥计算农用地自然质量等指数并初步划分农用地自然质量等别；⑦计算各指定作物的土地利用系数和土地经济系数并划分等值区；⑧计算农用地利用等指数、农用地等指数并初步划分农用地利用等别、农用地等别。

主要环节　①基准作物。指中国比较普遍的主要粮食作物，如小麦、玉米、水稻，按照不同区域生长季节的不同，进一步区分的春小麦、冬小麦、春玉米、夏玉米、一季稻、早稻和晚稻等七种粮食作物，作为理论标准粮的折算基准。②指定作物。指行政区所属耕作区标准耕作制度中所涉及的作物。③因素指标区。对区域内决定农用地自然质量的各种因素和因素组合，依主导因素原则和区域分异原则划分的区域，是区别于其他指标区的最小单元。④样地适用区。采用样地法计算农用地质量分，需要划分样地适用区，是指依主导因素原则和区域分异原则划分的区域，是区别于其他适用区的最小单元，样地的农用地自然质量特征与其适用区的其他分等评价单元的特征应具有相似性。⑤分等单元。农用地等级评定和划分的基本空间单位。单元内部土地质量相对均一，单元之间有较大差异。⑥产量比系数。以国家指定的基准作物为基础，按当地各种作物单位面积实际产量与基准作物实际产量之比确定。⑦土地利用系数。用于修正土地的自然质量，使达到接近土地的实际产出水平的系数，即样点指定作物单产与省级二级区内指定作物最高单产的比值。⑧产量—成本指数。样点指定作物实际单产与样点指定作物实际成本的比值。⑨土地经济系数。样点指定作物产量—成本指数与省级二级区内指定作物最大产量—成本指数值的比值。⑩标准耕作制度。在当前的经济社会水平、生产条件和技术水平下，有利于生产或最大限度发挥当地土地生产潜力，未来仍有较大发展前景，不造成生态破坏，能够满足社会需求，并已为（或将为）当地普遍采纳的农作方式。⑪光温生产潜力。在农业生产条件得到充分保证，水分、二氧化碳供应充足，其他环境条件适宜情况下，理想作物群体在当地光、热资源条件下，所能达到的最高产量。⑫气候生产潜力。在农业生产条件得到充分保证，其他环境因素均处于最适状态时，在当地实际光、热、水气候资源条件下，农作物群体所能达到的最高产量，即在光温生产潜力基础上进一步考虑降水的限制作用后，农作物的理论产量。⑬标准样地。在一定的栽培管理技术条件下，区域内农作物产量水平最高的若干农用地分等单元。⑭标准样地体系。农用地分等标准样地的分级体系与用于描述农用地分等标准样地特征的因素体系的总和。

nongyongdi fendeng yinsu
农用地分等因素　用于农用地分等的评价因子。中国的农用地分等工作中，备选的分等因素包括：①水文。水源类型（地表水、地下水）、水量、水质等。②土壤。土壤类型、土壤表层有机质含量、表层土壤质地、有效土层厚度、土壤盐碱状况、剖面构型、障碍层特征、土壤侵蚀状况、土壤污染状况、土壤保水供水状况、土壤中砾石含量等。③地貌。地貌类型、海拔、坡度、坡向、坡型、地形部位。④农田基本建设。灌溉条件（水源保证率、灌溉保证率）、排水条件、田间道路条件、田块大小、平整度及破碎程度等。

nongyongdi dingji
农用地定级　特指中国在省、县级行政区内，依据构成土地质量的自然因素和经济社会因素，根据地方土地管理和实际情况需要，按照规定的方法和程序进行的农用地质量综合评定，并划分出农用地级别的过程。需要说明的是，定级划定的级并不隶属于分等划定的等，两者是相对独立的评定工作。农用地定级更强调为土地整理、耕地占补平衡、基本农田保护、农用地估价及其他有关土地管理工作提供依据。根据《农用地定级规程》（GB/

T28405—2012），农用地定级的工作对象与农用地分等相同，定级步骤与分等步骤相似。农用地级别仅要求在县域范围内具有可比性。农用地定级方法主要有：①修正法。是在农用地分等指数的基础上，根据定级目的，选择区位条件、耕作便利度等因素计算修正系数，对分等成果进行修正，评定出农用地级别的方法。②因素法。通过对构成土地质量的自然因素和经济社会因素的综合分析，确定因素因子体系及影响权重，计算单元因素总分值，以此为依据客观评定农用地级别的方法。③样地法。以选定的标准样地为参照，建立定级因素计分规则，通过比较，计算定级单元因素分值，评定农用地级别的方法。

农用地定级因素　用于农用地定级的评价因子。中国的农用地定级工作中，备选的定级因素包括：①自然因素。包括局部气候差异〔温度、有效积温、降水量、蒸发量、酸雨、灾害气候（风、雹、无霜期等）〕，地形条件（地形部位、海拔高度、坡度、坡向、侵蚀程度、其他），土壤条件（土层厚度、障碍层深度、土壤质地、土体构型、土壤pH值、土壤盐碱状况、土壤污染状况、土壤侵蚀状况、土壤养分状况、土壤中砾石含量等），水资源状况（地下水埋深、水源保证率、水源水质、其他）。②经济因素。基础设施条件（林网化程度、灌溉保证率、排水条件、田间道路、田间供电等），耕作便利条件（耕作距离、耕作装备、田块大小、田块形状、田块平整度、田面高差等），土地利用状况（经营规模、经营效益、利用集约度、人均耕地、利用现状、利用方式）。③区位因素。区位条件（中心城市影响度、农贸市场影响度），交通条件（道路通达度、对外交通便利度等）。

城镇土地分等定级　根据城镇土地的经济和自然属性以及在经济社会活动中的地位、作用，对其作综合评定和划分等级的过程。可以为合理利用和有偿使用城镇土地提供依据。城镇土地有别于自然状态下的农业土地，它不再具有直接的生产力，只作为城镇人口和各种经济社会活动得以立足的载体和活动场所。城镇土地等级的差异主要是由区位条件不同所造成的，所以分等定级是以区位理论为指导，按区位条件优劣划分土地等级。中国城镇土地分等定级依据是《城镇土地分等定级规程》（GB/T18507—2001），采用"等"和"级"两个层次的划分体系。土地等反映中国城镇之间土地的地域差异；土地级反映城镇内部的区位条件和利用效益的差异。分等是通过对影响城镇土地质量的经济、社会、自然等各项因素的综合分析，揭示城镇之间土地质量的地域差异，运用定量和定性相结合的方法对城镇进行分类排队、评定城镇土地等。定级是根据城镇土地的经济、自然两方面属性及其在社会经济活动中的地位、作用，对城镇土地使用价值进行综合分析，揭示城镇内部土地质量的地域差异，评定城镇土地级。

分等定级工作内容　①分等工作内容包括分等准备工作及外业调查，分等因素选取、资料整理及定量化，分值计算及土地等初步划分，验证、调整分等初步结果，评定城镇土地等，编制城镇土地分等成果，城镇土地分等成果验收，成果应用和更新。②定级工作内容包括定级准备工作及外业调查，定级因素资料整理及定量化，单元分值计算及土地级评定，编制城镇土地级别图及量算面积，城镇土地级的边界落实及分宗整理，编写城镇土地定级报告，城镇土地定级成果验收，成果归档和资料更新。

分等因素　对城镇土地等有重大影响，并能体现城镇间土地区位差异的经济、社会、自然条件，分成因素、因子两个层次。影响城镇土地等的主要因素及因子有：①城镇区位因素（交通区位、城镇对外辐射能力）；②城镇集聚规模因素（城镇人口规模、城镇人口密度、城镇非农产业规模、城镇工业经济规模）；③城镇基础设施因素（道路状况、供水状况、供气状况、排水状况）；④城镇用地投入产出水平因素（城镇非农产业产出效果、城镇商业活动强度、城镇建设固定资产投资强度、城镇劳动力投入强度）；⑤区域经济发展水平因素（国内生产总值、财政状况、固定资产投资状况、商业活动、外贸活动）；⑥区域综合服务能力因素（科技水平、金融状况、邮电服务能力）；⑦区域土地供应潜力因素（区域农业人口人均耕地、区域人口密度）。在上述因素中，城镇用地投入产出水平因素、区域土地供应潜力因素作为备选因素，在开展城镇土地分等时，根据具体情况选用。

定级因素 对土地级别有重大影响，并能体现土地区位差异的经济、社会、自然条件。城镇土地定级因素细分为综合定级因素、商业用地定级因素、住宅用地定级因素和工业用地定级因素。

综合定级因素选择范围 ①繁华程度方面的因素有商服繁华影响度；②交通条件方面的因素有道路通达度、公交便捷度、对外交通便利度；③基本设施方面的因素有基础设施完善度、公用设施完备度；④环境条件方面的因素有环境质量优劣度、绿地覆盖度、自然条件优劣度；⑤其他方面的因素。

商业用地定级因素选择范围 ①繁华程度方面的因素有商服繁华影响度；②交通条件方面的因素有道路通达度、公交便捷度、对外交通便利度（客运）；③基本设施方面的因素有基础设施完善度；④人口状况方面的因素有人口密度；⑤其他方面的因素。

住宅用地定级因素选择范围 ①基本设施方面的因素有基础设施完善度、公用设施完备度；②交通条件方面的因素有道路通达度、公交便捷度、对外交通便利度（客运）；③环境条件方面的因素有环境质量优劣度、绿地覆盖度；④繁华程度方面的因素有商服繁华影响度；⑤人口状况方面的因素有人口密度；⑥其他方面的因素。

工业用地定级因素选择范围 ①交通条件方面的因素有道路通达度、对外交通便利度（货运）；②基本设施方面的因素有基础设施完善度；③环境条件方面的因素有自然条件优劣度；④产业集聚效益方面的因素有产业集聚影响度；⑤其他方面的因素。

chengzhen jianshe yongdi pingjia
城镇建设用地评价 根据城镇规划和建设的要求以及工程技术的可能性和经济合理性，对城镇规划区范围内的土地进行建设用地适宜性评定的过程。城镇建设用地评价是城市总体规划布局中的基础性工作，为合理选择和组织城镇建设用地提供科学依据。

评价内容 ①调查、搜集和分析研究城镇规划区内各自然要素；②选择影响建设工程要求的要素或要素组合作为城镇建设用地的评价指标，确定划分指标等级的标准；③根据评价等级标准把城镇规划区内的土地归入相应等级并绘制城镇建设用地评价图或城镇建设适用性土地等级图。

城镇建设用地评价指标 通常有地基承载力、地下水位埋深、坡度、洪水淹没度、地表切割状况（有无冲沟）以及其他有关的工程地质和地貌现象。

城镇建设用地等级 根据土地对城镇建设的适用性，通常把城镇建设用地分为三等，等内可再续分出级。一等地，指适用于城镇建设的土地。通常要求地基承载力大于1.5千克/平方厘米；地下水位埋深大于2.0米（一级）或1.5～2.0米（二级）；坡度小于10%（一级）或10%～15%（二级）；在百年洪水位之上；地表无冲沟（一级）或有停止活动的冲沟（二级）。二等地，指采取一定工程准备措施加以改善才适用于城镇建设的土地。通常指地基承载力为1.0～1.5千克/平方厘米；地下水位埋深1.0～1.5米（一级）或小于1.0米（二级）；坡度小于15%（一级）或15%～20%（二级）；在百年洪水位之上（一级）或有些年份受洪水淹没（二级）；地表无冲沟（一级）或有活动性不大的冲沟（二级）。三等地，指不适用于城镇建设的土地。

kaifaqu tudi jiyue liyong pingjia
开发区土地集约利用评价 对开发区土地利用状况进行调查、分析，评价土地集约利用程度，测算土地集约利用潜力的过程。评价对象是经中国国务院和省、自治区、直辖市人民政府依法审批的开发区界线范围内的全部土地。目的是通过开展开发区土地集约利用评价，全面掌握土地集约利用状况，促进土地节约集约利用，为开发区扩区升级审核、动态监管、规划计划管理及有关政策制定提供依据。开发区土地集约利用评价工作体系包括土地利用状况调查、土地集约利用程度评价和土地集约利用潜力测算三个方面。开发区土地集约利用程度评价工作从土地利用状况、用地效益和管理绩效等方面开展。程度评价指标体系包括目标、子目标和指标三个层次（见下表）。土地利用集约度分值在0～100之间，集约度分值越大，集约利用程度越高。

开发区土地集约利用程度评价指标体系

目标	子目标	指标	
		经济技术开发区、保税区、出口加工区、边境经济合作区、其他类型的国家级开发区、省级经济开发区、省级特色工业园区	高新技术产业开发区、省级高新技术产业园区
土地利用状况	土地利用程度	土地供应率	土地供应率
		土地建成率	土地建成率
	用地结构状况	工业用地率	工业用地率
		—	高新技术产业用地率
	土地利用强度	综合容积率	综合容积率
		建筑密度	建筑密度
		工业用地平均容积率	工业用地平均容积率
		工业用地建筑系数	工业用地建筑系数
用地效益	产业用地投入产出效益	工业用地固定资产投入强度	工业用地固定资产投入强度
		工业用地产出强度	工业用地产出强度
		—	高新技术产业用地产出强度
管理绩效	土地利用监管绩效	到期项目用地处置率	到期项目用地处置率
		闲置土地处置率	闲置土地处置率
	土地供应市场化程度	土地有偿使用实现率	土地有偿使用实现率
		土地招拍挂实现率	土地招拍挂实现率

jianshe yongdi jieyue jiyue liyong pingjia

建设用地节约集约利用评价　对建设用地状况进行调查、分析，评价区域建设用地节约集约利用状况和城市建设用地集约利用潜力的过程。

评价目的　为全面掌握区域、城市建设用地节约集约利用状况及集约利用潜力，科学管理和合理利用建设用地，提高土地利用效率，为国家和各级政府制定土地政策和调控措施，为土地利用规划、计划及相关规划的制订提供科学依据。

区域建设用地节约集约利用状况评价　以行政区范围内的全部建设用地作为评价对象，在特定时间点或特定时间段内，通过对相同或相近类型的区域建设用地利用现实状况进行评价和比较，揭示其节约集约利用总体状况及差异。

城市建设用地集约利用潜力评价　包括城市建设用地集约利用状况评价和城市建设用地集约利用潜力测算。前者是在分析城市建设用地利用状况的基础上，以划分的城市功能区为评价对象，在特定时间点或特定时间段内，按照居住、工业、商业、教育等功能区类型，分别评价土地集约利用程度，划分过度利用区、集约利用区、中度利用区和低度利用区；后者主要针对城市用地状况评价划定的低度利用区和中度利用区，分别测算特定时间点的规模潜力和经济潜力。在潜力测算的基础上进行潜力分区，并对土地潜力的利用时序进行配置。

城市用地规模潜力　将特定时间点的现实土地容量与达到符合土地利用总体规划、城市规划及相关法规规定的土地容量差距换算形成的土地规模。开展规模潜力测算时，要考虑基于现状用途和基于规划用途的不同情形。

城市用地经济潜力　将现状土地改造为规划允许的土地利用状况时产生的经济价值的余额。开展经济潜力测算时，要考虑利用空闲地挖潜、部分改造挖潜和整体拆除重建挖潜的不同情形。

gaoxiao jiaoyu yongdi jiyue liyong pingjia

高校教育用地集约利用评价　对高校教育用地状况进行调查、分析，评价高校教育用地集约利用程度的过程。通过评价工作，可以全面掌握土地集约利用状况，推动用地管理基础信息化建设，为促进土地节约集约利用、制定相关管理政策提供依据。评价工作以符合高校教育用地功能定位为前提，从土地利用程度、土地利用结构、土地利用强度等方面，综合评价土地集约利用状况，提出相关政策建议。评价工作包括高校教育用地利用状况调查和高校教育用地集约利用程度评价。集约利用程度评价是在用地调查的基础上，依据有关评价指标体系，综合评价集约利用程度，分析集约利用潜力的过程。

高校教育用地集约利用评价指标体系

土地利用程度	土地利用率
土地利用结构	校舍建筑用地率
	集中绿化用地率
土地利用强度	校舍综合容积率
	校舍建筑密度
	生均用地
	生均校舍建筑用地
	生均室外体育设施用地

lüyou yongdi pingjia

旅游用地评价　对不同地域的旅游用地的组合特点，由此产生的质和量的差异，并反映在旅游吸引力的大小等方面的等级评定。旅游用地是自然风景旅游资源和人文景观旅游资源的载体，即能为旅游者提供游览、观赏、乐趣、度假、休憩、娱乐、探险、猎奇等活动的土地。旅游用地评价的主要目的是确定不同地域的旅游用地的开发利用价值，明确开发建设方向，为旅游业开发规划提供依据。评价工作首先需要划分旅游用地类型，将其作为基本评价单元。

评价内容　①旅游地资源构成要素（即自然风景旅游资源和人文景观旅游资源组成部分中的各要素）的多少及其价值（如美感度、奇特度、医疗价值、体育价值、历史文化价值等）；②构成要素的组合状况和特点；③旅游功能和容量；④开发利用现状和开发利用可能性。

评价方法　可分为两大类：①经验分析法。即在大量调查、考察的基础上，凭经验进行定性评价。②定量化评价。即制定评价指标，计算各评价指标的标准值，并给各评价指标规定权重系数，计算每一评价指标的分值和全部评价指标的总分。最后按事先拟定的旅游用地等级分值范围，确定具体旅游用地的等级。旅游用地的多样性、复杂性给定量评价带来许多难以量化的困难，所以把两者有机结合起来，可提高旅游用地评价的准确性。

gengdi pingjia

耕地评价　以种植业利用为目的，评定土地适宜性和适宜程度的过程。又称种植业土地评价。通常把种植业分为旱作农业（雨育农业）和灌溉农业两个类型。联合国粮农组织（FAO）为旱作农业和灌溉农业的土地适宜性评价制定了具体的指导性文件。

旱作农业土地评价　主要步骤可分为：①确定与所评价土地有关的土地利用方式，剔除与所评价土地无实质关系的某些因素。②给出有关土地利用方式的预测性描述。③选择与评价有关的各项土地质量。④选择诊断因素，描述和评定各项土地质量。⑤定义、描述土地单元，编图并说明土地单元的图例。⑥选取土地单元的土地特性（诊断因素）。⑦评定各种土地利用方式的土地利用要求因素及其等级。⑧把土地利用要求与土地单元的土地特性相匹配，得到土地适宜性等级；把所有单个的土地适宜性等级组合在一起，得出各种土地单元（土地利用系统）的土地适宜性的基本分类。如果可能，作物产量数据也应考虑在内。⑨提出匹配的结果。⑩提出评价结果。

灌溉农业土地评价　主要目的是指出土地开发以后的各种情况，预测通过发展灌溉农业带来的经济利益，说明能否持续利用而不危害环境。所以需要开展潜在适宜性分类，反映土壤、水、作物与经济社会条件的相互作用。主要步骤可分为：①研究现有资料，对土地条件进行野外评价，分析自然条件类似的开发区域的经验。②选择耕作制度、灌溉和管理措施，用于评价阐述预定的土地利用类型。③选择评价所需要的数据种类和准备土地资源清单。④选择在自然和经济方面对决定等级具有意义的因素，确定定级因素分级和土地适宜性类别的临界限制标准。⑤确定土地利用的要求并与土地特性匹配，得出"暂定可灌溉"土地，进行分级和制图。⑥在有需要的地方补充能够获得的有关自然、工程、水文和经济资料，通过更新定级因素和临界限制，修改"暂定可灌溉"土地的等级系统。⑦在勾绘适用于项目规划中用作灌溉农业开发的具体土地位置的基础上，开展"可灌溉"土地的分级和制图。

zhongzhiye tudi pingjia
种植业土地评价 参见第241页耕地评价。

gengdi dili dengji
耕地地力等级 根据耕地基础地力不同所划分的生产能力等级。所谓基础地力是指由耕地土壤的地形、地貌、成土母质特征，农田基础设施及培肥水平，土壤理化性质等综合构成的耕地生产能力。在中国，按照国家农业行业标准将全国耕地分为十个地力等级。全年粮食单产水平＞13 500千克/公顷（900千克/亩）＜1 500千克/公顷（100千克/亩），级差1 500千克/公顷（100千克/亩）。采用当地典型的粮食种植制度的近期正常年份全年粮食产量水平计算，即一等地＞13 500千克/公顷（900千克/亩）、二等地12 000～13 500千克/公顷（800～900千克/亩）、三等地10 500～12 000千克/公顷（700～800千克/亩）、四等地9 000～10 500千克/公顷（600～700千克/亩）、五等地7 500～9 000千克/公顷（500～600千克/亩）、六等地6 000～7 500千克/公顷（400～500千克/亩）、七等地4 500～6 000千克/公顷（300～400千克/亩）、八等地3 000～4 500千克/公顷（200～300千克/亩）、九等地1 500～3 000千克/公顷（100～200千克/亩）、十等地＜1 500千克/公顷（100千克/亩）。

gengdi podu fenji
耕地坡度分级 根据特定目的对耕地地表角度划分不同级别的结果和过程。耕地坡度分级旨在揭示坡耕地坡度特征，了解坡耕地水土流失规律，

为合理开发利用坡耕地和保护坡耕地、搞好水土保持工作提供科学依据。耕地坡度分级有多种方案，但差别不大。中国应用较多的方案分为五级，即＜2°，2°～6°，6°～15°，15°～25°，＞25°。《农用地质量分等规程》国家标准附录C（规范性附录）将旱地坡度分为6个级别（分级界限下含上不含）：1级，地形坡度＜2°，梯田按＜2°坡耕地对待；2级，地形坡度2°～5°；3级，地形坡度5°～8°；4级，地形坡度8°～15°；5级，地形坡度15°～25°；6级，地形坡度≥25°。

坡耕地土壤侵蚀与自然因素和人为因素有关。耕地的坡度、坡长、降雨强度、土壤、植被等自然因素中，在同样降雨强度条件下，坡度是引起坡耕地水土流失的最主要因素。中国是个多丘陵山地的国家，坡耕地多，坡耕地比重最高的地区是西南区和黄土高原区。据黄土高原水土保持试验资料，缓坡耕地每年每亩流失表土1吨以下；而＞25°的陡坡耕地每年每亩流失土壤8～10吨。整治坡耕地、控制水土流失的有效办法是采取工程、生物、农业耕作相结合的综合措施，包括种树种草，修筑梯田，改顺坡种植为横向等高种植，增施有机肥，实行粮草轮作，增加地面覆盖等。对于＞25°的陡坡耕地必须退耕还林还草。

linye yongdi pingjia
林业用地评价 对宜林立地类型的质量评价，即对土地的林业利用的适宜性分析和质量鉴定。目的是合理选择造林树种，做到适地适树，最大限度地发挥土地的生产潜力。

评价特点 土地的林业利用与农业和畜牧业利用相比，具有许多不同的特点。这些不同特点对林业用地评价产生重要影响，主要有：①时间尺度长。土地的林业利用必须具有长远观点。②具有多种用途和价值。如提供林木产品（木材、纸浆原料、薪柴等）和非木材产品（树胶、树脂、果实、根系等）。③具有土壤保持、生物保护、涵养水源、娱乐旅游等功能。④具有不同的管理集约程度。

评价方法 初期普遍使用划分地位级的方法，后来逐步改为采用立地指数（地位指数）的方法。地位级是反映一定树种立地条件的优劣和林分生长能力的指标之一，可根据主林层优势树种的树高与平均年龄从地位级表上查出。立地指数是指林分优势木在指数年龄（标准年龄）时所达到的高度，一

般采用立地指数图表表示。因此，可根据现实林分所选指数木的树高与年龄，在曲线图上查出所接近的曲线位置，即为现实林分的立地指数级别。近年国内则多采用数量立地指数表评定立地指数。联合国粮农组织（FAO）根据《土地评价纲要》的框架制订林业用地评价方案以来，应用日益广泛，已成为国际上影响最大的林业用地评价体系。

林业用地评价的主要步骤包括：①选择评价中所考虑的林地利用方式，如用于木材生产、薪炭、水源涵养、防护及娱乐等。②针对不同的利用方式，选择与适宜性有关的林业利用要求，如生长要求（辐射量、温度、水分、通透性、生根条件、病虫害等），基于估算材积、产量的要求（预期生长率和存活率、预期非木材产品的产量），管理要求（收获条件、道路条件、育苗地点、内部通达状况），保护要求（土壤耐蚀力、植被退化允许程度、影响河道水流应力条件等），用于娱乐的需要考虑其对景观资源的要求（风景的美学和科学价值、景观和植被的多样性等）和保护方面的特定要求（土壤和植被在娱乐压力下抗退化的性能等）。③鉴定与所选择的林地利用要求相应的土地质量并确定哪些土地特性用于评定这些土地质量。④为各评价单元确定所选用的土地特性的数值，并编制成表格。⑤评定各土地利用方式的因素等级。⑥通过因素等级与评价单元的土地特性之间的比较，得到土地适宜性分级，既包括按土地利用方式列出各个评价单元的适宜性分级，也包括按照评价单元列出对各种土地利用方式的适宜性分级。⑦分析各种土地利用方式的环境影响、经济效益和社会后果。⑧以适合于各类使用人员的方式提交评价成果。

lindi pingjia dingji

林地评价定级　特指中国为科学划分林地保护等级而对林地开展评价定级的过程与方案。评价定级以全面保护与突出重点相结合为原则，根据生态脆弱性、生态区位重要性以及林地生产力等指标，划定出一级、二级、三级和四级共四个保护等级。

一级保护林地　中国重要生态功能区内予以特殊保护和严格控制生产活动的区域，以保护生物多样性、特有自然景观为主要目的。包括流程1 000千米以上江河干流及其一级支流的源头汇水区、自然保护区的核心区和缓冲区、世界自然遗产地、重要水源涵养地、森林分布上限与高山植被上限之间的林地。在现有1 385.82万公顷的基础上，规划到2020年，增加187万公顷。主要保护管理措施是实行全面封禁保护，禁止生产性经营活动，禁止改变林地用途。

二级保护林地　中国重要生态调节功能区内予以保护和限制经营利用的区域，以生态修复、生态治理、构建生态屏障为主要目的。包括除一级保护林地外的国家级公益林地、军事禁区、自然保护区实验区、国家森林公园、沙化土地封禁保护区和沿海防护基干林带内的林地。在现有9 131.99万公顷的基础上，规划到2020年，增加572万公顷。主要保护管理措施是实施局部封禁管护，鼓励和引导抚育性管理，改善林分质量和森林健康状况，禁止商业性采伐。除必需的工程建设占用外，不得以其他任何方式改变林地用途，禁止建设工程占用森林，其他地类严格控制。

三级保护林地　维护区域生态平衡和保障主要林产品生产基地建设的重要区域。包括除一、二级保护林地以外的地方公益林地，以及国家、地方规划建设的丰产优质用材林、木本粮油林、生物质能源林培育基地。规划到2020年，划定11 111万公顷。主要保护管理措施是严格控制征占用森林。适度保障能源、交通、水利等基础设施和城乡建设用地，从严控制商业性经营设施建设用地，限制勘查、开采矿藏和其他项目用地。重点商品林地实行集约经营、定向培育。公益林地在确保生态系统健康和活力不受威胁或损害下，允许适度经营和更新采伐。

四级保护林地　需予以保护并引导合理、适度利用的区域，包括未纳入上述一、二、三级保护范围的各类林地。主要保护管理措施是严格控制林地非法转用和逆转，限制采石取土等用地。推行集约经营、农林复合经营，在法律允许的范围内合理安排各类生产活动，最大限度地挖掘林地生产力。

muye yongdi pingjia

牧业用地评价　牧业用地即牧草地，是用于放牧的各种草场的总称，因此牧业用地评价实质上就是牧草地评价。是在牧草地调查和分类的基础上对其适宜性和生产能力的评定。

牧草地生产能力表现在单位牧草地在一定时间内提供牲畜能食用的牧草数量和质量，并通过牲畜饲养过程最终转化为畜产品的能力。所以牧草地评价所面临的是具有第一性生产和第二性生产的复合系统。第一性生产的土地利用要求涉及植物生长的基本要素和抵御不利因素的能力，土地的属性都在满足这些要求上起到作用。第二性生产的土地利用要求涉及动物的消化系统类型、饲草数量和质量、饮用水有效性、蔽阴需求以及对不同环境条件的忍耐性和偏好性。其中，最重要的是天然牧草的营养价值和饮用水的有效性。牧草的营养价值可通过一系列土地特性予以评定。直接的办法是列出不同季节干物质产量及其蛋白含量的比例，间接的办法是分析牧草品种的组成，更为间接的办法是评估与气候条件的某些联系。饮用水有效性则可通过离常年地表水源的远近或利用存贮地下水的地层予以评定。

从国际上已开展的工作来看，大多结合牧草地的特点，采用联合国粮农组织（FAO）《土地评价纲要》的框架体系。主要思路与步骤均与其他利用类型的土地评价相似。但是牧草地评价中选择的土地质量，一般都按第一性生产和第二性生产层次区分。第一性生产层次的土地质量有水分、温度、辐射、营养条件、根部氧气有效性、生根条件、表土覆被、洪水灾害、土壤毒性、盐分、植被遗传学潜力、易燃性、控制无用种类的难易程度、制作干草和青贮饲草条件、可耕性、机械化条件、放牧条件下的侵蚀危害、易踩踏性。第二性生产层次的土地质量有饲草有效性、饮用水有效性、生物学危害、气候严酷性、牧草易食性、围栏难易程度、遮阴和保护以及形成交配繁殖区条件、区位。中国一般采用以草群质量进行草场类型分等，然后在等之下根据单位面积产草量的变幅分级。通过等、级的交叉产生一系列不同等级的草场，完成牧草地的综合评定。

huangdi ziyuan pingjia
荒地资源评价　荒地资源广义上指可供开发利用，但尚未开发利用的一切土地；狭义上指宜农荒地资源，即以发展农业为目的，在自然条件上适宜于开垦种植农作物、人工牧草和经济林果的草地、疏林地、灌木林地和其他尚待开发利用的土地。联合国粮农组织（FAO）的土地适宜性评价体系所开展的评价工作，多数是以荒地资源开发为目标的，也就是说土地适宜性评价方法完全适用于荒地资源评价。中国的荒地资源评价主要有农垦部荒地勘测设计院和中国科学院自然资源综合考察委员会分别提出的两套体系。

农垦部荒地勘测设计院提出的体系　根据综合自然因素和经济社会因素确定荒地等级，即首先根据气候（水热条件）、地形、土壤、坡度和供水条件（地表水和地下水）区别荒地的生产力等级，再根据荒地生产力等级和经济社会因素区别其综合利用等级。把中国荒地按区、副区、等、级进行评价和分类，并用总积分表示荒地生产力高低。从水热条件考虑，将中国分为东北、华北、华中、华南和西北五个荒区。荒区内再根据温度、雨量、地形等因素划分若干副区（代号A）。在每个副区内以土壤改良方向为依据划分等（代号B），在等的下面根据供水条件（代号C）和坡度（代号D）划分级（代号C或D），其中供水条件只在荒漠、干旱、半干旱三个类型加以考虑。因此，荒地生产力总积分等于A+B+C或A+B+D，最后结合经济社会因素并以投资多少、收效快慢、收益大小为依据确定荒地的综合利用等级。

中国科学院自然资源综合考察委员会提出的体系　采用区、等、组、类型四级划分。"区"作为区域概念，按水热条件划分，以反映区域之间的宜农荒地生产力的差别，用作中国宜农荒地质量的比较。中国共划分温带湿润，温带半湿润，温带半干旱，温带干旱，暖温带湿润半湿润，暖温带半干旱，暖温带干旱，北、中亚热带湿润，南亚热带、热带湿润，青藏高寒共十个区。"等"是在区的范围内反映宜农荒地自然生产力高低，是宜农荒地评价的核心。其中，一等地质量好或较好，农业利用无限制或限制少，不需要采取改良措施或略需采取改良措施，垦后容易建成稳产高产农田，在正常利用下对其本身或邻近土地不会产生不良后果。二等地质量中等，农业利用受一定限制，需要采取一定改良或保护措施才能建设稳产高产农田。三等地质量差，农业利用受很大限制或土壤肥力很低，改良困难，需要采取复杂的工程措施，才能开垦和建设成基本农田。"组"是"等"的范围内宜农荒地类型的组合。按限制因素的稳定程度，可排列出的顺序为无限制、水文和排水限制、盐碱限制、土层限制、土质限制、坡度限制、侵蚀限制等。同一组内的荒地具有相同的限制因素和相同的改造措施。在同一等内，组与组之间只反映限制因素与改造措施之间的不同。荒地类型是荒地评价的基层单位，在荒地组内具有相似的荒地类型，这些荒地类型的生产力、开垦、改造措施都基本一致。荒地组内包括的荒地类型数量不限。

tudi huangmohua pingjia

土地荒漠化评价　据给定的指标体系对土地荒漠化发展过程进行评定。该评价是研究土地荒漠化的成因和过程的基础，是进行荒漠化治理工作的依据。联合国粮农组织（FAO）与环境规划署（UNEP）在1980年提出荒漠化过程的现状、速度和危险性的评价指标体系，对植被退化、水蚀、风蚀、土壤盐渍化、有机质含量降低、土壤变紧实和土壤表面形成结壳、土壤中有害于动植物的物质聚集等七类表现形式（或主要过程）按现状标准、荒漠化速度标准、荒漠化危险性标准提出弱、中、强、很强四种荒漠化程度的具体数量指标（绝对值或相对值）。指标覆盖的面很广，但有相当多是互相重叠的，有些指标可操作性不强，实用性差。中国对荒漠化的评价重点放在沙质荒漠化上，也提出了相应的评价指标体系。该体系根据动态的原则确定的指标包括荒漠化土地占地区总面积的比例、一定时期以来沙漠化土地增加的比例，根据地表形态原则确定的指标包括沙丘活动程度、植被覆盖度、土地起伏度、土地上沙丘疏密度，根据生态学原则确定的指标包括土地滋生力、农田系统的能量产投比、生物生产量等。

tudi shengtai pingjia

土地生态评价　对各种土地生态类型的健康状况、适宜性、环境影响、服务功能和价值的综合分析与评价的过程。主要指对一个地区或一个土地单元的气候、地形、土壤等对某些作物的生态要求及其生产力的综合评价。

　　土地生态评价形式　①大区域的土地生态评价，如联合国粮农组织（FAO）于20世纪80年代开始推行的用于区域土地生产潜力评级的农业生态区法。②一个具体区域的某具体土地利用类型的某些关键性的土地生态因素的评价，如一个城市的地形、水文、气候，一块农田的土壤、水文，一个草原区的光温、鼠害等，评价这些因素在其土地利用类型中可能产生的土地生态效应。③某一土地点位的土地生态评价，如苏联于20世纪70年代末在中亚和外高加索地区开展以土壤点位质量为基础的生态土壤指数的研究，把实地野外观测与区域实验观测资料统计相结合，建立模拟性的生态土壤指数方

程，计算不同土壤点位的生态土壤指数，并以此为依据开展当地的土地生态评价。

　　土地生态评价内容　①进行土地生态系统的结构功能及土地生态价值的评价；②在一般土地评价的基础上，进行专项评价，查明土地生态类型与土地利用现状之间的协调程度及其发展趋势，诊断土地生态系统的健康程度和土地利用的生态风险；③对土地生态风险进行评价，研究一种或多种压力形成或可能形成的不利的土地生态效应的可能性；④土地生态系统稳定性和持续性评价；⑤将自然生态系统质量评价与涉及人类经济社会过程的生态系统的生态评价结合起来，关注人类经济社会过程对土地生态系统的影响；⑥对土地生态的退化、破坏程度或潜在危险进行评价；⑦对土地利用生态效益的评价。

tudi shengtai cuiruoxing pingjia

土地生态脆弱性评价　选用相应的指标对土地的生态脆弱性开展评估的过程。生态脆弱性是指生态系统受到外界的干扰作用超出自身的调节范围，而表现出对干扰的敏感程度。生态脆弱性是生态系统自身的特性，但只有在外界的自然或人为因素影响时才会表现出来，其脆弱程度可用敏感性、稳定性等方面的指标进行量化评价。生态脆弱性评价方法基本上都是先建立指标体系，然后利用层次分析法、模糊评价法、定量分析法、EFI法、集合论法和信息度量法等进行指标综合计算，并对最终的划分结果进行分等定级。在选择指标时，通常包括成因指标和结果指标，前者包括地形（坡度、坡长、各类地貌类型的面积等）、土壤（土壤可蚀性、土壤厚度等）、干湿状况（年平均降水量、降水变率、干燥度等）、热量（年平均气温≥10℃有效积温、太阳辐射总量等）、植被（植被覆盖度、植被类型等）、环境容量等；后者包括经济和社会发展水平方面的指标，涵盖范围比较广。

tudi shengtai minganxing pingjia

土地生态敏感性评价　选用相应的指标对土地的生态敏感性开展评估的过程。

　　评价要求　①应明确区域可能发生的主要生态问题类型与可能性大小；②应根据主要生态问题的形成机制，分析生态敏感性的区域分异规

律，明确特定生态问题可能发生的地区范围与可能程度；③首先针对特定生态问题进行评价，然后对多种生态问题的敏感性进行综合分析，明确区域生态敏感性的分布特征。

评价内容与方法 ①土壤侵蚀敏感性：以通用土壤侵蚀方程（USLE）为基础，综合考虑降水、地貌、植被与土壤质地等因素，运用地理信息系统评价土壤侵蚀敏感性及其空间分布特征；②沙漠化敏感性：以湿润指数、土壤质地及起风沙的天数等评价区域沙漠化敏感性程度；③盐渍化敏感性：可根据地下水位来划分敏感区域，再采用蒸发量、降水量、地下水矿化度与地形等因素划分敏感性等级；④石漠化敏感性：可以根据评价区域是否存在岩溶地貌、土层厚度以及植被覆盖度等进行评价；⑤酸雨敏感性：可根据区域的气候、土壤类型与母质、植被及土地利用方式等特征来综合评价区域的酸雨敏感性。

其他 上述评价属于大尺度区域，侧重于自然属性，如果是城市的生态敏感性评价，即小尺度的评价，则可采取其他一些指标，如植被类型、地势高程、环境污染程度、人口等因素开展评价。

Zhongguo shengtai minganxing pingjia
中国生态敏感性评价 在中国，环境保护部和中国科学院联合编制的《全国生态功能区划》中开展了中国生态敏感性评价。生态敏感性指一定区域发生生态问题的可能性和程度，用来反映人类活动可能造成的生态后果。生态敏感性的评价内容包括土壤侵蚀敏感性、沙漠化敏感性、盐渍化敏感性、石漠化敏感性、冻融侵蚀敏感性和酸雨敏感性六个方面。根据各类生态问题的形成机制和主要影响因素，分析各地域单元的生态敏感性特征，按敏感程度划分为极敏感、高度敏感、中度敏感以及一般敏感四个级别。

土壤侵蚀敏感性 中国土壤侵蚀敏感性主要受地形、降水量、土壤和植被的影响。全国极敏感区域面积为27.1万平方千米，占全国国土面积的2.8%，主要分布在黄土高原、西南山区、太行山区、汉江源头山区、大青山、念青唐古拉山脉、横断山地区等。高度敏感区面积为61.2万平方千米，占全国国土面积的6.4%，主要分布在燕山、努鲁儿虎山、大兴安岭东部，川西、滇西、秦巴山地，贵州、广西、湖南、江西等的丘陵和山区，以及天

山山脉、昆仑山脉局部零星地区。中度敏感区面积为97.5万平方千米，占全国国土面积的10.2%，主要分布在降水量400～800毫米的区域，包括东北平原大部、四川盆地东部丘陵、阿尔泰山、天山、昆仑山等地区。土壤侵蚀极度敏感和高度敏感地区通常也是滑坡、泥石流易发生区。

沙漠化敏感性 中国沙漠化敏感性主要受干燥度、大风日数、土壤性质和植被覆盖的影响。沙漠化敏感区域主要集中分布在降水量稀少、蒸发量大的干旱、半干旱地区。其中，沙漠化极敏感区域面积为111.2万平方千米，主要分布在准噶尔盆地、塔克拉玛干沙漠边缘、吐鲁番地区、巴丹吉林沙漠和腾格里沙漠边缘、柴达木盆地北部、呼伦贝尔沙地、科尔沁沙地、浑善达克沙地、毛乌素沙地、宁夏平原等地。沙漠化高度敏感区域包括新疆天山南脉至塔里木河冲积—洪积平原、古尔班通古特沙漠南部、疏勒河北部、柴达木盆地南部、呼伦贝尔高原、河套平原、阴山山脉以北以及科尔沁沙地以北地区，面积为43.0万平方千米。沙漠化中度敏感区域主要分布在大兴安岭至科尔沁沙地过渡低丘、平原带、青海湖，以及北大通河流域、四川若尔盖、东北平原西部，面积为71.3万平方千米。

盐渍化敏感性 中国盐渍化敏感性主要受干燥度、地形、地下水水位与矿化度的影响。中国土地盐渍化极敏感区面积为79.5万平方千米，除滨海半湿润地区的盐渍土外，主要分布在中国干旱和半干旱地区，包括塔里木盆地周边、和田河谷、准噶尔盆地周边、柴达木盆地、吐鲁番盆地、罗布泊、疏勒河下游、黑河下游、河套平原、浑善达克沙地以西、呼伦贝尔东部以及西辽河河谷平原。盐渍化高度敏感区面积为50.5万平方千米，集中分布在准噶尔盆地东南部、哈密地区、北山洪积平原、河西走廊北部、阿拉善洪积平原区、宁夏平原、阴山以北河谷区域、黄淮海平原、东北平原河谷地区以及青藏高原内零星地区。盐渍化中度敏感区面积为58.9万平方千米，主要分布在额尔齐斯河、伊犁河洪积平原、青海湖以西布哈河流域平原、河西走廊南部、鄂尔多斯高原西部和三江源等地区。

石漠化敏感性 中国石漠化敏感性主要分布在石灰岩地区，受石灰岩地层结构、成分和降水量影响。石漠化极敏感区面积为3.6万平方千米，集中分布在贵州西部、南部区域，包括遵义、贵阳、毕节南部、安顺南部、六盘水、黔南州、铜仁等地

区；广西百色、崇左、南宁交界处；四川西南峡谷山地、大渡河下游及金沙江下游等地区也有成片分布。石漠化高度敏感区多与极敏感区交织分布，面积为15.2万平方千米，主要在贵州西部、中部和南部，广西西部和东部，四川南部和西南部，四川盆地东部平行岭谷地区，云南东部，湖南中西部。广东北部等地区有零星分布。石漠化中度敏感区分布较广，主要分布在四川盆地周边、四川西部、云南东部、贵州中部、广西中部、湖南南部、湖北西南、江西和湖北交界地区，以及甘肃的北山、华北的燕山、太行山等地区的石灰岩地区。

冻融侵蚀敏感性　中国冻融侵蚀敏感性主要受气温、地形、植被以及冻土、冰川分布的影响。冻融侵蚀极敏感区面积为46.1万平方千米，主要分布在青藏高原，海拔普遍高于4 100米。冻融侵蚀高度敏感区面积为74.7万平方千米，集中分布在阿尔泰山、天山、祁连山脉北部、昆仑山脉北部、横断山脉以及大兴安岭高海拔地区。冻融侵蚀中度敏感区面积为92.7万平方千米，分布在祁连山南部、阿尔金山以南、可可西里山以东、冈底斯山以北、三江源东南部以及大兴安岭北部等地区。

酸雨敏感性　中国酸雨敏感性主要受土壤、水分盈亏、生态系统类型的影响。酸雨敏感区主要分布在中国南方地区，酸雨极敏感区面积为139.8万平方千米，占全国国土面积的14.6%，分布区包括四川南部、重庆、贵州、湖南、湖北、广西、江西、江苏、浙江、福建、广东和安徽南部等。酸雨高度敏感区面积为60.9万平方千米，占全国国土面积的6.4%，主要分布在四川西部、云南南部、广西宜山。酸雨中度敏感面积为144.3万平方千米，占全国国土面积的15.0%，主要分布在大兴安岭北部、小兴安岭、长白山、山东半岛、秦巴山区、横断山脉。

tudi shengtai anquan pingjia
土地生态安全评价　选用相应的指标对土地生态安全进行评估的过程。构建评价指标体系应该遵循全面性、代表性、可操作性的基本原则，在系统分析区域生态问题的基础上，既要全面兼顾，又要有典型性。在具体指标的选取上要着重考虑区域土地生态安全问题的主要影响因素，体现出生态问题的地域性，有效地表征区域土地生态安全的特征；同时所选取的指标要易于获取和量化。土地生态安全阈值是表征土地生态安全状态的核心，包括区域本底的生态安全值以及不安全值，超过阈值则表明生态安全的级别发生突变。所以，确定土地生态安全阈值是土地生态安全评价的重要内容，直接关系到评价结果的客观性和准确性。但是迄今为止，各国都没有统一的方法。生态安全的阈值的确定主要是借鉴国际公认的标准，国家、行业、地方的标准，可类比的标准等。包括：①国际、国家和行业标准以及地方规定的标准。如农田灌溉水质标准、农药安全使用标准等；有关行业发布的环境评价规范、规定、设计要求等；地方政府颁布的水土流失防治要求、化肥农药使用标准等。②区域内土地生态系统的基本要素。例如，区域植被覆盖率、区域土壤侵蚀模数。③可类比区域的相关指标。如以未受人类严重干扰的相似地区（自然保护区），或类似条件的生态因子和功能的数值作为类比基准。

tudi shengtai fengxian pingjia
土地生态风险评价　对有害因子危害影响土地生态系统的发生概率进行评估的过程。生态风险是指遭受损失、危害或破坏的可能性，或者指产生有害结果的内在概率。生态风险评价基于两种因素：后果特征以及暴露特征。生态风险评价一般分为以下过程：①根据评价内容的性质、生态现状和环境要求提出评价的目标和评价重点；②风险的识别，判断分析可能存在的危害及其范围；③暴露评价和生态影响表征，分析影响因素的特征以及对生态系统各个要素的影响程度和范围；④风险评价结果表征，对评价过程得出结论，作为生态保护决策的依据。一般而言，评价重点包括风险源分析、暴露分析、危害分析、受体分析等环节。

tudi shengtai jiankang pingjia
土地生态健康评价　选用相应的指标对土地生态健康进行评估的过程。土地生态健康指标大致可以归纳为活力、恢复力、组织结构、维持生态系统功能等方面，但是对于任何一方面指标的定量评价都尚不成熟，其中对活力、恢复力、组织结构三方面的研究相对较为深入。国际上对于土地生态健康评价的研究，具有代表性的是"压力—状态—响应"（PSR）评价体系和土地条件变化评价指标体系。由于土地生态健康状态是土地生态系统的综合表现，很难直接描述土地生态健康的表现状态，但从理论上分析，应存在土地生态不健康的表现。因此，有的学者针对直接表征土地生态健康状态存在较大难度，提出通过土地生态不健康的诊断间接评价土地生态健康状况，即不存在土地生态不健康现象即表明处于健康状态，并列出土地生态不健康的现象：一方面是引起土地生产力的下降（水蚀、风蚀、土壤盐碱化、土壤结构破坏、土壤酸化、肥力下降、不可分解化合物的形成等）；另一方面是引起生态稳定性的下降（树木枯萎、生物多样性减少、洪涝等自然灾害更加频繁）。也有学者以"土地疾病"现象诊断土地生态的不健康，这些"土地疾病"现象包括土壤侵蚀、养分流失、水文异常、外来种的入侵、土著种的消失、野生物种的减少等。土地生态健康评价的目的是及时掌握土地生态健康的变化趋势，尽量避免由于不合理利用而导致对土地生态健康的损害，指导人类采取必要的管理措施，减少土地生态健康恶化风险。维持土地生态健康的重点是土壤保护，还包括水分管理、物种保持等诸多方面。中国不少地区由于长期不合理的土地利用，导致一些土地生态健康受损，水土流失、沙漠化、盐渍化等现象大量存在，面对严峻的土地生态健康问题，需要加强土地生态健康评价，制定相应的恢复对策，这些对策既包括生物、工程等技术性措施，也包括政策、制度等社会性措施。

tudi ziyuan anquan pingjia
土地资源安全评价　对土地资源安全状态进行描述与评估的过程。土地资源安全评价首先应关注各类土地资源数量的动态变化情况，如主要用地类型的数量变化，这是比较直观的指标；其次，对分析土地资源的质量变化，还需要借助如耕地、林地、草地等生产能力变化，湿地的生态功能，物种丰富度等间接的指标；最后，还应包括效益的变化情况，效益指标应是经济、社会、生态效益的综合，在效益评价中应因地制宜、抓住重点，如对生态脆弱区和重要的生态屏障区，在效益评价中应突出生态效益。

tudi liyong
土地利用　人类利用土地的属性来满足自身需要的过程。即人类出于各种经济社会目的，开展生物的和技术的活动，对土地进行长期的或周期性的经营，进行自然再生产和经济再生产的复杂过程。它既受自然条件的作用和制约，又受经济、社会和技术条件的重大影响。因此，土地利用是在一个特定地区内的自然、经济、社会和技术条件共同作用的产物。在所有影响土地利用的各种因素中，确定土地关系的社会生产方式往往起决定性作用。土地的合理利用必须适应一定的社会生产方式。土地利用方式很多，如农、林、牧、工业、交通、城镇建设等。

tudi kechixu liyong
土地可持续利用　遵循经济、社会与生态、环境相结合的原则，将政策、技术与各种活动结合起来，以达到提高产出、减少生产风险、保护自然资源和防止土地退化，经济上有活力又能被社会所接受的土地利用方式。

联合国粮农组织（FAO）在《可持续土地管理评价纲要》中对土地可持续利用的定义是："本着经济社会要求和环境问题相统一的宗旨，把保持和提高土地的生产力或服务功能（生产性）、降低土地的生产风险水平（安全性）、保持土地资源的潜力和防止土壤与水质的退化（保护性）、经济上合理可行（可行性）以及社会整体可以接受（可接受性）相结合。"这五个条件必须同时满足，其中任何一个条件得不到满足，则认为是土地的非持续利用。这一定义的显著特点是同时考虑土地利用可持续性和经济社会的因素。

基本原则　①保持和加强土地的生产或服务功能（生产性）。从土地可持续利用的角度出发，某种土地利用获得的物质产量或效益应该是不断增加的，即使不增加，至少也应该维持现有水平，而不应该是一种掠夺式的经营，导致土地的生产和服务功能下降。如兴修农田水利设施、培育土壤就是农用土地可持续利用的例子，城市基础建设是城市土地可持续利用的例子。②减少生产风险程度（安全性）。减少生产风险程度是土地可持续利用的另一方面，在土地利用过程中，有些因素是不确定的，如气候灾害以及病虫害等。为此，修建灌溉和排水体系可以降低气候干旱或洪涝带来的风险，增强生产的安全性，植物保护措施可以降低由于病虫害带来的生产风险。③保护土地资源的潜力和防止土壤与水质的退化（保护性）。在土地利用过程中必须考虑保持土地资源的持续生产能力，保护土壤和水资源不受污染或将污染降低到最低程度。也就是说，土地可持续利用的概念应该是不但保证当代人的生活，而且也要保证后代人的生活。人类为了保护资源，有时不得不放弃暂时的经济利益，但保护的意义在于未来有更大的利益。④具有经济活力（可行性）。任何土地利用活动都受制于市场经济规律，人类利用土地的目的在于获得一定的经济收益，所以，如果一种土地利用活动是能持续的，它的收益必须大于投资成本，如果某种土地利用方式在经济上是不可行的，那么这种方式肯定不会持续。⑤具有社会承受力（可承受性）。如果某种土地利用方式不能为社会接受，那么这种方式必然难以为继。社会承受力具有全局的意义，有时某种土地利用方式对土地使用者来说是有意义的，但对整个社会是有害的，那么由于社会不允许存在，使得这种方式不会持续。

tudi jiyue liyong
土地集约利用　在单位面积土地上投入较多的资金、物质、劳动和技术以提高集约度的土地经营方式。又称土地集约经营，即在土地上增加资金、物质、劳动投入，以提高单位面积产量或产值。随着人口的增加、人民生活水平的提高，对农产品和建设用地的需求不断增加，但是可利用的土地是有限的，促使人们用高科技、高投入、优化管理的方法和措施提高单位面积土地的产量或产值，以满足社会的需要。在农业上，土地集约利用不仅要求农作物单位面积产量提高，也要求土地经营的经济效益高，即产出投入比要高，农业达到高产、优质、高效的目的，所以集约利用土地是农业增产的主要途径。在建设用地方面，必须通过增加对土地的投入，改善经营管理，挖掘土地利用潜力。

chengshi tudi jiyue liyong
城市土地集约利用　以布局合理、结构优化和可持续发展为前提，通过增加存量土地投入，改善土地经营和管理，使土地利用的综合效益和效率不断得到提高的过程。土地集约利用的内涵不是在寻找最高的土地利用强度，而是要寻找优化的集约度，实现

整个社会的帕累托效率（衡量城市范围内的资源是否实现了优化配置的重要标准），即如何使城镇土地的经济效益与城镇的环境效益和社会效益能够同时得到提高。根据土地报酬递减原理，城市土地的集约利用是有一定限度的，当土地开发的边际成本超过边际收益时，土地产生的收益开始递减，新增的变量投入得不到补偿。西方发达国家对于城市土地集约利用的方法和途径作了较多的探索，其手段主要有分区管制、税收调节和规划控制三种。中国人均耕地面积远远低于世界的平均水平，保护耕地、提高土地的使用效率是中国的基本国策和各级政府的重要任务。国内对城市土地进行集约化管理的主要手段有：规划控制；指标控制；盘活闲置土地；激活低效土地、调整淘汰劣势低效土地利用企业；加大地下空间开发等方式。

tudi jieyue liyong
土地节约利用　土地的节省、俭约利用方式和过程。狭义的节约主要指数量的节约。土地节约利用是由土地资源的有限性所决定的。在中国，人多地少是基本国情，随着经济社会建设的快速发展，建设用地供给的缺口很大，土地资源供需矛盾突出。在土地数量有限的情况下，唯一出路在于节约用地，走内涵挖潜之路。为此，各项建设都要尽量节省用地，利用好存量土地，提高土地利用率；建设项目用地不得宽打窄用，浪费土地，不占或少占耕地，并通过制定具体的规范和技术指标保证实现土地的节约利用。

浙江温岭建设高层农民公寓节约用地

tudi cufang liyong

土地粗放利用　在单位面积土地上投入较少的资金、劳动和技术以降低集约度的土地经营方式。农业土地的粗放利用就是对耕地投入少，靠扩大面积、广种薄收来增加产量或产值。在中国，长期的粗放经济增长方式造成了土地的粗放利用，表现在盲目投资，低水平重复建设，建设用地占地增长速度大大高于经济增长速度。其共同特点是：占地多，消耗高，产出率低，其后果是浪费土地资源，严重损害了子孙后代的利益。因此，转变经济增长方式，由粗放的土地利用方式向集约化土地利用方式转变是必然的趋势。

tudi jieyue jiyue liyong

土地节约集约利用　在中国，一般把土地节约利用和土地集约利用合称为土地节约集约利用，不再具体区分两者的差异。泛指通过降低用地消耗、增加对土地的投入，不断提高土地利用效率和经济效益的一种开发经营模式。大体包括了三层含义：一是节约用地，就是各项建设都要尽量节省用地，千方百计地不占或少占耕地；二是集约用地，各类用地必须提高投入产出的强度，提高土地利用的集约化程度；三是通过整合、置换和储备，合理安排土地投放的数量和节奏，改善建设用地结构、布局，挖掘用地潜力，提高土地配置和利用效率。

tudi zonghe liyong

土地综合利用　以先进的科学技术与方法，对土地资源进行的多目标、多层次、多用途的开发利用的措施和过程。综合利用相对于单一利用而言，是否是综合利用是相对的。某一层次的利用方式对于下一级而言是综合利用，相对于上一级，则还是单一利用。

tudi yongtu

土地用途　由自然条件和人为干预所决定的土地的使用功能。其法律定义是指土地权利人依照规定对其权利范围内的土地的利用方式或功能。在中国，国家规定将土地用途分为农用地、建设用地和未利用地三类。在土地利用现状调查中，土地用途是指调查当时的实际用途，一般按土地利用现状分类表中的主要项目进行划分。在土地登记申请

书中，土地用途填写登记时的实际用途，如学校、商店、工厂等。在进行土地登记时，建设用地的用途以城镇土地分类中的二级地类为准，一般为商业金融用地、工业仓储用地、市政用地、公共建筑用地、住宅用地、交通用地、特殊用地、城市水域和其他用地。农业土地的用途以土地利用现状调查中土地分类的一级地类为准，一般为耕地、园地、林地、牧草地、水域及其他农用地。申请土地登记的土地用途必须符合土地利用总体规划的规定。在城镇，主要应与城市规划和城市土地利用规划、环境保护相协调；在农村，主要符合村庄、集镇规划，与合理利用每寸土地、切实保护耕地的基本国策相吻合。土地权利人不得擅自改变土地用途，不按规定用途使用土地和闲置土地的，都要追究责任并进行处理。土地使用者需要改变土地使用权出让合同约定的土地用途的，必须取得出让方和市、县人民政府城市规划行政主管部门的同意，签订土地使用权出让合同变更协议或者重新签订土地使用权出让合同，相应调整土地使用权出让金。

tudi liyong xianzhuang

土地利用现状　当前（某一时期或时点）的土地利用状况。其形成与演变过程在受到地理自然因素制约的同时，也越来越多地受到人类改造利用行为的影响。不同的经济社会环境和需求以及不同的生产科技管理水平，不断改变并形成新的土地利用现状。根据2013年年末公布的中国第二次全国土地调查（以2009年年末为标准时点汇总）数据，中国的土地利用现状是：耕地13 538.5万公顷（203 077万亩），基本农田10 405.3万公顷（156 080万亩），园地1 481.2万公顷（22 218万亩），林地25 395.0万公顷（380 925万亩），草地28 731.4万公顷（430 970万亩），城镇村及工矿用地2 873.9万公顷（43 109万亩），交通运输用地794.2万公顷（11 913万亩），水域及水利设施用地4 269.0万公顷（64 036万亩），另外为其他土地。

tudi liyong diyu

土地利用地域　主要由土地的利用条件差异形成的土地空间综合体。土地在自然条件的制约下，叠加其他生产要素的差异，会形成不同的土地利用地域，由于土地利用地域体现了综合性的相似与差

异，所以不同的土地利用地域构成了生产力布局的基本空间单元，从而对一切的经济社会活动和各种产业均具有重要的意义。

tudi liyong diyu fengong
土地利用地域分工　不同地区根据各自的土地利用条件进行各有侧重的生产经营，并在地区之间进行产品交换的现象，从而表现为生产经营在地区间分工的现象关系。地域分工的必要性在于生产经营与地域条件的紧密联系，每个地区的土地利用条件可能有利于某些产业和部门，而不利于别的产业和部门，实现地域分工便可以在不同地区尽可能多安排最有利的产业和部门，少安排或不安排不太有利的产业和部门，做到扬长避短、因地制宜发挥各地区的生产潜力。由于土地利用的地域分工首先是考虑了土地的自然因素条件，因此对于农业土地利用具有更加重要的作用。农业土地利用的地域分工可以根据比较利益的程度区分为以下四个原则：①绝对有利的地域分工原则；②相对有利的地域分工原则；③优势最大和劣势最小的分工原则；④特种土地特殊利用的地域分工原则。

tudi liyong diyu jiegou
土地利用地域结构　一定地域内土地利用各部门之间的比例关系。每个地区的土地利用活动产生不同的生产部门，形成不同的比例关系，由此在一个地区形成特有的地域结构。合理的土地利用地域结构要求每个地区的土地利用主导部门与辅助部门紧密结合、多部门经济综合发展，形成优化的土地利用空间格局。

tudi liyong diyu fenyi
土地利用地域分异　受土地利用条件长期作用所形成的工农业生产的地域差别。详尽分析和充分认识各产业的地域分异，对于划分类型区，掌握区域特点，提出不同地域的发展方向和生产布局具有重要意义。土地利用地域分异主要表现在生产条件、专门化方向、部门结构、经营方式、生产水平、集约化水平和技术措施等诸多方面。形成分异的土地利用条件，从自然条件分析，主要有纬度地带性、经度地带性和垂直地带性的作用；从经济社会条件分析，主要有人口、民族，劳动力状况，自然资源分布，工业化、城镇化、产业现代化水平，工商业和交通运输发达程度，历史因素和原有基础等。

tudi liyong diyu fenyi guilü
土地利用地域分异规律　土地利用带有普遍性的地域分异现象和地域有序性。即自然地理环境各组成成分及其构成的自然综合体在地表沿一定方向分异或分布的规律性现象。主要包括：①因太阳辐射能按纬度分布不均引起的纬度地带性差异，反映为热量条件有序的差异；②海陆相互作用引起的从海岸向大陆中心发生变化的经度带性差异，反映为水分条件有序的差异；③随山地高度而产生的垂直带性，反映为热量条件和水分条件的有序的差异；④大地构造和大地形引起的地域分异，反映为热量条件和水分条件的重复性的差异；⑤由地方地形、地面组成物质以及地下水埋深不同引起的地方性分异，反映为热量条件和水分条件的局地无序的差异。

chengshi tudi liyong
城市土地利用　城市土地的使用状况，反映城市布局的基本形态和城市区域内功能的地域差异。城市土地在未经开发建设之前只具有自然属性，包括土地的肥沃程度、坡度大小、坡向、土地承压力和透水性等。开发建设提高了城市土地的使用价值，土地的经济属性在很大程度上决定城市的土地利用。一般来说，地价是随着离市中心距离的增加而降低，市中心区土地价格高，导致建筑物向高密度和高层发展，而城市外围地区地价较低，建筑物密度和高度也较低。但实际的城市土地利用除考虑地价因素外，政府还要根据环境质量、生活需要和发展方向作出规划，从而产生相应的城市地域结构和用地结构。城市土地利用关系到城市发展、城市环境保护和城市建设节约用地等重大问题。不同类型的城市具有不同的土地利用方式。例如：工业类型的城市其工业用地比重较大；风景旅游城市则绿化用地所占的比重较高。城市土地利用是否合理，关系到城市合理发展、人口容量、城市环境保护和城市建设中节约用地等重大问题，城市土地利用一般包括工业用地、商业用地、居住用地、文教与科研用地、交通运输用地、市政公用设施用地、仓库用地、行政与经济机构用地、风景绿化用地和特殊用地等类型。

chengshi tudi liyong xishu

城市土地利用系数 反映城市土地利用状况的指标。有两种含义：①指城市土地利用程度，一般用已利用土地面积与城市土地总面积的比例作为指标。②指城市中各种类型用地的构成，即城市中生活居住用地、工业用地、对外交通用地、仓库用地、市内道路用地等与城市土地总面积的比例。

tudi liyong dalei

土地利用大类 土地利用方式的一种粗略划分，如雨育农业、灌溉农业、林业、牧业等。联合国粮农组织（FAO）的《土地评价纲要》规定，在有的情况下也可针对土地利用大类进行土地的适宜性评价。

tudi liyong wenti

土地利用问题 特指在中国土地利用总体规划中，土地利用现状存在的和规划期间可能发生的、需要通过土地利用规划来改变或解决的问题。中国《全国土地利用总体规划纲要（2006～2020年）》指出的突出问题有：①人均耕地少、优质耕地少、后备耕地资源少；②优质耕地减少和工业用地增长过快；③建设用地粗放、浪费较为突出；④局部地区土地退化和破坏严重；⑤违规违法用地现象屡禁不止。

tudi liyong yaoqiu

土地利用要求 一种土地利用类型或土地利用方式能有效和可持续地实施所需要的土地特性或土地质量。包括所评价的作物、牧草、树木或牧畜等的生态要求、经营管理要求、生态保护要求和土地整治的要求。每一种土地利用类型或土地利用方式对土地都有特定的要求。对农用土地而言，主要由农作物、牧草及林木的要求组成。土地利用要求可用与之相应的土地质量匹配，土地单元对某种土地利用方式要求的满足程度就是土地的适宜性，如用于种植业利用方式的土地利用要求一般有：①气候，要求气温或降水适宜农作物生长；②地形，要求土地平坦、坡度小于25°；③水资源，要求在降水量不能满足作物生长的情况下，有其他水资源补充；④土壤条件，要求土壤厚度满足作物扎根要求，土壤质地条件能保水保肥通气，能满足作物生长基本需要的土壤有机质、矿物质和pH值；⑤要求有基本的水土保持和其他土地退化控制措施等。

tudi liyong mubiao

土地利用目标 中国《全国土地利用总体规划纲要（2006～2020年）》提出的土地利用目标是：①守住18亿亩耕地红线。中国耕地保有量到2010年和2020年分别保持在12 120万公顷（18.18亿亩）和12 033.33万公顷（18.05亿亩）。规划期内，确保10 400万公顷（15.6亿亩）基本农田数量不减少、质量有提高。②保障科学发展的建设用地。新增建设用地规模得到有效控制，闲置和低效建设用地得到充分利用，建设用地空间不断扩展，节约集约用地水平不断提高，有效保障科学发展的用地需求。规划期间，单位建设用地二、三产业产值年均提高6%以上，其中，"十一五"期间年均提高10%以上。到2010年和2020年，中国新增建设用地分别为195万公顷（2 925万亩）和585万公顷（8 775万亩）。通过引导开发未利用地形成新增建设用地125万公顷（1 875万亩）以上，其中，"十一五"期间达到38万公顷（570万亩）以上。③土地利用结构得到优化。农用地保持基本稳定，建设用地得到有效控制，未利用地得到合理开发；城乡用地结构不断优化，城镇建设用地的增加与农村建设用地的减少相挂钩。到2010年和2020年，农用地稳定在66 177.09万公顷（992 656万亩）和66 883.55万公顷（1 003 253万亩）；建设用地总面积分别控制在3 374万公顷（50 610万亩）和3 724万公顷（55 860万亩）以内；城镇工矿用地在城乡建设用地总量中的比例由2005年的30%调整到2020年的40%左右，但要从严控制城镇工矿用地中工业用地的比例。④土地整理复垦开发全面推进。田水路林村综合整治和建设用地整理取得明显成效，新增工矿废弃地实现全面复垦，后备耕地资源得到适度开发。到2010年和2020年，中国通过土地整理复垦开发补充耕地不低于114万公顷（1 710万亩）和367万公顷（5 500万亩）。⑤土地生态保护和建设取得积极成效。退耕还林还草成果得到进一步巩固，水土流失、土地荒漠化和"三化"（退化、沙化、碱化）草地治理取得明显进展，农用地特别是耕地污染的防治工作得到加强。⑥土地管理在宏观调控中的作用明显增强。土地法制建设不断加强，市场机制逐步健全，土地管理的法律、经济、行政和技术等手段不断完善，土地管理效率和服务水平不断提高。

tudi liyong xingtai

土地利用形态 各类土地利用的存在形式和表现形式。又称土地利用形式。如耕地、园地、林地及建设用地等即为土地利用过程中不同的存在形式和表现形式。土地利用形态分析是土地利用研究的重要组成部分，它通过分析各类土地利用产生的各种形态，辅以土地利用的性质，评估现有的土地利用是否延续或产生逆转等趋势。站在不同的角度，对同一土地利用形态可能产生不同的解释。一般而言，各种土地利用形态有的分布面

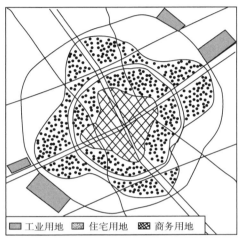

土地利用形态示意图

积扩大，结构趋于复杂，稳定性提高；有的分布面积下降，结构趋于简单，稳定性降低；有的在各方面都较为稳定。

tudi liyong chongtu

土地利用冲突 不同土地利用主体在土地利用过程中产生的矛盾及其后果与危害。土地利用冲突是冲突在土地利用这一特定领域的表现形式。而冲突原来指两个或两个以上的单元在目标上互不相容或互相排斥从而产生的矛盾。所以土地利用冲突也可以认为是土地利用的目标不同而引起的诸多行为与结果。一般而言，土地利用冲突主要受土地资源有限性、土地资产增值性、土地资源多功能性和土地利用竞争性等因素的影响。具体到一个区域，则受到土地资源的区位条件、空间分布、数量质量特征等诸多方面的影响。从当前中国的实际情况看，土地利用冲突经常发生的区域主要有：城乡结合部地带（城市边缘区），农牧交错地带，农林交错地带，水陆交错地带，以及城镇化发展较快的地区。

tudi liyong yuanjing yuce

土地利用远景预测 在已定的规划年限内，根据土地利用现状的分析，对各类土地和各部门用地的数量、质量、结构和分布的未来变化趋势进行估测和推算。它是土地利用决策与规划的前提，也是土地利用总体规划的重要组成部分。它具有前提性、时间性和描述性的特点，即按照规划的目标，假定在一定时间范围内变化的发展趋势不变，应用定性与定量相结合的方法，对土地利用未来的结构特征与分布进行描述性的预测。

远景预测影响因素 ①人口和生活水平。这直接影响社会对农畜产品的总需求量、住房和城镇规划、环境建设、商业旅游和福利设施，因而决定农业用地和建设用地的规模。②国民经济发展。地区产业结构特点和技术水平直接影响用地数量和用地结构。③土地资源本身的特点和预测地区的土地条件。土地资源本身的特点包括土地占有面积的有限性、位置的固定性和可更新等。如位置的固定性导致土地资源分布的地区差异性和不平衡性，从而形成土地利用需求方案在地区上的差别。预测地区的土地条件决定土地质量和生产水平，直接影响可提供农畜产品的数量，从而也影响土地的需求的数量。

远景预测内容 ①农业用地需求量预测。包括耕地、牧草地、林地、园地、菜地、水产用地等。②非农建设用地的远景需求规模。非农建设用地是指城乡居民点、工业工矿、水利工程、交通运输、风景旅游区、名胜古迹、自然保护区和军事等建设用地。非农建设用地按其性质可分为：国家基本建设用地、地方基本建设用地、城乡建设用地、农村建房用地。

远景预测方法 ①趋势预测，主要有线性模型、指数曲线模型、二次抛物线模型等；②回归预测，根据控制未来土地利用的主要因素个数确定回归模型进行预测，如三元线性回归模型；③线型规划模型。把土地利用需求预测与地区经济社会发展优化结合进行，设计土地利用结构优化方案供决策参考。

tudi liyong jingguan

土地利用景观 人类在土地资源供给和经济社会需求之间形成的对土地资源特有的利用方式、强度和形态特征。由于自然环境的复杂性、土地类型的多

样性、人类活动的多元化，决定了土地利用的复杂性和整体性。相同类型的利用活动经常会集聚在一起，形成独特的土地利用区。土地利用景观是指该区内部各种性质用途的地块彼此之间整合形成的镶嵌体组合景观，体现了不同性质土地利用的景观组成的单元类型、数量以及空间分布特征，强调景观整体结构。

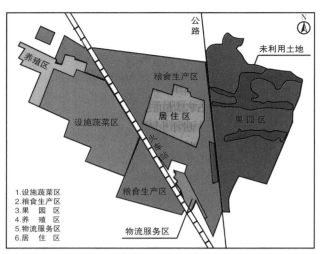

某地区土地利用布局示意图

1. 设施蔬菜区
2. 粮食生产区
3. 果园区
4. 养殖区
5. 物流服务区
6. 居住区

tidi liyong zhuanxing

土地利用转型　土地利用形态和结构的根本性转变过程。即土地利用形态和结构在时序上的变化。土地利用转型通常与经济和社会发展阶段的转型相对应。也就是说，土地利用转型发生在经济和社会发展阶段的转型过程之中，是主动求变的过程，是按照土地利用的外部环境变化，对土地利用形态和结构的大范围动态调整，将原有的土地利用发展模式转变为符合外部环境变化要求的新发展模式。土地利用转型通常是针对一个国家或一个区域而言。

tudi liyong zhanlüe

土地利用战略　特指中国土地利用总体规划中为解决规划期间的土地利用问题而要采取的行动路线。土地利用战略研究是在土地利用现状分析的基础上，针对土地利用中存在的主要问题，按照国民经济与社会发展总体目标的要求，合理地确定土地利用的战略目标和基本方针。它是规划中首先要加以解决的问题。确定土地利用的战略目标和基本方针必须要考虑到多方面的因素，主要依据有：区域土地及其相关资源状况，经济社会发展对土地的需要，国家宏观经济政策及区域生产力的布局，保障人民生活与社会稳定的需要等。土地利用战略研究需要在分析土地利用与经济社会的关系以及规划期间土地供求的总体态势的基础上，给出土地利用战略选择，制定土地利用战略对策。

tudi liyong buju

土地利用布局　与土地利用结构相联系的各类用地的空间分布。即在一定区域范围内各类用地在空间上的配置及其所反映的土地利用基本状况，通常表示为各类用地的区位。为了实现规划目标，需要选择一定区域内各种土地利用类型分布地域和地点、设定空间组合以及确定它们之间的相互关系。土地

利用布局的理论体系尚不完备，可以借鉴的有土地经济学中农业区位论和工业区位论、区域经济方面的增长极核理论、空间几何学中的分形理论、景观生态学格局优化理论等。

中国在城镇用地布局方面存在的主要问题是：城镇功能区划不明确，居民区和工厂混杂，这种现象不仅存在于大中城市，而且也不同程度地存在于小城市和县城、小城镇。不少城镇发展没有从自然经济圈和整体角度、功能和区位特色上开展布局，而是按行政区划自成体系，各市、县、乡镇之间非农产业用地布局雷同，发展的无序化、分散化严重，具有很大的随机性和离散性特征，土地利用效益低下，导致了土地资源的浪费。

tudi liyong peizhi

土地利用配置　对构成生产要素的、稀缺的、具有多种开发利用方式的土地资源在时间上和空间上及其使用部门之间的分布调整。土地利用配置必须达到两个目标：一是土地资源在各种用途之间分配合理，即利用方式较优；二是能够提高土地利用效益。由于土地资源数量有限，供需之间存在很大差距，客观上存在着部门之间、用途之间的合理分配问题，这是土地资源配置的实质与核心。土地利用配置的根本任务在于通过寻求土地利用的结构效应，增强土地系统功能，促使土地资源在国民经济各地区、各产业、各部门的合理分配，使有限的土地资源最有效地促进国民经济发展和其他社会目的的实现，使有限的土地资源的利用

取得优化的经济效益、社会效益和生态效益，从而为土地资源在当代人之间及代际之间的可持续利用奠定物质基础。

tudi liyong fangshi

土地利用方式 以所提供的产品或服务、所需的投入和土地利用的经济社会条件等一套技术经济指标加以详细规定的土地利用类型。即由一系列在既定的自然、经济、社会条件下的技术说明所构成的土地利用种类。它可以是当时的环境，或者由于大型土地改良（如灌溉排水工程）造成的未来环境。确定土地利用方式主要由土地利用的经济社会条件和土地利用的技术条件两部分指标构成。

联合国粮农组织（FAO）制定的《土地评价纲要》中列举的用于确定土地利用方式的指标有：①产品，包括物质产品、服务或其他产出；②市场方向，如面向自给生产还是商品生产；③资金集约度；④劳动集约度；⑤动力来源，如人力、畜力或机械动力；⑥土地使用者的技术知识或态度；⑦基础设施；⑧占有土地的大小或形状；⑨地权制度；⑩投入水平。

世界各国在各自的实际工作中，一般注重考虑获取与土地利用方式相关的经济、社会及技术信息的可能性，选取了大同小异的指标，最为全面细致的指标包括：①产品或服务的形式；②市场方向；③水、能源、原材料等供给；④资金集约度；⑤劳动集约度；⑥技能和态度；⑦土地经营规模；⑧土地利用程度；⑨土地产权形式；⑩机械化或自动化程度；⑪交通通达度；⑫其他基础设施状况；⑬产量或收益；⑭环境影响和环境保护措施；⑮其他经济和技术信息。

中国在研究种植业土地利用方式和畜牧业土地利用方式的过程中，对种植业土地利用方式选取的指标包括种植制度、复种指数、田块规模、动力来源、技术类型、土地改良、基础设施等；对畜牧业土地利用方式选取的指标包括饲养方式、饲料来源、棚圈、草地管理、基础设施等。当前主要开展的都是农业土地利用方式，还没有包括所有土地利用方式的全面研究。

土地利用方式的分类大致可以归纳为以下四方面：

按用途性质分类 大致可以归纳为生产性利用方式和非生产性利用方式。①生产性利用方式是指把土地作为主要生产资料或劳动对象，以生产生物产品或矿物产品为主要目的的利用方式；②非生产性利用方式是指把土地作为活动场所和建筑物基地的利用方式。

按经营水平分类 可大致分为粗放型和集约型两种。①粗放型土地利用方式，是指依靠外延扩张，通过增加土地面积来满足获取土地收益的方式。粗放型土地利用方式的标志是土地的投入和单位面积产量产出都很低。②集约型土地利用方式，是指依靠增加物质和劳动投入来提高土地收益的利用方式。为了协调土地经济供给的稀缺性和人类对土地需求的无限性的矛盾，各国都提倡集约型土地利用方式。

按用途种类分类 ①单一利用方式，一块土地只有一种用途的土地利用方式；②多种利用方式，一块土地同时从事一种以上用途，每种用途均有各自的投入和产品或其他效益的土地利用方式；③复合利用方式，一块土地有规则地连续从事两种以上的用途，或在一块土地的不同部分同时从事两种以上用途的土地利用方式。

按不同层次分类 第一级，按土地利用主导功能，可分为种植业、园艺业、林业、畜牧业、工矿业、城镇建设、农村建设、交通建设、水利建设、水产养殖和文化景观及自然保护等土地利用方式。第二级，按土地利用的主导产品或具体功能划分，如种植业土地利用方式可分为粮食作物和经济作物两种土地利用方式。第三级，按投入水平划分，如粮食作物土地利用方式可分为传统的、集约的土地利用方式。第四级，按具体的产品类型或产品组合类型划分，如传统的粮食作物土地利用方式可分为小麦、棉花、玉米等土地利用方式。具体划分层次根据研究尺度而定。一般国家级和省级小比例尺（小于1:50万）研究采用第一层次，市、县级中比例尺（介于1:10万～1:50万）采用第二层或第三层次，乡级、农场大比例尺（几千分之一到1:10万）采用第三层次或第四层次，不同层次的土地利用方式描述的属性内容有所不同。

tudi liyong xitong

土地利用系统 给定的土地单元与特定的土地利用方式的集合。实质上是土地的自然因素与土地利用类型及土地利用方式之间在某一地块上的集合。在一块小面积的单一土地单元上可能从事一种用途，即单一的土地利用方式形成较单一的土地利用系统。但在一个区域，土地组合的类型较多，利用的方式也较多，甚至同一块土地类型的范围内，或同一块土地类型上的不同部位也会形成不同的土地利用类型，形成复合的土地利用方式。所以在一定的区域内，往往出现功能各异而又相互联系的多种土地利用系统，进而集合成为复杂的土地利用大系统，即呈现为等级土地利用系统、层次土地利用系统，或者说是不同尺度的土地利用系统。对不同尺度的土地利用系统，在考虑自然、经济、社会因素标准时侧重点应有所不同。

在分析可持续土地利用系统过程中，最为关键的层次是区域土地利用系统。根据管理体制，区域土地利用系统可细分为省、市、县级。其中，县级为最关键的层次。县域比乡域更完整，比市域更具体，它直接面对决定土地利用方式的农户。农户是土地利用系统的最小决策单位，区域土地利用系统就是不同农户所选择的土地利用系统的总和。

土地利用系统在生产的过程中，土地单元也将受到土地利用的影响，影响的结果表现为水土流失、盐渍化、农药及化肥造成的地下水污染、景观变化、植被退化及生物多样性降低等，可以用土地质量的下降以及环境的退化度量这种影响。过去在分析土地利用系统时主要研究土地单元对人类利用要求的满足程度，即"适宜性"，而未重视土地利用对土地质量的影响。所以今后在分析土地利用系统时必须揭示土地利用系统内部与土地单元各组分之间错综复杂的关系，了解土地利用系统与自然生态环境及经济社会环境系统之间的相互作用。

tudi liyong jiegou
土地利用结构　一般指一定区域内，各种土地利用类型和（或）土地覆被之间在数量上的比例关系，用各种土地利用类型和（或）土地覆被占该区域土地总面积的比重表示。用于表征一个国家、地区或生产单位的土地面积中各种用地之间的比例关系或组成。又称土地利用格局，也称土地利用构成。如直接生产用地（耕地、牧地、林地等）、间接生产用地（道路、渠道等）和非生产用地（沙漠、冰川、湿地等）的面积分别占土地总面积的比重，农业内部的农、林、牧、渔各业用地分别占总面积的比重等。在不同的历史时

期、不同的经济社会条件下，人类社会对土地资源开发利用的广度和深度不同，土地利用结构不断发生变化。如城镇建设和道路建设占地，使耕地日益减少，而耕地减少又促使土地的集约经营等。自然经济条件不同，土地利用结构也有很大差别。土地利用结构具有动态变化的特点。如随着人口不断增长，为了生存和发展，人类不断垦殖草地、林地为耕地，发展种植业。分析土地利用结构，可以揭示国民经济各部门及其内部用地在整个用地中所占的地位及其相互之间的关系，各部门用地类型的组合特点和综合发展水平，从而评价土地利用结构是否合理。

在一个区域范围内，确定土地利用结构不具有任意性，开辟农、林、牧、渔、工业建设等用地具有严格的条件。尤其是大区域开发，必须处理好以下三个关系：①土地具有利用上的多宜性质，但决不能由此导出开发上的随意性，确定土地利用结构是带有全局性的大事，要把自然土地系统结构视为本底作为参照系；②实行适度开发，在实行开发时要保持土地多样性组合的最低组分量，只能采取大适应小改造的做法，不宜随意突破，搞超限度开发，超限利用；③在考虑经济适宜性时必须与生态适宜性、社会适宜性相统一、相一致，而且只有建立在生态适宜性基础上的经济目标，才是牢固可靠的。

中国在土地利用结构方面存在的不合理问题有：首先，是工业化、城市化过程中的非农建设用地占用耕地的比例过高，导致用地结构失衡且有扩大趋势。如城市用地大规模外延扩展，占用了大量耕地，尤其是城市近郊的许多优质、高产水田、菜地，同时城市土地的内涵挖潜不足，集约利用水平较低，土地资源浪费十分严重。其次，是城市用地结构中，工业用地和生产性用地偏高。商业服务业用地和交通运输用地偏低，城市绿地、公共建筑用地等反映城市现代化水平的用地比例偏低。根据中国《城市用地分类与规划建设用地标准》的要求，居住、工业、道路广场和绿地四大类主要用地比例是：居住用地20%～32%，工业用地15%～25%，道路广场用地8%～15%，绿地用地8%～15%，这四类用地综合占比为60%～75%。但是大多数城市上述四类主要用地不符合国家标准，存在"两低两高"的现象，即绿地占比、公共建筑用地占比偏低，房地产用地、工业用地占比较高。由于土地利用结

构性的不合理,导致房地产用地、工业用地供过于求、闲置浪费、低效利用等现象普遍存在。农业内部用地结构因单纯追求经济利益而进行调整,导致其结构的不合理。如将耕地改成果园或挖塘养鱼、建窑烧砖,甚至开发建设"小产权房"等。又如农村常住人口逐年减少,而农村宅基地面积却在不断增加。不合理的土地利用结构会损害国家整体利益,所以必须在国家宏观调控下优化土地利用结构,实现土地利用的经济、社会和生态效益的统一。

tudi liyong geju
土地利用格局　参见第256页土地利用结构。

tudi liyong chengdu
土地利用程度　人类对土地的利用与改造程度以及土地受人为影响的变化程度。反映土地利用程度的指标一般有土地利用率、土地农业利用率、土地非农业利用率、土地垦殖率(垦殖指数)等。中国的主要土地利用区域中,土地利用程度从高到低依次为:黄淮海平原区、长江中下游区、东北区、华南区、四川盆地区、云贵高原区、江南丘陵区、黄土高原区、内蒙古高原及长城沿线区、横断山区、青藏高原区、西北区。

tudi liyong jiyuedu
土地利用集约度　在一定时空范围内指资金、技术、劳动力等生产要素投入于土地的集聚程度。一般以单位土地面积上投入的物化劳动和活劳动来衡量。合理确定集约程度既要考虑当时经济社会的需求程度、技术发展水平和投入的能力,也要考虑土地本身的性状,包括土壤肥力、土地位置、交通条件等。土地利用的集约程度应该是适度的,同时土地利用集约度也是一个发展、变化的动态概念。土地利用集约度还是土地利用变化的重要指示器,加深对土地利用集约度内涵及其影响的认识,对土地利用的空间规划与布局研究有重要意义。

tudi liyonglü
土地利用率　一定区域内已利用的土地占土地总面积的比例,是反映土地利用程度的经济指标。按土地使用的方向,还可将土地利用率分为两大类:一

类为土地农业利用率;另一类为土地非农业利用率。两大类利用率之下,还可以进一步细分。中国人口多,人均耕地资源少,在合理利用土地和保护生态的前提下,应该开发一切可利用的土地,扩大土地可利用面积,以提高土地利用率。

tudi nongye liyonglü
土地农业利用率　农业用地占土地总面积的比例。指直接用于农业生产的土地,包括耕地、园地、林地、牧草地及其他农用地面积的合计数占土地总面积的比例。一般而言,土地农业利用率愈高,说明所在地区发展农、林、牧、渔各业的生产环境条件愈好。衡量土地农业利用率有以下几种方法:①一个地区农业用地占土地总面积的百分比,表征农业用地的利用程度;②一个地区林、路、沟、渠用地面积占耕地面积的百分比,表征耕地的利用率和土地规划的合理程度;③全年农作物总播种面积占耕地面积的百分比,表征耕地的利用程度;④已利用水面占水面总面积的百分比,表征水面的利用程度。土地农业利用率的高低与当地的自然、技术、经济条件和农业生产水平有密切的关系。为了充分利用土地资源,在不引起土地退化与保护生态的前提条件下,应采取各种措施努力扩大农业用地,提高土地农业利用率,并在利用中不断提高土地的集约化水平。

tudi feinongye liyonglü
土地非农业利用率　城镇建设用地、工矿用地、村庄用地、商业服务业用地、交通运输用地、旅游用地、军事设施用地以及农村乡镇企业、作坊、养殖场等非农业用地占土地总面积的比例。一个国家或地区随着工业化、城市化的发展进程,土地非农业利用率都在不断提高。一般通过控制建设用地过多占用耕地来限制土地的非农业利用率。

tudi kenzhilü
土地垦殖率　一定区域内耕地面积占土地总面积的比例,是反映土地作为耕地利用的经济指标。土地垦殖率与自然、技术、经济和社会条件密切相关。土地质量好、人口多、垦殖历史长的国家和地区,一般土地垦殖率高。2011年年末,中国的土地垦殖率为12.67%,略高于世界平均垦殖率(约

11.5%）。由于中国各地宜农土地资源和土地开发历史不同，地区间土地垦殖率的差异很大。在平原、盆地和三角洲地带，土地垦殖率高，一般在30%以上；在干旱、高寒地区，土地垦殖率较低，一般在10%以下。

tudi liyong bianhua
土地利用变化　土地用途和土地利用结构在时空上的变化。用途转移和集约度变化构成土地利用变化的两种基本类型。从土地特性看，多宜性和限制性是土地利用发生变化的基本条件，人类对土地利用的结果总是趋向于使土地的多宜性降低和功能类型减少，土地利用的变化在不断导致土地覆被的加速变化。中国处在经济高速发展、人口压力剧增的时期，人类活动对土地的影响显得尤为突出，土地利用变化在深度、广度以及速度方面都呈加剧趋势，由此造成的影响也随之变得越来越大。

tudi liyong yanti
土地利用演替　在狭义上，指受经济利益驱动，土地趋于向收益更大的用途或利用方式转移的趋势。狭义土地利用演替的驱动力主要是经济因素，即趋利原则，可以用竞租曲线转移边际点和土地利用空间失衡条件作为分析这类土地利用演替过程的理论基础。广义土地利用演替的影响因素还包括自然、技术、环境、社会等诸多因素，如受到区域大气环流影响以致全球环境变化的影响，使得区域土地利用类型产生变异；土地利用技术的进步、土地环境保护的需要、社会发展的进程，也都会叠加在一起而改变土地利用方式或土地用途。

tudi liyong kechixuxing
土地利用可持续性　给定的土地利用系统，能否在现实的投入水平下，维持其可接受的生产力或服务水平，而又不对环境发生持续的损害的测度。可持续性是适宜性在时间上的扩展。土地适宜性是一种现状的评价，土地利用可持续性是对一块土地在更长时期内是否适合于某种土地利用方式的评价。一种土地利用方式，只要在未来可预见的较长时期内未引起明显的或永久性的土地退化，通常认为这种土地利用方式是可持续的。土地利用可持续性需要从生态、经济和社会三方面综合考虑，但在不同的空间尺度上侧重点不同。

tudi liyong xiaolü
土地利用效率　在土地利用过程中，以最低的土地成本产生最大的综合效益。土地利用效率作为土地利用水平的度量指标，可以用于反映土地资源配置和使用土地开展生产活动的效果。土地利用效率越高，土地资源的价值就得到更好的实现，说明土地资源的配置更为合理，土地资源的使用更为充分。

tudi liyong xiaoyi
土地利用效益　在土地利用过程中，单位面积土地所提供的经济效益、社会效益和生态效益。长期以来，土地利用效益过于偏重经济效益，所以必须明确土地利用效益要注重经济效益、生态效益和社会效益三者组成的综合效益，这是土地资源合理配置的必要条件和基本原则。提高土地利用效益应加强土地资源保护，优化土地利用结构，提高土地集约利用程度，积极盘活和利用存量土地和闲置土地等。

tudi liyong jingji xiaoyi
土地利用经济效益　在土地利用过程中，土地所取得的产品和（或）服务的价值。土地利用经济效益反映土地利用过程的效益，强调有限的投入生产出尽可能多的符合需要的产品及服务。土地利用经济效益评价主要以区位理论及地租理论为基础，强调土地的区位条件以及投入产出效应。反映土地创造的最终产品和服务价值的综合性指标一般用国内生产总值和净产值，按照经济效益原则，要求一定土地上创造的国内生产总值或净产值能够可持续的增长。

tudi liyong shengtai xiaoyi
土地利用生态效益　在土地利用过程中，通过建立新的土地生态系统或改善原来的土地生态系统所增强的生态功能和效应。在土地利用过程中，对整个土地生态系统造成的某种影响，会对人类的生产和生活产生某种影响，这种影响产生的效果与利益即土地利用生态效益。任何一种土地利用方式都必然与生态系统相互关联，都必然影响土地生态系统。土地利用要重视生态效益，这是土地资源合理利用的必要条件。一个建设项目对生态的破坏，实际上是生态作为一种代价向项目的投入。许多用地项目，在不计生态的成本时，可能计算出较高的土地利用效果，但考虑到生态效益以后，就会得不偿失，生态效益很难像经济效益一样用货币的价值尺度来衡量。在生态效益定量化的度量标准方面存在许多困难，影响了对土地利用生态效益所作的准确评价。

tudi liyong shehui xiaoyi
土地利用社会效益　在土地利用过程中，对实现社会发展目标（包括增加就业，收入分配公平，改善劳动条件，提高健康、文化水平，提高国防能力等）所产生的影响和效果。社会效益与生态效益一样，同样很难像经济效益用货币的价值尺度衡量。在社会效益的度量标准方面存在许多困难，影响了对土地利用社会效益所作的准确评价。

tudi liyong gongcheng
土地利用工程　对土地进行开发、利用、改良和保护的工程技术措施，是有关土地开发、利用、治理、改造、保护、管理的各种工程的总称。人们采取工程、生物、农学相结合的技术措施，对土地进行合理开发利用与治理改造，如荒地耕垦、滩涂围垦、水利灌溉、水土保持、植树造林种草、草原建设和改良、盐渍化、沙漠化、沼泽化土地的治理、土地污染防治、大江大河治理、堤防圩垸、水库、水闸、塘坝的修建等。其主要任务是合理开发利用土地资源，防止土地退化和破坏，提高土地利用的集约化程度。土地利用工程不同于其他工程的单项措施之处在于它的整体性和综合性，它必须把土地资源的各个要素，利用和改造工程措施和生物措施作为一个整体，综合地进行整治，才能使土地得到有效地治理，使土地更有利于农作物、林木、牧草、鱼类等生态系统的能量转换和物质循环，提高能量转换效率、土地利用率和土地生产力。

tudi liyong tu
土地利用图　表达土地资源的利用现状、地域差异和分类的专题地图，它是研究土地利用的重要工具和基础资料，同时也是土地利用调查研究的主要成果和表现形式之一。在编制土地利用图的基础上，可以对当前利用的合理程度和存在的问题、进一步利用的潜力、合理利用的方向和途径，进行综合分析和评价。所以通过编制土地利用图，可以全面、

系统地阐明土地利用现状、特征和分布规律，查明当前土地利用的合理程度和存在的问题以及进一步利用的潜力、合理利用方向和途径。土地利用图是调整土地利用结构，因地制宜进行农业、工矿业和交通布局、城镇建设、区域规划、国土整治、农业区划等的一项重要科学依据。编制土地利用图首先要进行土地利用分类和拟定土地利用分类系统。不同的行政区域范围和地区特点应有不同的分类系统，同时还应考虑到图件比例尺的不同。一般而言，国家级的小比例尺制图分到二级为宜，重点突出一级分类；省、地、县的中、大比例尺制图一般分到二级或三级，重点突出二级分类；乡、村大比例尺土地利用制图一般分到三级或四级，重点突出三级分类。不同比例尺的编制方法、表达内容及其容量以及应用范围各不相同。

大比例尺土地利用图　一般比例尺是几千分之一到1:10万，主要是配合小地区的全面详细调查或专题调查而编制，内容能详细反映土地利用的特征和微域差异。这类土地利用图大都是根据相应地区的大比例尺地形图和航摄照片以及实地调查所得第一手资料而编制，能够为生产布局，特别是农业布局以及农业生产规划和技术改造提供具体的科学资料。

中比例尺土地利用图　比例尺介于1:10万～1:50万，往往是配合一个大范围地区的调查研究而编制，可以由大比例尺土地利用图缩制而成，也可以根据相应地区的中比例尺地形图，参考其他专题性地图资料和实地调查资料汇编而成，可用于区域规划、农业区划和国土整治工作。

小比例尺土地利用图　比例尺小于1:50万，主要是配合大区域或全国性研究而编制，一般是由大、中比例尺土地利用图缩制，或根据小比例尺地形图、专题地图、卫星图像以及有关的路线调查和文献资料编制，反映大地区范围内的各类土地利用的分布大势，可用于研究宏观布局、编制大区或全国生产发展规划和经济区划、国土规划、农业区划工作，也可作为教育用挂图。

Zhongguo 1:100 wan tudi liyong tu
中国1:100万土地利用图　1978～1985年全国科学技术发展规划重点科研项目"农业自然条件、自然资源和农业区划研究"课题的组成部分。由中国科学院地理研究所主持，由41个单位、300多名科学工作者共同协作，历时10年（1981～1990年）完

成，是中国第一套全面如实反映中国20世纪80年代初期土地利用现状及其分布的大型专业性地图，1990年由西安地图出版社出版。它以地图形式系统表达了中国土地利用特征、类型结构及其分布规律，是中国历史上首次按照统一规范进行的大规模土地利用调查与制图研究。它按国际分幅，全套共61幅，每幅图的背面附文字说明（图例为中英文对照）。内容包括区域自然与经济特点，土地利用概况与主要类型，土地利用存在问题及对策。《中国1∶100万土地利用图》分类系统由三级组成：第一级根据国民经济各部门用地构成划分，共10个类型；第二级根据土地利用特点和经营方式划分，共42个类型；第三级主要根据农作物熟制或农作物组合、林种、草场类型等划分，共35个类型。此图对于了解中国土地利用中存在的问题，总结开发利用的经验教训，提出合理利用土地的意见，制订国民经济计划和土地政策，开展国土整治、土地规划、科学管理土地等有重要参考意义。

tudi ziyuan quhua

土地资源区划 根据土地组成要素的特性及其土地利用的区域性而划分的专业性分区，即土地资源区域的等级系统划分。中国土地资源的第一级分区以大区气候和大的构造地貌及其土地资源的宏观特征，表示不同的气候、地貌、土壤与土地利用特点的内涵。其下可再根据大、中地貌单元与土地复合类型等分别进行第二级分区，再下又可按其中、小地貌特点及其具体的土地特点进行第三级分区等。在第二级、第三级土地资源的分区命名中可以考虑应用气候+地形+土壤+土地利用的复命名的原则，其目的是进一步说明该区的土地资源的自然特征与利用背景，为区域的土地利用规划及土地生产潜力分析奠定科学基础。

tudi ziyuan quyuxing

土地资源区域性 土地资源在地理空间分布上的差异性。中国不同区域的土地资源状况存在着明显的差异：东南部位于湿润的亚热带地区，土地资源条件好，耕地和内陆水域在这一地区分布集中，生产能力高；中部位于半湿润的温带、暖温带及亚热带地区，是粮、棉、油及林业生产基地；西北部地处干旱、半干旱地带，水源缺乏，土地资源条件较差，生产能力较低；西南山区是重要林区、矿区和能源基地。中国一半以上的林地集中分布于东北和西南地区，大部分草地分布在西北干旱、半干旱地区。

nongye shengtai fenqu

农业生态分区 按照与土地适宜性、生产潜力及环境影响有关的特性的相似性和差异性，将一个区域的土地划分为较小的单元的过程。不同的农业生态条件决定了各地的土地适宜性和生产潜力，以及对环境的影响与适应性。通过农业生态分区，可以揭示不同土地在农业生产方面的比较优势，充分利用这些优势，可以实现土地资源的优化利用，进而促进区域内农业生产的合理分工并不断拓展农业功能，实现传统农业向现代农业的转化。农业生态分区首先需要开展农业自然资源的综合评价，评价内容主要是对土地资源及相关的水资源、气候资源、主要农产品品种资源的禀赋进行区域细分。确定农业生态分区的关键环节是对不同土地的适宜性与生产潜力的分析与预测。根据农业生态条件，划分适宜区和适宜程度，同时为不适宜区指出涵养生态的功能类型。

tudi shengtai jingji fenqu

土地生态经济分区 一种将土地资源的自然要素、经济社会因素和多种土地用途综合起来的土地分区方法和过程。又称土地生态经济区划。一般做法是，首先确定土地生态经济分区的原则和指标体系，建立包括自然生态、经济社会和土地利用等信息的土地生态经济系统数据库，然后选择特征指标进行分析，划分出土地生态经济区，最后在分析各土地生态经济区主要特征的基础上，提出土地资源生态建设和经济发展的战略和实施途径。

tudi liyong gongneng fenqu

土地利用功能分区 基于不同区域的土地利用功能特征与差异，划分出不同空间单元的过程。土地利用系统是一个综合的功能整体，具有生态功能、生产功能和生活功能。其中，生态功能是基础，生产、生活功能又影响生态功能。为充分发挥土地利用系统的整体功能，需要对国家或区域土地利用系统的重要功能进行统筹分析，即采用土地利用功能分区的方法统筹配置土地的利用方向，凸显不同区域土地利用功能，明确产业主导方向，以保障经济社会又好又快发展。基本的土地利用功能区包括基本农田集中区、一般农业发展区、城镇村发展区、独立工矿区、风景旅游区、生态安全控制区、自然与文化遗产保护区、林业发展区等。

liuyu

流域 一条水系的干流和支流所流过的整个地区，即由分水线所包围的河流集水区。流域分为地面集水区和地下集水区两类。如果地面集水区和地下集水区相重合，称为闭合流域；如果不重合，则称为非闭合流域。平时所称的流域，一般都指地面集水区。每条河流都有自己的流域，一个大流域可以按照水系等级分成数个小流域，小流域又可以分成更小的流域等。另外，也可以截取河道的一段，单独划分为一个流域。流域之间的分水地带称为分水岭，山区或丘陵地区的分水岭明显，在地形图上容易勾绘出分水线。平原地区分水岭不显著，仅利用地形图勾绘分水线有困难，有时需要进行实地调查确定。

ziranqu

自然区 根据自然条件的主要差异划分的区域。中国领土辽阔，根据自然环境各组成要素相互作用而形成的不同的自然综合特点，可划分为东部季风区、西北干旱区和青藏高寒区三大自然区。三大自然区的界线是北起大兴安岭西坡，南沿内蒙古高原东南部和黄土高原西部的边缘，直至与青藏高原东缘相接。界线以东为东部季风区；界线以西再沿青藏高原北部边缘划分出西北干旱区和青

藏高寒区。这三个范围广阔的自然区，是中国自然条件不均衡的综合表现，即东部湿润、西北干旱、青藏高寒。这种差异使三大自然区土地利用状况和农、林、牧、渔各业的比例出现了很大的差别。

Dongbu Jifengqu

东部季风区 中国三大自然地理区之一。具体指大兴安岭以东、内蒙古高原以南、青藏高原东部边缘以东的广大地区。包括地形上属于第二级阶梯的黄土高原、四川盆地、云贵高原、横断山区，以及第三级阶梯的沿海广大平原和丘陵地区。该区背靠高原、面向海洋，主要有以下特点：①夏季受海洋季风影响显著，普遍高温多雨；冬季受冷气流影响，大部分地区寒冷干燥；风向与降水均随季节有明显的变化和更替。②湿润程度较高，温度随纬度变化而变化，由北向南气候逐渐变暖。③秦岭—淮河一线是重要的地理分界线。该线以北四季变化明显，冬季寒冷，河流、土壤冻结，降水较少且集中在夏季；该线以南一年四季山清水绿，变化不明显，降水丰富，气候湿润、温暖。④人类活动对该区的影响广泛而深刻，使自然面貌发生了巨大的变化。除极少数的地方以外，天然植被已不复存在，栽培植物广泛分布，是中国的主要农耕地区。

Xibei Ganhanqu

西北干旱区 中国三大自然地理区之一。具体指大兴安岭以西、昆仑山—阿尔金山—祁连山以北，地形上属于第二级阶梯，海拔较高。主要包括新疆、

内蒙古西部辽阔的戈壁滩

内蒙古西部、甘肃河西走廊以及青海柴达木盆地等。由于位于欧亚大陆内部，距海较远，夏季海洋季风影响甚微，属于干旱半干旱气候，降水少，气温年较差、日较差大，大风天气多。该区生态脆弱，环境条件较差，水资源极端缺乏，年降水量一般在400毫米以下，并从东向西减少。苏尼特左旗—百灵庙—鄂托克旗—盐池一线以东年降水量为300～400毫米，属半干旱地区，可勉强进行旱作农业，但十年九旱，产量很不稳定，并易形成严重的沙漠化问题；该线与贺兰山一线之间，年降水量为200～300毫米，天然植被为荒漠草原，农业必须灌溉；贺兰山以西的广大荒漠地区年降水量不足200毫米，干燥度＞4.0，种植业主要在河滩地。

Qing-Zang Gaohanqu
青藏高寒区 中国三大自然地理区之一。处于中国地形的第一级阶梯青藏高原地区，平均海拔3 000米以上，以高原、盆地、山地为主，地形相对高度小。高原地势作用超过了纬度的影响，它与同纬度的黄河、长江中下游景观差别很大，表现为中、低纬度内独特的大面积高寒环境。高原上空气稀薄，风力强劲，降水稀少，太阳辐射强烈，气温低且年较差、日较差很大，冰川冻土发育，寒冻风化和融冻作用十分普遍。该区湖泊众多，除少数淡水湖外，大部分是咸水湖和盐湖。气候由东部温暖湿润向西北寒冷干旱递变，植被也相应呈森林带、草甸区、草原区、荒漠带依次更迭。种植业主要在河流两岸的谷地，农作物以青稞、小麦为主。该区由于自然条件限制，居民稀少，经济不够发达，许多地方保留了比较完整的原始自然状态，是人类探索自然奥秘的宝贵地域。

ganshi diqu
干湿地区 以不同干燥度（或湿润度）划分的地区。干燥度是可能蒸发量与降水量的比值。中国以日平均气温≥10℃稳定期积温的0.16倍作为可能蒸发量，以此与该期降水量之比，求得干燥度指数（其倒数为湿润度指数）。根据干燥度分类可以概括地把中国分为湿润、半湿润、半干旱和干旱地区。

shirun diqu
湿润地区 干燥度在1.0以下的地区。降水量一般在800毫米以上，空气湿润，蒸发量较小，降水量大于蒸发量，年平均降水变率一般在20%以下，旱患很少，但在亚热带及其以南地域，有些季节降水偏少，热量资源不能得到充分利用。自然植被为森林，土壤无石灰性，土体中腐殖质含量不高，矿质养分比较贫乏，基本上没有盐渍化，耕地以水田为主，水稻为主要粮食作物。在热量、地形和排水条件都许可的条件下，农业收获稳定。主要分布在秦岭—淮河一线以南的广大地区，其他分布在青藏高原东南部边缘及东北三省的北部和东部地区。中国湿润地区面积占土地总面积的32%。

banshirun diqu
半湿润地区 干燥度在1～1.49之间的地区。降水量一般在400～800毫米之间，年平均降水变率一般在20%以上，旱患频率较大，有时还发生比较严重的旱灾，常有春旱。自然植被为森林草原、草甸草原和耐旱森林，在青藏高原为草甸与森林、草甸与草原交错分布，属湿润地区森林带和半干旱地区草原带的过渡。土壤中部分有石灰质积聚，有些地方有盐渍作用，腐殖质含量较高，土体中矿质养分相当丰富，耕地大多是旱地，水田只分布在有灌溉的地区。在热量、地形和排水条件都许可的条件下，农业收获相当稳定。主要分布在东北平原大部、华北平原、黄土高原东南部以及青藏高原东南部。由于华北和东北地区降水集中在夏季，经常出现春旱。海南岛西侧降水量虽大于800毫米，但因终年高温，蒸发量大，也属此类。中国半湿润地区面积占土地总面积的15%。

banganhan diqu
半干旱地区 干燥度在1.50～3.99之间的地区。降水量一般在200～400毫米，蒸发量明显超过降水量。自然植被是温带干草原，在青藏高原常与半湿润森林草甸与草甸草原区域交错。土体中一般有钙积层，盐渍化很普遍。耕地以旱地为主，在没有灌溉的情况下尚可生长农作物，但收成不稳定。该地区是中国最重要的牧区，土地利用应以畜牧为主，但是过度放牧也会引起风沙及土壤侵蚀。整个半干旱地区从东北向西南分布，包括内蒙古高原的中部和东部，黄土高原和青藏高原的大部。中国半干旱地区面积占土地总面积的22%。

ganhan diqu
干旱地区 干燥度在4以上的地区。年降水量小于200毫米，很多地区甚至小于50毫米，蒸发量远大于降水量。自然植被为荒漠草原、半荒漠和荒漠。只有少数地方，或因处于山前位置，有外来冰川融水补给，水分较多，或因采用特殊的耕作方法，可以在没有灌溉的条件下生长农作物。只有在有水源的地区可发展绿洲农业，局部地区可发展牧业。主要分布在西北内陆，包括塔里木盆地、准噶尔盆地、柴达木盆地、内蒙古西部和青藏高原西北部地区。中国干旱地区面积占土地总面积的31%。

甘肃平凉，降水常年不足

zhuti gongnengqu
主体功能区 在对不同区域的资源环境承载能力、现有的开发密度和发展潜力等要素进行综合分析的基础上，以自然环境要素、社会经济发展水平、生态系统特征以及人类活动形式的空间分异为依据，划分出的具有某种特定主体功能的地域空间单元。中国的主体功能区已划分出优化开发、重点开发区、限制开发和禁止开发区四类。

youhua kaifaqu
优化开发区 国土开发密度已经较高、资源环境承载能力开始减弱，需要通过优化开发实现区域可持续发展的地区。这一区域的优化方向是改变依靠大量占用土地、大量消耗资源和大量排放实现经济较快增长的模式，把提高质量和效益放在首位，提升参与全球分工与竞争的层次，成为继续带动中国经济社会发展的龙头和参与经济全球化的主体区域。

zhongdian kaifaqu
重点开发区 资源环境承载能力较强、经济和人口集聚条件较好的地区。这一区域的建设方向是充实基础设施，改善投资创业环境，促进产业集群发展，壮大经济规模，加快工业化和城镇化，承接优化发展区域的产业转移，承接限制开发区域和禁止开发区域的人口转移，逐步成为支撑中国经济发展和人口集聚的重要载体。

xianzhi kaifaqu
限制开发区 资源承载能力较弱、大规模集聚经济和人口条件不够好并威胁到全国或较大区域范围生态安全的区域。一般指天然林保护地区、草原退化地区、自然灾害频发地区、石漠化和荒漠化地区、水土流失严重地区等。这类区域的建设方向是坚持保护优先、适度开发点状发展、因地制宜发展资源环境可承载的特色产业，加强生态修复和环境保护，引导超载人口有序转移，逐步成为重要生态功能区。在中国，当前列入限制开发区的有东北的大小兴安岭、长白山林地、三江平原湿地等，西北的新疆阿尔泰、青海三江源地区等，内蒙古的部分沙漠化防治区、西南山地的一些干热河谷区、石漠化防治区、黄土高原水土流失防治区、大别山土壤侵蚀防治区等。

jinzhi kaifaqu
禁止开发区 依据法律法规和相关规划实行强制性保护，控制人为因素对自然生态的干扰，严禁不符合主体功能定位的开发活动而设立的区域。包括国家级自然保护区、世界自然文化遗产保护区、国家重点风景名胜区、国家森林公园、国家地质公园、国家重要湿地等。通过禁止开发把这些区域建成保护自然文化资源的重要区域、珍贵动植物基因资源和生物多样性的保护地，以及生态安全的保障地。禁止开发区在具体措施方面会有一些差别，如自然保护区对核心区、缓冲区和实验区实行分类管理，其中核心区严禁任何生产建设活动，逐步向外转移人口，逐步实现无人居住，禁止新建公路、铁路和其他基础设施穿越核心区。风景名胜区内严格保护一切景物和自然环境，不得破坏和随意改变，严格控制人工景观建设，禁止从事与风景名胜资源无关的生产建设活动。在森林公园、地质公园内以及可能对森林公园、地质公园造成影响的周边地区，禁止进行采石、取土、开矿、放牧等活动。国家重要湿地内一律禁止开垦占用或随意改变用途。

Zhongguo jingji quyu
中国经济区域 中国国家统计局为科学反映中国不同区域的经济社会发展状况，为制定区域发展政策提供依据所划分的区域。主要依据经济社会发展状况，于 2011 年将中国的经济区域划分为东部、中部、西部、东北共四大地区。

Dongbu Diqu
东部地区 中国经济区域划分的四大地区之一。位于中国大陆东缘，太平洋西岸，并包括中国东部和南部的海域。在行政区划上包括北京、天津、河北、上海、江苏、浙江、福建、山东、广东和海南共十个省市。东部地区是中国经济最发达的地区。中国的人口、城市、港口都主要集中在东部地区，有长三角城市群、珠三角城市群、京津唐城市群，有上海港、南京港、天津港、青岛港、连云港、宁波港、厦门港、广州港、三亚港等国际性港口，有北京、天津、上海、南京、苏州、济南、杭州、青岛、广州、深圳、三亚等国际性城市。

Zhongbu Diqu
中部地区 中国经济区域划分的四大地区之一。地处中国内陆腹地，起着承东启西、接南进北、吸引四面、辐射八方的作用。在行政区划上包括山西、安徽、江西、河南、湖北和湖南共六个省。从中国整体发展的角度考虑，只有中部发展了，中国经济才能协调健康发展。从这个意义上来说，加快中部地区发展是提高中国国家竞争力的重大战略举措，是东西融合、南北对接，推动区域经济发展的客观需要。中部地区要实现崛起，就必须抓好粮食生产基地、能源原材料基地、现代装备制造及高新技术产业基地和综合交通运输枢纽的建设；加强以武汉城市圈、长株潭城市群、环鄱阳湖城市群、江淮城市群、中原城市群等为核心的重点区域开发，实现重点区域率先崛起，进而带动整个中部崛起，特别要着力于区域性中心城市建设，提升中心城市的创新力、辐射力、影响力，构建地区经济与社会发展的战略支点，打造带动区域经济发展的核心增长极，形成经济隆起带，带动区域经济发展。

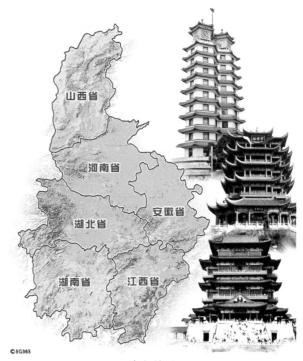

中部地区

Xibu Diqu
西部地区 中国经济区域划分的四大地区之一。位于东亚大陆西部，包括中国的西南地区与西北地区。在行政区划上包括内蒙古、广西、重庆、四川、贵州、云南、西藏、陕西、甘肃、青海、宁夏和新疆共12个省区市。西部地区疆域辽阔，远离海洋，深居内陆。青藏高原、黄土高原和云贵高原占据西部的大部分，柴达木盆地、塔里木盆地、准噶尔盆地和四川盆地分布其中。西北地区内部又可以分为青藏高原区、西北干旱区和局部地区的季风气候区，呈现出各自的自然特点。西部地区是中国经济欠发达、需要加强开发的地区，中国尚未实现温饱的贫困人口大部分分布于该地区，它也是中国少数民族聚集的地区。近年来，西部地区有了较大发展，特别是伴随西部大开发的进程，西部地区用资源支撑了中国的经济增长，为经济建设做出了突出贡献，但也带来一些生态与环境问题。在新时期西部开发战略中，要注重发展与资源的协调、开发与环境的协调。

Dongbei Diqu
东北地区 中国经济区域划分的四大地区之一。在行政区划上包括辽宁、吉林和黑龙江共三个省。具有综合工业体系、基础设施、农产品资源和对东北亚开放的区位优势。特别是作为国家的重要粮食生产基地，承担着粮食储备及特殊调剂任务，为支援国家建设和保持社会稳定做出了重要贡献，今后在国家粮食安全战略中仍需继续发挥重大作用。振兴东北地区等老工业基地的战略实施已取得一系列新进展，国民经济战略性调整和国有企业改革取得新的突破。振兴东北的核心是转型，从传统工业化模式转向新型工业化模式，从资源、资本驱动的工业化转向技术、知识驱动的工业化，也包括利用丰富的劳动力驱动的劳动密集型工业和服务业。所以东北地区应该充分利用比较优势和条件以及较好的产业基础，选择内涵式扩大再生产的集约型增长方式，以存量资源带动增量发展，增强整体竞争力。

fazhan shuiping fenqu

发展水平分区 根据生产力、经济现代化及城市化发展等方面的差异划分的区域。一般而言，全球范围的各个国家、一个国家的内部，经济发展水平都会表现出明显的区域差异。近年来，中国各地的经济形势已经发生巨大变化，需要开展经济发展水平的综合评价，划分不同的发展水平区域。从理论上考虑，衡量一个地区的经济发展水平，需要考察多个指标后建立相应的综合评价指标。由于经济指标的复杂性和多样性，各指标应该满足三个条件：①评价指标能够客观反映出经济发展的主要方面；②评价指标应该具有明显的地域差异；③评价指标之间具有相互独立性。在中国，还没有统一的划分标准与方案，曾经归纳为发达地区、发展中地区和贫困地区。其中的贫困地区由于贫困标准的变化，其范围变动较大。同时，随着扶贫工作的进展，影响贫困地区达到脱贫标准，进入欠发达地区，所以当前一般区分为发达地区、欠发达地区和集中连片特困地区。

fada diqu

发达地区 生产力和经济现代化及城市化高度发展的地区。在中国，发达地区泛指东部沿海地区。其土地利用条件较为优越，近代工业发展较早，经济发展程度高，经济基础雄厚，工农业发达，自我发展能力较强，一直是中国综合实力最强、经济增长速度较快的地区，又是中国外向型经济的核心地区和经济重心。发达地区的土地面积不足中国土地总面积的1/10，但是多年来一直提供占中国一半以上的国内生产总值。在发达地区中，长江三角洲地区是经济最发达地区，也是经济发展基础最雄厚的地区；珠江三角洲地区亦是中国经济发展最活跃区域；京津冀经济圈启动较晚，天津滨海新区和河北曹妃甸工业区将成为京津冀地区的重要发展引擎。长江三角洲地区、珠江三角洲地区和京津冀地区三大经济圈将继续作为中国发达地区中经济发展最活跃的区域。

qianfada diqu

欠发达地区 有一定经济实力和潜力，但与发达地区相比还有一定差距，经济发展水平低，工业化、城市化建设相对滞后，人均收入低，科技文化落后的区域。又称不发达地区。如中国的中、西部地区中除比较发达的大中城市以外的广大地区。一般地处偏远，自然环境复杂，土地利用条件较差，远离中心城市和交通枢纽，建设难度较大，但在发展潜力上又具有巨大的优势，所以是国家战略上地位非常重要的区域。中国的欠发达地区的特点是经济总量规模小，国内生产总值水平低，市场经济不发达，

jizhong lianpian tekun diqu

集中连片特困地区 2011年《中国农村扶贫开发纲要（2011～2020年）》提出中国普遍贫困问题已经解决，但制约贫困地区发展的深层次矛盾依然存在，表现为绝对贫困人口主要集中在一些集中连片特殊困难地区。《纲要》提出，将集中连片特殊困难地区作为扶贫攻坚主战场是新阶段扶贫开发工作的重大战略举措。《纲要》第十条指出：国家将六盘山区、秦巴山区、武陵山区、乌蒙山区、滇桂黔石漠化区、滇西边境山区、大兴安岭南麓山区、燕山—太行山区、吕梁山区、大别山区、罗霄山区等区域的连片特困地区和已明确实施特殊政策的西藏、四省（青海、四川、云南、甘肃）藏区、新疆南疆三地州作为扶贫攻坚主战场。加大对连片特困地区的投入和支持力度，中央财政专项扶贫资金的新增部分主要用于连片特困地区。自1986年以来，国家先后三次确定和调整扶贫开发县级扶持单位。1986年确定331个国家级贫困县。1994年，为了组织实施《国家八七扶贫攻坚计划》，国家级贫困县增加到592个。2001年，配合《中国农村扶贫开发

纲要（2001～2010年）》的出台，取消了沿海发达地区的所有国家级贫困县，增加了中西部地区的贫困县数量，但总数仍为592个，同时将国家级贫困县改为国家扶贫开发工作重点县，西藏作为集中连片贫困区域全部享受重点县待遇。

nongmu jiaocuoqu
农牧交错区 农区与牧区的过渡地带。又称农牧交错带、半农半牧区。中国农牧交错区的范围大体处在松嫩平原西部—辽河中上游—阴山山脉—鄂尔多斯高原东缘—祁连山脉—青藏高原东缘一线的两侧。这条线西北部从农牧交错区逐渐向纯牧区（间有局部农区，如河套平原、南疆垦区、河西走廊）过渡，东南部则向农业区过渡。

农牧交错区按土地利用特点可以分为东、西两部分。东部一般称为北方半农半牧区，包括东北西部、内蒙古东南部、黄土高原北部。该区多属半干旱草原，作为旱作的边缘，农业已极不稳定，发展牧业生产才是这一地区的资源优势。为此应根据各地土地资源特点进行适当调整，增加牧业比重，把不宜耕作的土地退耕还牧，并推行人工种草与粮草轮作制，形成亦农亦牧的混合型农牧业。西部的农牧交错区包括天山两麓、祁连山两麓。其特点是山地的放牧畜牧业与平原的绿洲灌溉农业并存，但相互之间未能很好结合，季节草场不平稳，冷季草场不足，制约了畜牧业的发展。为此应在前山带建设农牧结合的生产地段，散布其间的绿洲农业区以发展饲草饲料生产为主，粮食生产为辅，纳入为牧业生产服务的轨道。并在平原的绿洲农业区实行草田轮作制，支持畜牧业发展，在相互促进的原则下建立地区之间的经济协作，以发展农牧结合的混合型农牧业。

nongmu jiaocuodai
农牧交错带 参见第267页农牧交错区。

nonglin jiaocuoqu
农林交错区 泛指种植业与林业生产交错分布的地带。又称农林交错带。农林交错区多分布在湿润半湿润地区的半山区、浅山区，处于林区边缘，与农区交界。农林交错区一般受人类干扰程度比较严重。由于采伐开垦，天然林大多遭到破坏，在平缓坡地或漫岗地带，由于也适宜农作物的生长而被垦殖，逐渐形成耕地、林地交错分布的状况。多年来耕地不断侵入和蚕食林业用地，使林地不断缩小，自然环境变化强烈，生物多样性遭受破坏，陡坡开垦的耕地产量低而不稳并造成严重的水土流失。农林交错区作为一个生态敏感带，近年来随着自然保护意识的增强，各地加强了对天然林的保护力度，实行封山育林，在陡坡山地已逐渐开展退耕还林，使破坏的天然林逐渐恢复为次生林，还加强了沟谷与缓坡地的基本农田建设，逐步形成土地的立体利用结构和农业的立体布局体系。

nonglin jiaocuodai
农林交错带 参见第267页农林交错区。

yanrong diqu
岩溶地区 泛指岩溶地貌发育的地区。又称喀斯特地区。岩溶地貌又称喀斯特地貌。喀斯特是南斯拉夫西北部（今位于克罗地亚共和国境内）的地名，发育有典型的岩溶地貌的石灰岩高原，后用喀斯特地貌作为岩溶地貌的代称。中国岩溶地貌面积分布大，主要分布在碳酸盐岩类（石灰岩、白云岩、泥灰岩等）出露地区。在中国集中在西南地区，主要包括广西、贵州、云南东部和广东北部，是世界上最大的岩溶地区之一。中国西南地区岩溶面积占西南地区面积的1/3以上。岩溶地区地形复杂，生态脆弱，交通等基础设施薄弱，人民生活较为贫困，土地石漠化现象极为严重。岩溶地区虽然雨热条件好，但由于土壤流失殆尽，肥力极差，治理难度

岩溶地区

大；同时由于区域经济不发达、人口密度大、各种不合理的人为活动频繁发生，使得石漠化防治难度也很大。由于土地石漠化造成耕地大量减少，丧失了基本的生存条件。石漠化还造成生态恶化，生物多样性锐减，自然灾害频发。这都已成为岩溶地区最大的生态问题，严重制约了区域经济社会的发展，如不采取有效措施，将会造成巨大损失，子孙后代将失去赖以生存和发展的基础。所以在岩溶地区结合生态建设，大力开展土地石漠化防治工作，已成为国家实施西部大开发中的重大战略举措。

kasite diqu

喀斯特地区 参见第267页岩溶地区。

tudi liyong fenqu

土地利用分区 按规划区内土地资源特点、土地利用的地域差异和土地利用管理方针不同而划分的区域。又称土地利用区划。即根据地域分异规律和土地利用条件、土地利用现状、土地开发利用方向与途径的相似性和差异性对土地进行区域划分，目的是为土地利用的合理布局及生产的专门化、地域化等提供依据。

主要原则 土地利用条件的相似性，土地利用现状的同一性，土地利用方向的一致性，并适当考虑土地管理权限和行政区划的完整性。分区的等级视地域范围不同而异。中国一般可分为三级：第一级区域主要依据水热条件和土地利用方向的大致相似性划分为若干个区；第二级区域主要依据土地利用方向的一致性划分，命名要明确土地利用的具体方向；第三级区域依据更具体的土地利用方向划分。一般说来，国家要划分出第一、二级区域，省级要划分出第二、三级区域，县级要划分出第三级区域。土地利用分区是合理开发利用和保护土地资源、因地制宜调整土地利用结构、确定土地利用方向的重要科学依据。

中国分区方案 当前不同部门和学者的分区方案很多。列入2012年发布的《农用地质量分等规程》（GB/T28407—2012）的分区方案是《中国农业资源综合生产能力与人口承载能力》一书提出的12个一级区的方案，分别是东北区、内蒙古高原及长城沿线区、黄淮海平原区、长江中下游区、江南丘陵区、四川盆地区、黄土高原区、西北区、云贵高原区、华南区、横断山区、青藏高原区。

Dongbeiqu

东北区 位于中国东北部，北部和东部隔黑龙江、乌苏里江与俄罗斯接壤，东南部隔鸭绿江、图们江与朝鲜为邻，南濒黄海、渤海，西至内蒙古高原。土地面积占中国土地总面积的9.5%。

区域范围 黑龙江的全部；吉林的长春市、吉林市、四平市、辽源市、白山市、松原市、延边州、通化市；辽宁的沈阳市、大连市、鞍山市、抚顺市、本溪市、丹东市、葫芦岛市、营口市、盘锦市、阜新市、辽阳市、铁岭市、锦州市；内蒙古呼伦贝尔市的牙克石市、扎兰屯市、阿荣旗、根河市、额尔古纳市、鄂伦春自治旗、莫力达瓦达斡尔族自治旗。

水热条件 绝大部分位于中温带，属温带湿润、半湿润气候区。夏季温和湿润、冬季寒冷漫长，全年温度偏低，≥0℃积温2 100～3 900℃，≥10℃有效积温只有1 700～3 500℃，无霜期100～180天，只适宜栽培春麦、大豆和早中熟的玉米、水稻以及甜菜、胡麻等作物，并且只能一年一熟。北部的大兴安岭北端是中国仅有的寒温带，无霜期<90天，≥0℃积温在2 100℃以下，限制了农作物种植和天然放牧。南部的辽东半岛处于暖温带北端，热量条件相对较好，≥10℃有效积温3 900～4 600℃，无霜期150～210天，可以种植冬麦，实行两年三熟。水资源在北部相对丰富，但南部辽河中下游及辽东半岛是中国严重缺水区域之一。东部长白山区属湿润区，山区年降水量在1 000毫米以上，平原农区500～750毫米；中西部平原属半湿润区，降水量400～500毫米；西部属于向半干旱区过渡地带，年降水量只有350～400毫米。平原农区春小麦生长期间降水量>200毫米，是中国春小麦非灌溉适宜区，但春旱严重，影响玉米播种及幼苗生长。东部山区夏秋降水占全年的70%～80%，降水多而变率大，加之平原地势低洼、排水不畅、洪涝灾害已成为该区农业生产的主要威胁。

土地利用概况 该区北部主要由大兴安岭、小兴安岭山地组成，中部主要由松嫩平原、三江平原、辽河平原及辽东半岛丘陵组成，东南部主要由张广才岭及老爷岭山地、长白山山地及千山山地组成。其中松嫩平原、三江平原和辽河中下游平原地面起伏平缓，适宜于机械化耕作。土壤以黑土、黑钙土、白浆土和草甸土为主，是世界三大黑土带之一，自然肥力较高。耕地主要集中在平原谷地，旱作农业是主要利用方式，由于热量资源不足，年际变化大，低温年常发生农作物冷害，而主要商品粮产区正处在重冷害区，低温冷害直接影响了粮食生产的稳定性；牧草地大多为天然草地，类型以草甸及草甸化草原为主。森林类型为中温带针叶、落叶阔叶混交林及寒温带针叶林，材质好、生长率高。该区工业基础好，交通发达，城市化程度高，是中国大、中城市集中区之一，城市主要集中分布在松嫩平原东部的哈尔滨—长春地区和辽中南地区。东北区建设用地面积的比例及其中的交通运输用地比重均远高于中国平均水平。全区已基本形成以铁路为主，铁路、公路、水运、航空等综合交通运输网。

土地利用方向　以农为主，农林牧结合，加强水利排灌工程和农业机械化建设，使之成为中国主要的粮食、大豆、甜菜生产基地；同时培育后备森林资源，保护湿地资源，提高土地产出率和综合效益。

Neimenggu Gaoyuan Ji Changcheng Yanxianqu
内蒙古高原及长城沿线区　位于中国北部，东接黑龙江、吉林、辽宁三省，西邻阿拉善高原，南抵河北、山西、陕西、宁夏北部，东北部和北部分别同俄罗斯与蒙古接壤。土地面积占中国土地总面积的9.4%。

区域范围　内蒙古呼和浩特市，包头市，赤峰市，通辽市，乌兰察布市，锡林郭勒盟，兴安盟，鄂尔多斯市，巴彦淖尔市，呼伦贝尔市的满洲里市、海拉尔区、陈巴尔虎旗、新巴尔虎左旗、新巴尔虎右旗、鄂温克族自治旗；辽宁的朝阳市；河北的张家口市、承德市，秦皇岛市的青龙县；北京的昌平区、怀柔区、延庆县、密云县；陕西榆林市的市辖区、府谷县、神木县、横山县、靖边县、定边县；宁夏银川市、石嘴山市、吴忠市、中卫市；吉林白城市；山西朔州市、大同市。

水热条件　大部分属于温带半干旱气候区。全年平均气温大部分在-2～6℃，≥0℃的积温2 100～4 500℃，≥10℃的有效积温1 800～3 000℃，无霜期120～180天。土壤以栗钙土、褐土和风沙土为主。由于有效积温偏低，大部分地区只能满足一年一熟喜凉作物生长发育的需要，东南部喜温作物玉米、高粱、谷子均可发展。境

内热量最低值分布在阴山北麓与大兴安岭西麓，海拔1 000～1 500米，无霜期一般在100天左右，只能种植春小麦、莜麦、马铃薯、油菜、胡麻等耐寒作物。水资源分布极不平衡，地表径流集中在东北部西辽河流域。降水量偏低，一般200～450毫米，自东南向西北递减。降水年际变化大，年内集中于7～8月，春季干旱少雨，又多大风，春旱严重，自然灾害频繁，大部分属于旱作农业不稳定地区。

土地利用概况　东部主要由呼伦贝尔草原、大兴安岭南部山地、西辽河平原、辽西冀北山地组成，北部主要由内蒙古高原北部的干草原组成，长城沿线区主要由燕山山地、阴山山地丘陵、毛乌素沙地、晋北盆地及银川平原组成。耕地主要分布在内蒙古东南丘陵平原，包括东部的兴安盟、通辽市与赤峰市，以及中部的锡林郭勒盟南部与乌兰察布市后山地区，显示出农牧交错的特征。土壤以黑钙土、栗钙土和棕钙土为主，阴山山脉与鄂尔多斯高平原之间，南抵宁夏北部的河套平原，是一沉降盆地，海拔在900～1 000米之间，地形平坦，土质肥沃，温度适宜，光照充足，水源丰富，有较好的灌溉条件，适于耕作，是内蒙古和宁夏重要的粮食生产基地。林业用地以旱生灌木类型为主，山区分布有少量落叶树种。草原辽阔，类型多样，以温带草原为主，自东而西分别是草甸草原、干草原、荒漠草原。草地面积广阔，牧草种类繁多，草质良好，但草场季节不平衡，暖季草场多于冷季草场，冬春草场严重不足，草原退化。铁路、公路密度小，建设用地及交通运输用地比重很小。

土地利用方向　以牧为主，农牧结合。保护现有天然草地，治理草原沙化，改善自然环境。改造适宜继续耕作的农田，提高现有水资源的利用效率，增加灌溉面积，逐渐退出陡坡耕地。处理好耕地、牧草地保护与工业交通和城镇建设用地的关系，统筹规划农业用地与非农业用地。

Huanghuaihai Pingyuanqu
黄淮海平原区　位于中国中原地带，北起燕山、努鲁儿虎山，南抵淮河，西沿太行山、伏牛山东麓，东临渤海、黄海。土地面积占中国土地总面积的4.9%。

区域范围　北京市城区、大兴区、平谷区；

天津市全部；河北的石家庄市、邯郸市、邢台市、保定市、唐山市、沧州市、廊坊市、衡水市，秦皇岛市的市辖区、抚宁县、卢龙县、昌黎县；山东全省；河南的濮阳市、焦作市、郑州市、安阳市、鹤壁市、开封市、平顶山市、新乡市、许昌市、漯河市、商丘市、周口市、驻马店市，洛阳市的汝阳县、嵩县、栾川县，信阳市的淮滨县、息县；江苏的徐州市、连云港市、宿迁市、淮安市的涟水县，盐城市的响水县、滨海县；安徽的宿州市、淮北市、淮南市、蚌埠市、阜阳市、亳州市。

水热条件 属暖温带半温润气候区，≥10℃有效积温4 000～4 500℃，无霜期175～220天以上。水热条件较好，有利于小麦、棉花等农作物和林果的生长，夏季较炎热，可种植玉米、甘薯、水稻、棉花等喜温作物，由北向南农作物可由一年一熟到一年两熟。降水较少且季节和地区分布不均，年降水量一般500～800毫米，由北向南递增，河北低平原为少雨中心，年降水量低于600毫米，南部边缘和沿海年降水量可达900毫米以上。从降水季节分布来看，春季雨少（约占全年的10%），夏季特别集中，为年降水量的70%～80%，且多暴雨，平原低洼地区易发生洪涝灾害，春旱夏涝在一年之内交替出现。各地洪涝干旱危害程度和出现频率不一样，一般来说，洪涝南部大于北部，而干旱北部重于南部。由于受地理位置和气候、水文、地形特征的综合影响，历史上旱、涝、盐碱和风沙等自然灾害频繁，土地利用系统脆弱，农业产量低而不稳；水资源紧缺，供需矛盾日趋加剧。其中尤以河北南部平原、京津唐地区、山东半岛等地缺水问题更为突出。

土地利用概况 北部由黄海平原、京津唐平原和太行山麓平原组成，中部主要由鲁中南山地和胶东丘陵组成，南部主要由鲁西黄泛平原、徐淮低平原、皖北平原和豫东平原组成。土壤以潮土、褐土、棕壤等为主，但盐碱土、风沙土、砂姜土等低产土壤面积也较大，治理改造任务艰巨。现有耕地的主要利用方式为旱地，以淮北平原、黄泛平原和黑龙港平原分布较为集中，主要种植小麦、玉米、谷子、高粱、薯类、棉花、花生等，实行一年一熟或两年三熟。水浇地主要集中分布在山麓平原地区、黄河下游引黄灌区，以及其他冲积平原、洪积冲积平原区，是地表水和地下水水源较丰富的地区。林牧用地面积较小，属少林区，森林类型是落叶阔叶林。牧草地主要类型有山地灌草丛、草甸草地、滨海盐生草甸草场，主要分布在丘陵山区、黄河三角洲、滨海地区、内陆盐碱沙荒地带及河漫滩地带，开发利用差。该区是中国大中城市集聚区之一，城镇密集，工业发达，路网稠密，交通便捷，交通运输用地面积约占中国的1/4。随着经济建设发展，城镇数量不断扩大，城市用地面积增长较快，农村居民点占地迅速增加，工矿和交通用地面积也不断扩张，使该区建设用地迅速增加，大量耕地被占用，导致人多地少的矛盾更加突出。

土地利用方向 以农为主，但要适度降低利用强度，提高集约度。应依靠节水灌溉，提高水资源利用效率，挖掘增产潜力，增加耗水少的饲料玉米生产规模，提高小麦单产，继续保持中国主要粮食、棉花、油料生产基地的地位；要增加农田防护林、四旁林、河滩林、薪炭林和果木林的比重；还应严格控制大城市建设用地规模，改造农村居民点，提高各类建设用地利用率。

Changjiang Zhong-Xiayouqu
长江中下游区 位于中国东南部，淮河、伏牛山以南，江南丘陵以北，西接四川盆地及秦巴山地，东临东海之滨。土地面积占中国土地总面积的4.7%。

区域范围 上海市全部；江苏的扬州市、泰州市、南通市、镇江市、常州市、无锡市、苏州市、南京市，淮安市的市辖区、洪泽县、金湖县、盱眙县，盐城市的东台市、大丰市、盐都区、建湖县、阜宁县、射阳县；浙江的湖州市、嘉兴市、舟山市、宁波市，杭州市市区、余杭区、萧山区，绍兴市市区、柯桥区、上虞区；安徽的合肥市、滁州市、安庆市、马鞍山市、芜湖市、铜陵市、六安市、巢湖市、池州市；江西的南昌市、景德镇市，上饶市的波阳县、余干县、万年县，九江市的市辖区、彭泽县、湖口县、九江县、星子县、都昌县、瑞昌市、永修县、德安县；湖北的武汉市、黄石市、襄阳市、荆门市、孝感市、黄冈市、咸宁市、鄂州市、随州市，宜昌市的当阳市、枝江市、远安县，省直辖的仙桃市、天门市、潜江市；湖南的常德市、岳阳市，益阳市的市辖区、沅江市、南县，长沙市的望城区、宁乡县；河南的南阳市，信阳市的市辖区、潢川县、新县、罗山县、商城县、固始县、光山县。

水热条件 属北亚热带湿润气候，光热充足，降水丰沛。年降水量800～1 500毫米，≥10℃有效积温4 500～6 000℃，无霜期210～280天。大部分为广阔的长江中下游平原，海拔平均在200～500米。土壤以红壤、黄壤、水稻土等为主，适于多种作物种植。农作物可一年两熟，双季稻种植普遍，大部分地区满足农作物一年两熟至三熟制的种植制度要求，水稻、油菜、大豆、玉米、甘薯、花生是本区的主栽作物。农作物生长季节（4～10月），太阳辐射量、有效积温和降水量均占各自年总量的70%～86%。光、热、水基本同季，十分有利于亚热带喜温作物生长，且光温生产潜力大。

土地利用概况 长江中游主要由洞庭湖平原、江汉平原、鄱阳湖平原组成；长江下游主要由太湖、杭嘉湖平原、苏北沿海平原和江淮丘陵组成；鄂豫皖山地盆地主要由大别山地、桐柏山地和南阳盆地组成。土壤以红壤、黄壤和水稻土为主。耕地以水田为主，耕作历史悠久，土地利用程度和熟化程度高，障碍因素少，土壤肥力水平高，耕地质量好，是中国水热和水土资源匹配较好的地区。江汉平原、洞庭湖区、鄱阳湖区、太湖流域及长江三角洲历来是中国著名的商品粮、棉、油、水产等农业生产基地，自古以"鱼米之乡"著称。林业生产条件较好，森林类型主要为常绿阔叶与落叶阔叶混交林，多数山地适宜于林业发展，林木生长较快。牧草地分布在草山草坡，为森林破坏后形成的次生植被，主要是热性灌木草丛和草丛类型（以黄背草、白茅、芒、野古草等为主），利用率较低。水面宽阔，是中国淡水水面最集中分布的地区，不利条件是水患问题，局部地区几乎年年发生洪涝灾害，随着湖泊围垦造成湖泊水面缩小，河、湖床淤积，使洪涝灾害发生范围和频度增大。该区是中国大、中城市集中分布区和人口稠密地区，人口密集，工业交通发达，城市化水平高，建设用地比重较大，是中国平均的三倍以上。近年来城镇、农村居民点扩展迅速，工矿用地和交通用地面积仍将不断扩大，挤占耕地问题日益突出。

土地利用方向 以农为主，积极发展林、牧、渔业。依托区内经济实力，提高水资源开发水平，增加水利设施的可供水量，在平原地区继续发展粮食生产，挖掘增产潜力。搞好城镇、工矿企业合理规划与布局，特别是村镇统一规划和建设，节约用地，不占好地。

Jiangnan Qiulingqu
江南丘陵区 位于中国东南部，长江中下游区以南，西接云贵高原，东临东海。土地面积占中国土地总面积的6.5%。

区域范围 浙江的温州市、衢州市、金华市、台州市、丽水市，杭州市的临安市、富阳市、桐庐县、淳安县、建德市，绍兴市的诸暨市、嵊州市、新昌县；安徽的黄山市、宣城市；江西的鹰潭市、新余市、赣州市、萍乡市、吉安市、抚州市，九江市的武宁县、修水县，宜春市的市辖区、靖安县、奉新县、宜丰县、上高县、铜鼓县、万载县，上饶市的市辖区、婺源县、德兴市、玉山县、广丰县、弋阳县、铅山县、横峰县；湖南的湘潭市、衡阳市、株洲市、郴州市、永州市、怀化市、湘西土家族苗族自治州、娄底市，长沙市的市辖区、长沙县、浏阳市，益阳市的安化县、桃江县；福建的龙岩市、三明市、南平市、宁德市，福州市的市辖区、罗源县、连江县、闽侯县、永泰县、闽清县，泉州市的永春县、安溪县、德化县，漳州市的南靖县、华安县；广西的柳州市、桂林市、贺州市、河池市的宜州市、罗城仫佬族自治县，梧州市的蒙山县；广东的韶关市，清远市的英德市、连州市、阳山县、连山县、连南县，肇庆市的广宁县、封开县、怀集县，河源市的和平县、龙川县、连平县，梅州市的市辖区、兴宁市、梅县区、蕉岭县、大埔县、平远县。

水热条件 属中亚热带东部湿润气候，光热充足，降水丰沛。年降水量1 200～2 000毫米，全年≥10℃有效积温5 000～6 500℃，无霜期280天以上。一般能满足农作物一年两熟和三熟制的要求，农作物生长季节（4～10月），太阳辐射量、有效积温和降水量均占各自年总量的70%～86%。光、热、水基本同季，十分有利于亚热带喜温作物生长，且光温生产潜力大。

土地利用概况 东部主要由皖南山地、浙西丘陵山地、浙闽山地及沿海丘陵平原组成，湘赣丘陵山地主要由湘中丘陵盆地、湘西山地、赣中丘陵盆地、赣东北和赣西北山地组成，南岭山地主要由湘南、粤北、赣南、桂北交界的山地组成。土壤以黄壤、黄红壤和红壤为主。由于丘陵山地广布，平原面积狭小，可作为耕地开发的土地资源极为有限。但林业生产条件较好，森林类型为常绿阔叶林，多数山地均适宜于林业发展，造林成活率高，林木生长快。牧草地分布在草山草坡，为森林破坏后形成的次生植被，主要是热性灌木草丛和草丛类型，利用率较低，呈现林、牧地比重大的土地利用格局。土地利用程度在中国居于中游。该区是中国大、中城市集中分布区，人口密集，工业交通发达，城市化水平高。

土地利用方向 以林为主，积极发展林、牧业。在盆地、谷地继续发展粮食生产，挖掘增产潜力；丘陵山区要提高森林覆盖率。要搞好村镇布局与建设，合理规划交通用地。

Sichuan Pendiqu

四川盆地区 位于中国西南部，以四川盆地为主体，北有秦巴山脉，西与青藏高原相邻，南靠云贵高原，东边的鄂西山地阻隔了与长江中下游平原的联系。土地面积占中国土地总面积的4.7%。

区域范围 四川的成都市、自贡市、泸州市、德阳市、绵阳市、广元市、遂宁市、内江市、乐山市、南充市、宜宾市、广安市、达州市、巴中市、雅安市、眉山市、资阳市；重庆全市；湖北的十堰市、恩施土家族苗族自治州，宜昌市的市辖区、宜都市、夷陵区、秭归县、兴山县、五峰土家族自治县、长阳土家族自治县，省直辖行政单位神农架林区；陕西的商洛市、安康市、汉中市，宝鸡市的凤县、太白县；甘肃的陇南市，甘南州的舟曲县、迭部县，定西市的岷县。

水热条件 由于受不同的大气环流控制，地域分异明显。东部鄂西地区为温暖湿润的东南季风气候，西南部和四川盆地底部为干湿交替的西南季风所控制。热量资源十分丰富，年均温度达16～18℃，≥10℃有效积温3 500～5 500℃，高于中国同纬度的其他地区，无霜期为230～350天；年平均降水量大多在1 000～1 500毫米以上，雨热同期，但冬半年降水偏少。

土地利用概况 该区盆地底部主要由成都平原、中部丘陵和东部丘陵低山组成。周边山地主要由秦岭大巴山地、渝东南—鄂西南山地和甘南山地组成。总的来说，地形是四面高、中间低，北部和东部为山地、丘陵，优质耕地集中分布在成都平原及江河两岸的冲积平原、盆地中部和南部低丘地区。土壤以紫色土、黄壤、棕壤、水稻土等为主。农作物以水稻、小麦、棉花、甘蔗、油料、茶叶等为主，可一年两熟到三熟，经营集约，产量水平高。森林类型主要为常绿阔叶林，主要分布在秦巴

山区、鄂西山地和川西地区。牧草地绝大多数为天然草地，为暖性灌草丛类型，只有少部分改良草地和人工草地。区内盆地底部人口集中，城镇密集，交通运输相对比较发达，建设用地所占比例较高，周边山地工业交通和城市化水平较低。

土地利用方向 农林并重，全面发展。作为传统的粮食生产地区，粮食生产水平较高，今后主要应提高水稻单产，扩大饲用玉米的生产规模，以适应该区肉类生产基地的需要。丘陵山区应以水土保持为重点，封山育林、植树造林；同时通过修建塘坝、水库，拦蓄地表径流；还应协调工农用地矛盾，严格实行耕地用途管制，控制各种建设用地规模及其增长速度。

Huangtu Gaoyuanqu

黄土高原区 位于中国黄河中游，东以太行山为界和华北平原相邻，西至日月山东侧与青藏高原衔接，南隔秦岭同中国北亚热带靠近，北抵长城毗连鄂尔多斯高原。土地面积占中国土地总面积的4.3%。

区域范围 山西的太原市、阳泉市、长治市、晋城市、忻州市、晋中市、吕梁市、临汾市、运城市；宁夏的固原市；甘肃的兰州市、白银市、天水市、庆阳市、平凉市、临夏州，定西市的安定区、渭源县、陇西县、通渭县、漳县、临洮县；陕西的西安市、咸阳市、渭南市、铜川市、延安市，榆林市的佳县、米脂县、吴堡县、子洲县、绥德县、清涧县，宝鸡市的市辖区、岐山县、凤翔县、陇县、麟游县、扶风县、千阳县、眉县；河南的三门峡市、济源市，洛阳市的市辖区、偃师市、孟津县、伊川县、宜阳县、新安县、洛宁县；青海的西宁市、海东市，黄南州的尖扎县、同仁县。

水热条件 属暖温带半湿润半干旱气候，≥10℃有效积温在3 000～4 000℃，年平均降水量一般在300～600毫米之间，雨量较少，时间短，多集中在夏季，由于降雨集中在夏季，常出现暴雨，暴雨又常带有冰雹出现。急骤的暴雨往往造成山洪暴发和水土的大量流失。日光充足，日照时间多，无霜期为120～200天，热量条件比较优越；各地的年日照一般都在2 000～3 000小时之间，由南向北逐渐增多，较充足的光照条件和比较丰富的热量资源为喜温和喜阳性植物的发展提供了良好的气候条件。

土地利用概况　该区是由一系列山、梁、峁、塬、川、沟、涧交错组合而成的高地，地形破碎、沟壑纵横，地貌类型复杂多样，平均海拔高度1 000～1 500米。东南部丘陵山地及谷地主要由晋东豫西北山地和汾渭谷地组成，中部主要由黄土丘陵沟壑与旱塬组成，西部主要由宁南陇中丘陵、黄河中游谷地、青东黄土丘陵组成。土壤以黄绵土、棕壤、黑垆土为主。黄土高原地表广泛覆盖黄土或黄土状土，土壤侵蚀（包括风蚀）和干旱缺水已成为该区的主要限制因素。特别是强烈的土壤侵蚀，致使坡地熟土层减薄，土壤肥力不断下降。耕地中以旱耕地为主，有少量的水田和水浇地，主要分布在汾渭谷地和扬黄灌区，农作物一年一熟。林业用地的主要类型为落叶阔叶林，绝大部分集中在土石山地；牧草地绝大部分是天然草地，以温性草原类型为主，天然草地实际上多是坡度陡、土层薄、土质沙、干旱缺水，产草量低，载畜能力差。该区建设用地比重不高，但其中工矿用地面积较大，特别是煤炭工业用地比重高。

土地利用方向　农林牧并重，因地制宜，全面发展。在塬地、谷地应通过水土保持和提高水资源开发水平，发展粮食生产，并重点在汾渭平原和渭北陇东旱塬建设生产基地，丘陵沟壑、荒山荒坡地区则种草植树，扩大林地和草地面积，还应严格控制城乡居民点占用耕地，加强矿山土地复垦。

Xibeiqu

西北区　位于中国西北部，包头—银川—天祝一线以西，祁连山—阿尔金山以北。土地面积占中国土地总面积的23.1%。

区域范围　新疆全部；内蒙古的阿拉善盟；甘肃的金昌市、嘉峪关市、武威市、张掖市、酒泉市。

水热条件　大部分地区属中温带、暖温带干旱气候，光照充足，雨量稀少，年降水量100～400毫米。除少数高山外，大部分地区全年≥10℃有效积温为1 500～4 000℃，无霜期100～200天，农作物一年一熟，以小麦、棉花、油菜、甜菜为主。在新疆的东部和南部，以及甘肃西北部，全年≥10℃有效积温在4 000～4 600℃，适宜发展长绒棉，是中国的长绒棉生产基地。准噶尔盆地的中南部从准噶尔盆地的石河子到玛纳斯一带，≥10℃的有效积温也达3 400～3 800℃，可以种植早熟陆地棉，是中国纬度最北的棉区。该区是中国最典型的干旱荒漠区，远离海洋，降水稀少，气候干旱，降水不能满足农作物的最低限度的水分需要，发展人工灌溉为农业生产的首要条件，形成了典型的绿洲农业。但本区普遍气温日较差大，≥10℃期间的日较差平均达13～18℃，有利于光合产物的积累，水果、甜菜的糖分含量高，品质好。

土地利用概况　该区土地辽阔，戈壁、流动沙丘和裸地广布，绿洲则呈串珠状镶嵌其间；山地与盆地则呈现三山夹两盆地的轮廓，即北部阿尔泰山，中部天山，南部喀喇昆仑山、昆仑山及阿尔金山夹着准噶尔盆地和塔里木盆地。东部主要由阿拉善高原和河西走廊组成。北疆主要由天山北部的山地、绿洲、盆地、谷地、荒漠组成。南疆主要由天山南部的山地、绿洲、荒漠组成。主要土壤为棕漠土、灰漠土、灌淤土。耕地分布在绿洲中，集中了全区90%以上的耕地，属典型的绿洲农业，包括甘肃境内的河西走廊，耕地生产力水平较高。牧草地以天然草地为主，以荒漠类草地为主体，改良草地和人工草地所占的比例极小。优质天然草地主要分布在山区，如天山、阿尔泰山、准噶尔界山、帕米尔高原和祁连山等都是著名的牧区，山间草地呈条带状分布，草场植被呈荒漠—荒漠草原—干草原—森林草原—亚高山草甸—高山草甸的垂直分布，季节性明显，因而形成了逐水草而居的季节放牧畜牧业的利用方式，属典型的山地草原畜牧业。林业用地主要分布在阿尔泰山、天山和祁连山，属温带荒漠的山地森林，主要类型有雪岭云杉、西伯利亚落叶松、冷杉等，受气候等自然条件的限制，生产水平都较低。存在的主要问题是草原退化、土地沙化，自然灾害频繁，其中春旱是最大的自然灾害之一，夏季又常有洪水泛滥，旱涝灾害较为频繁。该区是少数民族和游牧民族聚居的地区，地处西部边陲，交通不发达、运输距离长、运费高，大、中城市和综合性工业城市少，建设用地比例均远低于中国的平均水平。

土地利用方向　农牧并重、农林牧综合发展。由于粮食生产集中在绿洲内，灌溉得到保证，粮食生产水平较高。但也存在春季用水紧张现象，为此应适当控制春季集中灌水的小麦比例，增加饲料玉米面积。要发展草场灌溉，建设优质耐牧的人工草场和饲草、饲料基地，促进农、牧业协调发展。

Yungui Gaoyuanqu

云贵高原区 地处中国西南边陲，位于青藏高原东缘及长江中上游以南，武陵山以西，百色—开远—凤庆一线以北。西南与缅甸、老挝、越南接壤，边境线长达3 700千米。土地面积占中国土地总面积的5.8%。

区域范围 云南的昆明市、曲靖市、玉溪市、昭通市、保山市、楚雄州、德宏州、临沧市，丽江市的华坪县、玉龙县，大理州的大理市、祥云县、宾川县、弥渡县、永平县、漾濞县、南涧彝族自治县、巍山县，文山州的砚山县、广南县、丘北县、西畴县、文山县，普洱市的景东县、镇沅县、景谷县、宁洱县、墨江县，红河州的个旧市、开远市、弥勒市、红河县、蒙自市、泸西县、建水县、元阳县、石屏县、屏边县；贵州全部；四川的凉山彝族自治州（除木里县）、攀枝花市；广西河池市的金城江区、天峨县、凤山县、南丹县、东兰县、都安瑶族自治县、巴马瑶族自治县、环江毛南族自治县、大化瑶族自治县，百色市的隆林各族自治县、凌云县、西林县、乐业县、田林县。

水热条件 跨越热带、亚热带、暖温带、温带四个气候带，但以亚热带湿润气候为主。大部分地区年均温12～21℃，≥10℃有效积温3 200～6 500℃，无霜期220～330天，年降水量800～1 400毫米，雨季多在6～10月，雨热同期，基本可满足一年两熟到一年三熟的需要。农作物主要有水稻、小麦、薯类、玉米等。受地形、地貌影响，高差悬殊，由立体气候决定的立体农业特征明显，丰富多样的气候资源和种类繁多的生物资源，为发展多种经营提供了丰富的自然基础和物质条件。

土地利用概况 东部主要由黔滇桂岩溶山地丘陵与黔东北山地组成，西部主要由川滇高原、盆地、宽谷组成。土壤主要为红壤、黄壤、水稻土等。该区是中国岩溶分布最为集中的地区，渗漏现象严重、溶蚀作用强烈，地下径流占径流总量的一半以上，地表干旱缺水，耕地质量和生产水平不高。此外，强烈的溶蚀作用，导致岩溶面积大，表层土壤流失严重，土层浅薄，地力贫瘠，甚至造成土地石漠化，生产力退化。耕地中，水田分布在坝区，相对集中，水土条件尚好；山区耕地零散，多为旱地和坡耕地。林业用地的森林类型为热性常绿阔叶林，用材林所占比例较大，是重要天然用材林基地之一；其次是灌木林和经济林，防护林很少。

现有牧草地多数为天然草地，为灌草丛类型。全区交通仍然十分不便，包括交通运输用地在内的建设用地比例很低。

土地利用方向 农林牧并重，提高集约经营水平。主要措施是陡坡退耕还林，搞好水土保持，建设旱涝保收的基本农田；同时要提高林、牧业生产水平，建设优质用材林和草食牲畜生产基地；还应严格控制城乡居民点建设占用耕地，平衡农业与非农业用地，保障交通基础设施用地及自然保护区和旅游用地。

Huananqu

华南区 位于中国南部，福州—英德—百色—盈江一线以南，南至海南岛的三亚市，西北倚山，东南面海。陆域形状狭长，沿海岛屿环布。土地面积占中国土地总面积的3.7%。

区域范围 福建的厦门市、莆田市，福州市的平潭县、长乐市、福清市，泉州市的市辖区、石狮市、晋江市、南安市、惠安县、金门县，漳州市的市辖区、龙海市、平和县、诏安县、漳浦县、东山县、长泰县、云霄县；广东的广州市、深圳市、珠海市、汕头市、惠州市、汕尾市、东莞市、中山市、江门市、佛山市、阳江市、湛江市、茂名市、云浮市、潮州市、揭阳市，河源市的市辖区、紫金县、东源县，梅州市的丰顺县、五华县，肇庆市的市辖区、高要市、四会市、德庆县，清远市的市辖区、佛冈县、清新县；海南全部；广西的南宁市，梧州市的市辖区、岑溪市、苍梧县、藤县，北海市、防城港市、钦州市、贵港市、玉林市，百色市的右江区、靖西县、田东县、那坡县、平果县、田阳县、德保县；云南的西双版纳州，普洱市的思茅区、西盟县、孟连县、澜沧县、江城县，红河州的绿春县、金平县、河口县，文山州的马关县、麻栗坡县、富宁县；台湾。

水热条件 大部分属于南亚热带湿润气候，南端已是热带气候。是中国水热资源最丰富的地区。年降水量1 200～2 000毫米，但季节分配不均，全年≥10℃有效积温6 500～9 000℃，无霜期350天以上，农作物可一年三熟，主要种植水稻、玉米、甘薯、甘蔗等。大部分地区长夏无冬，秋春相连，降水丰沛，地表径流量大，水资源极为丰富。树木生长快，造林成活率高，封山育林见效快，森林覆盖率高，是中国热带、亚热带林果最适宜发展地区。

土地利用概况 东南沿海部分地势自东向西逐渐升高，依次为闽粤沿海低丘台地和滨海平原与岛屿，两广低山丘陵，至西是桂西残丘盆谷，最南则为海南岛的沿海平原、台地到中部山地的主体环状带结构。滇南主要由滇南河谷和滇东南山地丘陵组成。粤桂琼丘陵主要由粤桂丘陵、沿海丘陵平原及海南岛山地丘陵组成。闽粤丘陵平原主要由珠江三角洲平原、粤中山地和闽粤沿海丘陵平原组成。台湾主要由台湾山地组成。土壤为砖红壤、赤红壤、黄壤等。耕地中，灌溉水田集中分布在沿海平原及河谷盆地，旱地分布在滨海平原和丘岗台地。林业用地中，森林类型为季风常绿阔叶林和热带季雨林，现多为马尾松、杉木人工林，西部还分布有思茅松、云南松和高山松林，南部生长着海南松林。牧草地较少，为灌草丛类型。该区饲料植物一年四季都能生长，可以为畜牧业发展提供充足的饲料；热带水稻可以一年三季，甘薯可以在热带和南亚热带安全越冬，也可种冬玉米；偏北地方仍可种植冬烟和冬季蔬菜，甘蔗可以秋植和种宿根蔗；该区也是中国适于种植橡胶的最大地区；果园分布在全区各地，从闽南地区的柑橘、龙眼、荔枝、香蕉、枇杷、凤梨到海南的菠萝蜜、芒果、香蕉、荔枝。从韩江三角洲到珠江三角洲更是久负盛名的"热带水果之乡"。城镇密布，城市化、工业化程度高，建设用地比重大，主要集中在沿海平原地区。农村居民点用地、工矿和城镇用地在建设用地中占有较大比重。

土地利用方向 农林结合，建立以橡胶、甘蔗为主的热带作物生产基地，增强基本农田的粮食生产能力，提高复种指数，以弥补陡坡耕地退耕和经济建设占用耕地所减少的产量，统筹规划土地利用格局，切实保护优质耕地，强化土地整理，挖掘城镇用地潜力，提高土地的综合利用效率。

Hengduan Shanqu

横断山区 位于青藏高原东南部，处在中国四川、云南、西藏三省区接壤地带。土地面积占中国土地总面积的5.2%。

区域范围 四川的甘孜藏族自治州，阿坝藏族羌族自治州的马尔康县、金川县、小金县、壤塘县；云南的迪庆州、怒江州，大理州的云龙县、洱源县、剑川县、鹤庆县，丽江市的市辖区、永胜县、宁蒗县；西藏昌都地区，林芝地区

的米林县、墨脱县、波密县、察隅县、朗县，山南地区的隆子县、错那县。

水热条件 受印度洋和太平洋季风环流的影响，冬干夏雨，干季与湿季非常明显，一般5月中旬至10月中旬为湿季，降水量占全年的85%以上，主要集中于6、7、8三个月；从10月中旬至翌年5月中旬为干季，降雨少，日照长，蒸发大，空气干燥。气候有明显的垂直变化，谷地年均温可达20℃以上。年降水量超过1 000毫米，西北部寒冷偏干旱，年均温0℃左右，年降水量不足600毫米，区域差异显著。

土地利用概况 该区处于青藏高原向四川盆地及云南高原倾斜地段，地势西北高东南低，北部山岭多雪峰冰川，南部的地带性植被为亚热带常绿阔叶林，西部山地植被以云杉、冷杉等寒温性针叶林为主，山地上部为亚高山灌丛、草甸带。土壤主要有红壤、黄壤、褐土、棕壤等类型。农业区主要集中在2 800米以下，农作物以春小麦、青稞等耐寒作物为主，最高上限约3 900米。由南而北，由低谷到高山，土地利用类型由多趋少，由农林牧多种利用渐变为牧业的单一利用。整体上看，土地开发利用水平较低。该区人口稀少，交通不便，包括工矿用地和交通运输用地在内的城市建设用地比例很低。

土地利用方向 以林牧为主、农林牧结合，保护森林资源，恢复森林覆被率。应坚持陡坡退耕还林，改良草场，在人口与耕地集中的河谷与盆地应以建设基本农田为重点，挖掘增产潜力，防止水土流失。

Qing-Zang Gaoyuanqu

青藏高原区 位于中国西南部，西部和南部与印度、尼泊尔、不丹、缅甸接壤，东南邻接四川盆地和云贵高原。土地面积占中国土地总面积的18.2%。

区域范围 西藏的拉萨市、那曲地区、日喀则地区、阿里地区，林芝地区的林芝县、工布江达县，山南地区的乃东县、扎囊县、贡嘎县、桑日县、琼结县、曲松县、措美县、洛扎县、加查县、浪卡子县；青海的海西州、玉树州、果洛州、海南州、海北州，黄南州的河南蒙古族自治县、泽库县；四川阿坝州的汶川县、理县、茂县、松潘县、九寨沟县、黑水县、阿坝县、若尔盖县、红原县；

甘肃甘南州的合作市、临潭县、卓尼县、玛曲县、碌曲县、夏河县。

水热条件 大部分地区属于高原半湿润、半干旱气候，年降水量50～600毫米，≥10℃有效积温500～2 500℃，无霜期50～150天，除西北部外可种植耐寒农作物，以青稞和小麦为主。由于海拔高亢，空气稀薄，降水偏少以及夜雨率高，使得高原光照充足，太阳辐射强，农作物对热量利用的有效性提高；加之地面热力作用突出，冬小麦单产量很高。同时，高海拔使得高原上热量普遍不足，大部分地区年均温低于0℃。在海拔4 300～5 500米的广大寒冷地带的土地上，谷类作物与树木不能生长，基本上被天然草地所覆盖。在海拔4 300米以下的河谷与山地上，虽然热量条件能满足谷类作物与树木发育的需要，但土地面积小，加上大部分地区较为干旱，河谷不发育，山坡陡峻，宜农地和宜林用地的面积较小，宜牧的草山谷坡占优势。

土地利用概况 东南部主要由藏东南山地、川藏滇高山峡谷、川西高原、松潘草地等组成，青海高原主要由青北高原盆地和青南高原组成。藏南主要由一江两河谷地及喜马拉雅山北麓山地组成。藏北主要由昆仑山、唐古拉山和冈底斯山、念青唐古拉山之间的和缓高地组成。土壤主要为亚高山草甸土、高山草原土、高山草甸土。耕地分布达到海拔4 750米，森林上限达到海拔4 200～4 400米，牧场分布地区达到海拔5 500米。耕地以旱地为主，主要分布在河谷的阶地、台地、洪积台地、山前浅丘坡地上；灌溉水田则主要分布在河流的低阶地和洪积扇上。受以热量为主的自然条件严格限制，大部分农区为一年一熟，作物组成以耐寒的青稞、小麦、豌豆和油菜为主。牧草地几乎全为天然草地，主要分布在藏北、青南与甘南高原，主要类型有高寒草甸和高寒草原等。林业用地的主要类型为山地暗针叶林，分布在高原东南湿润、半湿润的山地，多位于江河上游河源地区峡谷地带；其次为高原灌木林。牧草地主要分布在高寒地带，牧草生长期短，一般只有3～4个月，产草量低，冬春缺草严重，长期经营粗放，草地生产力很低。由于受制于寒冷、缺水，已开发的草地中缺水草场比例很大，利用很不充分，冷季牧场长期超载，而部分暖季草场则利用不足，草地退化和沙化现象十分普遍，导致草地覆盖度的降低，加剧了土壤侵蚀与

沙化。该区是中国城市分布最少的地区，工业生产不发达，包括工矿用地、交通运输用地在内的建设用地比例极小。

土地利用方向 以牧为主、农牧结合，加强生态建设。应进行草地改良，建设人工草场，推行小区轮牧和分群放牧。粮食适种面积小，应以建设水浇地和提高肥力为重点，辅以适度开发宜垦后备土地（青北高原盆地和一江两河谷地），挖掘增产潜力。

gengdi leixingqu
耕地类型区 具有农业土壤类型、气候条件、土地利用特征共性的特定区域和范围。根据中华人民共和国农业行业标准《全国耕地类型区、耕地地力等级划分》（NY/T 309—1996），中国的耕地划分为七个区。分别是：①东北黑土型耕地类型区；②北方平原潮土、砂姜黑土耕地类型区；③北方山地丘陵棕壤、褐土（含黄棕壤、黄褐土）耕地类型区；④黄土高原黄土型耕地类型区；⑤内陆灌（漠）淤土耕地类型区；⑥南方稻田耕地类型区；⑦南方山地丘陵红、黄壤（含紫色土、石灰土）耕地类型区。

dongbei heituxingqu
东北黑土型区 《全国耕地类型区、耕地地力等级划分》（NY/T309—1996）划分的耕地类型区之一。由黑土、草甸土、黑钙土、白浆土等黑土型土壤类型为主体，以及北方沼泽土、少量低位暗棕壤组成，还包括在上述土类上开发的水稻土。分布

东北黑土型区

在黑龙江三江平原、松嫩平原、吉林松辽平原东北部，以及周围山前台地。包括低丘、漫岗、河谷阶地、河漫滩及岗间洼地，地形起伏不大，大部分海拔在50～200米之间。气候大部分属寒冷湿润、半湿润类型。从北到南全年≥10℃有效积温2 000～3 000℃，生长季110～180天，从西到东年降水量500～700毫米。粮食种植为一年一熟粮豆轮作。主要包括地力等级为六至十等的耕地。

beifang pingyuan chaotu shajiangheituqu
北方平原潮土砂姜黑土区　《全国耕地类型区、耕地地力等级划分》（NY/T309—1996）划分的耕地类型区之一。由潮土、砂姜黑土等土壤类型为主体（也包括部分草甸土）组成。分布范围北至长城燕山，南至淮河及南阳盆地，西至太行山、豫西山地边缘，东至滨海平原。地势平坦，土体深厚。3/4以上是海拔100米以下的广阔平原，气候属暖温带湿润、半湿润类型。全年≥10℃有效积温4 000～4 500℃，生长季180～200天，年降水量500～1 000毫米。粮食种植为一年两熟。主要包括地力等级为三至九等的耕地。

beifang shandi qiuling zongrang hetuqu
北方山地丘陵棕壤褐土区　《全国耕地类型区、耕地地力等级划分》（NY/T309—1996）划分的耕地类型区之一。由北部棕壤与褐土、南部向红、黄壤过渡的黄棕壤、黄褐土等土壤类型组成。主要分布于燕山、太行山地、辽宁、山地丘陵、秦岭、大巴山地，江淮丘陵山地及其周边台地，还包括吉林南部少量的棕壤、褐土类型耕地分布的地区。从北至南跨越整个暖温带至北亚热带，从东到西跨越湿润、半湿润带。气温从南到北递减，湿润程度从东到西递减，全年≥10℃有效积温3 200～5 000℃，生长季180～250天，年降水量500～1 300毫米。粮食种植为一年一熟、两年三熟、一年两熟等多种模式。但仍以一年两熟最为普遍和具有代表性。主要包括地力等

级为四至九等的耕地。

huangtu gaoyuan huangtuqu
黄土高原黄土区　《全国耕地类型区、耕地地力等级划分》（NY/T309—1996）划分的耕地类型区之一。由黄绵土、黑垆土等主要土类组成。主要分布于甘肃东部、中部，宁夏南部，陕西北部，山西西北部。水土流失严重，地面被分割得支离破碎，形成塬、梁、峁、沟交错的复杂地形。全年≥10℃有效积温3 000～4 300℃，生长季120～250天，年降水量400～600毫米。粮食种植为一年两熟、一年一熟，由于雨量过于集中、耕作粗放等原因，大部分地区实现一年一熟，但仍以一年两熟最为普遍和具有代表性。主要包括地力等级为五至十等的耕地。

neilu guanyutuqu
内陆灌淤土区　《全国耕地类型区、耕地地力等级划分》（NY/T309—1996）划分的耕地类型区之一。由灌漠土、灌淤土、潮土和部分草原开发的栗钙土、栗褐土组成。主要分布于甘肃、内蒙古、宁夏沿黄灌淤区，新疆、甘肃河西走廊、青海柴达木盆地绿洲农业区，以及东北地区西部、河北坝上、蒙古高原一线半干旱农牧交错区。年降水量普遍小于250毫米，干燥度2.5以上。其中一半以上地区年降水量小于100毫米，干燥度4.0以上。只有栗钙土、栗褐土区降水量可达到300毫米。大部分地区降水量不能满足农作物最低限度水分需要，主要靠高山区的积雪和现代冰川夏季消融补给河流、地下水，作为农田灌溉的主要水源。栗钙土、栗褐土

内陆灌淤土区　　　　　　　　　　　　　　　（陈百明　摄）

区有少量耕地是靠天然雨水的旱地，产量低。全年≥10℃有效积温1 800～4 300℃，无霜期100～250天。粮食种植以一年一熟为主。甘肃南部和南疆部分灌淤土、灌漠土为一年两熟或两年三熟。主要包括地力等级为四至十等的耕地。

nanfang daotianqu
南方稻田区 《全国耕地类型区、耕地地力等级划分》（NY/T309—1996）划分的耕地类型区之一。一月零度等温线（秦岭、淮河、白龙江）以南的全部南方水稻土。集中分布于长江中下游地区、四川盆地，珠江三角洲的平原、河谷及山间盆地；其次是以树枝状及斑点状零星分布于包括台湾在内的南方诸省丘陵山区的高原、平坝、河谷、台地、山麓、盆地、滨海小平原。气候属于亚热带、热带类型。全年≥10℃有效积温5 000～9 500℃，生长季250～330天，年降水量1 000毫米以上，部分地区终年无霜冻。粮食种植为一年两熟至一年三熟。主要包括地力等级为一至九等的耕地。

nanfang shandi qiuling honghuangrangqu
南方山地丘陵红黄壤区 《全国耕地类型区、耕地地力等级划分》（NY/T309—1996）划分的耕地类型区之一。由地带性红壤系列（红壤、赤红壤、砖红壤和黄壤等），以及本区内部非地带性的紫色土、石灰土组成。分布在长江以南包括台湾在内的15个省区内的旱耕地。气候属于亚热带、热带类型。全年≥10℃有效积温5 000～9 500℃，生长季250～330天，年降水量1 000毫米以上，部分地区终年无霜冻。粮食种植为一年一熟至一年三熟。由于海拔、雨量分布及耕作习惯等因素的影响，绝大部分地区仍然是典型的一年两熟制。主要包括地力等级为四至九等的耕地。

tudi yongtu fenqu
土地用途分区 根据区域土地资源用途管制需要、经济社会发展客观要求和管理目标，划分出不同空间区域的过程。土地用途分区主要是作为土地利用总体规划的一项规划内容而存在，是在土地用途管制制度下派生出的分区。根据分区结果制定各区域土地用途管制规则，通过用途变更许可制度，实现对土地用途的管制。从分区类型来看，土地用途分区不同于地域分区，其以"共性"识别为基本功能，主要在中小尺度空间内直接实现不同类型区之间差异的识别，同类区域可在空间上重复出现，区域命名以主导用途的差异命名。中国的土地用途分区主要应用于县、乡级土地利用总体规划，一般分为基本农田保护区、耕地开垦区、一般耕地区、林业用地区、牧业用地区、城镇建设用地区、村镇建设用地区、独立工矿用地区、风景旅游用地区、自然和人文景观保护区以及其他用地区等。

tudi yongtuqu
土地用途区 为指导土地合理利用、控制土地用途转变，依据区域土地资源特点和经济社会发展需要划定的空间区域。包括：①基本农田保护区，是为对基本农田进行特殊保护和管理划定的区域。②一般农地区，是在基本农田保护区外，为农业生产发展需要划定的区域。③城镇建设用地区，是为城镇（城市和建制镇）发展需要划定的区域。④村镇建设用地区，是为农村居民点（村庄和集镇）发展需要划定的区域。⑤独立工矿区，是为独立于城镇村的采矿用地以及其他独立建设用地发展需要划定的区域。⑥风景旅游用地区，是指具有一定游览条件和旅游设施，为人们进行风景观赏、休憩、娱乐、文化等活动需要划定的区域。⑦生态安全控制区，是指基于维护生态安全需要进行土地利用特殊控制的区域，主要包括河湖及蓄滞洪区、滨海防患区、重要水源保护区、地质灾害高危险地区等。⑧自然与文化遗产保护区，是为对自然和文化遗产进行特殊保护和管理划定的区域。主要包括依法认定的各种自然保护区的核心区、森林公园、地质公园以及其他具有重要自然与文化价值的区域。⑨林业用地区，是为林业发展需要划定的区域。⑩牧业用地区，是为畜牧业发展需要划定的区域。

jiben nongtian baohuqu
基本农田保护区 为对基本农田实行特殊保护而依法划定的区域。划定基本农田保护区，对保护中国紧缺的耕地资源、保护农业生产持续稳定增长、保证国民经济协调发展具有十分重要的意义。根据国务院发布的《基本农田保护条例》，规定下列耕地原则上划入基本农田保护区：①粮、棉、油和名、优、特、新产品生产基地；②高产、稳产田，有良好的水利和水土保护设施的耕地，以及经过治理、改造和正在实施改造计划的中低产田；③大中城市蔬菜生产基地；④农业科研、教学试验田。基本农田保护区分为两级：一级基本农田保护区为生产条件好、产量高、长期不得占用的耕地；二级基本农田保护区是生产条件较好、产量较高、规划期内不得占用的耕地。基本农田保护区定界工作，以乡（镇）为单位进行。划定的基本农田保护区，由县人民政府设立保护标志，予以公告，并建立档案。基本农田一经划定，任何单位和个人不得擅自改变或者占用。

shuitu baochiqu
水土保持区　受自然或人为活动影响，导致水土资源流失或可能导致土石灾害，亟须加强实施水土保持措施，以有效防治水土灾害发生或扩大的地区。水土流失严重地区主要分布在一些丘陵山区、矿山开采区和人为活动破坏严重及植被覆盖度低的地区。

shuiyuan hanyangqu
水源涵养区　对水源地以改善水文水质状况，调节水的小循环，增加河水常年流量，保护可饮用水水源为主要目的而划定的区域。在该区域内不允许进行对水源涵养产生不利影响的一切活动。水源涵养区主要包括河流的发源地以及河流流经并有水源补给的森林、草地、湿地等分布区。

tudi yongtu guanzhi fenqu
土地用途管制分区　将规划区内的土地划分为特定的区域，并规定其不同的土地用途管制规则，以此对土地利用活动施行管制的措施。这是为了促进土地资源合理利用和经济、社会、环境的协调发展，加强土地用途管制的途径。根据土地利用总体规划，在一定区域制定土地用途分区，明确土地用途限制内容，实行土地用途变更登记制度，对土地资源用途采取行政、经济和法律等手段进行控制监管。

jianshe yongdi guanzhiqu
建设用地管制区　为引导土地利用方向、管制城乡用地建设活动所划定的空间地域。具体划分为：①允许建设区，指规划中确定的，允许作为建设用地利用，进行城乡建设的空间区域。②有条件建设区，指规划中确定的，在满足特定条件后方可进行城乡建设的空间区域。③限制建设区，指允许建设区、有条件建设区和禁止建设区以外，禁止城镇和大型工矿建设，限制村庄和其他独立建设，控制基础设施建设，以农业发展为主的空间区域。④禁止建设区，指规划中确定的，以生态保护为主导用途，禁止进行与主导功能不相符的各项建设的空间区域。

jiben nongtian zhengbeiqu
基本农田整备区　通过土地整治活动，逐步形成的集中连片、具有良好水利和水土保持设施的耕地集中分布区域。合理地划定基本农田整备区对于保护耕地、稳定农业生产、促进区域经济社会的可持续发展起到十分重要的作用。基本农田整备区主要由一般农田区中相对优质的耕地和规划期内土地整治区中集中连片的新增的优质耕地两部分组成。因此在空间上与一般农田区部分重合，通过将一般农田中质量较好的耕地调整为基本农田以确保基本农田保护目标的实现。在基本农田整备区内要加大土地整治的资金投入，引导建设用地等其他土地逐步退出，将零星分散的基本农田集中布局，形成集中连片的、高标准农业生产基地。基本农田整备区的划定必须综合考虑耕地的质量状况、水利设施水平、耕地的区位条件等多方面的因素。

lindi baohu liyongqu
林地保护利用区　特指中国根据各区域特点确定林地利用方向和布局所划定的空间地域。在划区过程中，调整空间利用结构、提高空间利用效率是重要着眼点，统筹生态产品生产与物质产品生产的关系是重要依据。《全国林地保护利用规划纲要（2010～2020年）》依据全国林业区划，结合各区自然地理条件，把全国划分为10个林地保护利用区域。

大兴安岭区　严格保护水源区林地和现有原生林尤其是岭西北以兴安落叶松为主的原生林地。该区也是中国重要的战略性森林资源储备基地，适度对天然次生林进行保育，培育樟子松等珍贵树种。

东北区　严格保护大兴安岭东部嫩江源头区和长白山南部辽河、鸭绿江、松花江等大江大河源头区林地，建设松辽平原农田防护林网；全面实施天然林保育，重点培育以红松针阔混交林为典型群落的大径级珍贵用材林基地，恢复中国最大的木材、非木质林产品生产加工基地和生态旅游、生态文化产业基地。

华北区 严格保护燕山长城沿线、中部山区、黄土高原、黄河故道区、土石山区、太行山伏牛山一带江河源头等生态脆弱区的林地；集约经营低山区、丘陵区、汾渭谷地、辽东与胶东半岛环渤海湾、黄淮海平原等自然条件优越地区的林地，大力发展经济林、优质丰产用材林、生物质能源林、工业原料林基地，适度发展薪炭林。

南方亚热带区 保护秦巴山区、喀斯特地貌区、云贵高原石漠化区等生态脆弱区林地；保护大熊猫等珍稀野生动物栖息地；在四川盆地及盆周区、长江中下游平原区以及沿海积极营造防护林，构建生态屏障；在低山丘陵区发展优质丰产用材林、珍贵树种大径级材用林和工业原料林基地，适度发展经济林地，建设商品林生产基地；在平原及东部沿海区发展经济林和工业原料林基地。

南方热带区 严格保护现有热带雨林、红树林生态系统及自然保护区林地；在沿海地区营造防护林，构建生态屏障，加大风景林地保护管理力度；在水热条件优越的滇东南、滇南等地发展经济林，在珍贵树种丰富区域集约经营大径级用材林，集中发展工业原料林、生物质能源林基地。

云贵高原区 严格保护生物多样性丰富区域，尤其是滇西北区域的自然保护区、生物多样性热点地区和生态脆弱区域林地；在水热条件好的滇中等区域，发展优质丰产用材林、生物质能源林基地，适当发展薪炭林。

青藏高原峡谷区 严格保护三江流域、川西、藏南等大江大河源头区、水土流失区及生物多样性富集区等高保护价值区林地；在雅鲁藏布江下游适宜区域，加大集约经营力度，培育以珍贵用材林和大径级材为主的木材生产基地。

蒙宁青区 加强保护呼伦贝尔高原、锡林郭勒高原农牧区、阴山山地、黄河河套、鄂尔多斯高原生态林地，以农田草牧场防护林建设为重点，构建综合防护林体系；在大兴安岭东南丘陵平原、黄河河套、青东陇中等丘陵、盆地和平原区，发展商品林基地；以丘陵低山和宜林沙区为主的区域，大力发展生物质能源林基地。

西北荒漠区 严格保护阿尔泰山、天山和准噶尔、塔里木、河西走廊、阿拉善高原荒漠区林地，结合资源优势发展沙产业基地和沙区经济林基地。

青藏高原高寒区 严格保护江河源头区及昆仑山、阿尔金山、祁连山等野生动物主要分布区、生态脆弱的羌塘阿里高寒荒漠区、沙区荒漠区林地；集约经营河流两岸和河谷自然条件较好的林地，营造防风林、薪炭林、能源林地；柴达木盆地和藏南谷地发展部分经济林地。

shengtai zhili zhongdian diqu
生态治理重点地区 特指中国为加强重点区域退化林地的生态治理。以植被恢复和生态修复为重点，尽快实现生态状况明显好转而划定的区域。

国家级层面划定的生态治理重点地区和主要治理思路是：

三江源地区 主要治理思路是现有林地植被保护，陡坡地和严重沙化耕地退耕还林还草，退化林地和草原植被恢复。

长江上游地区 主要治理思路是荒漠化治理，陡坡地和严重沙化耕地退耕还林还草，退化生态系统修复，退化林地和草原植被恢复。

三峡库区 主要治理思路是退化林地植被恢复，陡坡地退耕还林，库区周边防护林体系建设。

丹江口水库源区 主要治理思路是退化林地植被恢复，陡坡地退耕还林，现有植被保护。

鄱阳湖和洞庭湖周边地区 主要治理思路是退化林地植被恢复，封山育林。

南方重点石漠化地区 主要治理思路是退耕还林还草，封山育林育草，植树种草。

京津风沙源区 主要治理思路是生物治理与工程治理结合，建设防风固沙林体系，恢复退化草场植被。

黄土高原区 主要治理思路是退化林地植被恢复，陡坡地和严重沙化耕地退耕还林，保护和恢复林（灌）草植被，营造生态林。

阿拉善地区 主要治理思路是恢复灌草植被，建设防风固沙屏障。

科尔沁沙地 主要治理思路是保护现有植被，建设防风固沙、水源涵养、牧场防护林体系。

毛乌素沙地 主要治理思路是保护现有植被，恢复退化草场植被，治理沙化土地。

呼伦贝尔沙地 主要治理思路是保护现有植被，恢复退化草场植被，治理沙化土地。

石羊河流域 主要治理思路是禁止过度人为活动，加强祁连山水源涵养林保护，保护、恢复中下游地区林草植被。

准噶尔盆地南缘和艾比湖盆地周边地区 主要

治理思路是建设综合型防护林体系，营造基干防风固沙林带，恢复流动沙地林草植被，恢复退化沙地植被。

塔里木盆地周边地区 主要治理思路是加强天然林保护，恢复严重沙化耕地植被，建设防风固沙防护林体系。

西藏一江两河地区 主要治理思路是保护现有植被，造林绿化，恢复沙区植被。

chengshi guihuaqu
城市规划区 为编制城市总体规划所划定的地域范围。一般包括市区、郊区和城市发展需要控制的地区。城市规划区一般包含三个层次：①城市建成区。在这一范围内，用地管理的主要任务是合理配置和控制各项城市设施的新建和改建，进行现有用地的合理调整和再开发。②城市总体规划确定的市区（或中心城市）远期发展用地范围。这部分包括建成区以外的独立地段，水源及其防护用地，机场及其控制区，无线电台站保护区，风景名胜和历史文化遗迹地区等。在这一范围内，用地管理的主要任务是按照规划的要求，保证各项用地和设施有秩序地进行开发建设。位于其中的农村集镇和居民点要进行的一切永久性建设，都必须经过城市规划管理部门批准。③城市郊区。它的开发建设同城市发展有密切的联系，因此需要对这一区域内城镇和农村居民点各项建设的规划及其用地范围进行控制。特别是城市对外交通的干线两侧一定范围内的用地，更要严格管理。在这一地区内进行重大的永久性建设，都要经过城市规划管理部门批准。

chengshi jianchengqu
城市建成区 市区集中连片部分及分散在近郊与城市有密切联系、具有基本完善的市政公用设施的城市用地。城市建成区在单核心城市和一城多镇有不同的反映。在单核心城市，建成区是一个实际开发建设起来的集中连片的、市政公用设施和公共设施基本具备的地区，以及分散的若干个已经成片开发建设起来、市政公用设施和公共设施基本具备的地区。对一城多镇来说，建成区是由几个连片开发建设起来、市政公用设施和公共设施基本具备的地区所组成。划分城市建成区可以反映一定时间阶段城市建设用地规模、形态和实际使用情况，为分析研究用地现状，合理利用建成区的土地和规划城市建

设发展用地提供基础。

chengshi gongneng fenqu
城市功能分区 按功能要求将城市中各种物质要素，如工厂、仓库、住宅等，进行分区布置，组成一个互相联系、布局合理的有机整体，为城市的各项活动创造良好的环境和条件。根据功能分区的原则确定土地利用和空间布局形式是城市总体规划的一种重要方法。一般分出工业区、居住区、商业区、文教区、中心商务区、仓储区、综合区、风景区、市中心、副中心等。

shangyequ
商业区 城市中全市性（或区级）的商业网点比较集中的地区。是城市功能区的一种类型，通常是城市中商业设施比较集中、商业活动频繁的地段，一般由商业街道或商业街坊为主组成。大城市和特大城市商业区又划分为中央、区和街等不同层次、规模的商业区。在中央商业区又逐渐形成了中央商务区，其中心为规模较大的银行、保险公司和财务公

北京，西单商业街

司组成的金融"核"或金融中心，其次是规模较大的工业、商业企业的总部或机构，再次是为这些核心公司及其办公机构提供会计、律师、咨询、广告、经纪、市场顾问等服务的公司。

juzhuqu
居住区 城市中居民聚居生活形成的规模不等的居住地段。指城市中集中布置居住建筑、公共建筑、绿地、道路以及其他各种工程设施，供城市居民日常生活、居住休息、文化娱乐的区域，是具有一定的人口和用地规模，被城市街道或自然界线所包围

的相对独立地区。按规模大小和等级的不同，可以分为居住区、居住小区和居住组团。

kaifaqu
开发区　为促进经济发展，由政府划定实行优先鼓励工业建设的特殊政策地区。在中国大致分为经济技术开发、高新技术产业开发、保税区、出口加工区、边境经济合作区等。经济技术开发区是由国家划定适当的区域，进行必要的基础设施建设，集中兴办一两项产业，同时给予相应的扶植和优惠待遇，使该区域的经济得以迅速发展。高新技术产业开发区是在一些知识密集、技术密集的大中城市和沿海地区建立的发展高新技术的产业开发区。

wuliu yuanqu
物流园区　在物流作业集中地区的多种运输方式衔接地，将多种物流设施和不同类型的物流企业在空间上集中布局的场所。一般是政府在城市郊区或城乡边缘带主要交通干道或交通枢纽附近专门设置物流产业发展用地，形成具有一定规模和多种服务功能的物流企业的集结点。是对物流组织管理节点进行相对集中建设与发展的、具有经济开发性质的城市物流功能区；也是依托相关物流服务设施、降低物流成本、提高物流运作效率，改善企业服务有关的流通加工、原材料采购，便于与消费地直接联系的生产等活动、具有产业发展性质的经济功能区。

上海国际航运中心的深水港区　　　（谷晓坤　摄）

物流园区包括物流中心、配送中心、运输枢纽设施、运输组织及管理中心和物流信息中心，以及适应城市物流管理与运作需要的物流基础设施。

gongye yuanqu
工业园区　城市规划中以工业用地形式开发的一种园区。它是政府为了促进经济发展而设立的。通常划定一定范围的土地，并先行予以规划，以专供工业设施设置、使用。工业园区对用地有一系列技术标准，如建筑控制高度、容积率、绿地占地比例等。工业园区的产业多为轻工业、服务性工业、轻型机械制造业、电子工业等污染较轻或没有污染的高科技工业。工业园区经过妥善的开发，通常会发展成为一个产业聚落。

北京中关村高科技园区

tudi shengtai quyu
土地生态区域　功能与结构相似，受相同气候、土壤要素影响的土地生态系统所构成的区域性单元。地貌要素主要作为定性参考因素，不作为土地生态区域划分的直接依据。但是，地貌在一定程度上控制水分和温度的再分配，间接控制土地生态区域分异，因而土地生态区域与地貌区域在空间分布上有一定的关联。土地生态区域是土地生态系统和土地资源合理管理及可持续利用的基础，划分结果可为生态建设和环境管理政策的制定提供科技依据，对区域规划和建设具有十分重要的意义。土地生态区域的界定还没有统一的标准。在相关实践中，常常泛指根据不同目的和作用划分的区域性生态单元。

shengtai gongnengqu
生态功能区　按生态系统服务的区域分异特征划分出来的区域。它是由自然生态系统、经济社会系统构成的分层次、分功能，具有复杂结构、复杂生态过程的区域综合体。划分生态功能区，对于制订流域的、区域的生态规划，减轻自然灾害，确保国家和地区的生态安全会起到重要作用。

2008年，环境保护部和中国科学院联合编制了《全国生态功能区划》。该区划运用生态学原理，以协调人与自然的关系、协调生态保护与经济社会发展关系、增强生态支撑能力、促进经济社会可持续发展为目标，在充分认识区域生态系统结构、过程及生态服务功能空间分异规律的基础上，划分生态功能区，明确对保障国家生态安全有重要意义的区域，以指导中国生态保护与建设、自然资源有序开发和产业合理布局，推动中国经济社会与生态保护协调、健康发展。按照中国的气候和地貌等自然条件，将全国陆地生态系统划分为三个生态大区：东部季风生态大区、西部干旱生态大区和青藏高寒生态大区。依据《生态功能区划暂行规程》，将全国生态功能区划分为三个等级：①根据生态系统的自然属性和所具有的主导服务功能类型，将全国划分为生态调节、产品提供与人居保障三类生态功能一级区。②在生态功能一级区的基础上，依据生态功能重要性划分生态功能二级区。生态调节功能包括水源涵养、土壤保持、防风固沙、生物多样性保护、洪水调蓄等功能；产品提供功能包括农产品、畜产品、水产品和林产品；人居保障功能包括人口和经济密集的大都市群和重点城镇群等。③生态功能三级区是在二级区的基础上，按照生态系统与生态功能的空间分异特征、地形差异、土地利用的组合划分。

全国生态功能一级区共有3类31个区，包括生态调节功能区、产品提供功能区与人居保障功能区。生态功能二级区共有9类67个区。其中，包括水源涵养、土壤保持、防风固沙、生物多样性保护、洪水调蓄等生态调节功能，农产品与林产品等产品提供功能，以及大都市群和重点城镇群人居保障功能二级生态功能区。生态功能三级区共有216个。

shengtai baoyuqu
生态保育区　为保护有重要生态价值的生态系统（自然保护区、重要水源涵养地、湿地、森林等），城市公共绿地以及对区域有重要意义的需要重点保护的区域（风景名胜、文物古迹、历史遗址等）而划分的需要以生态保育为主，严格禁止大规模建设或砍伐的地域。生态保育区在维护整个生态系统安全中具有至关重要的地位，对于维持基本自然生态功能平衡、维系生命支持系统能够起到重要作用。

shengtai chongjianqu
生态重建区　在自然生态的基础上，根据经济、社会、生活需要，以满足和提高人类生产、生活舒适度为目标的重建地块或区域。重建范围主要包括现有的居住区、工业区、商贸区、文教区、小型城市公共绿地、城市道路、铁路、轻轨、港口、机场、车站等交通设施，以及未来的城市建设和发展区域。重建有两重含义：一是对自然环境而言，重建不是恢复，而是通过一定的物质能量投入以改善环境或对景观进行生态化建设，形成人文与自然和谐的新园区；二是对经济社会系统而言，通过对各生产环节进行经济社会结构和资源利用方式的合理调整或重组，改善原来的人文生态系统，组合出一种优化高效的生产与生态模式，形成生态新园区。

shengtai guoduqu
生态过渡区　空间上介于生态保育区和生态重建区之间，利用上介于保育和开发之间，在形态和功能上具有过渡性特征的地域。生态过渡区的主要功能是对生态重建区起到生态隔离作用，同时又是储备的后备土地资源。它与生态保育区共同构成生态安全体系，使得一个区域具有优化的生态结构。

shengtai cuiruoqu
生态脆弱区　在人为因素或自然因素的胁迫下，生态系统或环境体系抵御外来干扰的能力较低，恢复能力不强，在现有的经济和技术条件下，逆向演替的趋势不能得到有效控制的区域。又称生态脆弱带。生态脆弱区具有生态本身的不稳定性、时间序列的可演替性和区域的连续性等特点。中国主要有五大典型的生态脆弱区：

北方半干旱农牧交错带（区）　范围包括东起科尔沁草原经鄂尔多斯高原南部和黄土高原北部，西至河西走廊东端，共52个县（市），面积约25万平方千米的地区。生态脆弱性表现为：气候干旱，水资源短缺，土壤结构疏松，植被覆盖度低，容易受风蚀、水蚀和人为活动的强烈影响。

北方干旱绿洲边缘带　范围包括甘肃、新疆的61个县（市），面积约59万平方千米的地区。生态脆弱性表现为：荒漠绿洲过渡区，呈非地带性岛状或片状分布，环境异质性大，自然条件恶劣，年降水量少、蒸发量大，水资源极度短缺，土壤瘠薄，植被稀疏，风沙活动强烈，土地荒漠化严重。

西南干旱河谷地区 范围包括横断山区及四川盆地和云贵高原广大区域内的干旱河谷地段。生态脆弱性表现为：地形起伏大，地质结构复杂，水热条件垂直变化大，土层发育不全，土壤瘠薄，植被稀疏，土地退化明显。

南方石灰岩山地区 范围包括贵州、广西的76个县（市），面积约17万平方千米的石灰岩分布地区。生态脆弱性表现为：全年降水量大，侵蚀严重，岩溶山地土层薄，成土过程缓慢，加之过度砍伐林木，植被覆盖度低，造成水土流失严重，山体滑坡、泥石流灾害频繁发生。

青藏高原地区 面积约250平方千米，属于高海拔高寒生态脆弱区。生态脆弱性表现为：地势高寒，气候恶劣，自然条件严酷，植被稀疏，具有明显的风蚀、水蚀、冻蚀等多种土壤侵蚀现象。

shengtai cuiruodai
生态脆弱带 参见第283页生态脆弱区。

dizhi zaihai yifaqu
地质灾害易发区 具备地质灾害发生的地质构造、地形和气候条件，容易发生地质灾害的区域。地质灾害是由于自然作用和人为诱发产生的对人民生命财产安全造成危害的地质现象。各种地质灾害都是在一定地质环境背景条件下形成的，地质灾害的影响因素是多方面的，既有自然因素，如地质构造、地形、岩土体类型等，也有人为因素，人类工程活动往往是引发地质灾害的主动因素，所以地质灾害是多因素综合作用的结果。中国《全国地质灾害防治"十二五"规划》指出，滑坡、崩塌、泥石流和地面塌陷地质灾害高、中易发区主要分布在川东、渝南、鄂西、湘西山地、青藏高原东缘、云贵高原、秦巴山地、黄土高原、汾渭盆地周缘、东南丘陵山地、天山、燕山等地区。

tudi guihua
土地规划 一国或一定地区范围内，按照经济社会发展的前景和需要，对土地的合理使用开展长期配置的过程与方案。旨在保证土地的利用能满足国民经济各部门按比例发展的要求。规划的依据是现有自然资源、技术资源和人力资源的分布和配置状况，务使土地得到充分、有效地利用，而不因人为的原因造成浪费。土地规划是各类规划的总称，其中最主要的是土地利用规划。包括土地利用总体规划和土地利用专项规划。

tudi liyong guihua
土地利用规划 为实现土地合理利用综合目标最有利的土地利用方案和行动路线的决策过程与方案。是各种土地利用规划的总称。是对土地的自然、经济、社会条件和可供选择的土地利用格局和潜力进行系统评定，以选定对实现土地合理利用综合目标有利的土地利用方案和措施的过程。是根据经济社会发展总目标，为合理开发利用土地资源、协调分配国民经济各部门用地、妥善配置各项建设工程用地而提出的合理组织土地利用的方案。

概况 世界各国根据自己的国情进行了不同范围、不同时期和不同深度的土地利用规划。俄罗斯在苏联解体后，配合经济开放政策，实行土地改革，土地所有制由单一的国有制改为国家所有制、地方所有制和私人所有制，但土地仍由各级政府统一管理，土地利用总体规划根据政府的决定以及有关部门的建议进行。目的在于执行土地法令，组织土地利用和执行土地保护；其内容是制定土地利用预测、土地规划方案，调整土地关系，为农户企业和私有制企业提供土地，编制企业之间、企业内部土地利用规划，编制土地复垦、水土保持、土地保护、土地开发等设计，进行土地调查和勘测工作。美国的土地利用决策权属于土地所有者和土地使用者，联邦和州一级没有综合的、统一的土地利用规划，主要以制定法律、经济政策、项目投资等活动对土地利用起调节作用。日本主张通过自上而下的政府干预来调节土地关系。1950年制订了《战后综合国土开发规划》，1962年制订了《全国综合开发计划》，1969年制订了《新全国综合开发计划》，1977年制订《第三次全国综合开发计划》。之后又通过了《1985～1995年全国土地利用计划》。

内容 ①确定规划区，即根据不同层级的行政区域，明确需要实行土地利用规划控制的空间范围。②规定规划期限，即根据规划要求，确定土地利用规划实施的时段。③制定规划目标，即以定性的词语定义的土地利用规划所要达到的目的。④制定规划指标，能够体现规划目标和在规划期间所要实现的、定量化的具体任务。

类别 根据规划的范围和任务的不同，土地利用规划可分为区域性土地利用规划和行业内土地利用规划两类。其中，区域性土地利用规划包括国家、地区性的、局部地区的和流域的土地利用规划，其任务是土地资源的清查及其综合评价、合理组织全部土地的利用、合理配置各类企业和建设工程及其占地范围等；行业内土地利用规划是指经济组织的土地利用规划，也包括某个具体项目的用地规划。若按照规划的性质和目的不同，土地利用规划又可分为：①经营型土地利用规划，是借助于土地进行经营活动而取得经济利益为目的；②研究型土地利用规划，是以为研究土地利用规律提供论证为目的；③管理型土地利用规划，是为管理和计划服务的，以调整土地使用的矛盾和合理使用土地为目的。土地利用规划的内容随着不同历史时期的经济社会目标而变动，基本部分都是在土地利用政策的指导下，因地制宜地综合开发利用土地资源，对各业用地作出合理布局，谋求人口、土地、生态三者之间的协调发展。在中国，除城市用地规划外，土地利用规划的重点是农用地规划，土地利用规划的主要成果是规划设计及包括规划的可行性研究和实施规划的措施在内的文字报告和图件。

tudi liyong zongti guihua

土地利用总体规划　　土地利用规划中具有总体性、长期性、战略性和指导性的管理型土地利用规划，是为实现土地合理利用的综合目标，各级政府对本辖区长时期（一般为10年以上）内全部土地资源的开发、利用、改良和保护进行统筹配置的过程。土地利用总体规划是土地管理的一项政府措施，根据国家经济和社会发展对土地利用的需求，以及地区的自然条件和经济条件，从宏观上协调各部门的用地规划，合理调整土地利用结构和布局的战略性设计方案。

基本任务　　在一定区域（国家、省、地市、县和乡镇）内根据国民经济建设、社会发展需要和国家中长期计划目标的要求，以及当地自然、经济和社会条件对土地的利用、治理、保护和开发进行总体性的布局和配置，对土地利用进行宏观控制，合理调整土地利用结构，协调各部门和各行业的用地矛盾。国家通过土地利用总体规划对各业用地包括农业用地、林业用地、牧业用地、水产用地，以及城镇、居民点建设、工矿、工业、交通、通信、水利建设等非农建设用地和自然保护区、历史文化、自然景观、风景旅游等土地进行合理布局，确定各

业用地目标和数量。国家、各地区以土地利用总体规划和相应配套政策为依据，对土地利用实行监督，防止土地资源的盲目开发、滥用浪费和污染等不良影响，促进土地利用的良性循环和取得好的经济效益、生态效益和社会效益。

主要成果　　土地利用总体规划报告和土地利用总体规划图。土地利用总体规划报告包括土地利用总体规划方案和方案说明。土地利用总体规划方案的内容有土地利用现状和存在的问题、土地利用目标和任务、各部门用地需求预测、规划目标面积、实施规划的政策和措施。方案说明的主要内容有规划方案的编制经过、规划的依据、规划的主要内容及方案实施的可行性论证。土地利用总体规划图要求将规划时期的土地质量、土地利用现状、国民经济各部门的远景土地利用规模、布局、大型骨干工程的配置规划，以及行政区、企业和单位地界等反映在规划图上。规划图比例尺一般省级使用1∶50万，县级使用1∶5万，乡镇级使用1∶1万。

中国的规划编制　　1986年颁布的《土地管理法》第十五条规定，各级人民政府要编制土地利用总体规划。1986年开始组织有关部门编制第一轮土地利用总体规划，基期为1985年，规划期为2000年，并展望到2020年和2050年。1992年3月完成了《全国土地利用总体规划纲要》并上报国务院。规划纲要的内容，包括土地资源利用现状、土地资源利用潜力、土地利用的目标和方针、土地利用总体规划方案（含土地利用结构和布局的调整、土地利用分区、重要工程设施布局和用地规模、土地开发和复垦、土地整治和保护）、实施措施。1993年2月经国务院批准，由国务院办公厅印发各地和各部门实施。省、县级土地管理部门也先后完成本辖区土地利用总体规划编制工作。第一轮土地利用总体规划的指导思想是"一保耕地、二保建设（用地）"。1998年修订了《土地管理法》，并确立了土地利用总体规划的法律地位，强化了土地利用总体规划对城乡土地利用的整体调控作用。在建立社会主义市场经济体制背景下，为适应实现社会主义现代化建设第二步战略目标的发展阶段的需求，配合国民经济和社会发展"九五"计划和2010年远景目标的实现，开展了第二轮土地利用总体规划编制工作。基期为1996年，规划期为2010年，并展望到2030年。第二轮土地利用总体规划的核心是保证"耕地总量动态平衡"，特别重视土地开发整理增

加耕地工作。在第二轮规划中，主要包括耕地保有量、基本农田、非农建设占用耕地、土地整理复垦开发四个指标。2005年又开展了第三轮土地利用总体规划修编工作。第三轮土地利用总体规划中，"节约和集约用地"成为主题。经过前两轮的土地利用规划和新一轮土地利用规划修编工作的实践及研究，土地利用的规划研究形成了指标加分区的土地利用规划模式。第三轮规划修编中则进一步区分约束性指标和预期性指标，包括耕地和基本农田保有量、建设用地总量和城乡建设用地总量等约束性指标和相关预期性指标，体现了适应市场经济的刚性和弹性相结合的特点。初步建立了中国土地利用规划的体系，在空间上体现为不同范围或管理层面的土地利用总体规划，即国家、省、地、县、乡五级，规定了土地利用总体规划编制办法和规程。

工作节点 ①编写土地利用总体规划说明。指土地利用总体规划文本的说明，内容包括编制规划的简要过程、指导思想、原则以及编制规划中若干具体问题的解说等。②提交土地利用总体规划文本。阐明土地利用总体规划方案的主要文字报告，内容包括规划目的、依据、规划期限、土地利用状况、规划目标和方针、土地利用结构调整、土地用途分区、重点建设项目的规划、规划方案以及规划实施措施等。③提交土地利用总体规划方案。一套说明为实现预定的规划目标将如何利用土地的决策意见，包括文字说明和图件。④制作土地利用平衡表格。反映规划区内土地利用类型和结构变化状况、按增减对等的格式排列的表格。⑤编绘土地利用总体规划图。全面反映土地利用总体规划方案的示意图或地图。⑥发布土地利用总体规划公告。向有关的土地使用人公布并宣传经批准的土地利用总体规划文本的过程。⑦土地利用总体规划实施。将已批准的土地利用总体规划方案付诸行动的过程。

存在问题 在中国，统筹各业各类用地规模和空间布局方面，不仅有土地利用总体规划，还有在法定效力上处于同一等级的区域规划、城乡规划、产业规划等，由于这些规划之间协同衔接、实施管控的不到位，导致土地利用总体规划的实施难以到位。作为土地用途管制制度基石的土地利用总体规划的整体控制能力还有待提高。

tudi liyong zhuanxiang guihua

土地利用专项规划 以土地资源的开发、利用、改良或保护的某个特定目的为内容而编制的土地利用规划。如居民点用地规划、耕地规划、水利用地规划、交通运输用地规划、经济林果用地规划、畜牧业用地规划、水面利用规划等。中国在土地利用总体规划编制过程中，安排的专项规划主要是土地整理、复垦、开发规划，基本农田保护区规划等。

tudi liyong xiangxi guihua

土地利用详细规划 以土地利用总体规划为依据，村镇或企业对其内部一定时期的土地利用空间组织开展具体配置和技术设计的过程与方案。又称土地利用规划设计。如中国农业合作化阶段，为解决小农经济遗留下来的土地利用问题和调整插花地的土地利用规划；人民公社化阶段为合理配置公社内部各项用地以适应水利化、园田化、机械化、电气化要求的土地利用规划；为开展农田基本建设开展的山、水、田、路统筹配置的土地利用规划。农垦部门先后在河北、黑龙江、新疆、内蒙古、甘肃等地区以及热带、亚热带地区进行了2 000多个农场群的规划，规划内容一般偏重于水利工程、交通、电力、场界、居民点和农业生产布局等。

tudi liyong gongcheng guihua

土地利用工程规划 为合理开发、治理、利用和保护较大范围内的土地资源而制定长远计划和实施安排的过程与方案。是土地基本建设的一项重要基础工作。其基本任务是根据国家不同时期农业生产发展方针，地区土地利用整治目标，各部门对土地资源的要求及规划范围内水土资源条件、特点，按照其自然规律和经济规律，提出一定时期内土地开发利用方向途径、主要措施和分期实施步骤，用以指导土地利用工程设计，有效地整治利用土地资源。

tudi zhengzhi guihua

土地整治规划 以土地整治为目的而进行的土地利用专项规划。在中国，土地整治包括了土地开发、土地整理、土地复垦，所以土地整治规划是前述三种规划基础上的综合。国家级的土地整治规划主要阐明国家土地整治战略，确定未来土地整治的指导思想和基本原则与目标任务，明确土地整治重点区域，统筹配置土地整治重大工程和示范建设，明确规划实施的保障措施。2012年国务院批准了《全国土地整治规划（2011～2015年）》，《规划》提出了"十二五"期间土地整治的主要目标：高标准基本农田建设成效显著，补充耕地任务全面落实，农村建设用地整治规范有序推进，城镇工矿建设用地整治取得重要进展，土地复垦明显加快，土地整治保障体系更加完善。规划期内建设旱涝保收高标准基本农田4亿亩，经整治的基本农田质量平均提高1个等级，补充耕地2 400万亩，确保中国耕地保有量保持在18.18亿亩，粮食亩产能力增加100千克以上，整治农村建设用地450万亩。

tudi kaifa guihua
土地开发规划 以开发低效利用和未利用的土地资源为目的而进行的土地利用专项规划。

规划内容 ①勘测与调查。主要是摸清待开发土地资源的数量、质量与分布，为土地开发规划提供基础资料。②确定开发目标。基本目标是充分合理利用土地，增加土地的可利用面积，改善土地的利用条件，以提高土地的利用效益。具体目标的确定一般取决于经济建设与社会需求的需要，待开发土地的适宜性和生产力，经济实力和技术水平。③可行性研究。从经济、技术、社会、生态等各方面论证待开发资源开发的可行性，以农业开发为目标的可行性论证一般以经济效益的分析为主，同时还考虑土地开发对生态的影响及其对社会需求的满足程度，主要指标有产投比、土地生产率、土地利用率、土地生态效益。④结构和布局。土地开发的结构取决于一个地区用地构成的要求，以及国民经济发展长远计划或企业的经营方针，各类待开发土地资源的数量和质量状况，建立良性生态系统的要求和当地的经济社会条件。土地开发布局一般是分区提出各类土地开发的比例，并根据可开发土地的分布状况、生产力水平以及开发条件优劣，合理地确定各处的土地开发量，同时确定开发重点。⑤开发次序和开发速度。一般考虑的因素有土地开发条件的好坏、开发重点与非重点、开发效益的高低、投资见效快慢，以及各年建设用地指标。⑥开发资金计划。在制定开发资金计划时，一是按照土地开发效益的大小、见效快慢、开发意义大小，将其分为重点、次重点、一般等层次，科学地配置资金；二是根据开发区的经济力量及开发模式，将土地开发区划分为完全性投资区、支持性投资区、扶持性投资区。⑦选定开发方式。指土地开发的社会方式，包括土地开发的组织方式、经济投入与分配方式等。⑧土地开发费用。开发费是进行土地开发时所投入的费用总和，即生地变成熟地所需要的总费用。包括城市基础设施配套费、公共事业建设配套费和小区及宗地开发配套费。

规划方法 主要有三种：一是根据需求，逐项确定各种用地面积，然后参照待开发土地资源的适宜性进行调整，综合平衡各项指标；二是根据实际可能，如各类待开发土地的数量、质量、资金、劳力等条件，确定各种用地的构成，再以此与发展计划指标平衡；三是建立数学模型，如线性规划、多目标规划等。以土地资源情况、国民经济建设的需要和经济社会条件等指标为约束条件，以预定的经济、社会、生态效益为目标函数，求出用地结构的优化解。

tudi zhengli guihua
土地整理规划 以土地整理为目的而进行的土地利用专项规划。可以分为城市土地整理规划和农用地整理规划两大类。

规划内容 ①规划的指导思想；②规划项目的确定；③实施的技术路线、建设工期、所需投资预算等。

基本要求 ①田块规模要适应农业机械化耕作的要求；②水利设施要满足排灌和节约用地的要求；③林网布局要满足防护林网、保护和改善生态、少占土地的要求；④田间道路的设计要在节约用地的前提下，有利于农产品运输和农业机械化的要求；⑤村庄用地选址要尽可能不占或少占耕地，用地规模必须符合村镇用地的国家标准，做到少占耕地。

主要成果 土地整理规划方案、设计图、设计说明书。

tudi fuken guihua
土地复垦规划 以土地复垦为目的而进行的土地利用专项规划。包括建设废弃地复垦规划、采矿塌陷地复垦规划等。

主要内容 ①规划的指导思想；②规划项目的确定；③实施的技术路线、建设工期、所需投资预算等。

主要环节 ①确定能够复垦的破坏土地范围、面积及分布；②复垦后的地类及面积；③复垦工作的时序配置；④按照不同破坏类型分别提出复垦为不同地类的复垦标准，复垦标准应与项目区的自然现状、拟采取的复垦措施等相联系，复垦标准应当量化，具有可考察性，同时应该经济可行；⑤确定复垦措施，对每项措施进行相应的工程设计，再结合各项措施针对的土地治理面积测算工程量；⑥在工程量测算的基础上，依据相关定额标准编制静态投资概算，并在静态投资的基础上进行动态投资测算。

主要成果　土地复垦规划方案、设计图、设计说明书。

tudi liyong jihua

土地利用计划　根据土地利用总体规划、年度或中期国民经济和社会发展计划以及计划年度土地供需预测，所编制的用以调控土地利用的年度或中期计划。一般分为土地利用年度计划和土地利用中期计划。年度计划指根据土地利用总体规划、国民经济和社会发展年度计划和计划年度土地供需预测编制的，用以调控土地利用的年度计划。中期计划指根据土地利用总体规划、国民经济和社会发展五年计划和计划期间土地供需预测编制的用以调控土地利用的五年计划。

tudi liyong niandu jihua

土地利用年度计划　在中国，根据土地利用总体规划和国民经济发展计划，对年度内各项用地数量的具体配置。包括新增建设用地量，土地开发整理补充耕地量和耕地保有量等的具体配置。它是实施土地利用总体规划的主要措施，是当年农用地转用审批、建设项目立项审查和用地审批、土地开发和土地管理的依据。

计划内容　主要包括新增建设用地计划指标、耕地保有量计划指标和土地开发整理计划指标等。新增建设用地计划指标实行指令性管理，不得突破。新增建设用地计划中城镇村建设用地指标和能源、交通、水利、矿山、军事设施等独立选址的重点项目建设用地指标不得混用。没有新增建设用地计划指标擅自批准用地的，或者没有新增建设占用农用地计划指标擅自批准农用地转用的，按非法批准用地追究。

计划管理原则　①严格依据土地利用总体规划，控制建设用地总量，保护耕地；②以土地供应引导需求，合理、有效利用土地；③优先保证国家重点建设项目和基础设施项目用地；④占用耕地与补充耕地相平衡；⑤城镇用地增加与农村建设用地减少相挂钩；⑥保护和改善生态，保障土地的可持续利用。

土地利用年度计划一经批准下达，必须严格执行。因特殊情况需要增加新增建设用地年度计划的，按规定程序报国务院审定。实际新增建设用地面积超过当年下达计划的，扣减下一年度相应的计划指标。

tudi shengtai guihua

土地生态规划　根据生态学原理，以提高区域尺度土地生态系统的整体功能为目标，在土地生态分析、综合评价的基础上，提出优化土地生态系统结构、格局的方案、对策和建议的过程与方案。实际上是土地利用规划与生态学规划相结合的产物。为此，土地生态规划需要依据规划区土地利用的生态背景、环境容量和资源特点开展土地生态评价，按区域分异、土地利用特点及改善生态的要求开展土地利用规划，使土地类型的生态格局与土地利用的宏观布局及分区等形成一个生态协调的总体，土地利用与生态建设达到高度有效与和谐发展。

tudi shengtai sheji

土地生态设计　根据土地生态规划对各种土地生态类型进行优化选择，制定符合规划目标的土地生态系统及其组合结构和格局的过程与方案。在研究土地类型结构和土地演替规律的基础上，概括生态学原理，从促进土地向正向演替的角度出发，建立由人工调控的自然、社会和经济复合的土地生态系统，并在其运转过程中使自然结构、社会结构和经济结构相互促进，从而使人们可以合理地不断地从土地取得更多的财富。在进行土地生态设计之前，要将土地的自然结构与现状土地利用结构进行比较，以便阐明土地自然结构和功能与现状土地利用结构是否适应，即土地利用是否合理，借以总结经验，找出弊端，为土地生态设计提供科学依据。

nongyongdi guihua

农用地规划　合理配置直接和间接用于农业生产的全部土地的过程与方案。农用地规划是土地利用规划的主要组成部分，农用地规划的目的是为了改善农业内部的用地结构，提高农用地的利用率和农用地的生产能力；任务是改变低效的单一经营方式，调整农业用地结构，使农、林、牧、副、渔各业协调发展，实现其经济效益、社会效益和生态效益。农用地分为直接和间接的农用地两类，其中直接的农用地包括种植业用地、林业用地、牧业用地、养殖业用地等；间接的农用地有农田水利建设用地、农村居民点和农村道路用地、农业生产基础设施用地（如仓库、温室、晒谷场、畜舍等）。

农用地规划内容　在土地利用现状调查的基础上，①评定农用地的土地适宜性等级；②提出各类农用地改良的途径和措施，以及今后利用方向；③确定农业生产用地的组成结构与比例；④根据经济社会需求调整农用地结构；⑤根据农用地适宜性评价，落实各类农用地的空间布局；⑥合理配置农业生产基地。

农用地规划成果　①农用地规划说明书。内容包括农用地适宜性评价、需求量预测、改良途径和措施、各类农用地的用地结构和比例、农用地的空间配置和实施农用地规划的措施。②农用地规划图。反映农用地的位置、面积、界线。

格控制和稳定耕地面积，尽力做到用地与养地相结合，可持续地提高粮食作物的单产水平，最终达到提高经济效益的目的及维护良好的农田生态系统的目的。

规划原则　①严格控制乱占滥用耕地、珍惜每寸土地；②集约经营耕地、不断提高土地生产力；③保护以农田为核心的生态系统，综合利用农业资源，兼顾经济、生态和社会效益。

规划内容　①作物布局，包括确定农作物的种植比例结构、轮作换茬制度和农作物配置；②耕地利用空间组织，包括作物种植区的类型和数量，大田作物、饲料作物和蔬菜种植区的配置，轮作区组织形式或轮作方式；③耕作田块（方向、边长、形状等）的规划，耕作田块组织形式或分块轮作方式；④田间渠道规划；⑤田间道路规划；⑥护田林带规划。在规划时，必须把上述各项任务综合考虑，统一配置。

gengdi guihua

耕地规划　在既定耕地面积的前提下，全面配置、合理组织耕地利用的过程与方案。包括优化水田、水浇地、旱地等种植业结构，制定耕作田块和田间工程设施的设计方案。耕地规划是完成土地规划的重要环节，是农用地规划的主要内容，通过耕地规划，实施种植业优化结构、合理布局粮食作物，严

gengdi tiankuai guihua

耕地田块规划　在耕地规划中合理组织耕地田块的过程与方案。耕作田块一般是由末级田间工程设施，如渠道、林带、道路等所围成的地块，是进行田间作业、轮作和农田建设的基本单位。田块的规划要有利于组织田间生产管理、农田灌排效果和提高机械化作业效率。为此必须确定田块的方向、形

耕地田块规划　　　　　　　　　　　　　　　　（陈百明　摄）

状、长度、宽度和大小。涉及的因素有土地经营的形式、规模、自然条件、作物种类、轮作形式、农机化水平和灌排设施等,具体确定时则应根据有利于组织主要田间作业的主导因素。田块的方向要有利于作物采光、灌排、机械作业和水土保持。田块长度的确定以提高机械作业效率为主。在农机化水平高的单位以500~800米为宜;以中、小型农机具为主的单位,以500米左右为宜;以劳畜力为主的单位,一般在200~300米之间。田块的宽度以满足横向作业为主,在无横向作业时应尽可能成为耕地机组作业幅宽的双倍数。田块内的土壤类型、养分、水分等条件要尽量做到基本一致,以利于田间管理、组织生产和年度间产量平衡。

shuitian guihua

水田规划   在耕地规划中合理组织水田的过程与方案。水田一般采用淹灌法灌溉,在水稻生长期间,田间要保持一定水层。这种灌溉方法要求田面水平,所以必须将每一田块进一步规划成面积较小的格田,格田田面高差应在3厘米以内,格田的面积和长宽应根据水田的地形条件、机械化水平和操作管理等要求而定。格田规模过大,会给水田插秧前的整地工作造成困难,也不易达到质量要求,对插秧时稻秧的运送、施肥等田间管理工作也不方便;格田规模过小,一方面田埂占地多,降低土地利用率,另一方面也影响作业效率。

titian guihua

梯田规划   在耕地规划中合理组织梯田的过程与方案。通常采取以道路为骨架划分耕作区,每一耕作区基本为矩形或接近矩形;在丘陵山区,地形变化较大,应根据现有地形划分耕作区,例如两条沟之间夹着一个坡面,就天然形成一个耕作区。梯田要求基本上沿着等高线布设为带状的长条形。为便于机耕,梯田的纵向长度原则上越长越好,至少在100米以上,一般以150~200米为宜。此外,在基本沿等高线的原则下,采取"大弯就势""小弯取直"的原则布设田块。为灌溉目的,梯田的纵向还应保留1/500~1/300的比降。从机械耕作角度,田面宽度应满足农业机械田间转弯作业的要求,且田面宽度必须大于农机具的回转直径并留有一定的余地,以利于提高农机具作业效率。

tianjian daolu guihua

田间道路规划   在耕地规划中合理组织田间道路的过程与方案。田间道路虽然处于农村道路网的末级,但是田间道路作为农村道路网的延伸,是沟通田块之间的道路,直接关系到农民的日常生产生活。所以田间道路规划在耕地规划中占有重要地位,是耕地提高生产效率的重要组成部分。由于田间道路的交通流量较小,田间道路规划的重点是通达度,所以田间道路网通达度是衡量规划设计合理与否的主要标准。田间道路宽度要求能够保证通行

田间道路　　　　　　　　（陈百明　摄）

农机车辆,应该由基本的行车路宽度加安全的路缘带宽度、硬化路肩宽度组成。一般田间道路要求车速不高,尤其农业机械行驶速度更低,所以主要考虑车辆行驶的爬坡能力、下坡制动安全、工程投资等因素,合理确定最大设计车速、纵向坡度、横向坡度和最小转弯半径等。

hutian lindai guihua

护田林带规划   为改善农田小气候和保证农作物丰产而合理布局农田防护林的过程与方案。林带布设与其功能有关。在风灾严重的地区,主林带宜与主害风风向垂直,林带的有效防风距离是林带树高的20~25倍;在丘陵地区,主林带以防止水土流失为主,沿等高线布设,林带间距随流失程度而定。副林带一般沿田块短边配置,与主林带垂直。林带宽度视各地具体情况而定,既要讲究实效,又要少占耕地。林带一般采用防风效果较好的疏透式结构,其配置要与田块、道路、渠道相协调。

jiben nongtian baohuqu guihua

基本农田保护区规划   依照法定程序配置基本农田保护区的过程与方案。应在总体规划的控制和指导

下编制，是土地利用总体规划的专项规划。中国从1994年10月实行《基本农田保护条例》，条例第九条规定："国务院土地管理部门和农业行政主管部门应当会同其他有关部门编制中国基本农田保护区规划。"基本农田是指根据一定时期人口和国民经济对农产品的需求以及对建设用地的预测而确定的长期不得占用的和在规划期内不得占用的耕地。基本农田保护区是指对基本农田实行特殊保护而依照法定程序划定的区域。基本农田保护区规划的目的是为了对基本农田实行特殊保护，为划定基本农田保护区提供科学依据。它是保护农田、稳定农田面积的一种措施。

规划任务　根据土地利用总体规划和上级政府下达的指标，结合地区人民生活水平、国民经济发展以及国家对农产品的需求为目的而确定规划目标年的一、二级基本农田保护区数量、建设用地数量、耕地保护率（保护区面积与基期年耕地面积之比）及其布局。

规划内容　①规划地区耕地利用和耕地开发潜力分析；②规划地区农产品需求量、基本农田需求量、建设留用地和耕地增减量等预测；③与有关专项规划相协调；④确定基本农田保护区的数量、建设留用地面积和划区布局；⑤实施规划的措施等。

规划图件　①比例尺要求：县级采用1:5万～1:10万，乡镇级采用1:1万～1:2.5万，村级采用1:1000～1:5000。②图面内容：要求在规划图上反映县、乡等行政地界、水系、道路、农田防护林带、独立工矿、居民点和一、二级基本农田保护区，以及建设留用地范围界线和位置。

lindi baohu liyong guihua
林地保护利用规划　特指中国制定的全国林地保护利用的专项规划，作为指导全国林地保护利用的纲领性文件。主要内容是阐明规划期内国家林地保护利用战略，明确全国林地保护利用的指导思想、目标任务和政策措施，引导全社会严格保护林地、节约集约利用林地、优化林地资源配置，提高林地保护利用效率，实现2020年森林覆盖率奋斗目标，实现中国在联合国气候变化峰会上提出的争取到2020年森林面积和蓄积分别比2005年增加4000万公顷和13亿立方米的目标。

具体目标　①林地总量适度增加。到2020年，林地保有量增加到31 230万公顷，占国土面积的比重提高到32.5%以上。②森林保有量稳步增长。到2020年，全国森林保有量达到22 300万公顷以上，比2005年增加4 200万公顷左右，比2010年增加2 230万公顷左右，森林覆盖率达到23%以上。③林地保护利用结构逐步优化。到2020年，重点公益林地达到12 490万公顷，占到林地总面积的40%；重点商品林地达到5 000万公顷，占到林地总面积的16.1%。④林地生产力明显提高。到2020年，全国林地生产率达到90立方米/公顷以上，现有乔木林地的林地生产率力争达到102立方米/公顷；全国森林蓄积量增加到150亿立方米以上，比2005年增加23亿立方米左右，比2010年增加12亿立方米左右；通过实施森林经营、控制消耗等措施，全国森林蓄积量力争达到158亿立方米。⑤建设项目征占用林地规模逐步得到严格控制。2011～2020年，全国征占用林地总额控制在105.5万公顷以内。

主要任务　①以严格保护为前提，确保林地规模适度增长。通过严格林地用途管制，严厉打击毁林开垦和违法占用林地等措施，防止林地退化，减少林地逆转流失数量；通过生态自我修复和加大对石漠化沙化土地、工矿废弃地、生态重要区域的治理等，有效补充林地数量，确保全国林地资源动态平衡、适度增长。②以增加森林面积为重点，确保森林覆盖率目标实现。采取重点生态工程带动、激励社会力量广泛参与等措施，通过加快宜林地造林绿化，加强生态脆弱区的生态治理，有针对性地规划和实施退化林地修复工程等，增加森林面积，为实现森林覆盖率目标、建设现代林业和生态文明提供基础保障。③以科学经营为核心，大力提高森林质量和综合效益。加大投入力度、政策扶持和科技支撑，建立林地质量评价定级制度，科学利用林地，提高森林经营水平；实施森林质量工程和木本粮油工程，挖掘林地增产增收潜力，大幅度提高森林质量和林地生产力，构建健康稳定的森林生态系统。④以优化结构布局为手段，统筹区域林地保护利用。围绕中国可持续发展林业战略，分区、分类、分级确定林地保护利用方向、重点、政策和主要措施，保障重点公益林、重点工程建设、木材及林产品生产基地、国家生态屏障等对林地的需求。对不同区域林地实行有针对性的差别化保护利用政策，规范林地利用秩序，促进林地利用的区域协调，确保全国林地保护利用整体效益最大化。⑤以创新管理制度为突破，形成林地保护利用管理新机制。完善用途管制、定额转用、分级保护、差别管理等林地保护利用制度和差别化补偿政策等；综合运用法律、经济、行政、技术等手段，改革和完善林地保护利用机制，形成有利于保护林地和发展森林资源的管理机制，提高林地保护利用宏观调控能力，强化规划实施执行力。

保障重点 ①保障国土生态屏障用地。国家继续实施重点林业生态工程，加强对青藏高原、黄土高原、云贵高原、东北森林带、北方沙化土地带、南方丘陵山地带、沿海防风减灾带的生态建设和生态系统修复，形成强大的生态庇护能力，减少和预防各种自然灾害对人类生存和经济社会发展的影响。②保障重点公益林地。优先保障重点公益林地的发展空间，加强对公益林的经营管理，提高公益林的质量和生态效益，在不破坏生态功能的前提下，依法合理利用林地资源，开发林下种养业，利用森林景观发展森林旅游业等。建设项目尽可能不占或少占重点公益林地，并对其实施森林生态效益补偿。探索非国有公益林收购或置换、租借、补偿等机制，保障生态产品生产和供给空间。③保障

国家木材及林产品生产的基本林地。面对中国粮食安全、能源安全、木材安全与食用油料供应紧缺的形势，优先保障国家木材及林产品生产基地建设用地需要，集中建设一批丰产优质用材林、木本粮油林、生物质能源林培育基地。

lindi guihua

林地规划 对林地进行合理配置和设计的过程与方案。即根据林地利用的特点，以森林、防护林带、防护林网为依托，结合生物、工程及栽培技术等措施，建立稳定的林地生态系统。林地规划的基本内容主要是：①树种的选择与配置；②株距和行列的配置；③确定用地规模、布局与管理区段；④拟定道路网、防护林带结构与布置的规划；⑤建造加工厂、仓库等辅助性经营建筑物；⑥加强平整土地、抚育更新、品种改良、病虫害治理、水土保持和森林防火等一系列经营管理的有效措施。

yuandi guihua

园地规划 合理配置和设计果园、茶园、桑园、橡胶园和其他园地的过程与方案。园地是农用地的重

福建龙岩永福茶园

要组成部分，通过园地规划，结合生物、工程及栽培技术等措施，可以建立稳定的人工园地生态系统，从而形成高效稳定的生产能力。园地规划的任务主要是：在农用地规划的统一安排下，合理配置园地，完善园地基础设施，创造适宜的环境条件，提高园地的土地利用率。园地规划的基本内容主要是：①根据地形、土壤、地质、气候、交通、水源和肥源等条件选择用地；②选择与配置适宜的果木种类；③确定果木的株行距、栽种密度、栽植结构、栽种形式；④确定园地用地规模和空间布局；⑤建立基础设施。

mucaodi guihua
牧草地规划 为合理利用和保护牧草地，对天然草地和人工草场进行合理配置和建设安排的过程与方案。牧草地规划应在牧草地资源调查和评价的基础上，确定适宜的载畜量、牧草可利用率、放牧季节和时间以及合理的畜群结构和放牧区。牧草地规划是土地利用总体规划的组成部分，是加强草原管理的重要手段。通过技术和管理措施，使牧草地建设和牲畜饲养协调发展，以达到畜牧业优质、稳产、高产的目的。牧草地规划的基本任务是为合理利用草地，保护、改良和建设天然草地和人工草场，不断提高草地的产草量和载畜量创造良好的条件，以逐步实现牧草地经营和畜牧业生产的现代化。牧草地规划的基本内容应包括：①放牧地规划。主要是季节牧地的划分，畜群放牧地段配置，轮牧区的设计，牧道、畜圈、围栏、饮水点和畜产品加工厂的配置。②割草地规划。重点是轮割制的制定、轮割区的划分和贮草场的配置。③牧草地综合利用和改良规划。包括建立人工草场、草田轮作、林网建设、培育天然牧草地为半人工或人工草地，开展牧草地水利改良和其他综合改良措施规划。

shuili yongdi guihua
水利用地规划 根据各部门对水资源使用的要求，统筹协调，合理配置各项水利工程建设用地的过程与方案。水利用地规划的任务是综合考虑各项水利事业的需要，确定水资源开发利用方式，合理配置水利工程建设用地，充分发挥水资源功能，节约利用土地资源，全面发展农业生产，促进国民经济建设发展，保障人民生活安全。

用地选择 ①有利于充分发挥水资源功能的地形条件；②兴利与治害相结合，综合开发利用水资源；③节约用地，少占耕地，有助于生产全面发展；④投资少，功效大，省工省料，安全可靠，经济合理。

用地类型 ①防洪、防潮工程用地；②农田灌溉工程用地；③排水、防渍、治碱工程用地；④城市和工业供水、城市污水和工业废水处理和再利用工程以及其他水利设施工程用地；⑤水利工程保护用地。

规划内容 ①确定水资源的开发利用方式，包括地表水、地下水的开发利用，以及城市污水和工业废水的再利用；②综合考虑水资源和土地资源状况，协调水土资源平衡；③正确选择和合理配置水利工程建设用地；④水利骨干工程用地选择及确定用地面积和范围，包括防洪、灌溉、治涝、水力发电和综合利用等工程；⑤农田水利工程建设用地配置，包括水源和取水枢纽、输水配水系统、田间调节系统、排水泄水系统、排水枢纽与容泄区等；⑥原有水利工程改建和扩展的用地要求规划。

chengshi yongdi guihua
城市用地规划 根据城市的性质和用地的功能，合理配置城市用地的总体设计过程和方案。政府为了实现一定时期内城市的经济社会发展目标，在城市既定性质和规划的基础上，对城市土地进行功能分区、合理配置和统一安排城市建设用地，通过规划有效地控制城市用地规模、加强城市建设与管理，促进城市健康发展。中国的城市用地规划应遵循《中华人民共和国城市规划法》规定的严格控制大城市规模、合理发展中等城市和小城市的方针。城市用地规划应与土地利用总体规划、城市总体规划等相关规划相协调。

规划范围 城市用地规划的范围应是城市规划区。而城市规划区包括城市市区、近郊区和城市行政区域内实行规划控制的区域。根据这一范围，城市用地相应包括市区和近郊区（含实行规划控制地区）土地两大部分。前者包括工业用地、交通运输用地、仓储用地、公用设施用地、基本建设用地、特殊用地等；后者主要包括农田、菜地、果园、养殖水面、农村居民点、农村道路及其他用地等。

规划任务 在城市总体规划的指导下，根据各类城市用地的特点，合理确定城市规模，协调各部门和各行业之间的用地需求，调整用地结构，合理组织城市各项用地，以提高土地利用率，满足生活、生产和生态的需求，为建设现代化城市提供建设与管理的科学依据。由于城市的性质和功能不同，城市的用地结构具有一定的差异性。城市用地规划应坚持城市新开发区与旧区改造统一规划、综合开发和配套建设。对于城区用地而言，规划内容一般是对住宅用地、商业用地、公共设施用地、机关团体用地、教育科研用地、工业用地、仓储用地、对外交通用地、城市风景区用地、特殊用地及其他如卫生防护用地、零星农用地、空地进行配置。对于城市新开发区，即新建区则主要是选择扩建和改建的用地，并确定其位置和范围，确定利用方向，并纳入城市用地规划。在选择时应充分考虑以下几方面：①充分利用有利的自然条件；②城乡兼顾、节省耕地、集约利用土地；③结合城市现有物质基础，紧凑集中使用；④满足主要规划发展项目建设对用地的要求。

jianshe yongdi guihua
建设用地规划　根据建设用地的性质和功能，对建设用地进行总体配置设计的过程和方案。借助规划手段，通过制订各项建设用地的规划，对建设用地进行合理配置。建设用地规划主要包括居民点用地的规划，水利工程用地的规划、交通运输用地的规划等。建设用地规划管理最重要的一条原则是不要与农业争地，且应本着节约用地的精神尽量少占、不用耕地和优质土地，要十分注意土地的空间利用。根据建设用地规划需要确定不同土地用途区的界线。主要有：①规模边界，即依规划确定的城乡建设用地规模指标划定的允许建设区的范围界线。②扩展边界，即规划确定的可以进行城乡建设的最终范围界线。由允许建设区和有条件建设区共同形成。③禁建边界，指规划确定的禁止建设区的范围界线。

jumindian yongdi guihua
居民点用地规划　根据居民点的既定性质、规模、自然环境、经济发展等特点，合理配置城市、村镇的生活和生产建设用地的过程与方案。居民点是人类各种集居地的统称。各种职能不同、规模不等的城市，集镇和村庄都是居民点。居民点用地规划是土地利用总体规划的组成部分，在土地利用总体规划阶段，要做好居民点的分布，确定居民点的性质、类型和位置等工作。

规划任务　合理利用土地，促进居民点建设发展的同时，提高土地利用率、节约各项建设用地、保护和改善环境，为人民创造良好的生活和生产条件。居民点用地选择应遵循"工农结合、城乡结合、有利生产、方便生活"和缩小城乡差别等原则，正确处理工业与农业、生活与生产、近期与远期、需要与可能、整体与部门，以及与周围社会、政治、经济、文化等关系。

规划内容　①根据居民点的性质、类型和规划目标年的人口数量确定居民点用地的范围、边界、规模、控制性坐标和标高；②选定住宅建筑用地和住宅建筑布置形式，以及住宅建筑群体空间组合结构格局；③合理配置生产建设用地；④确定公共建筑用地的位置和布置形式，如绿化隔离带、防护林带、水源保护、污水处理、固体废物和垃圾堆放等环境保护设施用地；⑤选定公路、铁路、水路、街道、车站、码头、轮渡等交通运输建设用地及确定其建筑标准；⑥布置绿化、给水、排水、防洪、邮电通讯等各项公共设施建设用地；⑦城镇原有各项建设用地的改造利用和改建、扩建的用地方案。

jiaotong yunshu yongdi guihua
交通运输用地规划　根据经济社会发展的需要，对公路、铁路、水运、航空、管道等对外交通运输方式所需的线路、场站、港口、码头等工程建设用地和附属保护设施进行总体配置设计的过程和方案。交通运输用地规划的目的在于合理利用土地资源、节约用地，建立合理的综合交通运输网络，以求获得交通运输的最佳经济效益和社会效益。其主要任务是：根据区域经济社会发展趋势，预测远景的交通运输量和流向，正确选择各种交通运输方式所需的工程建设用地，统筹配置，建立合理的交通运输结构，加强地区之间的联系，促进区域经济发展和社会繁荣。

规划原则　①适应国民经济和社会发展的需要；②符合不同交通运输方式所需要的工程技术标准；③与产业布局、城镇居民点分布及区内经济结构和区际经济联系相适应；④与河流、山川等地形条件相适应；⑤节约用地，建立合理的交通运输结构网络。

规划内容　①交通运输建设用地的自然条件分析；②区内和区际的客运、货运的远景交通运输量和流向的预测；③根据交通运输方式所采用的交通运输工具，确定其用地的建筑工程等级与规模；④正确选定各项交通运输建设用地，合理配置综合的交通运输结构网络；⑤充分利用原有交通运输建设用地和基础设施；⑥拟定交通运输工程建设用地规划方案。

daolu yongdi guihua
道路用地规划 根据城镇的性质与规模，合理配置城市和乡镇内部道路用地的布局方案。在城镇内部，通常以干道为骨干组成相互联系的道路系统，包括主干道、次干道、支路，大城市内还有快速干道、游览大道、自行车道等专用道路。道路用地规划的任务是根据城镇的自然环境条件和现状基础，合理布置道路，以满足城镇交通、环境卫生和消防、人防的需要，把城市或乡镇组织成一个有机的整体。道路用地规划的具体要求是：①根据货运和居民出行，以及交通流的调查与分析，合理配置城镇道路用地；②分析地质、地形、日照、风向、水文等自然条件，因地制宜地确定城镇道路系统用地形式，应保证干道路径直；③根据城市内各功能区的规模与布局，合理确定城市道路的走向与等级，主次分明、功能清楚；④拟定合理的干道网密度和用地指标；⑤确定道路建筑的技术等级标准；⑥充分考虑现有道路系统的基础，节约道路用地；⑦拟订城镇道路建设用地发展规划。

shuimian guihua
水面规划 根据水面特点安排水面利用的过程与方案。陆地水面归属于土地范围之内，合理开发利用水面资源，是土地利用规划的基本内容之一。水面规划的目的在于合理利用水面资源，充分发挥水面

河流水面　　　（陈百明　摄）

的水产养殖能力，维护水生系统的良性状态，发展水产养殖事业。其基本任务是：因地制宜地合理利用水面资源，防止水体污染，加强人工管理和经营措施，不断提高河流、湖泊、池塘、水库等内陆水面及沿海滩涂水域的水生生物养殖能力和产出率，逐步扩大养殖品种和养殖范围，使水产养殖持续稳步发展。水面规划的内容是：①水面数量、水体质量和水资源生产条件的评价；②确定养殖水面、养殖各类和投放数量，综合利用水面资源；③统筹安排淡水水生动物放养、水生植物栽培和滩涂贝类、藻类养殖的生产基地；④正确处理水产养殖业用地构成及其与其他各业用地的关系；⑤防止水体污染和水体富营养化，以及水面改良的措施；⑥根据生产需要，妥善配置水库养殖业用地内的灌排渠系统、道路、抽水站等工程设施。

shuichan yongdi guihua
水产用地规划 合理配置水产用地的过程与方案。水产养殖种类繁多，可以养鱼，饲养小水产品（虾、蟹、龟、鳖、鳝等），栽培水生植物以及进行海水养殖（贝类、海藻、鱼虾等）。要根据当地具体实际情况确定水产养殖种类，如水源的水质、水量、水池的保水情况、防洪防旱的安全性、周边环境、气候条件等。水产养殖的规划应方便生产操作，缩短运距，节省劳力，充分利用地形，合理调配土方等。具体应考虑以下条件：①场房最好布置在养鱼场的中心位置，有公路相通；②亲鱼池、产卵池及孵化设备紧靠场房，以便于管理；③鱼苗池靠近孵化设备，鱼种池围绕鱼苗池，外围与成鱼池相邻，可缩短鱼种搬运距离，减少鱼种的损伤；④鱼池的送水要分池送水，不要串流，以免鱼病传染；⑤水源的位置应在全场的最高处，以便于自流灌溉，同时亦方便生活用水及浇水等。

chengzhen tixi guihua
城镇体系规划 一定地域范围内，以区域生产力合理布局和城镇职能分工为依据，确定不同人口规模等级和职能分工的城镇分布和协调发展安排的过程与方案。城镇体系规划是国土规划和区域规划的重要组成部分，也是城市规划不可缺少的重要环节。中国现行的城镇体系规划都是按照不同层次的行政区编制的，包括中国城镇体系规划、省域城镇体系规划、市域（地级）城镇体系规划、县域城镇体系

规划四个基本层次。自20世纪90年代中期以来，中国各省（自治区、直辖市）都开展了具体区域规划性质的城镇体系规划。特别是随着城镇化进程的加快，以城镇体系的空间发展和布局为重点的综合性区域规划受到更多的关注。城镇体系规划包括以下内容：①调查分析预测。包括评价区域与城市的发展和开发建设条件；预测区域人口增长，确定城市化目标；确定本区域的城镇发展战略，划分城市经济区。②规划布局。包括提出城镇体系的功能结构和城镇分工；确定城镇体系的等级和规模结构；确定城镇体系的空间布局。③区域发展支撑条件。包括统筹安排区域基础设施、社会设施；确定保护区域生态、自然和人文景观以及历史文化遗产的原则和措施；确定各时期重点发展的城镇，提出近期重点发展城镇的规划建议。④实施保障。提出实施规划的政策和措施。

chengshi guihua
城市规划 研究城市的未来发展、城市的合理布局和管理各项资源、安排城市各项工程建设的综合部署的过程与方案。城市规划是一定时期内城市发展的蓝图，是城市建设和管理的依据。建设一个城市，必须有一个统一的、科学的城市规划，并严格按照规划进行建设。在中国，城市规划通常包括总体规划和详细规划两个阶段。

城市规划的任务 根据国家城市发展和建设方针、经济技术政策、国民经济和社会发展长远计划、区域规划，以及城市所在地区的自然条件、历史情况、现状特点和建设条件，布置城市体系；确定城市性质、规模和布局；统一规划、合理利用城市土地；综合部署城市经济、文化、基础设施等各项建设，保证城市有秩序地、协调地发展，使城市的发展建设获得良好的经济效益、社会效益和环境效益。

城市规划的组成 ①近期建设规划，指城市总体规划中，对短期内建设目标、发展布局和主要建设项目的实施所作的安排。②分区规划，指在城市总体规划的基础上，对局部地区的土地利用、人口分布、公共设施、城市基础设施的配置等方面所作的进一步安排。③城市详细规划，指以城市总体规划或分区规划为依据，对一定时期内城市局部地区的土地利用、空间环境和各项建设用地所作的具体安排。④控制性详细规划，指以城市总体规划或分区规划为依据，确定建设地区的土地使用性质和使用强度的控制指标、道路和工程管线控制性位置以及空间环境控制的规划要求。⑤修建性详细规划，指以城市总体规划、分区规划或控制性详细规划为依据，制订用以指导各项建筑和工程设施的设计和施工的规划设计。

chengshi zongti guihua
城市总体规划 对一定时期内城市性质、发展目标、发展规模、土地利用、空间布局以及各项建设综合部署和实施措施的过程与方案。城市总体规划体系的主要环节是：①制定城市发展战略，即对城市经济、社会、环境的发展所作的全局性、长远性和纲领性的谋划；②确定城市职能，即城市在一定地域内的经济、社会发展中所发挥的作用和承担的分工；③规定城市性质，即城市在一定地区、国家以至更大范围内的政治、经济与社会发展中所处的地位和所担负的主要职能；④确定城市规模，即以城市人口和城市用地总量所表示的城市的大小；⑤确定城市发展方向，城市各项建设规模扩大所引起的城市空间地域扩展的主要方向；⑥制订城市发展目标，在城市发展战略和城市规划中所拟定的一定时期内城市经济、社会、环境的发展所应达到的目的和指标。

chengshi gainianxing guihua
城市概念性规划 以区域观点从更大的区域空间对城市未来发展带有全局性、长期性、相对稳定性的重大问题开展谋划和战略部署的过程与方案。它主要以城市未来发展的战略性、空间性为中心，强调从宏观层次把握城市发展的定位、定向和空间形态布局设想。概念性规划考虑的应该是几十年甚至更长时期的重大发展问题，在编制过程选择的约束条件比城市总体规划要少；可以突破现行规划空间上的限制，从更广阔的空间寻求对策和判断未来可能出现的机遇与挑战。概念性规划则具有前瞻性，淡化时间期限，强调以能动的观点谋划城市的未来，应该在宏观层次上把握城市发展的定位、定性、定向和空间形态的布局设计。

chengshi xiangxi guihua
城市详细规划 根据城市总体规划对城市近期建设的工厂、住宅、交通设施、市政工程、公用事业、园林绿化、文教卫生、商业网点和其他公共设施等作出的具体配置的过程与方案。城市详细规划是城市各项工程设计的依据。

编制程序 一般是先编制总体规划,然后根据总体规划编制详细规划。在重点建设的城镇和地区,如果建设任务紧迫,也可以在编制总体规划的同时,编制第一期建设地区的详细规划,但两者必须相互配合。在小城镇和县域规划的同时,一般都将总体规划和详细规划合并起来,一次完成。如果城市总体规划编制较为详细,近期建设项目不多,用地范围不大,也可不编制详细规划,依据城市总体规划的要求,直接进行建设项目设计。

规划内容 主要包括:①确定近期建设规划范围内房屋建筑及公共设施的具体布置和用地界线;②确定居住建筑、公共建筑、道路广场、公共绿地、公共活动场地等项目的具体规划定额和技术经济指标;③综合配置各项工程管线、工程构筑物的位置和用地;④提出规划项目工程量和投资概算。

规划成果 主要包括:说明书、规划地段现状图、详细规划总平面图、道路及竖向规划图、各项工程设施的综合图。详细规划的深度应满足房屋建筑和各项工程编制初步设计的要求,其内容和图纸根据具体条件决定。

shengtai chengshi guihua

生态城市规划 从自然生态和社会心理两个方面营造能够充分融合自然和人类活动的良好环境,满足高水平的物质和文化需求的城市规划。生态城市规划一般包括:①调查及评价城市的生态要素;②分析城市环境容量与生态适宜度;③建立生态城市评价指标体系及设立规划目标;④开展生态功能区划与土地利用布局;⑤制订环境污染综合防治规划;⑥制订城市人口适宜容量规划;⑦制订产业结构与布局规划;⑧制订园林绿地系统规划;⑨制订资源利用与保护规划;⑩开展生态城市规划管理与对策研究。

jiucheng gaijian guihua

旧城改建规划 对城市旧区进行的调整城市结构、优化城市用地布局、改善和更新基础设施、保护城市历史风貌等建设活动的过程与方案。通过局部或整体地、有步骤地改造和更新老城市的全部物质生活环境,从根本上改善其劳动、生活服务和休息等条件。旧城改建既反映城市的发展过程,城市空间规划组织以及建筑和社会福利设施的完善过程;又

表示物质成果,反映当时的建筑和福利设施状况。旧城改造是个不间断的过程,取决于城市的发展方向和速度。

chengshi juzhuqu guihua

城市居住区规划 对城市居住区布局结构、住宅群体布置、道路交通、生活服务设施、绿地和游憩场地、市政公用设施和市政管网各个系统进行综合的具体配置过程与方案。居住区规划是城市详细规划的组成部分。居住区规划内容包括:①选择、确定用地位置、范围;②确定规模,即确定人口数量和用地大小;③拟定居住建筑类型、层数比例、数量、布置方式;④拟定公共服务设施的内容、规模、数量、分布和布置方式;⑤拟定各级道路的宽度、断面形式、布置方式;⑥拟定公共绿地、体育、休息等室外场地的数量、分布和布置方式;⑦拟定工程规划设计方案;⑧拟定各项技术经济指标和造价估算。

chengshi lüdi guihua

城市绿地规划 对城市各种绿地进行定性、定位、定量的统筹配置的过程与方案。通过城市绿地规划,形成具有合理结构的绿色空间系统。为城市提供适宜的气候调节、水源涵养、环境净化、生物多样性保护、游憩休闲、社会文化等生态功能。在规划时必须把公园绿地、生产绿地、防护绿地、风景林地、道路绿化与水体绿化以及重要的生态景观区域等统一考虑,合理配置,形成一定的布局形式,以满足城市生态的要求以及市民休闲娱乐的要求。

chengshi fengjingqu guihua

城市风景区规划 为充分合理利用风景资源及环境保护等目标的城市专项规划。城市风景区规划既可以是单独的规划项目,也可作为城市绿地规划的内容。城市风景区包括自然景观(如园林山水、古树名木、奇特的地质构造、自然奇观、原始环境)和人文景观(如历史遗迹、考古发现)。城市风景区从属于城市,它除了具有一般风景区的休闲观光功能以外,还对城市的布局结构、环境面貌和城区气候发生影响。因此,在规划中应尽量避免布置破坏景观的建设项目,尤其是可能对环境造成污染的工业项目;还应尽可能把城市风景区纳入城市绿地系统,提升休闲旅游功能。风景区布局除按园

杭州西湖集贤亭夜景

林布局常规做法外，还应提倡保留原始自然风貌和栽植少量景观树、花等造景植被。城市风景区一般只考虑市民及游人当天旅游休闲需要，所以服务设施应简单，不需要单独设立服务基地，但应适当安排一些小型的服务设施。风景区内一般不使用机动交通工具。

jiaoqu guihua
郊区规划　对城市行政界线内已建或在建市区用地外围的各项用地和设施开展合理配置和统筹安排的过程与方案。主要内容有：①确定郊区的规模和界线；②配置适宜郊区建设的设施和工程项目；③规划郊区的绿地和休养疗养用地；④配置城市必需的副食品基地；⑤规划郊区城镇发展与乡镇工业；⑥规划新农村居民点、道路网等。

cunzhen guihua
村镇规划　对农村集镇和村庄在规划期内各项设施开展配置和设计的过程与方案。村镇规划是为实现村镇的经济和社会发展目标，确定村镇的性质、规模和发展方向，协调生产、生活服务设施、公益事业等各项建设的用地布局、建设要求，以及对耕地等资源和历史文化遗产保护、防灾减灾等的综合部署和具体配置，是村镇建设与管理的根据。其基本任务是：确定村镇建设的发展方向和规模，合理组织村镇各建设项目的用地与布局，妥善安排建设项目的进程，以便科学地、有计划地进行农村现代化建设，满足农村居民日益增长的物质生活和文化生活需要。中国现有500多万个村庄和5万多个集镇，分布在中国各地。由于地理位置、自然条件、社会经济条件、风俗习惯等方面的差异较大，村镇规划

工作应根据国家的政策和规划原则，因地制宜地有计划、有步骤地进行。根据中国国务院颁布的《村庄和集镇规划建设管理条例》的规定，村镇规划一般分为村镇总体规划和村镇建设规划两个阶段。具体的规划编制工作包括搜集规划所依据的基础资料和进行规划的文字论证、计算数据及规划设计图纸等。

cunzhen zongti guihua
村镇总体规划　在全乡范围内对村镇布点和相应的建设项目进行全面部署的过程与方案。是村镇的山、水、田、林、路、村等方面的综合性规划。规划的内容包括：①根据村镇生产发展的需要和建设的可能，确定本村镇范围内主要村镇的位置、性质、规模和发展方向；②选择和确定主要的农田水利基本建设设施（如水库、运河、水闸等）的位置；③选择和确定主要农、牧、渔业及工、副业生产基地的位置；④确定规划区范围，选择乡镇用地，确定集镇主要中心广场位置和道路红线等；⑤确定电力、电讯线路走向，配置村镇内部和外部的交通运输系统（包括公路、水路运输等）；⑥选择和确定村镇主要公共建筑的位置。村镇总体规划是指导村镇建设规划和其他专项规划的指导性规划。

cunzhen yongdi guihua
村镇用地规划　对集镇或村庄的建设用地进行合理配置和设计的过程与方案。包括开展集镇或村庄的功能分区、优化用地结构和布局各项建设用地。村镇一般是当地经济、文化和生活服务中心，也是商业、集市贸易的枢纽和农副特产品集散地，工业、手工业以农副产品粗加工、小型建材、农机具修理等为主，配置村镇建设用地要根据这些特点，结合村镇建设的实际要求，促进村镇建设的全面发展。

　　规划任务　依据县、乡级土地利用总体规划，村镇工业、交通、文教卫生、商业服务业的发展计划和各项专业发展规划。根据村镇建设的现状、自然特点和发展可能性确定村镇的性质、发展方向、村镇近期和远期的建设用地规模和范围，并对各项建设用地作出全面合理布局，提高土地利用率，为村镇创造良好的生活和生产环境。

　　规划内容　主要是：①确定村镇用地的具体规模、边界和范围；②选定住宅建筑用地、住宅建设布置形式和住宅建筑群体空间组合结构格局；③合理配置生产建设用地；④确定公共建筑用地的位置

和布置形式，并安排商业贸易场地；⑤选定公路、铁路、水路、街道、车站、码头、轮渡等交通运输建设用地及确定建筑标准；⑥布置绿化、给水、排水、防洪、邮电、通讯等各项公共设施建设用地；⑦村镇原有各项建设用地的改造和扩建方案。

cunzhen buju
村镇布局　村镇的布点及规模等方面的配置过程与方案。村镇布局是村镇总体规划的主要内容。乡镇政府所在地的村镇一般规模较大，是农村政治、经济、科技、文化和福利事业的中心。从村庄到耕作区的最大距离一般不超过2 500米。村镇位置要尽量选在耕作区的中心，有比较均匀的耕作半径，与主要农用地之间有方便的交通联系。村镇所在地应力求风景优美、水源充足、水质良好，避开风口，不受环境污染、洪水、滑坡、泥石流等威胁，同时又不占用优质农田，地形平坦、地势高爽，利于排水，水文及土壤质地适宜，规划必须通过对不同方案进行技术、经济论证后选定。

村镇布局

cunzhen jianshe guihua
村镇建设规划　在村镇总体规划指导下具体选定建设项目，并确定规划实施步骤和措施的过程与方案。主要对住宅的供水、供电、道路、绿化、环境卫生以及生产配套设施作出具体安排。村镇建设规划应充分结合当地的自然、经济和文化特点，把广大村镇建设成具有乡土特色的农村居民点。村镇建设规划一般应该在村镇总体规划完成后进行。

quyu huanjing guihua
区域环境规划　在调查、评价和预测环境变化的基础上，开展以调整产业结构和生产布局为主要内容的环境保护及改造和塑造环境的战略部署的过程与方案。区域环境规划要以生态规律和经济社会规律为指导，同时考虑与整个国民经济的协调，以及规划本身的可实施性。规划的目的是缓解经济发展与环境保护之间的矛盾。其实质是环境和经济的综合规划。区域环境规划主要内容是：①研究和确定区域环境目标和环境指标体系；②进行环境预测和环境问题的研究；③制订和选择区域环境规划方案；④提出区域环境保护技术政策。

nongcun huanjing guihua
农村环境规划　在对自然生态环境进行充分的调查研究基础上提出的以调查农业生态结构，改良和维护土地等农业资源，合理规划利用土地为主要内容的一系列保护农村生态系统，美化农村环境的计划和决策。农村环境规划的主要任务和内容是：①根据自然生态系统环境的特点确定适宜的农业生产结构；②采取增加和保护区内物种，改良和增加农作物品种的措施促进农业生态系统的稳定，增强其抵御自然灾害和各种病虫害的能力；③采用和推广各种有效的农业生产技术，如间作套种，秸秆还田等，以充分地利用土地资源，保护土地资源，发展生态农业；④做好乡镇工业的规划与管理，合理地使用化学农药和肥料以减少化学物质对土地和农作物的污染；⑤合理规划农村住房等非农业用地，健全基础生活设施，美化农田环境。

xiangzhen huanjing guihua
乡镇环境规划　对乡村、小城镇等半人工生态系统所出现的和可能出现的环境问题，提出相应的防治对策、方案和措施的过程与方案。乡镇环境问题一般有两大类：一是生态破坏，如水土流失、土壤板结、有机质减少等；二是环境污染，主要是农业污染与乡镇企业污染。这两类问题常常交织在一起，并随着人类不合理利用活动的增多而日益严重，特别是在人口急剧增长，乡镇企业管理失控的情况下，乡镇生态问题明显加重。在乡镇环境规划中，主要内容包括：①控制人口增长；②合理配置农业生产布局，因地制宜发展多种经营；③改变耕作方式，实行集约经营，提高土地生产力；④加强对乡镇企业的管理，调整乡镇企业结构和布局，提高乡镇企业技术水平和管理水平等。

土地退化与整治编

tudi tuihua

土地退化 由自然力或人类在土地利用中的不当措施，或两者共同作用导致土地质量下降、生产力衰退的过程。土地退化是自然因素与人为因素共同作用的结果。自然因素是土地退化的基础和潜在因子；人为因素是土地退化的诱发因子。土地退化是相对于没有退化的土地或退化前的土地而言的，因此要确定土地是否退化首先必须确定参照系，然后确定退化的依据或事实。土地退化包括量的退化，即同一土地质量等级内的退化，这时退化的幅度较小，不影响开发利用现状；也包括质的退化，即不同土地质量等级间的退化，其退化幅度较大，有的必须改变开发利用现状，有的如需维持现状，则必须采取重大措施。土地退化大致可分为水土流失、荒漠化、盐碱化、土地污染等。

tudi huangmohua

土地荒漠化 泛指因包括气候变异和人类活动在内的多种因素而造成的土地生物生产力下降和破坏，最后出现类似荒漠景观的现象和过程。

1992年世界环境与发展大会上通过的定义是"包括气候和人类活动在内种种因素造成的干旱、半干旱和亚湿润地区的土地退化"。也就是由于大风吹蚀、流水侵蚀、土壤盐渍化等造成的土壤生产力下降或丧失，都称为荒漠化。1994年通过的《联合国关于在发生严重干旱和（或）荒漠化的国家特别是在非洲防治荒漠化的公约》的定义是"包括气候变异和人类活动在内的种种因素造成的干旱、半干旱和亚湿润干旱地区的土地退化"。

可以看出，这一定义的内涵和外延均比原来认识的荒漠化更为宽泛。由此也造成土地退化、土地荒漠化、土地沙漠化、土地沙化等概念之间更加交织，不易明确区分。

中国土地荒漠化大致可以划分为风蚀荒漠化、水蚀荒漠化、冻融荒漠化、土壤盐渍化等类型。根据全国沙漠、戈壁和沙化土地普查及荒漠化调研结果，中国荒漠化土地面积为262.2万平方千米，占国土面积的27.4%。其中，风蚀荒漠化面积160.7万平方千米，占荒漠化土地总面积的61.3%，主要分布在干旱、半干旱地区，在各类型荒漠化土地中面积最大、分布最广（干旱地区约为87.6万平方千米，半干旱地区约为49.2万平方千米，亚湿润干旱地区约为23.9万平方千米）；水蚀荒漠化面积20.5

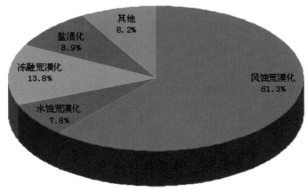

中国土地荒漠化构成图

万平方千米，占荒漠化土地总面积的7.8%，主要分布在黄土高原北部，东北地区的西辽河中上游及大凌河的上游；冻融荒漠化面积36.3万平方千米，占荒漠化土地总面积的13.8%，主要分布在青藏高原的高海拔地区；盐渍化面积23.3万平方千米，占荒漠化总面积的8.9%，比较集中连片分布的地区有柴达木盆地、塔里木盆地周边绿洲以及天山北麓山前冲积平原地带、河套平原、银川平原、华北平原及黄河三角洲。

土地沙漠化 *tudi shamohua* 包括气候变异和人类活动在内的种种因素造成的干旱、半干旱和亚湿润干旱地区的土地退化。又称土地沙质荒漠化。在干旱多风的沙质地表出现以风沙活动为主要标志的风蚀、风积地貌景观的过程。随着沙漠化程度的加剧，旱作农田、放牧草地和沙地植被的地上生物量大幅度下降。沙漠化过程不仅使中国北方地区的生态进一步恶化，还影响到非沙漠化的广大地区。沙漠化干旱半干旱和部分半湿润地带在干旱多风和疏松沙质地表条件下，由于人为强度利用土地等因素，破坏了脆弱的生态平衡，使原非沙质荒漠的地区出现风沙活动的土地退化过程。

沙漠化程度 反映沙漠化发生地区环境退化程度，也是人为活动强度在脆弱生态情况下的具体表现。分为严重沙漠化、强烈发展的沙漠化、正在发展中的沙漠化、潜在沙漠化和非沙漠化土地。

沙漠化评价 通过沙漠化地区的植被变化、地貌特征、土地生产力衰减或恢复状况等沙漠化指征，评估一个地区沙漠化发展趋势，治理沙漠化的成效等。

沙漠化指标 用于评价沙漠化现状及防治成果的一系列标准。

沙漠演变 风成沙沉积在一定时间内的生消和空间上的扩缩过程。按性质可分为风力作用于地表出现风蚀、风沙流、流沙堆积、沙丘前移及粉尘堆积等正向过程和风沙活动减弱，沙丘生草固定成壤的逆向过程。

土地沙化 *tudi shahua* 原非沙质荒漠地区因气候变异和人类活动，使土壤中细粒物质及营养物质被风蚀吹走，留下粗粒物质，出现了以风沙活动为主要特征的形态，形成风蚀地、粗化地表、片状流沙的堆积及沙丘。

沙化与沙漠化有一定的差别。首先，在时空尺度上，沙化没有类似沙漠化的时空限定，沙化可以发生于任何自然地带和时期。沙化的空间范围要比沙漠化广阔得多，从极干旱的沙漠地带到半湿润、湿润的河流三角洲、海滨滩涂等，都可能分布；其

土地沙化

次，在外营力上，沙化可能是风力、水力和重力等多种营力单独或综合作用的结果，而沙漠化则主要是风力作用的结果；再者，沙漠化的土地风蚀、风沙流、流沙堆积、沙丘活化与前移等一系列过程与沙化过程并无完全的对应关系，沙化的过程也并不包含沙漠化的所有过程。

shuishi huangmohua
水蚀荒漠化 地表由风化壳和土状堆积物组成的丘陵山地在降水径流作用下，出现地表侵蚀、沟谷切割的劣地或石漠景观的过程。水蚀荒漠化属于荒漠化的一种形式，指土壤因降雨而松弛，或者被水流剥离，土壤颗粒被冲到斜面下方，冲走的土壤积存到水道或下游流域。受水蚀影响后，不仅表土层受到影响，还会使土壤失去蓄水能力和养分保持力。主要发生在中国南方地区。流水的侵蚀作用是以人为活动破坏植被的地段作为突破口而进一步发展，一般是以片蚀和沟蚀为主，在花岗岩地区并受重力作用影响，以崩岗的方式发展。在碳酸盐岩类地区是以溶蚀作用为主。这些营力作用的结果，一般出现劣地或石质坡地，在西南诸省的山区也有以泥石流方式呈现砂石化的景观。

fengshi shamohua
风蚀沙漠化 在风力作用下风蚀，粗化地表，片状流沙的堆积及沙丘形态发展的土地退化过程。一般可以归纳为五个阶段：①在干燥气候下，土地还未开辟成农地，此时可维持树和草的生长，这些植物的根还有保护土壤的作用。②在较缓的坡地上，树已经被砍掉，并开垦成农田，于是土壤便暴露在风力的侵蚀下。③缓坡上持续种植，地力逐渐消耗到无法种植的地区，就改成牲畜的放牧。且在另一片较高的土地上砍树、开垦种植。④风力再次作用在高地上，于是牲畜的放牧便移往高坡地。而缓坡上则因过度放牧，几乎长不出草本植物。⑤土壤流失严重，高坡地岩石裸露，缓坡地上沙土蔽天，土地再不能发展任何农牧业，而是堆积了片状流沙或发展为沙丘。

tudi shimohua
土地石漠化 在热带、亚热带湿润、半湿润气候条件和岩溶地貌极其发育的自然背景下，受人为活动干扰，使地表植被遭受破坏，导致土壤严重流失，基岩大面积裸露或砾石堆积的土地退化现象，也是岩溶地区土地退化的极端形式。

自然因素 石漠化形成的基础条件。岩溶地区丰富的碳酸盐岩具有易淋溶、成土慢的特点，是石漠化形成的物质基础。山高坡陡，气候温暖、雨水丰沛而集中，为石漠化形成提供了侵蚀动力和溶蚀条件。

人为因素 石漠化土地形成的主要原因。中国的岩溶地区人口密度大，地区经济发展相对落后，群众生态意识淡薄，各种不合理的土地开发活动频繁，导致土地石漠化。主要表现为：①过度樵采。岩溶地区经济欠发达，农村能源种类少，群众生活能源主要靠薪柴，特别是在一些缺煤少电、能源种类单一的地区，樵采是植被破坏的主要原因。②不合理的耕作方式。岩溶地区山多平地少，农业生产大多沿用传统的刀耕火种，陡坡耕种，广种薄收的方式。由于缺乏必要的水保措施和科学的耕种方式，充沛而集中的降水使得土壤易被冲蚀，导致土地石漠化。③过度开垦。岩溶地区耕地少，为保证足够的耕地，解决温饱问题，当地群众往往通过毁林毁草开垦来扩大耕地面积，增加粮食产量。这些新开垦地，由于缺乏水土保持措施，土壤流失严重，最后导致植被消失，土被冲走，石头露出。④乱砍滥伐。西南岩溶地区先后出现几次大规模砍伐森林资源情况，导致森林面积大幅度减少，森林资源受到严重破坏。由于地表失去保护，加速了石漠化发展。⑤过度放牧。岩溶地区散养牲畜，不仅毁坏林草植被，且造成土壤易被冲蚀。据测算，一头山羊在一年内可以将10亩3～5年生的石山植被吃光。⑥其他。如私开乱挖矿山和无序工程建设等也加剧了石漠化的扩展。

tudi yanjianhua
土地盐碱化 可溶盐类在土壤中，特别是土壤表层累积和（或）土壤胶体吸附大量代换性钠而导致土地生物生产力下降和破坏的现象和过程。如果表层含盐量超过0.3%，即认为已经盐碱化。中国土地盐碱化主要发生在华北平原北部、东北平原西部、西北内陆地区及滨海地区。

shuitu liushi
水土流失 在水力、重力、风力等外营力作用下，水土资源和土地生产力的破坏和损失，包括土地表层侵蚀和水土损失，亦称水土损失。根据中国第三次土壤侵蚀遥感普查数据（2000～2001年），以《土壤侵蚀分类分级标准》（SL190—1996）规定的轻度等级以上的水蚀和风蚀（不包括冻融侵蚀）面积数据（引自《中国水土流失防治与生态安全·水土流失数据卷》，科学出版社，2010年），21世纪初，中国的水土流失总面积是356.92万平方千米，占土地总面积的37.18%，其中水蚀面积161.22万平方千米，风蚀面积195.70万平方千米。按侵蚀强度划分，轻度、中度、强度、极强度和剧烈侵蚀面积分别为163.84万平方千米、80.86万平方千米、42.23万平方千米、32.42万平方千米和37.57万平方千米。

各省分布状况　水蚀主要集中在黄河中游地区的山西、陕西、甘肃、内蒙古、宁夏和长江上游的四川、重庆、贵州和云南等省区市；风蚀主要集中在西北地区的新疆、内蒙古、青海、甘肃和西藏五省区。

各流域分布状况　长江、黄河、淮河、海滦河、松辽河、珠江、太湖七大流域水土流失总面积136.42万平方千米，占中国水土流失总面积的38.2%。水蚀面积为120.58万平方千米，占中国水蚀总面积的74.8%；风蚀面积为15.84万平方千米，占中国风蚀总面积的8.1%。长江流域的水土流失面积最大；黄河流域水土流失面积次之，但流失面积占流域面积的比例最大，强度以上的侵蚀面积及其占流域面积比例居七大流域之首，是中国水土流失最严重的流域。

tudi wuran
土地污染　土地因受到采矿或工业废弃物或农用化学物质的侵入，恶化了土壤原有的理化性状，使土地生产潜力减退、产品质量恶化并对人类和动植物造成危害的现象和过程。土地污染不仅降低土地生产力，影响土地使用功能，威胁食物安全，而且其所含的污染物还会作为一种污染源进一步污染其他环境介质，从而影响农田、林地、河流、湖泊、大气等环境的质量，对整体环境质量和经济社会可持续发展构成严重威胁。土地污染已成为中国土地退化的主要类型之一。污染物的种类主要有重金属、农药及持久性有机污染物、放射性核素、病原菌等。按污染物的来源，土地污染可分成无机物（包括重金属和盐碱等）污染，农药污染，有机废物（包括工农业及生活废弃物中的生物易降解和生物降解有机毒物）污染，化学肥料污染，污泥、矿渣和粉煤灰污染，放射性物质污染，寄生虫、病原菌和病毒污染等类型。随着经济社会的高速发展，中国受污染的土地数量日益增加，污染范围已从局部蔓延到区域，形成点源污染与面源污染共存的态势。土地污染已表现出多源、复合、量大、面广、持久、危害严重等特点。

中国土地污染调查　2005年4月至2013年12月，环境保护部会同国土资源部开展了首次中国土壤污染状况调查。调查的范围是除香港、澳门特别行政区和台湾省以外的陆地国土，调查点位覆盖全部耕地，部分林地、草地、未利用地和建设用地，实际调查面积约630万平方千米。调查采用统一的方法、标准，基本掌握了中国土壤环境总体状况。2014年4月环境保护部和国土资源部发布了《全国土壤污染状况调查公报》。

总体情况　中国土壤环境状况总体不容乐观，部分地区

水土流失　　　　　　　　　（陈百明　摄）

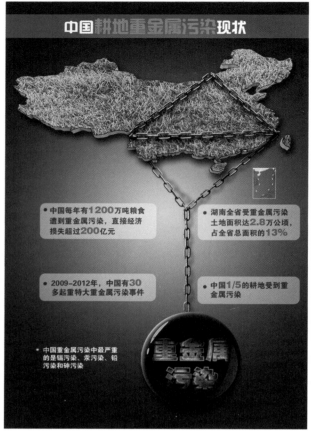

土地污染

表1 无机污染物超标情况

污染物类型	点位超标率（%）	不同程度污染点位比例（%）			
		轻微	轻度	中度	重度
镉	7.0	5.2	0.8	0.5	0.5
汞	1.6	1.2	0.2	0.1	0.1
砷	2.7	2.0	0.4	0.2	0.1
铜	2.1	1.6	0.3	0.15	0.05
铅	1.5	1.1	0.2	0.1	0.1
铬	1.1	0.9	0.15	0.04	0.01
锌	0.9	0.75	0.08	0.05	0.02
镍	4.8	3.9	0.5	0.3	0.1

表2 有机污染物超标情况

污染物类型	点位超标率（%）	不同程度污染点位比例（%）			
		轻微	轻度	中度	重度
六六六	0.5	0.3	0.1	0.06	0.04
滴滴涕	1.9	1.1	0.3	0.25	0.25
多环芳烃	1.4	0.8	0.2	0.2	0.2

土壤污染较重，耕地土壤环境质量堪忧，工矿业废弃地土壤环境问题突出。工矿业、农业等人为活动以及土壤环境背景值高是造成土壤污染或超标的主要原因。中国土壤总的超标率为16.1%，其中轻微、轻度、中度和重度污染点位比例分别为11.2%、2.3%、1.5%和1.1%。污染类型以无机型为主，有机型次之，复合型污染比重较小，无机污染物超标点位数占全部超标点位的82.8%。从污染分布情况看，南方土壤污染重于北方；长江三角洲、珠江三角洲、东北老工业基地等部分区域土壤污染问题较为突出，西南、中南地区土壤重金属超标范围较大；镉、汞、砷、铅4种无机污染物含量分布呈现从西北到东南、从东北到西南方向逐渐升高的态势。

污染物超标情况　①无机污染物镉、汞、砷、铜、铅、铬、锌、镍8种无机污染物点位超标率分别为7.0%、1.6%、2.7%、2.1%、1.5%、1.1%、0.9%、4.8%（见表1）。②有机污染物六六六、滴滴涕、多环芳烃3类有机污染物点位超标率分别为0.5%、1.9%、1.4%（见表2）。

不同土地利用类型土壤环境质量状况　①耕地。土壤点位超标率为19.4%，其中轻微、轻度、中度和重度污染点位比例分别为13.7%、2.8%、1.8%和1.1%，主要污染物为镉、镍、铜、砷、汞、铅、滴滴涕和多环芳烃。②林地。土壤点位超标率为10.0%，其中轻微、轻度、中度和重度污染点位比例分别为5.9%、1.6%、1.2%和1.3%，主要污染物为砷、镉、六六六和滴滴涕。③草地。土壤点位超标率为10.4%，其中轻微、轻度、中度和重度污染点位比例分别为7.6%、1.2%、0.9%和0.7%，主要污染物为镍、镉和砷。④未利用地。土壤点位超标率为11.4%，其中轻微、轻度、中度和重度污染点位比例分别为8.4%、1.1%、0.9%和1.0%，主要污染物为镍和镉。

典型地块及其周边土壤污染状况　①重污染企业用地。在调查的690家重污染企业用地及周边的5 846个土壤点位中，超标点位占36.3%，主要涉及黑色金属、有色金属、皮革制品、造纸、石油、煤炭、化工医药、化纤橡塑、矿物制品、金属制品、电力等行业。②工业废弃地。在调查的81块工业废弃地的775个土壤点位中，超标点位占34.9%，主要污染物为锌、汞、铅、铬、砷和多环芳烃，主要涉及化工业、矿业、冶金业等行业。③工业园区。在调查的146家工业园区的2 523个土壤点位中，超标点位占29.4%。其中，金属冶炼类工业园区及其周边土壤主要污染物为镉、铅、铜、砷和锌，化工类园区及周边土壤的主要污染物为多环芳烃。④固体废物集中处理处置场地。在调查的188处固体废物处理处置场地的1 351个土壤点位中，超标点位占21.3%，以无机污染为主，垃圾焚烧和填埋场有机污染严重。⑤采油区。在调查的13个采油区的494个土壤点位中，超标点位占23.6%，主要污染物为石油烃和多环芳烃。⑥采矿区。在调查的70个矿区的1 672个土壤点位中，超标点位占33.4%，主要污染物为镉、铅、砷和多环芳烃。有色金属矿区周边土壤镉、砷、铅等污染较为严重。⑦污水灌溉区。在调查的55个污水灌溉区中，有39个存在土壤污染。1 378个土壤点位中，超标点位占26.4%，主要污染物为镉、砷和多环芳烃。⑧干线公路两侧。在调查的267条干线公路两侧的1 578个土壤点位中，超标点位占20.3%，主要污染物为铅、锌、砷和多环芳烃，一般集中在公路两侧150米范围内。

根据公报的解释，点位超标率是指土壤超标点位的数量占调查点位总数量的比例。土壤污染程度分为五级：污染物含量未超过评价标准的，为无污染；在1倍至2倍（含）之间的，为轻微污染；2倍至3倍（含）之间的，为轻度污染；3倍至5倍（含）之间的，为中度污染；5倍以上的，为重度污染。

tuihua tudi
退化土地　泛指出现水土流失、盐碱化、荒漠化、污染、废弃等情况的各种土地。共同特点是原有的土地结构和功能向不良的方向发展，即土地利用条件变坏，导致土地生产能力或其他功能的衰减，以至完全丧失。

huangmohua tudi
荒漠化土地　在干旱、半干旱和部分半湿润地区的脆弱生态条件下，由于人类活动不当，破坏了原有的生态平衡，使得非荒漠地区出现了以风沙活动为主要特征的、类似荒漠环境的过程所影响的土地。荒漠化土地的主要特点：①在时间上发生在人类历史时期，不是遗留产物，在空间上主要分布在干

荒漠化土地

旱、半干旱和部分半湿润地区，环境本底比较脆弱；②在成因上是由于人为过度的经济活动，因而存在着逆转和自我恢复的可能性，不属于自然变迁范畴；③风是荒漠化的直接动力，缺乏任何保护的干燥沙土在风力作用下发生起动、转移、堆积过程；④类似荒漠景观，即表现为风沙地形占较大比重、地表沙粒粗化、植被稀疏、地力下降幅度相当大。

为了掌握中国荒漠化和沙化最新变化动态，国家林业局组织开展了第四次全国荒漠化和沙化监测工作，获得了2005年年初至2009年年底五年间中国荒漠化和沙化土地现状及动态变化信息。监测结果显示，截至2009年年底，全国荒漠化土地面积262.37万平方千米，沙化土地面积173.11万平方千米，分别占国土总面积的27.33%和18.03%。五年间，全国荒漠化土地面积年均减少2 491平方千米，沙化土地面积年均减少1 717平方千米。监测表明，中国土地荒漠化和沙化呈整体得到初步遏制，荒漠化、沙化土地持续净减少，局部地区仍在扩展的局面。

shahua tudi
沙化土地 在各种气候条件下，由于各种因素形成的地表呈现以沙物质为主要标志的退化土地。包括已经沙化的土地和具有明显沙化趋势的土地。沙化土地的蔓延主要分布在农牧交错带及其以北的草原牧业带、半干旱旱作农业带和干旱绿洲灌溉农业带。对土地遥感监测结果进行对比分析显示，中国北方沙化土地自20世纪50年代后期以来一直处于加速发展的态势，在大部分荒漠草原和草原化荒漠地带的沙化土地呈现继续蔓延扩展的同时，部分农牧交错带和旱作农业区的重点治理区沙化状况有所好转。根据国家林业局第四次全国荒漠化和沙化监测数据，截至2009年年底，中国沙化土地面积为173.11万平方千米，占土地总面积的18.03%，占荒漠化土地面积的65.99%。

shamohua tudi
沙漠化土地 具有发生沙漠化过程的土地。表现为生产力的下降，出现风沙活动和风沙地貌。沙漠化土地与沙化土地的差别并不明确，当前经常都是泛用这两个名词，并不作严格地区分。

一般而言，沙漠化土地的集中连片规模更大一些。根据1998年国家林业局防治荒漠化办公室等部门公布的资料表明，以大风造成的风蚀荒漠化土地（相当于沙漠化土地）面积160.7万平方千米，占土地总面积的16.7%，占荒漠化土地面积的61.3%。

yanjianhua tudi
盐碱化土地 土壤含盐量太高（超过0.3%），而使农作物低产或不能生长的土地。主要由于人类不合理的生产活动，造成土壤中可溶性盐分不断向土壤表层积聚。盐碱化土地还包括次生盐碱化土地，指原非盐碱化的土地，由于灌溉不当、排水不畅或土地利用不合理，造成地下水位升高，导致土壤积盐，造成土壤返盐。次生盐碱化土地一般发生在灌溉不配套、排水受阻、大水漫灌、渠道渗漏、平原蓄水不当等地区。

盐碱化土地可以细分为盐化和碱化过程，两者既有密切联系，又有质的差别。盐化是指可溶盐类在土壤表层及土体中的积累；碱化通常是指土壤胶体表面吸附一定数量的钠离子，随着钠离子水解而导致土壤理化性质的恶化。

盐碱化土地包括盐土、盐化土、碱土、碱化土

盐碱化土地

四种类型。从形成和改良条件划分，大致可区分为干旱半干旱地区盐碱化土地、半干旱半湿润地区盐碱化土地、滨海盐碱化土地。干旱半干旱地区的盐碱化土地所处地区气候干旱少雨，蒸发强烈，土壤含盐量高，盐分组成以硫酸盐-氯化物、氯化物-硫酸盐为主。半干旱半湿润地区的盐碱化土地所处地区有季节性的干湿交替，土壤中的盐分积聚表现出明显的季节性，表聚性强、普遍含有苏打。滨海地区的盐碱化土地由于土壤受海水浸渍倒灌，含盐量普遍较高，盐分组分以氯化物为主。中国的盐碱化土地主要分布在华北平原、东北平原、西北内陆地区及滨海地区。

pinjihua tudi
贫瘠化土地　表现出肥力下降，营养元素亏缺的土地。广义上也包括存在土壤结构破坏、土层变薄、土壤板结、土壤酸化或盐碱化等问题的土地。其中有机质含量下降是贫瘠化土地的重要标志，它与其他的物理、化学和生物特性劣化相关联。土壤有机质含量下降造成土壤肥力明显减退。在中国贫瘠化土地呈现增长的趋势，如东北平原地区黑土流失严重，土壤有机质下降；华北平原区小麦—玉米一年两熟轮作区耕层变薄、变硬，土壤结构变差。

qigeng tudi
弃耕土地　耕地肥力减退而停止耕种，任其荒芜的土地。当耕地被废弃后，农作物将逐渐消失，杂草等开始出现。最初出现的植物是该地区植物区系中典型的一年生杂草，不久二年生杂草加入，然后是多年生草本植物，特别是禾本科杂草。以后是阳性或旱生灌木型群落、乔木群落，以致耐阴的乔木群落重新侵占。弃耕地的演替最后阶段并不都是森林，这要取决于地区的气候和破坏的周期性。在中国，弃耕地较多出现在西部半干旱、干旱地区，近年来随着土地整治力度不断加大，已经有一定数量的弃耕地恢复为耕地。

qinshi tudi
侵蚀土地　遭受侵蚀破坏的土地。主要指遭受水土流失后的土地。即在水力、重力、风力等外营力作用下，土地表层受到侵蚀和损失，造成土地功能的损失和破坏。侵蚀土地是不利的自然条件与人类不合理的经济活动互相交织作用产生的。不利的自然

条件主要是：地面坡度大，土体松软易蚀，地面没有林草等覆盖，以及高强度的降水量；人类不合理的经济活动诸如：毁林毁草，陡坡开荒，草原过度放牧，开矿、修路等生产建设破坏地表植被后未及时恢复，随意倾倒废土弃石等。在中国，侵蚀土地以旱地为主，水田较少。旱地中由于水力产生侵蚀土地的地区主要分布在黄土高原、云贵高原、四川及南方丘陵；由于风力产生侵蚀土地的地区主要分布在西北和东北平原。水田中由于水力产生侵蚀土地的地区分布在西南；由于风力产生侵蚀土地的地区主要分布在黑龙江、辽宁等，由于冻融产生侵蚀土地的地区主要分布在内蒙古、青藏高原等。

shimohua tudi
石漠化土地　具有发生石漠化过程的土地。表现为逐渐形成石漠景观，地表几乎全为砾石、碎石所覆盖。主要发生在风蚀区或表层土壤浅薄、水土流失严重的山地高原区。中国是世界上石漠化最为严重的国家之一，石漠化地区主要集中在西南

石漠化土地

地区。包括贵州、云南、广东、广西、湖北、湖南、重庆、四川等省区市都有石漠化现象，其中以贵州最为严重。由于西南山区的石漠化仍在快速扩展，已经直接威胁了山区人民的生存环境与可持续发展。

hese tudi
褐色土地　又称棕地。国外对褐色土地的研究已经有几十年的历史，不同国家和区域对褐色土地有不同的理解。英国是最早将荒废的工业地块称为褐色土地的国家，并将褐色土地列为一种相对于绿地体系的空间模式。美国是最早正式界定褐色土地概念

的国家，给出的褐色土地定义在国际上广为接受。但是至今为止，全球仍然没有统一的褐色土地定义，在不同的国家有不同的含义。

国外的定义　在美国法律解释中，污染被强调为褐色土地的主要成分；而在英国规划文本中，褐色土地可能是一个先前开发过的为非农利用的土地；在德国，褐色土地既指城市内部的不用的建筑，也指城市内部需要再开发和再更新的区域；而在法国，褐色土地指先前开发过的空间，暂时或者明确废弃的，需要在未来重新利用，且可能部分被占用、废弃或者污染的地块。国外褐色土地有以下几个共同的特征：褐色土地是已经开发过的土地；位于城市地区；当前被废弃的；需要再利用的；有被污染或潜在污染的问题。

中国的定义　中国原来没有褐色土地这一概念。关于工业废弃场地、污染土地的研究较多，而关于褐色土地或棕地的研究处于起步阶段。尽管有学者尝试定义褐色土地或棕地，但基本是借用欧美国家，特别是美国关于褐色土地的定义。从整体上看，国内学者一般把褐色土地理解为在市区内已开发后又废弃或置换的，可能被污染但又需要再利用的土地。

zongdi
棕地　参见第307页褐色土地。

bianji tudi
边际土地　无利润可得的土地。指在一定的价格条件下，生产收益等于生产成本的土地。又称边际成本土地，边际土地利用收支相抵，无所盈余以支付地租，因此又称为"无租土地"。而土壤瘠薄、远离市场的土地，其收益不足以支付成本费用，称为边际以下土地或"次边际土地"；广种薄收、粗放经营且随时会退出耕作的土地称为"准边际土地"。边际土地的确定，除土地本身的生产力水平外，还与农产品价格及生产成本水平有关，如农产品价格上涨而成本不下降，则边际土地将升为超边际土地；反之则降为次边际土地。

nongdi bianjihua
农地边际化　受经济、社会和环境等因素综合作用，农地变得不再具有经济生产能力的过程。农地边际化的结果是土地转为更为粗放的利用类型，或

者直接撂荒。北美、欧洲、地中海地区、日本等地区和国家出现的农地撂荒、边际土地退出农业生产等，是农地边际化的典型案例。在中国，伴随劳动力机会成本、农资成本提高，农业比较效益低下，农地边际化日益显现。特别是20世纪90年代以来，农地利用中已出现明显的边际化现象，最主要的特征是农地利用的经济收益持续下降以致纯收益小于零。

究其原因，首先是由于劳动力的非农就业使得农户收入多元化，农业生产对农户增收的作用下降，在不适合机械替代的地区，由于劳动力约束使得农户缩减土地经营规模，放弃部分或全部土地；其次是大量农业劳动力从事非农就业，农地利用的劳动力投入在数量和质量上都发生了变化，对农地利用采用粗放化经营方式，复种指数下降甚至直接弃耕。

尽管农地边际化的主要原因是相对生产成本上升造成的，但在不同地区各种因素影响的程度和结果迥异。由于土地制度及其他保障措施的限制，一方面，承包经营的耕地按照人口平均分配，造成农地破碎化，土地的经营管理成本相对较高，在生产要素成本上升或产品价格下降时容易被边际化；另一方面，不同时期、不同区域、不同类型农户之间对农地利用决策存在差异，如维持生计的农户仍然有扩大经营土地的愿望，而兼业农户增加农地利用规模的意愿在不断减弱。随着收入的增加，农户对农地满足基本生存的需求减小，加上农地利用的外部性产生的收益（如生态补偿等）目前还无法获得，农户就会缩减农地利用规模，生产力较低的土地往往首先被放弃。

从国内外已有研究成果来看，农地边际化是经济社会和自然环境因素综合驱动的结果，但是不同区域、不同时期、不同农户的农地边际化表现形式和驱动机制存在差异。农业劳动力转移被认为是引起农地边际化的重要因素。农地边际化对粮食安全带来一定的影响，但在农地边际化对区域生态与环境产生正面还是负面影响方面没有达成一致结论。实际上不同区域的农地边际化存在差异，其产生的生态与环境效应不尽相同，既有促使区域生态与环境良好的效应（如林、草地增加，生态服务价值提升等），也有导致区域生态与环境恶化的结果（如土地退化、生态服务价值降低等）。面对农地边际化问题，需要从提高农地利用经济收益的角度进行制度设计，以缓解农地边际化的进程、减少农地边

际化的负面影响及鼓励边际化土地有效利用。

gengdi tuihua

耕地退化　耕地生产力的衰减或丧失是土地退化的组成部分。不适当的开垦、不合理的种植制度和灌溉、农药、化肥、除草剂使用不当等，是耕地退化的重要原因。耕地退化不仅使生物生产力降低及生态功能衰退，甚至使其失去使用价值。其表现形式有土壤侵蚀、沙化、次生盐渍化和次生潜育化、污染等。耕地退化既包括量的退化，即同一耕地等级内的退化，这时退化的幅度较小，不影响开发利用现状；同时也包括质的退化，即不同耕地等级间的退化，其退化幅度较大，有的必须改变开发利用现状，有的如需维持现状，则必须采取重大措施。

2011年联合国粮食及农业组织（FAO）发布的《世界耕地与水资源现状》报告显示，全球25%的耕地"严重退化"，44%的耕地"中度退化"，仅有10%耕地"状况改善"。威胁2050年前全球粮食增产七成的目标。报告划出耕地退化最严重的几个地区，包括美洲西海岸、南欧地中海沿岸地区、北非、萨赫勒地区、非洲之角和亚洲一些地区。联合国粮农组织（FAO）与经合组织（OECD）合作撰写的报告则指出，约40%的中国耕地由于水土流失、土地沙化和酸化而退化，近20%的耕地受到污染，污染源包括工业废物、污水、过度使用的农药。

gengdi wuran

耕地污染　耕地因受到重金属、农药和持久性有机污染物危害，恶化了土壤原有的理化性状的现象和过程。广义上属于耕地退化，但是与一般所说的耕地退化又有区别。耕地污染是土地污染的主体。近年来，随着工业和城市化的不断发展，工业和生活废水排放、污水灌溉、汽车废气排放等造成的土壤重金属污染日益严重，耕地污染面积不断扩大。重金属污染不仅能够引起土壤的组成、结构和功能的变化，还会抑制作物根系生长和光合作用，致使作物减产甚至绝收。更为严重的是，重金属还能通过食物链迁移到动物及人体内，严重危害人体健康。

土壤重金属污染已经成为土壤污染的重点问题。

caodi tuihua

草地退化　草地牧草生物产量降低、品质下降，草地利用性能降低，甚至失去利用价值的过程。中国的天然草地在干旱、风沙、水蚀、盐碱、内涝、地下水位变化等不利自然因素的影响下，或过度放牧与滥挖、滥割、樵采等破坏草地植被的人为活动，已经引起草地生态恶化，草地资源退化。半农半牧区天然草地大多处于退化状态，草地生产力下降20%～30%。农区草地有30%处于退化状态。草地退化主要表现为：①草地生产力下降，载畜能力降低。中国北方干旱区传统的牧区与半牧区草地较20世纪80年代初期产草量和载畜能力下降。②草地覆盖度降低，生态屏障涵养功能减弱。③优良牧草减少，不可食草、毒草比例增加，草地生物多样性减少。④草地干旱化、沙化、盐渍化面积扩大。在中国荒漠化土地中，草地退化类型的荒漠化面积占中国荒漠化土地面积的83.4%。⑤草地鼠虫害日趋严重。中国草地每年发生鼠虫害的面积约为2 000万公顷。其中只有20%～30%的鼠虫害草地得到治理。严重的鼠虫害草地已失去利用价值。⑥草地不断被侵占。草地被垦为耕地，后又被撂荒成为沙地。

caodi shahua

草地沙化　草地出现以风沙活动为主要特征的类似

呼伦贝尔草场沙化严重

沙地景观的过程。不同气候带具有沙质地表环境的草地受到风蚀、水蚀、干旱、鼠虫害和人为不正当经济活动等因素影响，使天然草地遭受不同程度破坏，土壤受侵蚀，土质沙化，土壤有机质含量下降，营养物质流失，草地生产力减退的现象。一般表现为优良牧草消失，不良草种增加，地表裸露等植被退化的现象，更为严重的表现是因风蚀而产生流沙（沙化）。草地沙化的直接原因是植被的退化，间接原因是过度放牧或开垦草原种植作物。在中国北方的草原地区，一些草地开垦耕种1～2年后，因条件限制不得不放弃耕作，弃耕后裸露的地表受到强烈风蚀后导致土地的严重沙化。

lindi tuihua
林地退化 受人类不合理开发利用或自然力的影响，致使林地生产力及其他特性下降的现象。根据《全国林地保护利用规划纲要（2010～2020年）》的表述，中国林地退化主要表现在：第六次全国森林资源清查（1999～2003年）至第七次全国森林资源清查（2004～2008年）期间，全国有近500万公顷林地退化为疏林地，超过5 000万公顷林地退化为郁闭度小于0.4的低质低效林地，尤其是西部地区、南方地区以及集体林区的林地退化十分严重。在林地中，宜林荒山荒地、沙荒地等占到14.5%，其中超过60%的宜林地分布于西北、华北北部和东北西部等"三北"干旱、半干旱地区，造林比较困难，恢复植被难度大。毁林开垦和征占用等消耗的多是优质林地，通过石漠化治理等增加的多是质量不高的林地。

tudi pohuai
土地破坏 由于人为或自然的原因，造成土地可利用性完全丧失的现象和过程。主要指生产、建设活动挖损、塌陷、压占（生活垃圾和建筑废料压占）造成的破坏，也包括土地受到污染和自然灾害等造成的毁损。

tudi huanjing zaihai
土地环境灾害 人类对土地不合理开发利用或自然因素造成的环境灾害。主要有旱灾、洪涝灾害、地震、水蚀、风蚀、冻融、滑坡、泥石流、沙尘暴等。中国地处东南亚季风活跃的地区并受太平洋板块和南亚次大陆板块的作用，加上不合理的土地开发利用，使中国成为一个多灾的国家，每年都有灾害发生，分布广，面积大，区域性强。土地环境灾害关系到人类生存和发展，战胜灾害是人类共同面临的任务。中国多年来一直采取措施，对一些江河进行治理、大力营造防护林体系、进行农田基本建设等，减少了一些灾害，但仍存在严重问题，须继续开展预防和治理工作，增强抗灾防灾基础设施建设，提高抗灾能力。

dimian chenjiang
地面沉降 在相当大的范围内地面高程累进损失的一种地质灾害。一般出现在有较厚松散、松软沉积物的地区。其形成原因有自然和人为两种：自然原

地面沉降

因主要有地壳构造沉降，地面土层自然压实等；人为因素有开采地下水或开采石油、天然气、固体矿产等。中国大多数地面沉降是过量开采地下水引起的，多出现在城市。过量抽取地下水是导致中国城市地面沉降的主要原因，因此减轻地面沉降灾害最有效的措施是控制地下水的开采量。

bengta
崩塌 在陡峻的斜坡上，巨大的岩体、土体、块石或碎屑层，在重力的作用下，突然发生急剧的崩落、翻转和滚落，在坡脚形成倒石堆或岩屑堆的现象。发生在山坡上的规模巨大的崩塌称为山崩；发生在河岸、湖岸的崩塌又称为坍岸；发生在悬崖陡坡上的大石块崩落，称为坠石或落石；如果发生在地下则称为坍陷。崩塌只能发生在陡峻的斜坡地段，如河流强烈切割，坡度陡峻的高山峡谷区、海

蚀崖、湖蚀崖和水库库岸都容易出现崩塌。从地质条件来看，在节理发育、构造破碎的坚硬岩层上，特别是具有垂直节理的脆性块状结构的岩层上，容易发生崩塌。此外在构造运动强烈，地震频繁的地区，以及软硬岩层相间分布的地区也常有崩塌现象。有时崩塌的发生与气候变化也有关系。崩塌发生后，在坡的上部往往形成一个新的陡坎地形，其形状常切入山坡呈围椅状，称崩塌壁。崩落的岩块堆积在平缓的坡麓地带，叫作倒石堆或岩堆。倒石堆由未经分选的崩塌堆积物组成，岩性成分与斜坡岩性一致。崩塌有很大的破坏性，可以毁坏森林，堵塞河道，毁坏建筑物、村镇，掩埋道路，必须加以防治。

huapo

滑坡 斜坡上大量土体、岩体或其他碎屑堆积物，沿一定的滑动面作整体下滑的现象。滑坡的滑动速度为每年一米到数十米，仅在少数情况下，才有快速地滑坡。滑坡在雨季和多雨年份发展较快，在旱季和少雨年份发展缓慢，甚至暂时停顿。滑坡在山地缓坡区经常遇到。滑坡往往造成以下特征：①产生滑坡台阶，这是由于滑体移动时，上下各部位的滑动速度差异所致，或由于滑动时间的先后而造成几个滑动面。②形成陡壁，月牙形洼地和舌状伸出体滑动后与斜坡上方未动的土石体之间有一个明显的陡壁；滑体和陡壁间则形成月牙形的洼地（有时会积水成湖）；在滑体前缘会有明显的前伸的舌状伸出物。滑坡的形成与岩性、构造、地下水等因素有密切关系。滑坡容易发生在泥质岩层分布区，而滑动面往往与岩层倾斜方向一致，或与节理面、断层面一致。此时假如地下水渗入斜坡，由于地下水的浸湿增加了滑体的重量，并减小了滑体与滑动面之间的黏结力，降低了抗滑力。因而在滑坡区有大雨大滑、小雨小滑、无雨不滑的现象。此外由于人工开挖边坡，改变了斜坡应力也会造成滑坡现象。大地震、大爆破也都是滑坡的诱发因素。滑坡具有严重的破坏性，在土地利用过程中必须采取措施加以防治。

nishiliu

泥石流 山区在重力与水的作用下造成的突然爆发的、含有大量泥沙和石块的洪流。泥石流发生过程急剧，来势凶猛，有很大的破坏力。泥石流中泥沙石块的体积含量一般都超过15％，最高可达80％。规模较大的泥石流爆发时，像一条巨龙，破山而出。泥石流的流速可达5～7米/秒。典型的泥石流一般可分为三个区段：①上游供给区：通常是上游的供水区，泥石流的固体物质和水源主要由这里供应。②中游通过区：多为峡谷。③下游堆积区：一般位于山口外，堆积物多形成扇形地。扇体中大小石块混杂，地面垄岗起，水流分散，改道频繁。

泥石流形成条件：①在流域内必须具备丰富的固体物质，这些物质多半由崩塌、滑坡所造成。因此，泥石流一般活跃在地质构造复杂、断层交错、岩体破碎、新构造运动强烈、地震烈度较大的地区。②水分不仅是泥石流的组成部分，而且也是泥石流的搬运介质。中国山区形成泥石流的主要水源来自暴雨，连续小雨后的突发性暴雨，是形成泥石流最有利的条件。③要使泥石流体推移下行，还需要有比降较大的沟床纵坡。泥石流主要发生在中国西南、西北等地。泥石流有极大的破坏力，必须因地制宜加以防治。

feiqidi

废弃地 因生产、建设活动挖损、塌陷、压占（生活垃圾和建筑废料压占）、污染或自然灾害毁损等原因而造成的不能利用的土地。主要包括三种类型：①塌陷地。因地下采矿和地下工程建设挖空后，地表塌陷而破坏的土地。②挖损地。因露天采矿、挖沙、取土等生产建设活动而损毁的土地。③压占地。因工业固体废弃物、生活垃圾和（或）建筑废料压占而废弃的土地。

tudi zhengzhi

土地整治 对低效利用、不合理利用、未利用以及生产建设活动和自然灾害损毁的土地进行整治，提高土地利用效率的活动。土地整治是盘活存量土地、强化节约集约用地、适时补充耕地和提升土地产能的重要手段。在中国将土地整治与农村发展，特别是与新农村建设相结合，是保障发展、保护耕地、统筹城乡土地配置的重大战略。土地整治是一种概括性的概念，它包括农用地整治、农村建设用地整治、城镇工矿废弃地整治、土地复垦以及宜农后备土地开发。土地整治一般包括生物措施和工程措施。前者指为土地整治而采取的农业技术和植

海南琼海的土地整治

树、种草等措施。后者指为土地整治而采取的水利工程或水土保持工程措施。

nongcun tudi zhengzhi
农村土地整治 依法在农村地区对田、水、路、林、村进行综合整治，目的是提高土地的利用率。农村土地整治对于补充当地耕地数量，提高耕地质量，改善农业生产条件，促进农民增收，建设社会主义新农村具有重要作用。

tudi kaifa
土地开发 对未利用地或利用效率低下的土地，通过工程、生物或综合的措施，使其成为可利用的和（或）经济、社会、生态综合效益较高的土地的过程。即通过各种手段挖掘土地的固有潜力提高土地的利用率、扩大土地利用空间与利用深度，充分发挥土地在生产和生活中的作用。广义的土地开发指由于人类生产和生活的需要，采用一定的现代科学技术的经济手段，扩大对土地的有效利用范围或提高对土地的利用深度所进行的活动，包括对尚未利用的土地进行开垦和利用，以扩大土地利用范围，也包括对已利用的土地进行整治，以提高土地利用率和集约经营程度。狭义的土地开发主要是对未利用土地的开发利用，这是补充耕地的一种有效途径。按开发后土地用途来划分，土地开发可分为农用地开发和建设用地开发两种形式。其中，农用地开发包括耕地、林地、草地、养殖水面等的开发；建设用地开发指用于各类建筑物、构筑物用地的开发。

tudi guangdu kaifa
土地广度开发 采取扩大用地面积来达到增加产量和（或）服务的土地开发方式。土地广度开发属于外延开发，是相对土地深度开发而言。通过对能利用而尚未利用的荒地、荒山、荒滩、荒水域的开发，提高土地利用率，增加农林牧渔产品产量。通过土地广度开发，可弥补农用土地资源特别是耕地、林地资源的不足，为社会提供丰富多样的农产品，增加农民收入。土地广度开发，需有前期可行性论证，防止短期行为，开发要与保护生态相结合，要采取工程与生物措施相结合，避免土地开发后引起水土流失、沙化、次生盐渍化、贫瘠化。

tudi shendu kaifa
土地深度开发 对单位面积土地增加物质、劳力、技术投入，以提高土地利用率和生产率的土地开发方式。它是相对土地广度开发而言的。改造中低产田、低产园、低产林、低产草地、低产水面，属于土地深度开发。采取增加投入的办法，改良土地利用的限制性因素，使农作物、果树、林木、牧草有良好的立地条件。例如发展水利，保证水分有效供给和排泄；增加有机肥和无机肥投入改造瘠薄地；采用工程和生物措施治理盐碱、沙化、潜育化土地；改广种薄收为精耕细作；等等。这些措施都可提高土地利用率和生产率。由于农用土地面积有限以及土壤肥力可以不断提高的特点，土地开发从广度开发向深度开发转化是发展趋势。

tudi liti kaifa
土地立体开发 在一定地段上，通过垂直空间的充分利用，以求取更大效益的土地开发方式。即在单位面积土地上，或某一特定区域不同的海拔高度的地段上，从时间上、空间上充分利用光、热、水、土资源，因地、因时制宜布局农业生产，求取土地更多的产品和产值的土地高效开发方式。在农业上土地立体开发是相对单一种植、单一养殖的平面农业而言，其实质是根据农作物、果林、鱼类生长发育对环境的要求，建立多物种共生、多层次配置、多级物能循环利用转化的立体种养模式。例如采取农作物合理搭配种植；高秆作物与矮秆作物搭配；喜光与喜阴作物搭配；深根与浅根作物搭配；耗肥与养地作物搭配，有利于改善群体结构，提高土地利用效益。中国已有不少高产高效立体开发模式，例如：稻、鱼、萍共生，林粮间作，玉米与豆类间作套种，乔灌草间作，水域分层立体养殖；山区丘陵区按不同海拔高度实行立体开发，山顶种树，山腰种果，山脚种植农作物。

tudi kaifa chengben
土地开发成本　土地开发所需要的资金和劳动力等费用的总和。主要包括：①直接成本，指直接用于土地开发的资金和劳动费用，含勘探费和土地取得费用等。②社会成本，指在土地开发过程中，在社会范围内发生的或由社会负担的成本，包括社会机会成本和社会外部负效应。前者指由于选择土地开发项目，社会及其成员所放弃的收益和满足；后者指土地开发项目对他人、团体和社会所造成的外部成本和随之产生的负面影响。③时间成本，指土地开发从开始到完成这段时间内，因持有土地开发项目而发生的投资利息和纳税增额。④替代成本，指当土地用途和价值的变化使新的土地开发项目更为有利时，由于选择新开发项目而需要报废或注销已有的投资所产生的成本。

nongyongdi kaifa
农用地开发　开发后作为农用地的土地开发。包括耕地、林地、草地、养殖水面等的开发，即开发荒山、荒地、荒滩、沼泽、海涂、未利用水域，改造中低产田、低产林、低产草地、低产水域等。主要运用农业工程措施、生物措施和农业技术措施，对不利于农、林、牧、渔业生产的制约因子如坡度、干旱、涝洼、盐碱等进行改造，提高土地的生产力，以发展农、林、牧、副、渔生产。农用地开发中要注意：全面规划，综合开发，实行山、水、田、林、路综合治理，开发利用与治理保护相结合，做到经济效益、社会效益和生态效益的统一；制止滥垦土地，避免盲目毁草毁林开荒、围湖造田等做法。

jianshe yongdi kaifa
建设用地开发　开发后作为建设用地的土地开发。包括城市新区的开发和城市土地的再开发。开发后的土地利用应符合城市建设的要求。建设用地开发加快了农业土壤向非生产性用地转移的力度与规模，导致大面积土壤改变了地表自然的状况，地表永久密闭，使其彻底失去农业生产功能，同时还将彻底改变地表径流特征以及地表水的质量，从而影响地区水环境以及区域水生生态系统。所以要进行科学规划、因地制宜、优化结构、适度开发、充分利用、合理建设。

yinong huangdi kaifa
宜农荒地开发　选垦一部分质量较好的宜农荒地，以补充耕地不足的过程。宜农荒地资源的开发需要查清宜农荒地资源，确定宜农荒地的选定标准，进行自然和经济的开垦条件评价；要正确处理荒地开发与自然保护的关系，通过全面综合研究，提出符合自然、经济规律的开发方案；在新垦地要有计划有步骤地建设基本农田，将宜农荒地开垦与基本农田建设紧密结合起来；要克服开荒单纯为种植粮食作物，立足于全面发展农、林、牧、渔业。

tudi zhengli
土地整理　依据土地利用总体规划或城市规划所确定的目标和用途，采取行政的、经济的、法律的、工程技术的等手段，对土地利用现状进行调整、改造、综合治理，调整土地权属，提高土地利用率和产出率，改善生产、生活和生态条件的活动和过程。土地整理对实现耕地占补平衡，提高耕地质量，实现土地节约集约利用有积极的作用。具体做法包括兴修水利工程，硬化农村道路与新修生产道路，提高道路连接度和通达度，改良土壤，归并田土坎，改变地块零散、插花状况，增加有效耕地面积和林地覆盖面积，对田、水、路、林、村进行综合改造。耕地保护的一个重要方面是大力推进土地开发整理工作。土地整理是通过采取工程、生物等措施，对田、水、路、林、村进行综合整治，增加有效耕地面积，提高土地质量和利用效率的活动。通过土地整理补充耕地，有效地保护了中国粮食综合生产能力。通过土地开发整理，中国累计补充耕地大于同期建设占用和灾毁耕地面积，建设了一批适应现代农业发展要求的高标准、成规模的基本农田。中国基本农田面积稳定在16亿亩左右，粮食的综合生产能力得到有效的保护，同时土地整理还明显增强了抗御自然灾害的能力。

nongyongdi zhengli
农用地整理　在中国，指在一定区域内，依据土地利用总体规划、农业发展规划及土地整治规划，采取行政、经济、法律和工程技术措施，对田、水、路、林、村等进行综合整治，以调整土地关系，改善土地利用结构和生产、生活条件，增加土地有效面积，提高农用地质量，提高土地利用率和产出率的活动和过程。农用地整理包括农用地结构和地界调整、农用地改良、地块规整、基础设施配套、零星农宅的迁并等，具体包括农用地面积、位置的变动、性质的置换、低效农用地的改造以及零散地块归并、插花地调整；水、电、路等小型基础设施配套和零星农宅的迁出或合并。

农用地整理可根据整理后的主导用途分为耕地整理、园地整理、林地整理、牧草地整理和养殖水面整理等。①耕地整理。指的是对农田进行的整理。主要工程内容包括：土地平整工程、农田水利工程、田间道路工程、其他工程（如农田防护林工程、生态管护工程等）。②园地整理。主要指果园、桑园、橡胶园和其他经济园林用地的整理。③林地整理。包括防护林、用材林、经济林、薪炭林、特种林地的整理。④牧草地整理。包括放牧地整理和割草地整理。⑤养殖水面用地整理。主要指人工水产养殖用地整理。

jianshe yongdi zhengli
建设用地整理　在中国，指对建设用地进行挖潜改造和调整，进一步优化建设用地结构和布局，提高建设用地节约集约利用水平的活动和过程。建设用地整理包括村镇用地、城镇用地、独立工矿用地、基础设施用地的整理。

chengzhen yongdi zhengli
城镇用地整理　城镇范围内的土地整理活动和过程。主要指城镇建成区内的存量土地的挖潜利用、旧城改造、用途调整和零星闲散地的利用。城镇用地整理必须在城镇规划和土地利用总体规划的控制下进行。城镇用地组织结构应具备紧凑性、完整性和弹性，同时考虑城镇特点的地方性和延续性，因地制宜地形成空间上、时间上的协调平衡，还应力求科学、合理、有较大的适应性，为居民的工作、生活和休息创造良好的条件。城镇用地整理还应该根据城镇发展的需要，将某些房屋陈旧密集、交通拥挤、基础设施落后、不合经济利用的地段内的土地重新安排用途，调整地界，并改善公共设施和环境，使成为合乎经济利用的地段。

cunzhen yongdi zhengli
村镇用地整理　农村居民点范围内的土地整理活动

和过程。包括重新配置各类村庄用地，调整地界，同时进行住宅更新、公共设施建设和环境建设。也包括村镇的撤并、拆迁和就地改扩建。村镇用地整理一般按以下步骤进行：①调整用地布局，使之尽量合理紧凑。可以现有的某一位于适宜地段的生产建筑为基础，集中其他零散的生产建筑于此处，形成生产区，也可在村镇一侧方向新选一生产区，同时将原来混杂、分散在住宅建筑群中的生产建筑迁至此地，并合理安排新增生产项目，满足新的功能要求。②调整道路，完善交通网。对村镇现有的道路加以分析研究，使每条道路功能明确，宽度和坡度适宜，注意拓宽窄路，收缩宽路，延伸原路，开拓新路，封闭无用之路，正确处理过境道路等。供水、供电、通讯等管线系统可以平行道路网配置。

duli gongkuang yongdi zhengli
独立工矿用地整理　独立工矿用地的整理活动和过程。包括就地开采、现场作业的工矿企业和相配套的小型居住区用地的布局调整、用地范围的确定和发展用地选择，一般不包括大规模废弃地复垦。

jichu sheshi yongdi zhengli
基础设施用地整理　基础设施用地的整理活动和过程。包括对公路、铁路、河道、电网、农村道路、排灌渠道的改线、裁弯取直、疏挖和厂站的配置、堤坝的调整，也包括少量废弃的路基、沟渠等的恢复利用。

tudi fuken
土地复垦　对废弃地采取整治措施，使其恢复到可利用状态的活动。由于在开发矿产、烧制砖瓦、燃煤发电以及其他生产建设过程中，因挖损、塌陷、压占等产生大量被破坏的土地，使其恢复到可供重新利用状态的活动。《中华人民共和国土地管理法》规定："采矿、取土后能够复垦的土地，用地单位或者个人应当负责复垦、恢复利用。"规定了土地复垦的法律责任和"谁破坏、谁复垦"的政策。所以凡是有土地复垦任务的用地单位或个人，均应根据当地的自然条件，土地破坏的状况以及经济合理的原则，按照土地的不同用途采取生物、工程和化学等整治措施，进行复垦，使其恢复到可供重新利用状态，可以重新用作耕地或草地、林地、水产养殖地、人工湖或其他生产、生活用地。土地

浙江诸暨地区废弃矿山变良田

复垦程度用土地复垦率表示。土地复垦率是土地经复垦后投入利用的面积占被破坏土地总面积的比例，用百分比表示。凡有复垦任务的建设项目，在其可行性研究报告和设计任务书中应有土地复垦规划和内容要求。

biaotu boli
表土剥离　把建设占用地或露天开采用地（包括临时性或永久性用地）所涉及的适合耕种的表层土壤进行剥离，并用于原地或异地土地复垦、土壤改良、造地及其他用途的剥离、存放、搬运、耕层构造与检测等一系列相关技术的总称。表土是指表层部位的土壤。表土的厚薄因土壤类型而异。在农业土壤中，表土由耕作层和犁底层组成，耕作层薄的仅15厘米，厚的可达30多厘米，一般为20厘米左右。犁底层指受农具耕犁压实，在耕作层下形成的紧实亚表层，厚5～7厘米，最厚可达到20厘米。表土剥离利用是提高土地生产能力，保护优质土地资源的重要途径。

gengdi zhiliang jianshe
耕地质量建设　提高耕地质量的措施和活动。在中国，耕地质量建设主要包括两个方面：①加大耕地管护力度。按照数量、质量和生态全面管护的要求，依据耕地等级实施差别化管护，对水田等优质耕地实行特殊保护。建立耕地保护台账管理制度，明确保护耕地的责任人、面积、耕地等级等基本情况。加大中低产田改造力度，积极开展农田水利建设，加强坡改梯等水土保持工程建设，推广节水抗旱技术，大力实施"沃土工程""移土培肥"等重大工程，提高耕地综合生产能力。②确保补充耕地质量。依据农用地分等定级成果，加强对占用和补充耕地的评价，从数量和产能两方面严格考核耕地占补平衡，对补充耕地质量未达到被占耕地质量的，按照质量折算增加补充耕地面积。积极实施耕作层剥离工程，鼓励剥离建设占用耕地的耕作层，并在符合水土保持要求前提下，用于新开垦耕地的建设。

gaobiaozhun nongtian jianshe
高标准农田建设　以建设高标准农田为目标，依据土地利用总体规划和土地整治规划，在农村土地整治重点区域及重大工程、基本农田保护区、基本农田整备区等开展的土地整治活动。即一定时期内，通过土地整治建设形成的集中连片、设施配套、高产稳产、生态良好、抗灾能力强，与现代农业生产和经营方式相适应的基本农田，包括经过整治的原有基本农田和经整治后划入的基本农田。高标准农田建设的主要目标包括五个方面：一是优化土地利用结构与布局，实现集中连片，发挥规模效益；二是增加有效耕地面积，提高高标准农田比重；三是提高基本农田质量，完善田间基础设施，稳步提高粮食综合生产能力；四是加强生态建设，发挥生产、生态、景观的综合功能；五是建立保护和补偿机制，促进高标准农田的可持续利用。高标准农田建设的重点区域包括基本农田保护区和基本农田整备区、土地利用总体规划确定的土地整理复垦开发重点区域及重大工程、土地整治规划确定的土地整治重点区域及重大工程、基本农田整理重点县；地形坡度大于25°的区域、自然保护区、退耕还林区、退耕还草区、行洪河道以及河流、湖泊、水库水面等区域则禁止建设。

xiaoliuyu zhili
小流域治理　根据自然条件和生产发展方向，采取配套的生物措施和工程措施，对小流域内的水、土资源进行综合整治和管理的活动与过程。目的是保持水土，合理利用自然资源，促进小流域内生态的良性发展。小流域是指地面径流集水区域。一般面积较小，但地貌类型复杂。小流域治理是流域治理的基础，也是土地整治、水土保持的基本工作单元。在小流域治理前，应进行小流域规划。确定小流域内的发展方向，调整并划定农、林、牧业用地；确定各项生物措施（种草种树等）和工程措施（垒坝修库、修筑梯田等）；设计山（林、草）、水（河、库、渠）、林（平原片林、经济林、防护林和四旁林等）、道路；预估投资和治理效益等。

shuitu liushi fangzhi
水土流失防治 采取防范和治理土壤侵蚀，开展水土保持的活动与过程。具体指根据土壤侵蚀的运动规律及其条件，按照不同措施的用途和特点，遵循治山与治水相结合，治沟与治坡相结合，工程措施与生物措施相结合，田间工程与蓄水保土耕作措施相结合，治理与利用相结合，当前利益与长远利益相结合的原则，实行以小流域为单元，坡沟兼治、治坡为主，水利工程措施、生物防护措施、农业技术措施相结合的集中综合治理方针。

水利工程措施 ①坡面治理工程。按其作用可分为梯田、坡面蓄水工程和截流防冲工程。梯田是治坡工程的有效措施，可拦蓄90%以上的水土流失量。梯田的形式多种多样，田面水平的称为水平梯田，田面外高里低的称为反坡梯田，相邻两水平田面之间隔一斜坡地段的称为隔坡梯田，田面有一定坡度的称为坡式梯田。坡面蓄水工程主要是为了拦蓄坡面的地表径流，解决人畜和灌溉用水，一般有旱井、涝池等。截流防冲工程主要指山坡截水沟，在坡地从上到下每隔一定距离，横坡修筑的可以拦蓄、输排地表径流的沟道，功能是改变坡长，拦蓄暴雨，并将其排至蓄水工程中，起到截、缓、蓄、排等调节径流的作用。②沟道治理工程。主要有沟头防护工程、谷坊、沟道蓄水工程和淤地坝等。沟头防护工程是为防止径流冲刷而引起的沟

头前进、沟底下切和沟岸扩张，保护坡面不受侵蚀的水保工程。首先在沟头开展坡面的治理，做到水不下沟。其次是巩固沟头和沟坡，在沟坡两岸修鱼鳞坑、水平沟、水平阶等工程，造林种草，防止冲刷，减少下泻到沟底的地表径流。在沟底从毛沟到支沟至干沟，根据不同条件，分别采取修谷坊、淤地坝、小型水库和塘坝等各类工程，起到拦截洪水泥沙，防止山洪危害的作用。③小型水利工程。主要为了拦蓄暴雨时的地表径流和泥沙，可修建与水土保持紧密结合的小型水利工程，如蓄水池、转山渠、引洪漫地等。

生物防护措施 为了防治土壤侵蚀、保持和合理利用水土资源而采取的造林种草，绿化荒山，农林牧综合经营，以增加地面覆被率，改良土壤，提高土地生产力，发展生产的水土保持措施。生物防护措施除了起涵养水源、保持水土的作用外，还能改良培肥土壤，提供燃料、饲料、肥料和木料，促进农、林、牧、副各业综合发展，改善和调节生态系统。生物防护措施可分两种：一种是以防护为目的的生物防护经营型，如黄土地区的塬地护田林、丘陵护坡林、沟头防蚀林、沟坡护坡林、沟底防冲林、河滩护岸林、山地水源林、固沙林等。另一种是以林木生产为目的的林业多种经营型，有草田轮作、林粮间作、果树林、油料林、用材林、放牧林、薪炭林等。

三峡工程（坝区）水土流失防治区

农业技术措施　主要是水土保持耕作法，是水土保持的基本措施。它包括的范围很广，按其所起的作用可分为三大类：①以改变地面微小地形，增加地面粗糙率为主的水土保持农业技术措施：拦截地表水，减少土壤冲刷，主要包括横坡耕作、沟垄种植、水平犁沟、筑埝作垄等高种植丰产沟等。②以增加地面覆盖为主的水土保持农业技术措施：其作用是保护地面，减缓径流，增强土壤抗蚀能力，主要有间作套种、草田轮作、草田带状间作、宽行密植、利用秸秆杂草等进行生物覆盖、免耕或少耕等措施。③以增加土壤入渗为主的农业技术措施：疏松土壤，改善土壤的理化性状，增加土壤抗蚀、渗透、蓄水能力，主要有增施有机肥、深耕改土、纳雨蓄墒，并配合耙糖、浅耕等，以减少降水损失，控制水土流失。

shamo zhili
沙漠治理　运用风沙物理学原理、生物学技术、化学方法等固定沙丘，阻止沙漠扩展，改造利用沙漠的活动和过程。包括对风沙危害的防治和沙漠资源的开发利用两个方面。

风沙危害的防治　包括工程技术和植物治沙两类措施。①工程技术措施。主要优点是收效快，适用于风沙危害严重的交通、农田和居民点分布区，通常和植物固沙措施相配合。工程技术措施中，用得最多、使用结果最好的是草方格沙障。草方格沙障是利用麦草、芦苇等在流动沙丘上设置的一种半隐藏的格状沙障。这种沙障可增加地面的粗糙度，加大对风的阻力，减低近地面风速，使沙子吹不起来，从而有效地防止沙丘移动。②植物治沙措施。虽然收效较慢，但当植物长成，发挥防卫作用以后，保护时间较长，而且具有改造和利用相结合的优点，已成为沙漠治理中最广泛应用的措施。植物治沙的方法通常有三种。一是封沙育草。这是一种最经济有效的植物固沙措施，在毗连绿洲的沙漠边缘，沙丘上都有少量的天然植被，对这些天然植被采取划区封育，定期停止樵牧等保护措施，使某些天然下种繁殖性强的旱生植物能够得到自然更新，以增大植被的覆盖度。二是在绿洲边缘营造防风林带，阻止流沙前进，保护农田、居民点免受沙害。三是除了在绿洲边缘营造防风林外，还在绿洲内部营造护田林网，形成一个保护体系，起到防止风沙的作用。

沙漠资源的开发利用　①引水拉沙造田。在水资源比较多的一些沙区，使用引水拉沙，引洪淤地的方法，由防治流沙危害转到积极与沙丘争地，使沙漠变成了良田。②建设基本草场。这种方法一般适用于半荒漠和干草原地带的沙区。建设草库伦是草原牧区防治风沙，合理利用和保护牧草资源，建设高产稳产基本草场的重要方法。草库伦是用刺铁丝（或土墙）把需要治理的沙丘，天然的草场和水土条件较好的丘间地圈围起来，实行一定时间的封禁，并在圈围的范围内，视条件而进行沙丘治理、播种牧草、打井灌溉等各种人为措施，建设基本草场。

沙漠治理（草方格沙障）

shamohua fangzhi
沙漠化防治　干旱、半干旱和亚湿润干旱地区为可持续发展而进行的土地综合开发的部分活动。全球沙漠化问题导致人类的生存空间和可持续发展已经受到了严重的威胁，成为全世界关注的重要生态问题。中国是世界上沙漠化危害最严重的国家之一。中国政府自20世纪70年代后期以来，先后启动了如"三北"防护林、治沙工程、退耕还林还草等重点生态建设工程，已取得了一定成绩，但是仍面临着"局部逆转、总体恶化"的严峻形势。沙漠化的防治，应在现有基础之上，把生态效益与经济效益有效结合起来，以防为主，科学防沙治沙。沙漠化的防治途径一般包括：①在干旱地区要以流域为生态单位进行规划，因地制宜地适度开发利用自然资源。②对已发生沙漠化的地区，要采取封育沙漠化的弃耕地和退化草场，保护现有植被，限定载畜量和分区轮牧措施；对已形成的流动沙丘地区，采用沙丘间营造片林，沙丘上栽种固沙植物等方法固定沙丘。③对草原地带内现有的旱作农田，须采用扩大林牧比重、建立护田林网（包括片林、人工饲草地）等综合措施进行防治，并禁止逾越旱作农业界线进行开垦。④对风蚀或沙埋严重的波状缓丘的顶部和斜坡等地段要退耕还林或营造片林。⑤对侵入绿洲的流动沙丘，可采用沙丘表面设置沙障，沙障内部栽培固沙植物和沙丘间营造片林相结合的措施固沙。

yanjiandi zhili
盐碱地治理 对盐碱地的改良和利用过程。盐碱地的根本问题在于水分状况不良，所以在治理初期，重点是改善土壤的水分状况。一般分几步进行，首先排盐、洗盐、降低土壤盐分含量；再种植耐盐碱的植物，培肥土壤；最后种植作物。在中国，盐碱地治理已经取得长足进展。如黄淮海平原盐碱地采取综合措施治理，取得明显成效，农作物单产大幅度提高，并创造了曲周、陵县、封丘等典型。

具体措施 ①水利措施：建立完善的排灌系统，做到灌、排分开，对地势低洼的盐碱地块，通过挖排水沟排出地面水的方法可以带走土壤中的部分盐分；加强用水管理，严格控制地下水水位，通过灌水冲洗、引洪放淤等，不断淋洗和排除土壤中的盐分。②耕作措施：通过深耕深松、平整土地、加填客土、盖草、翻淤、盖沙、增施有机肥等改善土壤成分和结构，增强土壤渗透性能，加速盐分淋洗；在水源充足的盐碱地种水稻也是有效的改良措施，种植水稻后通过长时间淹灌和排水换水，土壤中的盐分就可以被淋洗和排出。③生物措施：种植和翻压绿肥牧草、秸秆还田、施用菌肥、种植耐盐植物、植树造林等，提高土壤肥力，改良土壤结构，并改善农田小气候，减少地表水分蒸发，抑制返盐。④化学措施：对盐碱土增施化学酸性肥料过磷酸钙，可使pH值降低。施入适当的矿物性化肥，可补充土壤中氮、磷、钾、铁等元

素的含量。增施有机肥能增加土壤的腐殖质，有利于团粒结构的形成，改良盐碱地的通气、透水和养分状况。有机质分解后产生的有机酸还能中和土壤的碱性。对碱土、碱化土、苏打盐土施加石膏、黑矾等改良剂，改良土壤理化性质。

治理标准 脱盐土层厚度一般采用1米，脱盐层允许含盐量依作物苗期的耐盐性而定。在华北、滨海半湿润地区，以氯化物为主的盐土，冲洗盐标准一般采用0.2%～0.3%；以硫酸盐为主的盐土，采用0.3%～0.4%；在西北干旱地区，氯化物盐土采用0.5%～0.7%；硫酸盐为主的盐土，采用0.7%～1.0%；盐化碱土壤采用0.3%。

anguan paijian
暗管排碱 暗管排碱改良盐碱地技术的简称。主要内容是根据盐碱地土壤的特性及排水情况，在离地表一定深度的平面上沿排水方向布设一定间距的、平行的、相互联系的暗管排水系统，调控农田地下水位，使其处于防止土壤发生盐碱化的最小地下水埋深即临界水深以下，降低或停止土壤的毛细管上升作用，消除土壤盐分随水积聚地表致使土壤返盐现象；另一方面，利用灌溉和降雨对暗管上部的含盐土层的盐分进行冲洗脱盐，通过暗管排水系统将过多的盐量排出土体。通过不断地灌溉排水作用，使上部土层继续脱盐和防止盐分向表土积聚，并逐渐使脱盐深度增加和地下水淡化。暗管排水系统可以长期不断发挥作用，从根本上解决土壤的盐碱化问题。

概况 暗管排碱改良盐碱地技术始于荷兰的围海造田运动，利用该技术荷兰人将大片围海之地改造为良田。经过半个世纪不断地发展与完善，暗管排碱技术成为农田排水控制地下水位改良盐碱地方面最有效最先进的工程措施，在世界范围内得到了大规模推广和应用。

主要进展 中国引进荷兰暗管排碱技术后，在黄河三角洲等地区开展盐碱地治理工作，并研制了国产设备。排碱的暗管采用PVC或PE打孔波纹塑料管，这种波纹管柔韧性能好，管壁形状不易变形，直径50～200毫米。为改善吸水管周围水流入管条件和防止泥沙入管造成淤堵，保证排水效果，吸水管周围设置一层根据土壤情况确定的专门的外包滤料，主要有沙砾料和人工合成材料等。暗管排碱工程的实施首先要对拟改造的土地进行土壤钻孔

调查和地表勘察，以掌握土层的构造、渗透性、地下水位高度和土壤盐碱及其他矿物质的含量；其次根据调查和勘察的结果，进行排碱管网设计，确定渗水管的口径、走向、埋藏的深度、间隔距离以及集水管道的走向、观察井和集水井的布点等。排碱暗管铺设采用专门的开沟埋管机施工，把暗管按照设计要求铺设到地下一定的深度，严格控制所埋暗管的坡降和平直程度，以便排水顺畅，并防止由于内压和滞留水的冻结而造成排水管损坏。在埋管的同时，开沟埋管机把滤料包在暗管周围一起埋于地下。利用开沟埋管机铺设排碱暗管，开沟、埋管、裹砂、敷土一次完成。考虑到暗管排水系统有可能被淤堵，可根据系统的淤塞特点通过暗管冲洗机定期清淤，冲淤时，清洗机喷射高压水流，借喷射水流的反作用力自动推进喷头，免除了由于暗管被淤堵失去排碱功能的后患。一般在2～3年，可把土壤含盐量控制在0.1%左右，以满足多种植物的生长发育要求。

效益　实施暗管排碱后普遍改善了土地生产能力、明显提高了作物产量。由于暗管布设本身不占用耕地，原来的排水沟所占面积成为新增耕地面积，从而可以通过实施暗管排碱改良盐碱地技术增加耕地数量。

fupei chengtu

复配成土　砒砂岩与沙复配成土技术体系的简称。砒砂岩无水坚硬如石、遇水松软如泥，随水大量流失；沙结构松散、漏水漏肥，形不成土壤的团粒结构。砒砂岩与沙复配成土技术包括试验、观测、模拟等成套技术方法，对毛乌素沙地分布广泛的砒砂岩与沙的物质特性、胶结作用及其成土核心技术进行深入研究与工程示范，发现了砒砂岩与沙两种物质结构在成土中的互补性，通过开展砒砂岩与沙组合成土实验研究和田间试验，提出了适宜不同农作物生长需求的砒砂岩与沙组合配方，并在实验室和田间试验研究基础上，提出了在生态脆弱区水土耦合高效利用模式，最终集成与凝练了砒砂岩与沙复配成土的配方技术、田间配置技术、规划设计技术、规模化快速造田技术、节水高效技术等，形成了完整的砒砂岩与沙复配成土的技术体系，成功实现了沙地的资源化利用，形成了毛乌素沙地节水高效的高标准农田建设与现代化经营为一体的土地整治新模式，取得了显著的经济、社会和生态效益，为沙地整治和资源化利用奠定了重要基础。

土地功能与保护编

tudi gongneng

土地功能　土地具有的满足人类生产、生活等方面需求的能力。土地是自然界的产物，既是一种自然物质实体，又是各种自然力的综合作用面。土地的性质决定了它在人类社会中的重要功能：①生产功能。指土地作为劳动对象直接获取或以土地为载体进行社会生产而产出各种产品和服务的功能，它被进一步细分为食物生产、原材料生产、能源矿产生产及商品与服务产品生产等四类。生产功能是土地功能的核心。②生活功能。土地在人类生存和发展过程中所提供的各种空间和保障功能，其中空间功能包括居住空间、移动空间、存储空间、公共空间等；保障功能则包括物质生活保障和精神生活保障。土地承载了人类及其他生物的一切活动，是生物群落活动的空间和人类的居所。土地是使一切劳动过程得以全部实现的基础和必要条件，为整个劳动过程提供场所，为一切必要的构筑物和机器提供建造和安装基地，起到生产活动的基地和操作空间的作用。③生态功能。指生态系统与生态过程所形成的、维持人类生存的自然条件及其效用，包括气体调节、气候调节、废物和污染控制、生物多样性维持、土壤形成与保护、水源涵养等六类。土地是自然生态系统的组成部分和重要基础，本身就是一个重要的生态系统。土地资源的生产、生活功能受到自然生态系统及土地生态系统的限制和影响。

tudi duogongnengxing

土地多功能性　土地具有多种功能的特性。土地资源的功能大致可以归纳出生产功能、生活功能和生态功能三大类。土地资源是一个综合的功能整体，三大功能是统一不可分割的，三者互相关联，在一定条件下还可以相互促进。三大功能中，生态功能是基础，是生产功能和生活功能实现的前提条件，人类的生产、生活以生态系统的支撑为基础，同时生活、生产活动又影响生态系统。土地的生产、生活功能是人类土地利用过程中追求的最终目标。从功能的主体性角度考虑，这三大类之间又具有一定的独立性。由于在土地利用中存在多种不同的利益主体，不同利益主体追求土地功能的侧重点不同，因此，土地功能间存在一定的冲突。例如，人类为了满足食物需求，不断增加耕地，导致森林以及草地等受到破坏，这种情况下，土地的生产功能得到发挥，但生态功能却被破坏。为更好地促进土地资源的合理利用，需要协调土地资源的各种功能。

tudi zhuti gongneng

土地主体功能　土地所具有的多种功能中居主导地位并发挥主要作用的功能。就一定空间单元发挥的功能而言，有以提供农产品为主体功能的，也有以提供工作场所为主体功能的，还有以提供生态服务为主体功能的。主体功能并不排斥其他功能，但是主次不分会带来不良后果。如在生态功能方面，若把提供农产品当作主体功能，把提供生态服务当作次要功能，就会损害提供生态服务的能力。在生产功能方面，若把提供工业品作为主体功能，把提供农产品作为次要功能，就会损害提供农产品的能力。近年来开展的退耕还林、还草、还湖，在一定意义上就是把提供农产品作为主体功能的区域调整或修复为以提供生态服务为主体功能的区域。

tudi shengchan gongneng
土地生产功能　土地作为劳作对象直接获取或以土地为载体进行社会生产而产出各种产品和服务的功能。它被进一步细分为食物生产、原材料生产、能源矿产生产及商品与服务产品生产等四类。生产功能是土地功能的核心。一直以来，人类对土地资源的利用都主要围绕土地资源的生产功能。土地是人类赖以生存的农作物吸取营养的主要源泉，人类对农用地的需求，实质上就是对土地生产功能的需求。人类利用土地栽培植物，土地在植物生长过程中，能够满足并调节植物对光、热、水、气、养分等因子的需要，使绿色植物通过光合作用，将无机物中的二氧化碳制造成碳水化合物，并把光能转化为化学能储存起来。同时牧草等绿色植物又是畜牧业生产的基础，陆地水域是水产养殖的场所。土地在农业生产中起着劳动工具和劳动对象的作用。

tudi qianli
土地潜力　在一定的经营管理水平下，由自然要素的限制性所决定的，某一土地单元对农业、林业、牧业和旅游业等几种土地利用大类提供持续效益的能力。又称土地利用潜力。中国由于丘陵山地面积大，平地面积小，在现有待开发的土地资源中，以荒山荒坡居多，可开垦为耕地的潜力较小，可开发为林业用地或牧业用地的潜力则较大。在中国东北地区，土壤条件较好，但是由于热量条件的限制，农业上一年多熟的利用潜力较小。西北地区热量条件较好，但是受到水分条件的限制，旱作农业的增产潜力较小。

tudi liyong qianli
土地利用潜力　参见第321页土地潜力。

tudi shengchanli
土地生产力　作为劳动对象的土地与劳动力和劳动工具在不同的结合方式和方法下所形成的生产水平和产出效果。一般指土地的自然特性与经济社会诸因素，在不同的组合形式下形成的综合生产能力。是土地的自然生产力以及人类劳动和物化劳动耗费的综合表现。在农、林、牧、渔业中指土地的生物生产能力。例如，就农耕地而言，前者主要决定于土地的光、热、水、土、气条件；后者除劳动力之外，主要涉及一定的技术和社会条件，如工具、动力、作物品种、灌溉、施肥、植物保护、轮作制度、田间管理等。土地生产力可分为自然生产力与经济生产力。前者指不受人类劳动的影响，由土地本身的自然物质及其所存在自然环境要素共同作用形成的天然生产能力，如未施加任何改良措施的天然草场的产草能力；后者指土地的自然生产力与人类的劳动投入（包括活劳动和物化劳动投入）相结合形成的生产能力。制约生产力高低的因素，除构成土地的诸自然因素的综合影响外，人类的经营管理水平亦具重要意义。土地的生物生产能力是土地评价中鉴定土地质量的重要依据之一。一般当土地的水、热、气等物理化学性状适合农作物的生长要求时，被认为土地质量好，植物的生物产量高。土地生产力的高低要用可比指标衡量。在中国，农业土地的生产力主要采用单位面积产量或产值；非农业生产的土地生产力一般用产值、利润和级差收益表示。

tudi shengchanlü
土地生产率　在一定的投入水平下，单位面积土地的产品产量或产值。是反映土地生产能力的一项指标。又称土地生产水平。通常表示为生产周期内单位面积土地上的产品数量或产值。在不同类型地区、不同的土地条件（如土壤理化性状、土层厚度、地形、坡度等）、不同的自然环境因素（如植被、降水、气温等气候条件）和经济社会条件（如交通运输、人口素质、经济发展状况、科学技术水平等）下，土地生产率的差别是比较大的。即使在相同的自然条件下，由于物质投入、科学技术水平和经营管理水平不同，土地生产率亦不同。

tudi shengchan shuiping
土地生产水平　参见第321页土地生产率。

tudi shengchan qianli

土地生产潜力 由光、温、水、土等自然要素决定的单位面积土地可能达到的生物产量或收获物产量。又称农业土地生产潜力。一般也是指作物的高产限度，具有潜在产量、潜力的含义。根据"最适因子律"和"最低因子限制律"，土地生产潜力可以分为光合生产潜力、光温生产潜力、光温水生产潜力、光温水土生产潜力等层次。

guanghe shengchan qianli

光合生产潜力 具有理想群体结构的作物，在其生长发育过程中温度、水分、养分等环境条件均处于理想状态下，仅由光辐射因子决定的单位面积土地可能达到的生物产量或收获物产量。许多学者依据太阳辐射能转换原理评估土地生产潜力。竺可桢最早研究中国气候资源与粮食生产的关系，指出以长江流域的辐射能推算，如光能利用率为1%，则亩产可达471千克，如光能利用率提高到3%，则亩产可达1 412千克。黄秉维提出光合潜力的概念及估算方法：将太阳总辐射（卡/立方厘米）值乘以系数0.124便是光合潜力（克/亩），它是假设温度、水分等其他条件都是适宜的情况下，对光能利用上限（光能利用率取6.13%）的估算。

太阳辐射能是植物物质形成的最基本的因素。植物总干物质中，有90%～95%是通过光合作用得来的，只有5%～10%来自根部吸收的养分。因此，太阳光能的多少和利用率的高低，与植物产量关系极大。影响植物光合作用的太阳辐射因子有光照强度和光照长度。光照强度对光合作用的影响很大，因而对作物植株生长量和经济产量都有很大影响，此外对作物的品质和发育也有影响。太阳辐射强度降到一定程度后，由于光量子供应不足，光合强度降低。当太阳辐射强度降到一定强度后，光合作用产物仅足以补偿当时呼吸作用的消耗，植物体内没有多余的物质积累，这时的光强称之为光补偿点。低于光补偿点的光照强度，作物就会消耗体内储存物质。中国青藏高原和新疆是光照强度最大的地区，有利于光合产物的积累，因而那里的作物的千粒重特别高，棉花纤维长，瓜、果糖分含量高。光照长度指光合作用的时间长短，光照时间长短对光合作用产量有重要影响。在高纬度地区，虽然光照强度较弱，但可以用较长的光照时间补偿。所以在夏季长日照条件下，这些地区的作物在一天中所形成的光合产量甚至可以超过低纬度地区。在一般情况下，作物光能利用率只有0.5%左右，丰产情况下可达1%左右（均指占作物生长期内光能的比例）。但是，根据国内外的试验表明，总干物质光能利用率有可能达到5%甚至9%。由此可见，现实生产中的光能利用率和可能利用的光能之间还有很大差距，增产潜力是十分巨大的。

提高作物光能利用率，挖掘光合潜力的途径是多方面的。改善作物品种、耕作制度和栽培技术都可以在一定程度上提高光能利用率。如果把培育与推广良种、改进栽培技术和建立合理的耕作制度同时结合起来，就更能提高光能利用率，达到增产的目的。

在改善作物品种方面，培育和选择具有高产性能的品种，如：①株型紧凑，叶细直立，叶片分布均匀，单位受光叶面积指数大，不易遮阴，又能抗倒伏的品种；②提高植物的光合效率的高光效低光呼吸的品种；③光合强度大，在单位叶面积单位时间内同化二氧化碳能力高的品种等。

在栽培技术方面，采用可提高作物光能利用率达到增产的方法，包括：①根据作物前期和后期用光少，生长盛期用光多的特点，可以通过合理施肥、合理排灌，科学管理水肥。在前期促使作物早生快发，争取较快和较多地利用光能；在后期又尽量采取防止早衰，防止倒伏的措施，适当延长光能利用时间，从而积累较多的物质。②通过合理密植使个体用光和群体用光得到协调，不致因作物过稀而浪费光能，又不致因过于密植造成互相遮阴，从而获得较好的密度效应。

在耕作制度方面，增加复种次数，实行一年多熟，妥善安排播期，合理间作套种。从提高光能利用率分析，在气候和水肥条件不受限制情况下，增加复种次数，实行一年多熟，充分利用全年的光合潜力；根据自然条件特点，妥善安排播种季节，使作物主要生育期能处在光能最好，水热等条件又最有利的时期，以充分发挥适期播种的增产作用，尽量减少自然灾害的影响；而合理间作套种不仅可以使前后作物间接过渡时期的光能得到较好的利用，而且可通过立体用光，改善株间通风透光条件和大田气候环境，从而提高作物层间光照度和二氧化碳的浓度，达到增强光合作用的目的。

guang-wen shengchan qianli

光温生产潜力 在光合生产潜力基础上，除温度以外的其他环境条件均处于理想状态下，由光、温两个因子共同决定的单位面积土地可能达到的生物产量或收获物产量。又称最大潜在单产。 光温生产潜力 $Y(Q、T)$ 是作物在水肥保持最适宜状态下，由光、温两个因子共同决定的产量。它是高投入、优化管理水平下的特定作物在某地可能达到的作物产量上限。估算作物生产潜力不仅考虑按一定的光能利用率摄取能量，还要考虑能量摄取的速率。光温生产潜力主要在光合潜力基础上进行温度订正后求算，计算公式为：

$$Y(Q、T) = Y(Q) \times f(t)$$

式中：$Y(Q、T)$ 为光能（Q）、温度（T）决定的生产潜力，$f(t)$ 为温度影响的订正系数。

植物生长要在一定的温度条件下进行，在农作物所要求的最低温度（即界限温度或农业指标温度）与最高温度之间，作物生长发育一般随温度的升高而加快。因此，除考虑农业指标温度的持续日数外，还要考虑持续期间温度的高低即温度强度。通常用高于某个农业指标温度持续期的逐日平均温度总和，即积温，作为总热量条件的标志。积温指标同时反映着持续日数和温度强度两个因素，持续日数愈长，温度愈高，积温值愈大。通常根据各种农业指标温度如 ≥0℃、≥3℃、≥5℃、≥10℃、≥15℃来分别计算积温。各种积温中用得最广泛的是日平均气温 ≥10℃持续期的积温即有效积温，常用作衡量大多数农作物热量条件的基本指标。一个地区如果太阳辐射强，温度高，光照和积温条件都很好，土地的光温生产潜力就会相当高。但是如果没有水分、土壤条件的配合，即使光温生产潜力高，作物的实际产量也不高。如中国的新疆地区和青藏高原就属于这种情况。

积温与宜种作物表

≥10℃积温 （单位：℃）	可能栽培的作物
<1 000	基本上无作物栽培（作物籽粒不能成熟）
1 000～1 500	早熟马铃薯、早熟大麦（青稞）、早熟燕麦（莜麦）、早熟春小麦、早熟荞麦、早熟甜菜、早熟根菜类蔬菜等
1 500～2 000	马铃薯、小麦、燕麦、油菜、胡麻、豌豆、荞麦、早熟耐寒蔬菜、各种喜凉作物

续表

≥10℃积温 （单位：℃）	可能栽培的作物
2 000～2 500	特早熟水稻、早熟玉米、早中熟谷子、早熟高粱、早熟大豆、甜菜、各种喜凉作物
2 500～3 000	早熟水稻、中晚熟玉米、中晚熟高粱、中晚熟谷子、中晚熟大豆、早熟芝麻、甜菜、向日葵、各种喜凉作物、各种蔬菜
3 000～3 500	特早熟陆地棉、花生、早中熟水稻、甘薯、芝麻、各种中温作物、各种喜凉作物、各种蔬菜
3 500～4 000	早中熟陆地棉、中晚熟水稻、甘薯、芝麻、各种中温作物、各种喜凉作物、各种蔬菜
4 000～4 500	中熟陆地棉、晚熟水稻、特早熟细绒棉、各种喜温作物、各种中温作物、各种喜凉作物、各种蔬菜
4 500～7 500	中晚熟陆地棉、早中晚熟细绒棉、双季连作稻、各种喜温作物、中温作物、喜凉作物
>7 500	水稻一年可三熟，玉米、甘薯可冬种，不宜喜凉作物（小麦、油菜、马铃薯等）

积温与作物熟制表

≥10℃积温 （单位：℃）	可能采用的熟制
<3 400	基本上一年一熟
3 400～4 000	两年三熟或一年两熟（冬小麦复种早熟糜子、荞麦等）
4 000～4 800	一年两熟（冬小麦复种玉米、谷子、甘薯、大豆或稻麦两熟）
>4 800	一年三熟制（双季稻加冬作油菜、大麦或小麦）

zuida qianzai danchan

最大潜在单产 参见第323页光温生产潜力。

guang-wen-shui shengchan qianli

光温水生产潜力 在光温生产潜力基础上，除水分以外的其他环境条件均处于理想状态下，由光、温、水三个气候因子共同决定的单位面积土地可能达到的生物产量或收获物产量。又称气候生产潜力。它是优化管理和自然降水条件下一个地区可能达到的作物产量上限。光温水生产潜力一般是通过对光温生产潜力的水分订正求算。计算公式为：

$$Y(Q、T、W) = Y(Q、T) \times f(w)$$

式中：$Y（Q、T、W）$ 为光能（Q）、温度（T）、水分（W）决定的生产潜力，$f（w）$ 为水分影响的订正系数。

植物通过自身的根部吸水和叶片的蒸腾失水组成运输传递系统，使溶解于水中的各种矿质营养输送到植物体的各个部分，在光合作用下，水和二氧化碳合成碳水化合物。水分不足会抑制植物的光合作用，降低有机物的合成速度；水分不足还影响植物产品的质量。水是农作物生长的基本条件之一。要保证农作物的正常生长发育，必须根据不同作物对水分条件的需求，保证适时适量的水分供应。

中国新疆地区和青藏高原的光温生产潜力高，但因为干旱缺水，土地的光温水生产潜力却很低。只有在作物生长期降雨充沛，或有水灌溉的地方，通过光温水条件的耦合，土地才表现出巨大的生产力。所以在作物生长期内水热同步，是有利于作物高产的气候条件，可以通过选择优良品种和种植制度，加强灌溉抗旱的农田基本建设，使得作物生长季内光、温、水配合良好，才能挖掘光温水生产潜力，实现作物高产。

中国不同地区几种作物田间耗水量　（单位：mm）

	长江流域及华南地区	华北地区	西北干旱区
小麦	200～300	250～400	250～500
玉米	200～300	350～550	450～650
棉花	400～500	450～650	500～750
单季稻	450～650	650～850	1 000～1 300
双季连作稻（本田）	1 000～1 300	—	—

qihou shengchan qianli
气候生产潜力　参见第323页光温水生产潜力。

guang-wen-shui-tu shengchan qianli
光温水土生产潜力　由辐射、温度、水分和土地质量四个因子共同决定的产量。是优化管理条件下实际丰产年可能达到的作物产量，最接近于现实生产潜力。又称土地生产潜力。它反映土地（土壤）质量因子对气候生产潜力的影响，一般通过对气候生产潜力的土地（土壤）质量订正后求算。通常认

为，经过土地（土壤）质量订正后的生产潜力是可望实现的。计算公式为：

$$Y（Q、T、W、L）=Y（Q、T、W）×f（l）$$

式中：$Y（Q、T、W、L）$ 为光能（Q）、温度（T）、水分（W）、土地（L）决定的生产潜力，$f（l）$ 为土地（土壤）质量订正系数。

从全球和中国的实际情况看，今后增产粮食主要靠提高单产。提高单产实际上就是挖掘光温水土生产潜力。当前光温水土生产潜力与现实产量有很大距离，必须把这部分生产潜力充分发挥出来。当然由于土地（土壤）质量的改善受科技水平和物质投入能力的限制，实现光温水土生产潜力是一个逐渐的释放过程。在这一过程中需要注意土地利用方式的适宜性，同时保证实现这种潜力的可持续性。

nongye shengtai quyufa
农业生态区域法　1977年联合国粮农组织（FAO）的农业生态区域项目制定的一种计算作物光温生产潜力的理论方法。又称农业生态地带法。它最先在《发展中国家土地的潜在人口支持能力》项目中得到了应用。首先按照气候、地形、土壤组合或土地覆被等特性划分农业生态区，指具有相似生产潜力和限制性的土地制图单元，它由若干个农业生态单元组成。而农业生态单元是具有一致的土壤和气候特性及土地要素组合的土地单元，也是农业生态分区中进行自然评价的基本单元。该方法假设作物对气候的要求得到满足，并且水分、营养、盐渍度和病虫害等对作物的生长和潜在产量没有影响，求得作物潜在产量，可以认为是在理想条件仅受光温和作物品种影响的理论潜力，它是裸露于自然气温下作物生产力的上限，是保证灌溉的肥沃土地上作物可能实现的潜力。该方法在应用中要考虑到地域差异和品种特性，做好核查、分析、验证、归纳和分区工作。方法中所涉及的诸多环节都应按不同区域农业生产的特征进行修订，最后通过当地高产典型或高产试验结果验证后，给出恰当的作物潜在产量。具体的计算过程为：

假设作物对气候的要求得到满足，并且水分、营养、盐渍度和病虫害等对作物的生长和潜在产量没有影响，则一种生育期为 G 日的高产作物品种，其潜在产量（Ymp）（千克／公顷）的计算公式为：

$$Ymp=CL \times CN \times CH \times G[F（0.8+0.01Ym）\\ \times Yo+（1-F）\times（0.5+0.025Ym）Yc] \quad （Ym \geqslant 20$$

千克/公顷/小时）

或

$$Ymp=CL \times CN \times CH \times G[F（0.8+0.01Ym）\\ \times Yo+（1-F）\times（0.05Ym）Yc] \quad （Ym < 20$$千克/公顷/小时）

式中：CL为作物生长和叶面积校正系数；CN为净干物质生长量修正系数；CH为收获指数；F为白天中的阴天部分；$F=（Rse-0.5Rg）10.8Rse$（式中Rse为晴天最大辐射量，单位：焦/平方厘米/日；Rg为实测辐射量，单位：焦/平方厘米/日）；Yo为一定地方某作物在一全阴天中的干物质生产率，单位：千克/公顷/日；Yc为一定地方某作物在一全晴天中干物质生产率，单位：千克/公顷/日。

通过上式求得的作物潜在产量，是在理想条件仅受光温和作物品种影响的理论潜力，它是裸露于自然气温下作物生产力的上限，保证灌溉的肥沃土地上作物争取的就是这种潜力。公式中的CL、CN、CH、Rse、Ym、Yc和Yo等均可通过查表获得，联合国粮农组织（FAO）在《产量与水的关系》一书中汇集了各国的研究成果，提供了全球性的表格。该方法在中国的土地资源生产能力与承载能力研究中得到了广泛的应用。考虑到中国的气候特点、地域差异和品种特性，应用公式前必须做好核查、分析、验证、归纳和分区工作。方法中所涉及的诸多因素都应尽量按不同区域农业生产的主体特征进行修订，最后在经当地高产典型或高产试验结果验证无误时，给出恰当的作物潜在产量。该计算结果，即作物潜在产量可以作为评价区域土地生产潜力和不同时期作物单产水平高低的重要依据。

nongye shengtai didaifa

农业生态地带法 参见第324页农业生态区域法。

Miami moxing

迈阿密模型 从年平均降水量和年平均温度出发预测生物生产量或气候生产潜力的一种模型。由英国H.莱斯（Lieth）于1971年在美国迈阿密讨论会上首先提出，故定名为迈阿密模型。该模型是在研究了地球上不同地带大量生物生产量实测值与年均温度或年降水量之间的相互关系后得出的两个回归方程：

$$Yt=\frac{3\,000}{1+\exp(1.315-0.119t)}$$

$$Yp=3\,000[1-\exp(-0.000\,684P)]$$

式中：Yt为根据年平均温度计算的生物生产量，单位：克/平方米/年；Yp为根据年均降水量计算的生物生产量，单位：克/平方米/年；t为年平均温度，单位：℃；P为年平均降水量，单位：毫米；$\exp$为自然对数。

在上述两个公式中，Yt与t的关系呈S型曲线，而Yp与P之间的关系呈负指数曲线。使用这两个公式计算同一地点的资料会出现两种不同的数值。根据李比希（Liebig）定律，即最小量因子制约生产力水平，所以选用两个生产力数值中的低值作为计算点的生物生产量值。

Gessner–Lieth moxing

格思纳–莱斯模型 根据生物生长期与生产力的相关性估算生物生产量的一种模型。由F.格思纳（Gessner，1959）和H.莱斯（Lieth，1962，1965）提出。该模型是一个直线回归方程，公式如下：

$$P=-157+5.17S$$

式中：P为生物生长量；S为光合作用季节的日数。

Thorthwaite jinian moxing

桑斯维特纪念模型 根据实际蒸散量估算植物气候生产力或生物生产量的一种模型。又称蒙特利尔模型。1972年在加拿大蒙特利尔举行的第22届国际地理学大会上，召开了纪念C.W.桑斯维特（Thorthwaite）的讨论会。在讨论会上H.莱斯（Lieth）和E.博克斯（Box）在C.W.桑斯维特（Thorthwaite）研究的基础上，为提高气候生产力估算的可靠性和精确度，提出了基于实际蒸散量（蒸发与蒸腾之和）模拟陆地生物生长量的模型，即桑斯维特纪念模型。由于实际蒸散量受太阳辐射、温度、降水量、饱和差、气压、风等一系列气候因子的制约，因此用这一模型估算的生物生长量比迈阿密模型的精确度要高。桑斯维特纪念模型的计算公式所反映的数量关系呈负指数曲线，公式如下：

$$P=3\,000\{1-\exp[0.009\,65（E-20）]\}$$

$$P=3\,000\{1-\exp[0.009\,65（E-20）]\}$$

式中：P为生物生长量，单位：克/平方米/年；E为年实际蒸散量，单位：毫米；exp为自然对数。

Montreal moxing
蒙特利尔模型 参见第325页桑斯维特纪念模型。

tudi chengzaili
土地承载力 在保持生态与环境质量不致退化的前提下，单位面积土地所容许的最大限度的生物生存量。即一个地区在一定生产条件下土地资源的生产力及在一定的生活水准下所能承载的人口限量。通过土地承载力的研究，要求从可能性出发回答：土地生产多少产品，养活多少人口，人均占有多少粮食及其他农产品、畜产品等。开展此项研究，首先要求对土地资源进行全面研究，综合气候、水、农、林、牧的研究成果，处理好资源、环境与人口的关系，应用系统论进行多层次的综合平衡。土地承载力研究可为拟定人口的合理布局、农业结构调整、粮食供需平衡等重大决策提供科学依据。

tudi renkou chengzaili
土地人口承载力 一定面积的土地资源生产的食物所供养的一定消费水平的人口数量。又称土地人口容量。即在一定时期内，一个国家或地区的土地资源，在保证与社会发展水平相适应的物质生活水平下，所能持续供养的人口数量。土地人口承载量的大小决定于：该时期的土地资源总量和土地利用结构，与当时经济、技术水平相适应的土地生产能力及人均生活消费水平。

tudi renkou chengzai qianli
土地人口承载潜力 一定面积土地的食物生产潜力所能供养的一定消费水平的人口数量。它是一个国家稳定发展的前提。土地人口承载潜力分析需要考虑以下三点：①针对一个特定的行政区域，可以是一个国家，也可以是一个省或一个县；②一个特定的行政区域的食物生产能力，取决于这一行政区域的土地自然生产潜力和物质、技术等方面的投入水平；③预测期的生活水平不同，能够养活的人口数量也是不一样的。

tudi renkou chengzai qianli pingding
土地人口承载潜力评定 评定一定地域范围内土地在一定投入水平下的人口承载潜力的过程。按农业生态区法的要求，评定土地人口承载潜力大致包括六个阶段。

资源清查 ①土地数量清查。主要是对土地利用类型和面积的调查与核实。②气候清查。主要调查热量、温度和水分条件。是为了划分农业生态单元，进行农作物的气候适宜性评价，计算最大潜力产量和气候产量。③土壤清查。在土壤普查的基础上，根据普查结果和近年来变化进行修正，归纳各土壤类型的土壤理化性质、肥料水平、生产性能。同时对地形地貌、地下水位、农田建筑等自然和人为因素进行清查。

划分农业生态区 从农业生态单元的定义可以看出，农业生态单元图是由气候图、土壤图、地貌图和行政界限图叠加而成的，农业生态单元的生成方法有手工叠加和计算机软件叠加两种。

计算农业生态区的生产力 在农业生态区图的基础上，叠加作物种类和种植制度分区图，以便匹配、修正和计算出两个生态区图的某个生态单元的作物产量，即光温生产力（灌溉农业生产力）与光温水生产力（旱作农业生产力）。

统计行政区的生产力 在按农业生态区计算生产力的基础上，分别叠加耕地资源清查图。一方面是在农业生态区图中输入行政区的内容，另一方面是在每个行政区内，根据其灌溉地（水浇地、水田）、非灌溉地（旱地）、草地、水域等的面积统计以及相应生态单元的匹配而计算出耕地、草地和水域等的土地生产力，从而统计出每个行政区的土地生产力。

确定投入水平 在上述有关土地生产潜力自然因素量化计算的基础上，进一步考虑经济投入的水平，从而使土地生产潜力的计算与一定的经济社会条件相联系。

计算一定行政区内的土地人口承载力 按人均（区分不同年龄、性别、工种）每人每年所需要热量、蛋白质并折合为平均粮食量，然后按一定行政区内的土地生产潜力，通过投入水平系数修正计算所能承载的人口数量。

tudi renkou chengzailibi
土地人口承载力比 土地的人口承载潜力与现状或预测的人口的比率。用公式表示为：

$$R=C/P$$

式中，R 为人口承载力比，C 为人口承载潜力，P 为人口现状或预测的人口。

人口承载力比<1表示人口超载；人口承载力比>1表示承载力盈余。

caodi chuji shengchanli

草地初级生产力　单位面积草地在一定时期内，所生产的可食牧草的数量和营养物质总量。又称草地第一性生产力。通常指一年内的按1亩或1公顷计算的生产植物性产品（饲草饲料）的能力。其衡量指标为单位面积产草量，计算公式为：单位面积产草量=产草量÷草地面积，单位为：千克/亩·年或吨/公顷·年。草地初级生产力是表征草地生产力状况的主要指标，也是进行草地退化监测的一项重要参数。当前一般通过气候相关模型、过程模型和光能利用率模型估算草地初级生产力。也有通过地面气候资料（如年降水量、年平均温度及年蒸散量等）与草地生物量的统计关系来估计草地初级生产力。

caodi ciji shengchanli

草地次级生产力　单位面积草地在一定时期内，可合理承载家畜的头数、畜产品产出的数量。又称草地第二性生产力。通常指一年内按1亩或1公顷计算的生产动物性产品的能力，用货币表现的叫作畜牧业产值。衡量指标为单位面积畜产品产量（产值），计算公式为：单位面积畜产品产量（产值）=畜产品产量（产值）/草地面积。单位为：千克（元）/亩·年或吨（万元）/公顷·年。

heli zaixuliang

合理载畜量　在一定的面积和一定的时间内，以适度放牧（或割草）利用并维持草地可持续生产的原则下，满足承养家畜正常生长、繁殖、生产畜产品的需要，所能承养的家畜的头数。又称理论载畜量。通常指一年内1亩或1公顷草地所能容纳的标准牲畜头数。中国通常用绵羊单位，国外则通常用牛单位。

lilun zaixuliang

理论载畜量　参见第327页合理载畜量。

tudi shengtai gongneng

土地生态功能　土地生态系统整体在其内部和外部的联系中表现出的作用和能力。土地生态功能包括生态系统的调节功能和生物支持功能两大类，具有整体性、关联性、空间地域性和时间动态性等特征。其中生态调节功能可分为保护土壤功能、防风固沙功能、涵养水源功能、调节微气候功能、净化环境功能等；生物支持功能包括产生与维持生物多样性，为生物提供良好的栖息环境等。土地生态功能除了受地貌、土壤、气候、水、植物等自然条件的制约外，还受土地利用方式、土地利用结构和区域土地政策等经济社会因素的影响。

jingguan shengtai fenxi

景观生态分析　把土地作为一个功能整体，综合分析土地各要素之间的相互作用、相互联系，分析系统物质和能量的输入、输出与转换，由此来决定不同的土地生态单位。景观生态分析不仅适用于土地类型划分，而且适用于通过综合分析土地系统中的养分、水分运动和初级生产力来进行土地潜力评价和生态系统的动态及稳定性研究。景观生态分析方法主要表现为景观综合和景观过程分析。景观生态方法在美洲国家和东欧国家已经被广泛应用。比如，景观生态学研究、综合自然地理学和地理系统理论研究、景观生态规划研究、综合地理方法研究、景观生态设计、生态土地分类等都是景观生态分析在土地研究中的具体应用。

jingguan yizhixing

景观异质性　景观系统空间结构的不均匀性及复杂程度。包括空间异质性、时间异质性和功能异质性。异质性与景观的尺度范围有关，景观是高于生态系统的等级层次，与区域的尺度更接近，基于热力学原理和耗散结构理论可以很好地解释景观异质性的产生和维持。

jingguan geju

景观格局　景观组成的类型、数目及其时空分布。一般指景观的空间格局，是大小、形状、属性不一的景观空间单元（斑块）在空间上的分布与组合特征。景观格局是景观异质性的具体表现，分析景观格局要考虑景观及其单元的拓扑特征。景观格局的分析多局限于二维平面，三维景观空间格局模型还很少见。景观格局分析的目的是为了在看似无序的景观中发现潜在的有意义的秩序或规律。景观空间单元在空间上的分布是有规律的，形成各种各样的排列形式，称为景观要素构型。从景观要素的空间分布关系上讲，最为明显的构型有五种，分别为均匀型分布格局、团聚式分布格局、线状分布格局、平行分布格局和特定组合或空间连接。

jingguan geju zhishu

景观格局指数　景观的空间结构特征。具体是指由自然或人为形成的，一系列大小、形状各异，排列不同的景观镶嵌体在景观空间的排列。它既是景观异质性的具体表现，同时又是包括干扰在内的各种生态过程在不同尺度上作用的结果。空间斑块性是景观格局最普遍的形式，它表现在不同的尺度上。景观格局及其变化是自然的和人为的多种因素相互作用所产生的一定区域生态系统的综合反映，景观斑块的类型、形状、大小、数量和空间组合既是各种干扰因素相互作用的结果，又影响着该区域的生态过程和边缘效应。计算某地区现状的景观格局指数可以帮助理解和评价该地区的土地利用格局，对不同时段的景观格局指数的计算还可以了解分析出该地区土地利用演变的趋势，分析发生这些变化的驱动因子和发展趋势，为规划提供参考。总之，对景观格局的分析，可以通过组合或引入新的景观要素调整或构建新的景观结构，以增加景观异质性和稳定性。一般通过以下指标反映景观格局指数。

景观破碎度　表征景观被分割的破碎程度，反映景观空间结构的复杂性，在一定程度上反映了人类对景观的干扰程度。它是由于自然或人为干扰所导致的景观由单一、均质和连续的整体趋向于复杂、异质和不连续的斑块镶嵌体的过程。景观破碎化是生物多样性丧失的重要原因之一，它与土地资源保护密切相关。计算公式是：$C_i = N_i/A_i$。式中，C_i 为景观 i 的破碎度，N_i 为景观 i 的斑块数，A_i 为景观 i 的总面积。

景观分离度指数　某一景观类型中不同斑块数个体分布的分离度。公式是：$V_i = D_{ij}/A_{ij}$。

式中，V_i 为景观类型 i 的分离度，D_{ij} 为景观类型 i 的距离指数，A_{ij} 为景观类型 i 的面积指数。

干扰强度和自然度　干扰强度表示人类的干扰作用，干扰强度越小，越利于生物的生存，因此，其针对受体的生态意义越大。计算公式是：$W_i = L_i/S_i$；$N_i = 1/W_i$。式中，W_i 表示受干扰强度，L_i 是指 i 类生态系统内廊道（公路、铁路、堤坝、沟渠）的总长度，S_i 是指 i 类生态系统的总面积，N_i 是 i 类生态系统类型的自然度。

景观多样性指数　景观元素或生态系统在结构、功能以及随时间变化方面的多样性，它反映了绿地景观类型的丰富度和复杂度。计算公式是：$H = -\sum(m, i=1) \times P_i \times \log P_i$。式中，$H$ 为多样性指数；P_i 是景观类型 i 所占面积的比例；m 为景观类型数目。H 值越大，表示景观多样性越大。

景观优势度指数　用于测定景观结构中一种或几种景观组分对景观的分配程度。它与景观多样性指数意义相反，对景观类型数目相同的不同景观，多样性指数越高，其优势度越低。计算公式是：$D = H_{max} + \sum(m、i=1) \times P_i \times \log P_i$。式中，$D$ 为景观优势度指数，它与景观多样性成反比。H_{max} 为最大多样性指数，$H_{max} = \log(m)$，m 为景观中斑块类型的总数。P_i 为景观类型 i 的面积所占总面积的比例。通常较大的 D 值对应于一个或是多个斑块类型占主导地位的景观。

景观均匀度指数　均匀度和优势度一样，也是描述景观由少数几个主要景观类型控制的程度。这两个指数可以彼此验证。计算公式是：$E = (H/H_{max}) \times 100\%$。

分维数　反映斑块或景观镶嵌体几何形状复杂程度的非整型维数值。计算公式是：$D = 2\ln(P/4)/\ln(A)$。式中，D 表示分维数；P 为斑块周长；A 为斑块面积。D 值越大，表明斑块形状越复杂，D 值的理论范围为 1.0～2.0，1.0 代表形状最简单的正方形斑块，2.0 表示等面积下周边最复杂的斑块。

景观集聚度指数　反映景观中不同斑块类型的非随机性或聚集程度。计算公式是：$C = C_{max} + \sum\sum(m、i=1、j=1) \times P(ij) \times \ln(P_{ij})$。式中，$C$ 即为景观聚集度指数，C_{max} 为最大聚集度指数，$C_{max} = 2 \times \ln(m)$，$m$ 为景观中斑块类型总数，P_{ij} 为斑块类型 i 和 j 相邻的概率，$P_{ij} = E_{ij}/N_b$，E_{ij} 为相邻生态系统 i、j 间的共同边界长度，N_b 是景观中不同生态系统间边界的总长度。C 值越大，表明景观由少数团聚的大斑块组成，反之，景观由许多小斑块组成。聚集度指数与多样性以及均匀度都不一样。

斑块总个数　在类型级别上等于景观中某一斑块类型的斑块总个数；在景观级别上等于景观中所有

的斑块总数。反映景观的空间格局，描述整个景观的异质性，其值的大小与景观的破碎度具有正相关，其值越大，破碎度越高；其值越小，破碎度越低。

斑块密度　某类景观斑块数量与景观总面积之比。反映景观的完整性和破碎性。斑块密度越大，破碎化越严重。

最大斑块指数　某类景观中最大斑块面积与景观总面积之比。可以确定景观的规模或优势类型等。它决定着景观中的优势种、内部物种的丰度等；其值的变化可以改变干扰的强度和频率，反映人类活动的方向和强弱。

shengjing
生境　生物的个体、种群或群落生活地域的环境，包括必需的生存条件和其他对生物起作用的生态因素。又称栖息地。生境是由生物和非生物因子综合形成的，而描述一个生物群落的生境时通常只包括非生物的环境。生境不同于环境，它强调决定生物分布的生态因子。生境不同于生态位。生境指物种能够生存的环境范围，侧重于生物分布；生态位则指物种在群落中的作用，侧重于生物功能。生境一词多用于概括某一类群的生物经常生活的区域类型，也可用于特称，具体指某一个体、种群或群落的生活场所。

qixidi
栖息地　参见第329页生境。

shengtai zuji
生态足迹　承载一个国家或区域人口所需的生产性土地和水域的面积，以及吸纳这些人口所产生的废弃物需要的土地面积之总和。是一种衡量可持续发展程度的方法。通过生态足迹可以判断人类对自然系统的压力是否处于地球生态系统承载力的范围内，地球生态系统是否安全，人类经济社会发展是否处于可持续发展的范围内。

生态足迹模型　衡量可持续发展程度的有利工具，基本思想是计算地区生态足迹、生态承载力，以生态足迹与生态承载力的差值为生态赤字，生态赤字越大，说明该区域处于一种不可持续的状态，反之，则说明该区域可持续发展状况较好。为了考察人口增长对地区发展的影响，研究中一般采用人均生态足迹、人均生态承载力和人均生态赤字

衡量。当前采用的生态足迹模型大多沿用传统生态足迹模型，这种模型将全球生物生产性土地分为耕地、林地、牧草地、水域建筑用地和化石能源用地六类，然后将一定的生物资源、化石能源消费转化为相对应的生物生产性土地，它包含两类账户：生物资源账户和化石能源账户。

研究进展　传统生态足迹模型由于把问题简单化而受到质疑和批评，因而一些改进的生态足迹模型相继提出和应用。如把污染物纳入生态足迹模型，把废水污染和酸雨污染纳入水资源生态足迹中，对水资源生态足迹进行了计算与分析；通过构建度量城市固态垃圾环境压力的生态足迹与排放强度模型，计算固态垃圾排放的生态足迹与强度等。也有研究者认为加入水污染或固体废弃物污染两项指标还不足以衡量整个区域的可持续发展程度，应该在传统生态足迹模型的基础上新增环境污染账户，即根据各种生物生产性土地对环境污染的净化能力，将一定数量的环境污染转化为一定的生物生产性土地。新增的环境污染账户与传统生态足迹模型的生物资源消费账户、化石能源消费账户融合在一起，以弥补传统模型的部分不足。

tudi shengtai geju
土地生态格局　不同土地生态系统的数量及其时空组合状况，一般指空间组合状况。包括形状、大小、属性不一的土地生态系统在空间上的分布与组合特征。分析土地生态格局可以揭示不同土地生态系统分布的规律，了解不同土地生态系统演变的过程，预测不同土地生态系统未来演变的趋势，为合理与可持续利用土地资源提供参考。

tudi shengtai guocheng
土地生态过程　土地生态系统各要素相互作用现象发生、发展的动态轨迹。主要指土地生态系统各要素相互作用下的物质循环和能量转换过程。分析土地生态过程是阐明土地生态系统的功能、结构、演化、多样性的基础。土地生态过程包括生物过程与非生物过程，土地生态过程与土地生态格局之间存在着紧密联系，二者相互作用而表现出一定的土地生态功能。土地生态格局的变化不仅能够改变土地生态系统的面貌，而且深刻影响着土地生态系统中的物质循环和能量流动，改变着土地的化学、生

物、物理等生态过程的时空分布。由于土地生态过程具有明显的时空尺度特征，土地生态过程与土地生态格局的相互作用受到尺度的制约，研究土地生态过程与土地生态格局的关系，也为建立相应的土地生态过程模型和尺度转换提供科学依据。由于土地生态过程的复杂性和抽象性，目前的研究多集中在中小尺度。大尺度和多尺度的综合研究相对不足，在今后的土地生态过程与土地生态格局的研究中，需要加强区域范围内的研究，通过尺度转换方法和空间信息技术等，探讨多尺度土地生态过程与土地生态格局的相互关系，揭示区域尺度上土地生态过程的特点与规律。

tudi shengtai fengxian
土地生态风险　土地生态系统及其组分遭受损失、伤害、不利或灭失的可能性。在一定区域内，具有不确定性的事故或灾害会对土地生态系统及其组分产生作用，可能导致土地生态系统结构和功能的损伤，从而危及土地生态系统的安全。也就是说，土地生态系统受外界胁迫，在将来会减小该系统内部某些要素或其本身的健康、生产力、经济价值和美学价值。土地生态风险产生的原因包括自然、经济社会和人类生产活动诸种因素。其中自然因素包括全球气候变化、水资源危机、土地沙漠化与盐渍化等；经济社会因素包括市场、资金投入产出、产业结构布局等；人类生产活动因素包括传统经营方式和技术、土地开发和利用等。当前，土地生态风险在土地资源综合开发中尤为突出，如土地资源利用方式与对策的确定、土地价格和投资形式等的确定，都需要进行土地生态风险决策分析。

tudi shengtai minganxing
土地生态敏感性　土地生态系统对各种自然和人类干扰的敏感程度。用来反映土地生态系统遇到干扰时偏离平衡态的程度，常被用作表征土地生态系统退化的难易或稳定性的尺度，并以此确定生态影响最敏感的地区和最具有保护价值的地区。敏感性一般分为五级：极敏感、高度敏感、中度敏感、轻度敏感、不敏感。如有必要，可适当增加敏感性级数。

tudi shengtai jiankang
土地生态健康　土地生态系统具有活力、结构稳定和自调节能力的状态。活力指土地生态系统的功能性，包括维持系统本身复杂特性的功能和为人类服务的功能；结构稳定指具有平衡、完整的生物群落，多样的生物种群；自调节功能主要靠其反馈作用，通过正、负反馈相互作用和转化，在受胁迫时出现维持系统的正常结构和功能，保证系统达到一定的稳态。长期以来人类的生产、生活活动，如过度砍伐森林、破坏植被、乱捕滥杀野生生物、排放废弃物、施用农药化肥等，导致生物种群减少，影响生物的繁衍，给土地生态系统结构和功能造成了极大的威胁。人类经历了惨重报复，意识到自身的过失对土地生态健康造成的不良影响，并开始采取相应的保护措施。土地生态健康是实现可持续发展的重要前提，只有健康的土地生态系统才能为人类持续提供良好的服务功能。土地生态健康也是人类生存和发展的重要前提，也是人类健康的基础。保持和维护土地生态系统的结构、功能的可持续性，实现土地生态健康是今后的重要任务。

tudi shengtai fuwu
土地生态服务　土地生态系统及其生态过程对人类生存与发展的效用和对外部显示的作用。主要的生态系统服务有大气净化、水源涵养、地表水保护、生物多样性保护、防风固沙、水土保持、景观保护、野生生物保护、洪水调蓄与地质灾害防护等。得到国际广泛承认的生态系统服务分类系统则是联合国2005年公布的《千年生态系统评估报告》中提出的生态服务分类系统。这一分类系统将主要服务功能归纳为产品提供、调节、文化服务和支持四个大的功能组。产品提供功能是指生态系统生产或提供的产品；调节功能是指调节人类生存环境的生态系统服务；文化服务功能是指人类通过精神感受、知识获取、主观印象、消遣娱乐和美学体验等从生态系统中获得的非物质利益；支持功能指保证其他所有生态服务提供所必需的基础功能。与其他三种功能不同，支持功能对人类的影响是间接或通过较长时间才能发生的。一些服务，如控制侵蚀，根据其时间尺度和影响的直接程度，可以分别归类于支持功能和调节功能。

tudi shengtai fuwu jiazhi
土地生态服务价值　人类直接或间接从土地生态系

统得到的利益，主要包括向经济社会系统输入有用物质和能量、接受和转化来自经济社会系统的废弃物，以及直接向人类社会成员提供服务。土地生态服务价值的特征是：①主要体现为外部经济价值。即生态服务价值主要是作为生命支持系统的外部价值，而不是作为生产的内部经济价值。②属于重要的公共商品。即有非涉他性和非排他性的属性，前者指一个人消费该商品时不影响另一个人的消费；后者指没有理由排除他人消费这些商品。③不属于市场行为。作为公共商品没有市场交换，没有市场价格和市场价值，也没有进入市场。④属于社会资本，生态服务不对特定的个人和集团，而是有益于区域，甚至造福于全球、全人类，被视为全社会的资本。

tudi shengtai ganrao

土地生态干扰 外力对土地生态系统的扰动及造成的混乱后果。人类对土地生态系统的干扰是无时无处不在的一种现象。如外来物种入侵、采石、挖土、草地践踏、林木采伐、居民点新扩建等。以人为影响为主的生态干扰程度不断增强，自然景观减少，而半自然景观和人为景观均呈增加趋势。在较大程度上改变了原来的土地景观面貌和土地生态过程，打破了原有的土地生态系统演替序列。

tudi zijing nengli

土地自净能力 一定土地单元、一定时段内，遵循环境质量标准，既保证农产品的产量和生物学质量，同时又不使环境污染时，土地系统所能容纳污染物质的负荷量。土地既是人类活动的载体，又是人类生活、生产活动所产生的各种生活垃圾、废物的直接排放地。在自然状态下，土地对这些排放有一定的净化能力，在一定的阈值范围内，土地的自净能力随污染物质排放量的增加而提高；但当污染物质的排放量超过一定阈值时，净化能力不但不增加，反而还会降低。在不同的环境条件下，土地系统的自净能力不尽相同；同时污染物质的排放和净化也是随时间变化的，土地自净能力具有时间和空间的含义。由于人类的影响，土地的自净能力更加复杂，因为人类既向土地系统排放污染物质，同时又采取各种措施提高土地系统的净化能力。但人类的作用又有一定的限度，如在土壤中施用有机肥，增加了土壤中的

有机胶体，提高了土壤对污染物质的吸附能力，但当化肥的用量不断增加时，土壤中氮、磷等元素含量远远超过了作物的吸收量，从而使土壤中过量负载的元素随径流污染地表水、地下水和饮用水源，对环境和人类健康造成损害。

tudi shengtai huifu

土地生态恢复 对土地生态系统停止人为干扰，以减轻负荷压力，依靠系统自我调节能力与自组织能力使其向有序的方向进行演化的过程。也包括在利用系统的自我恢复能力的基础上，辅以人工措施，使遭到破坏的土地生态系统逐步恢复或使土地生态系统向良性循环方向发展。其关键是解除土地生态系统所承受的超负荷压力，依靠土地生态系统本身的自组织和自调控能力，通过其休养生息的漫长过程，使土地生态系统恢复原有功能。土地生态恢复大多指人类活动影响下受到破坏的土地生态系统的恢复与重建工作。

tudi shengtai guanhu

土地生态管护 人类为维护与土地的和谐关系，保育土地生态系统健康的所有活动。土地利用管理或资源配置方式要有利于土地生态系统发挥食物生产、气候调节、空气净化、水源涵养、土壤形成与保护、废物处理、生物多样性保护、休闲游憩等功能。生态管护主要是在管理与维护土地生态系统的具体活动中，特别是土地整治工作中，从规划、设计、施工等不同层面都应遵循生态学原理，探讨土地整治的生态化途径，建立土地整治的生态型模式。加强生态管护可以先从国家层面上制定框架性和指导性的生态化模式，同时研究不同区域、不同类型（农地整治、城乡建设用地整治、损毁土地复垦等）的生态化途径、制定设计规范和竣工验收标准，以及基于地块特征，提出菜单式的生态型技术组合方案，形成土地生态管护的完整体系。

tudi shengtai xiaoying

土地生态效应 以土地为基质并和一定生物群落相结合产生的生态效益对一定地块及其周边地区的影响。可以从不同的层次与角度认识土地生态效应：①从土地生态系统内部，即从生物与土地环境的相互影响来看，既要了解生物对土地环境条件的要求

与适应性，也要看到生物对土地环境的改造。②土地生态系统各组成部分的土地生态效应不能仅从某一方面来看，如森林生态系统具有涵养水源、防风固沙、保持水土、调节气候、保护农田等多方面的生态功能。③一个单元的土地生态效应绝不仅限于该地块，其生态效应还会进一步影响其附近地区，如水土保持、风沙危害等的上下游地区，甚至扩大形成一个区域效应。

tudi shengtai anquan
土地生态安全 土地生态系统的结构和功能不受破坏，能够持续满足人类生存和发展需要。即土地生态系统能够保持其结构与功能不受威胁或少受威胁的健康状态。土地利用生态安全、土地资源生态安全和土地生态系统安全大致可以看作是一个概念的不同说法。土地生态安全既指土地生态系统自身是否安全，又指土地生态系统对人类是否安全。一方面生态系统自身要处于良性循环之中，不出现恶化；另一方面必须保持与经济社会发展的相互协调，能够长期和可持续地为人类提供生态服务，满足经济社会发展需要。土地生态安全偏重人类的土地利用活动与土地生态系统的相互关系，能够紧密地联系人地关系。特别是分析区域土地生态安全有助于从生态的角度建立生态安全格局与土地利用安全格局，对区域的生态建设及可持续发展可以起到基础作用。可以通过沙化、盐碱化、水土流失、生物生产能力、水质变化、灾害频度与强度等指标判断土地生态安全状况。

tudi shengtai jianshe
土地生态建设 在对土地生态要素的损害源、受损范围、受害程度以及生产力水平、资源状况等方面综合研究分析的基础上，提出整治土地、恢复和增强生态功能的生态重建方案并组织实施的过程。

tudi shengtai gongcheng
土地生态工程 为合理利用土地资源、保护土地生态系统、提高土地生产力而采取的以生物为主的综合工程。人类不合理地开发利用土地资源，导致水土流失、土壤污染、土地沙化、盐碱化、草地退化。因此，研究土地特性与人类活动的关系，运用生态学原理，协调人地关系，保障土地资源可持续

利用是实施土地生态工程的主要目的，也是土地生态工程研究的出发点。中华人民共和国建立以来，中国实施的"三北防护林体系建设工程""平原农田防护林工程""长江防护林工程""治沙工程"等均为土地生态工程的具体实例。

tudi shengjing xiufu
土地生境修复 采取有效措施，对受损的生境进行恢复与重建，使恶化状态得到改善。土地生境修复是基于生态学理论和立足于自然生态过程的修复，经常从修复水分和养分循环过程开始，增强生境对能量固持的能力，使受损生境通过自身的主动反馈，不断和自发地走向恢复，以改善受损生境的生态条件、增加生物多样性和提高生产力，实现适于野生动物栖息、提高流域水分有效管理、增强和优化生态系统服务的目标。

tudi shenghuo gongneng
土地生活功能 土地作为人类生活和生产场所的效用和对外部显示的作用。土地由于其物理性质，具有承载万物的功能，因而成为人类进行房屋、道路等建设的地基，进行一切生活和生产活动的场所和空间。土地生活功能大致包括居住空间功能、存储空间功能、移动空间功能和公共空间功能等。

chengshi
城市（城镇） 以非农业和非农业人口聚集为主要特征的居民点。包括按国家行政建制设立的市和镇。其中市是指经国家批准设市建制的行政地域；镇是指经国家批准设镇建制的行政地域；而市域指城市行政管辖的全部地域。城市（城镇）具有一定的人口密度和建筑密度，第二和第三产业集中。古代城市多以政治中心、军事城堡或商业集市为主，现代城市（城镇）的形成和发展主要以工业化为推动力，是科学技术、经济活动、交通运输、文教事业集聚的区域。一般来说，城市（城镇）都是各级区域的政治、经济、交通、文化中心。城市的范围由城市发展边界确定。这一边界是城市土地和农村土地发展分界线，城市发展边界以内的土地可以被开发为城市用地，城市发展边界以外的则不可以开发。该界线是整个城市规划的基础。城市发展边界的基本功能是协助管理城市发展。城市发展边界不是限制发展，只是对发展的过程和地点进行管理，

通过把城市发展限制在一个明确定义的、地理上相连的地域内来制止城市无计划蔓延，同时满足城市发展的需要。需要指出的是，这种城市发展边界不是一成不变的，而是随着城市的发展逐渐变化，不断调整的。

chengshi fenlei
城市分类　按不同视角对城市类型的划分。大致可以按城市性质划分、按城市人口规模划分、按城市行政等级划分、按城市职能划分。

　　按城市性质分类　中国城市大体有工业城市、交通港口城市、商业城市、中心城市和县城及特殊职能城市。

　　①工业城市。以工业生产为主，工业用地及对外交通运输用地占有较大的比重。不同性质的工业，在规划上会有不同的特殊要求。这类城市又可依工业构成情况分为综合性工业城市（如株洲市、常州市）和单一工业为主的城市（如牙克石市、东莞市、平顶山市）。

　　②交通港口城市。这类城市往往是由对外交通运输发展起来的，交通运输用地在城市中占有很大的比例。随着交通发展又兴建了工业，因而仓库用地、工业用地在城市中也占有很大比例。这类城市根据运输条件，又可分为：铁路枢纽城市（如徐州市、襄樊市）、海港城市（如大连市、连云港市）、内河港城市（如张家港市、宜昌市、九江市）。

　　③商业城市。这类城市担负一定区域商品流通的职能，作为组织区域商品流通的城市，一般都是区域内较大的商品生产基地，拥有较完善的商品流通体系、信息交换的设施和手段，以及便利的交通运输条件，是一定区域内的物资集散中心和商品消费中心。商业城市大致分为全国性和地方性两级。前者如上海市、广州市；后者如东莞市、义乌市、昆山市等。

　　④中心城市。具有综合性职能，在政治、经济、社会、文化、交通、金融、信息、科技等多个领域对较大区域范围具有强大吸引力，起中心作用的大中城市。一般具有生产、服务、流通、组织和协调区域经济活动等多种职能，是区域中的生产和交换集中地，大多是政治和行政管理中心、交通运输中心、信息与科技中心、人才交流中心，对周围地区有较强的经济辐射作用；是国家或地区经济活动网络的主要连接点，在用地组成与布局上较为复杂。按照影响范围的不同，中心城市的等级可以分为全国性、区域性和地方性。在中国，主要有如北京市、上海市等全国性超大型中心城市，南京市、杭州市等长江三角洲地区中心城市，广州市、深圳市等珠江三角洲地区中心城市，天津等环渤海地区中心城市，以及武汉、重庆、成都、西安等区域性中心城市等。

　　⑤县城。一般为县域的中心城市，是联系广大农村的纽带、工农业物资的集散地。工业是为了利用农副产品加工和为农业服务。这类城市在中国城市数量中最多，是县域政治、经济、文化中心。

　　⑥特殊职能城市。这类城市因其具有特殊的职能。其独特的特征在城市建设和布局上占据了主导地位，因而规划异于一般城市。具体可划分为：革命纪念城市、风景游览为主的城市、休疗养为主的城市、边贸城市。

　　按城市人口规模分类　特大城市、大城市、中等城市、小城市。

　　按城市行政等级分类　建制镇、县级市、地级市、副省级市和直辖市。

　　按城市职能分类　①具有综合职能的城市包括：全国性的政治、经济、文化中心；大区级的政治、经济、文化中心；省（直辖市、自治区）级的政治、经济、文化中心；地区级的政治、经济、文化中心。②以某种职能为主的城市，包括采掘工业城市、重工业城市、轻工业城市、商业贸易城市、风景旅游城市、铁路枢纽城市、海港或内河港城市。

chengzhen zhuzhai yongdi
城镇住宅用地　在中国，指城镇地区房屋基底土地归国家所有的住宅用地。房屋产权人仅拥有基底土地使用权，最高年限是70年。住宅用地包括了住宅建筑基底占地及其四周合理间距内的用地（含宅间绿地和宅间小路等），以及供人们日常生活居住的房基地（有独立院落的包括院落）。包括城镇单一住宅用地，即城镇居民的普通住宅、公寓、别墅用地；城镇混合住宅用地，即城镇居民以居住为主的住宅与工业或商业等混合用地。

chengzhen zhuzhai midu
城镇住宅密度　城镇区域内住宅用地面积占总用地面积的百分比。住宅密度越低，住宅区绿地面积和活动场地越大。相关的计算公式见下表。

建筑密度与容积率计算方法

名称	含义	计算公式
建筑密度（建筑覆盖率）	一定地块内所有建筑物的基底总面积占建筑用地面积的比率	$建筑密度（建筑覆盖率）=\dfrac{建筑基底面积}{建筑用地面积}\times100\%$
容积率	反映和衡量地块开发强度的一项重要指标。一定地块内总建筑面积与建筑用地面积的比值	$容积率=\dfrac{总建筑面积}{建筑用地面积}\times100\%$ 在一定地块内，如果建筑物的各层建筑面积均相同时： 容积率=建筑密度×建筑层数
楼面地价	是一种特殊的土地单价。按照建筑面积分摊的土地价格	$楼面地价=\dfrac{土地总价}{总建筑面积}$ $楼面地价=\dfrac{土地单价}{容积率}$

chengshi jingguan

城市景观　由人类生活在城市中创造的景观与原有自然景观相结合形成的外观。是人类活动痕迹（如建筑物、构筑物、广场、街道、人造绿地、水体等）与自然环境（如山川、河流、湖泊、沼泽、草甸等）融为一体的产物，体现出独特的艺术性，使人们在城市生活中具有舒适感和愉快感。构成城市景观的基本要素有路、区、边缘、标志、中心点五种：

　　路　一个城市有主要道路网和较小的区级路网。一个建筑有几条出入的路。城市公路网是城市间的通道。路的图像主要是连续性和方向性，因此应构成简单的系统，起点和终点要明确。路旁的建筑和空间特性是方向性的基础，有助于对距离的判断。

北京故宫角楼

区　　较大范围的城市地区。一个区应具有共同的特征和功能，并与其他区有明显的区别。城市由不同的区构成，如居住区、商业区、高等学校教学区、郊区等等。但有时它们的性质是混合的，没有明显的界线。

边缘　　区与区之间的界线是边缘。有的区可能完全没有边缘，而是逐渐混入另一区。边缘应能从远处望见，也易于接近，提高其形象作用。如一条绿化地带、河岸、山峰、高层建筑等都能形成边缘。

标志　　城市中令人产生印象的突出景观。有些标志很大，能在很远的地方看到，如电视塔、摩天楼；有些标志很小，只能在近处看到，如街钟、喷泉、雕塑。标志是形成城市图像的重要因素，有助于使一个区获得统一。一个好的标志既是突出的，也是协调环境的因素。

中心点　　可看作是标志的另一种类型。标志是明显的视觉目标，而中心点是人们活动的中心。空间四周的墙、铺地、植物、地形、照明灯具等小建筑物的布置和连贯性，决定了人们对中心点图像的形成能力。

上述五个基本要素结合在一起构成了城市的景观，在城市规划时，应创造出新的、鲜明的景观，以激起人们对整个城市的想象。

chengshihua
城市化　　由农业为主的传统乡村社会向以工业和服务业为主的现代城市社会逐渐转变的历史过程。又称城镇化、都市化。具体包括人口职业的转变、产业结构的转变、土地及地域空间的变化。不同的学科从不同的角度对其有不同的解释，国内外学者对城市化的概念分别从人口学、地理学、社会学、经济学等角度予以阐述。一般通过城市化水平作为衡量城市化发展程度的数量指标，用一定地域内城市人口占总人口比例来表示。《2012中国新型城市化报告》指出，中国城市化率突破50%。这意味着中国城镇人口首次超过农村人口，中国城市化进入关键发展阶段。

chengshi jiaoquhua
城市郊区化　　城市周围的农村地域，受到城市膨胀的影响，向城市性因素和农村性因素相互混合的近郊地域变化的过程。也是人口、就业岗位和服务业从大城市中心向郊区迁移的一种分散化过程。市中心和建成区的住宅、工厂、学校、办公楼等城市设施外迁和农地转变为住宅地，构成景观上的郊区化；向中心市区通勤者的增加和购物地发生变化等，构成功能上的郊区化。这些变化可理解为广义郊区化。广义郊区化认为只要城市中心区人口向城市郊区迁移就是郊区化，它不涉及中心市区是否停滞和衰退。而狭义郊区化概念认为中心市区的人口和功能外迁引起郊区化，并导致了中心市区的停滞和衰退，这才是严格意义上的郊区化。

城市郊区化原因　　无论中国还是西方国家，郊区化的动力机制有许多类似之处。如经济社会迅速发展，居民生活水平日益提高，交通、通讯等条件得到改善以及优越区位的吸引。中国的实际情况又决定了中国郊区化与西方国家有许多不同之处。中国城市郊区化的原因包括：国家政策和制度改革的决定性作用；企业外迁与园区建设的拉动；旧城改造和房地产开发的带动。城市郊区化过程中还会形成城市郊区次中心地带。这是由于城郊次中心地带聚集规模和成本的增加，在城市郊区逐渐出现一些聚集规模较小和成本降低的企业与居民聚集地带。在这些区域，具有一定规模的商业中心和住宅小区，成为城市郊区的中心，相对于城市中心，则为城郊次中心地带。

chengshiqun
城市群　　一定地域内城市分布较为密集的地区。城市群是在城镇化过程中，在特定的城镇化水平较高的地域空间里，以区域网络化组织为纽带，由若干个密集分布的不同等级的城市及其腹地通过空间相互作用而形成的城市与区域系统。城市群的出现是生产力发展、生产要素逐步优化组合的产物，每个城市群一般以一个或两个（有少数城市群具有多核心）经济比较发达、具有较强辐射带动功能的中心城市为核心，由若干个空间距离较近、经济联系密切、功能互补、等级有序的周边城市共同组成。发展城市群可在更大范围内实现资源的优化配置，增强辐射带动作用，同时促进城市群内部各城市自身的发展。根据"城市群内都市圈或大城市数量不少于3个，至少有1个特大或超大城市为核心""人口规模不低于2 000万人""城市化水平大于50%，非农产业产值比率超过70%""人均GDP超过3 000美元，经济密度大于500万元人民币/平方千米"等标准，中国正在形成的23个城市群，呈现为

"15+8"的空间结构格局。其中长江三角洲、珠江三角洲、京津冀、山东半岛、辽东半岛、海峡西岸、长株潭、武汉、成渝、环鄱阳湖、中原、哈大长、江淮、关中、天山北坡等15个达标城市群，南北钦防、晋中、银川平原、呼包鄂、酒嘉玉、兰白西、黔中和滇中等8个城市群则尚未达标。

chengzhen tixi
城镇体系　一定区域内在经济、社会和空间发展上具有有机联系的城市群体。即在一个相对完整的区域以中心城市为核心，由一系列不同等级规模、不同职能分工、相互密切联系的城镇组成的系统。城镇体系因其特殊的结构和系统性，具有整体性、层次性和动态性等性质。

　　整体性　城镇体系是由城镇、城镇间交通连廊和城镇间联系流、相互联系区域等多个要素按一定规律组合而成的有机整体。其中某一个组成要素的变化，都可能通过交互作用和反馈，影响整个城镇体系。

　　层次性　城镇体系的系统由逐级子系统组成，各组成要素按其作用大小可以分成许多层级，如全国性的城镇体系由大区级、省（直辖市、自治区）级体系组成，再下面还有地区级或地方级的体系。在中国，中心城市由国家中心城市到区域中心城市，再到省（直辖市、自治区）中心城市。因此在制订某一级城镇体系规划时要考虑到上下级体系之间的衔接。

　　动态性　城镇体系不仅作为一定时间内稳定的状态而存在，也随着时间而发生阶段性、系统性的变动。因此，城镇体系规划需要不断地调整、修正和补充。

chengzhen zoulang
城镇走廊　在一定的地域范围内，由若干不同等级的城镇通过多模式交通网络连接组成的，内部各城镇之间及城镇与区域之间具有密切经济社会联系的地域交通系统。在区域经济社会发展和土地利用过程中，城镇走廊起着核心地带的作用，是区域交通通达性的空间体现。城镇走廊一般沿着轴线呈跨省、跨区域的格局发展。

weixingcheng
卫星城（镇）　在大城市市区外围兴建的、与市区既有一定距离又相互间密切联系的城（镇）。卫星城（镇）是为分散中心城市的人口和工业而新建或扩建的具有相对独立性的区域，既有就业岗位，又有较完善的住宅和公共设施。因其围绕中心城市像卫星一样，故名。旨在控制大城市的过度扩展，疏散过分集中的人口和工业。卫星城（镇）虽有一定的独立性，但是在行政管理、经济、文化以及生活上同它所依托的大城市有较密切的联系，与母城之间保持一定的距离，一般以农田或绿带隔离，但有便捷的交通联系。

shequ
社区　在一定区域内，按一定的社会结构和社会关系组织起来的，具有共同人口特征的地域生活共同体，包括可以满足居民生活需要的居民点，如村庄、集镇、都市和大都市内部的各种生产和生活区。社区是一个相对独立的地区性社会，类似植物群落。社区人口之间本质上是一种共生体，有明显的相互依存的关系。

jumindian
居民点　人类按照生产和生活需要而形成的集聚定居地点。按性质和人口规模，居民点分为城市和乡村两大类。各种职能不同、规模不等的城市、集镇和村落都是居民点。各种居民点都是社会生产发展的产物，它们既是人们生活居住的地点，又是从事生产和其他活动的场所。例如到一个地方去开垦荒地，经营林业，放牧牲畜或养殖、捕捞水产，由于生产和生活的需要，便选择适当地点，建造房屋，定居下来，逐渐形成了村落。随着经济、政治、军事、宗教等活动的发展，逐渐形成城市、集镇等各类居民点，构成居民点体系。现代的居民点，由于工业、交通、科学文化、商业、服务行业等的高度发展，吸引并集聚了大量人口，形成现代社会的各种城市、集镇、村落，构成了比过去远为复杂的居民点体系。

jiequ
街区　城市中的特定区域，包括街道及两旁分布的房屋。有特定的功能和特色。街区的具体范围视城市大小和城市规划特点而定，通常把街道包围的范围称为街区。在社区规划理念中，街区的内涵有了延伸，形式上有了拓展，通常表现为商业和居住的集中融合，需要具有居住、购物、餐饮、休闲、娱乐等多种功能特质，满足市民居住和消费需求的场所。

jiefang
街坊 城市中由街道包围的居民点，是供生活居住使用的地段。街坊内除居住建筑外还有商店等生活服务设施，休闲场地和绿地。街坊的布置以满足街坊内居民生活居住的基本要求为原则，居住建筑在街坊内的布置方式主要有周边式、行列式、混合式等形式，可结合建筑设计组成不同组团，使建筑群面貌既有整体感又避免单调。在居住区规划中，通常以街坊为载体，通过划分地块确定各类强制性及指导性指标。

jizhen
集镇 乡村地区有一定数量的非农业人口，并进行商业贸易和社会服务活动的居民点。集镇没有行政区划上的含义和人口标准，大多自然形成，其形态和职能兼有乡村和城镇两种特点，是介于城镇和乡村之间的一种过渡性的居民点。一般情况下，集镇是乡村地区中具有优越地理位置的地点，长期充当农产品和非农产品的集散地，集镇一般具有较低层次的商业、服务、文教、卫生等公共设施。集镇又可以分为一般集镇和中心集镇。一般集镇大多是乡政府所在地，它的经济影响范围主要在本乡范围内。中心集镇的影响往往超过一个乡的行政区域，成为若干个乡的中心，为乡镇合并创造了物质条件。

长春乐山年货大集

xiangcun
乡村 具有相对独立性的特定的经济、社会和自然景观特点的地区综合体。主要以农业生产为主，人口和聚落密度较低，社会结构较为简单，与城市有不同的生活方式和景观。中国的乡村是指县城以下的广大地区，这些地区与城市地区相比，经济不够发达，以农业为主要收入来源。因此，长期以来乡村被认为是农民从事农业生产的场所，产业结构以农业为主。随着生产力的发展，乡村也在不断变化。20世纪80年代以来，中国的乡村产业结构发生了很大变化，成为一个包含农、工、商等各类经济活动的综合实体。

cunzhuang
村庄 农村村民居住和从事各种生产活动的聚居点。是农村居民点的基础形态，是社会结构体系中人类聚落的最基本单位。一般而言，村庄是自然形成的，也有因经济发展或建设需要及移民搬迁等而兴建的新村。村庄因其所处地位不同，可分为中心村和基层村。村庄还包括拥有少量工业企业及商业服务设施，但未达到建制镇标准的乡村集镇。在农区或林区，村落通常是固定的；在牧区，定居聚落、季节性聚落和游牧的帐幕聚落兼而有之；在渔业区，还有以舟为居室的船户村。村庄一般具有农舍、牲畜棚圈、仓库场院、道路、水渠、宅旁绿地，以及特定环境和专业化生产条件下的附属设施。基层村一般无服务职能，中心村则有小商店、小医疗诊所、邮局、学校等生活服务和文化设施。

nongcun zhaijidi
农村宅基地 在中国，指农村集体经济组织为满足本组织内成员的生活需要和从事家庭副业生产的需要而分配给农户使用的土地。农村宅基地是以户为单位划定的，其用地可以分为建筑用地和活动场地两大部分。其中，建筑用地主要包括主房用地（卧室、堂屋、厨房等用地）、杂物间用地（偏房、旁房用地）、设施用地（厕所、沼气池、水井等用地）和畜舍用地（鸡、鸭、猪、牛、羊等圈舍用地）四个部分；活动场地主要指农村住宅成员及其所养畜禽等的活动用地，一般称为"没有建筑物的空白宅基地"。

土地资源保护 tidi ziyuan baohu

通过对土地的合理利用和经营，使当代人得到最大的持续效益，并能保持土地的潜力以满足后代的需要。是通过法律的、行政的和科学技术等手段，保护土地资源不受破坏的工作。对已开发利用的土地资源，要坚持因地制宜、合理耕种、保护培育，并要节约用地，要防治土地沙化、盐碱化；对山地、海涂等必须进行综合调查研究，作出全面配置和统筹规划，得到合理的开发和利用。

土地环境保护 tidi huanjing baohu

为防止土地环境污染和破坏，合理地利用土地资源，以保持和发展生态平衡所采取的行政的、法律的、经济的、科学技术的措施。土地环境主要包括大气、土壤、水体和植被等。土地环境保护的任务，一方面是防止有害物质污染土地环境；另一方面是合理利用土地资源，防止土地生态失衡，防止土地退化，使土地保持永续利用的能力。土地环境保护是世界性的问题，受到各国政府的普遍重视。中国已颁布了一系列保护土地环境的法规，把土地环境保护纳入了法制轨道。加强土地环境保护首先要强化环境意识，土地占有者、使用者和承租者要有保护土地环境的责任。同时要坚持土地环境规划与国民经济长期发展计划相结合。建立、健全土地环境监测网络，应用高新技术促进土地资源可持续利用。

水土保持 shuitu baochi

防治水土流失，保护、改良和合理利用水土资源，维护和提高土地生产力的一切措施。水土保持对于防止水、旱、风、沙灾害，整治江河，减少河流含沙量，削减洪峰流量，保障下游水土建筑物安全等都有重要意义。水土保持措施主要有：①生物措施。主要有造林种草，封山育林育草，加强草原和牧场管理等。使用生物措施用工少，投资小，效益大，但周期较长。②工程措施。主要有修建淤地坝、鱼鳞坑、塘库、等高截水沟、梯田等，通过改变地形、积蓄径流，控制土壤侵蚀。③农业技术措施。主要有等高沟垄种植、横坡带状间作、草田轮作、免耕少耕、农林间作等都能使雨水就地渗漏，减缓地表径流、改良土壤结构，保护土壤免受侵蚀。

退耕还林 tuigeng huanlin

把不适应于耕作的农地（主要指坡度在25°以上的坡耕地）有计划地转换为林地的措施。就是从改善生态和保护环境出发，将易造成水土流失的坡耕地有计划、有步骤地停止耕种，按照适地适树的原则植树造林，恢复森林植被。在中国，退耕还林要以营造生态林为主，营造的生态林比例以县为核算单位，不得低于80%，经济林比例不得超过20%。坡度在25°以上的坡耕地（含梯田）、水土流失严重或泛风沙严重及一切生态地位重要地区必须营造生态林，要按照先陡坡、后缓坡的原则进行退耕还林，还林后实行封山管护。在雨量较多，生物生长量高的缓坡地区，可大力发展速生丰产林、竹林和生态经济兼用林，适当发展经济林。

生态退耕 shengtai tuigeng

出于生态保护的目的，把不适宜开垦的耕地改为林地、草地或水域的措施。是中国政府于20世纪90年代开始采取的改变土地不合理利用导致土地退化的一项重要措施。包括退耕还林、退耕还草和退耕还水等三个方面。退耕还林主要针对山区毁林开荒，特别是一些陡坡（大于25°）开荒，此外也包括生态脆弱区的毁林开荒。这些耕地多为旱作类型的粗放经营，造成土地退化。退耕还草除恢复草地外，还提倡进行人工种草，改良草场。退耕还水主要是针对过去不合理地占用河流汛期行洪的河滩地、蓄洪与滞洪的浅湖区与蓄洪区，需要把上述一些不适宜种植的水域退出，恢复为水域，部分水域可用于水产养殖。总之，通过生态退耕改变不合理的土地利用方式，初步达到了保护生态和提高农牧民生产与生活水平的双重目的。

耕地保护 gengdi baohu

运用法律、行政、经济、技术等手段和措施，保持必需的耕地面积和保护耕地质量，免于退化的措施和活动。耕地保护是关系中国经济和社会可持续发展的全局性战略问题。"十分珍惜和合理利用土地，切实保护耕地"是必须长期坚持的一项基本国策。《中华人民共和国土地管理法》提出了耕地保护目标是实现耕地的总量动态平衡。即在满足人口及国民经济发展对耕地产品数量和质量不断增长的条件下，实现耕地数量和质量供给与需求的动态平衡。实现这一目标必须加强耕地的数量、质量保护并注重耕地环境质量的提高。耕地保护事关中国农业稳定、粮食安全，是国计民生之大事。

gengdi hongxian
耕地红线　在中国指经常进行耕种的土地面积的最低值，是一个具有低限含义的数字。实际上就是国家或地方确定的最低耕地保有量。耕地红线可以有国家耕地红线和各个地方的耕地红线。现行中国耕地红线是18亿亩。设置耕地红线，需要坚持实行最严格的耕地保护制度，落实耕地保护责任制。

jiben nongtian baohu
基本农田保护　在中国指保持基本农田面积和保护基本农田质量的措施和活动。基本农田保护主要包括两个方面：①稳定基本农田数量和质量。严格按

基本农田

照土地利用总体规划确定的保护目标，依据基本农田划定的有关规定和标准，参照农用地分等定级成果，在规定期限内调整划定基本农田，并落实到地块和农户，调整划定后的基本农田平均质量等级不得低于原有质量等级。严格落实基本农田保护制度，除法律规定的情形外，其他各类建设严禁占用基本农田；确需占用的，须经国务院批准，并按照"先补后占"的原则，补划数量、质量相当的基本农田。②加强基本农田建设。建立基本农田建设集中投入制度，加大公共财政对粮食主产区和基本

农田保护区建设的扶持力度，大力开展基本农田整理，改善基本农田生产条件，提高基本农田质量。综合运用经济、行政等手段，积极推进基本农田保护示范区建设。

jiben nongtian baohulü
基本农田保护率　在中国指基本农田面积与耕地面积之比。其中基本农田面积与耕地面积都应为同期数据。例如，规划期的基本农田保护率就应该是规划期末基本农田面积占规划期基期年所有耕地面积的百分比。基本农田保护率是一项耕地保护控制指标，对防止基本农田减少，保证耕地总量动态平衡有着重要的意义。因此，中国的各级土地管理部门均将其纳入土地利用总体规划的指标体系，并且作为具体指标，分解到下级土地管理部门予以落实。

miangengfa
免耕法　在作物播前播后不进行土壤耕翻的耕作方法。作物直接在前茬地上开沟播种或用特制的免耕播种机一次完成破茬、施肥、播种、覆土、镇压等作业，在作物生长期间不进行中耕松土。免耕不翻动土层，并依靠作物残茬覆盖地表，因而可以有效地减轻或防止土壤侵蚀；减少地面土壤水分蒸发，增加降水入渗，提高水的利用率；留下的残茬可以为土壤补充有机质；争取农时，增加复种面积；减少田间作业，降低劳动成本。但若长期持续免耕也会带来一些问题，如残茬传播的病害和虫害，土壤易板结不利于作物根系发育。免耕法一般适用于干旱、半干旱地区，但如果土壤过湿，无法按常规播种时也可采用。

denggao gengzhong
等高耕种　在山坡上沿等高线方向起垄种植作物的耕作方式。是坡耕地保持水土最基本的耕作措施。一般情况下，地表径流顺坡而下，在坡耕地上，采用顺坡耕种，会使径流顺犁沟集中，加大水土流失，特别在5°左右的缓坡和10°左右的中坡地上进行机械耕作。采用等高耕作，对拦截径流和减少土壤冲刷有一定的效果。能在一定程度上减轻土壤冲刷和保土、保肥，但比梯田效果差。从长远

等高种植　　　　　　（陈百明　摄）

看，等高耕种是修筑水平梯田前的过渡方法。

sangji yutang
桑基鱼塘　中国珠江三角洲地区通过挖深鱼塘，垫高基田，塘基植桑，塘内养鱼的土地利用形态。桑基鱼塘的发展，促进了种桑、养蚕及养鱼事业的发展，从种桑开始，通过养蚕而结束于养鱼的生产循环，构成了桑、蚕、鱼三者之间密切的关系，逐渐发展成一种完整的、独特的、高效的土地利用系统。

taitian
台田　在中国指在低洼渍涝或盐碱化地区，从四周挖土垫高地面，四周形成排水沟渠的条带状农田。其作用是排除积水、降低地下水位，减轻盐碱危害、治理盐碱化土壤。修筑台田的方法主要是开沟垫土。一般沟宽3～10米，沟深1～2米；沟距随积涝、盐碱程度而定，窄者10～20米，宽者有30～40米。从四周挖出的土平铺田面，使地面抬高，最后形成四周沟沟相通、中间田面隆起的台田。田面多栽培旱粮作物，沟内可养鱼、种植水生植物或水稻。

tiaotian
条田　中国的平原地区由各级灌排渠道和道路合理布局形成便于机械化作业和灌溉、排水的条状农田。条田一般宽30～50米，长500～1 000米，四周有沟、渠和路相围。多用于盐碱低洼地区。实行条田化后，因便于灌溉、排水、机械化作业和田间管理，所以能够提高单位面积产量。

gufang
谷坊　在中国指用石块等不同原料修筑的坝体形障碍物。用于山区沟道内拦截泥沙。根据原料不同分为：石谷坊、土谷坊、木料谷坊、混凝土谷坊、钢筋混凝土谷坊、竹笼装石谷坊、插柳谷坊、枝梢谷坊等。根据谷坊使用年限可分为：永久性谷坊，如浆砌石谷坊、混凝土谷坊和钢筋混凝土谷坊等；临时性谷坊，如插柳谷坊、枝梢谷坊、木料谷坊等。按谷坊的透水性能还可分为：透水性谷坊，如干砌石谷坊、插柳谷坊等；不透水性谷坊，如土谷坊、浆砌石谷坊等。谷坊的作用是：①抬高沟底侵蚀基点，巩固并抬高沟床，同时稳定沟坡、防止沟底下切和沟岸扩张，并使沟道坡度变缓。②拦蓄泥沙，减少输入河川的固体径流量。③减缓沟道水流速度，减轻下游山洪危害。④坚固的永久性谷坊群有防治泥石流的作用。⑤使沟道逐段淤平，形成可利用的坝阶地。谷坊主要修建在沟底比降较大（5%～10%或更大）、沟底下切剧烈发展的沟段，谷坊工程的防御标准为10～20年一遇3～6小时最大暴雨；根据各地降雨情况，可采用当地最易产生严重水土流失的短历时、高强度暴雨。

titian
梯田　在山坡上沿等高线方向修筑的台阶式田地。既有种植旱地作物的，也有种植水稻的。修筑梯田是在山地丘陵地区防治水土流失、建设高产稳产农田的一项重要措施，它能拦泥蓄水、防止水土流失。按照修筑的方式不同，可分为：

　　水平梯田　包括一次性建成和过渡式建成两种。前者是采取内切外垫、起高垫低方法一次修成；后者是按照地形坡度，在预定的梯田间距处，沿等高线方向先筑起一道土埂，经过耕翻土埂间的土壤并被雨水冲刷淤平后，再加高土埂逐步形成。水平梯田适宜在土层深厚的坡地上修筑，由于变大不平为局部水平，能有效控制水土流失。但费工较多，在土层薄的坡面上不宜过宽，否则上坡方向的生土易翻上来导致工程后当年减产，甚至因土层太薄作物无法生长。坡度较陡时田埂应高大坚实，有条件的可用石条砌成。田面较宽的可在田埂附近种植矮乔木或灌木。夏季多暴雨地区应预留入沟水流通道，以防止洪水聚集冲垮田埂。在土层深厚而水土流失严重的坡地上，修筑水平梯田后通常可以有效减少水土流失，明显增加农作物产量。修筑水平梯田时要尽可能利用原有地形和田埂，按照"等高第一、兼顾等距，大弯就势，小弯取直，遇凸向外，遇凹向里"的原则。相邻两个台阶之间高差一般控制在1～2米之间，田埂高1～3米。如因坡度较陡，田埂高超过3米时，可筑成上下两台，下台作为保护台。土层较薄和劳力充足时，修筑梯田可先将表层熟土翻在一边，将下层生土填充低处后，再将熟土翻回原地。

顺坡梯田　亦采取内切外垫、起高垫低方法，区别是梯田未达到水平，循原有坡向，外侧比内侧略低。由于顺坡梯田只沿等高线打埂，比较省工，不打乱土层，如田面不太宽和坡度不太大，田面可逐年自然淤平。适宜人少地多、坡度较缓的丘陵地区。但由于保留原坡面，仍存在一定量的水土流失。能否有效控制水蚀，关键在于田埂的坚实度。

反坡梯田　同样采取内切外垫、起高垫低方法，区别是梯田未达到水平，而是反原有坡向，外侧比内侧略高。由于人为造成外高内低的反坡，所以要比水平梯田更加费工。通常只在坡度很大和暴雨冲刷严重的坡地修筑，田面较窄，要求田埂高大坚实。

隔坡梯田　沿原自然坡面隔一定距离修筑一水平梯田，在梯田与梯田间保留一定宽度的植被，使原坡面的径流进入水平田面中，增加土壤水分以促进作物生长。隔坡梯田是顺坡梯田与水平梯田的过渡形态，适宜劳动力不够充足的丘陵山区。梯田水平部分种植大田作物，坡式部分可种植果树或种植牧草、绿肥，逐年改造成完全的水平梯田。

此外，根据坝埂有石埂和土埂的差别，又可分为石坎梯田和土坎梯田。

Yuanyang Titian

元阳梯田　位于中国云南省元阳县的哀牢山南部，是哈尼族人世世代代留下的杰作。元阳哈尼族开垦的梯田随山势地形变化，因地制宜，坡缓地大则开垦大田，坡陡地小则开垦小田，甚至沟边坎下石隙

元阳梯田

也开田，因而梯田大者有数亩，小者仅有簸箕大，往往一坡就有成千上万亩。元阳梯田规模宏大，气势磅礴，绵延整个红河南岸的红河县、元阳县、绿春县及金平苗族瑶族傣族自治县等县，仅元阳县境内就有17万亩梯田，是红河哈尼梯田的核心区。元阳县境内全是崇山峻岭，所有的梯田都修筑在山坡上，梯田坡度在15°～75°之间。以一座山坡而论，梯田最高级数达3 000级，在世界梯田景观中极为罕见。

shatian
砂田　在中国指在旱地表面人为地铺上一层厚7～10厘米的大小不同的石砾而形成的一种耕作地。主要目的是防止土壤水分蒸发、抗旱保墒，还能调节地温、预防土壤盐渍化等。栽培方式是刨坑种植，一般多作瓜田。耕作方式采取少耕免耕法。中国的砂田主要分布在甘肃、青海等省。砂田栽种一定年限后，因土壤与石砾混合，保墒抗旱效果变差，失去原有作用，必须重新换砂或翻砂，才能保证功效。一般而言，铺一次石砾最多能用15年左右，而灌溉砂田只能用5年左右。

caodi fengyu
草地封育　将退化、荒漠化、盐渍化、水土流失、植被遭受破坏、生产力下降的草地封闭起来，从利用状态改变为休闲、不利用状态，或加以培育，以恢复植被、保护草地环境的措施。草场退化问题已成为全球荒漠化的主要退化类型，而封育作为一种主要的草场恢复和重建措施已为世界各国所广泛采用。中国开展的许多封育措施对草场植被恢复影响的成果均表明封育措施可以显著提高退化草场的原有生产力，其中围栏封育是一种常见的退化草地恢复措施，通过围栏可以改变草地植物生长繁殖的小环境，通过人为降低或完全排除牲畜对草场的影响使其得以恢复和重建。

huaqu lunmu
划区轮牧　根据草地牧草的生长和家畜对饲草的需求，将草地划分为若干个小区，在一定时间内逐小区循序轮回放牧的放牧制度。划区轮牧是一种科学利用草地的方式，通常需要规定放牧顺序、放牧周期和分区放牧时间的放牧方式。划区轮牧一般以日或周为轮牧的时间单位。

caotian lunzuo
草田轮作　将地块划分若干区进行作物和牧草的轮作。一般在大田作物种植若干年后，连续种植一年生或多年生牧草，如利用苜蓿、三叶草等豆科牧草和猫尾草、黑麦草等禾本科牧草进行单播或混播，以促进土壤团粒结构形成和土壤肥力的恢复和提高，并给畜牧业提供优良饲料。通常种草两年左右后耕翻，播种粮食或棉花等，隔年再种牧草进行第二次轮回。主要为西欧、北欧国家及美国、俄罗斯等国采用。在中国新疆、内蒙古、东北一带肥料不足或土地瘠薄的地区也有采用。

xiumu
休牧　为了保护牧草繁殖、生长、恢复现存牧草的活力，在一年周期内对草地施行一至数次短时间的停止放牧利用的措施。属于短期禁止放牧利用的方式。在中国，休牧时间视各地的土地基本情况、气候条件等有所不同，一般为2～4个月。休牧时间一般选在春季植物返青以及幼苗生长期和秋季结实期，有特殊需求时也可在其他季节施行。各地一般根据植物物候期的不同确定春季休牧时间，以当地主要草本植物开始返青为主要参考指标。一般在每年的4月初开始。结实期休牧一般在夏末或秋初开始，以当地主要草本植物进入盛花期为主要参考指标。其他时间休牧则可根据具体需要确定休牧开始时间。春季休牧一般在6月中旬结束。各地根据草地情况和气候特点，可以对具体时间有所调整。其他时间的休牧可根据具体情况确定休牧期结束的时间。

jinmu
禁牧　对草地施行持续时间一年以上的禁止放牧利用的措施。一般是在生态脆弱、水土流失严重或具有特殊利用方式（如割草场）的草场进行禁牧。禁牧的期限是以年为单位。目的是解除因放牧对植被产生的压力，改善植物生存环境，促进植物（恢复）生长。

　　适用区域　禁牧措施适用于所有（暂时的或长期的）不适合放牧利用的草地。永久性的禁牧等同于退牧，一般仅适合于不适宜放牧利用的特殊地区。

　　设施要求　禁牧措施一般在由于过度放牧而导致植被减少，生态严重恶化的地块。为防止家畜进入，禁牧地块一般要求有围栏设施，围栏建设应符合《草原网围栏和刺丝围栏建设技术规程》的规定。

禁牧解除　一般以初级生产力和植被盖度作为解除禁牧的主要依据。根据具体情况，当上一年度初级生产力最高产量超过600千克干物质/公顷，生长季末植被盖度超过50%时，可以解除禁牧。也可用当地草原的理论载畜量作为参考指标。当禁牧区的年产草量超过该地理论载畜量条件下家畜年需草量的2倍时，可以解除禁牧。禁牧解除后，宜对草原实施划区轮牧或休牧。

ziran baohu
自然保护　对自然环境和自然资源的保育与维护。保护自然环境和自然资源的中心任务是保护、增殖（可更新资源）和合理利用自然资源。自然保护的主要任务是：保护可更新的自然资源的连续存在；维持自然环境的净化能力；维护自然生态系统的健康；保护物种的多样性和基因库的发展；保护野外休憩和娱乐的场所；保护水源涵养地；保护历史文化遗迹；保护乡土景观；保护稀有动物和植物等。

中国第四纪冰川遗迹博物馆，远古植物化石

同时也包括具有特殊保护价值的地质剖面、化石产地、冰川遗迹、岩溶、冰川、火山口以及陨石所在地等。自然保护工作的重要手段之一——建立自然保护区，即划定一定范围的陆地或水域，采取措施，保护其自然综合体或自然资源，以及其他特定的单种、多种或整体的对象。

ziran baohuqu
自然保护区　广义的自然保护区指受国家法律特殊保护的各种自然区域的总称，不仅包括自然保护区本身，而且包括国家公园、风景名胜区、自然遗迹地等各种保护地区。狭义的自然保护区指以保护特殊生态系统进行科学研究为主要目的而划定的自然保护区，即严格意义的自然保护区。《中华人民共和国自然保护区条例》第二条定义为：对有代表性的自然生态系统、珍稀濒危野生动植物物种的天然集中分布区、有特殊意义的自然遗迹等保护对象所在的陆地、陆地水体或者海域，依法划出一定面积予以特殊保护和管理的区域。中国的自然保护区分为国家级自然保护区和地方各级自然保护区。《条例》第十一条规定，"其中在国内外有典型意义、在科学上有重大国际影响或者有特殊科学研究价值的自然保护区，列为国家级自然保护区"。

根据中国环境保护部资料，截至2012年，中国共建立自然保护区2 669个，总面积约为144万平方千米，占土地总面积的15%，其中国家级自然保护区363个，面积94.97万平方千米，占土地总面积的9.89%。

中国的自然保护区可分为三大类别：第一类是生态系统类，保护的是典型地带的生态系统。如广东鼎湖山自然保护区，保护对象为亚热带常绿阔叶林；甘肃连古城自然保护区，保护对象为沙生植物群落；吉林查干湖自然保护区，保护对象为湖泊生态系统。第二类是野生生物类，保护的是珍稀的野生动植物。如黑龙江扎龙自然保护区，保护以丹顶鹤为主的珍贵水禽；福建文昌鱼自然保护区，保护对象是文昌鱼；广西防城上岳自然保护区，保护对象是金花茶。第三类是自然遗迹类，主要保护的是有科研、教育、旅游价值的化石和孢粉产地、火山口、岩溶地貌、地质剖面等。例如，山东临朐山旺自然保护区，保护对象是生物化石产地；湖南张家界森林公园，保护对象是砂岩峰林风景区；黑龙江五大连池自然保护区，保护对象是火山地质地貌。

按保护对象和目的可分为六种类型：①以保护完整的综合自然生态系统为目的的自然保护区。例如以保护温带山地生态系统及自然景观为主的长白山自然保护区，以保护亚热带生态系统为主的武夷山自然保护区和保护热带自然生态系统的云南西双版纳自然保护区等。②以保护某些珍贵动物资源为主的自然保护区。如四川卧龙和王朗等自然保护区以保护大熊猫为主，黑龙江扎龙和吉林向海等自然保护区以保护丹顶鹤为主，四川铁布自然保护区以保护梅花鹿为主。③以保护珍稀孑遗植物及特有植被类型为目的的自然保护区。如广西花坪自然保护区以保护银杉和亚热带常绿阔叶林为主，黑龙江丰林自然保护区及凉水自然保护区以保护红松林为主，福建万木林自然保护区则主要保护亚热带常绿阔叶林等。④以保护自然风景为主的自然保护区和国家公园。如四川九寨沟自然保护区、重庆缙云山自然保护区、江西庐山自然保护区、台湾玉山国家公园等。⑤以保护特有的地质剖面及特殊地貌类型为主的自然保护区。如以保护近期火山遗迹和自然景观为主的黑龙江五大连池自然保护区，保护珍贵地质剖面的天津蓟县地质剖面自然保护区，保护重要化石产地的山东临朐山旺自然保护区等。⑥以保护沿海自然环境及自然资源为主要目的的自然保护区。主要有台湾淡水河口保护区，兰阳、苏花海岸等沿海保护区；海南东寨港自然保护区和清澜港自然保护区、广西山口国家红树林生态自然保护区（保护海涂上特有的红树林）等。

Zhumulangmafeng Ziran Baohuqu
珠穆朗玛峰自然保护区 位于中国西藏与尼泊尔交界处。其南起国界线，北至雅鲁藏布江（日喀则吉隆县境内）和藏南分水岭（日喀则定日县境内）；东起那当曲与哈曲分水岭、朋曲支流—雅鲁藏布江与吉布弄下游分水岭以及彭作浦曲与拉冬扎乌河分水岭，西抵阿姆嘎曲、翁布曲与桑卓曲、希呦得藏布分水岭。主要保护对象为高山、高原生态系统。保护区包含着世界最高峰珠穆朗玛峰和其他四座海拔8 000米以上的山峰，又是世界上最独特的生物地理区域。区内生态系统类型多样，基本保持原貌，

生物资源丰富，珍稀濒危物种、新种及特有种较多，初步调查共有高等植物2 348种，哺乳动物53种，鸟类206种，两栖动物8种，鱼类10种，含有代表该地域特色的国家重点保护的珍稀濒危动植物47种，其中国家一级保护动植物10种，国家二级保护动植物28种。同时，保护区还具有丰富的水能、光能和风能资源，以及由独特的生物地理特征、奇特的自然景观和民族文化、历史遗迹构成的重要的旅游资源。珠穆朗玛峰保护区还是研究高原生态地理、板块运动和高原隆起及环境科学等学科的主要研究基地。

Kekexili Ziran Baohuqu
可可西里自然保护区 位于青藏高原西北部，青海西南部的玉树藏族自治州境内。西部与西藏毗邻，西北角与新疆相连，面积8.3万平方千米。它东西宽200～300千米，西部是藏羌内流湖区，东部是长江源；盘踞南北两端的唐古拉山脉与昆仑山脉，则是山势较缓的平均海拔在6 000米左右的极高山地。它是中国建成的面积最大，海拔最高（平均海拔5 000米以上），野生动物资源最为丰富的自然保护区之一。它是世界上原始环境保存最完美的地区之一，也是最后一块保留着原始状态的自然之地。地势高峻，气候严酷，自然条件恶劣，人类无法长期居住，被誉为"世界第三极""生命的禁区"。然而正因为如此，才能给高原野生动物创造出得天独厚的生存条件，成为"野生动物的乐园"，拥有的野生动物多达230多种，其中属国家重点保护的一、二级野生动物就有20余种，包括青

可可西里藏羚羊

藏高原上特有的野牦牛、藏羚羊、野驴、白唇鹿、棕熊等。

Sanjiangyuan Ziran Baohuqu
三江源自然保护区　位于青藏高原腹地、青海南部。是长江、黄河和澜沧江的源头汇水区。是世界上海拔最高、面积最大、湿地类型最丰富的地区，素有"江河源""亚洲水塔"之称。是世界高海拔地区生物多样性特点最显著的地区，被誉为"高寒生物自然种质资源库"。因具有独特而典型的高寒生态系统，成为中亚高原高寒环境和世界高寒草原的典型代表。它是以保护长江、黄河、澜沧江三条大江大河源头生态系统为目的。包括：①高原湿地生态系统，重点是长江源区的格拉丹冬雪山群、孕恰迪如岗雪山群、岗钦雪山群，黄河流域的阿尼玛卿雪山、脱洛岗雪山和玛尼特雪山群，澜沧江流域的色的日冰川群；当曲、果宗木查、约古宗列、星宿海、楚玛尔河沿岸等主要沼泽；列入中国重要湿地名录的扎陵湖、鄂陵湖、玛多湖、黄河源区岗纳格玛错、依然错、多尔改错等湿地群。②国家与青海省重点保护的藏羚、牦牛、雪豹、岩羊、藏原羚、冬虫夏草、兰科植物等珍稀、濒危和有经济价值的野生动植物物种及栖息地。③典型的高寒草甸与高山草原植被。④青海（川西）云杉林、祁连（大果）圆柏林，山地圆柏疏林高原森林生态系统及高寒灌丛、冰缘植被等特有植被。

Changbaishan Ziran Baohuqu
长白山自然保护区　位于吉林以长白山天池为中心的安图、抚松、长白三县交界处，南邻朝鲜。是中国温带森林生态系统中最大的综合性自然保护区。区内自然条件复杂多样，有森林、苔原、湖泊、温泉、瀑布。特别是具有温带山地垂直的自然景观系统。明显分为四个景观带谱：①海拔1 200米以下，温带针阔混交林景观。发育在玄武岩组成的山前熔岩台地上。地势平坦，主要树种有红松、落叶松和长白"美人松"。②海拔1 200～1 800米为针叶林景观带。位于火山锥体中部熔岩高原区。以鱼鳞松、臭松和黄花落叶松为主要树种。③海拔1 800～2 000米为山地岳桦林带。位于火山锥体中上部。④海拔2 000米以上为山地苔原带。位于长白山主峰上部，以灰白色浮石为主。植被为高山苔原，有牛皮杜鹃等苔原植物。长白山自然保护区是天然博物馆。有植物1 300余种，其中有经济价值的达800余种。陆栖脊椎动物300余种，其中东北虎、紫貂、梅花鹿、马鹿、鸳鸯和中华秋沙鸭等均属珍稀动物，为国家重点保护对象。保护区位于松花江、图们江和鸭绿江的发源地，对防止水源污染有重大意义。保护区内的典型火山锥体与山地垂直自然景观，为动物、植物、森林、生态、地质、地理、土壤和气象等多种学科的教学和科研提供理想场所。

Wolong Ziran Baohuqu
卧龙自然保护区　位于中国四川汶川县的西南部，邛崃山脉东翼。最高峰为西南的四姑娘山，海拔6 250米，附近高于5 000米的山峰有101座。群山环抱，地势从西南向东北倾斜，溪流众多。年均温8.9℃，年降水量931毫米。处四川盆地与青藏高原过渡带，原始森林茂密，从亚热带到温带、寒带的生物均有分布。海拔1 600米以下为常绿阔叶林；1 600～2 000米为常绿落叶阔叶混交林带；2 000～2 600米为针阔混交林；2 600～3 600米为亚高山针

卧龙自然保护区大熊猫

叶林带，林下有大面积箭竹；3 500米以上为高山草甸和灌丛。它是中国建立最早、栖息地面积最大、以保护大熊猫及高山森林生态系统为主的综合性自然保护区。以"熊猫之乡""宝贵的生物基因库""天然动植物园"享誉中外。区内地理条件独特、地貌类型复杂、风景秀丽、景观多样、气候宜人，集山、水、林、洞、险、峻、奇、秀于一体，还有浓郁的藏、羌民族文化。区内建有相当规模的大熊猫、小熊猫、金丝猴等国家保护动物繁殖场，有世界著名的大熊猫野外观测站，有国内迄今为止以单一生物物种为主建立的博物馆的大熊猫博物馆。

Dinghushan Ziran Baohuqu
鼎湖山自然保护区　位于中国广东肇庆市鼎湖区。成立于1956年，是中国建立的第一个自然保护区。山脉为西南—东北走向，西南高东北低，几乎全部为山地和丘陵，坡度较大，多在35°～45°之间。全区海拔高差在990米左右，在海拔800米以下区域均为森林分布。主要保护对象是珍贵的南亚热带地带性植被——季风常绿阔叶林及其丰富的生物。南亚热带季风常绿阔叶林，森林茂密，终年常绿，各种植物层次分明，第一至三层由乔木组成，最高的锥栗等可高达30米；第四层为灌木；第五层为草本及苗木层。在巨树苍老的树枝上，攀附着粗大的买麻藤等木质藤本，倒悬垂挂着瓜子金等附生植物。其他种如茎花植物、绞杀植物、板根植物等各得其所，竞争向上。保护区内生物多样性丰富，是华南地区生物多样性最富集的地区之一，被称为"物种宝库"和"基因储存库"。保护区景观独特，有近400年记录历史的地带性原始森林——南亚热带季风常绿阔叶林和其他多种森林类型，被誉为北回归沙漠带上绿洲中的明珠。

Fanjingshan Ziran Baohuqu
梵净山自然保护区　位于中国贵州的江口、印江、松桃三县交界处。梵净山是武陵山脉的主峰，最高海拔2 572米，具明显的中亚热带山地季风气候特征。主要保护对象为亚热带森林生态系统及黔金丝猴、珙桐等珍稀动植物。本区为多种植物区系地理成分汇集地，植物种类丰富，古老、孑遗种多，植被类型多样，垂直带谱明显，为中国西部中亚热带山地典型的原生植被保存地。区内高等植物有1 000多种，其中国家重点保护植物有珙桐等21种，并发现有大面积的珙桐分布；脊椎动物有382种，其中国家重点保护动物有黔金丝猴等14种，并为黔金丝猴的唯一分布区。

Xilinguole Caoyuan Ziran Baohuqu
锡林郭勒草原自然保护区　位于中国内蒙古锡林郭勒盟的锡林浩特市境内。生物多样性较丰富，除天然草原外还包括沙地森林、农田、湿地等复杂多样的自然生态系统。其中草原生态系统是主体，占总面积的90%以上。草原生态系统主要包括典型草原生态系统和草甸草原生态系统。保护区的中部有横贯东西的一条沙带，是浑善达克沙地的一部分。沙地内分布有杨桦林生态系统、榆树疏林生态系统与沙地草原生态系统，保护区建立的阿布都尔图山杨白桦——沙地云杉林核心区就代表了这一类型。湿地生态系统主要指保护区内的锡林河、扎格斯台淖尔等河流湖泊、溪水及其周边地区的沼泽湿地。这一类型的生态系统所占面积不大，但其生态功能地位十分重要。所以保护区主要保护在半干旱气候条件下发育在栗钙土上的典型草原生态系统，在半湿润气候条件下发育在黑钙土上的草甸草原生态系统，分布在草原地带上的沙地森林生态系统，分布在河谷地带的湿地生态系统的结构与功能的完整性，以及保护在各类生态系统中繁衍生息的野生动植物资源。

Shennongjia Ziran Baohuqu
神农架自然保护区　位于中国湖北西部，处在中国地势第二阶梯的东部边缘。是中国西南高山与华中丘陵的过渡地带，属于大巴山脉的延伸部分。气候为北亚热带向中亚地带的过渡区域，保存了较为完好的原生和次生生物群落，是研究生物物种多样性、典型性以及植被自然演替规律的理想场所。神农架自然保护区又是中国西南、华中、华南、华北和西北的动植物区系的汇合地，包含着半个中国的植物种类和亚热带、暖温带、寒温带三种植物垂直分布类型，即海拔800～1 500米之间为亚热带性常绿阔叶林混交林带；海拔1 500～2 600米之间为暖温带性落叶、阔叶、针叶林带；海拔2 600米以上的为寒温带性常绿针叶林带。有国家重点保护野生动物79种，其中一级保护动物5种：金丝猴、华南虎、金钱豹、白鹳、金雕；二级保护动物74种：金猫、林麝、黄喉貂、秃鹫、大灵猫、红腹锦鸡、大鲵等。此外还有白化动物30多种。所以神农架自然保护区主要保护对象是森林和野生动物。

Xishuangbanna Ziran Baohuqu

西双版纳自然保护区 位于中国云南西双版纳傣族自治州，主要保护对象为热带森林生态系统和珍稀动植物。本区属热带湿润气候，全区低山连绵、河流纵横、四季常青，是中国除海南外热带原始林保存最好的地区，以"动植物王国"闻名中外。已鉴定的高等植物约3 890种，其中国家重点保护植物有望天树、版纳青梅、苏铁、藤枣、黑黄檀、滇南风吹楠、千果榄仁、四数木、合果木、大叶木兰、红椿、粗枝崖摩、桫椤等53种；陆生脊椎动物有620种，其中国家重点保护动物有绿孔雀、黑长臂猿、亚洲象等24种。本区的特有植物有细蕊木莲等30种，特有动物有双带鱼螈等7种。西双版纳不仅是物种的天然基因库，而且其神奇的热带风光和少数民族风情使其成为中国著名的风景游览区。

Ke'erqin Ziran Baohuqu

科尔沁自然保护区 位于中国大兴安岭南麓科尔沁沙地的北缘地带，地处欧亚草原东部区域，在内蒙古科尔沁右翼中旗境内。是一个以保护科尔沁原始草原、榆林、杏树疏林等自然景观，保护鹤、鹳等珍禽鸟类及其栖息环境湿地为主的综合性自然保护区。保护区的北部和南部分布着额木特河、突泉河和霍林河，三条河的下游在保护区汇集，形成了三块湿地，其中，较为典型的湿地为霍林河流域湿地。保护区属中温型半干旱大陆性气候，具有寒暑剧变的特点。春季多风，夏季温热，降雨集中在7～9月，日照充足，秋凉而短促，冬季漫长寒冷。保护区光能资源丰富，年日照时数为3 132.5小时，植物生长季日照时间长，有利于植物的光合作用。年平均温度5.5℃，7月平均气温为23.1℃，1月平均气温为−13.7℃。科尔沁自然保护区东与吉林向海自然保护区毗邻，是大兴安岭南麓向科尔沁沙地过渡地带。生物多样性和生境类型十分丰富，是科尔沁草原地区湿地生态系统最有代表性的地区。保护

西双版纳热带森林　　　　　　　　　　　　　　　　　　（陈百明　摄）

区内自然植被保存完好，蒙古黄榆天然疏林、西伯利亚杏灌丛和湿地草甸植被镶嵌分布，构成了独特的科尔沁草原自然景观。科尔沁自然保护区为典型的内陆湿地，丰富的生物多样性为实现湿地生态系统其他服务功能和价值奠定了基础。科尔沁自然保护区内的珍稀物种对环境的改变有很高的敏感性，环境一旦改变就很难生存。如不加以妥善管理和保护，一旦遭到破坏，恢复起来非常困难。

Xiaoqinling Ziran Baohuqu
小秦岭自然保护区 位于河南灵宝市西部、小秦岭北麓，属森林生态类型自然保护区。主要保护对象是森林生态系统多样性、生物物种多样性、各种动植物物种及其生存环境。小秦岭地形复杂，地势陡峻，一般坡度为30°～50°。老鸦岔海拔2 413.8米，为河南最高峰。境内超过2 000米的高峰有19座，相对高度达1 202米。年均温11.2～14.2℃，1月均温-0.3℃，7月均温27.2℃，极端低温17℃，极端高温42.7℃；≥10℃的年积温为2 500～4 700℃，无霜期170～215天；年降水量620毫米左右。优越的水热条件及独特的地理环境为物种的形成和繁衍提供了优越的条件，使得该区的生物种类具有一定的稀有性。保护区内分布有国家级重点保护植物13种。其中国家一级保护植物2种（红豆杉、银杏）；二级保护植物11种，常见的如水曲柳、香果树、野大豆、天麻等。此外该区有国家级保护动物

27种，其中国家一级保护动物4种：豹、林麝、金雕、黑鹳；国家二级保护动物有金猫、豺、黄喉貂、水獭等23种，占全国保护动物的8.16%，在物种分布上占有重要的位置。

Danjiangkou Shidi Ziran Baohuqu
丹江口湿地自然保护区 位于河南南阳市淅川县境内。是中国南水北调中线工程的水源地，以保护水生和陆栖野生生物及其生境共同形成的次生内陆河口湿地生态系统为主要目的。区域内生物资源丰富，有国家一级保护动物白鹤、朱鹮等，国家二级保护动物大天鹅、鸳鸯、隼、锦鸡等；国家二级保护植物香果树、杜仲、银杏等。保护区的兴建，对保护物种资源、维持生态系统良性循环等方面将产生重要作用。作为南水北调中线工程的源头区，丹江湿地是南水北调源头的过滤器和净化器。丹江自陕西进入河南，上游水质较差，经过保护区生态系统净化、过滤，丹江河口（史家湾）水质可达到地表水Ⅱ类水标准。南水北调中线工程建成后，丹江口水库保证年平均可调出水量141.4亿立方米，一般枯水年可调出水量约110亿立方米。保护区的建立对搞好南水北调中线工程源头区水土保持、水源涵养，保证饮用水质量、水资源战略安全和华北地区的经济社会可持续发展都具有重大战略意义，对保护特有物种资源、维持生态系统良性循环，极具现实意义。

tudi jingji

土地经济　土地利用过程中生产力的组织和生产关系的调节。即通过探讨人类在土地开发利用过程中所应遵循的基本经济原理和规律，分析人们因土地利用而发生的一切经济社会关系，同时探索相关的政策法规，协调土地所有者、使用经营者之间的土地经济关系。在土地经济的基本原理方面，大致包括土地报酬递增递减原理、土地供求平衡原理、土地资源配合优化原理、稀缺原理、替代原理和比例原理等。此外，土地制度如土地所有制、使用经营制等；土地价值如地租、地价、地税、土地金融等等，也是土地经济的重要方面。

tudi shengtai jingji

土地生态经济　在土地生态系统承载能力范围内，运用生态经济学原理和系统工程方法改变利用和生产方式，挖掘一切可以利用的土地资源潜力，发展生态优化、经济高效的产业，建设生态健康、景观适宜的环境。其本质就是把土地利用建立在经济可持续和生态可承受的基础之上，实现生态改善与经济发展、自然生态与人类利用的高度统一和可持续发展的目标。时间性、空间性、效率性是土地生态经济应有的三个特征：①时间性，即土地利用在时间上的可持续性。在人类社会再生产的漫长过程中，后代人对土地资源应该拥有同等的享用权，当代人要为后代人留下宽松的空间。②空间性，即土地利用在空间上的可持续性。区域的土地开发利用和区域发展不应损害其他区域满足其需求的能力，并要求区域间土地资源共享。③效率性，即土地利用在效率上的高效性，也就是"低耗、高效"的土地利用方式。它以技术进步为支撑，通过优化配置，最大限度地降低单位产出的消耗量与改善生态条件，不断提高土地的产出效率和对经济社会的支撑能力。

tudi guanxi

土地关系　人类在利用土地的过程中形成的人与人之间的资源利用和财产关系。基本的土地关系是土地产权关系，指土地产权的确立和流转过程中所发生的人与人之间的关系，这种关系可以体现为财产利益主体间的土地法律关系和土地经济关系；还包含受制于土地产权的土地管理形式，即土地管理措施的体系。

tudi xuqiu

土地需求　人类为满足生产和生活需要对土地产生的要求与获取能力。即为了维持人们生活活动和社会生产对各类土地需要的总量。随着经济社会的发展，人类社会对土地的需求从简单到复杂、从单一到多样化。原始社会土地仅作为人类的栖身和采食之地，之后出现了农地、放牧地，后来出现了住宅用地、作坊用地。随着劳动分工的出现和发展，城市建设用地、工业用地、交通运输用地等相继产生。现代社会的用地类型不断增多，如旅游观光用地、疗养别墅用地、自然保护区用地等等。影响土地需求的主要因素有：①人口数量。人类的衣食住行都依赖于土地，人口数量越多，对土地的需求量就越大。②土地产品的产出率。为了保证一定需求的产品量，土地产出率越高，土地需求量就越低。③人民生活水平。人民生活水平提高后，不断对食品质量和品种提出更高要求，而且还会增加住房和娱乐设施方面的需求，从而增大土地需求量。④经济社会发展水平。经济社会的发展，一方面会减少对某一经济用途的土地需求；另一方面，由于新的经济用途产生而增加对土地的需求。

tudi gongji
土地供给 在一定历史发展阶段，全球或一个地区所能提供给社会的各类生产和生活用地的总量。它包括人类已经开发利用的土地，以及尚未利用但在一定时期内可能开发利用的土地。土地可能供给的数量与人类利用土地的能力有关。人类利用土地的能力，既与土地本身的自然和经济属性相关，更取决于经济社会和科学技术发展的水平。人类对土地资源开发利用的深度和广度与科学技术的发展水平相关。当然人类对土地资源的过度利用也会带来负效应，导致土地可能供给数量的下降。

tidi ziben
土地资本 为改良土地而投入并固定于土地中的资本，属于固定资本的范畴。投入土地的资本，有的是短期的，如土壤物理和化学性质的改良、施肥等；有的是长期的，如平整土地、修建排灌设施、设置建筑物等。不论是短期投入，还是长期投入，都能提高土地的产出水平，增加土地收益。土地资本经营的前提是资产，中国实行土地公有制度，改革开放以前，一直是无偿、无限期、无流动使用，这一阶段的土地使用仅仅呈现为绝对的自然资源属性，土地管理是纯粹的资源管理，因而土地资本经营缺乏应有的基础条件。1987年开始推行土地有偿使用后，土地作为特殊商品进入市场，土地产权人则通过地租资本化使土地具有价格，一方面体现其固有的使用价值，另一方面显化了土地应有的交换价值，使得土地同时具有资产属性。当土地资产被投入市场，使其为所有者带来预期收益，产生增值，土地资产就转化为了土地资本，表现为土地权属关系上的转让、出租或自己投入使用。

tudi zichan
土地资产 以财产状态出现，可以被人占有、利用、支配和交易的土地。土地资产又可以说是商品化的土地和土地资本。它通常以价值量来表示。土地是自然界的产物，人类出现以后，土地被占有和利用，逐渐成为国家、社会集团或个人的财产。已经利用的土地投入了物化劳动和活劳动，提高了使用价值，并集聚了价值。使用价值和价值的存在是使土地成为一种资产的基础。中国的农业、工业、服务业或其他生产部门中，都把土地作为固定资产投入，并以地租形式列入成本。土地（资产）的使用权可以根据国家法律规定出让、转让和抵押。所以，土地的资产功能就是土地可以作为财产使用，业主将其占用的土地资源作为其财产或作为其财产的权利，业主可以将其拥有的土地或土地产权视作财产变卖获取收益。而他人取得土地这种财产则需要付出一定的经济代价或成本，土地的使用可为土地使用者带来一定的经济效益。

tudi baochou
土地报酬 单位面积土地上所投入的某项可变要素后的生产价值。即对土地投入所获取的收益。土地报酬以总收益或纯收益表示，一般分为直接收益和间接收益。作为农业生产资料的土地的收益就是农产品；而作为建房基地的土地，其收益就是间接的，是通过房屋内的其他生产经营而实现的。不论哪种收益，都是通过土地利用而实现了它的使用价值。在商品经济条件下，土地利用有效与否，只计算其纯收益的多少。纯收益多，则土地利用效益大。纯收益等于总收益减去生产费用。不同类型的土地丰度不同，土地利用的目的及其技术水平和经济状况也有不同。因此，土地总收益（生产力）和纯收益，即土地报酬就有高低。

tudi baochou dijianlü
土地报酬递减律 在一定技术水平下，相对于其他不变投入量，增加某些可变投入量将使总产出可能变少的现象。又称土地肥力递减率、土地收益递减律。在农业利用中，对一定面积的土地连续追加资本或劳动，超过一定限度后，追加部分所增得的收益会逐渐减少。土地报酬递减现象的存在，有如下假设条件：①生产技术不变；②自然条件不变；③生产规模的变化对产量不发生影响。

tudi jinrong

土地金融 以土地作为信用保证，通过各种金融工具而进行的资金筹集、融通、清算等金融活动。又称土地抵押信用。是利用土地作信用的担保品而进行长期金融流通。在长期信用业务中，常常需要财产作担保，土地价值一般会随经济社会发展和人口增长而不断提高，因而是长期信用最理想的担保品。土地金融的运用，可以取得必要的资金以支持城市的建设、农村土地的改良和农业生产的发展。土地金融业务的开展对土地的合理开发利用有极为重要的意义，其主要任务在于促进土地利用、发展农牧业生产。农业生产的特点是周期长、风险大，因此，仅仅依靠农业生产者的自有资金，很难使生产顺利进行并逐步扩大生产规模。西方的许多国家设有土地银行，开办土地金融业务。土地经营者一般是以土地抵押来取得借贷资金。土地作为不动产，在信贷方面是很好的担保品。许多国家，除了以土地抵押方式获取贷款外，还通过土地契约（或称为分期付款契约）和不动产债券作为得到信贷资金的工具。

tudi jinrong zhidu

土地金融制度 有关土地的金融机构体系、金融流通机制及其调节方法等行为规范的总称。土地金融制度与其他专业金融制度相比，有以下特点：①以贯彻国家的土地政策为宗旨。每个时代均可能产生独特的土地问题，国家必须制定相应的土地政策，土地金融是实施土地政策的重要工具。②不以盈利为目的。土地金融的任务是以融通资金的办法扶持农民，发展农业生产。农业是弱质产业，劳动效率较低，农民收入微薄，不可能成为土地金融盈利的对象。③需要政府扶持。土地金融与工商业金融不同，须由政府给予资金来源方面的优惠。④贷款以长期为主。

dizu

地租 土地在生产利用中自然产生的或应该产生的经济报酬，即总产值或总收益减去总要素成本或总成本后的剩余部分。是土地所有权在经济上的实现形式，即土地所有者凭借土地所有权而获得的收入。一切形态的地租都是土地所有权在经济上的实现。不同性质的地租，与不同的土地所有权相联系。中国同样存在地租这一经济范畴，而且也有级

差地租与绝对地租的区分。可以用地租与土地总投资额的比率衡量地租率。

地租有不同的类别，主要包括：①经济租金，又称生产者剩余。指土地收益中减去投入生产的土地的最低供给价格后的剩余。②契约地租，又称土地租金。即租用土地而付给土地所有者的报酬。承租人为使用他人土地而实际支付的款项，其数额由使用前双方协议的契约所规定。③实物地租，指以土地产品的实物形态支付的地租。④货币地租，指以货币形态支付的地租。⑤定额地租，指以每年固定的金额或实物来确定地租额的地租形式。⑥分成地租，指以承租人每年总收益（或总收获物）一定成数的金额（或实物）来确定地租额的地租形式。⑦绝对地租，指土地所有者凭借土地所有权垄断所取得的地租，其来源是土地产品价值超过其生产价格的差额。⑧垄断地租，指从自然条件特别优越的土地上所获得的额外的超额利润转化而来的地租。

jicha dizu

级差地租 由土地经营者因经营肥力和（或）区位较优的土地或者在土地上追加投资提高劳动生产率所获得的超额利润转化的地租。超额利润为土地产品个别生产价格与劣等地生产价格之间的差额。由于土地生产力存在等级的差别，而使生产力较好的土地所有者获得较多的收入。在市场经济条件下，劣等土地经营者一定要求获得平均利润才肯经营，因此，农产品的社会生产价格（成本价格+平均利润）必须取决于劣等地上产品的个别价格。优等和中等地的经营者由于其土地的生产率较高，产品的个别生产价格较低，按社会生产价格出售后，便可获得比平均利润较多的超额利润，这部分超额利润转到土地所有者手里，就成为级差地租。根据引起土地生产力差别的因素不同，可以区分出级差地租的不同形态。

级差地租I 因经营肥沃或位置较优的土地所获得的超额利润转化的地租。在农业生产中，将等量资本的劳动投在肥沃程度不同的土地上时，优等和中等地的产量比劣等地的高，单位产品的个别生产价格比劣等地的低；由于优等地和中等地提供产品不能满足社会需要，必须耕种劣等地。所以农产品的社会生产价格就取决于劣等地的生产条件，而优等地和中等地的产品在按照劣等地产品的生产价格出售时，就会获得高于平均利润的超额利润，这种超额

利润被土地所有者占有，构成级差地租Ⅰ。也可以因土地位置距离市场远近不同使得距离市场较远的土地的农产品运输成本比距离市场较近的土地的农产品运输成本高，所以距离市场远的农产品的生产价格比距离市场近的高。但农产品的社会生产价格必须由距离市场较远的农产品的生产价格决定，这样距离市场较近的土地的农业经营者就可获得高于平均利润以上的超额利润，成为级差地租Ⅰ。

级差地租Ⅱ 因对土地连续追加投资，提高劳动生产率所获得的超额利润转化的地租。由于对同一块土地进行连续追加投资引起的劳动生产率不同所产生的超额利润的转化形态。追加资本所带来的超额利润是级差地租Ⅱ的实体，不论是优等地，还是劣等地，只要追加投资获得不同的劳动生产率，就能形成超额利润，转化为级差地租Ⅱ。从历史上看，级差地租Ⅰ是级差地租Ⅱ的基础和出发点。级差地租的两种形态尽管联系紧密，但由于经营方式不同，超额利润转化为地租的方式也不同。

jicha tudi shouru
级差土地收入 在社会主义条件下，经营较优土地或在相同的土地上投入较多的生产资料和劳动所获得的超额收益。反映的是在根本利益一致基础上的国家、集体、企业、劳动者之间的关系。在社会主义社会，正确地认识和处理级差土地收入，对于贯彻物质利益原则和按劳分配原则、保护竞争、鼓励先进、调动生产者积极性、合理利用土地、提高集约化水平、促进生产发展具有重要意义。

tudi jingzu quxian
土地竞租曲线 达到均衡状态的地租在不同土地之间的变化曲线，表示土地成本和区位成本（克服空间距离的交通成本）之间的权衡。地租是使用土地的代价，是土地作为生产要素之一，投入到生产过程中所得到的报酬。在完全竞争的假设条件下，出价最高的土地使用者得到土地的租用权。为了付得起比其他竞租者更高的地租，租用者必然要为这块土地安排收益最高的用途，或者生产要素之间更优的投入组合。假定土地竞租者之间没有任何差别，土地使用者之间的竞租过程就可以理解为各用途之间对土地的竞标过程。竞标的胜负以各种用途在该土地上所能产生的地租大小为准。同一用途在不同土地上地租产生能力的大小，取决于土地之外其他

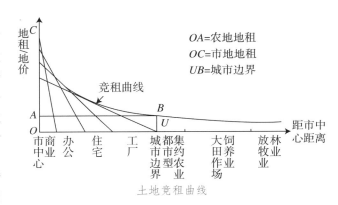

土地竞租曲线

生产要素的投入产出函数。假如把地租成本也考虑在内，当土地使用者租用不同的土地获利相同时，即经济获利为零时，便达到了均衡状态。此时靠近市场而节约的运费或单位产品成本恰好与因此而产生的地租相冲抵。竞租曲线是单调递减的凹函数。不同的曲线表示不同的土地使用，曲线上的任何一点表示一种选址的可能性。同一曲线上任何一种选择方案的经济效益（土地成本和区位成本之和）都是相同的。劳动生产率决定了竞租曲线的截距，而对交通的依赖程度决定曲线的斜率。

dijia
地价 在土地收益理论的概念中，指预期的土地年均净收益（即经济地租）资本化的货币数额。又称土地价格。即土地买卖时的价格。它是由特定时间和地点土地的需求和供给决定的，以货币表示的经济价值。由于土地作为一种重要的生产要素，投入生产具有获得相应收益即地租的能力，因此，土地价格的实质就是资本化的地租。土地所有者在买卖土地时，就是按其逐年收入的一定货币额的地租，比照其他各种逐步收入的货币额，计算出土地的价格。通常比照获得平均利息率为标准。地价可以细分出20余种地价类别：

宗地地价：即某一宗地的地价，指权属界线封闭的地块价格。中国的宗地地价是在当地土地市场正常供求状况下和一般经营管理水平条件下宗地土地使用权的价格。其价格的高低与所在区域的市场行情、基础设施、道路状况，以及地块大小、形状、容积率、区位等直接相关。

基准地价：按土地的不同区段、不同用途和不同等级评估和测算的土地使用权的平均价格。中国各城镇基准地价可分为综合基准地价（又称级别基准地价）、分类基准地价和分区基准地价。它是政

府宏观调控地价和进一步评估标定地价、出让底价的基础，是征收土地使用税、土地增值税、契税和地产税的依据，也是土地资源的优化配置和投资的决策参考。

理论地价：按地租资本化方法计算得来的地价。即通过还原利息计算得到的土地价格。

均衡地价：土地供给和需求达到平衡时的土地价格。

影子地价：在土地资源有限的条件下使土地得到最合理利用时的价格。

楼面地价：某一宗地上建筑面积均摊的地价。

标定地价：根据基准地价，并通过区域因素与个别因素修正而得到的宗地地价。

区段地价：道路两旁带状地内用途相同、用地条件相近的区段的平均地价。

路线价：面临特定街道和设定标准深度范围内若干宗地的平均单价。根据路线价计算出邻接同一条街道的其他宗地的地价。

出让底价：政府在招标、拍卖国有土地使用权时根据基准地价或标定地价确定的宗地的最低控制价格。

交易价格：又称土地市场价格，土地在市场交易中成交的买卖价格。

拍卖地价：土地市场上通过拍卖形式，由出价最高者获得土地所有权或使用权的成交价格。

招标地价：土地市场采用招标、投标方式进行土地交易的价格。

协议地价：土地交易双方通过协商共同认可的交易价格。

垄断地价：由于经济垄断或行政性垄断而形成的地价。

泡沫地价：因土地投机，严重高于实际地价的交易价格。

抵押价格：抵押人以土地为抵押物向抵押权人融资时，抵押权人对土地所估定的价格。

控制地价：又称管理地价。因土地市场管理的需要，由政府设定或认可的土地价格。

申报地价：土地登记或市场交易中，土地所有人或使用人依法向政府有关机关申报的地价。

产权价格：又称土地所有权价格，土地所有权让渡的价格。

使用权价格：土地使用权让渡的价格。

评估价格：通过一定估价方法测算出的土地价格。

dijia pinggu
地价评估 对土地价格的评定。在评定土地等级的基础上进行，内容因各国经济制度、产业政策以及政府对地产市场参与状况的不同而异。在中国，包括政府为管理土地市场所进行的基准地价评估和宗地地价评估；为进行土地使用权出让和评估企业土地资产而进行的标定地价和宗地出让底价评估，为地产交易服务而进行的宗地交易价格评估；根据当地的基准地价、标定地价和评估地价以及产业政策，为限定土地的最低或最高市场价格而公布的土地限价；定期厘定和公布基准地价标定地价的公告；反映报告期地价与基期地价比例关系的地价指数等。

dijia pinggu fangfa
地价评估方法 依据一定的技术和参数评定土地价格的方式。主要包括：①收益法，又称收益还原法、收益资本化法。以某一宗地未来预期的年纯收益按一定的资本化利率还原为评估时日该宗地地价的评估方法。②成本法，又称重置成本法。以土地取得费用和土地开发成本为基础，再考虑管理费用、投资利息、销售税费和开发利润来评定土地价格的评估方法。③假设开发法，又称剩余法、预期开发法。把包含在房地产预期总价格中的地价剥离出来的一种地价评估方法。④路线价法，根据路线价，运用深度指数表以及修正系数表对邻接同一条街道宗地的地价进行评估的方法。⑤市场比较法，在同一供需圈里，通过相同用途的多个类似宗地近期正常市场价格的比较和修正，评定某一宗地市场价格的评估方法。⑥地租资本化法，把地租当作一定量资本所带来的利息，并按一定资本化利率还原为一定量资本。即把土地价格视作一笔资本，存入银行获取相当于地租的利息。出售土地的地租=地价×年利息率，这就是地租资本化的含义和表现形式。⑦剩余法，又称倒算法、残余法、余值法等。适用于地上有建筑物或待开发土地的估价方法。即把土地的价值视为建筑物出售价值减去建筑制造成本、利润和其他应支出费用后的剩余价值。土地和建筑物作为一体出售，地租量应等于出售的市场价格减去正常的成本、利润、利息、税收，即为土地价格。

bianji xiaoyi fenxi

边际效益分析　在不涉及土地的基本建设投资的情况下，以单位面积土地的毛利和净收入来衡量企业土地利用经济效益的方法。又称毛利分析。毛利是指产值减去生产费用。毛利分析要计算纯收入和净利润，可用于土地评价，其结果可反映土地生产力的高低，并可通过在同一种土地评价单元上对不同作物或其他农林牧产品的毛利收入的比较，用单位土地面积上的收益水平确定土地的适宜性和适宜程度，以确定优化的土地利用方式。

土地评价中的毛利分析分两步进行。首先考虑单项作物或其他农林牧产品，然后综合其分析结果，评估整个农业（或林牧业）企业的土地经济效益。

第一阶段　①利用土地自然评价的结果，选择有发展前景的几种土地利用方式，作为毛利分析的对象；②为每一种已选定的土地利用方式和土地适宜性等级，估算出以实物形式的经常性投入；③估算实物产量，例如农作物的单产；④确定所投入和产出的单价；⑤估计农场或其他生产经营单位的固定成本。

第二阶段　在第一阶段基础上便可进行该农场或其他生产经营单位的毛利分析：①对每一种选定的土地利用经营项目（如每一种作物），将经常投入和估测的产量与投入和产品的价格相结合，即投入乘以单价为可变成本，产出（产量乘以价格）减去可变成本为此经营项目的毛利（边际效益）。在这一步，可对不同的作物、轮作方式或其他不同土地利用项目的组合进行比较，以选择最佳的轮作方式或其他不同的土地利用组合方式。②按每种土地利用项目的占地面积计算其总毛利，然后减去固定成本，便得到该农场或其他生产经营单位的纯收入，即农场或其他生产经营单位所得到的盈利和亏损。

tiexian xianjin liutong fenxi

贴现现金流通分析　对最初支付的基建费用与未来不同时段所得收益进行比较的方法。通常只适用于单项土地利用的分析。因为用于基本建设的投资费用如不进行投资而存入银行则可获得利息，在未来的年份内会增值。通过加上复利，并把未来的全部金额都折算成同一时期的金额，就可比较不同时期的成本和收益。如果假定利率为10%，第一年投资100元，那么1年以后便增至110元，2年以后为220

元，可表示为：$100 \times (1+r)n$。式中：n为年数；r为利率，用小数表示。所以通过加上复利，并把未来的全部金额都折算成同一时期的金额，就可进行不同时期的成本和收益的比较，由于投资决策是现在作出的，所以要逆向运算，即把全部投资和收益折算成现在的等值，称为现值。所谓"贴现"，就是附加利息的逆运算。贴现方法对成本或收益的处理是相同的。例如，设贴现率为0.1（10%），1年后支付或收入的100元费用（即成本）其现值为100/（1+0.1）=90.9元；2年后支付或收入的100元其现值为100/（1+0.1）×2=82.6元。换句话说，2年后100元的开支就等于把赚10%复利的82.6元现在投资到某一土地改良项目上。贴现方法对成本或收益的处理是相同的。在一般情况下，在n年后支付的成本或收益的货币值（P），折合现值V可表示为：

$$V=P \times \frac{1}{(1+r)^n}$$

式中：$\frac{1}{(1+r)^n}$的值称为贴现因素，P为实际成本或收益，n为年数，r为利率。

总现值等于各年的现值相加。此方法适用于土地改良费用和其他基本建设投资费用较大的土地利用项目。贴现因素可编制成表，以便查阅。

tudi xiaoyi

土地效益　土地的利用效果。包括经济效益、生态效益和社会效益三个方面。土地经济效益，是指土地利用过程中用于土地的各种耗费与土地产出品价值比较。后者比前者越大，土地经济效益越大；反之则越小。土地生态效益，是指土地利用前和土地利用后土地生态状况的相互比较。如果人类的活动没有破坏生态系统，而且能够促使其进入良性循环，则土地的生态效益提高；反之，如果土地的开发利用破坏了生态系统，使其进入恶性循环，则土地生态效益变差。土地社会效益，是指土地利用耗费为满足社会需求所提供的成果。在土地利用过程中，如果土地利用耗费产生的效果能相应地满足社会的需求，则可谓土地社会效益好；反之，尽管对土地进行了大量投入，但都不能相应地满足社会的需求，则土地社会效益为差。对土地进行开发利用，必须实行经济效益、生态效益和社会效益兼顾的原则，否则就不利于土地的合理利用和经济社会的可持续发展。

tudi guimo xiaoyi
土地规模效益　因土地的生产规模扩大而获得的经济利益。规模扩大是指包括土地在内的所有生产因素都按同一比例普遍增加，如土地、劳力、资金等。如果产出的产品数量增长比例超出投入的增长比例，则土地规模扩大的效益是递增的，因而取得了规模效益；反之，如果产出的增长比例小于投入要素的增长比例，则土地的规模报酬递减，未取得规模效益。所以土地经营规模既不是愈大愈好，也不是愈小愈好，要具体分析土地规模扩大的边际效益，当增加的单位投入的土地报酬达到零时，就应该停止继续扩大规模。

tudi chunshouyi
土地纯收益　使用土地从事生产经营时，所得总收入扣除生产经营费用后的余额。是评价土地利用活动是否经济合理的主要指标，也是土地生产经营者追求的目标。在不能获得纯收益或纯收益很低的情况下，生产经营者往往失去积极性。决定土地纯收益高低的主要因素有：①土地性状，如土壤的物理、化学性状；②自然环境条件；③经济社会条件，如农田基础设施条件、投入情况、经营管理水平、科技水平；④产品的市场购销价格，以及各种投入的价格水平等。

tudi bianji xiaoyi
土地边际效益　每多投入一单位的土地而使总收益增加的数值。在一定的技术条件下，在生产某种产品时，如果投入的土地与其他要素之间的比例是可以改变的，那么在其他要素不变的条件下，只变动土地投入量，则每多投入一个单位土地所增减的收益，就是土地的边际效益。由于报酬递减规律的作用，随着土地投入量的不断增加，当达到某一点之后，再增加土地的投入量，则连续每一单位土地投入所带来的收益将呈递减趋势。所以土地边际效益曲线是一条自左上方向右下方倾斜下降并向原点凸出的曲线。

tudi ziyuan hesuan
土地资源核算　对一定地区或一个国家的土地资源的经济价值进行的核查计算。土地资源具有重要的经济价值，在国家总财富中占有重要地位。土地是陆地各种资源的载体，随着中国人口持续增长，国民经济快速发展，工业化、城市化进程加快，土地资源供需矛盾加剧。转变经济增长方式，改变土地资源的粗放利用，是保证中国经济社会可持续发展的关键。开展土地资源核算并将其纳入国民经济核算体系的目的就是认识土地资源在国民经济社会发展中的地位与作用，反映土地利用活动与经济活动之间的关系，为国家宏观调控土地资源、统筹区域平衡发展等提供基础信息和决策依据。

tudi yinglilü
土地盈利率　反映土地利用经济效果的指标。土地利用过程中，在一定时期内土地产出品的利润与投入资金的比率。在农业生产中则指单位投入的利润，可按生产周期计算，也可计算数年的平均值。通常用一年内的单位土地面积生产产品的纯收入表示：土地盈利率=（农产品总产值-农产品总成本）/耕地面积=（农、林、牧、副、渔总产值-总生产成本）/农用地面积。由公式可见，土地盈利率实际是投入土地的单位成本的利润。某一地区土地盈利率的高低，取决于自然条件（如土壤、气候、水分、位置），技术条件（如耕作技能）和经济因素（如投入水平、利用方向和结构、市场价格）。因地制宜、因需制宜，改进技术，加强管理，从而增加产出，降低成本，是提高土地盈利率的有效途径。

tudi jingji fenxi zhibiao
土地经济分析指标　在土地经济评价中用于辅助计算与分析以及揭示土地的具体利用特征的指标。包括：①生产资料消费指标，如农业集约化水平、单位面积播种量、单位面积施肥量、单位面积用水量、单位面积用电量等；②成本费用与资金占有指标，如农作物亩成本、平均每亩耕地拥有资金量、平均每亩耕地拥有固定资产等；③土地利用及其结构指标，如每亩耕地的国家财政对农业的投资、每平方千米的公路网密度、每平方千米的航道密度、距主要城镇距离等。

tudi jingji xiaoguo zhibiao
土地经济效果指标　属土地经济评价中的辅助计算和分析指标。包括：①技术效果指标，如农作物良种化程度、适时作业率、技术措施增产率、水利设施的保灌面积、水井分布密度、渠系分布密度、草场载畜量指标、造林成活率、造林密度、采伐率等；②生产耗费效果指标，如每单位物质费用的农产品产值，每单位直接生产费用的农产品产值、成本利润等，每斤商品肥的产量、施肥的边际产量，每斤种子的产量等。

tudi jingji xiaoyi
土地经济效益 获取所利用土地的产出与投入其中的耗费量的比较。是判断土地利用经济效果的一个指标。人类社会所有经济活动的目标都是以较少的投入得到较多的产出，这是经济效益的核心。鉴于土地的特殊性，土地经济效益目标不是唯一的经营目标，在提高土地经济效益的同时，还必须兼顾土地的生态效益和社会效益。也只有这样才能保护、维持和不断提高土地的经济效益，保证土地以持续稳定的产出满足社会不断增长的需求。影响土地经济效益的因素主要有：①土地的集约经营水平；②土地的经营管理水平；③土地产品的市场需求、土地产品的价格和土地投入物的价格；④土地自身的质量；⑤土地的自然环境条件；⑥土地的经济区位条件。上述因素的综合作用制约土地的生产能力及其所产生的经济效益。

tudi shengchanlü zhibiao
土地生产率指标 综合反映土地质量与农业技术经济效果的指标。在实际工作中主要使用下列指标：单位土地面积的产量或产值；单位农用土地面积的产量或产值；单位耕地面积的产量或产值；单位播种面积的产量或产值；单位土地面积的净产值；单位土地面积的净收入（土地盈利率）。此外，还有单位面积原木（竹）产量、单位面积林产品产量等。

tudi guanli
土地管理 国家行政机关为社会整体利益而对土地事务的组织与规制活动。是国家行政机关依照制定颁布的法律规范所采取的法律行为。按管理的内容，可分为土地权属管理和土地利用管理。具体可分为：地籍管理、建设用地管理、土地利用规划和土地利用监察等。地籍管理是土地管理的基础性工作，其中心任务是查清土地家底和确认土地产权，为土地管理各项工作提供基础资料和科学依据。建设用地管理的基本任务是协调国民经济各部门、各用地单位和个人之间的用地关系，宏观控制非农业建设用地的发展速度，审核办理土地征用、划拨、出让、转让和清查违章用地等。土地利用规划是土地管理的核心内容，土地利用监察是对土地利用状况及效果的监督检查，对土地产权纠纷的调处，对土地利用行为的调整与控制等。

土地管理在维护土地所有制、调整土地关系、合理组织土地利用等方面，都具有极其重要的作用。中国土地管理的基本任务是贯彻"十分珍惜和合理利用每寸土地、切实保护耕地"的基本国策，以有限的土地资源，保障国家经济社会发展建设需要和保护国家食物安全。

国家的土地管理制度是开展土地管理的依据，包括国家对土地权属、地籍、土地利用、土地市场和土地税费等进行行政管理的各种制度。1978年以来，随着社会主义市场经济体制的建立，中国立足于基本国情和特定的经济社会发展阶段，完善和改进了土地管理制度。初步形成了以保障资源供给和耕地保护为目标，以土地产权制度为基础，以土地用途管制制度、土地征收制度、国有土地有偿使用制度为主体的土地管理制度体系。为不断解放生产力，优化生产关系，支撑工业化、城镇化和农业现代化的发展起到保障作用。

国家的土地管理体制是开展土地管理的保证，包括国家土地管理机构的设置、管理权限划分及运行等制度。1949年以后中国的土地管理，最初以城乡分立、部门分管的多头分散管理体制为主体，1986年以后实行全国土地、城乡地政统一管理制。从1949年到1979年，实际上并没有形成完整的土地管理体系，只是经济建设的不同发展阶段，进行了某些初步的或临时性的土地管理工作。1979年以后陆续采取一系列政策和措施，使土地管理工作逐渐走上正轨。1986年3月，国务院决定成立国家土地管理局，并明确由它负责中国土地、城乡地政的统一管理工作。1986年6月通过的《中华人民共和国土地管理法》，以立法形式确认：国务院土地管理部门主管中国土地的统一管理工作，县级以上地方人民政府土地管理部门主管本行政区域内的土地的统一管理工作。由此标志着中国现行土地管理体制的确立。由于政府机构改革，国家土地管理局于1998年合并至国土资源部，国务院规定的涉及土地管理的主要职责包括以下几方面：拟定有关法律法规，发布土地资源管理的规章，依照规定负责有关行政复议，研究拟定管理、保护与合理利用土地资源政策，制订土地资源管理的技术标准、规程、规范和办法；组织编制和实施国土规划、土地利用总体规划和其他专项规划，参与报国务院审批的城市总体规划的审核，指导、审核地方土地利用总体规则；监督检查各级国土资源主管部门行政执法和土地资源规划执行情况，依法保护土地资源所有者和使用者的合法权益，承办并组织调处重大权属纠纷，查处重大违法案件；拟定实施耕地特殊保护和鼓励耕地开发政策，实施农地用途管制，组织基本农田保护，指导未利用土地开发、土地整理、土地复垦和开发耕地的监督工作，确保耕地面积只能增加、不能减少；制定地籍管理办法，组织土地资源调查、地籍调查、土地统计和动态监测，指导土地确权、城乡地籍、土地定级和登记等工作；拟定并按规定组织实施土地使用权出让、租赁、作价出资、转让、交易和政府收购管理办法，制定国有土地划拨使用目录指南和乡（镇）村用地管理办法，指导农村集体非农土地使用权的流转管理；指导基准地价、标定地价评测，审定评估机构从事土地评估的资格，确认土地使用权价格，承担报国务院审批的各类用地的审查、报批工作；组织开展土地资源的对外合作与交流；承办国务院交办的其他事项。

rendiguanxi

人地关系　人类在利用土地的过程中形成的人与土地之间的相互关系。土地是人类繁衍和栖息的场所，是赖以生存的物质基础和环境条件，是社会生产活动最基础的生产资料。作为利用土地过程中的人具有自然和社会两重属性；既是生产者，又是消费者；既是建设者，又是破坏者，在人地关系中居主导地位。尽管人类不可能从根本上改变土地，但确有干预土地的巨大能力，这一切又会影响到人类自身。随着人口的增加，土地资源人均占有量继续下降，人地关系紧张，加剧土地环境的恶化。因此，必须从系统观点出发，处理好人类活动与土地的关系，协调人地关系，使土地向有利于人类方向发展，在利用中保护土地资源，保障土地资源的永续利用。

tudi zhengce

土地政策　政府为解决土地问题而制定的所要完成的目标和完成目标的行动准则。它是处理土地关系中各种矛盾的重要调节手段。土地政策包括土地所有、占有、使用制度方面的政策，还有土地垦殖、开发、经营、管理、课税等方面的政策。在土地经营方面，有些国家采取鼓励土地集中，扩大经营规模的政策；有些国家采取维持土地分散，即小规模经营的政策。在土地买卖、转让、租赁、典押方面，有些国家实行禁止、限制等政策，有些国家则实行自由政策。在垦殖、开发方面，许多国家为了扩大种植、养殖，实行财政信贷支持和税收减免的政策。

tudi xingzheng

土地行政　国家通过政府和所属的土地职能机关，依法进行土地管理的各项业务工作。土地管理的萌芽开始于土地作为劳动资料进入社会。土地行政则是产生于国家出现之后。行政是政府为达到特定的目标或要解决某种问题，由其职能部门从事的公共事务活动。土地行政是政府职能部门为达到合理利用全部土地和解决现存土地问题的目的，推行国家政策和执行土地法令的工作过程。不同社会发展阶段、不同社会制度的国家，其土地行政的政策、内容、方法、技术是不一样的。土地行政的任务是专门从行政的角度，采取高效率、低耗费的方法，组织和实施管理土地的业务工作。土地行政的基础是国家土地政策、土地立法和行政原理。土地政策由国家制定，是土地行政的工作方针；按照国家政策进行土地立法，成为土地行政的法律依据；行政原理为各项土地行政工作的协调和有效开展提出科学方法。

tudi xingzheng chuzhi

土地行政处置　土地行政过程中的各类处理方式。可以包括：①土地争议调处，土地争议在当事人不能协商解决时，由政府受理进行调解或裁决。②土地行政复议，行政相对人认为土地管理机关或土地管理人员的行为侵犯其合法权益时，向土地管理复议机关提出申请，对争议的具体行政行为是否合法和适当进行重新审查。③土地行政处罚，政府土地管理机关依照法律，对行政管理相对人的土地违法行为所作的惩罚性处理。④土地行政强制执行，政府土地管理机关在行政相对人不履行行政处理决定或行政处罚所课予的义务时，向法院申请强制执行的行为。⑤土地行政诉讼，行政相对人认为土地管理机关或土地管理人员的行为侵犯其合法权益而向法院提出的诉讼。

tudi quanli
土地权利 属不动产物权范畴，指权利人按照法律的规定直接支配土地的权利。土地权利的四项基本权能：占有、使用、收益和处分。在有些情况下，权能之间会发生吸收和竞合。如占有权就经常会被使用权能吸收，使用权能也可以与处分权能发生竞合等。土地权利的特征，集中体现了物权的特征，特别是不动产物权的特征，主要表现在以下几个方面：①土地权利是对土地的支配权；②土地权利是排他性财产权；③土地权利是对世权；④土地权利必须由法规定；⑤土地权利的变动一般采取登记的公示方式。

tudi quanshu guanli
土地权属管理 政府确立和处置土地权属的行政工作。土地权属是土地权利的归属关系，土地权属管理的主要内容包括：土地所有权和土地使用权的确立、变更和监督；土地征用、划拨、出让、转让等的管理。土地权属的确立必须经过申报、权属调查、地籍测量、审核批准、登记注册、颁发证书等法律程序。中国实行土地权属变更登记制度，土地权属变更（主要是是土地使用权变更）要向县级以上土地管理部门申报，认可登记后才具备法律效力。土地权利人在土地权属审核（政府依据法律对土地权利人和土地权利进行审查、核准的过程）后得到土地权属证明（能够足以证明土地权利人及其土地权利的合法文件）。权属监督包括对违法占有、利用行为的发现和处置，以及对土地权属纠纷的调处。土地征用、划拨、出让、转让过程中都可能发生不法行为，必须进行严格管理。土地权属管理是地籍管理的核心，是整个土地管理工作的基础。

tudi diquan guanli
土地地权管理 对地权关系进行的决策、计划、组织、指挥、监督和调节等各种职能的总称。地权管理主要是对土地所有权、使用权的管理。其内容主要包括地权界线的确定、土地登记和土地统计等。一般来说，地权管理工作应与土地利用现状调查结合进行。在土地利用现状调查的基础上，地权管理工作可根据需要作相应的补充调查。地权管理的基础工作是地权确认，又称土地确权，指政府机关依据法律审查并确定某一宗地的现状土地权利人、土地权利类型及其范围。

diquan liuzhuan guanli
地权流转管理 由政府负责的制定土地流转规章、确认流转过程中的权属变更及制止非法流转等行政工作。又称土地权属变更管理。地权流转管理工作的重点是土地权属变更登记制度。在中国，变更登记包括：国有土地使用权变更，集体土地所有权变更，集体土地建设用地使用权变更，国有、集体土地主要用途（含地类）变更和国有、集体土地他项权利变更。转让、出租和抵押土地使用权、所有权及他项权利的，必须依法办理土地权属变更登记。土地所有权和使用权依法登记后，受法律保护，任何单位和个人不得侵犯。

tudi quanshu biangeng guanli
土地权属变更管理 参见第358页地权流转管理。

nongcun tudi liuzhuan
农村土地流转 在中国指农村家庭承包的土地通过合法的形式，保留承包权，将经营权转让给其他农户或其他经济组织的行为。农村土地流转是农村经济发展到一定阶段的产物，通过土地流转，可以开展规模化、集约化、现代化的农业经营模式。农村土地流转其实指的是土地使用权流转，土地使用权流转是指拥有土地承包经营权的农户将土地经营权（使用权）转让给其他农户或经济组织，即保留承包权，转让使用权。当前中国农村土地流转的主要类型为土地互换、出租、入股、合作等方式。土地流转要坚持农户自愿的原则，并经过乡级土地管理部门备案，签订流转合同。

tudi zhidu
土地制度 在一定社会制度下，为制约人们利用土地所形成的经济关系和法律关系而设定的行为规范。土地制度主要包括土地所有制度、土地使用制度和土地管理制度。主要的土地制度有：①土地公有制，指土地由部分或全体人民共同所有的土地所有制，在中国包括土地国有制和集体所有制。②土地国有制，土地归全体人民所有，即国家所有的土地公有制。由法律规定所有权属于全民即国家所有的土地称为国有土地。③土地集体所有制，土地归农村集体经济组织所有的土地公有制。由法律规定所有权属于农村集体经济组织的土地称为农民集体所有土地，又称集体土地。④土地私有制，土地归个人所有的土地所有制。土地制度的核心是土地产权制度，指为制约人们占有、使用、支配和处理其土地财产权利的方式而设定的行为规范。在既有土地制度不适应经济社会发展的要求时，可以进行土地制度改革，即各种改变土地产权制度和（或）土地利用及经营模式的过程。

tudi suoyouzhi
土地所有制　在一定的社会制度下，土地归谁所有、占有、使用收益和处分的行为规范。反映社会中人际之间土地占有的法律关系。它由社会生产方式所决定，是生产资料所有制的重要组成部分，也是土地制度的核心和基础。土地所有制的出现，是生产发展的结果和进一步发展生产的需要。迄今，人类社会已经经历了五种社会生产方式，相应地也有五种土地所有制，即原始社会的氏族公社土地所有制、奴隶主土地所有制、封建土地所有制、资本主义土地所有制、社会主义土地所有制。此外还存在着几种经济社会制度下共有的个体农民土地所有制，以及一些过渡形态的土地所有制，例如，原始社会向奴隶社会过渡时期的农村公社土地所有制。这些不同种类的土地所有制，从性质上说大体可以区分为两大类，即公有制和私有制。原始社会的氏族公社和农村公社土地所有制（土地属氏族或村社成员共有）和社会主义土地所有制（土地主要归国家和劳动群众集体所有）属于公有制；奴隶主土地所有制、封建土地所有制和资本主义土地所有制属于土地私有制。当然，多数国家除了这些典型形式之外，还存在着其他多种土地所有制形式。

氏族公社土地所有制　人类社会最早的土地公有制。其基本特征是：每一个氏族公社范围内的土地（其中包括居住用地、农耕用地、牧场、森草、池沼、荒地等），均为该氏族公社所有，即归全体氏族成员共同所有、共同使用，并共同享用其产品。

奴隶主土地所有制　以奴隶制剥削关系为基础的土地所有制。其特征是：奴隶主或奴隶主阶级占有土地，并占有奴隶及绝大部分生产物。这种土地所有制在不同的国家、地区和时期有不同的形式。如古希腊的雅典型奴隶制，是以奴隶主私人占有土地，使用奴隶、经营大规模的奴隶主庄园为特点。而斯巴达型奴隶制则是土地归奴隶主国家（整个奴隶主阶级）所有，分给属于统治地位的斯巴达人使用，土地不得转让、买卖，只交给作为奴隶阶级的希洛人耕作。奴隶主收取实物租税。在中国的奴隶主土地所有制则有井田制等具体形式。

封建土地所有制　一般说来，它是在奴隶主土地所有制崩溃的基础上形成的，也有的是在农村公社土地所有制瓦解的基础上逐步形成。它是以封建剥削关系为基础的土地所有制。其基本特点是：土地归封建地主所有，主要是租给或分给农民耕种，进行经济剥削，在某种情况下则由封建地主自行经营。在某些国家中，封建土地所有制的主要形式是封建领主所有制。在这种制度下，国王是最高层的土地所有者，把土地分封给各级封建主。受封的领主没有土地所有权，只有收益权，即土地不得买卖，可世袭占有和收取地租。在另一些国家，封建土地所有制的具体形式则是封建地主土地所有制。其土地的来源主要来自购买等形式，封建地主拥有相对完整的土地所有权，可出租、出卖、抵押、赠送、自行经营等。但绝大部分封建地主不是实行自营，而是将土地出租，坐收地租之利。

资本主义土地所有制　在封建土地所有制和个体农民土地所有制基础上发展起来的，以要素主义剥削关系为基础的土地私有制，即凭借土地所有权从雇佣工人所创造的剩余价值中攫取地租的土地占有形式。这种土地所有制是土地私有制的最完整、最典型的形式，即土地可以相对地自由买卖、出租和自行经营。在典型要素主义土地所有制中，存在着三个阶级，即土地所有者阶级、租地要素家阶级和农业工人阶级。土地所有者阶级一般不经营地产以外的任何产业，而是把土地出租给农业要素家或其他土地经营者，凭借土地所有权坐收地租、坐享剩余产品和剩余价值之利。租地（租佃）要素家租用土地从事农业及其他产业活动，自己获得平均利润，然后将超过平均利润的额外利润（地租）交给土地所有者。在要素主义条件下，各阶层的土地占有状况是不断变化的，并不整齐划一。在城市中，资本主义社会中的土地所有制与农村大体相仿，除部分公有土地外，大部分土地为房地产主所有。

社会主义土地所有制　实行土地归国家或归部分劳动者共同所有的制度。根据《中华人民共和国宪法》的规定，中国现行的土地所有制是土地的社会主义公有制，即全民所有制和劳动群众集体所有制。中国现行社会主义土地所有制具有以下特点：①全部土地实行社会主义公有制。②土地的社会主义公有制，分为全民所有制和劳动群众集体所有制两种形式。③土地的社会主义全民所有制，具体采取社会主义国家所有制形式，由国家代表全体劳动人民占有属于全民的土地，行使占有、使用、收益、处分等权利。土地的社会主义劳动群众集体所有制，具体采取集体经济组织所有制的形式，由各个集体经济组织代表各该集体经济组织内的全体劳动人民占有属于各该集体的土地，行使占有、使用、收益、处分等权利。④城市市区的土地全部属国家所有。⑤农村和城市郊区土地，有的属于国家所有，有的属于集体所有。农村中的国有土地主要包括：除法律规定属于集体所有的森林、山岭、草原、荒地、滩涂以外的全部矿藏、水流、森林等土地资源；名胜古迹等特殊土地；国营的农、林、牧、渔等企事业单位使用的土地；国家拨给国家机关、部队、学校和非农业企业、事业单位使用的土地；国家拨给农村集体和个人使用的国有土地；法律规定属于农村集体所有以外的一切农村土地。

农民土地所有制　一种从奴隶社会到资本主义社会都存在的土地所有制形式，又称"农民小土地所有制""个体农民土地所有制"。它是一种土地归农户、自耕自种的制度。在奴隶社会中，这种小土地所有者既不是奴隶主，也不是奴隶，而是自由民（在一些国家或某种情况下，自由民并无土地所有权而仅有土地使用权）。在封建社会中，他们的典型存在形式是自耕农中的中农。在资本主义条件下，其典型形式则是以自有土地和自食其力为主的中等农户，即典型的家庭农场。在中国社会主义条件下，土地改革后、农业社会主义改造以前，也存在着农民土地所有制。一般来说，这种农民既不受地租剥削，也不受撤佃的威胁，从而有利于调动农民合理利用土地的积极性。但是，无论什么社会，农民土地所有制都是不稳固的。因为个体农民是奴隶主、封建地主、资本主义大农场主的兼并对象；在资本主义和社会主义条件下，它们也不可避免地要向两极分化。不过也正是由于既存在着小农经济的两极分化，又存在着部分经济地位低于他们的经济成分上升为小农经济、部分经济地位高于他们的经济成分下降为小农经济的客观事实，所以农民土地所有制的小农经济从古到今从来没有灭亡过。

tudi suoyouzhi gaige
土地所有制改革　改变特定地区土地所有制或其实现形式的过程。在中国主要有：①农村土地改革，指废除封建土地所有制为农民土地所有制的过程。②农业合作化，指通过组织农业生产合作社将农民土地所有制和其他生产资料改为集体所有制的过程。③土地国有化，指废除土地私有权和（或）其他非国有的土地所有权，实行土地国家所有的过程。在其他国家还有：土地私有化，指废除公有的土地所有权，实行土地个人所有的过程。

tudi suoyouquan
土地所有权　法律规定的范围内民事权利人对土地享有自由支配并排除他人干涉的权利。又称土地产权、地权。土地所有权是土地管理的核心，是一切土地关系和社会关系的基础，是土地财产以及土地所有制的法律表现，包含占有、使用、收益和处分的权能。掌握了土地所有权，也就掌握了土地的这四项权能。但这四项权能也可以与所有权分离。人类社会自从产生了阶级和国家以后，任何一种土地所有制都必须有国家法律的确认和保护才能实施。国家确认并予以保护的土地所有制，要通过一定的法律文件，即土地所有权证书来体现。当土地所有权转移时，出让方和受让方签订的契约（地契）须经国家的登记认可后才能作为土地所有权的法律文件。

种类　①国有土地所有权，即国家对其所有的土地享有在法律规定的范围内自由支配并排除他人干涉的权利。②集体土地所有权，又称农民集体土地所有权，即农村集体经济组织对其所有的土地享有在法律规定的范围内自由支配并排除他人干涉的权利。③个人土地所有权，即个人对其所有的土地享有在法律规定的范围内自由支配并排除他人干涉的权利，即最充分的支配权。

基本属性　①完全性：土地所有权是对土地的全面、一般的支配完全权。是土地产权权利束中最充分的一项物权，它由土地占有权、使用权、收益权、处分权等组成。是其他物权的源泉和出发点，土地使用权、抵押权等物权都是由它所派生的权利。②排他性：即排斥他人对土地的权利。当有非自然因素妨碍土地所有者行使自己所有权利时，他有权自己处理各种障碍。即土地所有者对自己的土地具有垄断性。③恒久性：土地所有权的存在具有无限期的特点，只有发生社会变革，对土地所有制进行改革，才有可能终止，土地所有权的买卖，仅是权利主体的更替。④归一性：土地所有者可以在自己的土地上为别人设定使用权、地役权、抵押权、租赁权等其他权利。实质上，土地所有者仍拥有最终的统一支配权。特别是一旦这些设定的派生权利到期消灭，它们便又复归于土地所有权，从而使土地使用权回到原来的完全圆满的状态。⑤社会性：由于土地具有稀缺性等特点，是人类社会生活的基础，国家必须对土地利用作出规划与管理。同时，为了维护统治阶级的利益，也必须限制各土地所有者的权利。因此尽管土地所有权是一种完全的排他性权利，但也必须受到社会的限制。这一点在任何社会都是如此。而且随着生产力的发展，社会限制也日益强化。如限制耕地用于非农业生产、限制工业企业排放污染物等。

四项权能　①土地占有，指民事权利人对土地实际管理、控制的行为或法律事实。是民事权利人控制和支配土地的权利。在符合法律规定和所有权人意志的条件下，土地占有权可以与土地所有权相分离而形成非所有人所享有的一项独立的权利。②土地使用，指民事权利人按照土地的自然性能和用途加以利用的行为或法律事实。③土地收益，指民事权利人收取土地产生的收益或果实（天然果实和法定果实）的行为或法律事实，即民事权利人可以依法从土地上取得收益的权利。④土地处分，指民事权利人将土地的自然形态予以变更或者通过对土地的权利形态予以处置（如转让、设置抵押、抛弃）的行为或法律事实。即处分权包括事实上的处分权和法律上的处分权。前者指民事权利人对土地的自然状况进行变更的权利；后者指民事权利人按照自己的意志和法律的规定，将土地的占有、使用和收益等权能让与他人的权利。处分权是土地所有权最关键的权能，通常由民事权利人本身行使土地的最终处置权。

中国现状　1949年以来，随着经济发展和生产力水平的不断提高，中国的土地所有权制度从初期的私有制逐步向社会主义公有制发展，形成了以全民所有（国家所有）和农民集体所有两种所用权并存，特别是所用权和使用权相分离为主要特征的土地产权制度，对经济建设和社会发展发挥了重要的促进作用。全民所有主要包括：①森林、山岭、草原、荒地、滩涂的大部；②城市的土地；③农村和城市郊区的部分土地。集体所有主要包括：①法律规定属于集体所有的森林、山岭、草原、荒地和滩涂等；②农村和城市郊区的土地除由法律规定属于国家所有以外的部分。

中国土地所有权的特征是：①土地所有权的权利主体只能是国家和农民集体，其他任何组织或个人都不享有土地所有权。②土地所有权的客体不能移动，具有不动产的性质。③在一般情况下土地所有权包含的占有、使用、收益和处分四项权能是统一的，但在特定情况下也可以分离。国家或农民集体经济组织作为国有土地或集体土地的所有权人，有权为实现社会利益或集体利益依法直接地占有、使用、收益和处分土地；也有权在法律允许的范围内，通过合法的形式将土地所有权的部分权能转让给其他社会组织或个人行使。

tudi chanquan
土地产权　参见第360页土地所有权。

tudi jingyingquan
土地经营权　土地所有权的组成部分之一。指对土地进行开发经营的权利。通常由土地所有者行使，也可以授予有关的组织或个人代行。例如，城市房地产经营部分，本身并不使用土地，而是代行国家（土地所有者）的某些权能，对征用的农村土地或通过批租得来的国有土地进行开发，然后转给土地使用者，收取土地开发费和使用费。

diquan zhidu
地权制度　国家有关土地占有和利用的权利规定。包括：①有关土地所有权的制度，规定土地权属国有，或规定私有制与公有制同时存在；②有关土地利用权的运用及其限制，规定各种土地的利用人，其利用权应如何发挥及应遵守何种范围；③有关土地的租佃制，规定土地所有者和土地租佃者彼此之间的权力与经济关系；④有关土地抵押的法制，规定凡用土地作为债务担保品时，债务人和债权人对于抵押的土地各应保有何种权力；⑤有关政府对土地地管制权，规定国内各级政府对于土地的征收与征税等权力，及对各种土地利用上的管制。

tudi shiyong zhidu

土地使用制度 在一定土地所有制下，土地所有者、使用者和经营者在土地占有、使用、收益过程中形成的经济关系和法律关系的行为规范。也是对土地使用的程序、条件和形式的规定。土地使用制度是土地所有制状况的反映，土地所有制决定着土地使用制度，每一个社会形态都存在着与土地所有制相适应的土地使用制度及其具体形式，特定的土地使用制度不仅是特定土地所有制的反映和体现，而且也是实现和巩固特定土地所有制的形式和手段。如封建土地制度下土地租佃使用制度既是封建土地所有制的反映，又是实现和巩固封建土地所有制的形式和手段。在社会主义公有制下，也要求建立与之相适应的土地使用制度。当然同一种土地所有制也可以有多种不同的使用制度及其形式。因此一种土地使用制度对于特定的土地所有制来说，也有其相对独立性。由于土地使用制度的相对独立性，因此在任何社会形态下都有不同的土地使用制度。大体可分为有偿使用制度和无偿使用制度。土地有偿使用制度无论其具体形式如何，实质上都是土地的租佃关系。土地租佃关系的性质因社会性质和土地所有制的不同而异。在封建社会中，封建土地租佃关系决定着地主无偿占有佃农的全部剩余劳动。在资本主义社会中，资本主义土地租佃关系反映的是土地所有者和租地农业资本家共同占有雇佣工人的剩余产品。而在社会主义制度下，国家和集体经济组织把公有土地有偿转交给单位和个人使用，这种土地租佃关系所反映的是国家、集体和个人之间分配土地收益的一种经济关系。土地无偿使用制度的情况较少，但中国在社会主义土地公有制下曾长期实行无偿使用制度。土地的无偿使用已被证明不利于土地的充分合理利用。

自1978年以来，中国在既定土地使用制度不能满足经济社会发展的要求的情况下，在土地占有、使用、收益和使用权流转等方面开展了土地使用制度改革。先后启动的农村和城市土地使用制度的改革均采取了土地所有权和土地使用权相分离的方式，在农村实行以家庭联产承包责任制为主体的改革，劳动生产率大幅提高；城市以土地使用权出让、租赁为主，促进土地要素流动。当前土地使用制度的主要内容包括：①农村土地承包经营。指农村集体经济组织的农户或农村集体经济组织以外的单位或个人，按照承包合同约定的条件，占有和使用农村土地的制度。农村土地指农民集体所有和国家所有依法由农民集体使用的耕地、林地、草地以及其他依法用于农业的土地。②土地入股。指土地权利人以土地所有权或使用权作价入股，组成股份制企业或合营企业，共同使用土地并按股分红的制度。③土地划拨。指政府以行政配置方式在土地使用者缴纳土地补偿、安置等费用后，或者无偿地将国有土地使用权交付土地使用者使用的制度。④土地年租。指政府以土地所有者的身份将国有土地使用权出租给土地使用者，由土地使用者按年支付租金的制度。

tudi shiyongquan

土地使用权 在中国，指民事权利人依法对国家所有土地或集体所有土地在限定范围内进行占有、使用、收益并排斥他人干涉的定限物权。有广义和狭义之别。广义的土地使用权是指独立于土地所有权之外的土地占有权、狭义的土地使用权、部分收益权和不完全处分权的集合；狭义的土地使用权是指依法对土地的实际使用，与土地占有权、收益权和处分权是并列关系。目前在土地使用权的出让或转让中的"土地使用权"一般都指广义的土地使用权。取得广义的土地使用权者，称为"土地使用权人"。由于土地使用权是一种物权，因此它可以买卖、继承、转让和抵押。同时，土地使用权人也可将土地租赁，即设定租赁权。因为土地使用权是以他人的土地为客体的权利，所以在一般情况下，土地使用权人需向土地使用权出让人支付土地使用权价格，当然也可以是无偿的。同时土地使用权的设定是有期限的。可以就土地利用用途的不同，规定各种土地使用权出让的最高年限。此外，土地使用权的设定必须依法律而成立，任何人无论以何种方式取得的土地使用权都必须得到法律的认可，否则为非法占用他人土地。

中国的法律已明确规定了土地使用权的独立物权形式，是用益物权的一种。即根据法律或合同规定，按照指定的用途，土地使用权人对土地的实际经营利用权。在中国，根据土地所有权的不同，土地使用权可分为国有土地使用权和集体土地使用权。《中华人民共和国土地管理法》规定："国有土地可以依法确定给全民所有制单位或集体所有制单位使用，国有土地和集体所有的土地可以依法确定给个人使用。"土地使用权的客体既可以是国有土地，也可以是集体土地。国有土地使用权的设定方式，包括行政划拨和有偿出让两种。前者即划拨土地使用权，指政府按照法律规定以划拨方式给符合法律规定的权利人设立的国有土地使用权；后者即出让土地使用权，指政府按照法律规定以出让或年租方式给符合法律规定的权利人设立的国有土地使用权。集体土地使用权的设定方式，包括批准、承包合同和租赁三种。国家通过发放土地使用证书确认使用权取得，保护土地使用权人的合法权益，土地使用权人在不涉及他人的情况下，对自己享有权利的内容进行变动，如变更土地用途等，称为土地使用权变更；因土地自然灭失、使用期满、或者所有权人提前收回等原因，使得作为独立财产的土地使用权在法律上不再存在的法律事实，称为土地使用权终止。在变更、终止时，必须到有关机关登记，以保证土地使用权的有效性、合法性。国家作为土地所有权人在土地使用期满之前依照法律规定可以终止原用地单位或个人的国有土地使用权，称为国有土地使用权收回。

tudi shiyongquan churang
土地使用权出让　在中国，指政府以土地所有者的身份将国有土地使用权在一定年限内让与土地使用者，由土地使用者向国家支付土地出让金的制度。又称土地批租。土地使用权出让不包括地下资源、埋藏物和市政公用设施。土地使用权出让，必须符合土地利用总体规划、城市规划和年度建设用地计划，由市、县人民政府负责。出让的每幅地块、用途、年限和其他条件，由市、县人民政府土地管理部门会同城市规划、建设、房产管理部门共同拟订方案，按照国务院规定报批后实施。

　　出让方式　土地使用权出让可以采取拍卖、招标或者双方协议的方式。商业、旅游、娱乐和豪华住宅用地，有条件的，必须采取拍卖、招标方式。采取双方协议方式出让土地使用权的，出让金不得低于按国家规定所确定的最低价。受让方在支付全部土地使用权出让金后，应按规定办理登记，领取土地使用证，取得土地使用权。受让的土地使用权在使用年限内可以依法进行转让、出租、抵押或者用于其他经济活动，其合法权益受国家法律保护。土地使用者开发、利用、经营土地的活动，应当遵守国家法律、法规的规定，不得损害社会公共利益。

　　出让年限　根据不同行业和经营项目的实际需要确定土地使用权出让的年限，各类用途土地使用权出让的最高年限为：①居住用地70年；②工业用地50年；③教育、科技、文化、卫生、体育用地50年；④商业、旅游、娱乐用地40年；⑤综合或者其他用地50年。国家对土地使用者依法取得的土地使用权，在特殊情况下，根据社会公共利益的需要，可以依照法律程序提前收回，并根据土地使用者使用土地的实际年限和开发土地的实际情况给予相应的补偿。土地使用权出让合同约定的使用年限届满，国家无偿收回土地使用权。土地使用者需要继续使用土地的，应当至迟于届满前一年申请续期。经批准准予续期的，应当重新签订土地使用权出让合同，依照规定支付土地使用权出让金。

tudi shiyongquan zhuanrang
土地使用权转让　在中国指国有土地使用者可以按照法律规定的条件，通过出售、租赁、交换、赠予和继承等方式，将国有土地使用权再次转移的制度。即出让后土地使用权的再转移，土地使用权依法转移后，原土地使用者不再享有相应权利。

　　转让条件　以出让方式取得的土地使用权，必须符合下列条件：①按照出让合同约定已经支付全部土地使用权出让金，并取得土地使用权证书。②按照出让合同约定进行投资开发。属于房屋建设工程的，完成开发投资总额的25%以上；属于成片开发土地的，形成工业用地或者其他建设用地条件。以划拨方式取得土地使用权的，转让房地产时，必须先办出让手续后转让。

　　转让手续　土地使用权转让时，应签订书面转让合同，土地使用权出让合同和登记文件中所载明的权利、义务随之转移，其地上建筑物、其他附着物随之转让。土地使用者转让作为不动产的地上建筑物、其他附着物所有权时，其使用范围内的土地使用权随之转让。土地使用权和地上建筑物、其他附着物所有权转让时，必须依照规定，办理过户登记；分割转让时，应当经市、县人民政府土地管理部门和房产管理部门批准后办理过户登记。

　　其他相关规定　土地使用者通过转让方式取得的土地使用权，其使用年限为土地使用权出让合同规定的使用年限减去原土地使用者已使用年限后的剩余年限。土地使用权转让价格明显低于市场价格时，市、县人民政府有优先购买权。土地使用权转让的市场价格不合理上涨时，市、县人民政府可以采取必要的措施。土地使用权转让后，需要改变土地使用权出让合同规定的土地用途的，应征得出让方同意并经土地管理部门和城市规划部门批准，按规定重新签订土地使用权出让合同，调整土地使用权出让金，并办理登记。转让国有土地使用权、地上建筑物和其他附着物的单位和个人，需缴纳土地增值税。

转让类别　指土地使用权转让的不同方式。主要包括：①土地使用权买卖，指土地使用权人以获取价款为目的将自己的土地使用权转移给其他公民或法人，后者获得土地使用权并支付价款的行为。是土地使用权转让的一种形式。国有土地使用权人在出售其土地使用权时，国家依法享有的较其他任何民事权利主体优先购买该国有土地使用权的权利，称为优先购买权。②土地使用权出租，指土地使用权人将自己占有的土地的一部分或全部，以收取地租为对价，在约定的期限内交由他人占有使用，并在期限届满时收回土地的行为。即土地使用者作为出租人将土地使用权随同地上建筑物、其他

附着物租赁给承租人使用，并收取其支付的租金。未按土地使用权出让合同规定的期限和条件投资开发、利用土地的，土地使用权不得出租。房屋所有权人以营利为目的，将以划拨方式取得使用权的国有土地上建成的房屋出租的，应当将租金中所含的土地收益上缴国家。土地使用权出租时，出租人与承租人应当签订租赁合同，租赁合同不得违背国家法律、法规和土地使用权出让合同的规定。土地使用权出租后，出租人必须继续履行土地使用权出让合同。土地使用权和地上建筑物、其他附着物出租，出租人应当依照规定办理登记。③土地使用权交换，指两个以上土地使用权人之间所达成的交换各自管领的土地及土地使用权的行为。④土地使用权赠予，指土地使用权人将土地使用权无偿地转移给相对人，相对人予以接受的行为。⑤土地使用权继承，指公民依照法律规定或者合法有效的遗嘱取得死者生前享有的土地使用权的行为。

tudi shiyongquan diya
土地使用权抵押　在中国，指土地使用者（抵押人）为取得贷款等原因，将其依法取得的土地使用权作价抵押给抵押权人的行为。土地使用权抵押为清偿债务作担保，不转移土地使用权，土地仍归土地使用者占有使用。土地使用权抵押时，其地上建筑物、其他附着物随之抵押；地上建筑物、其他附着物抵押时，其使用范围内的土地使用权随之抵押。土地使用权抵押时，抵押人与抵押权人应当签订抵押合同，抵押合同不得违背国家法律、法规和土地使用权出让合同的规定。抵押人到期未能履行债务或者在抵押合同期间宣告破产、解散的，抵押权人有权依照国家法律、法规和抵押合同的规定处分抵押财产，并可从所得价款中优先受偿。因处分抵押财产而取得土地使用权和地上建筑物、其他附着物的，应当按照规定办理过户登记。抵押权因债务清偿或者其他原因而消灭的，应当依照规定办理注销抵押登记。

jianshe yongdi shiyongquan
建设用地使用权　在中国，指在他人所有土地指定的地表上下以建造并经营建筑物、构筑物以及其他附着物为目的而予以占有、使用和收益的独立物权。是用益物权的一种。建设用地使用权具有以下的特征：①建设用地使用权是存在于国家所有的土

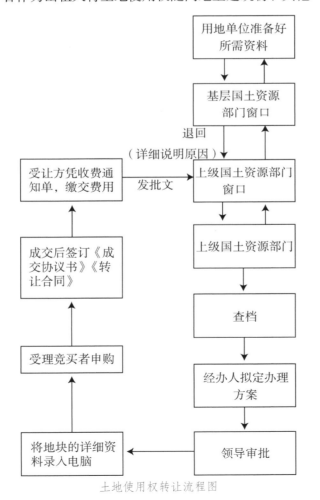

土地使用权转让流程图

用地单位准备好所需资料

基层国土资源部门窗口

退回
（详细说明原因）

受让方凭收费通知单，缴交费用　发批文　上级国土资源部门窗口

成交后签订《成交协议书》《转让合同》

上级国土资源部门

查档

受理竞买者申购

经办人拟定办理方案

将地块的详细资料录入电脑　领导审批

地之上的物权。建设用地使用权的标的仅以土地为限。中国城市土地属于国家所有；农村和城郊土地除法律规定属于国家所有以外，属于集体所有。《物权法》规定："集体所有的土地作为建设用地的，应当依照土地管理法等法律规定办理。"由此可见，使用集体所有的土地进行建设（如兴办乡镇企业、村民建造住宅、村内建设公共设施），不属于《物权法》所规定的建设用地使用权。②建设用地使用权是以保存建筑物或其他构筑物为目的的权利。这里的建筑物或其他构筑物是指在土地上下建筑的房屋及其他设施，如桥梁、沟渠、铜像、纪念碑、地窖。③建设用地使用权是使用国家所有的土地的权利。建设用地使用权虽以保存建筑物或其他构筑物为目的，但其主要内容在于使用国家所有的土地。因此，上述建筑物或其他构筑物的有无与建设用地使用权的存续无关。也就是说，有了地上的建筑物或其他构筑物后，固然可以设定建设用地使用权；没有地上建筑物或其他构筑物的存在，也无妨于建设用地使用权的设立；即使地上建筑物或其他构筑物灭失，建设用地使用权也不消灭，建设用地使用权人仍有依原来的使用目的而使用土地的权利。

zhaijidi shiyongquan
宅基地使用权　在中国指经依法审批，由农村集体经济组织分配给其成员用于建筑住宅及其他有关附着物的、无使用期限限制的集体土地建设用地使用权。宅基地使用权具有如下特征：①宅基地使用权的主体只能是农村集体经济组织的成员。城镇居民不得购置宅基地，除非其依法将户口迁入该集体经济组织。②宅基地使用权的用途仅限于村民建造个人住宅。个人住宅包括住房以及与村民居住生活有关的附属设施等。③宅基地使用权实行严格的"一户一宅"制。根据土地管理法的规定，农村村民一户只能拥有一处宅基地，其面积不得超过省、自治区、直辖市规定的标准。农村村民建住宅，应符合乡（镇）土地利用总体规划，并尽量使用原有的宅基地和村内空闲地。农村村民住宅用地，经乡（镇）人民政府审核，由县级人民政府批准，但如果涉及占用农用地的，应依照土地管理法的有关规定办理审批手续。农村村民出卖、出租住房后，再申请宅基地的，不予批准。④福利性：宅基地的初始取得是无偿的。

tudi chengbao jingyingquan
土地承包经营权　在中国指农村集体经济组织成员或者农村集体经济组织以外的单位或个人依据承包合同取得的对集体所有或国家所有由农民集体使用的农村土地从事农业经营并取得收益的权利。土地承包经营户在其承包期限内依法对集体所有的土地享有占有、经营、使用和收益的权利。它是国家对农村土地使用制度进行重大改革的一项根本措施。中国《民法通则》和《土地管理法》对承包经营权都作明确规定。该项权利的权利主体为公民或集体；权利客体为集体所有土地或国家所有由全民所有制单位或集体所有制单位使用的国有土地；权利内容由合同约定。

主要特征　土地承包经营权具有以下特征：①承包经营权是存在于集体所有或国家所有的土地或森林、山岭、草原、荒地、滩涂、水面的权利。即承包经营权的标的是集体所有或国家所有的土地或森林、山岭、草原、荒地、滩涂、水面，而不是其他财产。有的集体组织，按承包人承包土地的数量，作价或不作价地分给承包人部分耕畜、农具或其他生产资料，这是附属于承包经营权的权利。农民集体所有的土地由本集体经济组织的成员承包经营的，由发包人与承包人订立承包合同，约定双方的权利和义务。而农民集体所有的土地由本集体经济组织以外的单位或个人承包经营的，根据土地管理法的规定，必须经村民会议2/3以上成员或者2/3以上村民代表的同意，并报乡（镇）人民政府批准。②承包经营权是承包使用、收益集体所有或国家所有的土地或森林、山岭、草原、荒地、滩涂、水面的权利。承包人对于承包土地等生产资料有权独立进行占有、使用、收益，进行生产经营活动，并排除包括集体组织在内的任何组织或个人的非法干涉。应当指出，承包人并不取得承包土地或其他生产资料的全部收益的所有权，而是要依约定数额（承包合同）将一部分收益交付与发包人，其余的收益归承包人所有。所谓"承包"，其意义主要在此。由于土地这一生产资料的特殊法律地位，承包人对之并无处分权。③承包经营权是为种植业、林业、畜牧业、渔业生产或其他生产经营项目而承包使用收益集体所有或国家所有的土地等生产资料的权利。这里的种植，不仅是指种植粮食、棉花油料等作物，也包括树木、茶叶、蔬菜等。另外，在承包的土地或森林、山岭、草原、荒地、滩涂水面经营林业、牧业、渔业等，都属承包经营权的范围。④承包经营权是有一定期限的权利。根据《土地管理法》的规定，农民集体经济组织的成员承包本集体经济组织的土地，从事种植业、林业、畜牧业、渔业生产的，其期限为30年。在土地承包经营期限内，对个别承包经营者之间承包的土地进行适当调整的，必须经村民会议2/3以上成员或者2/3以上村民代表的同意，并报乡（镇）人民政府和县级人民政府农业行政主管部门批准。单位、个人承包经营国有土地，或者集体经济组织以外的单位、个人承包经营集体所有的土地，从事种植业、林业、畜牧业、渔业生产，土地承包经营的期限由承包合同约定。该期限虽然由当事人在承包合同中加以约定，但应当根据从事承包经营事业的具体情况，确定承包经营的期限。例如开发性的承包经营（如开荒造林），由于生产周期较长，需要多年的投资，期限可以更长一些。这既有利于土地的开发利用，也可以避免承包期限过长不利于对土地所有权的保护。

从土地产权制度来看，土地承包经营权的物权性质还不够明确，超出集体经济组织范围的流转还受到很多限制，影响到农业生产规模化和现代化进程。需要进一步明确土地承包经营权的物权性质，通过推进土地承包经营权有序流转，提高农业生产效率，解放并转移农村剩余劳动力，促进农村经济社会发展和增加农民收入。

tudi kongjian liyongquan

土地空间利用权　公民和法人利用所有权人（在中国包括土地使用权人）的土地地表上下一定范围内的空间并排斥他人干涉的权利。即在土地使用权及其效力所及空间之外，对地表上下的一定范围内的空间所享有的排他使用权。随着经济社会的发展，土地的立体利用越来越普遍，土地空间利用纠纷也相应增加，已经需要把土地空间利用权作为一种独立的用益物权与新型的财产权予以规范，为此中国的《物权法》规定了空间利用权制度，并对建设用地空间利用权作了原则性规定，即"地上权可以在土地的地表、地上或地下分别设立。新设立的地上权，不得损害已设立的用益物权"。但是这些规定的可操作性不强，还需要在空间利用权的种类、空间利用权的取得方式、空间利用权的空间范围以及空间利用权的流转等方面作出具体规定。

diji guanli

地籍管理　政府为获取土地的权属及其有关的信息，建立、维护和有效利用地籍图册的行政工作体系，包括地籍调查、土地确权、土地登记、土地统计和地籍档案管理。土地登记、土地统计是地籍管理的基本组成部分。土地登记是地籍管理的核心内容，具有法律效力。地籍管理的主要作用在于及时掌握土地数量、质量的动态变化，保持土地调查成果的现势性，并可以通过它来监测土地利用及权属变更状况。所以地籍管理既是地权管理的必要前提，又是土地调查的后续工作。地籍管理还应为土地利用管理提供最新的基础图件及数据资料，因此它也是土地管理的一项必不可少的基础工作。地籍管理可以分为国家地籍管理和基层地籍管理。前者是为满足国家土地管理的需要而建立的；后者是前者的重要组成部分，并直接为基层土地管理服务。

tudi dengji

土地登记　经权利人申请，国家有关登记机关依照法定程序将申请人的土地权利及有关事项记录于专门簿册的制度。是确立土地使用权的法律依据，通过土地登记，可以确立并调整国民经济各部门间和各土地权属单位间的土地关系，以保护土地权属单位的合法权益。土地登记也是土地利用现状调查的后续工作，是保持土地利用现状调查资料现势性的重要措施。中国土地登记的内容包括土地总面积及其权属类别和土地利用类别（地类）的面积等。

土地登记程序　包括初始土地登记、填发土地登记通知及其附图，申请土地登记（填写土地登记文件和颁发土地证）及土地变更登记（申请变更登记，调查核实变更界线并填写土地变更原始记录表，把土地变更面积记入土地登记表和土地证的变更面积记入土地登记表和土地证的变更记事栏及改图），登记注册（土地登记机关按照规定，对批准登记的土地权利人和土地权利等有关事项进行登卡、装簿、造册和缮证工作）。

土地登记制度　世界各国的土地登记制度可归纳为三大类型：以法国为代表的土地契约登记制；以德国为代表的土地权利登记制；以澳大利亚为代表的托伦斯登记制（改良的土地权利登记制）。中国的土地登记基本上属于第三种类型。

土地登记法规　《中华人民共和国土地管理法》第九条规定："集体所有的土地，由县级人民政府登记造册，核发证书，确认所有权。全民所有制单位、集体所有制单位和个人依法使用的国有土地，由县级以上地方人民政府登记造册，核发证书，确认使用权。"第十条规定："依法改变土地的所有权或者使用权的，必须办理土地权属变更登记手续，更换证书。"

土地登记申请 包括明确土地登记申请人，即申请土地登记的土地权利人。土地登记申请代理，即土地登记申请人不能亲自申请土地登记时，授权代理人代理申请的行为，包括委托代理、法定代理和指定代理三种方式。土地登记申请书，即土地权利人申请土地登记的法律文书。

土地登记种类 土地登记按照登记的时间和内容可以分为土地总登记和变更土地登记两类：土地总登记是土地登记机关在规定时间内对一定范围（一般是县或市）内全部宗地的土地所有权和使用权及他项权利进行一次集中、统一的普遍登记；变更登记又可分为土地产权变更登记、他项权利变更登记、更正登记、土地用途变更登记和注销登记等。其中更正登记是土地登记机关、土地权利人或利害关系人发现现时登记错误或遗漏事项时，依法予以更正、补充的行为。注销土地登记是因土地权利消灭或其他原因致使原登记内容失去效力，而由土地登记机关将已登记内容进行注销的行为。

土地登记内容 土地登记的基本单元是宗地。登记的主要内容包括：土地所有权和使用权的性质、权属来源、土地坐落、界址、面积、用途（地类）、等级、地价等。土地登记应按法定程序进行：①申报；②地籍调查；③权属审核；④注册登记；⑤颁发土地证书。

土地登记文件 登记土地所有权和使用权并具有法律性质的文字凭据。记载和反映在法律上得到承认的土地登记单位所拥有的土地所有权面积、土地使用权面积及其各地类的面积。登记形成的主要文件有：①土地登记申请书；②土地登记收件单；③土地权属证明文件、资料；④土地登记审批表；⑤地籍图；⑥土地登记簿；⑦土地证书签收簿；⑧土地归户册；⑨土地登记复查结果申请表；⑩土地登记复查结果审核表等。上述登记文件资料应归入地籍档案保存，以便更新和提供利用。

土地登记文件 包括：①土地登记卡，是登录每一宗地土地权属及各项有关属性、具有法律效力的文件，其中的土地证书作为土地登记卡部分内容的副本，是权利人享有土地权利的法律凭证。②土地登记簿，又称地籍簿。由县级行政单位建立的，由土地登记卡按一定次序组装而成的地籍文件。③土地登记通告，是让土地权利人及时了解初始土地登记的目的、对象、范围、程序和收件地点，政府将有关事项公开通知土地权利人的文件。④土地登记公告，又称土地权属审核公告。是土地登记机关将经权属调查、审核、符合土地登记要求的宗地的拟登记资料公布于众，向社会征询意见的文件。⑤土地登记批准，是政府对土地登记机关的土地登记权属审核结果的最后认定文件。

tudi tongji
土地统计 政府对土地的数量、质量、利用状况、权属关系及其变化进行全面、系统、连续的调查、分类、整理和分析的制度。即围绕土地开展的统计工作。是以认识土地、揭示土地的发展规律，改进土地的分配和利用为目标的统计调查、资料整理和统计研究。土地统计是以数字和图、表为主要形式，对土地的数量、质量、分布、权属、利用状况及其变化规律，进行全面的有系统的记载、整理、分析和研究。

土地统计种类 按其内容和开展时间分为初始土地统计和年度土地统计两类。①初始统计是在某一时点上首次开展的土地统计，是土地统计的起点。②年度土地统计是在初始土地统计基础上，定期进行的对土地统计内容的更新。

土地统计阶段 一般包括搜集资料、野外调查、编写统计文件及审核上报等程序。

土地统计层次 可以分为基层土地统计和国家土地统计。①基层土地统计是由县级以下土地统计机关进行的初始的和经常性土地统计工作。②国家土地统计是由县级以上土地统计机关组织进行的对基层土地统计信息的汇总和整理工作。

土地统计台账 由基层土地统计填报单位于初始土地统计时建立并每年更新的、连续记载各个土地权属单位宗地图斑面积、总面积、权利内容和坐落的统计账册。

土地统计簿 根据土地台账汇总生成的、当年县或乡行政区内分乡或分权属单位的土地统计报表。

土地统计分析 对土地统计资料进行分析研

究，以获得对土地管理决策有用的信息的工作。

diji dang'an guanli

地籍档案管理 以地籍资料为对象所进行的收集、整理、归档、鉴定、保管和使用等工作的总称。地籍档案指地籍管理中形成的、具有保存和查考价值的簿、册、图件、音像等资料。其中土地归户卡是记载同一土地权利人在同一登记区内的全部宗地情况的地籍文件。中国的土地归户册是由土地归户卡组装而成，由县级行政单位建册，按一定次序组卷的地籍文件。

tudizhi

土地志 地方志中的一种专业志。全面、系统地记载了一个地区土地的自然、利用、管理等方面的历史变迁和现状。一般以行政区划为单位，通过全面收集、鉴别有关资料，进行分门别类的整理和记述。编修土地志有三个目的：①为土地勘查、规划、管理提供历史借鉴和科学依据；②为普及土地科学知识提供乡土教材；③为当代和后人提供系统、实用的土地资料。土地志的编修，必须遵循地方志的一般原则，包括"横排门类，纵写始末"和"述而不论"。由于土地志用于记述各地土地的历史与现状，又要有其自身的特点和编纂原则，包括布局谋篇的科学性、章节目统属关系的合理性、突出地方特点和时代精神等。

tudi dang'an

土地档案 经过立卷归档集中保管的各种地籍资料。土地档案的管理包括地籍资料的收集、归类、保管、鉴定、统计和提供利用等内容，它是建立各项土地管理制度的基础。中国的土地档案包括国家土地档案（土地利用现状调查档案、土地登记档案、土地统计档案、土地质量档案、土地利用档案及土地征、拨文件档案等）和农村基层土地档案（土地二级使用权管理档案、地块管理档案、宅基地管理档案和地籍图集等）。

tudi yongtu guanzhi

土地用途管制 国家为保证土地资源的合理利用以及经济社会的发展和环境的协调，通过编制土地利用总体规划，划定土地用途区域，确定土地使用限制条件，使土地的所有者、使用者严格按照国家确定的用途利用土地而采取的管理制度。土地用途管制制度源于国家对土地所拥有的公权力，是许多国家干预土地私权利的主要方式。美国、日本、加拿大等国称为土地使用分区管制，英国称为土地规划许可制，法国、韩国等称为建设开发许可制。中国则已基本建立了以土地利用总体规划管控为核心，以土地利用计划指标管理、建设项目用地预审及农用地转用审批、基本农田保护等为基本手段的土地用途管制制度。其中，农用地的用途管制包括农地非农化的管制和农地农用的管制两方面，坚持"农地、农有、农用"的原则，限制农地非农化，鼓励维持农用。建设用地的用途管制按不同的建成区和规划区有不同的管制规则。土地用途管制包括用地指标管制、现状管制、规划管制、审批管制和开发管制。

tudi yongtu guanzhi guize

土地用途管制规则 在中国指对土地用途区内的土地利用活动进行限制的规范。包括用途区内允许的、受限制的和禁止的土地用途和利用方式的规定以及违反规定的处理办法。土地按用途分类是用途管制规则的基础；土地利用总体规划是制定用途管制规则的依据；农用地转为建设用地必须预先进行审批是管制规则的关键；而保护农用地则是制定土地用途管制规则的目的，核心是切实保护耕地，对基本农田实行特殊保护，防止耕地的破坏、闲置和荒芜。

lindi yongtu guanzhi

林地用途管制 在中国指对林地的利用活动进行限制的管理制度。根据《全国林地保护利用规划纲要（2010～2020年）》，中国的林地用途管制包括四方面的内容：①严格限制林地转为建设用地。林地必须用于林业发展和生态建设，不得擅自改变用途；进行勘查、开采矿藏和各项建设工程，应当不占或者少占林地，必须占用或者征用林地的，应当依法办理审核手续。国家每五年编制或修订一次征占用林地总额，并将总额指标按年度分解到省（区、市）。2011～2020年，总额控制在105.5万公顷以内。②严格控制林地转为其他农用地。禁止毁林开垦、毁林挖塘等将林地转化为其他农用土地。在农业综合开发、耕地占补平衡、土地整理过程中，不得挤占林地。对国有林业局、国有林场已经开垦种植、破坏的林地要逐步还林。③严格保护公益林地。合理区划界定公益林地，全面落实森林生态效益补偿基金制度和管护责任制。严禁擅自改变国家级公益林的性质、随意调整国家级公益林地的面积、范围或降低保护等级。禁止在国家级公益林地采石、采沙、取土，严格控制勘查、开采矿藏和工程建设占用、征用国家级公益林地。除国务院有关部门和省级人民政府批准的基础设施建设项目外，不得占用、征用一级国家级公益林地。④加大对临时占用林地和灾毁林地修复力度。临时占用林地期满后必须按要求恢复林业生产条件，及时植树造林，恢复乔灌植被。加强林地和森林生态系统的防灾、抗灾、减灾能力建设，减少自然灾害损毁林地数量，国家对灾毁林地应及时进行修复治理。

tudi shichang
土地市场 狭义指土地作为商品进行交换的具体场所；广义指土地作为商品在交换中发生的经济关系的总和，通常是指后者。土地市场的主体是土地的买卖双方，客体是交换的标的物（土地）。在市场中交换的是土地物权，包括土地所有权、使用权、租赁权、抵押权等。各国土地政策不同，允许交换的内容也不同。土地私有制国家，一般都允许在市场中交换土地所有权。中国实行土地公有制（国家所有和集体所有），不允许买卖土地所有权，但土地使用权可以依照法律的规定转让。即中国土地市场的交易对象只限于土地使用权。

各国土地市场的运行方式大体可分为三类：①以土地私有制为基础的国家，如美国、日本等，允许土地买卖、出租、抵押、继承、赠予等，土地由市场调节。②以土地国家所有制为基础的国家，如英国和英联邦国家，国家对土地所有权进行有期限的"批租"，土地使用权可以买卖、出租、抵押、继承和赠予，土地流转主要依靠市场调节。③以土地公有制为基础的国家，如中国，土地市场中交易的是国有土地使用权而非土地所有权。城市土地属于国家所有，其所有权不能出让，只能出让使用权，所以在中国土地市场交易的只是国有土地使用权。而且交易的土地使用权具有期限性。国有土地使用权最高期限按用途不同分别为：居住用地70年，工业用地50年，教育、科技、文化、卫生、体育用地50年，商业、旅游、娱乐用

地40年，综合或者其他用地50年。土地使用权价格分为期限价格和用途价格。同一地块由于使用期限不同，出让价格也不相同。另外，由于中国对不同用途的土地在地价上给予了不同的标准，所以同一地块土地因为用途不同，其地价也不同。中国的土地市场有三种运行模式：一级市场即政府的出让市场，指政府有偿、有期限地出让土地使用权的市场，这是完全垄断的市场。卖方只有一个，即作为国有土地使用权出让方的国家。出让市场的运行分为两个过程：政府征用农村集体土地和收回国有土地使用权；政府将其掌握的国有土地使用权出让给土地使用者。二级市场是指土地的使用权转让市场，土地使用权转让市场是不完全竞争市场，市场中的卖方有多个，彼此之间存在竞争，转让市场中土地使用权的流动是多向的，既可以向下延伸，也可以向上延伸。三级市场是指用地单位土地使用权的有偿转换。

tudi shichang guanli
土地市场管理 政府出于公共利益需要，对土地市场进行培育、管理、调控工作的总称。包括建立土地估价制度，地价公告制度，土地限阶、土地收购储备制度，规范土地市场行为。土地市场管理是国家从经济社会发展的总体和长远目标出发，通过经济手段和行政手段对土地市场进行干预以达到抑制土地投机、维护土地市场稳定、优化土地资源配置、合理分配土地收益的目的。在具体实施过程中，国家通过法律手段和行政手段对土地市场主体、市场客体和市场交易程序进行管理，保证土地市场公平交易以发挥土地市场机制的正常调节功能。

tudi gujia
土地估价 在一定的市场条件下，根据土地的权利状况和经济、自然属性，按土地在经济活动中的一般收益能力，综合评定出某块土地或多块土地在某一权利状态下某一时点价格的过程。估价人员依据土地估价的原则、理论和方法，在充分掌握土地市场交易资料的基础上，需要评估土地的经济和自然属性，地产的质量、等级及其在现实经济活动中的一般收益状况，经济社会发展水平、土地利用方式，土地预期收益和土地利用政策等。

tudi chubei

土地储备 中国各级人民政府依照法定程序在批准权限范围内，对通过收回、收购、征用或其他方式取得使用权的土地，进行储存或前期开发整理，并向社会提供各类建设用地的行为。可以纳入储备范围的土地是：①依法收回的国有土地；②收购的土地；③行使优先购买权取得的土地；④已办理农用地转用、土地征收批准手续的土地；⑤其他依法取得的土地。

tudi shougou chubei zhidu

土地收购储备制度 在中国指由政府授权的机构统一收回、收购城市区域内的土地，建立土地储备，经前期开发整理后，统一出让建设用地的制度。即政府依照法定程序，运用市场机制，按照土地利用总体规划和城市总体规划，通过收购、回购、置换和征用等方式取得土地，进行前期开发利用和存储后，以公开招标、拍卖出让方式供应土地，控制各类建设用地需求。

土地收购储备制度作为政府调控地产市场的一种重要手段最早起源于西方，因西方国家基本上实行的是土地私人所有制或私有制与公有制并存模式，政府储备土地的初始动因是为了满足今后政府公益设施建设或关键行业建设之需要，土地提前储备可保障政府工程及时实施。荷兰的阿姆斯特丹市自1800年始，即在工商界的支持下，由市政府出面收购土地进行储备，此后，法国、瑞典、英国等国的许多城市市政府也成立了类似机构，如英国成立了土地发展公司。随着时间的推移，土地储备的功能也日臻完善，美国和欧洲许多国家已将这种储备机制称为"土地银行"，目前瑞典的斯德哥尔摩市拥有西欧最大的土地银行。与此同时，各国相应建立了严密的法律制度来保证土地储备机制的顺利运转。

土地收购储备是政府运作土地市场的有力工具，表现出四方面的特性：①计划性。土地的收购、储备、供应均按政府预定计划进行，便于政府调控土地市场、调节用地结构、优化土地资源配置。②垄断性。先储备、后供地，要用地、找储备。政府对土地一级市场实行绝对垄断，有利于政府调控供地的规模与节奏，切断违法用地渠道。③充分实现土地经济价值的可能性。政府通过计划与垄断，依据不同时期的市场需求，伺机推出尽可能满足市场需求的土地，再合理运用招标与拍卖的市场交易运作方式，完全有可能实现土地价值的最大化，进而实现地尽其用并达到政府多受益的目的。④风险性。土地收购储备机构在行使政府调控土地市场职能的同时，也是一个完全的市场企业，受到市场规律的制约，但是由于它又不得不完成政府的一些指令性收购计划，故其经营行为往往非完全的企业市场行为，造成其经营的风险性更加无法预测，在可能更高获利的同时，也可能具备更高的风险性。

土地收购储备制度的内容和运作程序是：①土地收购。是指根据政府授权和土地储备计划，土地收购储备机构收购或收回市区范围内国有土地使用权的活动。②土地储备。对于进入土地储备体系的土地，在出让给新的土地使用单位以前，由土地收购储备机构负责组织前期开发和经营管理。③土地供应。对进入土地储备体系的土地，由土地收购储备机构根据城市发展需要和土地市场的需求制定土地供应计划，有计划地统一向用地单位供应土地。储备土地的供应方式可以分为招标拍卖和协议出让两种类型。

tudi youchang shiyong

土地有偿使用 土地使用者使用土地所有者的土地时，需要支付使用费的行为和事实，相对于土地无偿使用而言。如美国法律规定土地可以出租和买卖，所有土地都实行有偿使用。即使联邦政府为了国家和社会公益事业兴建铁路、公路和其他设施，需要占用州属公有土地或私人土地，也要通过交换或购买。通信、输电、输油等管线要通过公有土地的地上或地下，都必须向土地管理部门申请批准，并支付租金。中国在改革开放以来，随着社会主义市场经济体制的逐步建立，开始实施以土地所有权和使用权相分离为基础的国有土地有偿使用制度，为发挥市场在土地资源配置中的基础性作用、显化土地资产和资本属性、提高建设用地利用效率、促进土地市场体系建设和工业化、城镇化进程提供了有效途径。从20世纪90年代开始，中国对划拨土地使用权及其有偿使用作了具体规定。划拨土地使用者应依法缴纳土地使用税，划拨土地使用权的转让、出租、抵押必须在依法签订土地使用权出让合同，并补交土地使用权出让金的条件下才被获准。未经批准擅自转让、出租、抵押划拨土地使用权的单位和个人，将被没收其非法所得，并课以罚款。

国有土地有偿使用改变了土地使用无偿、无限期、无流动的状态，土地功能从传统的生产资料拓展到资本和资产。

tudi huabo
土地划拨 在中国，泛指国有土地行政划拨。国家因建设需要，从国有土地中，依照法律规定划拨一定数量的土地给全民所有制单位或者集体所有制单位和个人使用的行为。土地划拨后，土地所有权仍归国家，用地单位和个人只有使用权。《中华人民共和国土地管理法》规定：国有土地可以依法确定给全民所有制单位或者集体所有制单位和个人使用；国家建设使用国有荒山、荒地以及其他单位使用国有土地的，按照国家建设征用土地的程序和批准权限批准后划拨；开发国有荒山、荒地、滩涂用于农、林、牧、渔业生产的，由县级以上人民政府批准，划拨给开发单位使用。《中华人民共和国城市房地产管理法》规定，下列建设用地的土地使用权，确属必需的，可以由县级以上人民政府依法批准划拨：国家机关用地和军事用地；城市基础设施用地和公益事业用地；国家重点扶持的能源、交通、水利等项目用地；法律、行政法规规定的其他用地。以划拨方式取得土地使用权的，除法律、行政法规另有规定外，没有使用期限的限制。以划拨方式取得土地使用权的，转让房地产时，应当按照国务院规定报政府审批，并在批准后依照国家有关规定缴纳土地使用权出让金。

huabo yongdi zhidu
划拨用地制度 中国特有的项目建设用地的取得方式之一。有审批权限的各级政府根据中国《土地管理法》和《城市房地产管理法》的有关规定和2001年国土资源部令第九号令《划拨用地目录》，向符合划拨用地条件的建设项目（项目使用的单位）无偿供应的土地。划拨用地的使用年限是永久的，即终止日期为批准供地的本级政府认为应该依法收回时止。根据国土资源部《划拨用地目录》规定，中国现行的划拨用地的主要项目是：党政机关和人民团体用地、军事用地、城市基础设施用地、公益事业用地及国家重点扶持的能源、交通、水利等基础设施用地和特殊项目（如监狱等）用地。当划拨用地的条件改变，划拨用地的理由消失后，用地单位必须向政府缴纳相应的土地出让金（改无偿划拨为

有偿供地）。凡通过划拨方式取得的土地使用权，政府不收取地价补偿费，不得自行转让、出租和抵押；需要对土地使用权进行转让、出租、抵押和连同建筑物资产一起进行交易者，应到县级以上人民政府有关部门办理出让和过户手续，补交或者以转让、出租、抵押所获收益抵交土地使用权出让金。

tudi shiyongfei
土地使用费 依据法定标准取得国有土地使用权并按合同规定每年向国家支付的费用。土地使用者因使用土地而向土地所有者支付的费用，是土地使用者获得用地应付出的代价。在中国，土地使用费是指外商投资企业通过不同的方式使用土地（出让、转让方式取得的土地使用权者除外），国家向其收取的有偿使用土地的费用，包括中外合资、合作经营企业新征用土地，以及利用中方合资者或合作者原使用的土地。土地使用费是企业为取得土地使用权而交纳的费用，它是调节使用土地资源的手段之一，是国家财政收入的组成部分。土地使用费与土地使用税不同，土地使用税是国家对使用土地的国内单位和个人征收的一种税。有关土地使用费的具体标准，没有全国统一的规定，应根据场地的用途、地理环境条件、征地拆迁安置费用和企业对基础设施的要求等因素，由所在地的省、自治区、直辖市人民政府规定，原则上沿海地区高于内地，大中城市高于中小城市，城市中心、繁华地段高于其他地段和郊区，在原有工业区设厂高于新开辟的工业区，利用原有企业改造高于新建工厂等。土地使用费的计算包括征用土地的补偿费用、原有建筑物的拆迁费、人员安置费用以及公共设施费用。

xinzeng jianshe yongdi tudi youchang shiyongfei
新增建设用地土地有偿使用费 中国国务院或省级人民政府在批准农用地转用、征用土地时，向取得出让等有偿使用方式的新增建设用地土地的县、市人民政府收取的平均土地纯收益。征收范围为：土地利用总体规划确定的城市（含建制镇）建设用地范围内的新增建设用地（含村庄和集镇新增建设用地）；在土地利用总体规划确定的城市（含建制镇）、村庄和集镇建设用地范围外单独选址、依法以出让等有偿使用方式取得的新增建设用地；在水利水电工程建设中，移民迁建用地占用城市（含建制镇）土地利用总体规划确定的经批准超出原建设

用地面积的新增建设用地。因违法批地、占用而实际发生的新增建设用地，按照国土资源部认定的实际新增建设用地面积、相应等别和征收标准缴纳新增建设用地土地有偿使用费。

tudi zhengyong

土地征用 国家根据公共需要依法收取个人、集体所有的土地以及由个人或集体使用的国有土地。世界上大多数国家和地区都采取土地征用措施，以保证兴办社会公共事业和实施国家经济政策的需要。如美国的"最高土地权"的行使，日本的土地收买，德国、法国、巴西等国的土地征收，英国的强制收买，香港地区的官地收回，新加坡的土地征用等。在中国，是根据经济、文化、国防建设以及兴办社会公益事业的需要，依照法律程序和审批权限，将集体所有的土地转为国有土地的一项措施。《中华人民共和国宪法》规定："国家为了公共利益的需要，可以依照法律规定对土地实行征用。"《中华人民共和国土地管理法》规定："国家为了公共利益的需要，可以依法对集体所有的土地实行征用。"中国的土地征用制度是在特有的土地所有权制度基础上、在特殊的土地所有制形式下形成的，为中国的工业化和城镇化的快速发展提供了发展空间和支撑。

基本原则 既要保证国家建设必需的用地，又要照顾农业生产和群众的切身利益，对征用的土地及土地上的附着物要按照国家规定给予补偿，或以相等的国有土地调换，并对被征用土地者的生产和生活妥善安置；节约用地、减免不必要的工程，尽量利用非耕地资源；履行严格的征用土地手续，防止早征、多征和违章占用。

主要特征 ①采取行政手段，具有一定的强制性。②土地征用是土地所有权的转移，土地征用过程就是改变土地所有权主体的过程，国家建设征用的集体所有的土地，所有权属于国家，用地单位只有使用权。③土地征用过程中的土地收益分配格局影响到农民集体土地权益的实现程度和途径，所以必须完善补偿安置机制，以确保被征地农民原有生活水平不降低、长远生计有保障为原则，制定合理的补偿标准，并落实就业安置和社会保障措施，妥善解决农民群众的生产和生活问题。④土地征用法律关系主体双方是特定的，征用方只能是国家，其他任何单位和个人都无权征用，被征用方只能是所征土地的所有者，即农民集体。

土地征用费 建设单位依法向被征地单位支付的因征用土地而产生的各项费用的总和。包括土地补偿费、安置补助费、青苗补偿费、地上附着物和林木补偿费等。

改革方向 土地征用制度的改革，直接取决于土地权利设置、权能结构和权利价值，土地征用制度的改革进程直接影响到农民土地权益的实现程度，只有理顺土地产权关系，改革土地收益分配制度，才能建立合理的收益分配格局。具体而言，就是要尊重农民意愿，强化农民集体土地的财产权，缩小征地范围，规范征地程序，完善对被征地农民合理、规范、多元保障机制，提高征地补偿标准，拓宽被征地农民的安置渠道等。

nongyongdi zhuanyong

农用地转用 在中国指按照土地利用总体规划和国家规定的批准权限获得批准后，将农用地转变为建设用地的行为。建设占用土地涉及农用地的，应当办理农用地转用审批手续。用于非农建设有以下情形之一者，应当办理农用地转用审批手续：①征用农村集体经济组织农用地的；②农村集体经济组织使用本集体农用地的；③使用国有农用地；④需要办理农用地转用的其他土地。通常征地范围都在靠近城市的农村和郊区，有利于土地的利用和综合发展。

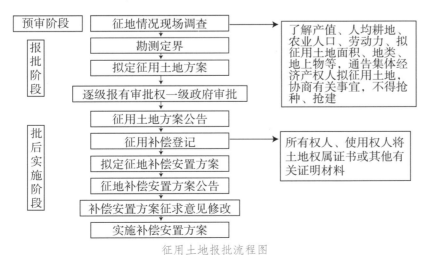

征用土地报批流程图

tudi jijin

土地基金 为进行土地收购储备、土地开发、利用和保护等活动而设立的专项资金。从广义上说有两种含义。第一种是营利性基金。是以土地为投资工具，通过对土地开发和投资经营，促进土地价值增值，从而获得投资收益的投资形态。这种土地基金设定的目的是使投资者获取和分配土地收益，所以，在性质上属于营利性基金。另一种是公益性基金。即以土地为载体，为促进土地资源的合理开发和利用或促进公共基础设施的建设而设立的一种专门性基金。这种基金的设立使与土地相关的不动产资源社会利用效率最大化，而不是使投资者获取个体的投资利益。因此，在性质上，这种土地基金属于公益性基金。

在中国，从各地的土地基金运作情况上看，土地基金主要体现为公益性基金。一是由政府设立，主要目的是促进土地资源合理利用、完善土地收购储备制度及促进社会公益事业的发展；二是资金来源主要靠政府的财政拨款或银行的政策性贷款，或从政府的土地收益（如土地出让金等）中拿出一定的比例来设立；三是只能用于土地储备或公共基础设施建设等政府性的非营利行为。

tudi diya

土地抵押 以土地所有权或使用权为抵押物获得银行等信贷机构或个人投资者贷款的行为。即债务人以土地使用权担保债务履行的法律行为。土地抵押是不动产抵押的最基本形式，一般通过土地契约进行。抵押权本质是一种从属于债权的担保物权，即债权人在他人之物上得到偿还债务保证的一种担保物权。亦即债务人或第三人以物权作为履行债务的保证。其实质在于为债权关系提供中介形式和物质保证，维护财产的合法性和有效性。

tudi diandang

土地典当 中国历史上买卖土地的一种方式，习惯上称典卖。出典人将土地作价出典于人，承典人交付典价后，在典当期间即获得该地的使用和收益的权利，并可以转典、出租、设定担保和转让典权。出典人在约定期限内有赎回权，即以原价赎回土地，典权即消灭。如双方同意以典转卖，即由承典人找补典价与买价之间的差额，承典人就取得所有权；也有的到期不赎即视为绝卖。中国的土地典卖制度起源于唐代，宋以后盛行。这是地主剥削农民并进而兼并土地的一种合法手段。但在劳动人民之间因融通资金也常发生土地典卖关系。中华人民共和国成立初期，国家曾对劳动人民之间的土地典卖关系予以承认并保护。土地改革后，土地不得成为典卖的标的，土地典卖制度不复存在。

tudi zhengquanhua

土地证券化 将土地产权或土地贷款债权转化为可流通的有价证券并出售给投资者，而从资本市场融通资金的过程。土地证券化作为资金筹措手段，形成新的融资方式。它吸收了直接融资与间接融资的优点，是一种非负债型融资；同时作为资产运用手段，克服土地由于单位价值量大，不可移动、不可分割等特点，小规模投资者难以购买，市场流动性差的缺点，从而提高土地使用效率。

tudi jiaoyi

土地交易 以土地作为商品进行买卖、租赁、抵押和交换等的活动。土地交易是在相对开放的平台下进行的活动，只有在开放公平的环境下进行才能完善土地交易的规则制度。在中国，主要指土地使用权转移的交易。土地使用权转移双方，按照一定的法律程序，在土地市场中达成交易。市场交易地价一般是具体宗地一定使用年限的现实交易价格，是交易双方收支地价款的标准。

tudi xintuo

土地信托 土地所有权人（委托人）为有效利用土地，提高不动产的开发与经营效率，而将土地信托予受托人，由受托人利用其专业规划与管理，将开发经营的利润作为信托受益分配金交付给受益人。大部分的土地信托年限在30～50年。土地信托依信托财产的处分方式的不同，主要有租赁型信托及出售型信托两种。①租赁型：受托人无处分信托财产的权利。②出售型：委托人将信托财产委托信托业者出售。在中国，土地信托制度使农民将土地承包经营权作为信托财产，移转给土地信托机构，由该机构经营治理或承包给他人经营，既可实现土地的适度规模化运作，又使农民在向第二、第三产业转化的过程中摆脱小块土地的钳制。在信托期限内，农民享有信托利益；信托终止，还可以恢复行使承包经营权，农民的基本权益有了保证。所以土地信托是深化农村土地经营机制改革的需求，也是促进土地使用权规范有序流转的必由之路。土地信托制的有效推行将在中国产生深远的影响。

tudi shuishou
土地税收 国家以土地为征税对象，凭借政治权力从土地所有者或土地使用者手中无偿地、强制地取得部分土地收益的一种税收。土地税收主要有以下功能：①保证国家财政收入。土地税收是一种长期、稳定而又最有保障的国家财政收入来源，因而各个国家都十分重视征收土地税。土地税收在一个国家里大都成为财政收入的重要组成部分。②促进土地资源合理利用。合理的土地税收政策能够促进土地资源的合理利用。例如，对荒地和空地征收土地税，征税压力就会驱使土地占有者充分利用这些土地。中国台湾省就设有荒地税和空地税，其目的就在于减少荒芜土地，促进闲置土地的合理利用。③调整土地利用方向。土地税收作为一种经济杠杆，具有调整土地利用方向的功能。例如，对不希望的土地利用方向征税或者课以重税，征税压力就会促使土地使用者改变土地利用方向。中国开征耕地占用税的目的，就是用税收这一经济手段保护耕地，促使建设项目不占或者少占耕地，尽量占用劣地、次地和非耕地。④调整土地收益分配关系。世界上许多国家在土地发生转移时，都开征了土地转让税或者土地增值税，中国也开征了土地增值税，通过开征此税调节土地增值收益分配，抑制土地投机，维护国家权益。

tudishui
土地税 以土地为征税对象，以土地面积、等级、价格、收益或增值等为依据计征的各种赋税的总称。又称地税。人类最早的土地税，是指对土地本身征收的税，一般以面积确定税额；后来又以土地产出量和土质肥沃程度制定税率等级；再后又发展为按土地收益课税。由于各国土地制度不同，税制、税种、征税办法和税率也不同。可归纳为以下几种：①地价税。根据土地价格征税，包括土地原价税和土地增值税。前者是指按土地原始价格征税；后者按土地价格的增值量征税。②土地转让收益税。按转让（包括租赁转让）收益征税，一般纳入到所得税或法人税中征收。③土地保有税。以固定资产税、不动产税形式征收。日本设有特别土地

保有税，以抑制土地投机。中国现行的土地税种中，有城镇土地使用税、房产税、农业税、耕地占用税、土地增值税和土地房屋不动产税等。

tudi shiyongshui
土地使用税 在中国指在城市、县城、建制镇、工矿区范围内使用土地的单位和个人，以实际占用的土地面积为计税依据，依照规定由土地所在地的税务机关征收的一种税赋。土地使用税只在镇及镇以上城市开征，因此其全称为城镇土地使用税。开征土地使用税的目的是为了保护土地资源，使企业能够节约用地。征收土地使用税的作用具体包括如下：①能够促进土地资源的合理配置和节约使用，提高土地使用效益；②能够调节不同地区因土地资源的差异而形成的级差收入；③为企业和个人之间竞争创造公平的环境。

tudi zengzhishui
土地增值税 在中国指对由于经济社会发展而产生的土地价格增值量征收的税种。《中华人民共和国土地增值税暂行条例》第六条规定了计算增值税的扣除项目：①取得土地使用权所支付的金额；②开发土地的成本、费用；③新建房屋及配套设施的成本、费用，或者旧房及建筑物的评估价格；④与转让房地产有关的税金；⑤财政部规定的其他扣除项目。第七条规定土地增值税实行四级超额累进税率：增值额未超过扣除项目金额50%的部分，税率为30%；增值额超过扣除项目金额50%，未超过扣除项目金额100%的部分，税率为40%；增值额超过扣除项目100%、未超过扣除项目金额200%的部分，税率为50%；增值额超过扣除项目金额200%的部分，税率为60%。第八条对下列情形之一的，免征土地增值税：①纳税人建造普通标准住宅出售，增值额未超过扣除项目金额20%的；②因国家建设需要依法征用、收回的房地产免征土地增值税。

gengdi zhanyongshui
耕地占用税 在中国指国家对占用耕地建房和从事非农业建设的单位和个人征收的税种。其目的是保护农用耕地，控制非农业建设对耕地的占用。耕地是指种植农作物的土地，包括菜地、园地和占用前三年内曾种植农作物的土地；占用鱼塘及其农用土

地（如已开发的滩涂、草场、水面）也视同占用耕地。占用耕地建房或者从事非农业建设的单位或者个人，为耕地占用税的纳税人。以纳税人实际占用的耕地面积为计税依据，按照规定的适用税额一次性征收。实际占用的耕地面积包括经批准占用的耕地面积和未经批准占用的耕地面积。

fangdichanshui
房地产税　一切与房地产经济运动过程有直接关系的税，是一个综合性概念。在中国包括房地产业营业税、企业所得税、个人所得税、房产税、城镇土地使用税、城市房地产税、印花税、土地增值税、投资方向调节税、契税、耕地占用税等。其中，房产税和城市房地产税以房屋为征税对象。房产税的计税依据是房屋计税价值或房产的出租收入；城镇土地使用税以土地为征税对象，以实际占用的土地面积为计税依据；土地增值税以土地和地上建筑物为征税对象，以增值额为计税依据；耕地占用税以纳税人实际占用的耕地面积计税，按照规定税额一次性征收；契税以转移土地、房屋使用权的行为为征税对象，以成交价格为计税依据。

tudifei
土地费　以土地为交费对象，在土地税以外缴纳的相关费用。在中国主要有：①建设占用耕地，如没有条件开垦或者开垦的耕地不符合要求，应缴纳耕地开垦费，用于开垦新耕地；②对于闲置、荒芜耕地要缴纳闲置费；③征用城市郊区菜地，要缴纳新菜地开发建设基金；④对以出让方式取得国有土地使用权的建设单位，要缴纳新增建设用地土地有偿使用费。

tudi xianzhifei
土地闲置费　在中国指城市规划区范围内，以出让方式取得土地使用权，闲置一年以上按出让金的20%以下征收的费用。已经办理审批手续的非农业建设占用耕地，一年以上未动工建设的，按省、自治区、直辖市的规定征收土地闲置费。具有下列情形之一的，可以认定为闲置土地：①国有土地有偿使用合同或者建设用地批准书未规定动工开发日期，自国有土地有偿使用合同生效或者土地行政主管部门建设用地批准书颁发之日起满一年未动工开发建设的；②已动工开发建设但开发建设的面积占应动工开发建设总面积不足1/3或者已投资额不足25%且未经批准中止开发建设连续满一年的；③法律、行政法规规定的其他情形。

gengdi buchangfei
耕地补偿费　在中国指国家建设征用耕地时，用地单位对被征地单位在被征用之耕地上长期投入的补偿。耕地补偿费的补偿标准为该耕地被征用前三年平均年产值的6～10倍，年产值按被征地前三年平均年产量和国家规定的价格计算。其他还包括安置补助费以及地上附着物和青苗的补偿费。

tudi jiufen
土地纠纷　在中国指对土地所有权和使用权的争议，包括农地、山地、草原、水域等因所有权、使用权受到侵害而引起的争执。土地纠纷的原因，主要是地界不清，土地权属紊乱、政策或体制的变更及其他历史遗留问题等。土地纠纷的调处应搞清楚发生纠纷的原因及争议的性质和关键问题，根据双方就争议问题所持的意见、理由，研究确定土地纠纷的实质，听取各方面的意见，作出既符合政策、法律规定，又通情达理的处理决定。

tudi fanzui
土地犯罪　行为人违反刑法规定的有关土地的义务而应承担法律责任的行为。在中国，《刑法》第三百四十二条规定："违反土地管理法规，非法占用耕地改作他用，数量较大，造成耕地大量毁坏的，处五年以下有期徒刑或者拘役，并处或者单处罚金"。《最高人民法院关于审理破坏土地资源刑事案件具体应用法律若干问题的解释》第三条规定，违反土地管理法规，非法占用耕地改作他用，数量较大，造成耕地大量毁坏的，依照《刑法》第三百四十二条的规定，以非法占用耕地罪定罪处罚：①非法占用耕地"数量较大"，是指非法占用基本农田五亩以上或者非法占用基本农田以外的耕地十亩以上。②非法占用耕地"造成耕地大量毁坏"，是指行为人非法占用耕地建窑、建坟、建房、挖沙、采石、采矿、取土、堆放固体废弃物或者进行其他非农业建设，造成基本农田五亩以上或者基本农田以外的耕地十亩以上种植条件严重毁坏或者严重污染。

tudi weifa

土地违法 在中国指行为人施行的不符合土地法律规定的义务，危害社会利益的作为或不作为。主要包括：行政违法行为，指行为人违反土地行政法规、规章而应承担法律责任的行为；民事违法行为，指行为人违反民法规定的有关土地的权利义务关系而应承担法律责任的行为。

tudi zhifa

土地执法 在中国指政府土地行政机关或司法部门依照法律对行政相对人所采取的直接限制其权利义务，或对相对人权利义务的行使和履行情况进行监督检查的行为。包括：土地行政处理，指政府土地管理机关依照法律，对行政相对人的土地违法行为所作的行政处置。土地行政处罚，指政府土地管理机关依照法律，对行政管理相对人的土地违法行为所作的惩罚性处理。土地行政强制执行，指政府土地管理机关在行政相对人不履行行政处理决定或行政处罚所课予的义务时，向法院申请强制执行的行为。

tudi jiancha

土地监察 在中国指政府土地行政机关依照法律对行政相对人执行和遵守土地法律、法规的情况进行监督检查以及对违法行为实施行政处分或起诉的行为。在中国，土地监察的主体是依法享有土地行政管理职权的县级以上人民政府土地行政主管部门；土地监察的对象是管理相对人，即一切与土地发生法律关系的单位和个人，在一定的条件下还包括地方各级人民政府及其土地行政主管部门，这是土地监察的重要特点之一；土地监察的内容是对土地管理法律、法规的执行情况进行监督检查，并对违法者实施法律制裁。法律制裁包括给予违法者行政处罚和行政处分；土地监察的目的是实现土地管理职能，保证国家土地管理法律、法规的贯彻实施。

chengshi guihua guanli

城市规划管理 城市规划编制、审批和实施等管理工作的统称。包括城市规划编制管理、城市规划审批管理和城市规划实施管理。城市规划编制管理主要是组织城市规划的编制，征求并综合协调各方面的意见，规划成果的质量把关、申报和管理。城市规划审批管理主要是对城市规划文件实行分级审批制度。城市规划实施管理主要包括建设用地规划管理、建设工程规划管理和规划实施的监督检查管理等。

chengshi guihua yongdi guanli

城市规划用地管理 根据城市规划法规和批准的城市规划，对城市规划区内建设项目用地的选址、定点和范围的划定，总平面审查，核发建设用地规划许可证等各项管理工作的总称。城市规划用地管理要对建设项目用地起到调控和引导作用，列入建设项目用地范围的土地，必须严格按照城市规划的要求进行建设，用地供应要严格执行土地利用总体规划和年度土地利用计划。

chengshi guihua jianshe guanli

城市规划建设管理 根据城市规划法规和批准的城市规划，对城市规划区的各项建设活动所实行的审查监督以及违法建设行为的查处等各项管理工作的统称。城市规划建设管理主要作用是统筹城市规划建设的各项要素，根据城市自然环境、历史传统、现代风情、精神文化、建筑风格、经济发展等诸多要素，在城市的规划建设中，实现城市空间布局、文化遗产保护和现代化建设的有机结合。

gengdi baohu zhidu

耕地保护制度 在中国指对耕地的数量和质量进行的保护的规程或准则。中国明确规定"十分珍惜和合理利用每一寸土地，切实保护耕地"是基本国策，通过实行最严格的耕地保护制度，才能提高粮食综合生产能力，保证国家粮食安全。所以保护耕地数量与质量，是维护国家粮食安全最基本的依靠。近年来中国耕地面积逐年递减。无论是从经济建设的角度出发，还是从国家安全的角度考虑，解决中国农产品特别是粮食的供给问题，必须主要立足于国内，所以国家必须采取有力措施，扭转耕地减少的势头，耕地保护是关系中国经济和社会可持续发展的全局性战略问题。耕地保护方面的制度主要有土地用途管制制度、耕地总量动态平衡制度、耕地占补平衡制度、耕地保护目标责任制度、基本农田保护制度、农用地转用审批制度、土地开发整理复垦制度、土地税费制度、耕地保护法律责任制度、高标准基本农田建设制度等。

gengdi zhanbu pingheng zhidu
耕地占补平衡制度 中国《土地管理法》规定的国家实行的占用耕地补偿制度。非农建设经批准占用耕地要按照"占多少，补多少"的原则，补充数量和质量相当的耕地。这项制度是坚守18亿亩耕地红线的重要举措。

具体要求：①任何建设占用耕地必须履行开垦耕地的义务。②开垦耕地的责任者是占用耕地的单位；城市建设区用地统一征收后供地，承担造地义务的为县市人民政府，造地费用可以打入建设用地成本，但责任必须由县市人民政府承担；城市建设用地区外的建设项目用地，承担开垦耕地义务的是建设单位，县市人民政府土地主管部门负责监督验收；村庄集镇建设占用耕地，承担开垦义务的是村集体经济组织或村民委员会，县市人民政府土地管理部门负责监督验收。③开垦耕地资金必须落实。④开垦耕地地块应当落实。⑤没有条件开垦，或者开垦出的耕地不符合要求的，建设单位可以按照有关规定缴纳耕地开垦费，由地方政府土地管理部门履行造地义务。

buchong gengdi chubei zhidu
补充耕地储备制度 在中国指县（市）在符合《土地利用总体规划》和《土地整治规划》的基础上，安排土地开发整理项目先行开发整理耕地的制度。土地开发整理项目经验收合格后，需要将新增耕地指标划入耕地储备库，当建设项目占用耕地需要补充时，收取耕地开垦费，从耕地储备库中划出耕地指标，作为建设项目占用耕地补偿指标，从而实现先补后占。

gengdi xianbu houzhan zhidu
耕地先补后占制度 在中国指在建设项目占用耕地之前，建设单位先履行补充耕地的义务，补充耕地任务完成后建设单位方可占用耕地的制度。为了认真执行这一制度，许多地方建立了耕地储备库，建设单位按规定标准缴纳耕地开垦费后，使用储备的耕地补偿指标，实行"先补后占"。

yidi buchong gengdi zhidu
易地补充耕地制度 在中国指在同一省级行政区划范围内，耕地后备资源匮乏的市、县（区），因非农业建设占用耕地数量较大，在本行政区域内无法实现年度非农业建设项目耕地占补平衡，采取有偿办法，委托耕地后备资源较丰富的地区代为开发补充耕地，做到先补后占的制度。易地补充耕地应当符合土地利用总体规划和土地开发整理专项规划，建立各级补充耕地项目库。易地补充耕地应以旱涝保收为建设标准，总体上应达到地块方格化、灌溉硬底化、耕作机械化、环境园林化。

zengjian guagou zhidu
增减挂钩制度 全称是城镇建设用地增加和农村建设用地减少相挂钩的制度。在中国指依据土地利用总体规划，将若干拟整理复垦为耕地的农村建设用地地块和拟用于城镇建设的地块等面积共同组成建新拆旧项目区，通过建新拆旧和土地整理复垦等措施，在保证项目区内各类土地面积平衡的基础上，最终实现增加耕地有效面积，提高耕地质量，节约集约利用建设用地，城乡用地布局更合理的目标。也就是将农村建设用地与城镇建设用地直接挂钩，若农村整理复垦建设用地增加了耕地，城镇可对应增加相应面积建设用地。

主要参考文献

[1]郑度.地理区划与规划词典[M].北京:中国水利水电出版社,2012.

[2]左大康.现代地理学辞典[M].北京:商务印书馆,1990.

[3]谭见安.地理辞典[M].北京:化学工业出版社,2012.

[4]《中国资源科学百科全书》编辑委员会. 中国资源科学百科全书:土地资源卷[M].北京:中国大百科全书出版社、石油大学出版社,2000.

[5]土地基本术语（GB/T 19231—2003）.中华人民共和国国家质量监督检验检疫总局发布.

[6]中华人民共和国国家质量监督检验检疫总局,中国国家标准化管理委员会. 农用地质量分等规程（GB/T 28407—2012）[M].北京:中国标准出版社,2012.

[7]全国科学技术名词审定委员会.资源科学技术名词:土地资源学[M].北京:科学出版社,2008.

[8]中华人民共和国国家质量监督检验检疫总局,中国国家标准化管理委员会.农用地定级规程（GB/T 28405—2012）[M].北京:中国标准出版社,2012.

[9]中华人民共和国农业行业标准.全国耕地类型区、耕地地力等级划分（NY/T 309—1996）.中华人民共和国农业部发布.

[10]高标准农田建设标准（NY/T 2148—2012）.中华人民共和国农业部发布.

[11]高标准基本农田建设标准（TD/T 1033—2012）.中华人民共和国国土资源部发布.

[12]中华人民共和国国土资源部.中国国土资源统计年鉴2011[M].北京:地质出版社,2011.

[13]水利部、中国科学院、中国工程院.中国水土流失防治与生态安全:水土流失数据卷[M].北京:科学出版社,2013.

[14]陈百明.中国农业资源综合生产能力与人口承载能力[M].北京:气象出版社,2001.

[15]陈百明.土地资源学概论[M].北京:中国环境科学出版社,1996.

[16]陈百明,等.中国土地利用与生态特征区划[M].北京:气象出版社,2003.

[17]陈百明,等.土地资源学[M].北京:北京师范大学出版社,2007.

[18]赵其国,等.中国土壤资源[M].南京:南京大学出版社,1991.

[19]《中国大百科全书》编委会.中国大百科全书:中国地理[M].北京:中国大百科全书出版社,2009.

条目汉语拼音索引

说　明

本索引按《中国自然资源通典·土地卷》所收条目的标题首字汉语拼音音序排列，首字读音相同，按第二字音序排列，依此类推。条目标题相同，按页码顺序排列。

条目汉字笔画索引

说　明

一、本索引供读者按条目标题的汉字笔画查检条目。

二、条目标题按第一字的笔画由少到多的顺序排列，笔画数相同的字按起笔笔形一（横）、丨（竖）、丿（撇）、丶（点）、乛（折，包括丨丁し〈等）的顺序排列。第一字相同的，依次按后面各字的笔画数和起笔笔形顺序排列。

三、用拉丁字母和阿拉伯数字开头的条目标题，依次排在汉字开头的条目标题的后面。

六画

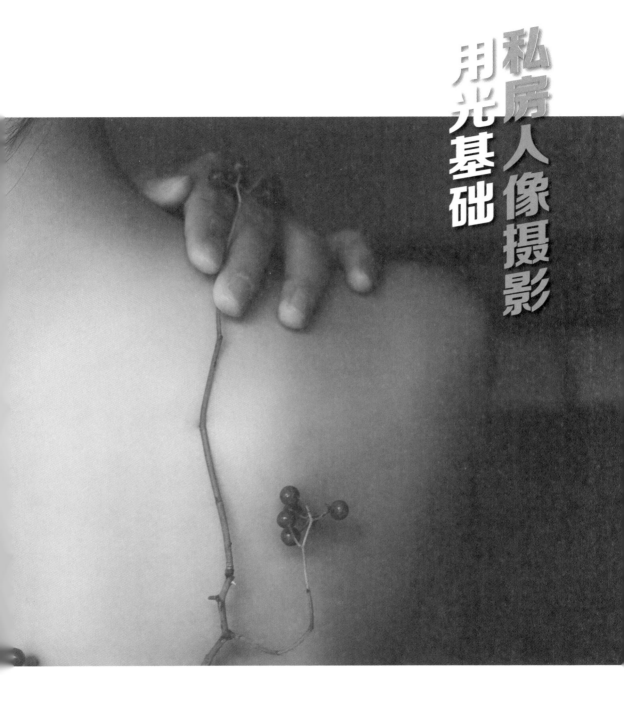

私房人像摄影
用光基础

中国工信出版集团

人民邮电出版社
POSTS & TELECOM PRESS

目 录

C O N T E N T S

1 自然光

　　自然光泛指来自大自然的光，在摄影中我们日常能用到的自然光大部分指的是"太阳光"。太阳光在不同的时间段所展现的能量不同，所以，在不同时间拍摄，光线的柔和程度、方向等都不同。

1.1　不同时间段的光线特点

在一天中，不同时间段太阳光的角度、方向、强度都有所不同，它所营造出的氛围和情绪也是不同的。一位成熟的摄影师会根据自己拍摄的主题选择合适的光线。

早晨的光线

早上，我们可以先手机查好日出时间和日出的方位，提前到拍摄地点。日出的光线适合拍摄剪影。8:00 至 10:00 的光线因为照射角度较低、光线柔和，所以经常被称为"sweet light"（甜美光线），适合拍摄逆光的唯美照片。

中午的光线

中午 11:00 至 14:00 的光线是顶光，太阳直射、光线强、光质硬，拍出的片子对比度很强、质感好、脸部细节很明显。

下午、傍晚的光线

下午至傍晚（15:30 至 18:00）这段时间的光线柔和，光呈现暖色，可以拍出逆光和剪影的效果。这时的光线氛围感强，很适合拍摄柔和的侧逆光照片。

上午和下午的光线都比较柔和，可以拍出很好看的侧光和逆光照片。大部分唯美照片都是在这两个时间段创作的。

利用自然光在室内拍摄时，拍摄时间可以根据窗户的朝向、大小来确定。如果是陌生环境，可以线上搜索其他摄影师拍摄的图片或者提前现场踩点了解环境和光线。

1.2　光线的方向

摄影的光线根据方向可以分为顺光、侧光、逆光、顶光和底光，我们拍摄常用的基本光线为顺光、侧光、逆光。

1.2.1 顺光

　　顺光的光线照射方向与拍摄方向是一样的，一般光线位于摄影师的后方。

　　这种光线可以使模特皮肤看上去特别干净、通透，掩盖一些瑕疵，可以使细节和色彩得以较好地展现。不足的地方是，由于光线直面照射，导致阴影较少，明暗对比少，以至于作品看上去过于平，缺少立体感。顺光的优点还体现在比较好控制，只需要在光线相对比较弱的时段拍摄，控制好光线的强弱即可。同时，也可以根据拍摄需求，加入一些重塑光影的道具，使拍摄变得丰富多彩，让我们的照片更有故事性和戏剧性。

1.2.2　侧光

　　侧光是指光源在人物的侧方照射，使画面形成明暗两个区域。其特点是明暗反差大，容易突出质感。侧光是摄影师拍摄情绪片时常用的一种光线，侧光适合拍摄有故事感的作品。侧光分为：前侧光、正侧光和后侧光（也称为侧逆光）。前侧光指的是光源与相机形成45°夹角的正面侧光，这是最常用的一个光位。正侧光指的是光源与相机成90°夹角的光线，即光是从主体左侧或右侧照射过来。后侧光是从拍摄主体的侧后方135°照射过来的光线。拍摄写真时，用得最多的是前侧光，因为它能更好地展现作品的故事性，由于明暗反差大，给人一种强烈的情绪冲击的视觉感受。

前侧光

正侧光

侧逆光

1.2.3　逆光

　　逆光是唯美写真中用得较多的一种光线，它具有很强的艺术性，对画面中的氛围渲染起到特别重要的作用，也是写真摄影师最爱的拍摄光线。它的光源从拍摄主体背后照射过来，营造出生动的轮廓光，使画面更有立体感和层次感。配合场景、模特蓬松卷翘的头发、轻纱，还有时不时吹来的风，诠释了什么叫唯美和温暖系的写真，更能突出画面中少女的慵懒、惬意，以及在光里灵动的一面。

逆光

1.3　天气对光线的影响

1.3.1　晴天

　　晴天拍摄主要是选好拍摄时段。不同时段光线强弱不同，需要根据拍摄需求选择合适的时段去拍摄。

　　日出和夕阳时段，适合拍摄逆光剪影；上午和傍晚的光线比较柔和，适合拍摄唯美的片子；中午的光线比较强烈，光质很硬，可以拍摄高光比的照片。

1.3.2 阴天

　　阴天其实也可以拍出很不错的片子。因为没有强烈的光线，照片虽然很平，但是不会曝光过度。阴天时天空就像一个巨大的柔光罩，可以让被摄者看上去皮肤干净。对于氛围感的情绪片来说，也是可以拍得比较温和，让视觉效果达到比较舒适的感受。画面对比降低，如果有需求，也可以通过后期对阴影和高光或对比度进行调整，以达到想要的效果。如果对光影有要求，可以通过人造光源进行调整。阴天的色温偏冷，如果要拍摄比较高冷影调的照片，也可以考虑阴天拍摄。

1.4 光线的冷暖

无论是自然光还是人造光，光线都是有颜色的，我们称其为光线的色温。例如早，晚的光线是低色温光线，它的颜色是偏黄色和红色，所以也被称为暖色光。阴天和阴影中的光线是高色温光线，它的颜色呈现出偏蓝色，也被称为冷色光。

1.4.1 暖光源

我们拍摄唯美照片会选择早上七八点或者下午四点以后的暖色光线，这种光给人的感觉特别温暖，让人感觉很治愈。当我们拍逆光的时候给人一种特别唯美、氛围感很好的感觉。

黄色的光是我经常会用到的，比如，电影灯和我常常带在身上的手电筒。这种颜色的光源，让人感觉很温馨，让皮肤更有着色感。温馨这个词本身就是暖色的，所以，黄色灯光给人的感觉就很暖，有阳光的感觉。再者，它的颜色跟人的肤色比较接近，特别是我们中国人，皮肤是黄色的，光线不足的时候运用黄色的光可以让人的皮肤更有着色感。

1.4.2 冷光源

这个光源，比较像中午 12 点的太阳光，色温比较高。喜欢比较清淡光影片子的同学可以选择这个光源，有时候拍情绪片子也会比较多用到这种光，冷光拍出来的片子会很干净，后期调色也比较好打造干净的感觉，可塑性也非常高。

常用的柔光箱和手电筒都有冷光源，可以根据写真风格选择所需光源。

2 人像摄影用光技法

2.1 人像摄影灯具简介

2.1.1 LED 灯

我常用的灯光是白色持续光源的 LED 灯，这种灯的好处是所见即所得，插上电源，放到想照亮的位置即可，也可以配合自己制造光影形状的柔光箱使用。由于灯头套着白色的柔光罩，散发出来的光特别柔和，很适合拍室内人像，光线使皮肤干净，让作品看上去更柔和。

2.1.2 电影灯

电影灯是室内拍摄普遍使用的灯，光线的强弱可以调节，很多时候用来模拟太阳光。但是由于需要使用电源，只能在室内使用，不方便携带至外景拍摄。光线都是可塑形的，同样可以搭配各种塑形道具，让它发挥更大的作用。

2.1.3 便携条形灯

条形灯又称灯棒，非常便携，价格便宜，功率也不小，重点是可以变频，颜色和光线柔和程度都可以变化，室内、室外都可以用，非常适合拍摄氛围感人像。除了当作主光源使用，也可以把它用作辅助光源，就是确定了主光源后，把它当作氛围灯使用，降低照片明暗对比、提升氛围感。

2.1.4 手电筒

手电筒的光分为冷光和暖光，可以根据自己需求携带。手电筒特别小，电池也很耐用，外出拍摄时很方便，实用性很高。在傍晚拍摄时，往人物身上打黄色的光，天空会呈现出蓝色调，使照片很好地呈现出冷暖对比的感觉，对于提升作品的氛围感和对比度起到至关重要的作用。我常常把手电筒当作主光源使用，小巧方便，很好操作，用电筒支架或者手持都可以。

2.2 营造氛围的滤镜

为了营造氛围，我会使用一些器材或道具来制造特殊的光影效果。一般摄影爱好者可能总觉得这种效果很神秘，现在我就为大家解密，介绍一些我常用的光影器材和道具。

2.2.1 柔光镜

柔光镜是人像摄影中常用的滤镜。常见的柔光镜是在平整的镜片上用化学手段蚀刻出许多呈不规则分布的很小的圆形凹坑，它可以使所通过的光线变得柔和，多用于人像拍摄中强调摄影环境的光感和身体气氛的烘托，对于人物肌肤也有一定修饰作用。镜头的焦距或者光线的强弱都会对其效果造成影响。柔光镜最大的特点是在画面中白色物体和高光周围产生漂亮的发光效果，也会产生朦胧感，让人觉得特别唯美，营造温柔、浪漫的感觉。购买的时候根据自己镜头的直径选择就好。柔光镜也有型号区分，例如：1号、2号、3号，数值越大，效果越强。将柔光镜直接装在镜头前面就可以使用了，其这种效果适合塑造青春、柔美的女性形象。

2.2.2　星芒镜

　　星芒镜也被称为星光镜，是在滤镜镜片刻上一定角度的横纵条纹，拍摄时会使高光点呈现出多条星芒线，特别是在画面出现多个高光点时会出现星光闪闪的梦幻效果。市场上售卖的星芒镜有很多种，主要的区分就是能使一个高光点出现几条星芒，比如4条、6条等，根据你自己的星芒数量需求购买即可。

　　制造星芒还有种比较省钱的办法，就是买欧根纱，把欧根纱套在镜头前面，也会得到星芒效果，而且欧根纱比较实惠，有各种颜色。

2.3 光影小道具

2.3.1 室内光影小道具

　　室内拍摄道具的运用，要考虑不同拍摄风格和创作思路。例如，你今天的拍摄用到的光会是什么形状的，大面积的、散状的、点状的，还是条纹的？

　　可以用两本书或挡光板制造出门缝光的效果，使用羽毛、鲜花等物品做前景，打造有形状的光影。

书本造光

门缝光

2.3.2 户外拍摄光影小道具

在有阳光的室外拍摄，除了选择恰当拍摄时间外，最重要的就是想好光的形状寻找光影介质，比如树叶、花朵、网纱等各种透光、能塑型的东西。

给光影制造层次感，而不是让其一大片洒在身上。可以是一小块在身上，也可以是身体的一部分，也可以是画面的一部分，制造明暗对比的同时，画面更具有故事感、层次感。

树叶制造的光影

2.4 人像拍摄用光实战

2.4.1 轮廓光（发丝光）

轮廓光也称为发丝光，它是逆光或侧逆光下拍摄形成的。光源位置一般略高于被摄对象头部，将被摄对象的头发打亮，并且有部分光线穿过发丝，这样就很像 20 世纪 30 年代，美国好莱坞拍摄的明星照，使被摄对象背后有一个光环。一般使用轮廓光拍摄时前面要有一定的补光，以防脸部过于灰暗。另外，要选择较暗的背景才能将人物从背景中分离，使人物显得更加光彩照人。

下页照片的拍摄时间为 17:00 左右，模特的头发需要蓬松一点，使用侧逆光拍摄，让光线透进发丝。选择比较暗的背景拍摄。拍摄逆光容易导致脸黑，配合使用反光板或灯具。相机设置：色温 5800K 左右。使用 85mm 或者更长的焦段进行拍摄，光圈可以开到最大，这样拍出来的片子氛围感更强，光线更美。

2.4.2 眼神光

眼神光是人像摄影创作中非常重要的光线，顾名思义，眼神光是被摄对象眼球反射出的高光，这样拍出的人像才有神采。眼神光一般采用正侧45°左右射来的光线。眼神光的照射高度要高于眼部，一般情况下会采用反光板，或者穿过窗户的折射光线补光，人工光源补光也是较常用的方法，阳光直射会让拍摄对象睁不开眼睛。

有眼神光的照片，会让模特看上去更有氛围感，也能更好地表达一个作品的情绪。我的拍摄一般不会让模特戴美瞳，因为美瞳的感光能力较弱，会导致眼神没那么自然、干净和通透。如果实在有需求的话，建议戴接近眼珠颜色的美瞳，例如自然黑、深棕色等。

窗户边眼神光

营造眼神光的道具（自然光、摄影灯）：

1. 反光板；

2. 摄影灯具；

3. 窗户等；

4. 任何可以反光的物体。

眼神光可以根据反射物体光源的形状而变化，比如长条形的窗户在眼睛里就会呈现出扇形，圆形的灯源或者反光板在眼睛里就会呈现一个白色的小点。

轮廓光琥珀眼球

摄影的英文 photograph 的词意是"光画"，有了光才有摄影。只要有光，画面的一切都变得如此不可思议。光赋予了摄影作品生命和情感，光有时沉静，有时热烈，有时温柔且有力量。

一个善于利用光的摄影师，必定是一个制造氛围感的高手。光影、情绪、色彩、故事感，一切都显得那么随意，却不普通。那些光照在姑娘们的眼睛、指尖、身体，显得那样神秘又温柔。尽情地用镜头描绘眼前的一切，在光耀的日子里，平凡又简单地记录着一切。

无光不摄影，有光和无光的照片差别是很大的，不管是自然光还是人造光，都用来制造作品的氛围和所想表达的内容。在我的作品当中，用得最多的就是自然光，偶尔根据天气不同使用其他人工光源。